电子电气工程师技术丛书

嵌入式计算与机电一体化技术

基于PIC32微控制器

EMBEDDED COMPUTING AND MECHATRONICS WITH THE PIC32 MICROCONTROLLER

［美］ 凯文·M. 林奇　尼古拉斯·马丘克　马修·L. 艾尔文 著
（Kevin M. Lynch）　（Nicholas Marchuk）　（Matthew L. Elwin）
李中华　黄近秋　徐德明 译

机械工业出版社
China Machine Press

图书在版编目（CIP）数据

嵌入式计算与机电一体化技术：基于 PIC32 微控制器 /（美）凯文·M. 林奇（Kevin M. Lynch）等著；李中华，黄近秋，徐德明译 . —北京：机械工业出版社，2019.9
（电子电气工程师技术丛书）
书名原文：Embedded Computing and Mechatronics with the PIC32 Microcontroller

ISBN 978-7-111-63736-3

I. 嵌… II. ①凯… ②李… ③黄… ④徐… III. ①微控制器 – 系统设计 – 教材 ②机电一体化 – 教材
IV. ① TP368.1 ② TH-39

中国版本图书馆 CIP 数据核字（2019）第 206099 号

本书版权登记号：图字 01-2016-4742

出版发行：机械工业出版社（北京市西城区百万庄大街 22 号 邮政编码：100037）
责任编辑：蒋 越 责任校对：李秋荣
印　　刷：北京诚信伟业印刷有限公司 版　　次：2019 年 10 月第 1 版第 1 次印刷
开　　本：186mm×240mm 1/16 印　　张：28.5
书　　号：ISBN 978-7-111-63736-3 定　　价：139.00 元

客服电话：（010）88361066 88379833 68326294 投稿热线：（010）88379604
华章网站：www.hzbook.com 读者信箱：hzjsj@hzbook.com

版权所有·侵权必究
封底无防伪标均为盗版
本书法律顾问：北京大成律师事务所 韩光 / 邹晓东

本书是一本关于 Microchip 32 位 PIC32 微控制器的图书，主要包括 PIC32 微控制器的硬件、C 语言编程以及与传感器和执行机构相关的接口技术。本书还涵盖有关机电一体化的主题，如电机理论、电机传动装置的选择，以及对数字信号处理和反馈控制的实用介绍。本书适合下列读者：

- **Microchip 32 位 PIC32 微控制器的初学者**。Microchip 的说明文档可能难以快速读懂，因此在刚开始学习时，希望读者能够阅读本书。
- **准备深入探索 Arduino 的业余爱好者**。Arduino 软件及其大型用户支持社区，允许用户在 Atmel 微控制器中快速启动和运行。但是，对 Arduino 软件的过分依赖会阻碍用户对微控制器性能的充分利用或理解。
- **机电一体化领域的老师和学生**。本书提供了大量的练习题、在线资料和相关套件，旨在支持机电一体化应用的入门级、高级、翻转课程或者线上课程。
- **对机电一体化、执行机构、传感器和嵌入式控制感兴趣的人员**。

内容概览

本书内容源于美国西北大学的机电一体化系列课程"ME 333 机电一体化导论"和"ME 433 高级机电一体化"。在 ME 333 课程中，学生会学习 PIC32 硬件、PIC32 的 C 语言基础编程、基本外设的使用，以及 PIC32 与传感器和执行机构的接口技术。对于 ME 433 课程，本书的其余内容可以作为项目小组的参考资料。该系列课程适合大学二年级到研究生阶段的学生阅读。学习该课程的唯一要求是有电路分析和设计的预备知识，而 C 语言编程经验不是必需的。虽然 C 语言编程经验有助于更快地学习课程，但是我们决定不作要求，以满足对该课程内容感兴趣的广大学生的阅读需要。为了部分地弥补 C 语言编程经验（从专家级到无经验）的差异，在 ME 333 课程中提供了为期两周的强化学习，重点介绍 C 语言的基本概念和语法。我们还会通过同伴指导来促进学生间的互相学习。

本书的目标与西北大学的机电一体化系列课程是一致的，主要包括：

- 使用现代 32 位架构的 PIC32 微控制器，为初学者提供对微控制器的科学介绍；
- 首先概述微控制器硬件，让读者坚信微控制器编程在与硬件连接、实现时会更有效；
- 提供对 PIC32 专业级 C 语言编程的清晰理解，为使用 Microchip 文档和其他高级参考资料进一步探索 PIC32 的性能打下基础；
- 提供关于 PIC32 主要外设和特性的参考资料和示例代码；
- 帮助读者理解电机运行和控制理论；
- 讲授微控制器外设与传感器、电机的接口技术。

为了实现这些目标，本书分成以下四个主要部分：

1. **快速入门**。这个部分由第 1 章构成，可以让学生很快熟悉和运行 PIC32 微控制器。

2. **基础知识**。在快速入门后，基础知识部分包括 5 章，即第 2～6 章，探讨 PIC32 微控制器的硬件、C 语言编程过程、代码与硬件的连接、函数库的使用以及实时嵌入式计算的两个重要主题（中断和代码的时间效率与空间效率）。为了快速过渡到后面的章节以及从其他参考资料（如 Microchip 的 PIC32 参考手册、数据表和 XC32 C/C++ 编译器用户指南）中获益，在这些章节上投入时间是值得的。

3. **外设参考**。该部分由第 7～20 章构成，给出了不同外设在 PIC32 微控制器中的具体操作、示例代码和应用。尽管我们推荐按顺序阅读，如数字输入/输出、计数器/定时器、输出比较以及模拟输入，但是读者也可以以任意顺序阅读。在外设参考部分的最后，给出了 Harmony 架构的介绍，这是 Microchip 为 PIC32 微控制器高级编程研发的最新架构。

4. **机电一体化应用**。该部分由第 21～29 章构成，聚焦于传感器与微控制器的接口技术、数字信号处理、反馈控制、有刷直流电机理论、电机的选择与传动装置、微控制器的控制以及无刷电机、步进电机、伺服电机等其他执行机构。

在 ME 333 课程中，涵盖了 C 语言速成、快速入门、基础知识，以及从外设参考资料中选择的一些主题（如数字输入/输出、计数器/定时器、输出比较/PWM 和模拟输入），并从机电一体化应用中选择了简单的传感器接口、直流电机理论、电机的选择与传动装置、直流电机的控制等内容。其他章节用作 ME 433 课程以及学生从事其他项目的参考资料。

本书的选择

针对 ME 333 课程中的机电一体化教学所进行的一些选择，体现在本书的编排中。我们选择内容的第一个原则是，向学生展示集成传感器、执行机构和微控制器的主题，同时又克服大多数学生在机电一体化课程中只有一门或两门选修课程的限制。内容选择的第二个原则是，用最少的篇幅来教授一名机电一体化工程师所需的知识。例如，我们不会从计算机工程师的角度去讲授微控制器的结构，因为机电一体化工程师不太可能去设计微控制器。另一方面，我们也不依赖抽象的软件和硬件，从必要的概念到超出业余爱好者水平的进阶，一切都在初级机电一体化工程师可掌握的范围内。秉持这些原则和理念，下面给出为 ME 333 课程和本书所做的一些选择。

- 微控制器 vs. 传感器和执行机构。机电一体化工程集成了传感器、执行机构和微控制器。只要给学生提供微控制器开发板和示例代码，就可以让他们聚焦于传感器和执行机构。然而，在 ME 333 课程中，我们用大约 50% 的课时去理解微控制器的软硬件。这种选择承认了微控制器在机电一体化中的基础作用，同时，机电一体化工程师必须要学会编程。

- 微控制器厂商的选择。市场上有许多不同特性的微控制器。生产厂商包括 Microchip、Atmel、Freescale、Texas Instruments、STMicroelectronics 以及许多其他厂商。特别是 Atmel 的微控制器，专门使用在 Arduino 开发板上。由于 Arduino 提供大型的在线用户支持社区、大量的附加板和用户开发的软件库，所以被业余爱好者、K-12 以及大学课程广泛使用。本书选择流行的商用 Microchip PIC 系列微控制器，避免了与 Arduino 同义的高级软件抽象。（Arduino 被用于西北大学的其他课程，尤其是只需少量机电一体化设计的产品原型的快速开发。）

- 微控制器型号的选择。Microchip 的微控制器产品线拥有数百个不同型号且包括 8 位、16 位和 32 位架构，我们选择了现代的 32 位架构。本书不打算介绍所有的 PIC32 型号（写作本书时已有 6 个不同的 PIC32 系列），而是专注于一个特定型号 PIC32MX795F512H。原因主要有：（1）这是一款功能强大的芯片，拥有大量的外设和内存（128KB 的数据 RAM 和 512KB 的程序闪存）；（2）选择单个芯片使我们能集中精力研究其中的操作细节。在学习如何关联硬件和软件时，这是非常重要的。（Microchip 文档提供了许多异常和特殊案例。Microchip 文档难以阅读的原因之一是，它是适用于所有通用的 PIC32 系列的参考手册，或者适用于 PIC32 中某一个特定系列的数据表。）读者一旦掌握了某个特定 PIC32 的操作，那么再来学习其他不同 PIC32 型号的差异就不会太难了。

- 编程语言：C++ vs. C 语言 vs. 汇编语言。C++ 是一种相对高级的语言，C 是较低级语言，而汇编语言也是较低级的。我们选择用 C 语言编程，是因为 C 语言的可移植性，这既保持了相对接近于汇编语言的级别，又可以最小化由 C++ 带来的抽象性。

- 集成开发环境 vs. 命令行。MPLAB X 是 Microchip 为 PIC 系列微控制器的软件开发提供的集成开发环境（IDE）。在本书中我们为什么要避免使用它呢？因为我们认为，它隐藏了一些关键的步骤，这对于理解程序代码如何转换为 PIC32 中的可执行文件至关重要。本书中的代码是用文本编辑器编写的，C 语言编译器是在命令行中调用的。显然，这里没有任何的隐藏步骤。一旦掌握了本书前几章的知识，MPLAB 将不再那么神秘。

- 使用还是不使用 Harmony 软件。Microchip 提供了大量的中间件库、设备驱动程序、系统服务程序和其他软件，以支持所有的 PIC32 型号。该软件的一个目标是，允许编写适用于不同 PIC32 型号的可移植程序。然而，为了实现这一目标，需要引入大量的抽象内容，将读者编写的代码与实际的硬件实现分离开来。这对于 PIC32 的学习是不利的。相反，我们使用低级软件命令来控制 PIC32 的外设，从而强化了本书、数据表和参考手册中的硬件文档。只有在使用更复杂的外设时，我们才使用 Harmony 软件，比如在第 20 章的 USB 通信中。

● 使用示例代码还是自己编写代码。学习编程 PIC32 的有效方法是，使用可正常运行的示例代码并尝试修改它，以执行其他任务。在通常情况下，除非修改代码失败，否则你并不知道该做什么，这是正常现象。本书中提供了大量的示例代码，同时也将重点放在编程 PIC32 时所需的基础知识上，以便学习从零开始编写代码以及在代码出错时的调试方法（如图 0-1 所示）。

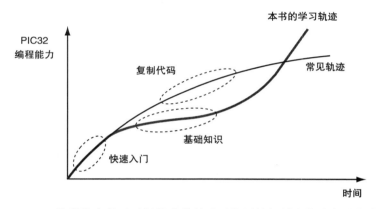

图 0-1　PIC32 编程能力关于时间的变化轨迹（常用的复制和修改方法与本书中基础方法的比较）。两条曲线在几个星期内就会发生交叉

综上所述，可以简洁地总结这些选择所代表的哲理：没有魔法步骤！你应该知道自己编写的代码是如何运行的，为什么能够运行，以及它是如何与硬件连接的。你不应该只是简单地修改那些模糊和抽象的代码，也不应该使用一个神秘的 IDE 去编译代码，更不应该期待有最好的效果。

NU32 开发板

NU32 开发板是专门用来支持本书内容的。如果没有 NU32 开发板，那么阅读本书依然可以学到大量关于 PIC32 工作原理的知识。然而，我们强烈建议你使用 NU32 开发板和机电一体化套件，这样可以更加顺利地再现本书的示例。

为了保持"没有魔法"的学习理念，NU32 开发板的主要功能是将 PIC32MX795F512H 的引脚分解到一个无焊原型的面包板上，这样可以轻松地连接引脚。另外，我们会尽量保持开发板的基本框架，并且尽可能地控制成本，同时将需要外接的电路留给读者去完成。为了尽可能快地启动并运行，NU32 开发板仍然为 PIC32 提供了少量的外接元器件：两个 LED 和两个按钮可用于简单的人机交互；3.3V 稳压器可为 PIC32 提供电源；5V 稳压器用来提供常用的电源电压；一个振荡器用来提供时钟信号；一个 USB-UART 转换芯片用来简化计算机与 PIC32 之间的通信。

NU32 开发板上的 PIC32 带有预装的引导加载程序，允许你仅使用 USB 连线就可以对 PIC32 进行编程。此外，也可以使用编程器设备（如 PICkit 3）对 NU32 开发板进行编程。相关内容请参阅 3.6 节。

如何在课程中使用本书

从根本上讲，机电一体化是一门综合性学科，需要掌握微控制器、编程、电路设计、传感器、信号处理、反馈控制和电机等方面的知识。本书包含了对这些主题的实用介绍。

然而，鉴于大多数学生在学习机电一体化时仅选修其中的一门或两门课程，因此本书并没有深入地研究线性系统、电路分析、信号处理、控制理论等基础课题的数学理论$^{\ominus}$。取而代之的是，通过展示一些实际应用来激发学生未来对这些学科的理论学习产生兴趣。

因此，学生只需具备电路和编程的基础知识，就可以学习本书。在西北大学，学生在大三时就可以学习 ME 333 的课程了。ME 333 课程需要 11 周的学习时间，课程内容依次包括：

- C 语言速成课程。（大约 2 周时间。）
- 第 1 ～ 6 章，阐述 PIC32 微控制器的硬件和软件基础。（大约 3 周时间。）
- 第 7 ～ 10 章，涵盖数字输入 / 输出、计数器 / 定时器、输出比较 /PWM 以及模拟输入。这些内容主要作为后面作业的参考。
- 第 23 章和第 24 章，这是关于反馈控制以及使用光电晶体管对 LED 亮度进行 PI 控制的内容。这是学生使用 PIC32 进行嵌入式控制的第一个项目，也是最终项目的热身项目。（大约 2 周时间。）
- 第 25 章是关于有刷直流电机的理论和实验特性的内容。（大约 1 周时间。）
- 第 21 章是关于编码器和电流感应的介绍，第 27 章和第 28 章是关于直流电机控制的介绍。第 27 章介绍了专业直流电机控制系统中的所有硬件和软件，包括带有外环运动控制器和内环电流控制器的嵌套环控制系统。第 28 章是专门阐述项目设计方法的，通过一个软件设计项目来引导学生开发一个与 MATLAB 菜单系统进行交互的电机控制系统。这个特色项目始于专业的电机放大器设计，并且融合了 PIC32、C 语言编程、有刷直流电机、反馈控制，以及传感器和执行机构与 PIC32 之间的接口知识。（大约 3 周时间。）

$\ominus$　因为其他课程一般不会涵盖关于电机工作的内容，所以本书中会提供很多关于电机理论的细节。

这是一个非常充实的学期（约 11 周）。如果学生在课程开始之前就了解了 C 语言，那么就不会感到太紧张。

西北大学的 ME 333 课程是一个翻转课堂。学生可以根据自己的时间观看带文本说明的视频，然后在课堂上完成作业和项目，而教师和助教则会帮忙回答问题。上课时，学生要带上笔记本电脑和便携式机电一体化套件。这个套件包括一台便宜的函数发生器和示波器 nScope，可以使用笔记本电脑作为显示器。因此在 ME 333 课程中，学生只需要使用教室和宿舍，而不需要使用实验室设施。他们在课堂上一起学习，但每名学生需要独自完成作业。ME 433 的后续课程聚焦于更多的开放式机电一体化项目，并会大量使用全天候为学生开放的机电一体化实验室。

对于 15 周的学期，课程还会花上 2 周的时间来学习不同的传感器技术（见第 21 章）和传感器数据的数字信号处理（见第 22 章）。此外，还需要 1 周时间来搭建最终的电机控制项目（见第 28 章），从而让学生可以尝试各种扩展实验。如果时间允许，可以参阅第 29 章中介绍的其他常见执行机构，如步进电机、RC 伺服电机和无刷电机。

对于两个季度或者两个学期的课程来说，第二门课程可以专注于开放式的团队设计项目，这类似于西北大学的 ME 433 课程，本书可以作为参考资料。其他合适的参考内容包括通信协议和支持 PIC32 外设（如 UART、SPI、I^2C、USB 和 CAN）等。

网站、视频和翻转课堂

本书网站 www.nu32.org 提供了可下载的数据表、示例代码、PCB 布局图和电路原理图、章节扩展、勘误表以及其他有用的信息和更新。网站上还链接了许多章节的总结性小视频。正如 ME 333 课程一样，这些视频可以用来翻转传统的教室，允许学生在家里观看讲座，利用上课时间提出问题和完成项目。

其他 PIC32 参考资料

本书的一个目标是以逻辑方式来为初学者组织 Microchip 参考资料，另一个目标是让读者学会自己解析 Microchip 文档。这种能力可帮助你继续提高超越本书范围的 PIC32 编程能力。读者应该下载并准备好如下所述的前两个参考文献，其他资料根据个人需要自行选择。这些参考资料的总结如图 0-2 所示。

- **PIC32 参考手册**。参考手册为所有的 PIC32 系列提供了软件和硬件描述，以至于读者有时会被它们的通用性所迷惑。然而，它们确实是详细理解 PIC32 功能的绝佳资料。其中有些章节（特别是后面的章节）专注于介绍 PIC32MZ，这与 PIC32MX795F512H 不相关。

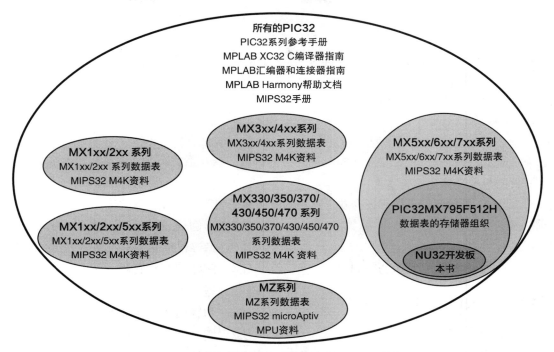

图 0-2　其他参考资料及其对应的 PIC32 型号

- **PIC32MX5xx/6xx/7xx 系列数据表**。该数据表为 PIC32MX5xx/6xx/7xx 系列提供了详细信息。特别是数据表的存储器组织阐明了哪些特殊功能寄存器（SFR）包含在 PIC32MX795F512H 中，以及参考手册中的哪些功能适用于该型号。

- （可选）Microchip MPLAB XC32 C 编译器用户指南，汇编器、连接器和实用程序用户指南。这些资料都随 XC32 C 编译器一起安装，因此无须单独下载。

- （可选）MPLAB Harmony 帮助文档。在需要使用 Harmony 软件开始编写更加复杂的代码时，这份伴随 Harmony 安装的文档会很有帮助。

- （可选）MIPS32 架构的程序员手册和其他 MIPS32 文档。如果对在 PIC32MX795F512H 中使用的 MIPS32 M4K CPU 及其汇编语言指令集感兴趣，那么可以在网上找到相关的在线资料。

致谢

本书的出版得益于多年来西北大学 ME 333 课程中许多学生和助教的反馈，特别是 Alex Ansari、Philip Dames、Mike Hwang、Andy Long、David Meyer、Ben Richardson、Nelson Rosa、Jarvis Schultz、Jian Shi、Craig Shultz、Matt Turpin 和 Zack Woodruff 的帮助。

目 录 Contents

快 速 入 门

第 1 章　快速入门

快 速 入 门

对于所有 C 程序员来说，一定都很熟悉编辑、编译、运行、重复。无论是什么平台，这些步骤都适用于 C 语言编程。体系结构、程序加载、输入和输出在计算机和 PIC32 之间有着许多的不同。体系结构是指处理器的类型：计算机的 x86-64 CPU 和 PIC32 的 MIPS32 CPU 对机器代码有着不同的解释，因此需要有不同的编译器。计算机的操作系统允许你无缝地运行程序，而 PIC32 需要引导加载程序在 PIC32 复位时将从计算机接收到的程序写进闪存，并执行程序[⊖]。可以通过显示器和键盘直接与计算机进行交互，也可以使用终端仿真器间接地与 PIC32 进行交互，以在计算机和微控制器之间传递信息。如你所见，在编程 PIC32 时，需要留意在计算机编程时可能忽略的细节。

在了解了计算机编程和微控制器编程之间的差异后，你应该已准备好开始动手了。本章接下来将会指导你如何配置硬件，并安装编程 PIC32 所需的软件。然后，你可在 PIC32 上运行两个程序来验证配置。到本章结束时，你基本上应该可以像在计算机上编译和运行程序一样轻松地编译和运行 PIC32 程序了！

虽然 PIC32 有许多型号，但是在本书中，"PIC32"就是 PIC32MX795F512H 的简写。尽管本书中的大多数概念都适用于许多的 PIC32 型号，但是你应该清楚地知道这些不同型号之间的细微差异。此外，我们在 NU32 开发板上对 PIC32MX795F512H 进行配置，特别地，采用 3.3V 电源供电，以及由系统时钟和 80MHz 的外设总线时钟提供的时钟信号。关于这些细节的更多内容将在第 2 章中进行阐述。

1.1　编程资源

本节将介绍编程 PIC32 时需要用到的硬件和软件。你可以到本书提供的网站 www.nu32.org 上购买硬件和下载免费的软件。

⊖　你的计算机也有一个引导加载程序，它会在开启计算机时运行，并加载操作系统。同样，PIC32 中也是有操作系统的，但本书中不涉及相关内容。

1.1.1　硬件

虽然 PIC32 微控制器在单个芯片上集成了多个设备，但是它们需要借助外部电路来触发相应的功能。图 1-1 给出的 NU32 开发板提供了一些设备，如按钮、LED、外接引脚、USB 端口、虚拟 USB 串行口。本书给出的示例都假定使用的是这种开发板。另外还需要以下硬件。

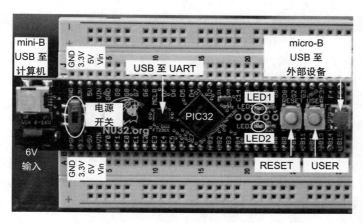

图 1-1　安装在无焊面包板上的 NU32 开发板

1. **带有 USB 端口的计算机**。主机计算机用于创建 PIC32 程序。本书中的示例可以运行在 Linux、Windows 和 Mac 操作系统中。

2. **USB A 到 mini-B 的电缆线**。这种电缆线用于在 NU32 开发板和计算机之间传输信号。

3. **AC/DC 适配器（6V）**。这种适配器电源用来为 PIC32 和 NU32 开发板提供电源。

1.1.2　软件

为了对 PIC32 进行编程，需要各种各样的软件。你应该熟悉一些在计算机中进行 C 语言编程所用的软件。

为方便起见，我们在本书网站上汇总了需要用到的软件。你应该下载并安装以下所有软件。

1. **命令提示符**。命令提示符支持使用基于文本的界面来控制计算机。由于这个程序已经附带在操作系统中，即 Windows 上的 `cmd.exe`、Mac 上的 `Terminal` 以及 Linux 上的 `bash`，因此你不需要安装它。

2. **文本编辑器**。文本编辑器支持创建包含 C 源代码的文本文件。

3. **本地 C 编译器**。本地 C 编译器负责将可读的 C 源代码文件转换为计算机可执行的机器代码。我们建议使用免费的 GNU 编译器 `gcc`，它可以运行在 Windows、Mac 和 Linux 系统下。

4. make 命令。使用 make 命令可以简化机器代码的创建过程，即自动地将源代码转换为可执行文件。在你手动输入所有的必要命令并创建第一个程序后，make 命令是非常有用的。

5. Microchip XC32 编译器。Microchip XC32 编译器将 C 源文件转换为 PIC32 可识别的机器代码。该编译器又被称为交叉编译器，因为它运行在一个处理器架构（如 x86-64 CPU）上，并为另一个处理器（如 MIPS32）创建机器代码。该编译器的安装包中还包括 C 语言函数库，以帮助你控制 PIC32 的特定功能。注意，我们将安装编译器的目录称为 <xc32dir>。如果在安装过程中，询问你是否需要将 XC32 添加到路径变量中，那么请执行该操作。

6. MPLAB Harmony。MPLAB Harmony 是 Microchip 中函数库和驱动程序的集合，针对多个 PIC32 型号的代码编写，它可以简化工作量。我们只会在第 20 章中使用这个库。不过，你应该现在安装它。请注意安装目录，我们将其称为 <harmony>。

7. FTDI 虚拟 COM 端口驱动程序。FTDI 虚拟 COM 端口驱动程序允许使用 USB 端口作为 "虚拟串行通信（COM）端口" 来与 NU32 开发板进行通信。大多数 Linux 发行版已经包含了这个驱动程序，但是 Windows 和 Mac 用户可能需要安装它。

8. 终端仿真器。终端仿真器为计算机上的 COM 端口提供一个简单的接口，将键盘输入发送到 PIC32，并显示来自 PIC32 的输出。对于 Linux/Mac 用户，可以使用内置的 screen 程序；对于 Windows 用户，建议下载 PuTTY。记住安装 PuTTY 的位置，我们把这个目录称为 <puttyPath>。

9. PIC32 快速入门代码。PIC32 快速入门代码包含帮助编程 PIC32 的源代码和其他支持文件。从本书的网站下载 PIC32quickstart.zip，并将其解压到所创建的目录中，我们将这个目录称为 <PIC32>。由于在 <PIC32> 中，你要存放快速入门代码以及编写的所有 PIC32 代码，因此你要确切地知道目录名称的含义。例如，对于不同的操作系统，<PIC32> 可以是 /Users/kevin/PIC32 或者 C:\Users\kevin\Documents\PIC32。在 <PIC32> 中，应该包括下面的三个文件和一个目录。

- nu32utility.c：这是一个计算机程序，可将 PIC32 可执行程序从计算机加载到 PIC32。
- simplePIC.c 和 talkingPIC.c：这是将在本章测试的 PIC32 示例程序。
- skeleton：这是一个目录，包含：
  - Makefile：这是帮助编译 PIC32 程序的文件。
  - NU32.c、NU32.h：这是对于 NU32 开发板很有用的函数库。
  - NU32bootloaded.ld：这是在编译 PIC32 程序时使用的连接器脚本文件。

稍后，我们将会学习更多关于它们的内容。

现在，在以下目录中应该有了代码（如果你是 Windows 用户，则在 <puttyPath> 目录中也会有 PuTTY）。

- `<xc32dir>`。这表示 Microchip XC32 编译器。你不能修改这个目录中的代码，这个代码是 Microchip 编写的，你没有修改它的理由。根据操作系统的不同，`<xc32dir>` 可能显示如下内容。
    - `/Applications/microchip/xc32`
    - `C:\Program Files (x86)\Microchip\xc32`
- `<harmony>`。这是 Microchip Harmony 专用文件夹。你不能修改这个目录里面的代码。根据操作系统的不同，`<harmony>` 可能显示如下内容。
    - `/Users/kevin/microchip/harmony`
    - `C:\microchip\harmony`
- `<PIC32>`。如上所述，这个目录用来存储 PIC32 中的快速入门代码和你自己编写的代码。

现在，已经安装了所有必要的软件，可以开始对 PIC32 编程了。按照这些说明，你不仅可以运行第一个 PIC32 程序，还可以验证所有软件和硬件是否正常工作。不要担心这些命令的含义，我们将在后面章节中详细解释。

> **提示**：无论在哪里写 `<something>`，在计算机上都可以用相关值来替换它。在 Windows 下使用反斜杠（\），而在 Linux/Mac 下使用斜杠（/）来分隔路径中的目录。在命令行中，包含空格的路径放置在引号标记之间（即"C:\Program Files"）。在命令行中，文本输入紧跟在">"的后面。在本书中，即使命令跨越了多行，它仍然是一个单行命令。

1.2 编译 bootloader 程序

bootloader（引导加载程序）是指 `<PIC32>/nu32utility.c`，它可以将编译后的代码发送到 PIC32。若要使用 bootloader 程序，你必须编译它。为了找到 `<PIC32>` 目录，可以键入命令：

```
> cd <PIC32>
```

通过执行下列命令，可以测试 `<PIC32>/nu32utility.c` 是否存在。使用这些命令可以列出一个目录下的所有文件。

- Windows

    ```
    > dir
    ```

- Linux/Mac

    ```
    > ls
    ```

接下来，使用本地 C 编译器 gcc 来编译 bootloader 程序。

- **Windows**

  ```
  > gcc nu32utility.c -o nu32utility -lwinmm
  ```

- **Linux/Mac**

  ```
  > gcc nu32utility.c -o nu32utility
  ```

当你成功地完成这些步骤时，可执行文件 nu32utility 也就创建完成了。可以列出 <PIC32> 目录里的所有文件来测试它是否存在。

1.3　编译第一个程序

要加载到 PIC32 的第一个程序是 <PIC32>/simplePIC.c，如下所示。虽然我们会在第 3 章仔细检查源代码，但现在阅读这份代码对于理解它的运行是很有帮助的。实质上，在经过一些设置后，代码会进入无限循环：对两个 LED 在延迟和翻转之间进行切换。当你按下 USER 按钮时，LED 进入无限的延迟循环，并停止翻转。

代码示例 1.1　simplePIC.c。让 NU32 上的灯闪烁，直到按下 USER 按钮

```c
#include <xc.h>           // Load the proper header for the processor

void delay(void);

int main(void) {
  TRISF = 0xFFFC;         // Pins 0 and 1 of Port F are LED1 and LED2.  Clear
                          // bits 0 and 1 to zero, for output.  Others are inputs.
  LATFbits.LATF0 = 0;     // Turn LED1 on and LED2 off.  These pins sink current
  LATFbits.LATF1 = 1;     // on the NU32, so "high" (1) = "off" and "low" (0) = "on"

  while(1) {
    delay();
    LATFINV = 0x0003;     // toggle LED1 and LED2; same as LATFINV = 0x3;
  }
  return 0;
}
void delay(void) {
  int j;
  for (j = 0; j < 1000000; j++) { // number is 1 million
    while(!PORTDbits.RD7) {
      ;   // Pin D7 is the USER switch, low (FALSE) if pressed.
    }
  }
}
```

你可以使用 xc32-gcc 交叉编译器编译这个程序，它将为 PIC32 的 MIPS32 处理器编译代码。该编译器和其他 Microchip 工具都位于 <xc32dir>/<xc32ver>/bin 目录下，其

中 `<xc32ver>` 指的是 XC32 版本（如 **v1.40**）。为了找到 `<xc32ver>`，应列出 Microchip XC32 目录中的内容，即：

```
> ls <xc32dir>
```

显示的子目录就是你要找的 `<xc32ver>` 目录。如果你恰好安装了两个或更多版本的 **XC32**，则要使用最新的版本（最大的版本号）。

接下来，编译 `simplePIC.c` 并生成可执行的 **hex** 文件。为了实现这个功能，先要生成 `simplePIC.elf` 文件，然后生成 `simplePIC.hex` 文件。（我们会在第 3 章对这两个步骤的更多细节进行详细讨论。）从 `<PIC32>` 目录（`simplePIC.c` 所在的目录）下发出以下命令，确保将 `<>` 之间的文本替换为适合本系统的值。请记住，如果路径包含空格，则必须用引号（即 "C:\ Program Files\xc32\v1.40\bin\xc32-gcc"）将它们包围起来。

```
> <xc32dir>/<xc32ver>/bin/xc32-gcc -mprocessor=32MX795F512H
    -o simplePIC.elf -Wl,--script=skeleton/NU32bootloaded.ld simplePIC.c
> <xc32dir>/<xc32ver>/bin/xc32-bin2hex simplePIC.elf
```

其中，`-Wl` 的含义是 "–W ell"，而不是 "–W one"。你可以列出 `<PIC32>` 目录中的内容，以确保生成了 `simplePIC.elf` 和 `simplePIC.hex` 文件。hex 文件包含了 bootloader 程序可以识别的 MIPS32 机器码，它允许将程序加载到 PIC32 上。

如果在安装 XC32 时选择将其添加到路径中，那么在上面的两个命令中，你可以简单地键入

```
> xc32-gcc -mprocessor=32MX795F512H
    -o simplePIC.elf -Wl,--script=skeleton/NU32bootloaded.ld simplePIC.c
> xc32-bin2hex simplePIC.elf
```

这样，你的操作系统就可以找到 `xc32-gcc` 和 `xc32-bin2hex` 了，而不需要完整的路径支持。

1.4 加载第一个程序

将程序从计算机加载到 PIC32 上时，需要两个设备之间进行通信。当 PIC32 通电并连接到 USB 端口时，你的计算机会创建一个新的串行通信（COM）端口。根据计算机系统的特定设置，这个 COM 端口会有不同的名称。因此，要通过实验确定 COM 端口的名称。首先，将 PIC32 拔出，执行以下命令以枚举当前的 COM 端口，并记下所列出的名称：

- Windows：

  ```
  > mode
  ```

- Mac：

  ```
  > ls /dev/tty.*
  ```

- Linux：

  ```
  > ls /dev/ttyUSB*
  ```

接下来，使用 AC 适配器将 NU32 开发板插入电源插座，打开电源开关，确认红色的"power" LED 点亮。将 USB 电缆线从 NU32 的 mini-B USB 插孔（位于电源插孔旁）连接到主计算机的 USB 端口。重复上述步骤，并注意是否出现一个新的 COM 端口。如果没有出现，那么请确认是否安装了 1.1.2 节介绍的 FTDI 驱动程序。端口名称将根据操作系统而有所不同；我们列举了一些典型的名字：

- **Windows**：`COM4`
- **Mac**：`/dev/tty.usbserial-DJ00DV5V`
- **Linux**：`/dev/ttyUSB0`

一旦检测到了 NU32 开发板，那么你的计算机就会创建这个端口。示例程序和 bootloader 程序就是利用这个端口与计算机进行通信的。

在识别出 COM 端口之后，将 PIC32 设置为程序接收模式（program receive model）。在 NU32 开发板上找到 RESET 按钮和 USER 按钮（如图 1-1 所示）。RESET 按钮位于开发板底部的 USER 按钮的正上方（电源插孔位于开发板的顶部）。一直按住两个按钮，然后释放 RESET，然后再释放 USER。完成这一系列操作后，PIC32 将闪烁 LED1，这表示 PIC32 已进入编程接收模式。

假设你仍然在 `<PIC32>` 目录里面，键入以下命令开始加载过程。

- **Windows**

  ```
  nu32utility <COM> simplePIC.hex
  ```

- **Linux/Mac**

  ```
  > ./nu32utility <COM> simplePIC.hex
  ```

其中，`<COM>` 是 COM 端口的名称⊖。在引导加载程序完成后，LED1 和 LED2 将来回闪烁，按住 USER 并注意到 LED 指示灯停止闪烁，释放 USER 并看到 LED 恢复闪烁。关闭 PIC32，然后再打开它。由于已经将程序写入到 PIC32 的非易失性闪存中，所以指示灯会继续闪烁。恭喜！你已经成功地编程了 PIC32！

1.5 使用 make 命令

正如前面所见，创建 PIC32 可执行文件需要几个步骤。幸运的是，可以使用 make 来简化这个烦琐且容易出错的过程。使用 make 时需要一个 Makefile，它包含创建可执行文件的说明。我们在 `<PIC32>/skeleton` 中提供了一个 Makefile。在使用 make 之前，

⊖ Windows：端口可写作 `\\.\COMx`，而不是 `COMx`。Linux：为了避免以 root 身份执行命令，请将自己添加到拥有 COM 端口的群组中（如 uucp）。

需要修改 <PIC32>/skeleton/Makefile，以便包含系统的特定路径和 COM 端口。

　　除了已经使用的路径之外，还需要设置终端仿真器的位置 <termEmu> 和 Harmony 版本 <harmVer>。在 Windows 下，<termEmu> 就是 <puttyPath>/putty.exe，而对于 Linux/Mac 而言，<termEmu> 就是 screen。要想找到 Harmony 版本 <harmVer>，我们可以列出 <harmony> 目录中的内容。编辑 <PIC32>/skeleton/Makefile，并将前 5 行更新为下面的内容。

```
XC32PATH=<xc32dir>/<xc32ver>/bin
HARMONYPATH=<harmony>/<harmVer>
NU32PATH=<PIC32>
PORT=<COM>
TERMEMU=<termEmu>
```

　　在 Makefile 中，即使路径包含了空格，也不需要用引号引起来。

　　如果计算机有一个以上的 USB 端口，那么应该总是使用相同的 USB 端口来连接 NU32。否则，COM 端口的名字可能会发生改变，并且需要重新编辑 Makefile。

　　在保存好 Makefile 之后，你可以使用 skeleton 目录来创建新的 PIC32 程序。skeleton 目录除了包含 Makefile 之外，还包含 NU32 库（NU32.h 和 NU32.c）以及连接器脚本文件 NU32bootloaded.ld，这些文件将会在本书中频繁地使用。Makefile 会自动编译目录中的每个 .c 文件，并将其连接到单一的可执行文件中。因此，项目目录中的所有 C 文件都应该是你需要的！

　　你所创建的每一个新项目在 <PIC32> 中都有自己的目录，例如 <PIC32>/<projectdir>。现在，以 <PIC32>/talkingPIC.c 为例，解释如何使用 <PIC32>/skeleton 目录来创建一个新的项目。在这个示例中，将项目命名为 talkingPIC，因此 <projectdir> 就是 talkingPIC。按照这个流程，你可以访问 NU32 库，并且避免重复之前的设置步骤。确保已在 <PIC32> 目录中，然后将 <PIC32>/skeleton 目录复制到新的项目目录中。

- Windows

```
> mkdir <projectdir>
> copy skeleton\*.* <projectdir>
```

- Linux/Mac

```
> cp -R skeleton <projectdir>
```

　　现在，复制项目源文件（这里为 talkingPIC.c）到 <PIC32>/<projectdir> 目录，并且更改到该目录。

- Windows

```
> copy talkingPIC.c <projectdir>
> cd <projectdir>
```

- Linux/Mac

```
> cp talkingPIC.c <projectdir>
> cd <projectdir>
```

在解释如何使用 make 命令之前，需要检查 talkingPIC.c。它接收运行在主计算机上的终端仿真器的输入，并打印输出到终端仿真器。这些功能便于用户交互和调试。下面列出了 talkingPIC.c 的源代码。

代码示例 1.2   talkingPIC.c。PIC32 将从主机键盘发来的所有消息回显至主机屏幕

```c
#include "NU32.h"              // constants, funcs for startup and UART

#define MAX_MESSAGE_LENGTH 200

int main(void) {
  char message[MAX_MESSAGE_LENGTH];

  NU32_Startup(); // cache on, interrupts on, LED/button init, UART init
  while (1) {
    NU32_ReadUART3(message, MAX_MESSAGE_LENGTH);  // get message from computer
    NU32_WriteUART3(message);                     // send message back
    NU32_WriteUART3("\r\n");                       // carriage return and newline
    NU32_LED1 = !NU32_LED1;                        // toggle the LEDs
    NU32_LED2 = !NU32_LED2;
  }
  return 0;
}
```

NU32 库函数 NU32_ReadUART3 允许 PIC32 读取从计算机终端仿真器上发送的数据。函数 NU32_WriteUART3 允许从 PIC32 发送数据到终端仿真器并进行显示。

既然已经知道了 talkingPIC.c 是如何运行的，那么现在是观察运行效果的时候了。首先，确保已在 <projectdir> 目录下。接下来，使用 make 命令来创建项目。

```
> make
```

这个 make 命令负责将所有的 .c 文件编译和汇编到 .o 目标文件中，并将它们连接到一个名为 out.elf 的文件中，然后将这个 out.elf 文件转换为一个可执行的 out.hex 文件。你可以通过目录列表来查看这些文件。

接下来，将 PIC32 设置为程序接收模式（使用 RESET 和 USER 按钮），并执行命令

```
> make write
```

调用 bootloader 程序 nu32utility，并使用 out.hex 文件对 PIC32 进行编程。当 LED1 停止闪烁时，表示 PIC32 已经完成编程。

总之，要创建一个新的项目并对 PIC32 编程，你需要进行以下操作：（1）创建项目目录 <PIC32>/<projectdir>；（2）将 <PIC32>/skeleton 中的内容复制到这个新目录中；（3）在 <projectdir> 中创建源代码（在该示例中文件名为 talkingPIC.c）；（4）通过在 <projectdir> 目录中执行 make 命令来创建可执行文件；（5）使用 RESET 和 USER

按钮将 PIC32 设置为程序接收模式，并在 <projectdir> 目录下执行 make write 命令。若要修改程序，则只需编辑源代码并重复上面的步骤（4）和（5）。实际上，可以跳过步骤（4），因为指令 make write 在加载 PIC32 程序之前也可以生成可执行文件。

现在，为了与 talkingPIC 通信，必须使用终端仿真器将计算机连接到 PIC32。回顾终端仿真器使用 <COM> 与 PIC32 进行通信的方法。输入以下命令。

- Windows

  ```
  <puttyPath>\putty -serial <COM> -sercfg 230400,R
  ```

- Linux/Mac

  ```
  screen <COM> 230400,crtscts
  ```

此时，PuTTY 将在新窗口中启动，而 screen 将使用命令提示符窗口。在上述命令中，数字 230400 是波特率，这表示 PIC32 和计算机之间的通信速度；而另一个参数用于使能硬件流控制（更多细节请参阅第 11 章）。

连接 PIC32 后，按下 RESET 重新启动程序。开始输入，注意在你按下 ENTER 键之前是没有字符出现的。这个行为看起来很奇怪，但它确实发生了，这是因为终端仿真器只显示从 PIC32 接收到的文本。PIC32 在接收到一个特殊的控制字符（control character）（通过按下 Enter 键生成）之前，是不会向计算机发送任何文本的⊖。

例如，如果输入 Hello! ENTER，那么 PIC32 将收到 Hello! \r，然后将 Hello! \r \n 写入终端仿真器，并等待其他输入。

在完成与 PIC32 的通信后，退出终端仿真器。为了退出 screen 模式，可以输入命令：

```
CTRL-a k y
```

注意，这里需要同时按下 Ctrl 和 a。若要退出 PuTTY，则请在命令提示符窗口输入命令：

```
CTRL-c
```

如果记不住这些冗长的命令来连接串行端口，那么可以使用 Makefile。为了将 PuTTY 连接到 PIC32，可以输入命令：

```
> make putty
```

为了使用 screen 模式，可以输入命令：

```
> make screen
```

现在，系统已配置好，可以开始对 PIC32 编程了。尽管创建过程看起来深奥，不过不用担心。目前，唯一重要的是，你已经能够成功编译程序并将其加载到 PIC32 上。在后面的章节中将会解释创建过程的细节。

⊖　根据终端仿真器的不同，Enter 可能生成回车（\r）、换行（\n）或者两者都有。通常，终端仿真器在收到 \r 时将光标移动到最左侧的列，而在收到 \n 时会将光标移动到下一行。

1.6　小结

- 当开始创建一个新的项目时，需要将 `<PIC32>/skeleton` 目录复制到新的位置 `<projectdir>`，并将你的源代码添加到其中。
- 在 `<projectdir>` 目录下，使用 `make` 命令来创建可执行文件。
- 为了将 PIC32 设置为程序接收模式，首先需要同时按下 USER 和 RESET 按钮，然后释放 RESET 按钮，最后释放 USER 按钮。接着，使用 `make write` 命令来加载程序。
- 使用终端仿真器与运行在 PIC32 上的程序进行通信。在 `<projectdir>` 目录下，输入 `make putty` 或 `make screen` 命令后将启动相应的终端仿真器，并将其连接到 PIC32。

延伸阅读

Embedded computing and mechatronics with the PIC32 microcontroller website. `http://www.nu32.org`.

Part 2 | 第二部分

基 础 知 识

硬　　件

微控制器推动了现代世界的发展，从汽车到微波炉，再到玩具。这些微小的芯片将现代计算机的每一个组件都集成到一起，这些组件包括中央处理器（CPU）、随机存储器（RAM）、非易失性闪速存储器（flash）以及外围设备。尽管微控制器的处理能力明显不如个人计算机，但是它们更小、更便宜且能耗更低。另外，它们的外围设备（连接 CPU 和外部物理世界的设备）允许软件直接访问相关电路，如控制闪光灯、驱动电机和读取传感器。

许多公司［包括（但不限于）Microchip、Atmel、Freescale、Texas Instruments 和 STMicroelectronics 公司］，制造了大量各种系列的微控制器。这里不是宽泛地讨论各种微控制器，而是有针对性地介绍 PIC32MX795F512H 微控制器，它通常也被简称为 PIC32。由于 PIC32MX795F512H 具有处理器运行速度快、内存容量大、外围设备多等特点，所以它是一款适于学习微控制器编程和实现嵌入式控制项目的优秀微控制器。从 PIC32MX795F512H 微控制器中所学到的大多数内容，也都适用于 PIC32MX 系列微控制器。同样，你学到的概念也都适用于各种其他微控制器。

2.1　PIC32 微控制器

2.1.1　引脚、外设和特殊功能寄存器

PIC32 微控制器的工作电压为 2.3 ～ 3.6V，最大的 CPU 时钟频率为 80MHz，带有 512KB 的程序存储器（flash）和 128KB 的数据存储器（RAM）。它提供的外设包括 1 个 10 位模 – 数转换器（ADC）、许多数字 I/O 引脚、USB 2.0 接口、以太网接口、两个 CAN 总线模块、4 个 I²C 和 3 个 SPI 同步串口通信模块、6 个用于异步串行通信的 UART、5 个 16 位计数器 / 定时器（可配置成 2 个 32 位定时器和 1 个 16 位定时器）、5 个脉冲宽度调制输出和几个外部中断引脚。如果你现在还不知道这些外设的功能，那么请不要担心，因为在本书的大部分章节中，我们都将专门介绍这些外设。

　　引脚的功能是将外设连接到外部世界。为了把如此多的功能加载到仅有的 64 个引脚上，许多引脚需要有多种功能。图 2-1 给出了 PIC32MX795F512H 微控制器的引脚分配图。例如，引脚 12 可以用作模拟输入、比较器输入、电平变化通知输入（当有输入状态发生变化时将产生中断），或者数字输入或输出。

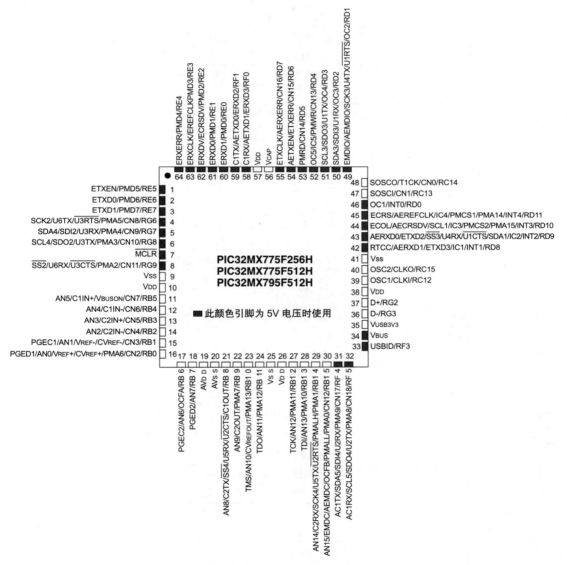

图 2-1　NU32 开发板上使用的 PIC32MX795F512H 引脚图

　　表 2-1 给出了 PIC32 微控制器主要引脚的功能描述。其他引脚的功能描述，可以参阅 PIC32MX5xx/6xx/7xx 系列微控制器的数据表。

表 2-1 PIC32 微控制器部分引脚的功能描述

引脚名	功 能
ANx (x = 0 ~ 15)	模 – 数（ADC）转换的输入
AVDD, AVSS	用于 ADC 的正电压和参考地
CxIN–, CxIN+, CxOUT (x = 1, 2)	比较器的负输入、正输入和输出
CxRX, CxTx (x = 1, 2)	CAN 接收和发送引脚
CLKI, CLKO	时钟输入和输出（用于特定的时钟模式）
CNx (x = 0 ~ 18)	电平变化通知，这些引脚上的电压变化将产生中断
CVREF–, CVREF+, CVREFOUT	比较器参考电压的低电平和高电平输入、输出
D+, D–	USB 通信线
ENVREG	向内核提供 1.8V 电压的片上稳压器使能引脚（在 NU32 开发板上，将 ENVREG 连接至 VDD 可以使能稳压器）
ICx (x = 1 ~ 5)	用于测量频率和脉冲宽度的输入捕获引脚
INTx (x = 0 ~ 4)	这些引脚上的电平变化将产生中断
$\overline{\text{MCLR}}$	主机清除复位引脚，当该引脚为低电平时复位 PIC
OCx (x = 1 ~ 5)	输出比较引脚，通常用来产生脉冲序列（脉宽调制）或者单个脉冲
OCFA, OCFB	输出比较引脚的故障保护；如果发现故障，它们可使 OC 输出为高阻抗（既不是高电平，也不是低电平）
OSC1, OSC2	用于不同时钟模式下的晶振或者谐振器连接
PMAx (x = 0 ~ 15)	并行主端口地址
PMDx (x = 0 ~ 7)	并行主端口数据
PMENB, PMRD, PMWR	并行主端口的使能和读 / 写选通信号
Rxy (x = B ~ G, y = 0 ~ 15)	数字 I/O 引脚
RTCC	实时时钟报警输出
SCLx, SDAx (x = 1, 3, 4, 5)	I²C 串行时钟和数据输入 / 输出，用于 I²C 异步串行通信模块
SCKx, SDIx, SDOx (x = 2 ~ 4)	用于 SPI 同步串行通信模块的串行时钟、串行数据输入和输出
$\overline{\text{SSx}}$ (x = 2 ~ 4)	用于 SPI 通信的从机模式选择（低电平有效）
T1CK	当对外部脉冲计数时，用作计数器 / 定时器的输入引脚
$\overline{\text{UxCTS}}$, $\overline{\text{UxRTS}}$, UxRX, UxTX (x = 1 ~ 6)	对于 UART 模块，清除发送、请求发送、接收输入和发送输出
VDD	用于外围数字逻辑和 I/O 引脚的正电源电压（在 NU32 开发板上为 3.3V）
VDDCAP	当使能 ENVREG 时，用作内部 1.8V 稳压器的电容滤波器
VDDCORE	当禁止 ENVREG 时，用作外部的 1.8V 电源
VREF–, VREF+	用作 ADC 的负电压和正电压限制
VSS	逻辑和 I/O 的接地端
VBUS	监视 USB 总线电源
VUSB	USB 收发器的电源
USBID	USB 便携式（OTG）检测

注：更多信息，请参阅数据表的第 1 章。

　　一个特定引脚实际所起到的作用由特殊功能寄存器（SFR）决定。每个 SFR 在内存地址中都是一个 32 位字的寄存器。SFR 位取值为 0（清 0）或者 1（置 1），以控制引脚的功能以及其他 PIC32 微控制器的特性。

　　例如，图 2-1 所示的引脚 51 可以用作 OC4（输出比较器 4）或者 RD3（端口 D 的数字 I/O 第 3 位）。如果需要将引脚 51 用作数字输出，那么可以对 SFR 中控制该引脚的相应位置 1，禁止 OC4 功能，允许 RD3 作为数字输出。数据表对 SFR 的内存地址和含义做了解释。要注意的是，数据表涵盖了许多不同 PIC32 微控制器的型号信息。查阅数据表中关于输出比较的内容，不难发现，名称为 OC4CON 的 32 位 SFR 决定了 OC4 是否使能。特别地，对于第 0 ~ 31 位，我们发现第 15 位负责使能或者禁止 OC4，将这一位称作 OC4CON <15>。若将这一位清 0，则 OC4 无效；若将它置为 1，则 OC4 有效。因此，我们将这一位清 0（位操作可以是向该位写 0 或者简单地清 0，也可以是向该位写 1 或者简单地置位）。现在，查阅数据表中 I/O 端口内容，从中可以看出，端口 D 的输入 / 输出方向是由 SFR 的 TRISD 来控制的，其中第 0 ~ 11 位用来控制 RD0 ~ RD11 的功能。为了使 RD3（引脚 51）为数字输出，应该将 SFR TRISD 的第 3 位清 0，即 TRISD <3>。

　　根据数据表中的存储器组织可知，OC4CON <15> 在复位时是默认为 0 的，因此在我们的程序中没有必要对 OC4CON <15> 进行清 0。另一方面，TRISD <3> 在复位时默认是置 1 的，这样引脚 51 默认为数字输入，因此在程序中必须对 TRISD <3> 进行清 0。为了安全起见，所有引脚在复位时都应被设置为输入，这样可以防止 PIC32 微控制器将不必要的电压施加给外部电路。

　　除了对引脚功能进行设置以外，SFR 还是 PIC32 微控制器的 CPU 同外设之间进行通信的主要方式。以 UART 与外设通信为例，可以将其看作与 CPU 同在一个芯片上的独立电路。当你的程序在 CPU 上运行时，可以通过向一个或者多个 SFR 执行写入操作来配置电路（例如 UART 通信的速度），SFR 中的值可以被外设电路所读取。CPU 通过向 SFR 执行写操作，来发送数据给外设（如通过 UART 发送数据），而 CPU 通过对外设控制的 SFR 执行读操作，来从外设中读取数据（如通过 UART 接收数据）。

　　在学习 PIC32 微控制器时，我们将会多次看到并使用 SFR。

2.1.2　PIC32 结构

外围设备

　　图 2-2 描述了 PIC32 微控制器的结构。当然，这里有 CPU、程序存储器（flash）和数据存储器（RAM）。对我们来说，也许最有兴趣的部分就是外围设备（外设）了，它使得微控制器对于嵌入式控制非常有用。这里，我们将简要地讨论可用的外设。在接下来的章节中，将进行更加详细的技术阐述。如图 2-2 所示，按照从上到下、从左到右的顺序，我们将简要地介绍这些外设。

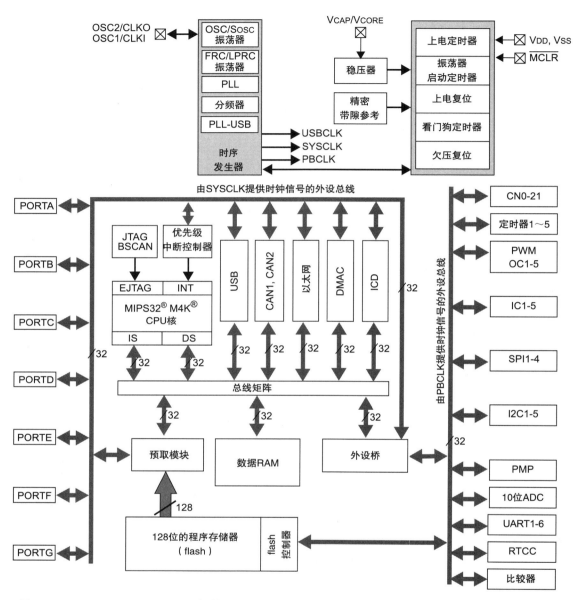

图 2-2 PIC32MX5XX/6XX/7XX 架构。PIC32MX795F512H 缺少了数字 I/O 端口 A（PORTA），只有 19 个电平变化通知输入、3 个 SPI 模块和 4 个 I²C 模块

数字输入和输出。 数字 I/O 端口（PIC32MX795F512H 的端口 B～G，即 PORTB～PORTG）允许读取或者输出数字电压。配置为输入的数字 I/O 引脚可以用来检测输入是高电平还是低电平。由于在 NU32 开发板上，PIC32 微控制器的供电电压为 3.3V，因此接近 0V 的电压被视为低电平，而接近 3.3V 的电压被视为高电平。有些引脚可以耐受 5.5V 的电

压，而在其他引脚上超过 3.3V 的电压可能会损坏 PIC32 微控制器（在图 2.1 中可以找到耐受 5.5V 电压的引脚）。

配置为输出的数字 I/O 引脚可以产生 0V 或者 3.3V 的电压。输出引脚也可以配置为开漏极的。在这种配置下，该输出引脚需要外接一个上拉电阻，并接到 5.5V 电源上。这样就允许引脚的输出晶体管吸收电流（将电压拉低至 0V）或者关断（将电压拉高到 5.5V），从而增加引脚能提供的电压输出范围。

通用串行总线。通用串行总线（USB）是一种异步通信协议，广泛地使用于计算机和其他设备中。通过一条由 +5V、接地线、D+ 和 D−（差分数据信号）构成的四线总线，一台主机可以与一台或者多台从机进行通信。PIC32 微控制器只有一个 USB 外设（可选择 USB 2.0 全速或者低速通信），在理论上可以实现每秒多达几兆位的数据传输速率。

控制器局域网。控制器局域网（CAN）普遍存在于工业和自动化应用中，特别是电噪声容易产生问题的场合。CAN 允许多个设备在一条二线的总线上进行通信。数据传输速率可达 1Mbit/s。CAN 外设使用外部收发芯片来转换总线上的信号和 PIC32 微控制器能处理的信号。PIC32 微控制器包含两个 CAN 模块。

以太网。以太网（Ethernet）模块允许 PIC32 微控制器连接到互联网（Internet）。它使用外部物理层协议收发器（PHY）芯片和直接存储器访问（DMA）来分流来自 CPU 的 Ethernet 通信的繁重处理需求。NU32 开发板上没有提供 PHY 芯片。

DMA 控制器。直接存储器访问控制器（DMAC）无须 CPU 的介入就可以实现数据传输。例如，DMA 允许外围设备通过 UART 直接将数据转储到 PIC32 的 RAM 中。

电路内置调试器。在调试时，Microchip 调试工具使用电路内置调试器（ICD）来控制 PIC32 微控制器的工作。

看门狗定时器。如果程序使用看门狗定时器（WDT），那么它必须定期重置计数器。否则，当计数器达到指定值时，PIC32 将复位。WDT 允许 PIC32 从软件错误导致的意外状态或无限循环中恢复。

电平变化通知。当输入电压从低电平变为高电平或从高电平变为低电平时，电平变化通知（CN）引脚会产生中断。PIC32 具有 19 个电平变化通知引脚（CN0 ～ CN18）。

计数器 / 定时器。PIC32 有 5 个 16 位计数器 / 定时器（Timer1 ～ Timer5），计数器用来记录信号的脉冲数。如果脉冲由固定频率产生，那么计数可以作为时间，因此定时器只是以固定频率输入的计数器。由于 Microchip 统一将这些设备称为"定时器"，因此从现在开始我们都使用这个术语。每个定时器可以从 0 计数到 $2^{16} - 1$，或者计数到在滚动之前设定的任何小于 $2^{16} - 1$ 的预设值。定时器可以对外部事件进行计数，如引脚 T1CK 上的脉冲或外设总线时钟上的内部脉冲。两个 16 位定时器可以配置为一个 32 位定时器。两对不同的定时器可以组合成一个 16 位和两个 32 位定时器。

输出比较。5 个输出比较（OC）引脚（OC1 ～ OC5）可产生指定持续时间的单个脉冲，或指定占空比和频率的连续脉冲序列。它们与定时器一起工作可以产生精确时序的脉冲。

输出比较通常用于生成 PWM（脉宽调制）信号，用来控制电机或进行低通滤波以创建指定的模拟电压输出。（不能从 PIC32 中输出任意的模拟电压。）

输入捕获。当输入发生变化时，5 个输入捕获（IC）引脚（IC1 ～ IC5）存储由定时器测量的当前时间。因此，该外设可以精确测量输入脉冲的宽度和信号频率。

串行外设接口。PIC32 具有 3 个串行外设接口（SPI）（SPI2 ～ SPI4）。SPI 总线为主设备（通常是微控制器）和一个或多个从设备之间的同步串行通信提供了一种方法。该接口通常需要 4 个通信引脚：时钟（SCK）、数据输入（SDI）、数据输出（SDO）和从机选择（SS）。通信的速率可以超过每秒数十兆位。

内部集成电路。PIC32 具有 4 个内部集成电路（I^2C）模块（I2C1、I2C3、I2C4、I2C5）。I^2C（发音为 "I squared C"）是一种同步串行通信标准（类似于 SPI），允许多个设备仅通过两根线进行通信。任何设备都可以成为主机，并在任意给定时间内控制通信。这种通信方式的最大数据传输速率比 SPI 要小，通常为 100Kbit/s 或 400Kbit/s。

并行主端口。并行主端口（PMP）模块用于从外部并行设备中读取数据和向其中写入数据。并行通信允许同时传输多个数据位，但每位都要有独立的电缆。

模拟输入。PIC32 有一个模 – 数转换器（ADC），它可以连接 16 个不同的引脚，允许监视多达 16 个模拟电压（通常是传感器输入）。ADC 可以编程为连续读取一系列输入引脚上的数据，或读取单个值。输入电压必须在 0 ～ 3.3V 之间。ADC 具有 10 位分辨率，可以区分 $2^{10}=1024$ 个不同的电压等级。理论上转换速度的最大值可能达到每秒 100 万次采样。

通用异步接收器 / 发送器。PIC32 具有 6 个通用异步收发器（UART）模块（UART1 ～ UART6）。这些外设为两台设备之间的串行通信提供了另一种方法。与 SPI 等同步串行协议不同，UART 没有时钟线，但是每个通信设备都有自己的时钟，而且必须工作于相同的频率。参与 UART 通信的两个设备都要具有接收（RX）和发送（TX）线路。通常也使用请求发送（RTS）和清除发送（CTS）线路，以允许设备协调何时发送数据。典型的数据速率是每秒 9600 位（9600 波特）到每秒几十万位。talkingPIC.c 程序与计算机通信所使用的 UART 配置为 230 400 波特。

实时时钟和日历。实时时钟和日历（RTCC）模块可以以秒、分钟、天、月和年为单位准确地保持扩展周期的时间。

比较器。PIC32 有两个比较器，每个比较器比较两个模拟输入电压，并确定哪一个电压值比较大。一个可配置的内部参考电压可用于比较并输出到一个引脚，从而产生一个分辨率有限的数 – 模转换器。

其他组件

请注意，外设位于两条不同的总线上，一个是由系统时钟（SYSCLK）提供时钟的总线，另一个是由外设总线时钟（PBCLK）提供时钟的总线。第三个时钟 USBCLK 用于 USB 通信。下面简要描述产生这些时钟信号的时序生成模块和图 2-2 所示架构中的其他元件。

CPU。中央处理单元负责一切事务。它通过"指令侧"（IS）总线获取程序指令，通过

"数据侧"（DS）总线读取数据，执行指令并将结果写入 DS 总线。CPU 可以通过 SYSCLK 设置的高达 80MHz 的时钟频率进行工作，这意味着它可以每 12.5ns 执行一条指令。CPU 能够在一个周期内执行 32 位整数乘以 16 位整数的操作，或者在两个周期内执行 32 位整数乘以 32 位整数的操作。因为没有浮点单元（FPU），所以浮点运算是由软件算法执行的，浮点运算要比整数运算慢得多。

CPU 是 MIPS32 M4K 微处理器内核，由 Imagination Technologies 授权。CPU 的工作电压为 1.8V（当在 NU32 电路板上使用它时，由 PIC32 内部的稳压器提供电源）。下面要讨论的中断控制器可以通知 CPU 有外部事件。

总线矩阵。CPU 通过 32 位总线矩阵与其他单元进行通信。根据 CPU 指定的存储器地址，CPU 可以从程序存储器（闪存）、数据存储器（RAM）或 SFR 中读取数据或向其中写入数据。内存映射将在 2.1.3 节中讨论。

中断控制器。中断控制器向 CPU 提供"中断请求"。一个中断请求（IRQ）可以由多个来源产生，例如电平变化通知引脚的输入发生改变或者其中一个定时器达到指定的时间。如果 CPU 接受请求，则将正在进行的任何操作挂起，并跳转到程序的中断服务子程序（ISR）。执行完 ISR 后，控制程序会返回到上次挂起的地方。在嵌入式控制中，中断是一个非常重要的概念，这将会在第 6 章进行详细讨论。

存储器：程序闪存和数据 RAM。PIC32 有两种类型的存储器：闪存和 RAM。PIC32 的闪存空间很大（例如，在 PIC32MX795F512H 上有 512KB 的闪存与 128KB 的 RAM），它们都是非易失性的（这意味着其内容在断电时会保存，这与 RAM 不同），但读取和写入速度比 RAM 要慢。你的程序存储在闪存中，临时数据存储在 RAM 中。关闭 PIC32 的电源时，程序仍然存在，但 RAM 中的数据会丢失[⊖]。

因为闪存速度较慢，所以 PIC32MX795F512H 的最大访问速度为 30MHz。当它工作在 80MHz 时，读取闪存中的程序指令可能需要 3 个 CPU 周期（参见数据表中的电气特性）。预取缓存模块（如下所述）可以最小化或消除 CPU 等待从闪存中加载程序指令所需的时间。

预取高速缓存模块。你可能熟悉 Web 浏览器中的术语高速缓存。浏览器的缓存存储了最近访问过的文档或页面，所以在下次请求时，浏览器可以立即提供本地副本，而不是等待下载。

预取高速缓存模块的运行方式与它很类似——它存储最近执行的程序指令。这些程序指令可能很快就会在没有分支的线性代码中被执行（如程序循环中），它甚至可以在运行当前指令之前预测后面的指令，并将其预取到缓存中。在这两种情况下，目标都是让 CPU 请求已经在缓存中的下一个指令。当 CPU 请求一条指令时，首先检查缓存。如果内存地址上的指令存储在高速缓存中（高速缓存命中），则预取模块立即向 CPU 提供指令。如果未命

⊖ 也有可能在 RAM 中存储指令或在闪存中存储数据，但是现在我们暂时忽略这些情况。

中，则开始从较慢的闪存中加载。

在某些情况下，预取模块可以在每个周期向 CPU 提供一条指令，隐藏由于慢速访问而导致的延迟。模块可以将所有指令缓存在小程序循环中，以便在执行循环时不必访问闪存。对于线性代码，预取模块和闪存之间的 128 位宽的数据路径允许预取模块在执行之前运行，尽管闪存的加载时间很慢。

预取缓存模块也可以存储常量数据。

时钟和时序的产生。 PIC32 上有 3 个时钟：SYSCLK、PBCLK 和 USBCLK。USBCLK 是用于 USB 通信的 48MHz 的时钟。SYSCLK 以最高 80MHz 并且可调低至 0Hz 的频率为 CPU 提供时钟。更高的频率意味着每秒执行更多的计算，以及更高功率的消耗（大约与频率成正比）。PBCLK 用于许多外设中，其频率设置为 SYSCLK 的频率除以 1、2、4 或 8。如果要节省功耗，则需要将 PBCLK 的频率设置为低于 SYSCLK 的频率。如果 PBCLK 的频率小于 SYSCLK 的频率，那么具有背靠背外设操作的程序将导致 CPU 等待几个周期，然后再发出第二个外设命令，以确保第一个外设命令已经执行完成。

所有时钟都是由 PIC32 内部的振荡器或用户提供的外部谐振器或振荡器产生的。由于高速运行要依靠外部电路，所以 NU32 提供了一个外部 8MHz 的谐振器作为时钟源。为了使用 PIC32 上的锁相环（PLL），NU32 软件设置 PIC32 的配置位（参阅 2.1.4 节），并将该频率乘以系数 10，以产生 80MHz 的 SYSCLK。PBCLK 设置为相同的频率。USBCLK 也将频率乘以 6，从而得到 8MHz 的谐振器。

2.1.3　物理内存映射

CPU 以相同的方式访问外设、数据和程序指令，即通过向总线写入存储器地址来访问。PIC32 存储器的地址长度为 32 位，每个地址对应于存储器映射中的一个字节。因此，PIC32 的存储器映射由 4GB（2^{32} 字节）组成。当然，这些地址中的大部分都是没有意义的，能表示的地址远远超过所需要的地址。

PIC32 的存储器映射由 4 个主要组件组成：RAM、闪存、写入（控制外设或发送输出）或读取（例如获取传感器输入）外设的 SFR 以及引导闪存。当然，我们还没有看到"引导闪存"。它是 PIC32MX795F512H 上额外的 12KB 闪存，包含在复位后立即执行的程序指令[○]。引导闪存指令通常在 PIC32 初始化时执行，然后调用存放在程序闪存中的程序。对于 NU32 板上的 PIC32，引导闪存中包含一个"引导加载程序"，用于在 PIC32 上加载新程序时与计算机通信（参阅第 3 章）。

下表说明了 PIC32 的物理内存映射。它由"RAMsize"字节的 RAM（PIC32MX795F-512H 中为 128KB）、"flashsize"字节的闪存（PIC32MX795F512H 中为 512KB）、用于外设 SFR 的 1MB 空间以及引导闪存的"bootsize"字节空间（PIC32MX795F512H 中为 12KB）的块组成。

○　引导闪存的最后 4 个 32 位字属于设备配置寄存器（参阅 2.1.4 节）。

物理存储起始地址	大小（字节）	区域
0x00000000	RAMsize (128 KB)	数据随机存储器（RAM）
0x1D000000	flashsize (512 KB)	程序闪存
0x1F800000	1MB	外设特殊功能寄存器（SFR）
0x1FC00000	bootsize (12 KB)	引导闪存

存储器区域不是连续的。例如，程序闪存的第一个地址是数据 RAM 中第一个地址之后的 480MB。尝试访问数据 RAM 段和程序闪存段之间的地址将会产生错误。

也可以分配一部分 RAM 来保存程序指令。

在第 3 章中，我们会在讨论 PIC32 的编程时介绍虚拟内存映射，及其与物理内存映射之间的关系。

2.1.4　配置位

引导闪存的最后 4 个 32 位字是包含配置位的器件配置寄存器 DEVCFG0 ～ DEVCFG3。这些配置位中的值决定了 PIC32 工作方式的重要属性。可以在数据表的特殊性能部分了解更多关于配置位的信息。例如，DEVCFG1 和 DEVCFG2 包含了用来将外部谐振器频率转换为 SYSCLK 频率的倍频器配置位，以及确定 SYSCLK 和 PBCLK 频率之间比值的位。在 NU32 开发板中，PIC32 的配置位与引导加载程序是需要一起编程的。

2.2　NU32 开发板

NU32 开发板如图 1-1 所示，其引脚排列如表 2-2 所示。NU32 开发板为 PIC32MX-795F512H 的 64 个引脚中的大多数提供了简单的面包板接入。如图 1-1 所示，NU32 就像一个大型的 60 引脚 DIP（双列直插式封装）芯片插入一个标准原型面包板中。关于 NU32 的更多细节和最新信息，可以在本书的网站上找到。

表 2-2　使用 PIC32MX795F512H 引脚编号的 NU32 引脚（灰色，顶部带电源插孔）

功能 GND	PIC32	GND	GND	PIC32	功能
GND		GND	GND		GND
3.3V		3.3V	3.3V		3.3V
5V		5V	5V		5V
VIN		VIN	VIN		VIN
C1RX/RF0	√ 58	F0	GND		GND
C1TX/RF1	√ 59	F1	G9	8 √	U6RX/U3CTS/PMA2/CN11/RG9
PMD0/RE0	√ 60	E0	G8	6 √	SCL4/SDO2/U3TX/PMA3/CN10/RG8
PMD1/RE1	√ 61	E1	G7	5 √	SDA4/SDI2/U3RX/PMA4/CN9/RG7
PMD2/RE2	√ 62	E2	G6	4 √	SCK2/U6TX/U3RTS/PMA5/CN8/RG6

（续）

功能 GND	PIC32	GND	GND	PIC32	功能
PMD3/RE3	√ 63	E3	MCLR	7 √	MCLR
PMD4/RE4	√ 64	E4	D7	55 √	CN16/RD7
PMD5/RE5	√ 1	E5	D6	54 √	CN15/RD6
PMD6/RE6	√ 2	E6	D5	53 √	PMRD/CN14/RD5
PMD7/RE7	√ 3	E7	D4	52 √	OC5/IC5/PMWR/CN13/RD4
AN0/PMA6/CN2/RB0	16	B0	D3	51 √	SCL3/SDO3/U1TX/OC4/RD3
AN1/CN3/RB1	15	B1	D2	50 √	SDA3/SDI3/U1RX/OC3/RD2
AN2/C2IN–/CN4/RB2	14	B2	D1	49 √	SCK3/U4TX/U1RTS/OC2/RD1
AN3/C2IN+/CN5/RB3	13	B3	D0	46 √	OC1/INT0/RD0
AN4/C1IN–/CN6/RB4	12	B4	C14	48	T1CK/CN0/RC14
AN5/C1IN+/CN7/RB5	11	B5	C13	47	CN1/RC13
AN6/OCFA/RB6	17	B6	D11	45 √	IC4/PMA14/INT4/RD11
AN7/RB7	18	B7	D10	44 √	SCL1/IC3/PMA15/INT3/RD10
AN8/C2TX/U5RX/U2CTS/RB8	21	B8	D9	43 √	U4RX/U1CTS/SDA1/IC2/INT2/RD9
AN9/PMA7/RB9	22	B9	D8	42 √	IC1/INT1/RD8
AN10/PMA13/RB10	23	B10	G2	37	D+/RG2
AN11/PMA12/RB11	24	B11	G3	36	D–/RG3
AN12/PMA11/RB12	27	B12	VBUS	34 √	VBUS
AN13/PMA10/RB13	28	B13	F3	33 √	USBID/RF3
AN14/C2RX/SCK4/U5TX/U2RTS/ PMA1/RB14	29	B14	F4	31 √	SDA5/SDI4/U2RX/PMA9/CN17/RF4
AN15/OCFB/PMA0/CN12/RB15	30	B15	F5	32 √	SCL5/SDO4/U2TX/PMA8/CN18/RF5

注：用√标记的引脚可容许电压为 5.5V。并非所有的引脚功能都列出来了，请参阅图 2-1 或者 PIC32 数据表。粗体显示的引脚应该小心使用，因为它们与 NU32 上的其他功能共享引脚。NU32 引脚 G6、G7、G8、G9、F0、F1、D7 和 MCLR 在正常使用时，应考虑输出。MCLR 的数值由 NU32 上的 MCLR 按钮来确定；D7 的数值由 USER 按钮确定；F0 和 F1 在用作 PIC32 的数字输出时，分别控制 NU32 上的 LED1 和 LED2；而 G6 ～ G9 则用于 PIC32 的 UART3 通过 mini-B USB 插孔与主机进行通信。

除了简单地分配引脚之外，NU32 还提供了许多特性，以使学习 PIC32 变得简单。例如，NU32 提供了一个可容纳内径为 1.35mm、外径为 3.5mm、中心为正电源插头的桶式插口为 PIC32 供电。在直流 6V 或者更高电压时，插头应提供 1A 的电源。PIC32 需要 2.3 ～ 3.6V 的电源电压，而 NU32 提供的 3.3V 稳压器可以为 PIC32 和开发板上的其他电子元器件提供稳定的电压。由于通常情况下提供 5V 电源会更方便，所以 NU32 也有一个 5V 稳压器。电源插头的原始输入电压 Vin、地以及 3.3V 和 5V 的稳压电源可供用户使用，如图 1-1 所示。电源插孔直接连接到 Vin 和 GND 引脚，这样就可以直接将 Vin 和 GND 置于这些引脚上，从而不需要连接电源插孔来为 NU32 供电。

3.3V 稳压器可提供高达 800mA 的电流，5V 稳压器可提供高达 1A 的电流，只要电源可以提供这么大的电流。实际使用时，你应该使电流值保持在这些限制之下。例如，不应该尝试从 NU32 中抽取 200 ~ 300mA 左右的电流。即使使用电流较大的电源（如电池），也应该遵守这些限制，因为电流必须流过 PCB 上较薄的走线。也不建议使用大于 9V 的高压电源，因为这样会令稳压器会升温。

由于电机往往会吸取大量电流（即使是小型电机也可能吸收几百毫安甚至几安培的电流），所以不要试图在 NU32 上为它们供电，应该使用独立的电池或电源。

除了稳压器之外，NU32 还提供了一个 8MHz 的谐振器，它作为 PIC32 的 80MHz 时钟信号源。它还具有一个 mini-B USB 插孔，可将计算机的 USB 端口连接到 USB 转 UART 的 FTDI 芯片上，从而使 PIC32 能够使用其 UART 与计算机进行通信。

USB micro-B 插孔允许 PIC32 与另一个外围设备（如智能手机）通话。

NU32 开发板还有一个电源开关（用于连接或断开稳压器的输入电源），以及两个 LED 和两个按钮（标记为 USER 和 RESET），从而允许提供非常简单的输入和输出。LED1 和 LED2 的一端分别通过电阻连接到 3.3V，另一端则连接到数字输出 RF0 和 RF1 上，所以它们会在输出为高电平时关闭，输出为低电平时打开。USER 和 RESET 按钮分别连接到数字输入 RD7 和 MCLR 引脚上，两个按钮均配置为在按下时输入 0V，抬起时为 3.3V。具体请参阅图 2-3。

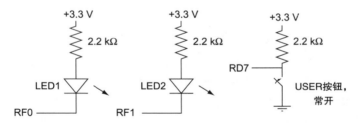

图 2-3　NU32 上的 PIC32 引脚 RF0、RF1 和 RD7 分别与 LED1、LED2 和 USER 按钮相连

由于 PIC32 上的引脚 RG6 ~ RG9、RF0、RF1 和 RD7 用于与主机、LED 和 USER 按钮间的 UART 通信，所以当需要通信时，这些引脚的其他功能都不可用。尤其是以下几个。

- UART6 不能使用（与引脚 RG6 和 RG9 冲突）。由于 UART3 用于与主机进行通信，因此只剩下 UART1、UART2、UART4 和 UART5 可用于编程。
- SPI2 不能使用（与引脚 RG6 和 RG7 冲突）。因此，只剩下 SPI3 和 SPI4。
- I2C4 不能使用（与引脚 RG7 和 RG8 冲突）。因此，只剩下 I2C1、I2C3 和 I2C5。
- CAN1 的默认引脚 C1RX 和 C1TX 不能使用（它们与引脚 RF0 和 RF1 相冲突），但是由于 DEVCFG3 中的配置位 FCANIO 在 NU32 中被清 0，从而可以使用代替引脚 AC1RX（RF4）和 AC1TX（RF5）来设置 CAN1。因此不会有 CAN 模块丢失。
- 媒体独立接口（MII）以太网不能使用（与引脚 RD7、RF0 和 RF1 冲突）。PIC32 可以使用 MII 或简化的媒体独立接口（RMII）来实现以太网通信，并且在 NU32 上仍然可以使用 RMII 与以太网通信（比 MII 使用更少的引脚）。

- 几个电平变化通知引脚和数字 I/O 引脚不能使用，但还有很多引脚是可用的。

总之，由于 NU32 上的连接，少许功能是不能用的，而高级用户可以找到其他方法绕过这些限制。

尽管 NU32 在闪存中安装了引导加载程序，但你可以选择使用编程器来安装独立程序。USB 板上的 5 个电镀通孔要与器件的引脚对齐（如 PICkit 3 编程器），如图 2-4 所示。

图 2-4　将 PICkit 3 编程器连接到 NU32 开发板

2.3　小结

- PIC32 配备了一个 32 位数据总线和一个能够在一个时钟周期内执行 32 位运算的 CPU。
- 除了非易失性闪存程序存储器和 RAM 数据存储器之外，PIC32 还提供了对嵌入式控制特别有用的外设，包括模拟输入、数字 I/O、PWM 输出、计数器 / 定时器、产生中断或测量脉冲宽度或频率的输入，以及各种通信协议的引脚（包括 USB、以太网、CAN、I²C 和 SPI）。
- 引脚和外设执行的功能由特殊功能寄存器所决定。SFR 也用于 CPU 和外围设备之间的双向通信。
- PIC32 有 3 个主时钟：CPU 的时钟 SYSCLK、外设的时钟 PBCLK 以及 USB 通信的时钟 USBCLK。
- 物理内存由 32 位地址指定。物理内存映射包含 4 个区域：数据 RAM、程序闪存、SFR 和引导闪存。可以在一个时钟周期内访问 RAM，而对于闪存的访问可能较慢。预取高速缓存模块可尽量减小程序指令的延迟。
- 4 个 32 位配置字 DEVCFG0 ～ DEVCFG3 用于设置 PIC32 的重要行为。例如，这些配置位决定了外部时钟频率倍增或分频的方式，以创建 PIC32 时钟。
- NU32 开发板为电源提供稳压器，包括一个用于时钟的谐振器。它将 PIC32 引脚分配给无焊面包板，提供一对 LED 和按钮作为简单的输入和输出，并通过计算机的 USB 端口来简化与 PIC32 之间的通信。

2.4　练习题

参考 PIC32MX5XX/6XX/7XX 的数据表和 PIC32 参考手册，回答下面的问题。

1. 在 Microchip 公司的网页上查找 PIC32 产品列表，说明所有 PIC32 型号的规格。

   a. 查找符合以下规格的 PIC32 产品：至少有 128KB 的闪存、32KB 的 RAM 和最高 80MHz 的 CPU 速度。符合这些规格的 PIC32 产品中最便宜的是哪个？它的批量价格是多少？它有多少个 ADC、UART、SPI 和 I²C 通道？有多少个定时器？

   b. 最便宜的 PIC32 是哪一个？它有多大的闪存和 RAM，它的最大时钟速度是多少？

   c. 在所有具有 512KB 闪存和 128KB RAM 的 PIC32 中，哪一个最便宜？它与 PIC32MX795F512H 有什么不同？

2. 根据 C 语言语法中的位运算和移位操作，计算下列表达式并以十六进制表示结果。

   a. 0x37 | 0xA8

   b. 0x37 & 0xA8

   c. ~0x37

   d. 0x37 >> 3

3. 描述 PIC32MX795F512H 中引脚 12 所具有的 4 个功能。它能够承受 5V 电压吗？

4. 参考数据表的 I/O 端口部分，如果你想要将 PORTC 上的引脚从输出改为输入，则需要修改的 SFR 的名称是什么？

5. SFR 中的 CM1CON 用于控制比较器的行为。参考数据表的存储器组织部分，CM1CON 的十六进制复位值是什么？

6. 使用一句话（不需要很详细）解释 PIC32 架构图（如图 2-2 所示）中下列引脚和单元的基本功能：SYSCLK、PBCLK、PORTA ～ PORTG（指出哪些可用于 NU32 上 PIC32 的模拟输入）、Timer1 ～ Timer5、10 位的 ADC、PWM OC1 ～ 5、数据 RAM、程序闪存和预取缓存模块。

7. 列出不是由 PBCLK 提供时钟的外设。

8. 如果 ADC 的测量值在 0 ～ 3.3V 之间，那么它可能无法检测到的最大电压差是多少？（这是一个 10 位的 ADC。）

9. 阅读参考手册中关于预取缓存的章节。以字节为单位，若文件要完全存储在缓存中，则允许的程序循环文件最大是多少？

10. 解释闪存和预取缓存模块之间的路径是 128 位而不是 32、64 或 256 位的原因。

11. 解释如何将数字输出配置为在 0 ～ 4V 之间浮动，即使 PIC32 由 3.3V 电源供电。

12. 多年以来，PIC32 的闪存和 RAM 逐年增加。在更改物理内存映射（对于 RAM、闪存、外设和引导闪存）基址的当前选择之前，PIC32 具有的最大闪存容量是多少？RAM 的最大容量是多少？（以十六进制字节为单位给出答案。）

13. 检查数据表中的特殊功能部分。

    a. 如果你希望 PBCLK 频率是 SYSCLK 频率的一半，那么必须修改哪一个器件配置寄存器的哪些位？要给这些位设置什么值？

    b. 哪一个 SFR 中的哪一位可以使能看门狗定时器？哪一位可用来设置确定看门狗复位（防止 PIC32 重启）的时间间隔的后分频比？你会给这些位设置什么值，以使能看门狗并且设置时间间隔为最大值？

c. 正如参考手册中的"振荡器"章节和数据表中的"振荡器配置"部分所述，PIC32 的 SYSCLK 可以由多种方式生成。NU32 上的 PIC32 使用（外部）HS 模式下的主振荡器和锁相环（PLL）模块。哪个器件配置寄存器中的哪些位可以使能主振荡器并打开 PLL 模块？

14. 你的 NU32 开发板提供 4 个电源端：GND、3.3V 稳压电源、5V 稳压电源和非稳压输入电压（例如 6V）。你打算将 5V 输出的负载接地，如果负载为电阻，那么允许电阻最小为多少时才是安全的？近似答案即可。用一句话解释你是如何得出答案的。

15. NU32 可以由不同的电压源供电。给出可以使用的合理电压范围，从最小到最大，并解释电压限制的原因。

16. 将两个按钮和两个 LED 连接到 NU32 的 PIC32 上。它们连接到哪个引脚？给出实际的引脚号（1 ~ 64），以及在 NU32 上使用的引脚功能的名称。例如，PIC32MX795F512H 上的引脚 37 具有 D+（USB 数据线）或者 RG2（端口 G 数字输入 / 输出）功能，但是在给定的时间内只能激活其中一个功能。

延伸阅读

PIC32 family reference manual. Section 03: Memory organization. (2010). Microchip Technology Inc.

PIC32 family reference manual. Section 02: CPU for devices with the M4K core. (2012). Microchip Technology Inc.

PIC32 family reference manual. Section 32: Configuration. (2013). Microchip Technology Inc.

PIC32MX5XX/6XX/7XX family data sheet. (2013). Microchip Technology Inc.

软　件

在本章中，我们来探讨一个简单的 C 程序是如何与第 2 章所描述的硬件进行交互的。首先介绍虚拟内存映射及其与物理内存映射的关系，然后使用第 1 章的 simplePIC.c 程序来探索编译过程和 XC32 编译器的安装。

3.1　虚拟内存映射

在第 2 章中学习了 PIC32 的物理内存映射，它允许 CPU 使用 32 位地址访问任何 SFR 或者数据 RAM、程序闪存、引导闪存中的任何位置。PIC32 实际上没有 2^{32} 字节（4GB）的 SFR（特殊功能寄存器）和内存，因此，许多物理地址都是无效的。

与使用物理地址（PA）不同，软件使用虚拟地址（VA）来访问内存和 SFR。CPU 中的固定映射转换（FMT）单元通过下面的公式将 VA 转化为 PA：

$$PA = VA \ \& \ 0x1FFFFFFF$$

这种按位执行的与（AND）操作将地址中 3 个最高有效位清 0，从而可以将多个 VA 映射到相同的 PA 上。

如果从 VA 到 PA 的映射只是丢弃前 3 位，那为什么还需要用到它们呢？通过第 2 章所学内容可知，CPU 和预取缓存模块需要用到它们。如果虚拟地址的前 3 位是 0b100（对应十六进制虚拟地址的最高有效位的 8 或 9），则存储器地址中的内容是可以缓存的。如果前 3 位是 0b101（对应十六进制虚拟地址的最高有效位的 A 或 B），那么它就不能被缓存。因此虚拟内存 0x80000000 ～ 0x9FFFFFFF 段是可缓存的，而 0xA0000000 ～ 0xBFFFFFFF 段是不可缓存的。可缓存的段称为 KSEG0（"内核段"），而不可缓存的段称为 KSEG1。

图 3-1 描述了物理内存映射和虚拟内存映射之间的关系。需要注意的是，SFR 在 KSEG0 可缓存虚拟内存段之外。SFR 对应于物理设备（例如外围设备），因此它们的值是不能缓存的。否则，CPU 可能会读取 SFR 中已过时的值，因为 SFR 的状态在缓存时可能和 CPU 需要时不同。例如，如果端口 B 配置为数字输入口，则 PORTB 的 SFR 将包含当前一

些引脚的输入值。由于这些引脚上的电压可能随时会发生改变，因此，可靠的读取方法是直接从 SFR 中读取数值而不是从缓存中读取。

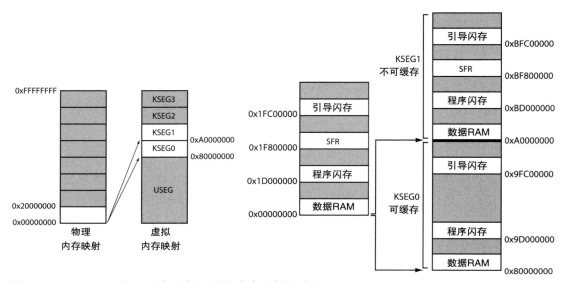

图 3-1 （左）4GB 的物理内存映射和虚拟内存映射被分成 512MB 的段。在插图中，显示了有效的物理内存地址到虚拟内存区域 KSEG0 和 KSEG1 的映射。我们仅使用 KSEG0 和 KSEG1，而不使用 KSEG2、KSEG3 或者用户段 USEG。（右）物理地址映射到可缓存内存（KSEG0）和不可缓存内存（KSEG1）中的虚拟地址。请注意，SFR 是不可缓存的。引导闪存的最后 4 个字（KSEG1 中的 0xBFC02FF0 ～ 0xBFC02FFF），对应于器件配置字 DEVCFG0 ～ DEVCFG3（该图中的内存区域并没有按照比例进行绘制）

另外需要注意的是，可缓存或不可缓存的虚拟地址都可以用来访问程序闪存和数据 RAM。通常情况下，你可能会忽略这个细节，因为 PIC32 可以配置为通过缓存来访问程序闪存（因为闪存速度很慢），但不用缓存来访问数据 RAM（因为 RAM 速度很快）。

接下来，我们将使用虚拟地址如 0x9D000000 和 0xBD000000，而且你已知道它们都指向同一物理地址。由于虚拟地址从 0x80000000 开始，而所有物理地址都低于 0x20000000，因此，我们不至于混淆虚拟地址或物理地址。

3.2 示例：simplePIC.c

我们来编译第 1 章中 simplePIC.c 的可执行文件。为方便起见，这里再次给出该程序。

代码示例 3.1 simplePIC.c。灯闪烁，除非按下 USER 按钮

```
#include <xc.h>          // Load the proper header for the processor
```

```
void delay(void);

int main(void) {
  TRISF = 0xFFFC;          // Pins 0 and 1 of Port F are LED1 and LED2.  Clear
                           // bits 0 and 1 to zero, for output.  Others are inputs.
  LATFbits.LATF0 = 0;      // Turn LED1 on and LED2 off.  These pins sink current
  LATFbits.LATF1 = 1;      // on the NU32, so "high" (1) = "off" and "low" (0) = "on"

  while(1) {
    delay();
    LATFINV = 0x0003;      // toggle LED1 and LED2; same as LATFINV = 0x3;
  }
  return 0;
}

void delay(void) {
  int j;
  for (j = 0; j < 1000000; j++) { // number is 1 million
    while(!PORTDbits.RD7) {
      ;    // Pin D7 is the USER switch, low (FALSE) if pressed.
    }
  }
}
```

再次找到 <PIC32> 目录。按照 1.3 节的步骤构建 simplePIC.hex 文件，并加载到 NU32。我们再次在这里给出指令（你应该为这些命令指定完整的路径）：

```
> xc32-gcc -mprocessor=32MX795F512H
  -o simplePIC.elf -Wl,--script=skeleton/NU32bootloaded.ld simplePIC.c
> xc32-bin2hex simplePIC.elf
> nu32utility <COM> simplePIC.hex
```

当运行程序时，NU32 上的两个 LED 交替点亮或熄灭，在按下 USER 按钮时它们将停止动作。

让我们来看看源代码。程序使用的 SFR 名称为 TRISF、LATFINV 等，这些名称与数据表和参考手册中关于输入 / 输出（I/O）端口的 SFR 命名是一致的。我们在编程 PIC32 时会经常查询数据表和参考手册。稍后将解释如何使用这些 SFR。

3.3　编译过程

当你利用 simplePIC.c 创建 simplePIC.hex 时，首先要了解会发生什么，如图 3-2 所示。

首先，**预处理器**删除注释，并插入 #include 命令包含的头文件，它还会处理其他预处理指令（如 #define）。你可以有多个扩展名为 .c 的 C 源文件和扩展名为 .h 的头文件，但只有一个 C 文件是允许带有 main 函数的，其他文件可以包含一些辅助函数。在第 4 章，我们将学习更多使用多个 C 源文件的项目。

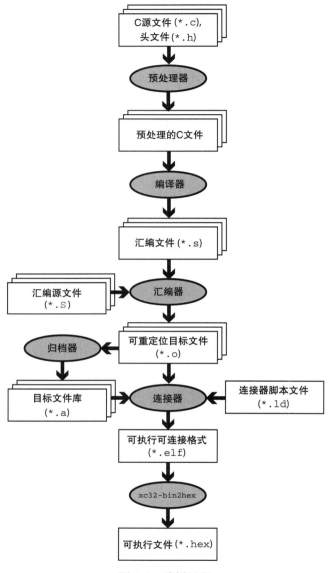

图 3-2 编译过程

　　然后，**编译器**将 C 文件转换为 MIPS32 汇编语言文件，这是针对 PIC32 的 MIPS32 CPU 机器指令的。基本的 C 代码不会因不同的处理器架构而改变，但汇编语言却是完全不同的。这些汇编文件在文本编辑器中是可读取的，并且可以在 PIC32 中用汇编语言直接进行编程。

　　接下来，**汇编器**把汇编文件转换成机器级的可重定位目标代码（relocatable object code），这个代码是不能用文本编辑器打开的。该代码之所以是可重定位的，是因为代码中使用的程序指令和数据的最终内存地址尚未指定。**归档器**（archiver）是一种实用程序，它可以打包几个相关的扩展名为 .o 的目标文件，合并为单一的扩展名为 .a 的库文件。我们不会制作自己的归档库，但肯定会使用由 Microchip 制作的 .a 库！

最后，**连接器**（linker）将一个或多个目标文件组合成一个可执行文件，并与分配给特定存储单元的所有程序指令进行连接。连接器使用了连接器脚本文件，它包含 PIC32 上特定的 RAM 和闪存大小的信息，以及虚拟内存中存放数据和指令的位置说明。结果得到一个可执行文件和可连接格式的（.elf）文件，这是标准的可执行文件格式。该文件包含一些有用的调试信息以及允许使用工具（如 xc32-objdump）进行反汇编的信息，这样就可以将可执行文件转换成汇编代码（参见 3.8 节）。由于这会增加额外的信息，因此编译 simplePIC.c 时将得到一个几百 KB 大小的 .elf 文件！最后一步将创建一个不超过 10KB 的 .hex 文件。该 .hex 文件是可执行文件，适合发送到 PIC32 的引导加载程序中，并将程序写入 PIC32 上的闪存中（下一节将提供更多细节）。

虽然整个过程包括好几个步骤，但通常简称其为"编译"，其实称之为"构建"或"制造"更加准确。

3.4　PIC32 复位过程

当程序正在运行时，按下 NU32 上的按钮 RESET 会发生什么呢？

首先，CPU 会跳转到引导闪存的开始地址 0xBFC00000，并且开始执行指令[⊖]。对于 NU32，引导闪存中包含了加载其他程序到 PIC32 的引导加载程序（bootloader）。引导加载程序将首先检查你是否按下了按钮 USER。如果是，那么它会知道你想重新编程 PIC32，所以它会试图与计算机上的引导加载程序（nu32utility）进行通信。当通信建立后，引导加载程序接收 .hex 可执行文件，并将其写入 PIC32 的程序闪存中（请参阅练习题 2）。我们将安装程序的虚拟地址称为 _RESET_ADDR。

> **注意**：PIC32 的复位地址 0xBFC00000 是硬连线的，并且不能更改。但是，引导加载程序写入程序的地址是可以用软件更改的。

现在假设你在重置 PIC32 时没有按下按钮 USER。在这种情况下，引导加载程序会跳转到地址 _RESET_ADDR，并开始执行之前安装的程序。请注意，由于程序 simplePIC.c 是无限循环的，所以它永远不会停止，这是嵌入式控制系统中常见的特性。如果程序退出，那么 PIC32 会运行在一个更小的循环内，在复位之前它不会执行任何操作。（中断发生时它会继续执行，如第 6 章所述。）

⊖　如果只是启动 PIC32，那么它在跳转到 0xBFC00000 之前，将会等待短暂的时间，用以完成电气瞬态消失、时钟同步等。

3.5 理解 simplePIC.c

让我们回过头来继续理解 simplePIC.c。main 函数用来初始化 TRISF 和 LATFbits 的值，然后进入一个无限的 while 循环。每次循环时，程序都会调用 delay()，然后给 LATFINV 分配一个值。执行一次 delay() 函数，需要迭代上百万次的 for 循环。在每次迭代期间，它会进入一个 while 循环中，以检查（!PORTDbits.RD7）的值。如果 PORTDbits.RD7 为 0（FALSE），则表达式（!PORTDbits.RD7）的值为 TRUE，因此程序仍然在 while 循环中，它除了检查表达式（!PORTDbits.RD7）外什么都不做。而当这个表达式的值为 FALSE 时，程序退出 while 循环，继续执行 for 循环。在 for 循环结束后，控制权返回到 main 函数。

特殊功能寄存器（SFR）。 simplePIC.c 和运行在计算机上的程序之间的主要区别是与外部世界交互的方式。与通过键盘或鼠标与外界互动不同，simplePIC.c 会访问所有对应外围设备的 SFR（如 TRISF、LATF 和 PORTD）。具体来说 TRISF、LATF 和 PORTD 对应于数字 I/O 端口 F 和 D。数字 I/O 端口可供 PIC32 读取或设置引脚的数字电压。为了理解这些特殊功能寄存器的控制功能，我们可以查询数据表的第 1 节（Section 1），它列出了输出引脚的描述。例如，端口 D 具有 12 个引脚，标记为 RD0 ～ RD11；端口 F 具有 5 个引脚，分别标记为 RF0、RF1、RF3、RF4 和 RF5；端口 B 具有 16 个引脚，标记为 RB0 ～ RB15。

现在转到数据表中关于 I/O 端口的部分，以获取更多信息。我们发现，TRISF（简称"三态 F"）用于控制端口 F 的引脚的输入或输出方向。端口 F 的每个引脚都对应着 TRISF 中一位。如果该位为 0，那么对应的引脚就是输出引脚；如果该位为 1，那么对应的引脚就是输入引脚，即 0= 输出，而 1= 输入。我们可以将一些引脚设置为输出引脚和输入引脚，或者全部设置为相同的方向。

如果你对这些引脚的默认配置感兴趣，也可以查询数据表中存储器构成部分。表中列出了许多特殊功能寄存器的虚拟地址，以及复位时的默认值。那里有许多特殊功能寄存器！经过一番搜索，你会发现 TRISF 的虚拟地址是 0xBF886140，并且在复位时其默认值为 0x0000003B（图 3-3 给出了该表的部分值）。如用二进制来表示，则该默认值为

$$0x0000003B = 0000\ 0000\ 0000\ 0000\ 0000\ 0000\ 0011\ 1011$$

虚拟地址 (BF88_#)	寄存器名字	位范围	位															全部复位
			31/15	30/14	29/13	28/12	27/11	26/10	25/9	24/8	23/7	22/6	21/5	20/4	19/3	18/2	17/1	16/0	
6140	TRISF	31:16	—	—	—	—	—	—	—	—	—	—	—	—	—	—	—	—	0000
		15:0	—	—	—	—	—	—	—	—	—	—	TRISF5	TRISF4	TRISF3	—	TRISF1	TRISF0	003B

图 3-3 PIC32 数据表中的 TRISF SFR

在这个十六进制数（2 字节或者 16 位）中，4 个最高有效位都是 0。这是因为这些位在技术上是不存在的，Microchip 将它们称为"未实现的位"。由于 I/O 端口的引脚数都不超过 16 个，所以我们并不需要编号为 16 ～ 31 的位（32 位的编号为 0 ～ 31）。在其余位中，由

于第 0 位（最低有效位）是最右边的位，所以我们可以看到第 0 位、第 1 位、第 3 位、第 4 位和第 5 位都是 1，其余为 0。设置为 1 的位所对应的引脚是可用的，这也意味着它们是输入端口（其他引脚还未实现此功能）。为安全起见，I/O 引脚在复位时会配置为输入引脚，当为 PIC32 供电时，在程序改变引脚状态之前，它们都配置为默认方向。如果输出引脚被连接到外部电路，则外部电路也会试图控制引脚上的电压。于是，这会导致两个设备产生互相竞争，并可能造成一个或者全部都损坏。如果引脚配置为默认输入，就不会出现这样的问题。

所以，指令

```
TRISF = 0xFFFC;
```

它的作用是清除第 0 位和第 1 位，这隐含着对第 16 ～ 31 位执行清 0 操作（因为这些位都没有实现，所以被忽略了），并设置其余位为 1。将一些没有实现的位设置为 1 是没有影响的，因为它们是被忽略的。执行该指令的结果是将端口 F 的引脚 0 和 1（简称 RF0 和 RF1）设置为输出引脚。

PIC32 的 C 编译器允许使用以 0b 开头的二进制数（基数为 2）来表示无符号整数，因此，如果不想漏掉其中的任何一位，你也可以这样写

```
TRISF = 0b1111111111111100;
```

或者简化为

```
TRISF = 0b111100;
```

这是因为 RF5 之后的位是不需要设置的。

除此之外，还可以使用以下指令：

```
TRISFbits.TRISF0 = 0; TRISFbits.TRISF1 = 0;
```

这样，我们就可以在不影响其他位的情况下设置特定的位。稍后在程序中会看到这种表示法，例如 LATBbits.LATF0 和 LATBbits.LATF1。

在这个程序中，另外两个基本的特殊功能寄存器是 LATF 和 PORTD。再次查询数据表的 I/O 端口部分，我们看到 LATF（简称 "锁存器 F"）用于给输出引脚赋值。因此，使用

```
LATFbits.LATF1 = 1;
```

设置引脚 RF1 为高电平。最后，PORTD 包含了端口 D 引脚上的数字输入。（请注意，没有将端口 D 配置为输入，因为我们知道它们默认为输入引脚。）如果引脚 RD7 的电压为 0V，那么 PORTDbits.RD7 是 0 ；如果引脚 RD7 上的电压约为 3.3V，那么 PORTDbits.RD7 是 1。请注意，在写入引脚时，需要使用锁存器；当读取端口引脚时，需要使用端口。具体原因将会在第 7 章中进行解释。

NU32 上的引脚 RF0、RF1 和 RD7。图 2-3 显示了引脚 RF0、RF1 和 RD7 在 NU32 板上的布线情况。如果 RF0（RF1）为 0，则 LED1（LED2）点亮；如果 RF0（RF1）为 1，则 LED1（LED2）熄灭。当按下按钮 USER 时，RD7 为 0；否则为 1。

使用这些电子元器件和 SimplePIC.c 程序可以得到 LED 交替闪烁的结果，但是当按下按钮 USER 时，LED 将会保持不变。

CLR、SET 和 INV SFR。 直到现在，我们都忽略了指令

```
LATFINV = 0x0003;
```

再次查询数据表中关于存储器组织的部分，我们看到与 SFR LATF 有关的 3 个特殊功能寄存器是 LATFCLR、LATFSET 和 LATFINV。（事实上，许多特殊功能寄存器都有相应的 CLR、SET 和 INV 寄存器。）这些特殊功能寄存器可方便地改变 LATF 中的一些位，且不会影响到其他位。写入数据到这些寄存器会引起 LATF 上某位的变化，但这些位仅对应于值为 1 的位（寄存器右边的位）。例如：

```
LATFINV = 0x3;      // flips (inverts) bits 0 and 1 of LATF; all others unchanged
LATFINV = 0b11;     // same as above
LATFSET = 0x9;      // sets bits 0 and 3 of LATF to 1; all others unchanged
LATFCLR = 0x2;      // clears bit 1 of LATF to 0;  all others unchanged
```

翻转 LATF 中第 0 位和第 1 位的一种有名无实的低效率方法是：

```
LATFbits.LATF0 = !LATFbits.LATF0; LATFbits.LATF1 = !LATFbits.LATF1;
```

然而，编译器有时候会将这些指令优化为等效且更有效率的操作。在第 5 章，我们将会讨论有关效率的问题。在大多数情况下，这些方法之间的差别可以忽略不计，因此为了使代码清晰，你应该使用位结构（如 LATFbits.LATF0）来访问它。

返回到数据表中的表格，观察寄存器 CLR、SET 和 INV 的虚拟地址。它们的偏移地址分别距离基址寄存器 4、8 和 12 字节。由于 LATF 的虚拟地址是 0xBF886160，所以 LATFCLR、LATFSET 和 LATFINV 的虚拟地址分别是 0xBF886164、0xBF886168 和 0xBF88616C。

现在，你应该明白 simplePIC.c 是如何工作的了。但我们忽略了一个事实，即在开始使用 TRISF、LATFINV 等之前，我们从未对它们进行定义。我们知道，在 C 语言中不能那样操作，必须在某处声明这些变量。它们唯一可能被定义的地方是在头文件 xc.h 中。直到现在，我们都忽视了语句 #include <xc.h>。现在是了解该语句的时候了⊖。

3.5.1 理解 #include<xc.h>

我们去哪里可以找到 xc.h？命令行 #include <xc.h> 表示预处理器将在包含指定路径的目录中寻找 xc.h。

对于我们来说，默认包含路径意味着编译器在以下位置寻找 xc.h：

```
<xc32dir>/<xc32ver>/pic32mx/include/xc.h
```

你应该将 <xc32dir>/<xc32ver> 替换为安装目录。

若包括头文件 xc.h，则我们可以访问许多数据类型、变量和常量，这是 Microchip 公

⊖ Microchip 公司经常会修改已经发布的软件，因此这些软件在细节上会有一些差异，但它们在本质上是相同的。

司为我们提供的便利。特别是，它为特殊功能寄存器（如 TRISF）提供了变量声明，这允许我们能够使用 C 语言访问 SFR。

在打开 xc.h 之前，让我们来看看 XC32 编译器安装的目录结构。这里有很多目录和文件！现在不需要全部都理解它们，但应该知道有些什么。从 XC32 的安装目录层级开始总结重要的嵌套目录，这并不怎么费力。

1. bin：包含编译、汇编、连接等实际的可执行程序，例如 xc32-gcc 是 C 编译器。

2. docs：包含一些手册，包括 XC32 C 编译器用户指南和其他文档。

3. examples：提供一些示例代码。

4. lib：包含一些 .h 头文件和含有通用 C 目标代码的 .a 库文件。

5. pic32-libs：这个目录包含源代码（.c C 源文件、.h 头文件和 .S 汇编文件），在建立大量的由 Microchip 提供的库时需要用到这些代码。这些文件仅供参考，不会直接包含在代码里面。

6. pic32mx：此目录下有一些我们感兴趣的文件，因为很多文件最终会在你的项目中用到。

- lib：该目录包含的大多数文件是 PIC32 目标代码和库文件，这与编译和汇编的源代码有关。其中一些库的源代码保存在 pic32-libs 下，而其他库则只有目标代码库。该目录中包括以下一些重要文件。

  - proc/32MX795F512H/crt0_mips32r2.o：当创建 .elf 文件时，连接器会将这个目标代码和程序的目标代码结合起来。连接器确保了这个启动程序（C Runtime Startup）首先被执行，因为它执行的是初始化各种代码，如初始化全局变量。对于不同型号的 PIC32，在对应的 proc/<processor> 目录下这个文件的版本是不同的。你可以在 pic32-libs/libpic32/startup/crt0.S 中找到可读的汇编源代码。

  - libc.a：C 标准库中一部分库函数的实现。

  - libdsp.a：这个库包含有限脉冲响应滤波器、无限脉冲响应滤波器、快速傅里叶变换，以及各种数学函数的 MIPS 实现。

  - proc/32MX795F512H/processor.o：该目标文件为 PIC32 的 SFR 提供了虚拟内存地址，每一个特定型号的 PIC32 都有自己的 processor.o 文件。我们不能直接用文本编辑器来查看它，但可以使用工具研究它。例如，从命令行的角度出发，你可以在最顶层的 bin 目录中使用 xc32-nm 程序来查看所有特殊功能寄存器的虚拟地址。

```
> xc32-nm processor.o
bf809040 A AD1CHS
...
bf886140 A TRISF
bf886144 A TRISFCLR
bf88614c A TRISFINV
bf886148 A TRISFSET
...
```

　　　　根据相应的虚拟地址，所有的特殊功能寄存器按字母顺序显示出来。特殊功
能寄存器之间的间隔为 4 字节，这是因为特殊功能寄存器中有 4 字节（32 位）。
"A"表示这些都是绝对地址。连接器在进行最后的地址分配时必须使用这些绝
对地址，这是由于特殊功能寄存器是在硬件中实现的，并且不能移动！这些特殊
功能寄存器的列表表明，TRISF 位于虚拟地址 0xBF886140 上，这与数据表中关
于存储器组织部分的描述是相同的。

- proc/32MX795F512H/configuration.data：该文件描述了在设置 DEVCFG0～
  DEVCFG3（参阅 2.1.4 节）配置位时所用到的一些常量。这些位需要由引导加
  载程序（参阅 3.6 节）进行设置，因此你不需要在程序中考虑它们。没有预装
  PIC32 引导加载程序（引导加载程序的一种执行方式），而使用编程器将程序加载
  到 PIC32 也是可以的。在这种情况下，你需要考虑这些位的配置。（有关不使用
  引导加载程序的更多编程信息，请参阅 3.6 节。）

● include：这个目录包含几个 .h 头文件。

- cp0defs.h：这个文件定义的常量和宏允许我们访问 MIPS32 M4K CPU 上协处
  理器 0（CP0）的函数。尤其是，它允许我们读取和设置内核定时器时钟，使用
  _CP0_GET_COUNT() 等宏命令来实现每两个 SYSCLK 周期就跳动一次。（更
  多细节请参阅第 5 章和第 6 章。）可在参考手册中的"CPU for Devices with the
  M4K Core"部分找到关于 CP0 的更多信息。

- sys/attribs.h：在目录 sys 中文件 attribs.h 定义了宏语法 __ISR，我
  们将在第 6 章的中断服务子程序中用到它。

- sys/kmem.h：包含在物理地址和虚拟地址之间进行转换的宏。

- xc.h：这是在 simplePIC.c 中包含的文件。xc.h 的主要作用是包含适当的特定
  处理器的头文件，在我们的例子中使用了 include/proc/p32mx795f512h.h。
  它通过检查 __32MX795F512H__ 是否被定义来实现。

  ```
  #elif defined(__32MX795F512H__)
  #include <proc/p32mx795f512h.h>
  ```

  查看编译 simplePIC.c 的命令时，你可能会注意到有一个选项 -mprocessor =
  32MX795F512H。该选项为编译器定义了常量 __32MX795F512H__，它允许
  xc.h 正常工作。该文件还定义了一些宏，以便从 C 语言中直接插入一些特殊
  的汇编指令。

- -proc/p32mx795f512h.h：文本编辑器可以打开这个文件。这个文件有 40 000
  多行！它一定非常重要。现在可以花些时间来洞察其中细节了。

3.5.2　头文件 p32mx795f512h.h

p32mx795f512h.h 中的前 31% 大约有 14 000 行，在代码左侧添加行号后，显示如下：

```
1   extern volatile unsigned int          TRISF __attribute__((section("sfrs")));
2   typedef union {
3     struct {
4       unsigned TRISF0:1;   // TRISF0 is bit 0 (1 bit long), interpreted as
                                  unsigned int
5       unsigned TRISF1:1;   // bits are in order, so the next bit, bit 1, is
                                  TRISF1
6       unsigned TRISF2:1;   // TRISF2 doesn't actually exist (unimplemented)
7       unsigned TRISF3:1;
8       unsigned TRISF4:1;
9       unsigned TRISF5:1;   // later bits are not given names, since they're
                                  unimplemented
10    };
11    struct {
12      unsigned w:32;       // w refers to all 32 bits
13    };
14  } __TRISFbits_t;
15  extern volatile __TRISFbits_t TRISFbits __asm__ ("TRISF") __attribute__
    ((section("sfrs")));
16  extern volatile unsigned int          TRISFCLR __attribute__((section("sfrs")));
17  extern volatile unsigned int          TRISFSET __attribute__((section("sfrs")));
18  extern volatile unsigned int          TRISFINV __attribute__((section("sfrs")));
```

第 1 行从 extern 开始，它将变量 TRISF 声明为无符号整型。关键字 extern 表示不需要为其分配 RAM，程序已经在其他地方为该变量分配了内存。在一个典型的 C 程序中，变量的内存由另一个 C 文件进行分配，这个 C 文件使用不带关键字 extern 的语法，如 volatile unsigned int TRISF。在这种情况下，不需要为 TRISF 分配 RAM 空间，因为它指的是一个 SFR，而不是 RAM 中的字。如前所述，processor.o 文件实际上定义了符号 TRISF 的虚拟地址。

关键字 volatile 适用于所有的 SFR，这意味着这个变量的值可能在 CPU 不知情的情况下发生改变。因此，编译器应该生成汇编代码，在每次使用它时将 TRISF 重新加载到 CPU 寄存器中，而不是仅因为没有 C 代码修改它就认为它的值是保持不变的。

最后，__attribute__ 语法会告诉连接器，TRISF 是在内存的特殊功能寄存器中。

第 2 ~ 14 行的代码定义了一个名为 __TRISFbits_t 的新的数据类型。在第 15 行中，名为 TRISFbits 的变量被声明为 __TRISFbits_t 类型。同样，由于它是一个外部变量，所以没有为它分配内存。语法 __asm__("TRISF") 意味着 TRISFbits 和 TRISF 的虚拟地址是相同的。

新数据类型 __TRISFbits_t 是值得深究的，它是两个结构体（struct）的联合体（union）。联合体意味着两个结构体可以共享同一个内存，在本例中它为 32 位的字地址。每个结构体被称为一个位字段，它在 32 位字地址内对特定的位组合进行命名。将变量 TRISFbits 声明为 __TRISFbits_t 类型，并强制它与 TRISF 位于相同的虚拟地址中，这允许我们使用 TRISFbits.TRISF0 等语法来访问 TRISF 的第 0 位。

在位字段中已命名的位组合不必是 1 位长的。例如，TRISFbits.w 指的是整个无符号整型 TRISF 是由全部 32 位来创建的。类型 __RTCALRMbits_t 在文件中被定义为如下形式：

```
typedef union {
  struct {
    unsigned ARPT:8;
    unsigned AMASK:4;
...
} __RTCALRMbits_t;
```

它的第一个字段 ARPT 有 8 位长，第二个字段 AMASK 有 4 位长。由于 RTCALRM 是一个 __RTCALRMbits_t 类型的变量，所以形如 RTCALRMbits.AMASK = 0xB 的 C 语句将分别在 RTCALRM 的第 11 位、第 10 位、第 9 位和第 8 位中写入值 1、0、1、1。

在声明了 TRISF 和 TRISFbits 之后，第 16 ~ 18 行包含了 TRISFCLR、TRISFSET 和 TRISFINV 的声明。这些声明允许 simplePIC.c 使用这些变量成功地进行编译。当将 simplePIC.c 的目标代码与 processor.o 的目标代码进行连接时，对这些变量的引用都被解析到正确的特殊功能寄存器的虚拟地址上。

使用 p32mx795f512h.h 中的这些声明，下面的 simple PIC.c 语句就变得有意义了。

```
TRISF = 0xFFFC;
LATFINV = 0x0003;
while(!PORTDbits.RD7)
```

这些语句负责向 processor.o 所指定的虚拟地址处的特殊功能寄存器中写入值，或者从特殊功能寄存器中读取值。可以看到 p32mx795f512h.h 中声明了许多特殊功能寄存器，但没有为它们分配 RAM，它们保存在 PIC32 硬件的固定地址中。

头文件 p32mx795f512h.h 接下来的 9% 代码是相同 SFR 的外部变量声明。汇编语言是不需要位字段类型的。每个特殊功能寄存器都被赋予了虚拟地址，因此使用起来非常方便。

大约从文件的 17 000 行开始，我们看到超过 20 000 行的常量定义，形式如下：

```
#define _T1CON_TCS_POSITION                    0x00000001
#define _T1CON_TCS_MASK                        0x00000002
#define _T1CON_TCS_LENGTH                      0x00000001

#define _T1CON_TCKPS_POSITION                  0x00000004
#define _T1CON_TCKPS_MASK                      0x00000030
#define _T1CON_TCKPS_LENGTH                    0x00000002
```

上面的这些定义涉及定时器 Timer1 的特殊功能寄存器 T1CON。查阅数据表 Timer1 部分关于 T1CON 的信息，我们看到：第 1 位（称为 TCS）用于控制 Timer1 的时钟输入是来自 T1CK 的输入引脚还是来自 PBCLK。第 4 和 5 位——称为 TCKPS（用于定时器时钟分频器）——控制在 Timer1 递增之前输入信号必须"跳动"的次数（例如，TCKPS=0b10 表示每 64 个输入节拍，定时器递增 1 次）。上面定义的常量是为了便于访问这些寄存器的位。常量 POSITION 表示 T1CON 中的 TCS 或者 TCKPS 中的最低有效位的位置，其中 TCS 有 1 个位地址，而 TCKPS 有 4 个位地址。常量 LENGTH 表明 TCS 由 1 位组成、TCKPS 由 2 位组成。最后，常量 MASK 确定我们所关心的位的值。例如：

```
unsigned int tckpsval = (T1CON & _T1CON_TCKPS_MASK) >> _T1CON_TCKPS_POSITION;
// AND MASKing clears all bits except 5 and 4, which are unchanged and shifted to
// positions 1 and 0, so tckpsval now contains the value T1CONbits.TCKPS
```

常量 POSITION、LENGTH 和 MASK 的定义占据了剩余文件的大部分内容。当然，还定义了常量 T1CONbits，它允许你直接访问这些位（如 T1CONbits.TCKPS）。我们推荐使用这种方法，因为它通常比直接的位操作更清晰，更不容易出错。

在文件的最后，还定义了很多常量，如：

```
#define _ADC10
#define _ADC10_BASE_ADDRESS    0xBF809000
#define _ADC_IRQ               33
#define _ADC_VECTOR            27
```

第一个常量仅是一个标志，它向其他 .h 和 .c 文件表明，在该 PIC32 上存在 10 位的 ADC。第二个常量表示与 ADC 相关的 22 个连续 SFR 的首地址（请参阅数据表中存储器组织部分）。第三个和第四个常量涉及中断。PIC32MX 中的 CPU 最多可以被 96 个不同的事件所中断，例如输入线上的电压变化或者定时器翻转事件。在接收到这些中断后，CPU 可以调用多达 64 个不同的中断服务子程序，每个中断服务子程序都由与其地址对应的向量进行识别。这两行表示 ADC 的中断请求线是 33（取值范围为 0 ～ 95），其相应的中断服务子程序位于向量 27（取值范围为 0 ～ 63）。中断将会在第 6 章中介绍。

在 p32mx795f512h.h 最后一行包含了 ppic32mx.h，它包括不再需要的遗留代码，但为了兼容老版本的程序仍然需要将其保留下来。

3.5.3 其他 Microchip 软件：Harmony 库函数

在 Harmony 目录中（<harmony>）安装的是一个庞大而复杂的函数库和示例代码集合，它由 Microchip 公司所编写。由于它的高度抽象性和复杂性，所以在讲述第 20 章之前应避免使用 Harmony 函数。当我们的程序足够复杂，且通过特殊功能寄存器对外设进行低级访问变得非常困难时，我们将使用 Harmony 函数[⊖]。

3.5.4 NU32bootloaded.ld 连接器脚本文件

为了创建可执行的 .hex 文件，我们需要 C 源文件 simplePIC.c 和连接器脚本文件 NU32bootloaded.ld。用文本编辑器检查 NU32bootloaded.ld，将在开头处看到下面这一行：

```
INPUT("processor.o")
```

这一行告诉连接器加载 processor.o 文件到特定的 PIC32。这行命令允许连接器将 SFR 的引用解析为实际的地址（在 p32mx795f512h.h 中声明为外部变量）。

NU32bootloaded.ld 连接器脚本文件的其余部分提供了程序闪存和数据存储空间的可用数量，以及程序元素和全局数据存放的虚拟地址等信息。下面是 NU32bootloaded.ld 的部分代码。

⊖ 尽管本书给出的大多数示例代码中都未使用到 Harmony，但是你也要在 Makefile 中安装并记下它的安装目录。这样，当需要用到它的时候，你的系统早已准备好 Harmony。

```
_RESET_ADDR                = (0xBD000000 + 0x1000 + 0x970);

/*********************************************************************
 * NOTE:  What is called boot_mem and program_mem below do not directly
 * correspond to boot flash and program flash.  For instance, here
 * kseg0_boot_mem and kseg1_boot_mem both live in program flash memory.
 * (We leave the boot flash solely to the bootloader.)
 * The boot_mem names below tell the linker where the startup codes should
 * go (here, in program flash).  The first 0x1000 + 0x970 + 0x490 = 0x1E00 bytes
 * of program flash memory is allocated to the interrupt vector table and
 * startup codes.  The remaining 0x7E200 is allocated to the user's program.
 *********************************************************************/
MEMORY
{
  /* interrupt vector table */
  exception_mem           : ORIGIN = 0x9D000000, LENGTH = 0x1000
  /* Start-up code sections; some cacheable, some not */
  kseg0_boot_mem          : ORIGIN = (0x9D000000 + 0x1000), LENGTH = 0x970
  kseg1_boot_mem          : ORIGIN = (0xBD000000 + 0x1000 + 0x970), LENGTH =
                            0x490
  /* User's program is in program flash, kseg0_program_mem, all cacheable    */
  /* 512 KB flash = 0x80000, or 0x1000 + 0x970 + 0x490 + 0x7E200             */
  kseg0_program_mem  (rx) : ORIGIN = (0x9D000000 + 0x1000 + 0x970 + 0x490),
                            LENGTH = 0x7E200
  debug_exec_mem          : ORIGIN = 0xBFC02000, LENGTH = 0xFF0
  /* Device Configuration Registers (configuration bits) */
  config3                 : ORIGIN = 0xBFC02FF0, LENGTH = 0x4
  config2                 : ORIGIN = 0xBFC02FF4, LENGTH = 0x4
  config1                 : ORIGIN = 0xBFC02FF8, LENGTH = 0x4
  config0                 : ORIGIN = 0xBFC02FFC, LENGTH = 0x4
  configsfrs              : ORIGIN = 0xBFC02FF0, LENGTH = 0x10
  /* all SFRS */
  sfrs                    : ORIGIN = 0xBF800000, LENGTH = 0x100000
  /* PIC32MX795F512H has 128 KB RAM, or 0x20000 */
  kseg1_data_mem     (w!x) : ORIGIN = 0xA0000000, LENGTH = 0x20000
}
```

将虚拟地址转换为物理地址时,我们可以发现,exception_mem 中的可缓存中断向量表(我们将在第 6 章中学习更多的相关知识)被存放在一个物理地址为 0x1D000000 ～ 0x1D000FFF,长度为 0x1000 字节的内存中。而 kseg0_boot_mem 中的可缓存启动代码被存放在物理地址 0x1D001000 ～ 0x1D00196F 中。kseg1_boot_mem 中的不可缓存启动代码被存放在物理地址 0x1D001970 ～ 0x1D001DFF 中。kseg0_program_mem 中的可缓存程序代码被存放在程序闪存的其他地方,其物理地址为 0x1D001E00 ～ 0x1D07FFFF。该程序代码包括我们编写的代码和连接的其他代码。

NU32 引导加载程序(bootloader)的连接器脚本文件将引导加载程序完全存放在 12KB 的引导闪存中,几乎没有多余的空间。因此,我们的引导加载程序的连接器脚本文件应该将程序单独存放在程序闪存中。这样,上面的 boot_mem 部分就可以定义在程序闪存中。boot_mem 标签告诉连接器启动代码应该存放在哪里,正如 kseg0_program_mem 标签告诉连接器程序代码应该存放在哪里一样。(对于引导加载程序,kseg0_program_mem 是存放在引导闪存中的。)

如果任何给定的内存区域的长度（LENGTH）不足以容纳该区域中所有的程序指令或数据，则连接器无法工作。

复位后，PIC32 总是跳转到地址 0xBFC00000，这是引导加载程序中启动代码的第一条指令驻留的地址。引导加载程序的最后一个操作是跳转到虚拟地址 0xBD001970。因为在我们的引导加载程序中启动代码的第一条指令位于 kseg1_boot_mem 的首地址，所以 NU32bootloaded.ld 必须将 kseg1_boot_mem 中的 ORIGIN 保存在这个地址上。这个地址在 NU32bootloaded.ld 中也被称为 _RESET_ADDR。

3.6　引导加载程序与独立程序

你的可执行文件由另一个可执行文件 bootloader（引导加载程序）安装在 PIC32 上。引导加载程序已使用 PICkit 3 等外部编程工具预先安装在闪存的引导闪存部分。由于引导加载程序（总是在复位 PIC32 时首先运行）已经定义了 PIC32 的一些特性，所以你不需要在 simplePIC.c 中规定它。特别是，引导加载程序会执行一些任务，例如使能预取高速缓存模块、使能多向量中断（参阅第 6 章）、释放一些引脚作为通用 I/O 引脚等。bootloader 中的代码还定义了 PIC32 的配置位，这些控制 PIC32 中低级特性的位保存于引导闪存的最后 4 个字中，并由编程工具执行写入操作。当安装引导加载程序时，还会使用以 #pragma config 开头的 XC32 特定的命令来设定配置位。安装了引导加载程序之后，配置位的设置为：

```
#pragma config DEBUG    = OFF       // Background Debugger disabled
#pragma config FPLLMUL  = MUL_20    // PLL Multiplier: Multiply by 20
#pragma config FPLLIDIV = DIV_2     // PLL Input Divider:  Divide by 2
#pragma config FPLLODIV = DIV_1     // PLL Output Divider: Divide by 1
#pragma config FWDTEN   = OFF       // WD timer: OFF
#pragma config WDTPS = PS4096       // WD period: 4.096 sec
#pragma config POSCMOD = HS         // Primary Oscillator Mode: High Speed xtal
#pragma config FNOSC = PRIPLL       // Oscillator Selection: Primary oscillator
                                    //   w/ PLL
#pragma config FPBDIV = DIV_1       // Peripheral Bus Clock: Divide by 1
#pragma config UPLLEN = ON          // USB clock uses PLL
#pragma config UPLLIDIV = DIV_2     // Divide 8 MHz input by 2, mult by 12 for
                                    //   48 MHz
#pragma config FUSBIDIO = ON        // USBID controlled by USB peripheral when it
                                    //   is on
#pragma config FVBUSONIO = ON       // VBUSON controlled by USB peripheral when it
                                    //   is on
#pragma config FSOSCEN = OFF        // Disable second osc to get pins back
#pragma config BWP = ON             // Boot flash write protect: ON
#pragma config ICESEL = ICS_PGx2    // ICE pins configured on PGx2
#pragma config FCANIO = OFF         // Use alternate CAN pins
#pragma config FMIIEN = OFF         // Use RMII (not MII) for ethernet
#pragma config FSRSSEL = PRIORITY_6 // Shadow Register Set for interrupt priority 6
```

上面的伪指令具有如下功能：

- 禁用某些调试功能；

- 关闭 PIC32 的看门狗定时器，并设置其周期（参阅第 17 章）；
- 配置 PIC32 的时钟发生电路，采用外部的 8MHz 振荡器信号并将其 2 分频，然后将分频后的频率输入到能将频率提高 20 倍的锁相环（PLL）中，并将 PLL 的输出频率除以 1，从而创建一个 8/2×20/1MHz=80MHz 的系统时钟（SYSCLK）；
- 设置 PBCLK 频率为 SYSCLK 除以 1（80MHz）；
- 使用 PLL 产生 48MHz 的 USBCLK，即先将 8MHz 的信号 2 分频，再使用固定系数 12 进行倍频；
- 当使能 USB 时，允许通过 USB 外设控制两个引脚；
- 禁用次级振荡器（在省电模式或作为备用时，可以提供一个替代的时钟源）；
- 防止程序运行时引导闪存被写入；
- 连接 CAN 模块到备用引脚而不是默认的引脚；
- 配置以太网模块，以使用简化的媒体独立接口（RMII）；
- 设置影子寄存器组，用于优先级为 6 的中断（参阅第 6 章）。

请记住，这些位都是由编程工具设置的，所以它们只能在 PIC32 写入引导加载程序的时候被保存，而在引导加载程序中使用这些命令是不起任何作用的。文件 pic32-libs/proc/32MX795F512H/configuration.data 包含了 #pragma config 伪指令中所使用的值的定义。数据表和参考手册的配置部分详细介绍了配置位的内容。

如果你决定不使用引导加载程序，而选择使用 PICkit 3（如图 2-4 所示）等编程工具来安装一个独立程序，则必须设定配置位，使能预取缓存模块，执行其他配置任务和使用默认的连接器脚本文件。如果你使用 NU32 库，则不需要写入这些代码。NU32.c 包含了必要的配置位设置（这对引导加载程序没有影响），并且 NU32_Startup 会执行必要的设置任务（这是多余的，但对引导加载程序是无害的）⊖。当你使用 make 命令（参见 1.5 节）建立一个程序时，要使用默认的连接器脚本文件（该文件的副本位于 pic32-libs/proc/32MX795F512H/p32MX795F512H.ld 中），请将 LINKSCRIPT="NU32bootloaded.ld" 更改为 LINKSCRIPT = Makefile。

建立一个独立的 hex 文件后，必须使用编程工具将其加载到 PIC32。加载 hex 文件的最简单方法是使用 MPLAB X IDE。在 IDE 中，创建一个新的"预编译"项目，选择处理器型号、编程工具和 hex 文件。接下来，单击"运行"，hex 文件将被写入 PIC32。记住，PIC32 必须在通电状态下才能进行编程。

3.7 编译小结

回想一下可知，我们俗称的"编译"实际上是由多个步骤组成的。可以在命令行调用

⊖ 虽然从技术上讲在 NU32 启动中第二次执行配置任务浪费了大量的程序存储器和计算时间，但是它允许你在引导加载模式和独立模式下使用相同的代码而无须修改。

编译器 xc32-gcc 来启动这些步骤。

```
> xc32-gcc -mprocessor=32MX795F512H
   -o simplePIC.elf -Wl,--script=skeleton/NU32bootloaded.ld simplePIC.c
```

这一步骤创建了 .elf 文件，稍后需要将其转换为引导加载程序能够理解的 .hex 文件。

```
> xc32-bin2hex simplePIC.elf
```

编译器需要使用多个命令行选项来运行。它接受 XC32 用户手册中描述的参数，通过键入 xc32-gcc --help 可以显示一些重要的参数。我们要使用到的参数如下所示。

- -mprocessor = 32MX795F512H：它告诉编译器目标处理器是 PIC32MX 型号。这也会导致编译器定义 __32MX795F512H__，以便可以在 xc.h 等头文件中检测到处理器型号。
- -o simplePIC.elf：它表明最终的输出将被命名为 simplePIC.elf。
- -Wl：告诉编译器，接下来是连接器需要的用逗号分隔的选项列表。
- --script = skeleton/NU32bootloaded.ld：指定要使用的连接器脚本文件的连接器选项。
- simplePIC.c：列出想编译和连接的 C 文件。在这种情况下，整个程序都在一个文件中。

在探索编译器作用的时候，另一个可能有用的选项是 -save-temps。这个选项将保存构建过程中生成的所有中间文件，并允许你检查它们。

当你在建立并加载 simplePIC.c 时，将会用到下列操作步骤。

- **预处理**。除其他任务外，预处理器（xc32-cpp）还处理 include 文件。通过在程序的开始部分包含 xc.h，我们可以访问所有特殊功能寄存器中的变量。预处理器的输出是一个 .i 文件，在默认情况下是不保存它的。
- **编译**。在预处理之后，编译器（xc32-gcc）会将 C 代码转换成 PIC32 特定的汇编语言。为了方便起见，xc32-gcc 会自动调用构建过程中所需的其他命令。编译的结果是产生一个汇编语言的 .S 文件，它包含特定于 MIPS32 处理器的可读指令版本。该输出在默认情况下也是不保存的。
- **汇编**。汇编程序（xc32-as）将可读的汇编代码转换为包含机器代码的目标文件（.o）。但是，这些文件不能直接执行，因为地址还没有解析。这个步骤只产生文件 simplePIC.o。
- **连接**。目标代码 simplePIC.o 与 ctr0_mips32r2.o 的 C 运行时启动库连接。这个库执行许多功能，如初始化全局变量以及包含特殊功能寄存器虚拟地址的 processor.o 目标代码。连接器脚本文件 NU32bootloaded.ld 为连接器提供了对于程序指令和数据可允许的绝对虚拟地址信息，这些都是引导加载程序和 PIC32 特定型号所要求的。连接操作生成 .elf 格式的自包含可执行文件。

- **hex 文件**。xc32-bin2hex 实用程序将 .elf 文件转换为 .hex 文件。可执行文件 .hex 是一种与 .elf 文件格式不同的文件，引导加载程序可以识别并且加载 .elf 文件到 PIC32 的程序存储器中。
- **安装程序**。最后一步是使用 NU32 的引导加载程序和主机的引导加载程序工具来安装可执行文件。按住按钮 USER 来复位 PIC32，引导加载程序进入到尝试与主机的引导加载程序通信工具进行通信的模式。当它从主机上接收到可执行文件时，它将程序指令写入由连接器指定的虚拟内存地址。现在，每当 PIC32 被复位而没有按下按钮 USER 时，引导加载程序就会退出并跳转到新安装的程序。

3.8   实用命令行工具

XC32 安装的 bin 目录中包含一些有用的命令行工具。这些实用程序可以直接在命令行中使用，并且很多可以由命令 Makefile 来调用。我们已经看过这些实用工具中的前两个，见 3.7 节所述。

---

xc32-gcc   XC32 版本的 gcc 编译器用于编译、汇编、连接、创建可执行的 .elf 文件。

xc32-bin2hex   将 .elf 文件转换为适合直接存放到 PIC32 闪存中的 .hex 文件。

xc32-ar   归档器可用于创建档案、列出归档内容，或者提取目标文件。档案是一个可以连接到程序中的 .o 文件的集合。例如：

```
xc32-ar -t lib.a          // list the object files in lib.a
                             (in current directory)
xc32-ar -x lib.a code.o // extract code.o from lib.a to the current directory
```

xc32-as   汇编器。

xc32-ld   这是被 xc32-gcc 调用的实际连接器。

xc32-nm   在目标文件中显示符号（如全局变量），例如：

```
xc32-nm processor.o       // list the symbols in alphabetical order
xc32-nm -n processor.o    // list the symbols in numerical order of their VAs
```

xc32-objdump   显示对应于目标文件或 .elf 文件的汇编代码，这个过程被称为反汇编。例如：

```
xc32-objdump -S file.elf > file.dis    // send output to the file file.dis
```

xc32-readelf   显示关于 .elf 文件的信息。例如：

```
xc32-readelf -a filename.elf  // output is dominated by SFR definitions
```

这些实用工具对应于同名的没有前缀 xc32- 的标准"GNU 二进制实用工具"。要想

了解可用于命令 xc32-cmdname 的选项，可以键入 xc32-cmdname --help 或者参阅 XC32 编译器的参考手册。

3.9 小结

好了，这些内容需要花大量的时间去消化。不要担心，你可以将本章的大部分内容作为参考资料，在 PIC32 上编程时不必记住它！

- 软件几乎专指虚拟内存映射。虚拟地址通过 PA=VA & 0x1FFFFFFF 直接映射到物理地址。
- 从源文件构建可执行的 .hex 文件包括以下一些步骤：预处理、编译、汇编、连接，以及将 .elf 文件转换为 .hex 文件。
- includexc.h 文件允许我们访问变量、数据类型和常量。它使我们能够从 C 代码中方便地访问特殊功能寄存器，而无须直接指定地址，从而大大简化了编程过程。
- include 文件 pic32mx/include/proc/p32mx795f512h.h 中包含了变量声明（如 TRISF），它允许我们读取和写入 SFR。我们有几个操作这些 SFR 的选项。例如对于 TRISF，我们可以直接分配 TRISF=0x3，或者可以使用如 "&" 和 "|" 等按位操作。许多 SFR 具有关联的 CLR、SET 或者 INV 寄存器，它们可高效地清 0、置位或者翻转某些位。最后，可以使用位字段来访问特定位或位组合。例如，使用 TRISFbits.TRISF3 来访问 TRISF 中的第 3 位。SFR 和位字段的名称遵循数据表（特别是存储器组织部分）和参考手册中的名称。
- 所有程序都需要与 pic32mx/lib/proc/32MX795F512H/crt0_mips32r2.o 进行连接，以生成最终的 .hex 文件。这个 C 运行时启动代码会首先被执行，在跳转到 main 函数之前，执行初始化 RAM 中的全局变量等操作。其他连接的目标代码包括 processor.o，以及 SFR 的虚拟地址。
- 复位后，PIC32 跳转到引导闪存地址 0xBFC00000。对于具有引导加载程序的 PIC32 来说，引导加载程序的 crt0_mips32r2 就安装在该地址处。当引导加载程序执行完成时，它将跳转到由引导加载程序之前已经安装的可引导加载的可执行文件的地址上。
- 当引导加载程序与设备编程器一起安装时，编程器将会设定器件配置寄存器。除了加载或运行可执行文件之外，引导加载程序还启动预取缓存模块，并最小化指令从闪存加载指令的 CPU 等待周期。
- 引导加载程序与自定义连接器脚本文件（如 NU32bootloaded.ld）进行连接，以确保闪存地址与引导加载程序的指令不冲突，并确保程序位于引导加载程序跳转的地址上。

3.10 练习题

1. 将下列虚拟地址转换为物理地址，并注明地址是否可以缓存，以及它是驻留于内存、闪存、特殊功能寄存器，还是引导内存中。

  (a) 0x80000020   (b) 0xA0000020   (c) 0xBF800001

  (d) 0x9FC00111   (e) 0x9D001000

2. 查看与 NU32 中的程序一起使用的连接器脚本文件。引导加载程序将你的程序安装在虚拟内存中的什么地方？（提示：查阅 _RESET_ADDR。）

3. 请参阅数据表中的存储器组织部分和图 2-1。

   a. 参考数据表，指出端口 B 到 G 每个端口的第 0 ～ 31 位中哪些位可以用作输入 / 输出引脚。对于图 2-1 所示的 PIC32MX795F512H，指出哪个引脚对应于端口 E 的第 0 位（被称为 RE0）。

   b. 特殊功能寄存器 INTCON 表示"中断控制"。这个特殊功能寄存器的第 0 ～ 31 位中哪些位是尚未实现的？哪些位是实现的？请给出这些位的编号及其名称。

4. 修改 simplePIC.c，使得两个灯同时点亮或者同时熄灭，而不是彼此相反。只输入需要修改的代码。

5. 修改 simplePIC.c，以使 delay 函数将 int cycles 作为参数。delay 函数中的 for 循环执行 cycles 次，而不是固定的次数 1 000 000。然后修改 main 函数，使其在第一次调用 delay 函数时，传递一个等于 MAXCYCLES 的值。当下一次调用 delay 函数时，延迟值减少 DELTACYCLES，依此类推，直到传递的值小于 0。此时，将传递的值重置为 MAXCYCLES。使用伪指令 #define 将 MAXCYCLES 定义为常量 1 000 000，将 DELTACYCLES 定义为常量 100 000。输入你的代码。

6. 给出以下特殊功能寄存器的虚拟地址和它们的复位值。

   (a) I2C3CON   (b) TRISC

7. 与你的 simplePIC 项目连接的 processor.o 文件要比最终的 .hex 文件大得多。请解释可能的原因。

8. 构建典型的 PIC32 程序时，使用了 XC32 编译器中的许多文件。让我们来看看其中的几个文件。

   a. 查看汇编程序启动代码 pic32-libs/libpic32/startup/crt0.S。尽管没有学习汇编代码，但是这些注释可以帮助你了解启动代码的功能。例如，利用注释你可以看到，这个代码清除了 RAM 地址，它存储着未初始化的全局变量。查找并列出在 C 运行启动完成时调用用户的 main 函数的代码行。

   b. 使用命令 xc32-nm -n processor.o，给出 5 个地址最高的 SFR 的名称和地址。

   c. 打开 p32mx795f512h.h 文件，并转到 SFR SPI2STAT 及其关联位字段数据类型 __SPI2STATbits_t 的声明。这里有多少个位字段被定义？它们的名字和大小是什么？这些信息与数据表中的一致吗？

9. 使用 TRISDSET、TRISDCLR 和 TRISDINV，给出 3 个 C 命令，将 TRISD 的第 2 位和第 3 位置 1，清 0 第 1 位和第 5 位，并将第 0 位和第 4 位翻转。

延伸阅读

MPLAB XC32 C/C++ compiler user's guide. (2012). Microchip Technology Inc.
MPLAB XC32 linker and utilities user guide. (2013). Microchip Technology Inc.
PIC32 family reference manual. Section 32: Configuration. (2013). Microchip Technology Inc.

函　数　库

在生活中会经常使用到函数库，至少在 C 编程时会使用到库。想要在屏幕上显示文本可以使用 printf 函数，但要怎么确定一个字符串的长度呢？可以使用 strlen 函数。需要对数组进行排序可以使用 qsort 函数。可以在 C 标准库中找到这些函数，以及许多其他函数。函数库由对象文件（.o）的集合组成，它们被组合到一个归档文件（.a）中，例如 C 语言标准库 libc.a。使用函数库的时候，需要包含相关的头文件（.h），并与归档文件进行连接。头文件（如 stdio.h 文件）声明了库中用到的函数、常量以及数据类型，而归档文件则包含了函数实现。函数库使得在多个项目之间代码共享变得易于实现，而无须重复编译代码。

除了 C 标准库之外，Microchip 还提供了一些特定用于 PIC32 编程的库。在第 3 章中，我们了解了头文件 xc.h，它包含特定处理器的头文件 pic32mx795f512h.h，它为我们提供 SFR 的定义。这个函数库的归档文件是 processor.o[⊖]。Microchip 还提供了一个名为 Harmony 的更高级的框架，它包含函数库和其他源代码，以帮助你创建适用于多个 PIC32 型号的代码。稍后，我们将在本书中使用 Harmony。

库也可以作为源代码进行发布，例如，NU32 库包含 <PIC32>/skeleton/NU32.c 和 <PIC32>/skeleton/NU32.c。要使用作为源代码而发布的库，你必须包含库的头文件、编译源代码和库代码，并连接生成的目标文件。只要它们未声明相同符号（例如，同一个项目中的两个 C 文件不能同时含有 main 函数），就可以连接任意个目标文件。

NU32 库为 NU32 开发板提供了初始化函数和通信函数。第 1 章中的 talkingPIC.c 代码使用了 NU32 库，本书的大部分示例都会使用到该库。让我们来重温 talkingPIC.c，并在构建过程中研究它是如何包括 NU32 库的。

⊖ 该函数库只包含一个目标文件，因此 Microchip 不会生成一个归档文件（生成归档文件需要多个目标文件的支持）。

4.1 创建 talkingPIC

在第 3 章中，为了让事情尽可能地简单，我们通过直接在命令行中执行命令 xc32-gcc 和 xc32-bin2hex，利用 simplePIC.c 生成了可执行文件。在本章以及后面的所有章节中，我们都使用 Makefile 的 make 命令来构建可执行文件，就像第 1 章中的 talkingPIC.c 一样。

回顾第 1 章可知，使用 Makefile 编译并连接目录中的所有 .c 文件。由于该项目目录 <PIC32>/talkingPIC 包含了 NU32.c，所以该文件与 talkingPIC.c 一起编译。为了搞清楚这个过程是如何工作的，我们检查一些构建项目的命令。

导航到第 1 章中创建的 **talkingPIC** 目录（<PIC32>/talkingPIC）。输入以下命令：

```
> make clean
```

这个命令删除了最初建立项目时创建的文件，因此我们可以重新再来一次。接下来，执行命令 make 来构建项目。请注意，它执行的命令与下面的命令有些类似。

```
> xc32-gcc -g -O1 -x c -c -mprocessor=32MX795F512H -o talkingPIC.o talkingPIC.c
> xc32-gcc -g -O1 -x c -c -mprocessor=32MX795F512H -o NU32.o NU32.c
> xc32-gcc -mprocessor=32MX795F512H -o out.elf  talkingPIC.o  NU32.o
    -Wl,--script="NU32bootloaded.ld",-Map=out.map
> xc32-bin2hex out.elf
> xc32-objdump -S out.elf > out.dis
```

前两个命令使用以下选项编译创建 talkingPIC 所需的 C 文件。

- -g：包含调试信息和添加到目标文件中的额外数据，这可以帮助我们以后检查生成的文件。
- -O1：设置优化等级为 1。我们将在第 5 章讨论优化等级。
- -x c：告诉编译器把输入文件识别为 C 语言文件。典型地，编译器可以根据文件扩展名检测正确的语言，但是在这里我们用这个选项来确定。
- -c：只编译和汇编，不连接。这个命令的输出仅是一个目标文件（.o），由于连接器没有被调用，因此也就没有创建 .elf 文件。

因此，前两个命令生成了两个目标文件：包含 main 函数的 talkingPIC.o 和包含 talkingPIC.c 调用的辅助函数的 NU32.o。第三个命令告诉编译器调用连接器，因为所有指定的“源”文件实际上都是目标文件（.o），编译器会自动告诉连接器连接需要的一些标准库，所以我们不用直接调用连接器 xc32-ld。请注意，不管源文件的名字如何，命令 make 总是将输出文件命名为 out.elf。

命令 make 为连接器提供的一些额外选项需要在 Wl 标志后指定。

- --script：告诉连接器使用 NU32bootloaded.ld 连接器脚本文件。
- -Map：该选项被传递给连接器，并让连接器生成一个映射文件，它会详细介绍程序中内存的使用情况。第 5 章将解释映射文件。

接下来的命令将会生成 hex 文件。最后一行命令 xc32-objdump 对 out.elf 进行反汇编，并将结果保存在 out.dis 中。该文件包含 C 代码和汇编指令，以便检查编译器利用 C 代码产生的汇编指令。

4.2　NU32 函数库

NU32 函数库提供的一些函数使得编程 PIC32 更为简单。不仅 talkingPIC.c 使用 NU32 库，本书中的绝大部分例子都使用了这个函数库。<PIC32>/skeleton 目录包含了 NU32 库文件：NU32.c 和 NU32.h，你可以复制这个目录来创建一个新的项目。由于 Makefile 会自动地连接目录中的所有文件，因而 NU32.c 将被包含在你的项目中。通过在程序的开头写入 #include"NU32.h"，我们可以访问该库。下面列出了 NU32.h 的源代码。

代码示例 4.1　NU32.h。NU32 头文件 NU32.h

```
#ifndef NU32__H__
#define NU32__H__

#include <xc.h>                     // processor SFR definitions
#include <sys/attribs.h>            // __ISR macro

#define NU32_LED1 LATFbits.LATF0    // LED1 on the NU32 board
#define NU32_LED2 LATFbits.LATF1    // LED2 on the NU32 board
#define NU32_USER PORTDbits.RD7     // USER button on the NU32 board
#define NU32_SYS_FREQ 80000000ul    // 80 million Hz

void NU32_Startup(void);
void NU32_ReadUART3(char * string, int maxLength);
void NU32_WriteUART3(const char * string);

#endif // NU32__H__
```

NU32__H__ 包含的保护功能由前两行和最后一行代码组成，用来确保 NU32.h 在编译任何单个 C 文件时不会被包含两次。接下来的两行包含由 Microchip 提供的头文件，否则你需要在大多程序中包含它。接下来的 3 行为特殊功能寄存器定义了别名，用来控制 NU32 开发板上的两个 LED（NU32_LED1 和 NU32_LED2）和按钮 USER（NU32_USER）。使用这些别名后，我们编写的代码格式为：

```
int button = NU32_USER; // button now has 0 if pressed, 1 if not
NU32_LED1 = 0;          // turn LED1 on
NU32_LED2 = 1;          // turn LED2 off
```

记住，这样的定义要比记住 PIC32 上的哪些引脚连接到这些设备上要更容易些。这个头文件还定义了常量 NU32_SYS_FREQ，它包含了 PIC32 的工作频率（单位为 Hz）。NU32.h 的其余部分是函数原型，现进行如下描述。

void NU32_Startup(void) 在 main 函数的开头调用 NU32_Startup() 来配置 PIC32 和 NU32 库。在学习本书的过程中，你将不断地了解到关于这个函数的细节，在这里我们仅进行概述。首先，为了获得最佳性能，这个函数配置了预取缓存模块和闪存等待周期。接着，它将 PIC32 配置为多向量中断模式。然后，它禁用 JTAG 调试，于是相关的引脚可用于其他函数。将引脚 RF0 和 RF1 配置为数字输出，以控制 LED1 和 LED2。之后，该函数配置 UART3，从而使 PIC32 可以与计算机进行通信。通过配置 UART3，可以使用函数 NU32_WriteUART3() 和 NU32_ReadUART3() 在 PIC32 和计算机之间发送字符串。通信速率为 230 400bit/s，具有 8 个数据位、无奇偶校验、1 个停止位，使用 CTS/RTS 进行硬件流量的控制。我们会在第 11 章讨论 UART 通信的技术细节。最后，它使能中断（参阅第 6 章）。你可能会注意到，这些任务（如配置预取缓存模块）也是由引导加载程序执行的。我们这样做是因为 NU32_Startup() 也与独立程序代码一起工作。在这种情况下，这些操作将是必需的，而不是多余的。

Void NU32_ReadUART3(char * string, int maxLength) 该函数使用字符数组 string 和最大输入长度值 maxLength 两个形参。它使用通过 UART3 从主机上接收到的字符来填充 string，直到接收到一个换行符 \n 或回车符 \r 才停止。如果字符串超过 maxLength，则新的字符将返回到字符串的开头。注意，此函数是不会退出的，除非它收到一个 \n 或 \r。

例如：

```
char message[100] = {}, str[100] = {};
int i = 0;
NU32_ReadUART3(message, 100);
sscanf(message, "%s %d", str, &i);  // if message is expected to have a string and int
```

void NU32_WriteUART3(const char * string) 该函数通过 UART3 发送一个字符串。该函数直到传输完成后才能执行结束。因此，如果主机没有读取 UART 并且声明进行流量控制，则该函数将一直等待发送数据。

例如：

```
char msg[100] = {};
sprintf(msg,"The value is %d.\r\n",22);
NU32_WriteUART3(msg);
```

4.3　引导加载程序

在本书的剩余部分中，所有包含 main 函数的 C 文件将以下面的指令开始：

```
#include "NU32.h"          // constants, funcs for startup and UART
```

并且在 main 函数中，第一行代码（定义的局部变量除外）为：

```
NU32_Startup();
```

当其他 C 文件和头文件可能包含 NU32.h 以访问其中的内容和函数原型时，除了拥有 main 函数的 C 文件以外，任何其他文件都不应该调用以下文件：

```
NU32_Startup().
```

对于引导加载程序，配置位的设定由引导加载程序（bootloader）负责。然而，NU32.c 包括了配置位的设置。这就提供了一个方便的参考，也可以让你在引导加载程序和独立程序（参阅 3.6 节）中使用相同的代码。

4.4 LCD 函数库

点阵 LCD 显示器是一个可以为用户提供显示信息的便宜的移动设备。LCD 显示器往往带有一个集成的控制器，这可以简化与 LCD 之间的通信。我们现在讨论一个函数库，它允许 PIC32 控制 Hitachi HD44780（或者可兼容）LCD 控制器连接到一个 16 × 2 LCD 显示器⊖。你可以购买已内置模块的显示器和控制器。该控制器的数据表可在本书的网站上查询到。

HD44780 具有 16 个引脚：地（GND）、电源（VCC）、对比度（VO）、背光阳极（A）、背光阴极（K）、寄存器选择（RS）、读 / 写（RW）、使能选通（E）和 8 个数据引脚（D0 ～ D7）。我们将这些引脚展示如下：

1	2	3	4	5	6	7	8	9	10	11	12	13	14	15	16
GND	VCC	VO	RS	R/W	E	D0	D1	D2	D3	D4	D5	D6	D7	A	K

LCD 的连接电路图，如图 4-1 所示。

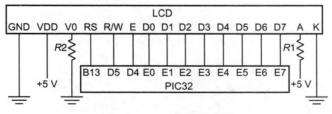

图 4-1　LCD 电路原理图

LCD 由 VCC（5V）和 GND 供电。电阻 $R1$ 和 $R2$ 分别确定 LCD 的亮度和对比度。推荐 $R1 = 100\Omega$ 和 $R2 = 1\ 000\Omega$，你应该查询数据表和通过实验来确定。其余引脚用于通信，其中引脚 R/W 控制通信方向。从 PIC32 的角度来看，R/W = 0 表示写入，而 R/W = 1 表示读取。引脚 RS 表示 PIC32 是正在发送数据（如文本）还是命令（如清除屏幕）。引脚 D0 ～ D7 用于传输两个设备之间交换的实际数据。将数据放到这些引脚后，PIC32 将发出脉冲信号，

⊖　许多 LCD 控制器与 HD44780 都是兼容的。在本章中的示例中，我们使用的控制器型号为 Samsung KS006U。

使能选通引脚（E）告诉 LCD 显示器数据已经准备就绪。对于使能选通引脚 E 的每一个脉冲，LCD 将同时（并行地）接收或者发送 8 位数据。我们在第 14 章将更深入讨论并行通信方案，在那里会讨论并行主端口（PMP），这是协调 PIC32 和 LCD 之间信号的外设。

现在，我们通过查看接口来给出 LCD 库。LCD 控制器有许多的功能，例如水平滚动文本、显示自定义字符、单行显示更大的字体以及显示光标。LCD 库包含了许多函数，使用它们能够访问这些功能。然而，在这里仅讨论一些基础的函数。

代码示例 4.2   LCD.h。LCD 库头文件

```
#ifndef LCD_H
#define LCD_H
// LCD control library for Hitachi HD44780-compatible LCDs.

void LCD_Setup(void);                       // Initialize the LCD
void LCD_Clear(void);                       // Clear the screen, return to position (0,0)
void LCD_Move(int line, int col);           // Move position to the given line and column
void LCD_WriteChar(char c);                 // Write a character at the current position
void LCD_WriteString(const char * string);  // Write string starting at current position
void LCD_Home(void);                        // Move to (0,0) and reset any scrolling
void LCD_Entry(int id, int s);              // Control display motion after sending a char
void LCD_Display(int d, int c, int b);      // Turn display on/off and set cursor settings
void LCD_Shift(int sc, int rl);             // Shift the position of the display
void LCD_Function(int n, int f);            // Set number of lines (0,1) and the font size
void LCD_CustomChar(unsigned char val, const char data[7]); // Write custom char to CGRAM
void LCD_Write(int rs, unsigned char db70); // Write a command to the LCD
void LCD_CMove(unsigned char addr);         // Move to the given address in CGRAM
unsigned char LCD_Read(int rs);             // Read a value from the LCD
#endif
```

> **LCD_Setup(void)** 初始化 LCD，把它设定成两行模式，并清除屏幕。在调用 NU32_Startup() 之后，你应该在 main() 的开头调用这个函数。
>
> **LCD_Clear(void)** 清除屏幕并使光标返回到第 0 行第 0 列处。
>
> **LCD_Move(int line, int col)** 将后续文本显示在给定的行和列上。调用 LCD_Setup() 后，LCD 有 2 行 16 列。记住，就像 C 语言中的数组一样，编号从 0 开始！
>
> **LCD_WriteChar(unsigned char s)** 写字符到当前的光标位置。然后，光标位置将递增。
>
> **LCD_WriteString(const char * str)** 从当前位置开始显示字符串。
>
> 记住，LCD 不能理解 '\n' 这样的控制字符，因此你必须使用 LCD_Move 来访问第 2 行。

程序 LCDwrite.c 使用 NU32 和 LCD 库接收来自计算机的字符串，并将其写入到 LCD 显示器。为了构建可执行文件，复制 <PIC32>/skeleton 目录，然后添加文件 LCDwrite.c、LCD.c 和 LCD.h。在完成构建、加载和运行程序后，打开终端仿真器。现在，你可以和你的 LCD 显示器进行对话了！终端仿真器将发出以下询问：

```
What do you want to write?
```

如果你回应 Echo!!, LCD 显示器会显示:

```
Echo!!_____
___Received_1___
```

其中,下划线表示空格。当你发送更多的字符串时,接收到的数字将会自动增加。示例代码如下:

代码示例 4.3 `LCDwrite.c`。接收用户的输入并将其输出到 LCD 显示器上

```c
#include "NU32.h"          // constants, funcs for startup and UART
#include "LCD.h"

#define MSG_LEN 20

int main() {
  char msg[MSG_LEN];
  int nreceived = 1;

  NU32_Startup();          // cache on, interrupts on, LED/button init, UART init

  LCD_Setup();

  while (1) {
    NU32_WriteUART3("What do you want to write? ");
    NU32_ReadUART3(msg, MSG_LEN);                // get the response
    LCD_Clear();                                 // clear LCD screen
    LCD_Move(0,0);
    LCD_WriteString(msg);                        // write msg at row 0 col 0
    sprintf(msg, "Received %d", nreceived);      // display how many messages received
    ++nreceived;
    LCD_Move(1,3);
    LCD_WriteString(msg);                        // write new msg at row 1 col 3
    NU32_WriteUART3("\r\n");
  }
  return 0;
}
```

4.5 Microchip 函数库

Microchip 为 PIC32 提供了几个库。理解这些库是非常困难的(正如第 3 章中开始看到的),部分原因是为了支持众多的 PIC32 模型,部分原因是为了保持向后兼容性的需求。因此,多年前编写的代码使用在新发布的库中都不过时。

历史上,人们主要使用汇编语言来为微控制器编程,因此代码和硬件之间的交互是很直接的。典型地,CPU 在每个时钟周期执行一条汇编指令,并没有任何隐藏的步骤。然而,对于复杂的软件项目,汇编语言会变得很麻烦,因为它是基于特定处理器的,缺乏方便易用的高级结构。

虽然 C 语言仍旧属于较低级的语言,但是它提供了一些可移植性和抽象性。大部分的 C 代码都可以工作在拥有不同 CPU 的不同微控制器上,只要你使用特定 CPU 的编译器。不过，如果你的代码是直接操作在一个特定的 SFR 上，而该 SFR 在另外一个微控制器中又不存在时，可移植性就不成立了。

作为 Microchip 发布的最新软件，Harmony 通过提供相关的函数来解决这个问题，这个函数允许你的代码可工作在多种 PIC32 型号下。在简化的分层视图中，用户的应用程序可能会调用 Microchip 的中间件库，这些库提供了高级别的抽象以将用户与硬件细节隔离开来。中间件库可能会与较低级别的设备驱动程序进行交互。设备驱动程序可能会与更低级别的外设库连接。最后，这些外设库会对特定 PIC32 相关的 SFR 执行读取或者写入操作。

类似于汇编语言编程，我们的理念是贴近硬件，但要可以使用更高级的 C 语言。这种方法允许让你直接将 PIC32 的硬件文档转换为 C 代码，因为利用 C 访问的 SFR 与硬件文档使用的是相同名称。如果不确定如何从 C 代码中访问 SFR，那么请打开特定处理器的头文件 <xc32dir>/<xc32ver>/pic32mx/proc/p32mx795f512h.h，搜索 SFR 的名称并阅读关于 SFR 的声明。总体而言，我们认为这种编程 PIC32 的低级别方法应该在微控制器编程上为你提供坚实的基础。此外，在直接使用特殊功能寄存器编程后，你应该能够理解所有由 Microchip 提供的软件文档。如果你需要的话，那就在自己的项目中使用它。最后，我们认为在 SFR 层面上进行编程可以更好地移植到其他微控制器。Harmony 是针对特定 Microchip 型号的，但诸如 SFR 的一些概念却是通用的。

4.6　自定义函数库

现在，已经看过一些库是如何发挥作用的，你可以创建自己的函数库了。当你编程时，试着想想代码之间的彼此联系。如果发现某些功能是独立于其他功能的，那么你可能需要用独立的 .c 和 .h 文件来编写代码。将项目拆分为多个包含相关功能的多个文件，有助于提高程序的模块化。通过在头文件中保留一些定义和在 C 代码中将函数和变量声明为静态（static）（这意味着它们不能在这个 C 文件之外使用），你可以隐藏代码的实现细节。一旦将代码划分为独立的模块，你就可以考虑哪些模块可能在其他项目中会有用，这时这些文件可以用作库。

4.7　小结

- 库是一个关于 .o 目标文件和相关 .h 头文件的 .a 归档文件，它使程序能够访问与库相关的函数原型、常量、宏、数据类型和变量。库也可以以源代码形式来发布，在使用之前不需要将其编译成归档格式。通过这种方式，它们就像你在多个 C 文件中编写和分解代码一样。我们经常将"库"称为 .c 文件及其关联的 .h 文件。

- 对于具有多个 C 文件的项目，每个 C 文件都是借助其包含的头文件独立地编译和汇编的。编译 C 文件并不需要其他辅助 C 文件中辅助函数的实际定义，只需要函数原型。当对多个目标文件进行连接时，函数调用将被解析到正确的虚拟地址。如果多个目标文件具有相同的函数名称，并且这些函数又不是特定文件的静态（私有的）函数，则连接器的连接操作将失败。

- NU32 库提供了用于初始化 PIC32 和与主机进行通信的函数。LCD 库提供了写入到 16×2 字符点阵 LCD 显示器的函数。

4.8 练习题

1. 确定 NU32.c 中的哪些函数、常量和全局变量是 NU32.c 私有的，哪一些是可以在其他 C 文件中使用的。

2. 当你尝试建立并运行一个程序时，可能会遇到（至少）3 种不同类型的错误：编译器错误、连接器错误、运行错误。编译器或连接器错误将阻止可执行文件的构建，而运行错误只有在程序不符合预期时才会显示出来。假设你正在构建一个不带全局变量、含有两个 C 文件的程序，其中一个含有 main() 函数。对于 3 种类型错误中的每一种给出会导致错误发生的简单代码。

3. 编写一个函数 void LCD_ClearLine(int ln)，它可以清除 LCD 单行（第 0 行或者第 1 行）内容。你可以通过编写足够的空格（''）来填充它。

4. 编写一个函数 void LCD_print(const char *)，将一个字符串写入 LCD，并解释控制字符。该函数应该从位置（0，0）开始写入。回车符（'\r'）应将光标重置到行首，换行符（'\n'）应将光标移动到另一行。

延伸阅读

32-Bit language tools libraries. (2012). Microchip Technology Inc.
HD44780U (LCD-II) dot matrix liquid crystal display controller/driver. HITACHI.
KS0066U 16COM/40SEG driver and controller for dot matrix LCD. Samsung.

第 5 章 | Chapter 5

执行时间和存储空间

你的程序执行要花多长时间？它需要多少 RAM？它占用多少闪存？对于使用个人计算机的编程者而言，快速的处理速度和充足的内存已经降低了这些问题的重要性。毕竟，如果一个过程只需要多花几微秒的时间或者额外多使用几兆字节的 RAM，那么用户可能不会注意到差别。但是在嵌入式系统中，效率是很重要的。处理器的运行速度相对较慢，控制命令必须及时地得到执行，而且 RAM 和闪存是宝贵的资源。此外，由于物理因素，你的系统可能会受到特定的时序要求。例如，你可能需要定期及时地向电机提供指令，以控制电机正确运转。若代码运行太慢，则可能无法达到目的。

编写高效的代码是一项需要权衡的工作。代码可以省时（运行速度快）、RAM 效率高（使用更少的 RAM）、闪存效率高（具有更小的可执行文件），但也许最重要的是程序员的时间效率（最小化编写和调试代码所需的时间，或者为了未来的程序员可以理解和修改它）。这些要求往往是相互竞争的。有些 XC32 编译器选项反映了这种权衡，你应明确地做出执行时间和存储空间的权衡⊖。例如，编译器可以"展开"循环。如果已知一个循环需要执行20 次，不是编写一小段代码利用递增计数器并检查计数值是否已经达到 20，而是编译器简单地编写相同的代码块 20 次。虽然这可以节省一些执行时间（计数器增量、条件判断、选择分支），但付出的代价是使用更多的闪存来存储程序。

本章解释了一些理解程序所用的执行时间和存储空间的工具。这些工具不仅可以帮助你充分利用 PIC32，还可以编写更高效的代码，这样你可以选择更便宜的微控制器。更重要的是，你会更好地理解你的软件是如何工作的。

5.1 编译器优化

XC32 编译器提供了 5 个等级的优化。它们是否可用，取决于你是否有编译器的免费版、标准版或者专业版的许可证。

⊖ 在一些免费的编译器版本中，有一些选项是不可用的。

版　本	标　号	说　明
所有	00	无优化
所有	01	等级 1：试图同时降低代码大小和执行时间
标准版，专业版	02	等级 2：在等级 1 的基础上，进一步降低代码大小和执行时间
专业版	03	等级 3：速度的最大优化
专业版	Os	代码大小的最佳优化

优化等级越高，编译器生成汇编代码的时间越长。你可以在 XC32 C/C ++ 编译器用户指南中了解更多关于编译器优化的知识。

当从快速入门代码中使用 Makefile 发出一个 make 命令时，你将看到编译器使用的优化等级为 01，使用的命令如下：

```
xc32-gcc -g -01 -x c ...
```

-g -01 -x c 是 Makefile 中变量 CFLAGS 的编译器标志，–01 意味着请求的优化等级为 1。

在本章中，我们将检查编译器通过 C 代码生成的汇编代码。在不使用优化的情况下，C 代码和汇编代码之间的映射是相对直接的，但调用优化后就不清晰了。（我们将在 5.2.3 节中看到这个例子。）为了创建更清晰的汇编代码，我们发现在不进行优化的情况下生成文件是非常有用的。你可以通过在命令行中指定变量 CFLAGS Makefile 来重载编译标志。

```
> make CFLAGS="-g -x c"
```

或者

```
> make write CFLAGS="-g -x c"
```

作为备选，你可以编辑 **Makefile** 删除定义 **CFLAGS** 处的 –01，就像通常使用 make 和 make write 一样。

在这些示例中，由于没有指定优化等级，所以使用的是默认优化等级（即无优化）。除非另有说明，本章中的所有示例都默认为不使用优化。

5.2　执行时间和反汇编文件

5.2.1　使用秒表或者示波器定时

实现定时的一个直接方法就是翻转一个数字输出，并使用示波器或者秒表来查看这个数字输出。例如：

```
  ...                      // digital output RFO has been high for some time
LATFCLR = 0x1;             // clear RFO to 0 (turn on NU32 LED1)
  ...                      // some code you want to time
LATFSET = 0x1;             // set RFO to 1 (turn off LED1)
```

RF0 为低电平的时间（或者点亮 LED1）近似地等于代码的执行时间。

如果持续时间太短，不能用眼睛或者秒表来测量，那么可以修改代码，如下所示：

```
...                              // digital output RF0 has been high for some time
LATFCLR = 0x1;                   // clear RF0 to 0 (turn on NU32 LED1)
for (i=0; i<1000000; i++) {      // modify 1,000,000 as appropriate for you
    ...                          // some code you want to time
}
LATFSET = 0x1;                   // set RF0 to 1 (turn off LED1)
```

然后，可以将总时间除以 1 000 000[⊖]。但是，请记住，for 循环引入了额外的开销，例如计数器自动加 1 和检查不等式的指令。我们将在 5.2.3 节中研究这种开销。如果你想使用少量的汇编指令来实现定时，那么实际测量到的时间主要是 for 循环的执行时间。

5.2.2　使用内核定时器定时

使用 PIC32 开发板上的定时器可以获得更准确的定时。NU32 上的 PIC32 有 6 个定时器，其中 1 个是与 MIPS32 CPU 相关的 32 位内核定时器和 5 个 16 位的外设定时器。我们可以使用内核定时器来单纯地定时，将更灵活的外设定时器留给其他任务使用（参阅第 8 章）。内核定时器每隔两个时钟周期自动加 1。对于 80MHz 的 SYSCLK，定时器每隔 25ns 自动加 1。因为定时器是 32 位的，所以它的周期是 $2^{32} \times 25\text{ns} = 107\text{s}$。

<cp0defs.h> 文件中包含两个用于访问内核定时器的宏：_CP0_GET_COUNT() 和 _CP0_SET_COUNT(val)。当程序包含 NU32.h 时，它将包含 <xc.h>，而 <xc.h> 又包含 <cp0defs.h>，因此你可访问所需要的宏。宏 _CP0_GET_COUNT() 返回当前内核定时器的计数值，而 _CP0_SET_COUNT(val) 将计数器设置为 val。

```
unsigned int elapsedticks, elapsedns;

_CP0_SET_COUNT(0);                    // set the core timer counter to 0
    ...                               // some code you want to time
elapsedticks = _CP0_GET_COUNT();      // read the core timer
elapsedns = elapsedticks * 25;        // duration in ns, for 80 MHz SYSCLK
```

如果使用内核定时器来定时两个不同的事件，则一定不要重置计数器为零。相反，在开始定时的时候读取 initial 值，然后在定结束时读取 final 值，并将这两个值相减即可。

```
unsigned int initial, final, elapsed;
initial = _CP0_GET_COUNT();           // read the initial time
    ...                               // some code you want to time
final = _CP0_GET_COUNT();             // the end duration
elapsed = final - initial;            // total elapsed time, in ticks
```

由于单个定时器的翻转影响，所以即使 final 值比 initial 值要小，上面的代码也

⊖　如果你在编译程序时使用了优化，则编译器可能会识别到你没有对循环的结果做任何事情，也就根本不会生成循环的汇编代码！你可以在循环中放置 _nop() 宏命令，以强制保留它。命令 _nop() 会插入一个 nop 汇编指令，它不会执行任何操作，但编译器不能将其删除。

能正常工作[⊖]。如果定时器翻转两次，那么答案就不准确了，但是你的代码花费的执行间要比 107s 更长。

5.2.3 反汇编代码

通过查看编译器生成的汇编代码，可以确定你的代码大约需要多长的执行时间。更少的指令意味着代码的执行会更快。

在 3.5 节中，我们声明的代码如下所示：

```
LATFINV = 0x3;
```

这要比下面的代码更有效率。

```
LATFbits.LATF0 = !LATFbits.LATF0; LATFbits.LATF1 = !LATFbits.LATF1;
```

让我们查看以下程序的汇编代码来检查这一说法。这个程序通过执行 5 000 万次的 for 循环来实现延迟，然后翻转 RF1（NU32 上的 LED2）。

代码示例 5.1 timing.c。RF1 翻转（NU32 闪存上的 LED2）

```
#include "NU32.h"          // constants, functions for startup and UART
#define DELAYTIME 50000000 // 50 million

void delay(void);
void toggleLight(void);

int main(void) {
  NU32_Startup(); // cache on, min flash wait, interrupts on, LED/button init, UART init

  while(1) {
    delay();
    toggleLight();
  }
}

void delay(void) {
  int i;
  for (i = 0; i < DELAYTIME; i++) {
      ; //do nothing
  }
}

void toggleLight(void) {
  LATFINV = 0x2; // invert LED2 (which is on port F1)
  // LATFbits.LATF1 = !LATFbits.LATF1;
}
```

将 timing.c 和 Makefile、NU32.c、NU32.h 和 NU32bootloaded.ld 一起放到

⊖ 无符号算术运算实际上计算的是 $(a \odot b) \bmod 2^N$，其中 N 是类型中所用位的个数，$\odot$ 代表运算符（如 + 或者 −）。因此，无符号减法运算将计算两个数之间的距离，然后求 2^N 的模。

一个项目目录下，除此之外不进行任何修改。然后如上所述，使用 make 命令，不进行优化。Makefile 会自动将 out.elf 文件反汇编到 out.dis 文件中，如果你想手动执行，则还可以键入

```
> xc32-objdump -S out.elf > out.dis
```

在文本编辑器中打开 out.dis，你会看到一个显示 out.hex 对应汇编代码的列表。该文件交错地给出你的 C 代码和它生成的汇编代码⊖。每个汇编指令行都具有实际的虚拟地址（内存中存放的汇编指令的地址）、32 位机器指令和适合人们读取的汇编代码（如果你知道汇编）。让我们看看对应于命令 LATFINV = 0x2 的列表部分，你应该看到如下代码：

```
 LATFINV = 0x2; // invert the LED2 (which is on port F1)
9d00221c: 3c02bf88   lui v0,0xbf88
9d002220: 24030002   li v1,2
9d002224: ac43616c   sw v1,24940(v0)
 // LATFbits.LATF1 = !LATFbits.LATF1;
```

我们看到，LATFINV = 0x2 指令已扩展为 3 条汇编语句。无须进行详细说明，指令 li 将十进制数 2（或者十六进制 0x2）存储在 CPU 寄存器 v1 中，然后这个值由 sw 命令写入到对应于 LATFINV 的存储器地址（v0 或者 0xBF88 是地址的 16 ～ 31 位，而十进制数 24940 或者十六进制 0x616C 是地址的 0 ～ 15 位）中⊜。

相反，如果我们注释掉 LATFINV=0X2，并且使用命令和位操作代码来替换它，那么得到的反汇编语句如下：

```
 // LATFINV = 0x2; // invert the LED2 (which is on port F1)
 LATFbits.LATF1 = !LATFbits.LATF1;
9d00221c: 3c02bf88   lui v0,0xbf88
9d002220: 8c426160   lw v0,24928(v0)
9d002224: 30420002   andi v0,v0,0x2
9d002228: 2c420001   sltiu v0,v0,1
9d00222c: 304400ff   andi a0,v0,0xff
9d002230: 3c03bf88   lui v1,0xbf88
9d002234: 90626160   lbu v0,24928(v1)
9d002238: 7c820844   ins v0,a0,0x1, 0x1
9d00223c: a0626160   sb v0,24928(v1)
```

位操作代码需要 9 条汇编语句。基本上，LATF 中的值被复制到 CPU 寄存器中，执行操作，然后又存储回 LATFINV 中。相比之下，使用 LATFINV 语法，则不会来回地复制 LATFINV 中的值。

虽然操控 SFR 位的一种方法似乎比另一种方法要快 3 倍，但是我们却不知道每种方法要消耗多少个 CPU 周期。汇编指令通常是在一个时钟周期内完成的，但是仍然存在每个 CPU 周期是否获得一条指令（由于程序闪存的速度缓慢）的问题。我们将在 5.2.4 节中通过操作预取高速缓存模块来进行进一步调查。但是现在，我们使用 5000 万次的迭代来实现延

⊖ 有时，来自 xc32-objdump 的输出会复制一部分 C 代码，这是由于 C 代码被转换为汇编代码的方式所导致的。

⊜ 如果感兴趣，可以参考 MIPS32 文档。

迟循环。这里提供了 delay() 的反汇编代码，并在代码行的右边添加了注释。

```
void delay(void) {
9d0021c0: 27bdfff0  addiu sp,sp,-16     // manipulate the stack pointer on ...
9d0021c4: afbe000c  sw s8,12(sp)        // ... entering the function (see text)
9d0021c8: 03a0f021  move s8,sp
  int i;
  for (i = 0; i < DELAYTIME; i++) {
9d0021cc: afc00000  sw zero,0(s8)       // initialization of i in RAM to 0
9d0021d0: 0b400879  j 9d0021e4          // jump to 9d0021e4 (skip adding 1 to i),
9d0021d4: 00000000  nop                 // but "no operation" executed first
9d0021d8: 8fc20000  lw v0,0(s8)         // start of loop; load RAM i into
                                        //   register v0
9d0021dc: 24420001  addiu v0,v0,1       // add 1 to v0 ...
9d0021e0: afc20000  sw v0,0(s8)         // ... and store it to i in RAM
9d0021e4: 8fc30000  lw v1,0(s8)         // load i into register v1
9d0021e8: 3c0202fa  lui v0,0x2fa        // load the upper 16 bits and ...
9d0021ec: 3442f080  ori v0,v0,0xf080    // ... lower 16 bits of 50,000,000
                                        //   into v0
9d0021f0: 0062102a  slt v0,v1,v0        // store "true" (1) in v0 if v1 < v0
9d0021f4: 1440fff8  bnez v0,9d0021d8    // if v0 not equal to 0, branch to top of
                                        //   loop,
9d0021f8: 00000000  nop                 // but branch "delay slot" is executed
                                        //   first

    ; //do nothing
  }
}
9d0021fc: 03c0e821  move sp,s8          // manipulate the stack pointer on exiting
9d002200: 8fbe000c  lw s8,12(sp)
9d002204: 27bd0010  addiu sp,sp,16
9d002208: 03e00008  jr ra               // jump to return address ra stored by jal,
9d00220c: 00000000  nop                 // but jump delay slot is executed first
```

延迟循环本身包括有 9 条指令，从 lw v0,0(s8) 开始，到下一个 nop 结束。当 LED 点亮时，这些指令会被执行 5000 万次，然后 LED 熄灭。（虽然有一些额外的指令用来设置循环和递增计数器，但是与循环执行的 5000 万次相比，这些循环的持续时间可以忽略不计。）因此，如果每个周期执行一条指令，那么我们可以预测光线保持时间大约 5 000 万 ×9 条指令 × 12.5ns/指令 = 5.625s。如果用秒表来计时，则得到大约 6.25s，这意味着每个循环周期包括 10 个 CPU 周期（SYSCLK）。因此，我们的缓存模块几乎在每个 CPU 周期要执行一条汇编指令。

在上面的代码中，有两个"跳转"（j 为要跳转到的指定地址，jr 表示跳转返回时寄存器 ra 的地址，这由调用函数进行设置）和一个"分支"（bnez 为"如果不等于 0 就执行分支程序"）指令。指令对于 MIPS32，在跳转实际发生之前，需要执行跳转或分支之后的命令。对于跳转或者分支，下一个命令认为是" delay slot"。在这段代码中，全部的 3 个" delay slot"都是 nop 指令，它们表示"不操作"。

你可能会注意到，有几种方法可以用来编写延迟函数的汇编代码，以使用更少的汇编命令。当然，直接使用汇编代码语言的优点之一就是你能直接控制处理器的指令；其缺点是，MIPS32 汇编语言是比 C 语言更低级的语言，要求程序员对 MIPS32 有更多的了解。除非你已经投入了大量时间学习汇编语言，否则使用汇编语言编程无法达到"编程时间高效性"的标准！（更不要说，delay()是为了浪费时间而设计的，所以不需要最小化汇编代码！）

在反汇编delay()的时候，你也可能注意到在进入和退出函数时对堆栈指针（sp）执行的操作。堆栈是RAM中的一个区域，用来保存临时局部变量和参数。当调用一个函数时，其参数和局部变量被"压入"堆栈。当函数退出时，将堆栈指针移回到函数调用之前的原始位置，将局部变量"弹出"堆栈。如果堆栈没有足够的RAM来保存在当前调用函数中定义的所有局部变量，那么就会发生堆栈溢出。我们将在5.3节再次看到堆栈的使用方法。

在进入和退出函数时，由于传入参数和操作堆栈指针而导致的开销不应该成为阻碍你编写模块化代码的理由。对于函数调用的开销，只应该在你需要从程序执行时间中挤出几个纳秒的时候才会考虑的。

最后，如果你回到方法LATFINV，翻转LED，使用编译优化等级为1（优化标志为-O1），编译文件timing.c，则你会看到delay()被优化了。

```
void delay(void) {
9d00211c: 3c0202fa   lui  v0,0x2fa       // load the upper 16 bits and ...
9d002120: 3442f080   ori  v0,v0,0xf080   // ... lower 16 bits of 50,000,000 into v0
9d002124: 2442ffff   addiu v0,v0,-1      // subtract 1 from v0
  int i;
  for (i = 0; i < DELAYTIME; i++) {
9d002128: 1440ffff   bnez v0,9d002128    // if v0 !=0, branch back to the same line,
9d00212c: 2442ffff   addiu v0,v0,-1      // but before branch, subtract 1 from v0
  ; //do nothing
  }
}
9d002130: 03e00008   jr  ra              // jump to return address ra stored by jal
9d002134: 00000000   nop                 // no operation in jump delay slot
```

局部变量不存储在RAM中，在进入和退出函数时它不执行堆栈指针操作。计数器变量只存储在CPU寄存器中。循环本身只有两行，而不是9行，并且已被设计成从49 999 999向下计数到0，而不是向上计数。分支delay slot实际上用于实现计数器更新，而不必浪费一个nop的周期。

更重要的是，在我们的-O1优化代码中，delay()永远不会被main的汇编代码所调用！由于编译器已经知道delay()不会执行任何操作[⊖]，因此，LED的状态翻转很快，以至于你不能用肉眼看到它。该LED看起来很暗[⊜]。

5.2.4　预取缓存模块

在上一节中，我们看到程序timing.c大约在每一个时钟周期执行一条汇编指令。之所以能得到这样的性能结果，是因为引导加载程序（和NU32_Startup()）使能了预取缓

⊖　更好的优化根本不会产生延迟代码，并会减少对闪存的使用。

⊜　为了防止delay()被优化掉，我们可以添加一个不会执行任何操作的_nop()，这个命令位于延迟循环内；或者，可以在循环中访问变量volatile；或者，我们轮询内核定时器来实现期望的延迟。

存模块和选择了最小数量的 CPU 等待周期来从闪存中加载指令[⊖]。

我们可以禁用预取缓存模块来观察其对程序 `timing.c` 的影响。预取缓存模块主要执行两个任务：（1）保存最近的指令在缓存中。如果 CPU 再次请求该地址中的指令（允许缓存完全地存储小循环），则它已就绪。（2）线性码会在当前执行位置之前检索指令，所以它们在需要时可以准备好（预取）。我们可以分别单独地禁用每个函数，或者同时禁用这些函数。

让我们开始同时禁用这两个函数。在代码示例 5.1 中修改 `timing.c`，在 `main` 函数的 `NU32_Startup()`，加入以下指令：

```
// Turn off function (1), storing recent instructions in cache
__builtin_mtc0(_CP0_CONFIG, _CP0_CONFIG_SELECT, 0xa4210582);
CHECONCLR = 0x30;  // Turn off function (2), prefetch
```

其他一切保持不变。第一行修改 CPU 寄存器，防止预取缓存模块从缓存中存储最近的指令。至于第二行，查阅参考手册中的预取缓存模块部分我们看到，SFR_CHECON 的第 4 位和第 5 位确定了是否需要预取指令，将这两个位清 0 可以禁用预取操作。

不使用编译器优化，重新编译 `timing.c` 并运行，我们发现，LED 保持点亮大约 17s，而之前的点亮时间大约为 6.25s。这相当于每个延迟循环使用 27 个 SYSCLK 周期，这是在前面使用 9 条汇编命令时看到的。这些数字是很有意义的，因为预取缓存被完全禁用后，每个从闪存到 CPU 的指令都需要 3 个 CPU 周期（一个请求周期加上两个等待周期）。

如果我们注释掉第二行，那么将会有：（1）将会关闭对最近执行指令的缓存；（2）预取是被使能的，并可以重新运行，我们发现 LED 保持大约 8.1s 或每个循环中使用了 13 个 SYSCLK 周期，相比原来 10 个周期的性能，这里付出了一些小小的代价。预取能够通过提前运行来获取将来的指令，但是它不能通过 `for` 循环条件语句来执行，因为它不知道测试的结果如何。

最后，如果注释掉第一行，但保留未注释的第二行，那么将会有：（1）启用对最近执行指令的缓存；（2）预取是被禁用的，我们恢复到原有的约 6.25s 或每个循环中使用 10 个 SYSCLK 周期的性能。究其原因是整个循环被存储在缓存中，所以预取是没有必要的。

5.2.5　数学运算

对于实时系统，尽可能快地执行数学运算往往是至关重要的。数学表达式的编码应该尽量减少执行的时间。我们将在练习题中深入探讨各种数学运算的速度，这里有一些有效的数学法则。

- PIC32MX 上没有浮点运算单元，因此所有的浮点运算都是在软件中进行的。整数运算的速度比浮点运算要快得多。如果速度成为问题，则让所有的数学运算都执行整数运算，然后根据需要对变量进行缩放以保持精度，并仅在需要时转换为浮点数。

⊖　"等待周期"数是额外的周期数。如果指令不缓存，则 CPU 必须等待它们从闪存加载完成。由于 PIC32 中闪存操作的最高运行速度为 30MHz，CPU 工作在 80MHz，所以在 bootloader 和 `NU32_Startup()` 中，等待周期数被配置为 2。允许 3 个周期来加载一条闪存指令。更少的等待周期则会导致错误，而更多的等待周期则会不必要地降低性能。

- 浮点除法比乘法要慢。如果要多次除以一个固定值，则考虑取一次倒数，然后使用乘法运算。
- 数学库中函数（如三角函数、对数、平方根等）的运算通常比算术函数的运算慢。当速度成为问题时，应尽量减少对这些函数的使用。
- 部分结果应存储在变量中，以供将来使用，这样可以避免多次执行相同的计算过程。

5.3 存储空间和映射文件

前面的章节都侧重于执行时间。现在，我们来检查程序使用了多少程序存储器（闪存）和数据存储器（RAM）。

连接器在程序闪存中为所有程序指令分配了虚拟地址，在数据 RAM 中为所有的全局变量分配了虚拟地址。RAM 的剩余空间则分配给堆和栈。

堆是保留的内存，用来动态地分配内存，使用命令 maclloc 和 calloc 执行分配操作。举例说明，这些函数允许你创建一个数组，而这个数组的长度在运行时才能确定，而不是预先给定（这可能会造成空间浪费）的固定长度。

栈用来保存函数使用的临时局部变量。在调用一个函数时，栈空间会被分配给局部变量。当退出函数时，它会释放局部变量，通过移动栈指针，可使栈空间重新可用。随着局部变量被"压入"堆栈，栈指针地址将减小，当局部变量退出一个函数并从堆栈中"弹出"时，栈指针地址增加。（参阅 5.2.3 节程序 timing.c 中 delay() 函数的汇编列表，这是一个当调用或者退出函数时移动栈指针的示例。）

如果你的程序试图将太多的局部变量放在栈上（栈溢出），则在运行期间将会发生错误。连接器不会捕获这个错误，因为它没有为临时局部变量显式地留出空间，反而假定这些变量将由栈来处理。

为了进一步研究如何分配内存，我们可以要求连接器在创建 .elf 文件时创建一个"映射"文件。映射文件表示指令放置在程序存储器的哪个位置以及全局变量放置在数据存储器的哪个位置。Makefile 会自动为你创建一个名为 out.map 的文件，方法是在连接器命令中包含 -Map 选项。

```
> xc32-gcc [details omitted] -Wl,--script="NU32bootloaded.ld",-Map="out.map"
```

这个映射文件可以用文本编辑器打开。

让我们检查代码示例 5.1（timing.c）中的 out.map 文件，并且不进行任何优化地编译。下面给出这个相当大的文件的一个可编辑部分。

```
Microchip PIC32 Memory-Usage Report

kseg0 Program-Memory Usage
section                    address    length [bytes]      (dec)  Description
-------                    ---------  ---------------      -----  -----------
.text                      0x9d001e00         0x2b4         692  App's exec code
```

```
.text.general_exception 0x9d0020b4        0xdc       220
.text                   0x9d002190        0xac       172   App's exec code
.text.main_entry        0x9d00223c        0x54        84
.text._bootstrap_except 0x9d002290        0x48        72
.text._general_exceptio 0x9d0022d8        0x48        72
.vector_default         0x9d002320        0x48        72
.text                   0x9d002368        0x5c        92   App's exec code
.dinit                  0x9d0023c4        0x10        16
.text._on_reset         0x9d0023d4        0x8          8
.text._on_bootstrap     0x9d0023dc        0x8          8
        Total kseg0_program_mem used :    0x5e4     1508   0.3% of 0x7e200

kseg0 Boot-Memory Usage
section                      address   length [bytes]   (dec)   Description
-------                      -------   --------------   -----   -----------
        Total kseg0_boot_mem used :        0            0       <1% of 0x970

Exception-Memory Usage
section                      address   length [bytes]   (dec)   Description
-------                      -------   --------------   -----   -----------
.app_excpt               0x9d000180        0x10          16     General-Exception
.vector_0                0x9d000200        0x8            8     Interrupt Vector 0
.vector_1                0x9d000220        0x8            8     Interrupt Vector 1
  [[[ ... omitting long list of vectors ...]]]

.vector_51               0x9d000860        0x8            8     Interrupt Vector 51
        Total exception_mem used :        0x1b0        432     10.5% of 0x1000

kseg1 Boot-Memory Usage
section                      address   length [bytes]   (dec)   Description
-------                      -------   --------------   -----   -----------
.reset                   0xbd001970        0x1f4        500     Reset handler
.bev_excpt               0xbd001cf0        0x10          16     BEV-Exception
        Total kseg1_boot_mem used :       0x204        516     44.2% of 0x490
        ----------------------------------------------------------------------
        Total Program Memory used :       0x998       2456     0.5% of 0x80000
        ----------------------------------------------------------------------
```

　　kseg0 程序存储器使用报告告诉我们，程序的主要部分使用了 1508（或者 0x5e4）字节。第一个代码块用 .text 表示，并保存程序指令。它是最大的单个代码块，使用了 692 字节，被描述为应用执行代码，从 VA 的 0x9d001e00 开始安装。在映射文件中搜索这个地址后，我们看到这是 NU32.o 的代码，是与 NU32 库相关的目标代码。

　　kseg0 程序存储器的后续部分（有些地方也表示为 .text）按照代码从大到小的顺序紧密地排列。下一个代码块是 .text.general_exception，它对应 CPU 遇到某些类型的"异常"（运行错误）时调用的子程序。这个代码需要与 pic32mx/lib/libpic32.a 进行连接。下一个 .text 代码块也标记为应用执行代码，是长度为 172（或者 0xac）字节的目标代码 timing.o。搜索 timing.o，我们找到以下文本：

```
.text       0x9d002190      0xac
 .text      0x9d002190      0xac timing.o
            0x9d002190           main
            0x9d0021c0           delay
            0x9d002210           toggleLight
```

在目标函数 timing.o 中我们的函数 main、delay 和 toggleLight 被连续存储在内存中。这些地址与 5.2.3 节中给出的反汇编文件是一致的。

继续！ kseg0 引导内存报告表明，没有代码放置在这个存储区域中。异常内存报告表明，对应于中断的指令占位符占用了 432 字节。最后，kseg1 引导内存报告表明，C 运行启动代码安装了占用 516 字节的复位功能。.reset 代码块的地址是引导加载程序（已安装在 12KB 的引导闪存中）要跳转的地址。

一共使用了 512KB 程序存储器中的 2456 字节。

继续深入查看映射文件，我们发现如下所示的结果。

```
kseg1 Data-Memory Usage
section                          address    length [bytes]      (dec)  Description
-------                          -------    --------------      -----  -----------
         Total kseg1_data_mem used :             0                0  <1% of 0x20000
         ------------------------------------------------------------------------
         Total Data Memory used  :               0                0  <1% of 0x20000
         ------------------------------------------------------------------------


Dynamic Data-Memory Reservation
section                          address    length [bytes]      (dec)  Description
-------                          -------    --------------      -----  -----------
heap                             0xa0000008              0          0  Reserved for heap
stack                            0xa0000020         0x1ffd8     131032  Reserved for stack
```

由于没有全局变量，所以也就没有使用 kseg1 数据存储器。而由于堆的大小是 0，所以基本上所有的数据存储器都是为栈保留的。

现在添加一些无用的全局变量来修改程序，目的是为了查看映射文件会发生什么变化。我们只要在 main 前面加上下面这几行语句：

```
char my_cat_string[] = "2 cats!";
int my_int = 1;
char my_message_string[] = "Here's a long message stored in a character array.";
char my_small_string[6], my_big_string[97];
```

重建并检查新的映射文件，我们看到数据存储器的报告如下所示：

```
kseg1 Data-Memory Usage
section                          address    length [bytes]      (dec)  Description
-------                          -------    --------------      -----  -----------
.sdata                           0xa0000000            0xc          12  Small init data
.sbss                            0xa000000c            0x6           6  Small uninit data
.bss                             0xa0000014           0x64         100  Uninitialized data
.data                            0xa0000078           0x34          52  Initialized data
         Total kseg1_data_mem used :           0xaa         170  0.1% of 0x20000
         ------------------------------------------------------------------------
         Total Data Memory used  :             0xaa         170  0.1% of 0x20000
         ------------------------------------------------------------------------
```

现在，全局变量占用了数据 RAM 的 170 字节。全局变量已被放置在 4 个不同的数据存储器部分，这取决于变量的大小（根据命令行选项或者 xc32-gcc 默认值）以及是否被初始化。

块名称	数据类型	存储的变量
.sdata	小的初始化数据	my_cat_string, my_int
.sbss	小的未初始化数据	my_small_string
.bss	较大的未初始化数据	my_big_string
.data	较大的已初始化数据	my_message_string

深入搜索映射文件中的 .sdata 代码块，我们看见以下内容：

```
.sdata          0xa0000000         0xc timing.o
                0xa0000000               my_cat_string
                0xa0000008               my_int
                0xa000000c               _sdata_end = .
```

即使字符串 my_cat_string 只使用 7 字节，但是变量 my_int 在 my_cat_string 却会开启 8 字节。之所以有这种情况出现，是因为变量需要在 4 字节的边界上对齐，这意味着它们的地址可以被 4 整除。同样，字符串 my_message_string、my_small_string 和 my_big_string 也会占用内存到下一个 4 字节的边界。由于数据对齐的缘故，所以一个 5 字节的字符串使用的内存数量与 8 字节的字符串是相同的。

除了将这些代码块添加到数据存储器使用报告之外，我们还看到全局变量减少了可用于栈的数据存储器，同时 kseg0 程序存储器报告 .dinit 代码块（来自 C 运行启动代码的全局数据初始化）已增长到 112 字节。这意味着，我们使用的总 kseg0 程序存储器现在是 1604 字节，而不是 1508 字节。

现在，改变 my_cat_string 的定义，在它的前面使用限定符 const，即变为以下形式。

```
const char my_cat_string[] = "2 cats!";
```

这使得数组成为一个常量。数组 my_cat_string 在后面的程序中是不能更改的。使用 const 限定符声明的全局变量，需要存放在闪存中而不是 RAM 中（这种特性是 XC32 特有的）。重新构建并检查映射文件，我们看到 kseg0 程序存储器使用报告发生的变化如下所示：

```
kseg0 Program-Memory Usage
section                 address   length [bytes]    (dec) Description
-------                 ----------  ------------    ----- -----------
  [[[ .dinit has shrunk by 16 bytes; no initialization code for my_cat_string ]]]
.dinit          0x9d00223c          0x60            96
  [[[ a new eight-byte section, .rodata, has been added to hold my_cat_string ]]]
.rodata         0x9d002424          0x8              8 Read-only const
```

在 kseg1 数据存储器使用报告中会发生如下的变化：

```
kseg1 Data-Memory Usage
section                 address   length [bytes]    (dec) Description
-------                 ----------  ------------    ----- -----------
  [[[ .sdata has shrunk since RAM no longer holds my_cat_string ]]]
.sdata          0xa0000000          0x4              4 Small init data
```

在 kseg0 程序存储器中，新代码块 .rodata（只读数据）包含 8 字节来存放 my_cat_

string。这个常量字符数组存储在闪存中的地址是 0x9d002424。相应地，RAM（kseg1 数据存储器）中的 .sdata 代码块已经减少了 8 字节，因为 8 字节的 my_cat_string 不再是必须存储在 RAM 中的变量。最后，闪存程序存储器中的 .dinit 代码块减少了 16 字节，因为我们不再需要汇编代码来初始化 my_cat_string。

最后一个修改。我们回到 main 函数中进行定义。

```
const char my_cat_string[] = "2 cats!";
```

因此，my_cat_string 现在是 main 的局部变量。再次构建文件，我们发现只有一个变化：kseg0 程序存储器报告中的一个 .text 代码块增加了 24 字节。

```
kseg0 Program-Memory Usage
section                   address    length [bytes]      (dec)  Description
-------                   ---------- ------------------------   -----------
  [[[ this .text section has grown by 24 bytes ]]]
.text                     0x9d002190          0xc4         196  App's exec code
```

检查反汇编文件我们看到，在 main 中添加了 6 行汇编代码，其作用是将字符串复制到 RAM 中。由于这是一个局部变量，所以以本地副本使用栈，因此在 kseg1 数据存储器报告中没有为其分配内存。

最后，我们可能希望为使用 malloc 或者 calloc 进行动态存储器分配的堆保留一些 RAM。在默认情况下，堆的大小设置为零。要想设置非零的堆，我们可以将连接器选项传递给 xc32-gcc：

```
xc32-gcc [details omitted] -Wl,--script="NU32bootloaded.ld",-Map="out.map",--defsym=_
min_heap_size=4096
```

这定义了一个 4KB 的堆。在构建后，映射文件显示如下：

```
Dynamic Data-Memory Reservation
section                   address    length [bytes]      (dec)  Description
-------                   ---------- ------------------------   -----------
heap                      0xa00000a8          0x1000      4096  Reserved for heap
stack                     0xa00010c0          0x1ef30   126768  Reserved for stack
```

堆被分配在低 RAM 地址中，位于全局变量之后，起始地址为 0xa00000a8。栈占用了 RAM 其余空间的大部分。

对于大多数嵌入式应用，没有必要使用堆。

5.4 小结

- CPU 的内核定时器每隔两个 SYSCLK 时钟周期就会自动加 1，对于 80MHz 的 SYSCLK，则每隔 25ns 增加 1。可以使用命令 _CP0_SET_COUNT(0) 和 unsigned int dt = _CP0_GET_COUNT() 来测量几个 SYSCLK 周期内代码的执行时间。
- 使用 xc32-objdump -S filename.elf > filename.dis 可在命令行中得到反汇编列表。
- 在预取缓存模块完全启用的情况下，几乎 PIC32 的每个周期都能够执行汇编指令。预取允许指令提前获取线性代码，但不能跳过条件语句。小的循环可以存储在缓存中。

- 连接器分配特定的程序闪存的虚拟地址给所有的程序指令，并且分配数据 RAM 的虚拟地址给所有的局部变量。RAM 中的剩余空间分配给堆（用于动态内存分配）和栈（用于函数参数和临时局部变量）。堆默认为 0 字节。

- 映射文件提供了内存使用情况的详细摘要。为了在命令行中生成映射文件，可使用连接器的 -Map 选项，例如：

```
xc32-gcc [details omitted] -Wl,-Map="out.map"
```

- 全局变量可以初始化（当它们被定义时为其分配值）也可以不初始化。初始化的全局变量存储在 RAM 内存的 .data 和 .sdata 部分中，而未初始化的全局变量存储在 RAM 内存的 .bss 和 .sbss 部分中。以 .s 开头的代码块表示变量是"小"的。当执行程序时，初始化的全局变量由 C 运行启动代码为它们分配值，而未初始化的全局变量则被设置为 0。

- 全局变量在数据 RAM 的地址为 0xA0000000 的开头处紧密排列，堆紧随其后。栈从 RAM 的高地址开始，朝向较低的 RAM 地址增长。如果栈指针试图移动到为堆或全局变量保留的区域，就会发生栈溢出。

5.5　练习题

除非另有说明，否则所有问题的编译过程都不进行编译优化。

1. 描述两个带有以下功能的例子：你如何编写不同的代码，以使程序更快地执行，或者使用较少的程序存储器？

2. 不使用编译优化（make CFLAGS="-g-x c"），编译和运行代码示例 5.2 中的 timing.c。用一个计时秒表来验证延迟循环所使用的时间。你的结果和 5.2.3 节中的结果一致吗？

3. 为了编写节省时间的代码，了解一些数学运算比其他运算速度更快是很重要的。我们将看看对不同数据类型执行简单算术运算的反汇编代码。在 main 中创建一个包含以下局部变量的程序：

```
char c1=5, c2=6, c3;
int i1=5, i2=6, i3;
long long int j1=5, j2=6, j3;
float f1=1.01, f2=2.02, f3;
long double d1=1.01, d2=2.02, d3;
```

现在编写代码，对 5 种数据类型执行加、减、乘和除运算。

```
c3 = c1+c2;
c3 = c1-c2;
c3 = c1*c2;
c3 = c1/c2;
```

不使用编译优化构建程序，查看反汇编代码。对于每个语句，你会注意到一些汇编代码只涉及将变量从 RAM 加载到 CPU 寄存器，并将结果（也在寄存器中）存储回 RAM 中。此外，虽然有些语句是由几个汇编命令依次完成的，但其他语句则会跳转到一个软件子程序中完成计算。（这些子程序在随 C 安装时一起提供，并包含在连接过程中。) 回答以下问题。

a. 数据类型和算术函数的哪个组合会导致跳转到子程序？在你的反汇编文件中，复制 C 语句和扩展的汇编命令（包括跳转）作为一个例子。

b. 对于不会跳转到子程序的语句，数据类型和算术函数的哪个组合会有最少的汇编命令？从你的反汇编文件中，将其中一个示例的 C 语句及其汇编命令复制出来。char 是否是用到的最小的数据类型？如果不是，则用于 char 数据类型和 int 数据类型的额外汇编命令的作用是什么？［提示：汇编命令 ANDI 将第二个参数与第三个参数（常量）执行按位与运算，并将结果存储在第一个参数中。或者，你可能希望查找 MIPS32 汇编指令参考。］

c. 填写下表，要求每个单元格都有两个数字：指定操作和数据类型的汇编命令数，以及该数字（大于或等于 1.0）与表中汇编命令所需最小命令数的比值。例如，如果两个 int 的加法占用了 4 条汇编指令，并且这是表中最少的，那么该单元格将填写 1.0（4），这已经填写在下面了。但如果得到不同的结果，那么你应该修改它。如果一个语句导致跳转到一个子程序，那么在该单元格中写 J。

	char	int	long long	float	long double
+		1.0 (4)			
−					
*					
/					

d. 从反汇编程序中，找出已经添加到汇编代码中的任何数学运算子程序的名称。现在创建程序的映射文件。数学运算子程序安装在虚拟内存的什么地方？每个子程序大约使用多少程序存储器？你可以使用反汇编文件或映射文件来验证。（提示：可以从映射文件的末尾反向搜索任何数学运算子程序的名称。）

4. 让我们查看汇编代码的位操作。使用以下局部变量来创建一个程序：

```
unsigned int u1=33, u2=17, u3;
```

并且查看下面语句的汇编命令：

```
u3 = u1 & u2;    // bitwise AND
u3 = u1 | u2;    // bitwise OR
u3 = u2 << 4;    // shift left 4 spaces, or multiply by 2^4 = 16
u3 = u1 >> 3;    // shift right 3 spaces, or divide by 2^3 = 8
```

每条语句使用了多少个命令？对于无符号整数，左移、右移的运算效率分别是乘法和除法效率的 2^n 倍。

5. 使用内核定时器来计算类似练习题 3 中的表，但根据 SYSCLK 周期对应的实际执行时间的项除外。如果一个运算需要 15 个周期，而最快的运算是 10 个周期，则输入为 1.5（15）。这个表格应该包含所有的 20 项，即包括跳转到子程序的项。（注：子程序通常有许多条件语句，这意味着某些操作数的运算可能会比其他操作数的运算更快地结束。你可以根据练习题 3 中给出的变量值，得出结果。）

为了最大限度地减少由于内核定时器的设置和读取时间以及定时器每隔两个 SYSCLK 周期自动加 1 的事实所引发的不确定性，每个数学运算语句可以重复 10 次或者更多次（没有循环），反复设置定时器为 0 和读取定时器。得到的周期平均数（向下取整）应该是每条语句的周期数。使用 NU32 通信子程序或者任何其他的通信子程序，将得到的结果传回计算机。

6. 某些数学运算库函数可能比简单的算术函数要花费更长的执行时间，例如三角函数、对数、平方根等。使用下面的局部变量来编程：

```
float f1=2.07, f2;       // four bytes for each float
long double d1=2.07, d2; // eight bytes for each long double
```

此外，确保将 #include <math.h> 放在程序的顶部，以使数学函数原型可用。

a. 使用类似于练习题 5 中的方法，测量需要多长时间来执行 f2 = cosf(f1)、f2 = sqrtf(f1)、d2 = cos(d1) 和 d2 = sqrt(d1)。

b. 复制并粘贴语句 f2 = cosf(f1) 和 d2 = cos(d1) 的反汇编代码到你的解决方案中，并进行比较。根据汇编代码的比较结果，在使用 PIC32 编译器计算余弦函数值时，评价使用 8 字节长双浮点表示法与 4 字节浮点表示法的优缺点。

c. 为这个程序创建一个映射文件，并在映射文件中寻找数学库 libm.a 的引用。C 安装目录中有几个 libm.a 文件，但是当你编译程序时，连接器到底使用了哪个文件？给出目录。

7. 解释什么是栈溢出，并给出会导致 PIC32 栈溢出的简短的代码片段（不需要完整的程序）。

8. 在原始程序 timing.c 的映射文件中，有几个应用执行代码，其中一个对应于 timing.o，简要解释其余代码的用处。从映射文件中提供能够证明答案的依据。

9. 为第 3 章的 simplePIC.c 创建一个映射文件。（a）文件 simplePIC.o 使用了多少字节？（b）函数 main 和 delay 存放在虚拟内存的何处？这些位置的指令也是可缓存的吗？（c）搜索 .reset 块的映射文件。它位于虚拟内存的什么位置？这与你的 nu32bootloaded.ld 连接器脚本文件一致吗？（d）现在通过定义类型为 short int、long int、long long int、float、double 和 long double 的全局变量来修改程序。每个数据类型所使用的内存是多少？从映射文件找出证据。

10. 假设你的程序定义了一个全局 int 数组 int glob[5000]。现在，你可以定义 int 数组的局部变量的最大字节数是多少？

11. 给出全局变量的定义（不是整个程序）以使映射文件具有 16 字节的 .sdata 块、24 字节的 .sbss 块、0 字节的 .data 块和 200 字节的 .bss 块。

12. 如果你想定义一个全局变量，并且想为其设置初始值，那么试问在定义变量时初始化和在函数中初始化，两种方式哪个"更好"？说明两种方式的利弊。

13. 程序 readVA.c（参阅代码示例 5.2）可在任何虚拟地址处打印出 4 字节的字内容，假设地址是字对齐的（即可以被 4 整除）。这允许你检查虚拟内存中映射的任何内容（参阅第 3 章），包括数据 RAM 中变量的表示、闪存或引导闪存中的程序指令、SFR 和配置位。你可以将这样的代码与映射文件和反汇编文件结合来使用，以便更好地理解所构建的代码。下面是程序输出到终端的一个示例。

```
Enter the start VA (e.g., bd001970) and # of 32-bit words to print.
Listing 4 32-bit words starting from address bd001970.
 ADDRESS   CONTENTS
bd001970  0f40065e
bd001974  00000000
bd001978  401a6000
bd00197c  7f5a04c0
```

a. 构建并运行该程序。通过查阅反汇编文件并确认其中列出的与程序输出相匹配的 32 位程序指令（位于闪存中）来检查其操作。使用可缓存或者不可缓存的虚拟地址引用相同的物理内存地址，以确认是否获得相同的结果。如果指定一个不能被 4 整除的虚拟地址，则会发生什么？

b. 检查映射文件。RAM 中的虚拟地址是变量 val 中存储的地址吗？使用程序来确定其值。

c. 通过预安装引导加载程序，可设定配置位（参阅 2.1.4 节的 DEVCFG0 ～ DEVCFG3 四个字寄存器）。使用程序打印这些设备配置寄存器中的值。

d. 查询映射文件或反汇编文件，程序中最后一条指令的地址是什么？使用该程序给出一个指令列表，其中包含从最后一条指令之前的几个地址到后面的几个地址。当引导加载程序在加载程序时，没有指令的地址被擦除。理解这一点，查看程序的输出，被擦除的闪存字节的值是多少？

e. 修改程序，将 unsigned int 定义成 main 中的局部变量，以便对它们进行栈操作。由于 val 不再被连接器赋予一个特定的地址，所以在映射文件中找不到它。使用你的程序，在 RAM 中查找存储 val 的地址。

代码示例 5.2　readVA.c。检查虚拟内存映射的代码

```c
#include "NU32.h"
#define MSGLEN 100

// val is an initialized global; you can find it in the memory map with this program
char msg[MSGLEN];
unsigned int *addr;
unsigned int k = 0, nwords = 0, val = 0xf01dab1e;

int main(void) {

  NU32_Startup();
  while (1) {
    sprintf(msg, "Enter the start VA (e.g., bd001970) and # of 32-bit words to print: ");
    NU32_WriteUART3(msg);

    NU32_ReadUART3(msg,MSGLEN);
    sscanf(msg,"%x %d",&addr, &nwords);
    sprintf(msg,"\r\nListing %d 32-bit words starting from VA %08x.\r\n",nwords,addr);
    NU32_WriteUART3(msg);

    sprintf(msg," ADDRESS   CONTENTS\r\n");
    NU32_WriteUART3(msg);

    for (k = 0; k < nwords; k++) {
      sprintf(msg,"%08x  %08x\r\n", addr,*addr); // *addr is the 32 bits starting at addr
      NU32_WriteUART3(msg);
```

```
        ++addr;                 // addr is an unsigned int ptr so it increments by 4 bytes
    }
  }
  return 0;
}

// handle cpu exceptions, such as trying to read from a bad memory location
void _general_exception_handler(unsigned cause, unsigned status)
{
  unsigned int exccode = (cause & 0x3C) >> 2; // the exccode is reason for the exception
  // note: see PIC32 Family Reference Manual Section 03 CPU M4K Core for details
  // Look for the Cause register and the Status Register
  NU32_WriteUART3("Reset the PIC32 due to general exception.\r\n");
  sprintf(msg,"cause 0x%08x (EXCCODE = 0x%02x), status 0x%08x\r\n",cause,exccode,status);
  NU32_WriteUART3(msg);
  while(1) {
    ;
  }
}
```

延伸阅读

MIPS32 M4K processor core software user's manual (2.03 ed.). (2008). MIPS Technologies.
PIC32 family reference manual. Section 04: Prefectch cache module. (2011). Microchip Technology Inc.

第 6 章 ⫶Chapter 6⫶

中　断

中断允许 PIC32 对重要事件给出应答，即使它正在执行其他任务。例如，当用户按下按钮时，PIC32 也许正在执行一个耗时的运算。如果软件等到计算完成后才去检查按钮的状态，则可能会引起延迟甚至完全错过按钮按下的状态。为了避免这种情形，我们可以令按钮按下时产生一个中断或者中断请求（IRQ）。当中断请求发生时，CPU 会停止当前的运算并跳转到名为中断服务子程序（ISR）的特别程序中。一旦中断服务子程序执行完毕，CPU 会返回继续执行原来的任务。中断在实时嵌入式控制系统中频繁发生，可以由许多不同事件引起。本章描述了 PIC32 如何处理中断，以及怎样才能实现自己的中断服务子程序。

6.1　概述

中断可由处理器、外设和外部输入产生。示例事件包括：
- 一个数字输入发生数值改变时
- 通信端口有信息抵达时
- 外设执行的一个任务结束时
- 指定的一段时间过去时

例如，为了保证实时控制应用程序的性能，必须在固定速率下读取传感器的值并计算新的控制信号。对于一个机械臂来说，一般的控制循环频率为 1kHz。因此，我们可以配置 PIC32 的定时器为每 80 000 节拍翻转一次（或者说每 1ms 翻转一次，即每节拍占 12.5ns）。这个翻转事件会产生一个中断，并会调用反馈控制 ISR（中断服务子程序）。这个中断服务子程序负责读取传感器上的数据并产生输出。在这种情况下，我们必须保证控制 ISR 在 1ms 内得到执行（你可以使用内核定时器来测量这段时间）。

假设 PIC32 正在控制一个机械臂，其动作是控制循环运行在定时器 ISR 中以保持机械臂在指定位置。当 PIC32 从串口（UART）接收到数据时，一个通信中断会触发另一个中断服务子程序，用来解析数据并为机械臂设定一个新的期望角度。当通信中断发生时，如果 PIC32 正在执行控制 ISR，则会发生什么呢？或者反过来说，当控制中断发生时，如果 PIC32 正在执行通信 ISR，则又会发生什么呢？每个中断都有一个可配置的优先级，我们可以使用优先级来决定哪个 ISR 优先执行。当一个低优先级的 ISR 正在执行时，如果发生了一个高优先级的中断，那么 CPU 将会跳转去执行高优先级的 ISR，执行完后再返回来继续执行低优先级的 ISR。当一个高优先级的 ISR 正在执行时，如果发生了一个低优先级的中断，那么低优先级的 ISR 会被挂起，直到高优先级的 ISR 执行完毕。当高优先级的 ISR 执行完成后，CPU 会跳转去执行低优先级的 ISR。主代码（不在 ISR 中的代码）具有最低的优先级，并且通常都会被任意的中断所抢占[⊖]。

那么，对于机械臂这个例子应该怎样设定中断的相对优先级呢？假设通信是低速的，并且没有精确的时间要求，那么相对于通信（VART）ISR，我们应该给予控制循环（定时器）ISR 更高的优先级。这样可以防止控制循环 ISR 被抢占，从而帮助我们保证机械臂的稳定性。接下来，应该保证控制 ISR 执行得足够快，留下足够的时间用于执行通信和其他过程。

每次产生中断时，CPU 必须把 CPU 内部寄存器中的内容（称为"上下文"）保存到栈（数据 RAM）中。因为在运行 ISR 时，CPU 会用到内部寄存器。ISR 执行完后，CPU 会把 RAM 中的上下文内容复制回内部寄存器，恢复至先前 CPU 的状态，并且允许 CPU 从中断发生前离开的位置继续执行。在内部寄存器和 RAM 之间来回复制内部寄存器中数据的这种做法我们称为"上下文保存与恢复"。

6.2　详述

在虚拟内存中，ISR 的地址取决于与中断请求相关的中断向量（interrupt vector）。微控制器 PIC32MX 的 CPU 支持多达 64 个独特的中断向量（因此，它有 64 个 ISR）。对于 5.3 节中的 timing.c 来说，从映射文件列出的编辑过的异常存储器列表中，可以看到中断向量的虚拟地址（中断也被称为"异常"）。

```
.vector_0              0x9d000200            0x8           8  Interrupt Vector 0
.vector_1              0x9d000220            0x8           8  Interrupt Vector 1

 [[[ ... snipping long list of vectors ...]]]

.vector_51             0x9d000860            0x8           8  Interrupt Vector 51
```

如果内核定时器（中断向量 0）的 ISR 已经编写好，则地址 0x9D000200 上的代码会包含一个跳转指令，程序将跳转到程序存储器中实际保存该 ISR 的位置。

虽然 PIC32MX 只有 64 个中断向量，但是它有多达 96 种可以引起中断的事件（或者中断请求）。因此，一些中断请求会共享相同的中断向量或者 ISR。

　⊖　中断可以具有与主代码相同的优先级。在这种情况下即使启用这些中断，它也不会被执行。

在使用中断之前，必须允许 CPU 把中断设置成"单中断向量模式"或者"多中断向量模式"。在单中断向量模式下，所有中断都跳转到相同的 ISR，这是 PIC32 在复位后的默认设置。在多中断向量模式下，不同的中断请求使用不同的中断向量。我们使用多中断向量模式，这可以由引导加载程序（和 NU32_Startup()）进行设置。

当允许中断后，CPU 在满足以下 3 个条件时会跳转到 ISR：（1）把特殊功能寄存器 IECx（这是 3 个中断允许控制 SFR 之一，x=0、1 或 2）中的某一位置 1 来允许指定的中断请求；（2）一个事件导致 1 被写入特殊功能寄存器 IFSx（中断标志状态）的对应位；（3）特殊功能寄存器 IPCy（16 个中断优先级控制 SFR 之一，y=0 ~ 15）表示的中断向量的优先级要比 CPU 当前的优先级高。如果满足了前两个条件，但第三个条件不满足，则中断会等到 CPU 的当前优先级降低以后才会执行。

上述 IECx 和 IFSx 寄存器中的"x"可以是 0、1 或 2，对应于（3SFR）×（32 位 /SFR）= 96 种中断源。IPCy 中的 y 可以取值 0 ~ 15，并且每个 IPCy 寄存器包含 4 种不同中断向量的优先级，即（16SFR）×（每个寄存器有 4 种向量）= 64 种中断向量。每种中断向量的优先级由 5 位来表示：3 位表示优先级（取值为 0 ~ 7 或者 0b000 ~ 0b111，优先级为 0 的中断是被有效禁止的）；2 位表示次优先级（取值为 0 ~ 3）。因此，每个 IPCy 有 20 个相关位（每种中断向量有 5 位）和 12 个无用位。在访问代码之前，你可以使用 IECxbits、IFSxbits 和 IPCybits 结构先访问这些特殊功能寄存器。

表 6-1 从数据表的中断部分复制了中断源（中断请求）和它们在 IECx、IFSx 寄存器中的对应位，以及中断向量在 IPCy 中的对应位。查询表 6-1 可知，电平变化通知（CN）中断中有 x=1（对于中断请求）和 y=6（对于中断向量），因此与这个中断有关的信息被存放在 IFS1、IEC1 和 IPC6 中。特别地，IEC1<0> 是中断使能位，IFS1<0> 是中断标志状态位，IPC6<20:18> 是中断向量的 3 个优先级位，IPC6<17:16> 是两个次优先级位。

正如前面提到的，一些中断请求共享相同中断向量。例如，对于中断请求 26、27 和 28，每个中断请求都对应于 UART1 事件，一起共享中断向量 24。优先级和次优先级与中断向量有关，而与中断请求无关。

如果 CPU 正在处理一个具有特殊优先级的 ISR，这时它接收到一个有同样优先级的中断请求（由此形成 ISR），那么 CPU 在服务其他 IRQ（不管次优先级如何）之前需要执行完当前的 ISR。当有多个比当前操作优先级更高的中断请求等待时，CPU 会首先处理有最高优先级的中断请求。如果有多个最高优先级的中断请求同时等待，则 CPU 将按照它们的次优先级来处理。如果中断具有相同的优先级和次优先级，那么它们的优先级将会根据表 6-1 中给出的"自然顺序优先级"来确定。在表 6-1 中，排在相对靠前的中断向量具有更高的优先级。

如果中断向量的优先级为 0，那么该中断被有效禁止[⊖]。一共有 7 个有效的优先级。

⊖ 将中断优先级设为 0 的一个原因是，当仍有中断源将中断标志位置 1 时，这可以防止触发 ISR，让你不占用其他代码也可以监测中断。

表 6-1 中断请求、中断向量和位地址

中断源①	中断请求号	中断向量数	中断位地址			
			标志位	使能位	优先级位	次优先级位
内核定时器中断	0	0	IFS0<0>	IEC0<0>	IPC0<4:2>	IPC0<1:0>
核心软件中断 0	1	1	IFS0<1>	IEC0<1>	IPC0<12:10>	IPC0<9:8>
核心软件中断 1	2	2	IFS0<2>	IEC0<2>	IPC0<20:18>	IPC0<17:16>
外部中断 0	3	3	IFS0<3>	IEC0<3>	IPC0<28:26>	IPC0<25:24>
定时器 Timer1	4	4	IFS0<4>	IEC0<4>	IPC1<4:2>	IPC1<1:0>
输入捕获 1	5	5	IFS0<5>	IEC0<5>	IPC1<12:10>	IPC1<9:8>
输出比较 1	6	6	IFS0<6>	IEC0<6>	IPC1<20:18>	IPC1<17:16>
外部中断 1	7	7	IFS0<7>	IEC0<7>	IPC1<28:26>	IPC1<25:24>
定时器 Timer2	8	8	IFS0<8>	IEC0<8>	IPC2<4:2>	IPC2<1:0>
输入捕获 2	9	9	IFS0<9>	IEC0<9>	IPC2<12:10>	IPC2<9:8>
输出比较 2	10	10	IFS0<10>	IEC0<10>	IPC2<20:18>	IPC2<17:16>
外部中断 2	11	11	IFS0<11>	IEC0<11>	IPC2<28:26>	IPC2<25:24>
定时器 Timer3	12	12	IFS0<12>	IEC0<12>	IPC3<4:2>	IPC3<1:0>
输入捕获 3	13	13	IFS0<13>	IEC0<13>	IPC3<12:10>	IPC3<9:8>
输出比较 3	14	14	IFS0<14>	IEC0<14>	IPC3<20:18>	IPC3<17:16>
外部中断 3	15	15	IFS0<15>	IEC0<15>	IPC3<28:26>	IPC3<25:24>
定时器 Timer4	16	16	IFS0<16>	IEC0<16>	IPC4<4:2>	IPC4<1:0>
输入捕获 4	17	17	IFS0<17>	IEC0<17>	IPC4<12:10>	IPC4<9:8>
输出比较 4	18	18	IFS0<18>	IEC0<18>	IPC4<20:18>	IPC4<17:16>
外部中断 4	19	19	IFS0<19>	IEC0<19>	IPC4<28:26>	IPC4<25:24>
定时器 Timer5	20	20	IFS0<20>	IEC0<20>	IPC5<4:2>	IPC5<1:0>
输入捕获 5	21	21	IFS0<21>	IEC0<21>	IPC5<12:10>	IPC5<9:8>
输出比较 5	22	22	IFS0<22>	IEC0<22>	IPC5<20:18>	IPC5<17:16>
SPI1 故障	23	23	IFS0<23>	IEC0<23>	IPC5<28:26>	IPC5<25:24>
SPI1 接收完毕	24	23	IFS0<24>	IEC0<24>	IPC5<28:26>	IPC5<25:24>

（续）

中断源①	中断请求号	中断向量数	中断位地址			
			标志位	使能位	优先级位	次优先级位
SP11 发送完毕	25	23	IFS0<25>	IEC0<25>	IPC5<28:26>	IPC5<25:24>
UART1 错误						
SP13 故障	26	24	IFS0<26>	IEC0<26>	IPC6<4:2>	IPC6<1:0>
I2C3 总线冲突事件						
UART1 接收器						
SP13 接收完毕	27	24	IFS0<27>	IEC0<27>	IPC6<4:2>	IPC6<1:0>
I2C3 从事件						
UART1 发送器						
SP13 发送完毕	28	24	IFS0<28>	IEC0<28>	IPC6<4:2>	IPC6<1:0>
I2C3 主事件						
I2C1 总线冲突事件	29	25	IFS0<29>	IEC0<29>	IPC6<12:10>	IPC6<9:8>
IC21 从事件	30	25	IFS0<30>	IEC0<30>	IPC6<12:10>	IPC6<9:8>
I2C1 主事件	31	25	IFS0<31>	IEC0<31>	IPC6<12:10>	IPC6<9:8>
输入电平变化中断	32	26	IFS1<0>	IEC1<0>	IPC6<20:18>	IPC6<17:16>
ADC1 转换完毕	33	27	IFS1<1>	IEC1<1>	IPC6<28:26>	IPC6<25:24>
并行主端口	34	28	IFS1<2>	IEC1<2>	IPC7<4:2>	IPC7<1:0>
比较中断 1	35	29	IFS1<3>	IEC1<3>	IPC7<12:10>	IPC7<9:8>
比较中断 2	36	30	IFS1<4>	IEC1<4>	IPC7<20:18>	IPC7<17:16>
UART2A 错误						
SP12 故障	37	31	IFS1<5>	IEC1<5>	IPC7<28:26>	IPC7<25:24>
I2C4 总线冲突事件						
UART2A 接收器						
SP12 接收完毕	38	31	IFS1<6>	IEC1<6>	IPC7<28:26>	IPC7<25:24>
I2C4 从事件						

中断源					
UART2A 发送器					
SPI2 发送完毕	31	IFS1<7>	IEC1<7>	IPC7<28:26>	IPC7<25:24>
I2C4 主事件					
UART3A 错误					
SPI4 故障	32	IFS1<8>	IEC1<8>	IPC8<4:2>	IPC8<1:0>
I2C5 总线冲突事件					
UART3A 接收器					
SPI4 接收完毕	32	IFS1<9>	IEC1<9>	IPC8<4:2>	IPC8<1:0>
I2C5 从事件					
UART3A 发送器					
SPI4 发送完毕	32	IFS1<10>	IEC1<10>	IPC8<4:2>	IPC8<1:0>
I2C5 主事件					
I2C2 总线冲突事件	33	IFS1<11>	IEC1<11>	IPC8<12:10>	IPC8<9:8>
I2C2 从事件	33	IFS1<12>	IEC1<12>	IPC8<12:10>	IPC8<9:8>
I2C2 主事件	33	IFS1<13>	IEC1<13>	IPC8<12:10>	IPC8<9:8>
故障保护时钟监测器	34	IFS1<14>	IEC1<14>	IPC8<20:18>	IPC8<17:16>
实时时钟和日历	35	IFS1<15>	IEC1<15>	IPC8<28:26>	IPC8<25:24>
DMA 信道 0	36	IFS1<16>	IEC1<16>	IPC9<4:2>	IPC9<1:0>
DMA 信道 1	37	IFS1<17>	IEC1<17>	IPC9<12:10>	IPC9<9:8>
DMA 信道 2	38	IFS1<18>	IEC1<18>	IPC9<20:18>	IPC9<17:16>
DMA 信道 3	39	IFS1<19>	IEC1<19>	IPC9<28:26>	IPC9<25:24>
DMA 信道 4	40	IFS1<20>	IEC1<20>	IPC10<4:2>	IPC10<1:0>
DMA 信道 5	41	IFS1<21>	IEC1<21>	IPC10<12:10>	IPC10<9:8>
DMA 信道 6	42	IFS1<22>	IEC1<22>	IPC10<20:18>	IPC10<17:16>
DMA 信道 7	43	IFS1<23>	IEC1<23>	IPC10<28:26>	IPC10<25:24>
闪存控制事件	44	IFS1<24>	IEC1<24>	IPC11<4:2>	IPC11<1:0>
USB 中断	45	IFS1<25>	IEC1<25>	IPC11<12:10>	IPC11<9:8>
控制局域网 1	46	IFS1<26>	IEC1<26>	IPC11<20:18>	IPC11<17:16>

（续）

中断源①	中断请求号	中断向量数	中断位地址			
			标志位	使能位	优先级位	次优先级位
控制局域网 2	59	47	IFS1<27>	IEC1<27>	IPC11<28:26>	IPC11<25:24>
以太网中断	60	48	IFS1<28>	IEC1<28>	IPC12<4:2>	IPC12<1:0>
输入捕获 1 错误	61	5	IFS1<29>	IEC1<29>	IPC1<12:10>	IPC1<9:8>
输入捕获 2 错误	62	9	IFS1<30>	IEC1<30>	IPC2<12:10>	IPC2<9:8>
输入捕获 3 错误	63	13	IFS1<31>	IEC1<31>	IPC3<12:10>	IPC3<9:8>
输入捕获 4 错误	64	17	IFS2<0>	IEC2<0>	IPC4<12:10>	IPC4<9:8>
输入捕获 5 错误	65	21	IFS2<1>	IEC2<1>	IPC5<12:10>	IPC5<9:8>
并行主端口错误	66	28	IFS2<2>	IEC2<2>	IPC7<4:2>	IPC7<1:0>
UART4 错误	67	49	IFS2<3>	IEC2<3>	IPC12<12:10>	IPC12<9:8>
UART4 接收器	68	49	IFS2<4>	IEC2<4>	IPC12<12:10>	IPC12<9:8>
UART4 发送器	69	49	IFS2<5>	IEC2<5>	IPC12<12:10>	IPC12<9:8>
UART6 错误	70	50	IFS2<6>	IEC2<6>	IPC12<20:18>	IPC12<17:16>
UART6 接收器	71	50	IFS2<7>	IEC2<7>	IPC12<20:18>	IPC12<17:16>
UART6 发送器	72	50	IFS2<8>	IEC2<8>	IPC12<20:18>	IPC12<17:16>
UART5 错误	73	51	IFS2<9>	IEC2<9>	IPC12<28:26>	IPC12<25:24>
UART5 接收器	74	51	IFS2<10>	IEC2<10>	IPC12<28:26>	IPC12<25:24>
UART5 发送器	75	51	IFS2<11>	IEC2<11>	IPC12<28:26>	IPC12<25:24>
（保留）	—	—				最低自然顺序优先级

① 并非所有中断源在所有的 PIC32 上都适用。

每个 ISR 都应该先把中断标志位清 0（将 IFSx 的适当位清 0），这样表明 CPU 已经在为中断服务了。当 ISR 执行结束后，CPU 可以自由地返回调用 ISR 之前的程序状态。如果中断标志位没有被清 0，那么当 ISR 结束时该中断又会被立即触发。

当配置中断时，你应该把 IECx 中的某位置 1 来表明该中断是允许的（复位后，所有位都是 0），而且还要为相关的 IPCy 优先级位赋值。（这些优先级位在复位时都默认为 0，这将会禁止中断。）一般来说，不会在编写代码时把 IFSx 的某位置 1[⊖]。相反，当需要设备（例如，一个 UART 或者定时器）产生中断时，你可以配置该设备，并根据适当的事件把中断标志位 IFSx 置 1。

影子寄存器组

PIC32MX 的 CPU 提供了一个内部的影子寄存器组（SRS），这是一组额外的寄存器。你可以使用这些额外的寄存器组来节省保存和恢复上下文所需时间。当使用 SRS 处理一个 ISR 时，CPU 会切换到这个额外的内部寄存器组。当 ISR 执行完毕后，CPU 会切换回原来的寄存器组，而不需要保存与恢复上下文。在 6.4 节，我们将学习使用影子寄存器组的例子。

设备配置寄存器 DEVCFG3 决定分配哪个优先级给影子寄存器组。在 NU32.c 中实现预处理的命令如下所示：

```
#pragma config FSRSSEL = PRIORITY_6
```

NU32 引导加载程序只允许优先级 6 可以使用影子寄存器组。若要修改这个设置，则要么使用一个独立的程序，要么修改并重装引导加载程序。

外部中断输入

PIC32 有 5 个数字输入引脚（INT0 ～ INT4），它们能在信号的上升沿或下降沿产生中断。中断标志状态位和中断使能状态位分别是 IFS0 和 IEC0，它们分别对应于 INT0、INT1、INT2、INT3 和 INT4 的第 3、7、11、15 和 19 位。输入 INTy 的优先级和次优先级位于 IPCy<28:26> 和 IPCy<25:24> 上。特殊功能寄存器 INTCON 的第 0 ～ 4 位，决定了相关中断是在下降沿（将位清 0）还是在上升沿（将位置 1）触发。从 C 语言的角度出发，你 可 以 通 过 IFS0bits.INTxIF、IEC0bits.INTxIE、IPCxbits.INTxIP 和 IPCxbits.INTxIS 访问这些位，这里 x 的取值为 0 ～ 4。每个外部中断的中断向量号都存放在常量 _EXTERNAL_x_VECTOR 中。

特殊功能寄存器

现将与中断相关的特殊功能寄存器总结如下。这里省略了一些字段，至于完整的说明，可以查询数据表的中断控制器部分、前面介绍的 IRQ、向量和位地址表（如表 6-1 所示），或者参考手册的中断部分。

INTCON。中断控制 SFR 决定了 5 个外部中断引脚（INT0 ～ INT4）的中断控制模式

⊖ 将 IFSx 中的一位置为 1 会导致中断挂起，就好像硬件设置标志位一样。

和行为。

- INTCON<12> 或者 INTCONbits.MVEC：其置 1 时，允许多中断向量模式。引导加载程序（和 NU32_Startup()）负责将该位置 1，你也许会一直使用这个模式。
- INTCON<x>，x=0 ～ 4，或者 INTCONbits.INTxEP：它决定了给定的外部中断（INTx）是由上升沿还是下降沿来触发。

    1　外部中断引脚 x 在上升沿触发。

    0　外部中断引脚 x 在下降沿触发。

INTSTAT。中断状态 SFR 是只读的，并且当它工作在单中断向量模式时，包含了发送给 CPU 的最新中断请求信息。我们不需要用到这个功能。

IPTMR。中断接近定时器 SFR 可以在把中断请求发送给 CPU 之前，实现一个等候延迟以对中断请求进行排队。例如，当接收到一个中断请求时，定时器开始计数时钟周期，让随后到来的中断请求排队等候，直到 IPTMR 周期结束。在默认情况下，定时器是被 INTCON 关闭的，我们将保留这种做法。

IECx，x=0、1 或 2。3 个 32 位中断使能控制 SFR，可用于多达 96 种中断源。置 1 表示允许给定的中断，而清 0 则禁止给定的中断。

IFSx，x=0、1 或 2。3 个 32 位中断标志状态寄存器，表示多达 96 种中断源的状态。置 1 表示请求一个给定的中断，而清 0 则表示没有中断请求。典型地，在响应某一事件时，外设会将 IFSx 的某位置 1，而用户软件会在 ISR 内将 IFSx 清 0。CPU 根据优先级顺序服务挂起的中断（IFSx 和 IECx 的相应位置 1 的那些中断）。

IPCy，y=0 ～ 15。16 个中断优先级控制 ISR 中的每一个都有 5 位包含优先级和次优先级的值，用于 4 种不同的中断向量（一共有 64 种中断向量）。除非 CPU 的当前优先级低于中断优先级，否则 CPU 不会去服务中断。当 CPU 在服务一个中断时，它将当前的优先级设为该中断的优先级，当 ISR 执行结束后，恢复至服务中断之前的优先级。

6.3　配置和使用中断的步骤

引导加载程序（和 NU32_Startup()）允许 CPU 接收中断，通过把 INTCONbits.MEVC 置 1 可设置为多中断向量模式。当工作在正确的模式后，还需要几步来配置和使用中断。建议你的程序按照下面给出的顺序执行步骤 2 ～ 7。具体的语法将在 6.4 节的例子中介绍。

1. 使用语法

```
void __ISR(vector_number, IPLnXXX) interrupt_name(void) { ... }
```

编写一个 ISR，其优先级为 1 ～ 7。这里，vector_number 是中断向量号，n=1 ～ 7 是优先级，XXX 是 SOFT 或者 SRS，而 interrupt_name 可以是任意名称，但它应该描述该 ISR。SOFT 使用软件上下文执行保存与恢复，而 SRS 使用影子寄存器组。（NU32 上的引导加载程序只允许优先级 6 使用 SRS，因此如果要使用 SRS，则应使用语法 IPL6SRS。）ISR 函数中没有指定任何的次优先级。ISR 应该将适当的中断标志位 IFSxbit 清 0。

　　2. 禁止 CPU 中断，可以防止在配置时产生伪中断。尽管复位后中断都默认被禁止，可是 NU32_Startup() 可以允许中断。你可以使用特殊的编译指令 __builtin_disable_interrupts() 来禁止所有的中断。

　　3. 配置设备（如外设），以便适当的事件发生时会产生中断。这一步涉及配置特定外设的特殊功能寄存器。

　　4. 配置 IPCy 中的中断优先级和次优先级。IPCy 的优先级应该与第 1 步中定义的 ISR 的优先级相匹配。

　　5. 将 IFSx 中的中断标志状态位清 0。

　　6. 将 IECx 中的中断使能位置 1。

　　7. 你可以使用编译指令 __builtin_enable_interrupts() 来重新启用 CPU 中断。

6.4　示例代码

6.4.1　内核定时器中断

　　根据 CPU 的内核定时器中断，可以每秒翻转一次数字输出。首先，在 CPU 的 CP0_COMPARE 寄存器中存放一个值。每当内核定时器中的计数值等于这个数值（CP0_COMPARE）时，就产生一个中断。在中断服务子程序中，将内核定时器的计数器重置为 0。由于内核定时器的运行频率为系统时钟的一半，所以设定 CP0_COMPARE 为 40 000 000，这样就能每秒翻转一次数字输出。

　　为了观察 ISR 的运行，选取 NU32 上的 LED2 来演示翻转。我们使用优先级 6、次优先级 0 和影子寄存器组。

代码示例 6.1　INT_core_timer.c。使用影子寄存器组的内核定时器中断

```
#include "NU32.h"              // constants, funcs for startup and UART
#define CORE_TICKS 40000000 // 40 M ticks (one second)

void __ISR(_CORE_TIMER_VECTOR, IPL6SRS) CoreTimerISR(void) {  // step 1: the ISR
  IFS0bits.CTIF = 0;               // clear CT int flag IFS0<0>, same as IFS0CLR=0x0001
  LATFINV = 0x2;                   // invert pin RF1 only
  _CP0_SET_COUNT(0);               // set core timer counter to 0
  _CP0_SET_COMPARE(CORE_TICKS);    // must set CP0_COMPARE again after interrupt
}

int main(void) {
  NU32_Startup(); // cache on, min flash wait, interrupts on, LED/button init, UART init
```

```
__builtin_disable_interrupts();      // step 2: disable interrupts at CPU
_CP0_SET_COMPARE(CORE_TICKS);        // step 3: CP0_COMPARE register set to 40 M
IPC0bits.CTIP = 6;                   // step 4: interrupt priority
IPC0bits.CTIS = 0;                   // step 4: subp is 0, which is the default
IFS0bits.CTIF = 0;                   // step 5: clear CT interrupt flag
IEC0bits.CTIE = 1;                   // step 6: enable core timer interrupt
__builtin_enable_interrupts();       // step 7: CPU interrupts enabled

_CP0_SET_COUNT(0);                   // set core timer counter to 0

while(1) { ; }
return 0;
}
```

　　我们可以按照下列 7 个步骤去使用一个中断。

　　第一步：中断服务子程序。

```
void __ISR(_CORE_TIMER_VECTOR, IPL6SRS) CoreTimerISR(void) {  // step 1: the ISR
  IFS0bits.CTIF = 0;             // clear CT int flag IFS0<0>, same as IFS0CLR=0x0001
  ...
}
```

　　由于我们可以任意命名中断服务子程序，所以将其命名为 CoreTimerISR。__ISR 语法是 XC32 专有的（并不是 C 语言的标准语法），它告诉编译器和连接器：该函数应该被视为一个中断处理程序[○]。两个参数是内核定时器的中断向量号和中断优先级。其中，内核定时器的中断向量号为 _CORE_TIMER_VECTOR（在头文件 p32mx795f512h.h 中它被定义为 0，这与表 6-1 是一致的）。而中断优先级使用 IPLnSRS 或 IPLnSOFT 来指定，这里 n = 1 ~ 7。SRS 表明，CPU 使用影子寄存器组；而 SOFT 表明，CPU 使用软件上下文执行保存与恢复。在本例中，如果想使用影子寄存器组，则可以使用 IPL6SRS 语法来配置，因为 NU32 上 PIC32 的设备配置寄存器指定了影子寄存器组的优先级为 6。不需要在 ISR 中指定次优先级。

　　ISR 会将中断标志位 IFS0<0>（IFS0bits.CTIF）清 0，因为根据表 6-1 所示的中断表，该位对应内核定时器中断。我们还需要向 CP0_COMPARE 写入数据来清除中断，这是内核定时器特有的操作（许多中断都有外设特有的操作，用来清除中断）。

　　第二步：禁止中断。

　　由于 NU32_Startup() 允许中断，所以我们在配置内核定时器中断前将禁止这些中断。

```
__builtin_disable_interrupts();  // step 2: disable interrupts at CPU
```

　　在配置产生中断的设备前，禁止中断是一个好习惯，这避免了在配置期间发生不必要的中断。然而，在很多情况下这并不是必需的。

　　第三步：配置内核定时器中断。

```
_CP0_SET_COMPARE(CORE_TICKS);    // step 3: CP0_COMPARE register set to 40 M
```

　　○　__ISR 是头文件 NU32.h 中 <sys/attribs.h> 里面定义的宏。

这一行命令设置了内核定时器中 CP0_COMPARE 的值，因此当内核定时器的计数值达到 CORE_TICKS 后，会产生一个中断。如果中断是由外设产生的，则我们可以查询合适的书籍或者参考手册，通过设置相应的特殊功能寄存器在适当的事件发生时发出中断请求。

第四步：配置中断优先级。

```
IPC0bits.CTIP = 6;              // step 4: interrupt priority
IPC0bits.CTIS = 0;              // step 4: subp is 0, which is the default
```

这两条命令将 IPCy（根据表 6-1 可知，y=0）中的适当位置 1。查询头文件 p32mx795f512h.h 或者数据表中存储器结构部分我们得知，内核定时器的优先级位和次优先级位分别为 IPC0bits.CTIP 和 IPC0bits.CTIS。如表 6-1 所示，也可以使用其他方法对位 IPC0<4:2> and IPC0<1:0> 进行操作，而不改变其他位。我们倾向于使用位字段 structs，因为这是最易读的方法。这里的优先级必须与中断服务子程序中的优先级一致。没有必要设置次优先级，因为次优先级默认为 0。

第五步：中断标志状态位清 0。

```
IFS0bits.CTIF = 0;              // step 5: clear CT interrupt flag
```

这条命令把 IFSx（这里 x=0）中的适当位清 0。为了把 IFS0 的第 0 位清 0，IFS0CLR=1 是一个可读性较差但可能是更有效的命令。

第六步：允许内核定时器中断。

```
IEC0bits.CTIE = 1;              // step 6: enable core timer interrupt
```

这条命令把 IECx（这里 x=0）中的适当位置 1，另一个把 IEC0 的第 0 位置 1 的命令是 IEC0SET =1。

第七步：重新启动 CPU 中断。

```
__builtin_enable_interrupts();  // step 7: CPU interrupts enabled
```

这个编译器内置函数会产生允许 CPU 去处理中断的汇编指令。

6.4.2　外部中断

代码示例 6.2 的功能是，在外部中断引脚 INT0 输入信号为下降沿时使 NU32 上的 LED 短暂点亮。可以在表 6-1 中找到与 INT0 相关的中断请求、中断标志位、中断使能位、中断优先级位和中断次优先级位。在本例中，我们使用中断优先级 2 和软件上下文执行保存与恢复。

为了测试这个程序，可以在 NU32 上将引脚 D7/USER 连接到引脚 D0/INT0。按下按钮 USER，在输入引脚 RD7 上会产生一个下降沿（参阅图 2-3 所示连线图），然后 INT0 会引起 LED 闪烁。你可能也会注意到开关反弹（bounce）的问题：当松开按钮时，名义上会产生一个上升沿，你也许会看到 LED 再次闪烁。发生额外闪烁的原因是两个导体间机械开关的闭合或断开时的抖振产生了伪上升沿或伪下降沿。要想可靠地读取机械开关的动作，需要一个消除抖振（debouncing）的电路或者软件，参阅练习题16。

代码示例 6.2   INT_ext_int.c。使用外部中断使 NU32 上的 LED 闪烁

```
#include "NU32.h"              // constants, funcs for startup and UART

void __ISR(_EXTERNAL_0_VECTOR, IPL2SOFT) Ext0ISR(void) { // step 1: the ISR
  NU32_LED1 = 0;                     // LED1 and LED2 on
  NU32_LED2 = 0;
  _CP0_SET_COUNT(0);

  while(_CP0_GET_COUNT() < 10000000) { ; } // delay for 10 M core ticks, 0.25 s

  NU32_LED1 = 1;                     // LED1 and LED2 off
  NU32_LED2 = 1;
  IFS0bits.INT0IF = 0;               // clear interrupt flag IFS0<3>
}

int main(void) {
  NU32_Startup(); // cache on, min flash wait, interrupts on, LED/button init, UART init
  __builtin_disable_interrupts(); // step 2: disable interrupts
  INTCONbits.INT0EP = 0;           // step 3: INT0 triggers on falling edge
  IPC0bits.INT0IP = 2;             // step 4: interrupt priority 2
  IPC0bits.INT0IS = 1;             // step 4: interrupt priority 1
  IFS0bits.INT0IF = 0;             // step 5: clear the int flag
  IEC0bits.INT0IE = 1;             // step 6: enable INT0 by setting IEC0<3>
  __builtin_enable_interrupts();   // step 7: enable interrupts
                                   // Connect RD7 (USER button) to INT0 (D0)
  while(1) {
      ; // do nothing, loop forever
  }

  return 0;
}
```

6.4.3   使用影子寄存器组加速中断响应

本例分别使用上下文保存与恢复和影子寄存器组，测量了从开始执行中断服务子程序到结束中断服务子程序需要多长时间。我们编写两个相同的中断服务子程序，唯一不同之处就是一个使用语句 IPL6SOFT，另一个使用语句 IPL6SRS。两个中断服务子程序分别基于外部中断 INT0 和 INT1。为了得到精确的计时，我们通过把 IFS0 适当的位置1的方式来触发软件中断。

中断设置完成后，程序 INT_timing.c 就会进入无限循环。首先将内核定时器重置为 0，然后将 INT0 的中断标志位置为 1。之后 main 函数会一直等待，直到中断服务子程序把标志位清 0。一开始，INT0 的中断服务子程序会记录内核定时器的计数值。接下来，中断服务子程序触发 LED2，并且把中断标志位清 0。最后中断服务子程序再次记录时间。中断退出后，main 函数记录控制返回的时间。计时结果会通过 UART 写回主机。INT1 的中断服务子程序使用相似的方法进行计时。

这是（不断重复的）计时结果：

```
IPL6SOFT in  19 out  26 total  40 time 1000 ns
 IPL6SRS in  17 out  24 total  37 time  925 ns
```

对于使用上下文保存与恢复的方式，在中断标志位置 1 后，需要 19 个核心时钟节拍（大约 38 个系统时钟 SYSCLK 节拍）开始执行中断服务子程序语句；最后一个 ISR 语句需要（14）7 个节拍。最后控制返回 main 函数并需要约 40（80）个节拍或者 1000ns。对于使用影子寄存器组的中断服务子程序，大约在 17（34）个节拍之后执行第一条 ISR 语句；整个程序同样需要 7 个节拍（14），从中断标志位置 1 到控制返回 main 函数，总计需要约 37（74）个节拍或者 925ns。

CPU 内部寄存器的上下文必须被保存和恢复（这取决于代码要做什么），尽管其他中断服务子程序和 main 函数的确切时间可能和例子中的不一样，但我们仍然可以得到一些普遍的观察结果。

- 在中断标志位置 1 之后，CPU 并不是马上进入中断服务子程序。它需要时间去应答中断请求，而且 main 函数中的指令有可能在标志位置 1 后才开始执行。
- 影子寄存器组减少了进入和退出中断服务子程序所需时间，在本例中，总共大约为75ns。
- 中断事件发生后，一些简单的中断服务子程序可在不到 1μs 内执行完成。

示例代码如下。我们注意到，这个例子还有助于演示在中断服务子程序中设置位字段的不同方法。我们希望你看完这些代码后，会赞同使用位字段 structs，这会让代码更加易读和理解。

代码示例 6.3　INT_timing.c。影子寄存器组与典型上下文保存与恢复的计时

```c
#include "NU32.h"          // constants, funcs for startup and UART
#define DELAYTIME 40000000 // 40 million core clock ticks, or 1 second

void delay(void);

static volatile unsigned int Entered = 0, Exited = 0;  // note the qualifier "volatile"

void __ISR(_EXTERNAL_0_VECTOR, IPL6SOFT) Ext0ISR(void) {
  Entered = _CP0_GET_COUNT();       // record time ISR begins
  IFS0CLR = 1 << 3;                 // clear the interrupt flag
  NU32_LED2 = !NU32_LED2;           // turn off LED2
  Exited = _CP0_GET_COUNT();        // record time ISR ends
}

void __ISR(_EXTERNAL_1_VECTOR, IPL6SRS) Ext1ISR(void) {
  Entered = _CP0_GET_COUNT();       // record time ISR begins
```

```
    IFSOCLR = 1 << 7;                   // clear the interrupt flag
    NU32_LED2 = !NU32_LED2;             // turn on LED2
    Exited = _CP0_GET_COUNT();          // record time ISR ends
}

int main(void) {
  unsigned int dt = 0;
  unsigned int encopy, excopy;         // local copies of globals Entered, Exited
  char msg[128] = {};

  NU32_Startup(); // cache on, min flash wait, interrupts on, LED/button init, UART init
  __builtin_disable_interrupts();      // step 2: disable interrupts at CPU
  INTCONSET = 0x3;                     // step 3: INT0 and INT1 trigger on rising edge
  IPC0CLR = 31 << 24;                  // step 4: clear 5 priority and subp bits for INT0
  IPC0 |= 24 << 24;                    // step 4: set INT0 to priority 6 subpriority 0
  IPC1CLR = 0x1F << 24;                // step 4: clear 5 priority and subp bits for INT1
  IPC1 |= 0x18 << 24;                  // step 4: set INT1 to priority 6 subpriority 0
  IFS0bits.INT0IF = 0;                 // step 5: clear INT0 flag status
  IFS0bits.INT1IF = 0;                 // step 5: clear INT1 flag status
  IEC0SET = 0x88;                      // step 6: enable INT0 and INT1 interrupts
  __builtin_enable_interrupts();       // step 7: enable interrupts
  while(1) {
    delay();                           // delay, so results sent back at reasonable rate
    _CP0_SET_COUNT(0);                 // start timing
    IFS0bits.INT0IF = 1;               // artificially set the INT0 interrupt flag
    while(IFS0bits.INT0IF) {
      ;                                // wait until the ISR clears the flag
    }
    dt = _CP0_GET_COUNT();             // get elapsed time
    __builtin_disable_interrupts();    // good practice before using vars shared w/ISR
    encopy = Entered;                  // copy the shared variables to local copies ...
    excopy = Exited;                   // ... so the time interrupts are off is short
    __builtin_enable_interrupts();     // turn interrupts back on quickly!
    sprintf(msg,"IPL6SOFT in %3d out %3d total %3d time %4d ns\r\n"
        ,encopy,excopy,dt,dt*25);
    NU32_WriteUART3(msg);              // send times to the host

    delay();                           // same as above, except for INT1
    _CP0_SET_COUNT(0);
    IFS0bits.INT1IF = 1;               // trigger INT1 interrupt
    while(IFS0bits.INT1IF) {
      ;                                // wait until the ISR clears the flag
    }
    dt = _CP0_GET_COUNT();
    __builtin_disable_interrupts();
    encopy = Entered;
    excopy = Exited;
    __builtin_enable_interrupts();
    sprintf(msg," IPL6SRS in %3d out %3d total %3d time %4d ns\r\n"
        ,encopy,excopy,dt,dt*25);
    NU32_WriteUART3(msg);
  }
  return 0;
}

void delay() {
  _CP0_SET_COUNT(0);
```

```
  while(_CP0_GET_COUNT() < DELAYTIME) {
    ;
  }
}
```

6.4.4　使用 ISR 的共享变量

　　示例代码 6.3 第一次实现了在中断服务子程序和其他函数之间共享变量。也就是说，Entered 和 Exited 既在中断服务子程序中使用，也在主函数中使用。在中断服务子程序和主代码之间共享变量，要求用到全局变量，通常应该避免共享变量。在一个大项目中，使用关键字 static 将变量的作用范围限定在声明它们的文件中。

　　这行代码展示了当与中断服务子程序共享变量时的两个好习惯。

1. 使用类型限定词 volatile

通过把限定词 volatile 放在全局变量声明的类型前

```
static volatile unsigned int Entered = 0, Exited = 0;
```

我们告诉编译器外部过程（换句话说，中断服务子程序可能在一个未知的时间点被触发）可以在任何时候读或写变量。因此，编译器执行的任何优化在生成与 volatile 变量有关的汇编代码时都不应该使用快捷方式。如果你使用以下格式的代码：

```
static int i = 0;    // global variable shared by functions and an ISR

void myFunc(void) {
  i = 1;
  // some other code that doesn't use or affect i
  i = 2;
  // some code that uses i
}
```

则编译器在优化时，可能根本不会生成 i=1 的代码，它认为 i=1 永远不会被用到。但是，如果一个外部中断在 CPU 执行 i=1 与 i=2 之间时代码被触发了，那么中断服务子程序会使用 i 的值，它有可能使用错误的值（也许初始值 i=0）。

　　为了纠正这个问题，全局变量 i 的声明应该是：

```
static volatile int i = 0;
```

　　对于使用 i 进行读取或写入而言，限定词 volatile 保证了编译器会发出完整的汇编代码。编译器不会假定 i 的值，也不会假定 i 是否被不确定的过程改变或者使用。这就是在头文件 p32mx795f512h.h 里所有的特殊功能寄存器都被声明为 volatile 的原因，它们的值可以被 CPU 的外部进程所修改。

2. 使能和禁止中断

　　考虑主代码和中断服务子程序共享 1 个 64 位双精度（long double）变量的情形。把这个变量加载到 CPU 的两个 32 位寄存器中，一条汇编指令首先把该变量的 32 位最高有效位加载到一个寄存器。然后进程被中断，中断服务子程序修改 RAM 中的变量，控制返回主代码。这时，下一条汇编指令会把 RAM 中新的长双精度型变量的低 32 位加载到另一个寄存器。现在，CPU 寄存器中的变量既不是中断到来前那个正确的变量，也不是中断结束后的变量。

为了避免这种数据损坏，可以在读或写共享变量前禁用中断，然后等到读或写结束后再允许中断。如果在 CPU 忽略中断的期间有一个中断请求，那么该中断请求会一直等待直到 CPU 再次接受中断。

禁止中断的时间不宜过长，因为这会破坏中断的目的。示例代码中的中断禁止时间已经是最小的了，因为在这段时间内，只是简单地复制共享变量到本地复制区，而不是对共享变量执行耗时的操作。这样避免了在 sprintf 命令期间禁用中断，因为 sprintf 命令需要多个 CPU 周期。

很多情况下，在使用共享变量之前是没有必要禁止中断的。（例如，在上述示例代码中就没有这个必要。）是否需要这样的预防措施，有时候不仅取决于使用的算法，还取决于算法转化为汇编指令的方式。通常，禁止中断是更简单更安全的选择[⊖]。只要你在中断禁止时限制运行的代码，你就会把发生的任意中断延迟到最多几百纳秒；大部分应用都能够容忍这样的延迟。

6.5   小结

- PIC32MX 的 CPU 支持 96 种中断请求（IRQ）和 64 种中断向量，因此有多达 64 种中断服务子程序（ISR）。因此，一些中断请求共享同一个中断服务子程序。例如，所有与 UART1 相关的中断请求（数据接收、数据发送、错误发生）具有相同的中断向量。

- PIC32 可以配置成单向量中断模式（所有中断请求都会跳转到同一个中断服务子程序）或者多向量中断模式。使用引导加载程序（和 NU32_Startup()）可以将 NU32 设置为多向量中断模式。

- 优先级和次优先级与中断向量有关，与中断服务子程序也有关，但与中断请求无关。在特殊功能寄存器 IPCy（y=0 ～ 15）里定义中断向量的优先级。在定义有关的中断服务子程序时，应该使用语句 IPLnSOFT 或者 IPLnSRS 来指定相同优先级 n。SOFT 表示执行软件上下文保存与恢复；SRS 则表示使用影子寄存器组，它会减少进入和退出中断服务子程序的时间。使用设备配置寄存器来配置 NU32 上的 PIC32，这只允许影子寄存器组在优先级为 6 时被使用，因此只能使用 IPL6SRS 来选择影子寄存器组。

- 当产生中断时，如果它的优先级高于当前中断服务子程序的优先级，那么 CPU 会马上服务新的中断。要不然，只能等待，直到 CPU 处理完当前中断服务子程序。

- 除了配置 CPU 接收中断、使能指定中断和设置中断优先级外，还必须配置指定的外设（例如计数器 / 定时器、UART、电平变化通知引脚等）对适当事件产生中断请求。这些配置方法将在相关章

⊖ 由中断和主代码间不正确地共享数据引起的错误被称为竞争条件（race conditions）。众所周知，竞争条件很难解决或者修复，它们可能只会间歇地出现，因为它们十分依赖定时。

节进行详细说明。

- 当设置 CPU 为多向量模式时，使用一个中断需要 7 个步骤：（1）编写中断服务子程序；（2）禁止中断；（3）配置设备或者外设产生中断；（4）设置中断服务子程序的优先级和次优先级；（5）中断标志位清 0；（6）使能中断请求；（7）允许 CPU 中断。
- 如果中断服务子程序与主代码共享变量，那么有以下要求：（1）使用类型限定词 volatile 定义该变量（也要用 static 进行定义，除非你有不用 static 的合理原因）；（2）如果进程有被中断的危险，则在读或写该变量之前应先禁止中断。如果中断被禁止了，那么禁止的时间应尽可能短。

6.6 练习题

1. 中断可实现固定频率的控制循环（例如，1kHz）。另一种以固定频率执行代码的方法是轮询（polling）。你可以一直查询内核定时器，当经过一定数量的时钟节拍后，执行控制程序。轮询也可以用来检查输入引脚上输入电平的变化和其他事件。给出使用中断和使用轮询的利弊（如果有的话）。

2. 假设你正在看电视。在这种情形下，对于你的注意力，请给出中断请求和中断服务子程序的一个类比。也请给出关于轮询的一个类比。

3. 中断向量和中断服务子程序的关系是什么？ PIC32 最多能处理多少个中断服务子程序？

4.（a）当 CPU 在正常运行时（没有执行中断服务子程序），如果产生一个优先级为 4、次优先级为 2 的中断请求，则会发生什么？（b）如果上述中断请求发生在 CPU 正在执行一个优先级为 2、次优先级为 3 的中断服务子程序，则又会发生什么？（c）如果上述中断请求发生在 CPU 正在执行一个优先级为 4、次优先级为 0 的中断服务子程序，则又会发生什么？（d）如果上述中断请求发生在 CPU 正在执行一个优先级为 6、次优先级为 0 的中断服务子程序，则又会发生什么？

5. 中断要求 CPU 停止正在执行的程序，参与其他程序，之后再返回到原来执行的程序。当 CPU 被要求停止正在执行的程序时，它需要记住正在运行的"上下文"，即存储在 CPU 寄存器中的当前值。
（a）假设不使用影子寄存器组，CPU 在执行中断服务子程序前必须做的第一件事是什么？执行完中断服务子程序后，必须做的最后一件事是什么？（b）如果使用影子寄存器组，则与上述情形有何不同？

6. 与 IRQ 35 相关的外设和中断向量号是什么？而控制该中断的中断使能、中断标志状态、优先级和次优先级的特殊功能寄存器和位是哪些？ IRQ 35 与其他中断请求可以共享一个中断向量吗？

7. 与中断向量 24 相关的外设和中断请求有哪些？控制该中断向量的优先级和次优先级，以及与中断请求有关的中断使能与中断标志状态的特殊功能寄存器和位有哪些？

8. 对于以下问题，请只使用特殊功能寄存器 IECx、IFSx、IPCy 与 INTCON 和它们的 CLR、SET 与 INV 寄存器（不要使用其他寄存器，也不要使用 IFS0bits.INT0IF 之类的位字段）。给出使用 C 命令的有效位操作来执行设置，不能改变任何不相关的位。还要用英语阐明你想实现的功能，以防止你有了正确的想法但却使用了错误的 C 语句。不要使用任何 Microchip XC32 文件里定义的变量，只使用数字。
a. 使能定时器 Timer2 中断，设中断标志状态位为 0，中断向量优先级和次优先级分别为 5 和 2。
b. 使能实时时钟和日历中断，设中断标志状态位为 0，中断向量优先级和次优先级分别为 6 和 1。

    c. 使能 UART4 接收器中断，设中断标志状态位为 0，中断向量优先级和次优先级分别为 7 和 3。

    d. 使能 INT2 外部输入中断，设中断标志状态位为 0，中断向量优先级和次优先级分别为 3 和 2，配置为上升沿触发中断。

9. 编辑代码示例 6.3，让每一行代码都正确地使用特殊功能寄存器的"位"格式。也就是说，左手边的语句应该使用与第五步相似的格式，而不是使用 INTCONbits、IPC0bits 和 IEC0bits。

10. 查询头文件 p32mx795f512h.h，给出与以下中断请求相关的常量名和数值：（a）输入捕获 5；（b）SIP3 接收完毕；（c）USB 中断。

11. 查询头文件 p32mx795f512h.h，给出与以下中断向量相关的常量名和数值：（a）输入捕获 5；（b）SIP3 接收完毕；（c）USB 中断。

12. 判断对错。当 PIC32 工作在单向量中断模式时，只有一个中断请求可以触发中断服务子程序。解释你的答案。

13. 将 INTCON 寄存器配置为使用影子寄存器组的单中断向量模式，而外部输入中断 INT3 被配置为上升沿触发，其他外部输入中断被配置为下降沿触发。给出 SFR INTCON 的十六进制数值。中断接近定时器中的位都是默认值。

14. 到目前为止，我们只观察到由内核定时器和外部输入中断产生的中断，因为我们首先需要学习其他外设的知识来完成建立中断所需 7 个步骤中的第三步。回顾前面所学的知识，看看在第三步中是如何配置电平变化通知外设的。查询参考手册中关于 I/O 端口的章节，说出要控制哪些特殊功能寄存器和位，才能使能电平变化通知引脚产生中断。

15. 建立 INT_timing.c，并用文本编辑器打开它的反汇编文件 out.dis。从文件顶部开始，你可以看到在 crt0.o 中嵌入的启动代码。继续往下看会看到"引导程序异常（）"中的 .bev_excpt，它用于处理执行引导代码时可能产生的任何异常；然后会看到"通用异常（）"中的 .app_excpt，它用于处理 CPU 遇到的任何严重错误（例如企图访问一个无效的存储地址）（如表 6-1 所示）；最后看到的是名为 .vector_x 的中断向量部分，这里 x 的取值为 0 ~ 51（64 种中断向量中，有 12 种在 PIC32MX 中未被使用到）。每一个异常向量都直接跳转向另一个地址。（注意：j、jal 和 jr 都是汇编中的跳转语句。跳转不会立刻发生；在跳转结束前，在跳转延迟时隙里执行下一条汇编语句。跳转指令 j 表示跳转到指定地址。jal 表示跳转到指定地址，通常对应一个函数，然后会用两条指令 [8 字节] 把一个返回地址 ra 存放在 CPU 寄存器里。jr 表示跳转到寄存器中的一个地址，通常是函数的返回地址。）

    a. .vector_x sections 部分会跳转到什么地址？这些地址中的内容是什么？

    b. 找到函数 Ext0ISR 和 Ext1ISR。对于每个函数，在第一条 _CP0_GET_COUNT() 命令之前有多少条汇编命令？对于每个函数，在最后一条 CP0_GET_COUNT() 命令之后有多少条汇编命令？对于汇编命令的数量差异，占主要差异的命令有什么作用？（注意，sw 是"store word"的缩写，表示从 CPU 寄存器复制 1 个 32 位数据到 RAM；而 lw 是"load word"的缩写，表示从 RAM 中复制 1 个 32 位数据到 CPU 寄存器。）尝试解释为什么两个函数是不同的，尽管它们的 C 代码在本质上是一样的。

16. 修改代码示例 6.2，设置用户按钮是去除抖动的。你怎样修改中断服务子程序才能让 LED 在很快的伪脉冲下降沿到来时不闪烁？证明你的解决办法是有效的。（提示：当真正按下按钮时，都有一个远远超过 10ms 的持续时间，而任何开关的机械抖动持续时间都小于 10ms。）

17. 利用消除按钮 USER 抖动的方法（参阅练习题 16），编写一个基于 INT2 中断服务子程序的秒表程序。将用户按钮引脚接到引脚 INT2，这样可以使用按钮 USER 作为计时按钮。使用 NU32 的库文件，你的程序应该把下列信息发送到用户屏幕："按下按钮 USER 后开始计时。"当按钮 USER 按下后，程序应该发送以下信息："再次按下按钮 USER 停止计时。"当用户再次按下按钮时，程序应该发送一个例如"用时 12.505 秒"的信息。中断服务子程序应该具有以下功能：（1）要么以 0 为初始计数值启动内核定时器；（2）要么读取当前计数值，这取决于程序是处于"等待开始计时"还是在"计时"状态。中断服务子程序使用优先级 6 和影子寄存器组。证明这种计时是准确的，只要秒表的计时精确到其误差小于内核定时器的翻转周期就可以了。

你也可以尝试在 main 函数中使用轮询，每秒都会将当前运行时间（程序处于"计时状态"时）输出到用户的屏幕上，以便用户查看运行时间。

18. 编写一个和练习题 17 一样的程序，但是使用 16×2 的 LCD 显示器代替主机显示器作为输出。

19. 编写一个程序，它以用户交互定义的频率产生中断。主函数是无限循环的函数，利用 NU32 的库要求用户输入整型变量 InterruptPeriod 的值。如果用户输入一个不超过最大值也不低于最小值的值，则这个数值就成为两次内核定时器中断之间的核心时钟节拍。因为中断服务子程序只是简单地触发 LED，所以 InterruptPeriod 是可视的。设置中断向量优先级为 3，次优先级为 0。

20. （a）编写一个包含两个中断服务子程序的程序，一个用于内核定时器，另一个用于去抖输入 INT2。内核定时器每 4s 中断一次，中断服务子程序仅需要点亮 LED1 2s，然后熄灭，并退出中断。而中断 INT2 一直点亮 LED2，直到用户松开按钮。令内核定时器的中断优先级为 1，INT2 的中断优先级为 5。运行程序，按下按钮进行实验，看看是否与期望的结果一致。（b）修改程序，交换两个中断服务子程序的优先级。运行程序，按下按钮进行实验，看看是否与期望的结果一致。

21. CPU 运行时错误（例如尝试访问一个无效的内存地址）会产生通用异常。这就好像在执行中断程序时跳转到一个新的函数，在这种情况下，一般叫作"_gen_exception"。反过来，该函数会调用一个名为"_general_exception_context"的函数，而函数"_general_exception_context"又会调用函数"_general_exception_handler"。你可以选择使用 Microchip 公司默认的通用异常处理程序，或者自己编写通用异常处理程序，就像代码示例 5.2 中的 readVA.c 一样，readVA.c 是本书唯一定义的通用异常处理程序的示例代码。查看使用 Microchip 默认的通用异常处理程序的任意程序的反汇编文件，在软件断点（sdbbp）调试后观察程序会执行什么操作？

延伸阅读

PIC32 family reference manual. Section 08: Interrupts. (2013). Microchip Technology Inc.

Part 3 第三部分

外 设 参 考

数字输入和输出

数字输入和输出（DIO）是 PIC32 与其他电子设备、传感器和执行机构之间最简单的接口。PIC32 有许多的 DIO 引脚，通常每个 DIO 引脚为两种电平状态中的一种，即高电平（1）或低电平（0）。通常，这些状态对应于 3.3V 或 0V 电压⊖。DIO 外设还可以处理电平变化通知（CN）中断。当 19 个数字输入引脚中的至少一个引脚的输入电平变化时，就会产生电平变化通知中断。

7.1 概述

PIC32 提供了许多的 DIO 引脚，这些引脚分布在 PIC32MX795F512H 的端口 B ～ G 上。我们把这些引脚标记为 Rxy，其中 x 是端口字母，y 是引脚编号。例如，B 端口的 5 号引脚被称为 RB5。（在不引起混淆的前提下，经常省略 R，把 RB5 简称为 B5。）端口 B 是一个完全 16 位的端口，有 0 ～ 15 号引脚，并且端口 B 的引脚还可以作为模拟输入引脚来使用（参阅第 10 章）。相比之下，其他端口的引脚数则要少一些，并且不一定是按顺序编号的。例如，端口 G 有 RG2、RG3 和 RG6 ～ RG9。除 RG2 和 RG3 以外，所有被标记为 Rxy 的引脚都可以用作输入或输出引脚，因为这两个引脚与 USB 通信线路是复用的，所以只能当作输入引脚。关于可用引脚的更多信息，请参阅数据表的第 1 章。

PIC32 有两种类型的数字输出：缓冲输出和开漏输出。通常情况下，输出都是带缓冲的，并且可以驱动相关的引脚电平为 0V 或者 3.3V。有些引脚可以配置为开漏输出。开漏输出的引脚电平可以被驱动到 0V 或者经常被称为"悬空"或者"高阻"的高阻抗状态。当引脚悬空时，输出被有效断开，这时可以在输出端接一个外部"上拉"电阻与正电压相连。这样，当输出引脚悬空时，外部上拉电阻就会将该引脚连接到正电压（如图 7-1 所示）。此正电压必须要比 3.3V 或者 5V 低，到底是低于 3.3V 还是低于 5V，取决于具体的引脚（例

⊖ 从技术上讲，这两种不同的电平状态与其电压有关。根据数据表中的电气特性可知，输入电压低于或者约等于 0.5V 时被视为逻辑低电平，而输入电压高于 2.1V 时则被视为逻辑高电平。

如，可以参阅图 2-1 和表 2-2 来确定哪些引脚可以承受 5V 电压）。

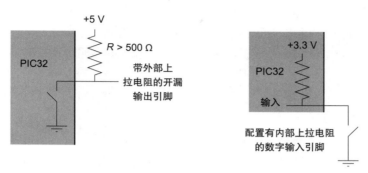

图 7-1　（左）使用连接到 5V 电压的外部上拉电阻，配置为开漏输出的数字输出。（只有能承
　　　受 5V 电压的引脚才能这样配置。）当 PIC32 保持输出为低电平时，电阻会允许不大于
　　　10mA 的电流流入 PIC32。如果控制引脚状态的 LAT 寄存器的对应位置 1，那么内部
　　　开关就会打开，读取到的输出是 5V。如果对应位被清 0，那么内部开关就会闭合，读
　　　取到的输出是 0V。（右）使用内部上拉电阻配置的数字输入引脚，通过简单的开关来
　　　控制输入电平，在开关断开时输入为数字高电平，在开关闭合时输入为数字低电平

　　配置为输出的引脚不允许提供大于 10mA 的灌电流或者拉电流。例如，将一个数字输
出引脚与一个 10Ω 的电阻连接后接地是错误的。在这种情况下，会产生 3.3V 的数字高电
平输出，这将需要 3.3V/10Ω=330mA 的电流，而数字输出引脚不可能提供 330mA 的电流。
注意：任何尝试从一个引脚获取或吸收过大的电流，都有可能损坏你的 PIC32 微控制器！

　　如果引脚的输入电压接近 0V，则这个输入引脚被读取到的状态就是低电平或逻辑 0。如
果其输入电压接近 3.3V，则就是高电平或者逻辑 1。一些引脚可以承受高达 5V 的输入电压。
而一些输入引脚还可以用作"电平变化通知"（这些引脚被标记为 CNy，y=0 ~ 18，这些引脚
分散在数个端口上），也可以接一个内部上拉电阻再与 3.3V 电压相连。如果按照上述方法进
行配置，则当开关断开时，输入引脚会被读取到"高电平"（如图 7-1 所示）。不管开关是把
输入端与地相连，还是将输入端悬空（如图 2-3 中的用户按键），对于连接简单开关，这都是
很有用的[⊖]。否则，如果一个输入引脚什么都不连接，那我们就无法确定输入引脚的状态。

　　输入引脚具有相当高的输入阻抗——很少的电流会流入或流出输入引脚。因此，将外
部电路与输入引脚相连时，它对外部电路造成的影响很小。

　　有 19 个输入引脚可以配置成电平变化通知输入引脚。当允许中断时，如果电平变化通
知输入引脚的数字输入状态发生变化，则会产生中断。然后 ISR 必须读取发生电平变化通
知引脚上的端口值，否则之后的输入变化不会引起中断。ISR 可以把新到来的端口值与前一
个到来的端口值进行比较，以判断到底是哪个输入引脚的状态发生变化了。

　⊖　根据 PIC32MX575/675/695/775/795 系列芯片勘误表和数据表说明可知，一个内部上拉电阻并不能保证
　　　让外部设备读取到引脚的状态是逻辑高电平，即便外部负载能使该引脚产生大于 50μA 的电流，PIC32
　　　微控制器也未必能读取到该引脚状态是逻辑高电平。

Microchip 公司建议，把不使用的 I/O 引脚配置为输出引脚并使其为逻辑低电平状态，尽管这不是必需的。所有的引脚在默认情况下都被配置为输入引脚，这种安全特性避免了在程序执行之前，PIC32 把意料之外的电压强加到相连的电路上。端口 B 的引脚与模 – 数转换器（ADC）是复用的，在默认方式下它是模拟输入引脚，除非明确地把引脚设为数字引脚。

7.2 详述

TRISx，x=B ～ G。这些三态特殊功能寄存器决定了数字输入 / 输出端口 x 的哪些引脚是输入引脚，哪些引脚是输出引脚。y 位对应于端口的 y 号引脚（也就是 Rxy）。可以用 TRISxbits.TRISxy 对位进行单独访问。例如，TRISDbits.TRISD5=0 可以将 RD5 配置为输出引脚（ 0 对应输出），而 TRISDbits.TRISD5=1 可以将 RD5 配置为输入引脚（1 对应输入）。复位后，TRISx 的所有位都默认是 1。

LATx，x=B ～ G。通过向锁存器执行写入操作，可为配置为输出的引脚选择输出。（配置为输入的引脚不需要执行写入操作。）y 位对应于端口的引脚号（也就是 Rxy）。例如，如果 TRISD=0x0000，则会把端口 D 的所有引脚都设置为输出引脚。LATD=0x00FF 把引脚 RD0 ～ RD7 置 1，并把其他 RD 引脚清 0。可以利用 LATxbits.LATxy 给单个引脚赋值，其中 y 是引脚号。例如，LATDbits.LATD11=1 可以将引脚 RD11 置 1。对一个开漏输出的引脚写入 1，会把输出引脚设为悬空，而写入 0 会把输出引脚清 0。

PORTx，x=B ～ G。PORTx 返回端口 x 上设置为输入的 DIO 引脚的当前数值。y 位对应于 Rxy 的引脚。PORTxbits.RDy 可以直接访问单个引脚，例如，PORTDbits.RD6 返回引脚 RD6 的数字输入。

ODCx,x=B ～ G。开漏结构的特殊功能寄存器决定哪个引脚为开漏输出。使用 ODCxbits.ODCxy 可对位进行单独访问。例如，如果 TRISDbits.TRISD8=0，则设置引脚 RD8 为输出引脚，若 ODCDbits.ODCD8=1 则配置 RD8 引脚为开漏输出引脚，而 ODCDbits.ODCD8=0 则配置引脚 RD8 为典型的带缓冲的输出引脚。复位后，ODCx 寄存器中的所有位默认为 0。

AD1PCFG。这个寄存器中的引脚配置位决定了端口 B 中的引脚是模拟输入引脚还是数字输入引脚。参阅第 10 章，可以了解关于模拟输入的更多信息。

AD1PCFG<x> 或者 AD1PCFGbits.PCFGx（其中 x=0 ～ 15），控制 ANx（相当于 RBx）引脚是否为模拟输入引脚：0= 模拟输入，1= 数字引脚。

这个寄存器的每个低 16 位对应于端口 B 的一个引脚。复位后，所有位都为 0，这意味着端口 B 的所有引脚默认都是模拟输入引脚。因此，如果要把端口 B 的一个引脚当作数字输入引脚，那么你必须在 AD1PCFG 中明确地设定恰当的引脚。

例如，要使用端口 B 的 2 号引脚（RB2）作为数字输入引脚，那么应将 AD1PCFGbits.PCFG2（AD1PCFG<2>）置为 1。这个额外的配置步骤只适用于端口 B，因为其他端口上的引脚不能作为模拟输入引脚。

CNPUE。输入电平变化通知上拉使能寄存器，使能电平变化通知引脚（CN0 ~ CN18）连接内部上拉电阻。当 CNPUE<18:0> 中的每一位置 1 时，使能引脚上拉；当其清 0 时，禁止引脚上拉，x 位对应于引脚 CNx。可以使用 CNPUEbits.CNPUEx 单独访问位。例如，如果 CNPUEbits.CNPUE2=1，那么使能 CN2/RB0 引脚上拉；如果 CNPUEbits.CNPUE2=0，那么禁止引脚 CN2/RB0 上拉。由于复位后每位都默认是 0，所以这是禁止上拉的。使用内部上拉电阻是很方便的，因为它可保证输入引脚在断开连接后是一个已知状态。

> **LAT 特殊功能寄存器与 PORT 特殊功能寄存器**：LATx 特殊功能寄存器与 PORTx 特殊功能寄存器的区别是什么？PORTx 特殊功能寄存器对应引脚上的电压，而 LATx 特殊功能寄存器对应被配置为输出引脚的输出值。当从 LATx 上读取数据时，实际上是读取最后一次存储在端口上的数据，而不是引脚的真实状态。因此，若想读取引脚状态，应用 PORTx 寄存器；若想对数字输出引脚写入数据，就用 LATx。

> **使用 INV、CLR 和 SET 特殊功能寄存器与直接位操作**：若要直接把某位置 1（比如 LATF 的第 4 位），可以使用 LATFSET=0b10000（相当于 LATFSET=0x10）或者在头文件 p32mx795f512h.h 中的位字段基础上使用 LATFbits.LATF4=1。前者是原子级的——它在单独的汇编语句中执行。后者会让 CPU 把 LATF 复制到它的一个寄存器上，然后在复制寄存器中把第 4 位置 1，之后把结果写回 LATF。虽然这种方法需要更多的汇编语句，但一般还是建议你使用这种方法，而不要使用特殊功能寄存器的 SET、CLR 和 INV 寄存器。因为这样的语法更清晰（本质上使用的是字段名的自描述）而且不容易出错。

电平变化通知

电平变化通知中断可以由引脚 CN0 ~ CN18 产生，当引脚的输入状态变化时，就会触发中断。与之相关的特殊功能寄存器如下所示。

CNPUE：电平变化通知上拉使能。关于 CNPUE 的介绍，可看前文（之所以把详细介绍放在前面，是因为即使不使用电平变化通知，上拉也是很有用的）。

CNCON：当 CNCON<15>（CNCONbits.ON）= 1 时，电平变化通知控制寄存器使能电平变化通知中断。默认情况下它是 0。

CNEN：当 CNEN<x>（CNENbits.CNENx）= 1 时，引脚 CNx 可以产生电平变化通知中断。否则，即使引脚 CNx 的输入电平变化了，也不能产生电平变化通知中断。

相关的中断位字段和常量如下所示。

IFS1<0> 或者 IFS1bits.CNIF：电平变化通知中断状态标志位，当中断挂起时置 1。

IEC1<0> 或者 IEC1bits.CNIE：电平变化通知中断使能标志位，置 1 表示允许中断。

　　IPC6<20:18> 或者 IPC6bits.CNIP：电平变化通知中断优先级。

　　IPC6<17:16> 或者 IPC6bits.CNIS：电平变化通知中断次优先级。

　　中断向量号：电平变化通知中断使用 26 号中断向量或者在 p32mx795f512h.h 中定义的 _CHANG_NOTICE_VECTOR。

　　建议按照以下步骤来使能电平变化通知中断：

　　1. 使用中断向量 _CHANGE_NOTICE_VECTOR (26) 编写中断服务子程序。该中断服务子程序应该把 IFS1bits.CNIF 清 0，然后读取能检测到电平变化通知的引脚状态来启动中断。

　　2. 使用 __builtin_diable_interrupts() 禁止所有中断。

　　3. 把想产生电平变化通知中断的每个 x 引脚对应的 CNENbits.CNENx 置 1，然后把 CNCONbits.ON 置 1。

　　4. 选择中断优先级 IPC6bits.CNIP 和中断次优先级 IPC6bits.CNIS。选择的优先级应该对应于中断服务子程序中定义的优先级。

　　5. 把中断状态标志位 IFS1bits.CNIF 清 0。

　　6. 把 IEC1bits.CNIE 置 1，使能电平变化通知中断。

　　7. 使用 __builtin_enable_interruputs() 使能中断。

7.3　示例代码

　　在程序 simplePIC.c 中，演示了如何使用两个数字输出（控制两个 LED）以及一个数字输入（用户按钮）。

　　在下面的例子中，我们将配置下列输入和输出引脚：

- 引脚 RB0 和 RB1 配置为使能内部上拉电阻的数字输入引脚。
- 引脚 RB2 和 RB3 配置为无上拉电阻的数字输入引脚。
- 引脚 RB4 和 RB5 配置为带缓冲的数字输出引脚。
- 引脚 RB6 和 RB7 配置为开漏输出数字的引脚。
- 引脚 AN8 ～ AN15 配置为模拟输入引脚。
- RF4 配置为内部带上拉电阻的数字输入引脚。
- 引脚 RB0（CN2）、RF4（CN17）和 RF5（CN18）使能电平变化通知。由于电平变化通知涉及端口 B 和 F，所以两个端口都需要读取内部的中断服务子程序，从而重新启用中断。当引脚 RB0、RF4 或者 RF5 检测到电平变化时，中断服务子程序会点亮 NU32 上的一个 LED 来表示变化。

代码示例 7.1　DIO_simple.c。数字输入、输出和电平变化通知

```
#include "NU32.h"            // constants, funcs for startup and UART

volatile unsigned int oldB = 0, oldF = 0, newB = 0, newF = 0; // save port values
```

```
void __ISR(_CHANGE_NOTICE_VECTOR, IPL3SOFT) CNISR(void) { // INT step 1
  newB = PORTB;            // since pins on port B and F are being monitored
  newF = PORTF;            // by CN, must read both to allow continued functioning
                          // ... do something here with oldB, oldF, newB, newF ...
  oldB = newB;            // save the current values for future use
  oldF = newF;
  LATBINV = 0xF0;          // toggle buffered RB4, RB5 and open-drain RB6, RB7
  NU32_LED1 = !NU32_LED1; // toggle LED1
  IFS1bits.CNIF = 0;      // clear the interrupt flag
}

int main(void) {
  NU32_Startup(); // cache on, min flash wait, interrupts on, LED/button init, UART init

  AD1PCFG = 0x00FF;        // set B8-B15 as analog in, 0-7 as digital pins
  TRISB = 0xFF0F;          // set B4-B7 as digital outputs, 0-3 as digital inputs
  ODCBSET = 0x00C0;        // set ODCB bits 6 and 7, so RB6, RB7 are open drain outputs
  CNPUEbits.CNPUE2 = 1;    // CN2/RB0 input has internal pull-up
  CNPUEbits.CNPUE3 = 1;    // CN3/RB1 input has internal pull-up
  CNPUEbits.CNPUE17 = 1;   // CN17/RF4 input has internal pull-up
                          // due to errata internal pull-ups may not result in a logic 1

  oldB = PORTB;            // bits 0-3 are relevant input
  oldF = PORTF;            // pins of port F are inputs, by default
  LATB = 0x0050;           // RB4 is buffered high, RB5 is buffered low,
                          // RB6 is floating open drain (could be pulled to 3.3 V by
                          // external pull-up resistor), RB7 is low

  __builtin_disable_interrupts(); // step 1: disable interrupts
  CNCONbits.ON = 1;                // step 2: configure peripheral: turn on CN
  CNENbits.CNEN2 = 1;              // Use CN2/RB0 as a change notification
  CNENbits.CNEN17 = 1;             // Use CN17/RF4 as a change notification
  CNENbits.CNEN18 = 1;             // Use CN18/RF5 as a change notification

  IPC6bits.CNIP = 3;               // step 3: set interrupt priority
  IPC6bits.CNIS = 2;               // step 4: set interrupt subpriority
  IFS1bits.CNIF = 0;               // step 5: clear the interrupt flag
  IEC1bits.CNIE = 1;               // step 6: enable the CN interrupt
  __builtin_enable_interrupts();   // step 7: CPU enabled for mvec interrupts

  while(1) {
    ;                              // infinite loop
  }
  return 0;
}
```

7.4 小结

- PIC32 有数个 DIO 端口，用字母 B ~ G 来标记。只有端口 B 有完全的 16 个引脚。几乎每个引脚都能配置为数字输入或者数字输出引脚，一些输出引脚还能配置为开漏输出引脚。

- 默认情况下，端口 B 的输入引脚是模拟输入引脚。若想把这些引脚用作数字输入引脚，你必须把 AD1PCFG 的对应位置 1。

- 有 19 个引脚可以配置为电平变化通知引脚（CN0 ～ CN18）。对于用作电平变化通知的引脚，输入电平的任意变化都会产生中断。如果要重新启用中断，则中断服务子程序应该把中断请求标志位清0，并读取涉及电平变化通知的引脚状态。
- 电平变化通知引脚有可选择的内部上拉电阻，因此当引脚悬空时，输入寄存器记录的是高电平。不管引脚是否使能电平变化通知，都可以使用这些上拉电阻。例如，内部上拉电阻允许带按钮的简单接口。

7.5 练习题

1. 当一个输入引脚不与任何设备连接时，它永远是数字低电平状态。试问这是对还是错？

2. 假设你打算配置端口 B 来接收模拟和数字输入，并写数字输出。以下是你打算配置的具体方案。（x 号引脚对应于 RBx。）

   - 0 号引脚是一个模拟输入引脚。
   - 1 号引脚是一个典型的带缓冲输出数字的引脚。
   - 2 号引脚是一个开漏的数字输出引脚。
   - 3 号引脚是一个典型的数字输入引脚。
   - 4 号引脚是一个带内部上拉电阻的数字输入引脚。
   - 5 ～ 15 号引脚是模拟输入引脚。
   - 检测 3 号引脚是否有电平变化通知，而且使能电平变化通知中断。

   问题：

   a. 哪个引脚最有可能具有外部上拉电阻？合理的阻值范围是多少？什么因素决定电阻的最小值，又是什么因素决定电阻的最大值？

   b. 为了实现上述配置内容，给出应该写入 AD1PCFG、TRISB、ODCB、CNPUE、CNCON 和 CNEN 的 8 个十六进制数。（其中，一些特殊功能寄存器的第 16 ～ 31 位是无效的，将这些位全部写入 0。）

延伸阅读

PIC32 family reference manual. Section 12: I/O ports. (2011). Microchip Technology Inc.

计数器 / 定时器

计数器用来对一串脉冲的上升沿进行计数，脉冲序列可以来自内部的外设总线时钟或者外部信号源。如果脉冲序列来自固定频率的时钟，则计数器就变成定时器（计数值代表着一段时间）。因此，"计数器"和"定时器"两个词经常交换使用。由于 Microchip 文档把这些设备称为"定时器"，所以我们使用"定时器"这个术语。当定时器计数到预定数量的脉冲后或者在一个宽度固定的外部脉冲的下降沿，定时器会产生中断。这里说的定时器与在第 5 章介绍的内核定时器不同，这里说的定时器是外设而不是 MIPS32 CPU 的一部分。

8.1 概述

PIC32 配有 5 个名为 Timerx 的 16 位外设定时器，其中 x 为 1 ～ 5。定时器在时钟信号的上升沿执行加 1 操作，时钟信号可能来自外设总线时钟 PBCLK 或来自外部脉冲源。定时器 Timerx 给外部脉冲提供输入的是引脚 TxCK。对于 NU32 开发板上的 64 个引脚的 PIC32MX795F512H 微控制器，只有定时器 Timer1 给外部输入配备了一个引脚（T1CK）。100 个引脚的微控制器（PIC32MX795F512L）有一个外部输入引脚，它可供 5 个定时器使用。

分频器（$N \geq 1$）决定了在定时器执行加 1 操作前，它必须接收多少个时钟脉冲。如果分频器 N 被设为 1，则定时器在每个时钟脉冲的上升沿都加 1 计数；如果分频器 N 被设为 8，则定时器在每 8 个时钟脉冲的上升沿进行加 1 计数。通过设置特殊功能寄存器 TxCON 的值来选择时钟源类型（内部还是外部）和分频器的数值。

每个 16 位定时器可以从 0 计数到 P 个周期数（$P \leq 2^{16} - 1 = 65\ 535 = 0xFFFF$）。当前计数值存放在特殊功能寄存器 TMRx 中，而且可通过向特殊功能寄存器 PRx 写入数据来选择 P 的值。当定时器的计数值到达 P 后，完成一个周期匹配。当定时器接收的脉冲多于 N 个后，计数器将"翻转"为 0。如果定时器的输入是 80MHz 的外设总线时钟 PBCLK，即两个连续的上升沿之间间隔 12.5ns，那么两次翻转之间的时间间隔为 $T = (P + 1) \times N \times 12.5\text{ns}$。选择 $N = 8$、$P = 9999$，我们得到 $T = 1\text{ms}$，然后把 N 修改为 64，得到 $T = 8\text{ms}$。如果把定时器配置成使用外设总线时钟 PBCLK 作为输入，并且在一个周期到来时产生中断，那么定时器可以实现一个工作在固定频率下的函数（例如，控制器）（如图 8-1 所示）。

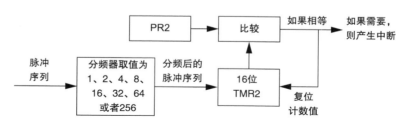

图 8-1　16 位定时器 Timer2 典型应用的简化框图。脉冲序列先输入分频器，每输入 N 个脉冲（N = 1、2、4、8、16、32、64 或者 256），分频器就会产生一个输出脉冲。分频器输出的脉冲个数存放在特殊功能寄存器 TMR2 中。当 TMR2 的值和寄存器 PR2 中存放的周期数相匹配时，TMR2 会在分频器输出的下一个脉冲到来时翻转为 0。默认情况下，PR2 的值为 0xFFFF，因此 TMR2 在翻转为 0 前会计数 $2^{16} - 1$ 次。定时器 Timer3、Timer4、Timer5 与 Timer2 的工作方式类似，但是定时器 Timer1 只允许分频器的 N = 1、8、64 或者 256

　　如果周期数 P 为 0，那么一旦计数值达到 0 之后，就不再递增（一直在翻转）。对于 P = 0，定时器在实现周期匹配后不会产生中断。

　　PIC32 有两种类型的定时器：A 类和 B 类，两者之间稍有不同（稍后解释）。定时器 Timer1 是 A 类定时器，定时器 Timer2、Timer3、Timer4、Timer5 都是 B 类定时器。定时器有以下 4 种工作方式，而特殊功能寄存器 TxCON 决定了定时器的工作方式。

　　对 PBCLK 脉冲进行计数：在这种工作方式下，定时器对 PBCLK 脉冲进行计数，因此计数值对应脉冲输入的时间。这种工作方式经常用来在期望的频率下产生中断，期望频率可以通过设置合适的 N 和 P 来得到。这种工作方式也可测量代码的运行时间，如同第 5 章使用内核定时器计时一样。外设定时器可以在每 N 个 PBCLK 周期执行加 1 计数（N 可以等于 1），而不仅是在每 2 个 SYSCLK 周期执行加 1 计数。

　　对外部脉冲进行同步计数：对于定时器 Timer1，外部脉冲源是通过引脚 T1CK 输入的。定时器在外部脉冲的每个上升沿执行加 1 计数。这种工作方式之所以称为"同步"，是因为定时器的加 1 计数与外设总线时钟是同步的。当外部脉冲的上升沿到来时，定时器实际上并不会立即执行加 1 计数，直到 PBCLK 的第一个上升沿出现。如果外部脉冲的速度太快，则定时器不能准确地对外部脉冲进行计数。根据数据表的电气特性描述可知，脉冲的高电平和低电平都应该持续至少 37.5ns。

　　对外部脉冲进行异步计数（仅适用于 A 类定时器 Timer1）：可以把 A 类脉冲计数电路配置成独立于 PBCLK 的计数电路，这样即使 PBCLK 不工作（例如在节能休眠模式下），定时器也可以计数外部脉冲。如果计数器实现了周期匹配，那么定时器 Timer1 可以产生一个中断，并唤醒 PIC32 微控制器。当定时器工作在异步计数方式时，即使脉冲的高电平和低电平宽度低至 10ns，定时器仍然可以对这些脉冲进行计数。

　　对外部脉冲宽度进行定时：这种工作方式也称为"门控累加方式"。对于定时器 Timer1，当引脚 T1CK 的外部输入变为高电平时，计数器根据 PBCLK 和分频器 N 的值开始执行加 1 计数。当输入跳变为低电平时，停止计数，这时定时器也可产生一个中断。

　　定时器 Timer1（A 类）和定时器 Timer2 ～ Timer5（B 类）之间的主要区别如下：

- 只有 PIC32MX795F512H 上的定时器 Timer1 可以计数外部脉冲。
- 定时器 Timer1 的分频器系数 $N = 1$、8、64 和 256，而定时器 Timer2 ～ Timer5 的分频器系数 $N = 1$、2、4、8、16、32、64 和 256。
- 定时器 Timer2 和定时器 Timer3 可以串接起来作为单独的 32 位定时器，并称为定时器 Timer23。相似地，定时器 Timer4 和 Timer5 可以组合成单独的 32 位的定时器，可称为定时器 Timer45。这些组合定时器可以实现计数值达到 $2^{32} - 1$，或者 40 亿以上。当两个定时器组合成定时器 Timerxy（x<y）时，定时器 Timerx 被称为"主定时器"，而定时器 Timery 被称为"从定时器"——只有 TxCON 中的分频器系数和工作方式是与组合定时器有关的，而 TyCON 中的这些信息是被忽略的。当定时器 Timerx 从 $2^{16} - 1$ 翻转到 0 时，定时器 Timerx 发送一个时钟脉冲给定时器 Timery，让定时器 Timery 执行加 1 计数。在定时器 Timerxy 工作方式下，由于 TMRy 的 16 位数据也存放在 SFR TMRx 的 16 位最高有效位中，所以 TMRx 的 32 位数据中包含了定时器 Timerxy 的计数值。同样，PRx 的 32 位数据中包含了 32 位的周期匹配值 Pxy。与周期匹配值相关的中断（或者门控累加方式的下降沿输入）实际上是由定时器 Timery 产生的，因此中断设置应该由定时器 Timery 的中断请求和中断向量表来决定。

　　定时器可以与输出比较外设（参阅第 9 章）产生的数字波形发生器组合起来使用，也可以用来测量输入捕获外设（参阅第 15 章）产生的数字输入波形宽度。定时器还可以用来反复触发模 – 数转换（参阅第 10 章）。

8.2　详述

　　与定时器相关的特殊功能寄存器如下所示。除了 PRx SFR 外，所有 SFR 寄存器默认都是 0x0000，PRx 默认是 0xFFFF。首先介绍 A 类定时器和 B 类定时器通用的设定。

　　TxCON，x=1 ～ 5。定时器 Timerx 控制 SFR 来决定定时器 Timerx 的工作方式。对于 A 类定时器和 B 类定时器，重要的设置位如下所示。

- TxCON<15> 或者 TxCONbits.ON：使能或禁止定时器。
  1　使能定时器 Timerx
  0　禁止定时器 Timerx
- TxCON<7> 或者 TxCONbits.TGATE：设置门控累加工作方式，它可用来测量外部脉冲的宽度。在门控累加工作方式下，定时器在外部信号变为高电平时开始计数，在变为低电平时停止计数。

1 使能门控累加工作方式

0 禁止门控累加工作方式

门控累加工作方式还要求 TxCONbits.TCS=0（低电平）。

- TxCON<1> 或者 TxCONbits.TCS：决定了定时器是使用外部时钟源还是 PBCLK。
在 PIC32MX795F512H 中，只有定时器 Timer1 能提供引脚给外部时钟源。

1 定时器 Timerx 使用 TxCK 上的信号作为外部脉冲源

0 PBCLK 提供脉冲源

A 类定时器 Timer1 还有以下相关的字段。

T1CON。定时器 Timer1 的控制寄存器。T1CON 具有上述相同的字段，这里给出定时器 Timer1 特有的字段。

- T1CON<5:4> 或者 T1CONbits.TCKPS：设置分频器的比值。分频器比值决定了定时器需要多少个脉冲来触发计数器执行加 1 计数。A 类定时器可选的分频器比值要比 B 类定时器的少。

0b11 分频器比值为 1:256

0b10 分频器比值为 1:64

0b01 分频器比值为 1:8

0b00 分频器比值为 1:1

- T1CON<2> 或者 T1CONbits.TSYNC：决定了外部时钟输入是否与 PBCLK 同步。若同步，则定时器在 PBCLK 的外部上升沿执行计数。若异步，则定时器对每个外部脉冲进行计数（遵循数据表中规定的时序要求）。只有 A 类定时器才可以异步计数脉冲。

1 同步计数外部脉冲

0 异步计数外部脉冲

B 类定时器 Timer2 ～ Timer5 也有如下特有的 TxCON 字段。

TxCON，x=2 ～ 5。TxCON 中对于 B 类定时器特有的字段如下。

- TxCON<6:4> 或者 TxCONbits.TCKPS：设置分频器的比值。B 类定时器比 A 类定时器有更多的比值。

0b111 分频器比值为 1:256

0b110 分频器比值为 1:64

0b101 分频器比值为 1:32

0b100 分频器比值为 1:16

0b011 分频器比值为 1:8

0b010 分频器比值为 1:4

0b001 分频器比值为 1:2

0b000　分频器比值为 1:1

- TxCON<3> 或者 TxCONbits.T32：这个位只与 x=2 和 4 的定时器有关（定时器 Timer2 和定时器 Timer4）。当该位置 1 时，定时器 Timerx 和定时器 Timery 组合在一起，作为一个单独的 32 位定时器，称为 Timerxy（y=x+1）。当其工作在 32 位模式时，TyCON 的设置被忽略，而 TMRy 允许存放计数值，当 TMRx 的计数值达到 0xFFFF 翻转后，TMRy 的计数值加 1。中断由定时器 Timery 产生，但是定时器的 32 位计数值和 32 位翻转值只能通过 TMRx 和 PRx 来访问。当 TxCONbits.T32 = 0 时，定时器 Timerx 和定时器 Timery 可作为独立的 16 位定时器来工作。

  1　定时器 Timer23（x = 2）或者定时器 Timer45（x = 4）作为 32 位定时器

  2　定时器 Timerx 作为 16 位定时器

以下特殊功能寄存器适用于每个定时器 Timerx（x=1 ～ 5）。

TMRx，x=1 ～ 5。MRx<15:0> 存放了定时器 Timerx 的 16 位计数值。TMRx 的计数值达到 PRx 中存放的数值后，下一次计数将翻转为 0。这个翻转过程被称为周期匹配。在 32 位定时器 Timerxy 模式下，TMRx 中存放了组合定时器的 32 位计数值，并且在 TMRx=PRx 时实现周期匹配。

PRx，x=1 ～ 5。PRx<15:0> 存放了 TMRx 在翻转为 0 前允许达到的最大计数值。在实现周期匹配时，它可以触发中断。在 32 位定时器 Timerxy 模式下，PRx 中存放了 32 位周期值 Pxy。当定时器 Timery 触发中断时，会产生中断。

当定时器工作在门控模式（TxCONbits.TCS=0 或者 TxCONbits.TGATE=1）时，定时器在门输入的下降沿会产生中断。否则，定时器在实现周期匹配时产生中断。

相关的中断标志位如表 8-1 所示。为了使能定时器 Timerx 的中断，中断使能位 IEC0bits.TxIE 必须置 1。中断标志位 IFS0bits.TxIF 应该清 0，而且优先级 IPCxbits.TxIP 和次优先级位 IPCxbits.TxIS 必须写入数据。在 32 位定时器 Timerxy 的工作模式下，中断由定时器 Timery 产生，定时器 Timerx 的中断设置则被忽略。

表 8-1　与定时器中断相关的中断向量和位

中断请求源	中断向量	标志位	使能位	优先级位	次优先级位
Timer1	4 _TIMER_1_VECTOR	IFS0 <4> IFS0bits.T1IF	IEC0 <4> IEC0bits.T1IE	IPC1 <4:2> IPC1bits.T1IP	IPC1 <1:0> IPC1bits.T1IS
Timer2	8 _TIMER_2_VECTOR	IFS0 <8> IFS0bits.T2IF	IEC0 <8> IEC0bits.T2IE	IPC2 <4:2> IPC2bits.T2IP	IPC2 <1:0> IPC2bits.T2IS
Timer3	12 _TIMER_3_VECTOR	IFS0 <12> IFS0bits.T3IF	IEC0 <12> IEC0bits.T3IE	IPC3 <4:2> IPC3bits.T3IP	IPC3 <1:0> IPC3bits.T3IS
Timer4	16 _TIMER_4_VECTOR	IFS0 <16> IFS0bits.T4IF	IEC0 <16> IEC0bits.T4IE	IPC4 <4:2> IPC4bits.T4IP	IPC4 <1:0> IPC4bits.T4IS
Timer5	20 _TIMER_5_VECTOR	IFS0 <20> FS0bits.T5IF	IEC0 <20> IEC0bits.T5IE	IPC5 <4:2> IPC5bits.T5IP	IPC5 <1:0> IPC5bits.T5IS

8.3　示例代码

8.3.1　固定频率 ISR

为了使用 80MHz 的 PBCLK 构建一个频率为 5Hz 的中断服务子程序，中断必须在每1600 万个 PBCLK 周期触发一次。一个 16 位定时器的最大计数值为 $2^{16} - 1$。当 N 为 1 时，需要两个定时器组成 32 位定时器。与其浪费两个定时器，不如使用一个 N 为 256 的 16 位定时器。本例使用定时器 Timer1。选择的 PR1 值应该满足

16 000 000 = (PR1 + 1) x 256

即 PR1 = 62 499。下列代码中的中断服务子程序会翻转一个 5Hz 的数字输出，得到一个2.5Hz 的方波（在 NU32 上用一个 LED 闪烁来演示）。

代码示例 8.1　TMR_5Hz.c。定时器 Timer1 RF0 每秒翻转 5 次（NU32 上的 LED 闪烁）

```c
#include "NU32.h"            // constants, functions for startup and UART

void __ISR(_TIMER_1_VECTOR, IPL5SOFT) Timer1ISR(void) {  // INT step 1: the ISR
  LATFINV = 0x1;                  // toggle RF0 (LED1)
  IFS0bits.T1IF = 0;              // clear interrupt flag
}

int main(void) {
  NU32_Startup(); // cache on, min flash wait, interrupts on, LED/button init, UART init

  __builtin_disable_interrupts(); // INT step 2: disable interrupts at CPU
                                  // INT step 3: setup peripheral
  PR1 = 62499;                    //             set period register
  TMR1 = 0;                       //             initialize count to 0
  T1CONbits.TCKPS = 3;            //             set prescaler to 256
  T1CONbits.TGATE = 0;            //             not gated input (the default)
  T1CONbits.TCS = 0;              //             PCBLK input (the default)
  T1CONbits.ON = 1;               //             turn on Timer1
  IPC1bits.T1IP = 5;              // INT step 4: priority
  IPC1bits.T1IS = 0;              //             subpriority
  IFS0bits.T1IF = 0;              // INT step 5: clear interrupt flag
  IEC0bits.T1IE = 1;              // INT step 6: enable interrupt
  __builtin_enable_interrupts();  // INT step 7: enable interrupts at CPU
  while (1) {
    ;                             // infinite loop
  }
  return 0;
}
```

8.3.2　外部脉冲计数

下列代码使用 16 位定时器 Timer1 来计数引脚 T1CK 上输入脉冲的上升沿。32 位定时器 Timer45 可以构建一个频率为 2kHz 的中断来翻转数字输出，在引脚 RD1 上产生 1kHz 的

脉冲序列作为引脚 T1CK 的输入。尽管 16 位定时器就可以产生 2kHz 的中断，但我们仍然使用 1 个 32 位定时器，这是为了演示如何配置 32 位定时器。在第 9 章会学习关于输出比较外设的内容，这是一个更好地使用定时器产生更多变化波形的方法。

为了实现每 0.5ms（2kHz）产生一个中断请求，使用的分频器比值 $N=1$，周期匹配 PR4 = 39 999，

$$(PR4 + 1) \times N \times 12.5ns = 0.5ms$$

下列代码会在计算机屏幕上显示 PIC32 微控制器复位后消耗的时间（以毫秒为单位）。如果等待了 65s，那么你可以看到定时器 Timer1 在翻转。

代码示例 8.2　TMR_external_count.c。定时器 Timer45 在引脚 RD1 上产生一个频率 1kHz 的脉冲序列，这些外部脉冲会被定时器 Timer1 计数。消耗的时间会定期回显在主机屏幕上

```c
#include "NU32.h"             // constants, functions for startup and UART

void __ISR(_TIMER_5_VECTOR, IPL4SOFT) Timer5ISR(void) {  // INT step 1: the ISR
  LATDINV = 0x02;                               // toggle RD1
  IFS0bits.T5IF = 0;                            // clear interrupt flag
}

int main(void) {
  char message[200] = { };
  int i = 0;

  NU32_Startup();                  // cache on, interrupts on, LED/button init, UART init
  __builtin_disable_interrupts(); // INT step 2: disable interrupts

  TRISDbits.TRISD1 = 0;            // make D1 an output. connect D1 to T1CK (C14)!

                                  // configure Timer1 to count external pulses.
                                  // The remaining settings are left at their defaults
  T1CONbits.TCS = 1;              // count external pulses
  PR1 = 0xFFFF;                   // enable counting to max value of 2^16 - 1
  TMR1 = 0;                       // set the timer count to zero
  T1CONbits.ON = 1;               // turn Timer1 on and start counting

                                  // 1 kHz pulses with 2 kHz interrupt from Timer45
  T4CONbits.T32 = 1;              // INT step 3: set up Timers 4 and 5 as 32-bit Timer45
  PR4 = 39999;                    //             rollover at 40,000; 80MHz/40k = 2 kHz
  TMR4 = 0;                       //             set the timer count to zero
  T4CONbits.ON = 1;               //             turn the timer on
  IPC5bits.T5IP = 4;              // INT step 4: priority for Timer5 (int goes with T5)
  IFS0bits.T5IF = 0;              // INT step 5: clear interrupt flag
  IEC0bits.T5IE = 1;              // INT step 6: enable interrupt
  __builtin_enable_interrupts();  // INT step 7: enable interrupts at CPU

  while (1) {
                                  // display the elapsed time in ms
    sprintf(message,"Elapsed time: %u ms\r\n", TMR1);
    NU32_WriteUART3(message);
    for(i = 0; i < 10000000; ++i){// loop to delay printing
      _nop();                     // include nop so loop is not optimized away
```

```
    }
  }
  return 0;
}
```

8.3.3 测量外部脉冲宽度

最后一个例子通过修改前面的示例代码使用定时器 Timer45 来实现每 100ms 翻转一次数字输出，从而产生一个 5Hz 的方波。这些脉冲由工作在门控累加方式的定时器 Timer1 进行计时。当从引脚 RD1 输入到引脚 T1CK 的脉冲跳变为高电平时，定时器开始累加计数，当输入引脚 T1CK 的脉冲跳变为低电平时停止计数。输入脉冲的下降沿会触发中断服务子程序，将定时器 Timer1 的计数值显示到屏幕上并复位定时器。你会发现测量的时间会跟预期的一样，十分接近 100ms。

代码示例 8.3 **TMR_pulse_duration.c**。定时器 Timer45 在引脚 RD1 上产生 100ms 的脉冲序列。这些脉冲输入至引脚 T1CK，然后定时器 Timer1 在门控累加方式下测量其宽度

```c
#include "NU32.h"                // constants, functions for startup and UART

void __ISR(_TIMER_5_VECTOR, IPL4SOFT) Timer5ISR(void) {  // INT step 1: the ISR
  LATDINV = 0x02;                   // toggle RD1
  IFS0bits.T5IF = 0;                // clear interrupt flag
}

void __ISR(_TIMER_1_VECTOR, IPL3SOFT) Timer1ISR(void) { // INT step 1: the ISR
  char msg[100] = { };
  sprintf(msg,"The count was %u, or %10.8f seconds.\r\n", TMR1, TMR1/312500.0);
  NU32_WriteUART3(msg);
  TMR1 = 0;                         // reset Timer1
  IFS0bits.T1IF = 0;                // clear interrupt flag
}

int main(void) {
  NU32_Startup();                   // cache on, interrupts on, LED/button init, UART init

  __builtin_disable_interrupts(); // INT step 2: disable interrupts

  TRISDbits.TRISD1 = 0;             // make D1 an output. connect D1 to T1CK (C14)

                                    // INT step 3
  T1CONbits.TGATE = 1;              //              Timer1 in gated accumulation mode
  T1CONbits.TCKPS = 3;              //              1:256 prescale ratio
  T1CONbits.TCS = 0;
  PR1 = 0xFFFF;                     //              use the full period of Timer1
  T1CONbits.TON = 1;                //              turn Timer1 on

  T4CONbits.T32 = 1;                // for T45:     enable 32 bit mode Timer45
  PR4 = 7999999;                    //              set PR so timer rolls over at 10 Hz
  TMR4 = 0;                         //              initialize count to 0
  T4CONbits.TON = 1;                //              turn Timer45 on
```

```
IPC5bits.T5IP = 4;              // INT step 4: priority for Timer5 (int for Timer45)
IPC1bits.T1IP = 3;             //             priority for Timer1
IFS0bits.T5IF = 0;             // INT step 5: clear interrupt flag for Timer45
IFS0bits.T1IF = 0;             //             clear interrupt flag for Timer1
IEC0bits.T5IE = 1;             // INT step 6: enable interrupt for Timer45
IEC0bits.T1IE = 1;             //             enable interrupt for Timer1
__builtin_enable_interrupts(); // INT step 7: enable interrupts at the CPU

  while (1) {
    ;
  }
  return 0;
}
```

8.4　小结

- PIC32 的定时器可产生固定频率的中断、计数外部脉冲和测量外部脉冲的宽度。另外，即使 PIC32 处于休眠模式，A 类定时器 Timer1 也可以异步计数外部脉冲。B 类定时器中的定时器 Timer2 和 Timer3 可以组合成 32 位的定时器 Timer23。同样，定时器 Timer4 和 Timer5 可以组合成 32 位的定时器 Timer45。

- 对于 32 位的定时器 Timerxy，需要用到 TxCON 中的定时器配置信息（TyCON 中的信息被忽略），而中断使能、标志状态和优先级位由定时器 Timery 来配置（定时器 Timerx 中的这些信息被忽略）。32 位定时器 Timerxy 的计数值存放在 TMRx 中，32 位周期匹配值存放在 PRx 中。

- 当被计时的外部脉冲跳变为低电平时，定时器可以产生一个中断（门控累加方式）；或者当计数值达到周期寄存器中存放的值时，定时器可以产生一个中断（周期匹配）。

8.5　练习题

1. 假设外设总线时钟为 80MHz，若要使能定时器 Timer3，分频器比值为 1:64 并且每 16ms 翻转一次（产生一个中断），请你写出 T3CON 和 PR3 中的 4 位十六进制数。
2. 使用 32 位定时器（定时器 Timer23 或者 Timer45）计数 PBCLK（80MHz）的上升沿，在定时器翻转前，你可以测量的最长持续时间是多少（以秒为单位，使用可以测量最长时间的分频器比值）？

延伸阅读

PIC32 family reference manual. Section 14: Timers. (2013). Microchip Technology Inc.

第 9 章 Chapter 9

输出比较

输出比较（OC）外设根据定时器中的值设置输出引脚的状态，可以用于生成指定宽度的单脉冲或连续的脉冲序列。只要输出引脚的值发生了变化，那么在任何一种工作模式下都能够产生中断。

与大多数微控制器一样，由于缺乏真正的数 – 模转换器（DAC）（关于 PIC32 中有限的模拟输出能力的内容，请参阅第 16 章），所以 PIC32 不能输出任意的模拟电压。通过生成脉冲序列，输出比较可以生成基于时间的模拟输出。模拟值与脉冲序列的占空比成正比，其中占空比指的是高电平信号占整个信号周期的百分比。由占空比决定生成的信号被称为"脉冲宽度调制"（PWM）（如图 9-1 所示）。高频 PWM 信号经低通滤波，生成真正的模拟输出。因此，PWM 信号也常用作驱动电机的 H 桥放大器的输入信号。

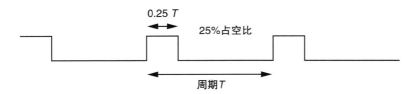

图 9-1　PWM 波形。占空比是高电平占整个信号周期的比例

9.1　概述

PIC32 的 5 个 OC 外设可以配置在 7 种不同的模式下工作。在每种模式下，模块是选择使用 16 位定时器 Timer2 或 Timer3 的计数值，还是选择使用 32 位定时器 Timer23 的计数值，这取决于 OC 控制的特殊功能寄存器 OCxCON（其中 x=1 ～ 5，这表示特定的输出比较模块）。我们将输出比较模块使用的定时器称为 Timery，其中 y = 2、3 或者 23。必须为定时器 Timery 配置自己的分频器比值和周期寄存器，因为这会影响到 OC 外设的功能特性。

OC 外设的工作模式包括 3 种"单点比较"模式、2 种"双点比较"模式和 2 种 PWM 模式。在 3 种单点比较模式中，定时器 Timery 中的计数值 TMRy 与 OCx 计数寄存器 OCxR 中的值进行比较。在"高电平驱动"的单点比较模式下，当使能 OCx 时，OCx 输出被初始化为低电平，当 TMRy 第一次与 OCxR 匹配时，OCx 输出转换为高电平。在"低电平驱动"的单点比较模式下，OCx 输出被初始化为高电平，在 TMRy 第一次与 OCxR 匹配时，它转换为低电平。而在"翻转"单点比较模式下，OCx 输出被初始化为低电平，然后在每一次的 TMRy 匹配时翻转。该翻转模式可以生成连续的脉冲序列。

在双点比较模式中，TMRy 需要与两个值进行比较，它们分别是 OCxR 和 OCxRS。当 TMRy 与 OCxR 匹配时，输出被拉高为高电平；而当它与 OCxRS 匹配时，输出被拉低为低电平。根据 OCxCON 中某些位的设置，可以产生单个脉冲或者连续的脉冲序列。

两种 PWM 模式用来产生连续的脉冲序列。每个脉冲开始（被设置为高电平）于 Timery 翻转时，而 Timery 由周期寄存器 PRy 进行设定。当定时器的计数值达到 OCxR 时，输出会被设置为低电平。为了改变 OCxR 的值，程序可以在任何时刻修改 OCxRS 中的值，而这个值在新的定时器周期开始时将被传递至 OCxR。脉冲序列的占空比是一个百分比，即

$$占空比 = OCxR/(PRy + 1) \times 100\%$$

在两种 PWM 模式中，其中有一种提供了故障保护输入功能。如果选择使用这个功能，则 OCFA 的输入引脚（对应于 OC1 ～ OC4）或者 OCFB 的输入引脚（对应于 OC5）必须为高电平，这样才能保证 PWM 工作。如果引脚被拉低为逻辑低电平（这对应于某些外部故障状态），则 PWM 输出将呈高阻抗状态（如开漏输出时被有效断开），直到故障状态消除。可通过向 OCxCON 写入数据来重置 PWM 模式。

9.2　详述

输出比较模块是由以下特殊功能寄存器控制的。当复位时，OCxCON 特殊功能寄存器的默认值为 0x0000，而 OCxR 和 OCxRS 的值在复位后是未知的。

OCxCON, x = 1 ～ 5。这个输出比较控制 SFR 决定了 OCx 的工作模式。

- OCxCON <15> 或 OCxCONbits.ON：使能和禁止输出比较模块。

  1　输出比较使能

  0　输出比较禁止

- OCxCON <5> 或 OCxCONbits.OC32：决定使用哪一个定时器。

  1　使用 32 位的定时器 Timer23

  0　使用 16 位的定时器 Timer2 或者 Timer3

- OCxCON <4> 或 OCxCONbits.OCFLT：只读的 PWM 故障条件状态位。如果发生故障，则必须通过写入 OCxCONbits.OCM（假设外部故障状态已被消除）来重置 PWM 模块。

    1   发生了 PWM 故障

    0   没有故障发生

- OCxCON <3> 或 OCxCONbits.OCTSEL：这个定时器选择位可以选择用于比较的计时器。如果使用的是 32 位定时器 Timer23，则忽略这一位。

    1   使用定时器 Timer3

    0   使用定时器 Timer2

- OCxCON <2:0> 或 OCxCONbits.OCM：这 3 位用来确定工作模式。

    0b111   使能故障引脚的 PWM 模式。在定时器翻转时，OCx 被置为高电平；而当定时器中的值与 OCxR 匹配时，OCx 被置为低电平。OCxRS 的值是可以随时更改的，在下一个定时器周期开始时被复制到 OCxR 中$^{\ominus}$。PWM 信号的占空比为

$$OCxR / (PRy + 1) \times 100\% \qquad (9\text{-}1)$$

其中，PRy 是定时器的周期寄存器。

如果故障引脚（OC1 ~ OC4 对应于 OCFA，OC5 对应于 OCFB）被拉低为低电平，那么只读的故障状态位 OCxCONbits.OCFLT 将被置 1，OCx 的输出则被置为高阻抗状态，如果已经设置了中断使能位，则会生成一个中断。一旦故障引脚被拉高为高电平并且 CxCONbits.OCM 位被重写，那么故障状态就会被解除，恢复 PWM 输出。

你可以通过紧急停止按钮来使用故障引脚，在正常情况下它是高电平，当用户按下按钮时，故障引脚被拉低为低电平。如果 OCx 的输出正在驱动为电机供电的 H 桥电路，并将OCx 设置为高阻状态，则它会向 H 桥发送信号以停止向电机输送电流。紧急停止按钮可能也会有其他要求（如在物理上切断电机的电源），这取决于你的应用。

    0b110   禁止故障引脚的 PWM 模式。除了不使用故障引脚之外，其余和上面一样。

    0b101   双点比较模式可以产生连续的输出脉冲。当使能该模块时，OCx 被拉低为低电平。当 OCx 与 OCxR 匹配时，它会被拉高为高电平，而当 OCx 与 OCxRS 匹配时，它会被拉低为低电平。这个过程不断重复，这样会产生输出脉冲序列。当 OCx 被拉低为低电平时，可以产生中断。

    0b100   双点比较模式可以产生单个脉冲输出。和上面一样，除了与 OCxRS 匹配之后，引脚 OCx 会保持低电平，直到 OC 模式发生改变或者该模块被禁用。

    0b011   单点比较模式可以产生连续的脉冲序列。当使能该模块时，OCx 会被拉低为低电平。每当它与 OCxR 匹配时，输出都会翻转，直到模式发生改变或者模块被禁用。每次翻转都可以生成中断。

    0b010   单点比较模式可以产生单个高电平脉冲。当启用模块时，OCx 被拉高为高电平。每当它与 OCxR 匹配时，OCx 都会被拉低为低电平，同时能够选择性地生

  $\ominus$ 在使能输出比较模块处理第一个 PWM 周期之前，先初始化 OCxR。使能 OC 模块后，OCxR 是只读的。

成中断。OCx 将会一直保持低电平，直至模式发生改变或者模块被禁用。

0b001　单点比较模式可以产生单个低电平脉冲。当启用模块时，OCx 被拉低为低电平。每当它与 OCxR 匹配时，OCx 都会被拉高为高电平，同时能够选择性地生成中断。OCx 将会一直保持高电平，直至模式发生改变或者模块被禁用。

0b000　输出比较模块被禁用，但仍会吸收电流，除非 OCxCONbits.ON=0。

OCxR，x = 1 ～ 5。如果 OCxCONbits.OC32 = 1，则 OCxR 中的所有 32 位与定时器 Timer23 的 32 位计数值进行比较。否则，只有 OCxR<15:0> 和定时器 Timer2 或者 Timer3 的 16 位计数值进行比较。这取决于 OCxCONbits.OCTSEL 的值。

OCxRS，x = 1 ～ 5。在双点比较模式下，如果 OCxCONbits.OC32=1，则 OCxRS 的所有 32 位与定时器 Timer23 的 32 位计数值进行比较。否则，只有 OCxR<15:0> 和定时器 Timer2 或 Timer3 的 16 位计数值进行比较，这取决于 OCxCONbits.OCTSEL 的值。在 PWM 模式中，这个寄存器中的值在每个周期开始时被传递到 OCxR，因此修改该寄存器的值可以设置下一个周期的占空比。在单点比较模式下，这个 SFR 没有使用。

定时器 Timer2、Timer3 或者 Timer23（这取决于 OCxCONbits.OC32 和 OCxCONbits.OCTSEL 的值）必须单独进行配置。输出比较模块不会影响定时器的功能特性，它们只是将计数器的计数值与 OCxR 和 OCxRS 中的值进行比较，并在匹配事件发生时改变 OCx 的数字输出。

OCx 的中断标志状态和使能位分别是 IFS0bits.OCxIF 和 IEC0bits.OCxIE，而优先级位和次优先级位分别是 IPCxbits.OCxIP 和 IPCxbits.OCxIS。

PWM 模式

最有可能使用的输出比较模式是 PWM 模式。它们可驱动向电机供电的 H 桥或者连续地发送由占空比表示的模拟值。Microchip 经常将"占空比"等同于 PWM 波形上高电平的持续时间 OCxR，但占空比以从 0 ～ 100% 的百分比来表示更为标准。PWM 的波形曲线，如图 9-2 所示。

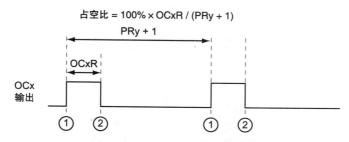

占空比 = 100% × OCxR / (PRy + 1)

① 定时器 Timery 翻转，TyIF 中断标志出现，引脚 OCx 被驱动为高电平，OCxRS 被载入到 OCxR。

② TMRy 与 OCxR 的值相匹配，引脚 OCx 被拉低为低电平。

图 9-2　使用 Timery 作为时钟基准通过 OCx 产生 PWM 波形

9.3 示例代码

9.3.1 生成 PWM 脉冲序列

下面是使用 OC1 与定时器 Timer2 来产生 10kHz 的 PWM 信号的示例代码。占空比最初为 25%，然后改变为 50%。不使用故障引脚。

代码示例 9.1 OC_PWM.C。产生占空比为 50% 的 10kHz 的 PWM

```
#include "NU32.h"              // constants, functions for startup and UART

int main(void) {
  NU32_Startup();              // cache on, interrupts on, LED/button init, UART init

  T2CONbits.TCKPS = 2;         // Timer2 prescaler N=4 (1:4)
  PR2 = 1999;                  // period = (PR2+1) * N * 12.5 ns = 100 us, 10 kHz
  TMR2 = 0;                    // initial TMR2 count is 0
  OC1CONbits.OCM = 0b110;      // PWM mode without fault pin; other OC1CON bits are defaults
  OC1RS = 500;                 // duty cycle = OC1RS/(PR2+1) = 25%
  OC1R = 500;                  // initialize before turning OC1 on; afterward it is read-only
  T2CONbits.ON = 1;            // turn on Timer2
  OC1CONbits.ON = 1;           // turn on OC1

  _CP0_SET_COUNT(0);           // delay 4 seconds to see the 25% duty cycle on a 'scope
  while(_CP0_GET_COUNT() < 4 * 40000000) {
    ;
  }
  OC1RS = 1000;                // set duty cycle to 50%
  while(1) {
    ;                          // infinite loop
  }
  return 0;
}
```

9.3.2 模拟输出

DC 模拟输出

高频、占空比恒定的 PWM 信号经低通滤波后，可以产生近似恒定的模拟输出。本质上低通滤波器是对波形的高电压和低电压在时间上进行平均的，即

$$平均电压 = 占空比 \times 3.3V$$

这里假设输出比较模块在 0～3.3V 之间波动（实际范围会更小一些）。

可以用许多方法来建立低通滤波电路，包括采用运算放大器的有源滤波器电路。这里，我们主要关注简单的无源 RC 滤波器，如图 9-3 所示。电容 C 两端的电压 V_C 就是滤波器的输出。当 R 为 0 时，输出比较模块试图提供或吸收足够的电流，以使电容器上的电压精确地跟随标称的 PWM 方波，并且不存在"平均"效应。然而，随着电阻 R 的增加，电阻越来越限制了对电容进行充电或放电的电流 I，而根据关系式 $dV_C/dt = 1/C$ 可知，这意味着电

容器两端的电压变化越来越慢。

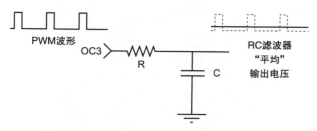

图 9-3　RC 低通滤波器"平均"来自 OC3 的 PWM 输出

电容的充电和放电，以及它与 *RC* 乘积的关系，如图 9-4 所示。

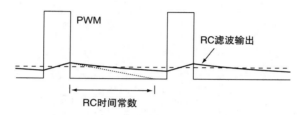

图 9-4　PWM 的特写图，RC 滤波器输出（使用如图所示的 RC 充电/放电时间
　　　　常数）和真正的时间平均输出（虚线）。如果 RC 滤波器的输出变化大得
　　　　不可接受，那么应该选择更大的 *RC* 值

在图 9-4 中，一个 PWM 周期内 RC 滤波器的电压变化是相当大的。为了减少这种变化，我们通过增加电阻 *R* 或电容 *C* 的值，来产生更大的 *RC* 乘积。较大 *RC* 值的缺点是，在响应 PWM 占空比的变化时，滤波器的平均输出电压变化缓慢。如果期望的模拟电压是直流的（恒定的），那么这不是一个问题。但如果我们希望模拟电压是时变的，那么这将成为一个问题，正如我们下面所讨论的。

PWM 中 OCxR 的取值范围为 0 ～ PRy+1，其中 PRy 是用于 OCx 模块上 Timery 基准的周期寄存器。这意味着，可以实现 PRy+2 个不同的平均电压值。

代码示例 9.2 产生了 78.125kHz 的 PWM 信号，其占空比由 0 ～ 1024 范围内的 OC3R 来决定。定时器基准为定时器 Timer2。使用具有适当大时间常数的 RC 滤波器连接到输出比较 OC3，电容两端的电压反映了用户要求的 DC 模拟电压。

代码示例 9.2　OC_analog_out.c。使用定时器 Timer2、OC3 和 RC 低通滤波器来产生模拟输出

```
#include "NU32.h"          // constants, functions for startup and UART

#define PERIOD 1024         // this is PR2 + 1
#define MAXVOLTAGE 3.3      // corresponds to max high voltage output of PIC32

int getUserPulseWidth(void) {
```

```
char msg[100] = {};
float f = 0.0;

sprintf(msg, "Enter the desired voltage, from 0 to %3.1f (volts): ", MAXVOLTAGE);
NU32_WriteUART3(msg);

NU32_ReadUART3(msg,10);
sscanf(msg, "%f", &f);

if (f > MAXVOLTAGE) {   // clamp the input voltage to the appropriate range
  f = MAXVOLTAGE;
} else if (f < 0.0) {
  f = 0.0;
}

sprintf(msg, "\r\nCreating %5.3f volts.\r\n", f);
NU32_WriteUART3(msg);
return PERIOD * (f / MAXVOLTAGE);  // convert volts to counts
}

int main(void) {
  NU32_Startup();          // cache on, interrupts on, LED/button init, UART init

  PR2 = PERIOD - 1;        // Timer2 is OC3's base, PR2 defines PWM frequency, 78.125 kHz
  TMR2 = 0;                // initialize value of Timer2
  T2CONbits.ON = 1;        // turn Timer2 on, all defaults are fine (1:1 divider, etc.)
  OC3CONbits.OCTSEL = 0;   // use Timer2 for OC3
  OC3CONbits.OCM = 0b110;  // PWM mode with fault pin disabled
  OC3CONbits.ON = 1;       // Turn OC3 on
  while (1) {
    OC3RS = getUserPulseWidth();
  }
  return 0;
}
```

时变模拟输出

假设我们想通过改变 PWM 的占空比来产生正弦模拟输出电压。

$$V_a(t) = 1.65V + A \sin(2\pi f_a t)$$

这个期望的模拟输出频率是 f_a。现在有 3 个相关的频率：PWM 的频率 f_{PWM}、RC 滤波器的截止频率 $f_c = 1/(2\pi RC)$ 和期望的模拟电压频率 f_a。考察 RC 低通滤波器的频率响应，我们可以通过以下的经验法则来选择这 3 个频率。

- $f_{PWM} \geqslant 100 f_c$：PWM 波形包括 DC 分量、频率为 f_{PWM} 的基波和产生方波输出的高次谐波。根据滤波器的增益响应，在 $100 f_c$ 处只有约 1% 左右的 PWM 频率分量能够通过 RC 滤波器。

- $f_c \geqslant 10 f_a$：再次考虑 RC 滤波器的频率响应，我们看到，信号频率比 $f_c/10$ 还小的信号相对地不受 RC 滤波器的影响，相位延迟只有几度，增益接近于 1。

例如，如果 PWM 频率为 100kHz，那么我们可以选择截止频率为 1kHz 的 RC 滤波器，预计能够产生的模拟输出的最高频率是 100Hz。换句话说，我们可以以每秒 100 次的频率来改变 PWM 的占空比（例如，占空比从 50% 变到 100% 又变到 0%，再变回到 50%），从而产生一个完全的正弦信号[⊖]。如果期望的模拟输出不是正弦曲线，那么它应该是一系列频率低于 100Hz 的信号总和。

最可能的 PWM 频率由 80MHz 的 PBCLK 和我们需要的模拟输出的分辨率的位数来确定。例如，如果想要模拟输出电平的分辨率为 8 位，那么这意味着需要 $2^8 = 256$ 个不同的 PWM 占空比。因此，最大的 PWM 频率为 80MHz/256=312.5kHz[⊖]。另一方面，如果我们需要 $2^{10} = 1024$ 个电压电平，那么最大的 PWM 频率为 78.125kHz。因此，电压分辨率和最大的 PWM 频率（最大模拟输出频率 f_a）之间存在基本的权衡。虽然通常我们希望有更高分辨率的模拟输出，但不能超出某一临界点。因为接收模拟输入的设备本身可能存在模拟输入感知分辨率的限制，并且用于传输模拟信号的传输线可能受到电磁噪声的干扰，所以可能产生比模拟输出分辨率更大的电压变化。

9.4 小结

- 输出比较模块与定时器 Timer2、Timer3 或者 32 位的 Timer23 匹配工作，以生成单个的定时脉冲或者具有可控占空比的连续脉冲序列。微控制器通常使用脉宽调制（PWM）来控制电机，以驱动为电机提供电源的 H 桥放大器。
- 使用截止频率 $f_c = 1/(2\pi RC)$ 的 RC 滤波器，对 PWM 信号进行低通滤波可以生成模拟输出。模拟输出的分辨率与产生模拟信号的最大可能的频率分量 f_a 之间存在基本的权衡。如果 PWM 频率为 f_{PWM}，则一般应满足关系 $f_{PWM} \gg f_c \gg f_a$。

9.5 练习题

1. 强制约束条件 $f_{PWM} \geq 100f_c$ 和 $f_c \geq 10f_a$。给定 PBCLK 为 80MHz，假设你要求直流模拟电压输出的分辨率为 n 位，请给出最大模拟输出频率 f_a 的表达式，以及 RC 关于 n 的表达式。

2. 使用 PWM 和一个 RC 低通滤波器来创建时变的模拟输出波形。该波形是一个恒定的偏移量和两个频率为 f 和 kf 的正弦波的总和，其中 k 是大于 1 的整数。PWM 频率是 10kHz 并且 f 满足 500Hz $\geq f \geq$ 10Hz。使用 OC1 和定时器 Timer2 来创建 PWM 波形，并将 PR2 设置为 999（因此当 OC1R = 0 时，PWM 波形的占空比是 0%；当 OC1R = 1000 时，占空比为 100%）。你可以将这个程序划分为以下几个部分：

a. 编写一个函数来生成一个周期内采样的近似波形：

$$V_{out}(t) = C + A_1 \sin(2\pi ft) + A_2 \sin(2\pi kft + \phi)$$

其中，常数 C 为 1.65V［整个范围（0～3.3V）的一半］；A_1 是频率为 f 的正弦波的幅值；A_2 是频率为 kf 的正弦波的幅值；ϕ 是较高频率分量的相位偏移量。通常情况下，A_1 和 A_2 的值将是 1V 或者更小，

⊖ 注意，这会产生一个信号。该信号是占空比等于 50% 的 100Hz 正弦波与占空比等于 50% 的 DC（零频率）分量的总和。

⊖ 从技术上讲，由于 OCxR = 0 对应的占空比为 0%，而 OCxR = 256 对应的占空比为 100%，因此可以产生 257 个可能的占空比等级。

这样模拟输出在 0 ～ 3.3V 时不饱和。该函数接收 f、A_1、k、A_2 和 ϕ 作为输入，并创建适当长度的数组 dutyvec，其中每一项的取值为 0 ～ 1000，对应的电压范围为 0 ～ 3.3V。dutyvec 的每一项对应于 1/10kHz = 0.1ms 的时间增量，dutyvec 恰好保持一个周期的模拟波形，这意味着它有 n = 10kHz/f 个元素。下面给出了一个 MATLAB 实现。你可以尝试绘制波形或只使用函数作为参考。该函数的合理调用形式是 signal(20,0.5,2,0.25,45)，其中相位 45 以度为单位。示例波形如图 9-5 所示。

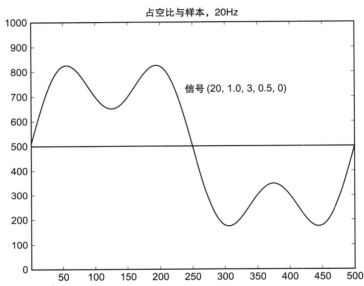

图 9-5　练习题 2 的模拟输出波形示例，PWM 波形的高电平取值为 0 ～ 1000，周期为 1000

```
function signal(BASEFREQ,BASEAMP,HARMONIC,HARMAMP,PHASE)

% This function calculates the sum of two sinusoids of different
% frequencies and populates an array with the values.  The function
% takes the arguments
%
% * BASEFREQ:  the frequency of the low frequency component (Hz)
% * BASEAMP:   the amplitude of the low frequency component (volts)
% * HARMONIC:  the other sinusoid is at HARMONIC*BASEFREQ Hz; must be
%              an integer value > 1
% * HARMAMP:   the amplitude of the other sinusoid (volts)
% * PHASE:     the phase of the second sinusoid relative to
%              base sinusoid (degrees)
%
% Example matlab call:  signal(20,1,2,0.5,45);

% some constants:

MAXSAMPS = 1000;     % no more than MAXSAMPS samples of the signal
ISRFREQ = 10000;     % frequency of the ISR setting the duty cycle; 10kHz

% Now calculate the number of samples in your representation of the
% signal; better be less than MAXSAMPS!
```

```
numsamps = ISRFREQ/BASEFREQ;
if (numsamps>MAXSAMPS)
  disp('Warning: too many samples needed; choose a higher base freq.');
  disp('Continuing anyway.');
end
numsamps = min(MAXSAMPS,numsamps);  % continue anyway

ct_to_samp = 2*pi/numsamps;          % convert counter to time
offset = 2*pi*(PHASE/360);           % convert phase offset to signal counts

for i=1:numsamps  % in C, we should go from 0 to NUMSAMPS-1
  ampvec(i) = BASEAMP*sin(i*ct_to_samp) + ...
              HARMAMP*sin(HARMONIC*i*ct_to_samp + offset);
  dutyvec(i) = 500 + 500*ampvec(i)/1.65; % duty cycle values,
                                         % 500 = 1.65 V is middle of 3.3V
                                         % output range
  if (dutyvec(i)>1000) dutyvec(i)=1000;
  end
  if (dutyvec(i)<0) dutyvec(i)=0;
  end
end

% ampvec is in volts; dutyvec values are in range 0...1000

plot(dutyvec);
hold on;
plot([1 1000],[500 500]);
axis([1 numsamps 0 1000]);
title(['Duty Cycle vs. sample #, ',int2str(BASEFREQ),' Hz']);
hold off;
```

b. 编写一个使用 NU32 库的函数，提示用户输入 A_1、A_2、K、F、ϕ。然后根据输入对数组 dutyvec 进行更新。

c. 使用定时器 Timer2 和 OC1 创建 10kHz 的 PWM 信号。启用定时器 Timer2 中断，在每次定时器 Timer2 翻转（10kHz）时产生一个 IRQ，定时器 Timer2 的 ISR 应该使用数组 dutyvec 中的下一项来更新 PWM 的占空比。当读取到数组 dutyvec 的最后一个元素时，又返回到数组 dutyvec 的开始。在 ISR 中使用影子寄存器组。

d. 为你的 RC 滤波器选择合适的 RC 值，并验证你的选择。

e. 程序的主要函数应该是一个无限循环，要求用户输入新的参数。同时，原来的波形继续由 PWM 显示出来。对于图 9-5 所示的值，使用示波器来确认模拟波形是正确的。

延伸阅读

PIC32 family reference manual. Section 16: Output compare. (2011). Microchip Technology Inc.

模 拟 输 入

PIC32 有一个模 – 数转换器（ADC）。通过使用多路复用器，ADC 可以从（端口 B）16 个引脚采样模拟电压。通常，ADC 与产生模拟电压的传感器一起使用，每秒可以捕捉近 100 万次读数。ADC 有 10 位的分辨率，这意味着它可以分辨 $2^{10}=1024$ 个电压值，它们通常是 $0 \sim 3.3V$ 范围内的电压，分辨率大约是 3mV。对于更高分辨率的模拟输入，你可以采用外部芯片，并使用 SPI（参阅第 12 章）或者 I^2C（参阅第 13 章）与之通信。

10.1 概述

模 – 数转换过程包含多个步骤。首先，引脚上的电压要输入到内部的差分放大器，它用以输出引脚电压和基准电压之间的电压差。然后，内部的电容会采样并保持该电压差。最后，ADC 将电容上的电压转换成 10 位二进制数。

图 10-1 给出了利用参考手册改编的 ADC 框图。首先，必须确定哪些信号需要输入到图 10-1 所示的差分放大器。控制逻辑电路（由特殊功能寄存器决定）从模拟输入引脚 AN0 $\sim$ AN15 中选择差分放大器的 "+" 输入，从引脚 AN1 或者 V_{REFL} 中选择差分放大器的 "–" 输入。V_{REFL} 是一个可选择的基准电压$^\ominus$。为保证放大器能正常工作，"–" 输入电压 V_{INL} 应该小于或者等于 "+" 输入电压 V_{INH}。

差分放大器向采样保持放大器（SHA）发送两个输入的电压差值：$V_{SHA} = V_{INH} - V_{INL}$。在采样（或者采集）期间，一个 4.4pF 的内部保持电容通过充电或者放电来保持电压差值 V_{SHA}。一旦采样周期结束，SHA 就断开与输入的连接，并使 V_{SHA} 在转换期间保持不变，即使输入电压发生变化。

根据低电平参考电压（V_{REFL}）和高电平参考电压（V_{REFH}），逐次逼近寄存器（SAR）将 V_{SHA} 转换成 10 位二进制数：$1024 \times V_{SHA} / (V_{REFH} - V_{REFL})$，然后通过四舍五入取整到 $0 \sim 1023$

$\ominus$ 基准电压 V_{REFL} 可以是外部引脚提供的电压 V_{REF-}，也可以是 PIC32 的接地线 AV_{SS}（也称作 V_{SS}）。

之间最接近的整数。（有关 ADC 传递函数的更多内容，请查阅参考手册。）这个 10 位的转换结果会被写入缓冲器 ADC1BUF 中，通过你的程序可以读取到它。如果未立即读取转换结果，那么在 ADC 覆盖旧数据之前，ADC1BUF 中可以存储最多 16 个转换结果（即存放在特殊功能寄存器 ADC1BUF0、ADC1BUF1、…、ADC1BUFF 中）[⊖]。

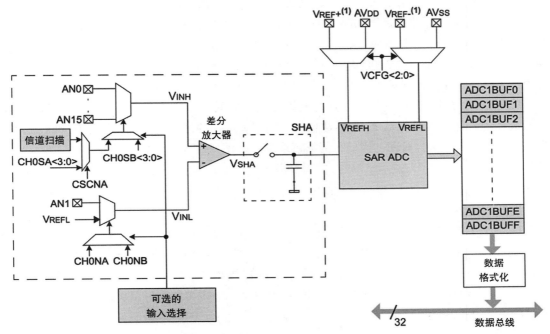

注意：输入 V_{REF+} 和 V_{REF-} 可以与其他模拟输入多路复用。

图 10-1　ADC 模块的简化原理图

采样和转换时间

采样 / 采集和转换是 ADC 读取数据的两个主要阶段。在采样期间，必须允许内部的保持电容器有足够时间采样到电压差值 V_{INH}- V_{INL}。根据数据表的电气特性描述可知，当逐次逼近寄存器 ADC 使用外部参考电压 V_{REF-} 和 V_{REF+} 作为低电平和高电平参考电压时，这个采样时间为 132ns。当使用 AV_{SS} 和 AV_{DD} 作为低电平和高电平参考电压时，最小采样时间为 200ns。

一旦采样阶段结束，SAR 就开始转换过程，使用逐次逼近法来确定电压的数字表示值。该方法利用二进制搜索，迭代地比较 V_{SHA} 和内部数－模转换器（DAC）产生的测试电压。DAC 将 10 位数值转换成 V_{REFL} ～ V_{REFH} 之间的测试电压：0x000 被转换为 V_{REFL}，0x3FF 被转换为 V_{REFH}。在第一次迭代期间，DAC 的测试值是 0x200=0b1000000000，这会产生参考电压范围内的中值。如果 V_{SHA} 大于 DAC 的电压值，则转换结果的第一位就是 1，否则就是

⊖　缓冲器 ADC1BUFx 在存储器中不是连续的。每个缓冲器的长度为 4 字节，每个缓冲器相隔 16 字节。

0。在第二次迭代周期中，DAC 的最高有效位被设成第一次测试的结果，第二个最高有效位被设置为 1。再次进行比较以确定转换结果的第二位。持续该过程，直到转换结果的 10 位都全部被确定。整个转换过程需要 10 个 ADC 时钟周期，加上额外的 2 个 ADC 时钟周期，共计 12 个 ADC 时钟周期。

ADC 的时钟源自 PBCLK。根据数据表的电气特性描述可知，ADC 的时钟周期（T_{ad}）需要至少 65ns，这样才有足够的时间去转换一位。ADC 的特殊功能寄存器 AD1CON3 允许我们选择 ADC 的时钟周期为 $2 \times k \times T_{pb}$，其中 T_{pb} 是 PBCLK 周期；k 是范围为 1～256 的任意整数。由于 NU32 的 T_{pb} 是 12.5ns，所以为了满足 65ns 这个需求，我们可以选择的最小值是 $k=3$，或者 $T_{ad}=75ns$。

采样之间的最小时间间隔等于采样时间和转换时间的总和。如果配置为自动采样，则我们选择的采样时间必须是 T_{ad} 的整数倍。我们可以选择的最小时间为 $2 \times T_{ad}=150ns$，以满足 132ns 这个最小采样时间。因此，能够读取到一个模拟输入的最快时间为：

$$最小读取时间 = 150ns + 12 \times 75ns = 1050ns$$

或者说大约 1μs。理论上，我们每秒可以读取近 100 万次 ADC 的采样结果（1MHz）。

多路复用器

两个多路复用器决定了哪个模拟输入引脚连接到差分放大器。这两个多路复用器被称为 MUX A 和 MUX B。MUX A 是默认有效的多路复用器，特殊功能寄存器 AD1CON3 中的 CH0SA 位决定了 AN0～AN15 中哪个引脚连接到"＋"输入，而 CH0NA 位决定了 AN1 和 V_{REF-} 中哪个引脚连接到"－"输入。MUX A 和 MUX B 是可以交替使用的，但是你不可能需要这个功能。

选项

ADC 外设提供了许多选项以供用户选择，下面将介绍一部分。你不需要全都记住！示例代码将会提供一个好的起点。

- 数据格式：转换结果存放在 32 位的字中，它可以表示为带符号整数、无符号整数、分数等。一般使用 16 位或 32 位无符号整数。
- 采样和转换启动事件：采样可以通过软件命令启动，也可以在上一个转换结束后立即启动（自动采样）。转换可以通过软件命令、指定采样周期的结束（自动转换）、与定时器 Timer3 的周期匹配或者通过引脚 INT0 上的信号变化来启动。如果采样和转换是自动发生的（即不通过软件命令），那么转换结果会存放在 ADC1BUF 的连续高位地址（ADC1BUF0～ADC1BUFF）上。
- 输入扫描和交替模式：你可以每次读取一个模拟输入，（使用 MUX A）扫描输入列表，也可以在两个输入（一个输入来自 MUX A，另一个输入来自 MUX B）之间交替扫描。
- 参考电压：ADC 一般使用 0 和 3.3V（PIC32 的电源轨）的电压作为参考电压，因此读到的 0x000 对应 0V，而读到的 0x3FF 对应 3.3V。如果你对不同的电压范围感兴趣（比如 1.0～2.0V），则可以配置 ADC，使 0x000 对应 1.0V，而 0x3FF 对应 2.0V。这样，可以得到更佳的分辨率：（2V-1V）/1024 = 1mV。你需要为引脚 V_{REF-} 和 V_{REF+} 提供可替代的参考电压，所提供的电压必须在 0～3.3V 之间。

- 单极差分模式：任意一个模拟输入引脚 ANx（x=2～15，例如 AN5）都可以与引脚 AN1 进行比较，允许你读取 ANx 和 AN1 之间的电压差值。ANx 上的电压应该大于 AN1 上的电压。

- 中断：指定数量的转换结束后，可产生一个中断。每个中断的转换数量也决定了应该使用哪个缓冲器 ADC1BUFx，即使你并没有允许中断。转换结果存放在缓冲器 ADC1BUFx 的连续高地址中（若第一个转换结果存放在 ADC1BUF0，下一个转换结果就存放在 ADC1BUF1，以此类推）。当触发中断时，当前的缓冲器会绕回到 ADC1BUF0（或者在双缓冲模式下，这为 ADC1BUF8，下文有说明）。因此，如果你将 ADC 设置为每次转换结束后中断一次（默认情况），则转换结果总是存放在 ADC1BUF0 中。

- ADC 时钟周期：ADC 时钟周期 T_{ad} 可以是 PBCLK 周期的 2～512 倍，只能是 2 的整数倍。T_{ad} 必须足够长，从而可以转换一个单独的位（据数据表的电气特性描述可知，T_{ad} 为 65ns）。你也可以将 ADC 内部的 RC 时钟周期作为 T_{ad}。

- 双缓冲模式：当 ADC 完成转换时，转换结果被写进输出缓冲器 ADC1BUFx（x=0x0～0xF）中。可以配置 ADC，将一连串的转换结果写进一系列输出缓冲器中。第一个转换结果存放在 ADC1BUF0 中，第二个存放在 ADC1BUF1 中，以此类推。经过一连串的转换后，中断标志位被置 1，这意味着转换结果是用户程序可以读取的。下一组转换结果从 ADC1BUF0 开始存放。如果程序读取转换结果的速度很慢，那么下一组转换结果也许会覆盖上一组转换结果。为了解决这个问题，可以将 16 个 ADC1BUFx 缓冲器分成两个 8 字长的组，一个存放当前的转换结果，另一个存放程序读取的转换结果。第一组转换结果从 ADC1BUF0 处开始存放，而第二组转换结果从 ADC1BUF8 处开始存放，ADC1BUF0 和 ADC1BUF8 交替地用作起始缓冲器。

10.2　详述

ADC 外设的操作取决于以下特殊功能寄存器，这些寄存器复位后默认都为 0。

AD1PCFG。只有 16 位最低有效位是相关的。如果某一位为 0，则端口 B 的相关引脚被配置为模拟输入引脚。如果某一位为 1，则端口 B 的相关引脚被配置为数字输入 / 输出引脚。模拟输入引脚 AN0～AN15 对应端口 B 的引脚 RB0～RB15。

AD1CON1。3 个主要的 ADC 控制寄存器之一：控制输出格式、转换和采样方式。

- AD1CON1<15> 或者 AD1CON1bits.ON：使能和禁止 ADC。

　　　1　使能 ADC

　　　0　禁止 ADC

- AD1CON1<10:8> 或者 AD1CON1bits.FORM：决定数据输出的格式。我们一般使用以下两种数据输出格式中的一种。

　　　0b100　32 位无符号整数

　　　0b000　16 位无符号整数（默认情况下）

- AD1CON1<7:5> 或者 AD1CON1bits.SSRC：决定开始转换的方式。下面是两个最常用的方式。

　　　0b111　自动转换。采样结束马上开始转换。硬件自动将 AD1CON1bits.SAMP 清 0 以启动转换。

　　　0b000　手动转换。必须将 AD1CON1bits.SAMP 清 0 以启动转换。

- AD1CON1<2> 或者 AD1CON1bits.ASAM：决定转换结束后是否马上启动下一次采样。

　　　1　使用自动采样。上一次转换结束启动采样，硬件自动将 AD1CON1bits.SAMP 置 1。

　　　0　使用手动采样。当用户将 AD1CON1bits.SAMP 置 1 时启动采样。

- AD1CON1<1> 或者 AD1CON1bits.SAMP：表明采样保持放大器（SHA）是否正在采样或者保持。当禁止自动采样（AD1CON1bits.ASAM = 0）时，将该位置 1 以启动采样。当使用手动转换模式（AD1CON1bits.SSRC = 0）时，将该位清 0 以启动转换。

　　　1　SHA 正在采样。当处于手动采样模式（AD1CON1bits.ASAM = 0）时，将该位置 1 以启动采样。

　　　0　SHA 正在保持。当处于手动转换模式（AD1CON1bits.SSRC = 0）时，将该位清 0 以启动转换。

- AD1CON1<0> 或者 AD1CON1bits.DONE：表明是否正在执行转换。使用自动采样时，硬件自动将该位清 0。

　　　1　模 – 数转换已经结束

　　　0　模 – 数转换正在挂起或者还没有开始

AD1CON2。决定电压参考源、输入引脚的选择以及每个中断需要的转换数量。

- AD1CON2<15:13> 或者 AD1CON2bits.VCFG：决定 V_{REFH} 和 V_{REFL} 输入至 SAR 的电压参考源。这些参考电压决定了给定读数所对应的电压值：0x000 对应 V_{REFL} 而 0x3FF 对应 V_{REFH}。

　　　0b000　使用内部参考电压。V_{REFH} 是 3.3V 而 V_{REFL} 是 0V。

　　　0b001　V_{REFH} 使用外部参考电压，而 V_{REFL} 使用内部参考电压。V_{REFH} 是引脚 V_{REF+} 上的电压，而 V_{REFL} 是 0V。

　　　0b010　V_{REFH} 使用内部参考电压，而 V_{REFL} 使用外部参考电压。V_{REFH} 是 3.3V，而

V_REFL 是引脚 $V_\text{REF-}$ 上的电压。

0b011 使用外部参考电压。V_REFH 是引脚 $V_\text{REF+}$ 上的电压，而 V_REFL 是引脚 $V_\text{REF-}$ 上的电压。

- AD1CON2<10> 或者 AD1CON2bits.CSNA：控制输入引脚的扫描。由 AD1CSSL 选择需要扫描的引脚。

    1 扫描输入引脚。随后每个采样值将来自不同的引脚，引脚的选择是由 AD1CSSL 确定的。当扫描到最后一个引脚时，会绕回到起始引脚。

    0 不扫描输入引脚。只使用一个输入引脚。

- AD1CON2<7> 或者 AD1CON2bits.BUFS：只用于分离缓冲模式（AD1CON2bits.BUFM=1）。表明模 – 数转换器正在写入哪个缓冲器。

    1 ADC 正在向缓冲器 ADC1BUF8 ～ AD1BUFF 写入数据，因此用户应该从 ADC1BUF0 ～ ADC1BUF7 上读取数据。

    0 ADC 正在向缓冲器 ADC1BUF0 ～ AD1BUF7 写入数据，因此用户应该从 ADC1BUF8 ～ ADC1BUFF 上读取数据。

- AD1CON2<5:2> 或者 AD1CON2bits.SMPI：每次中断所需的采样 / 转换数量为 AD1CON2bits.SMPI+1。除了决定发生中断的时间外，这些位也决定了在 ADC 开始向第一个缓冲器（或者在 AD1CON2bits.BUFM=1 时可替代的第一个缓冲器，）存放数据前必须产生的转换数量。例如，如果 AD1CON2bits.SMPI = 1，那么每次中断需要两次转换。第一次转换结果将会存放在 ADC1BUF0 中，而第二次转换结果将会存放在 ADC1BUF1 中。在第二次转换后，ADC 中断标志位会被置 1。如果 AD1CON2bits.BUFM = 0，那么下一次转换结果将会存放在 ADC1BUF0 中。如果 AD1CON2bits.BUFM = 1，那么下一次转换结果将会存放在 ADC1BUF8 中。

- AD1CON2<1> 或者 AD1CON2bits.BUFM：决定了 ADC 缓冲器是分离成两个 8 字缓冲器，还是一个单独的 16 字缓冲器。

    1 ADC 缓冲器分离成两个 8 字长的缓冲器，即 ADC1BUF0 ～ ADC1BUF7 和 ADC1BUF8 ～ ADC1BUFF。数据可交替地存放在低位缓冲器和高位缓冲器中，每隔 AD1CON2bits.SMPI + 1 次采样 / 转换就交替一次。

    0 ADC 缓冲器作为单独的 16 字长缓冲器，即 ADC1BUF0 ～ ADC1BUFF。

AD1CON3。控制 ADC 时钟以及 ADC 定时的设置。决定 ADC 的时钟周期 T_ad。

- AD1CON3<12:8> 或者 AD1CON3bits.SAMC：决定自动采样时间的长度，以 T_ad 为单位。可以是从 $1T_\text{ad}$ ～ $31T_\text{ad}$ 间的任意设置，然而，采样需要至少 132ns。

- AD1CON3<7:0> 或者 AD1CON3bits.ADCS：根据下面的公式，使用外设总线时钟周期 T_pb 来决定 T_ad 的长度。

$$T_\text{ad} = 2 \times T_\text{pb} \times (\text{AD1CON3bits.ADCS} + 1) \tag{10-1}$$

T_ad 必须是至少 65ns，因此当使用的外设总线时钟频率为 80MHz 时，AD1CON3bits.

ADCS 的最小值为 2。由上式可以得到 T_{ad} 为 75ns。

AD1CHS。这个 SFR 决定了哪些引脚会被采样（"正"输入）以及这些采样结果会与什么信号进行比较（即与 V_{REFL} 还是 AN1 进行比较）。当处于扫描模式时，该寄存器中指定的采样引脚会被忽略。有两个可用的多路复用器 MUX A 和 MUX B，这里主要介绍 MUX A 的设置。

- AD1CHS<23> 或者 AD1CHSbits.CH0NA：决定 MUX A 的负输入。当选择 MUX A（默认情况下）后，该输入是差分放大器的负输入。

  1   负输入引脚是 AN1

  0   负输入引脚是 V_{REFL}，V_{REFL} 由 AD1CON2bits.VCFG 决定

- AD1CHS<19:16> 或者 AD1CHSbits.CH0SA：决定 MUX A 的正输入。当选择 MUX A（默认情况下）后，该输入是差分放大器的正输入。该字段决定了使用哪个 ANx 引脚。例如，若 AD1CHS.CH0SA = 6，则使用引脚 AN6。

AD1CSSL。在这个 SFR 中被置为 1 的位表明在扫描模式下会采样哪个模拟输入引脚（如果 AD1CON2 已经将 ADC 配置为扫描模式）。从低位到高位扫描输入引脚，位 x 对应于引脚 ANx。可采用 AD1CSSLbits.CSSLx 实现单个位的访问。

除了这些 SFR，ADC 模块还有与 ADC 中断相关的位：IFS1bits.AD1IF (IFS1<1>)、IEC1bits.AD1IE (IEC1<1>)、IPC6bits.AD1IP (IPC6<28:26>) 和 IPC6bits.AD1IS (IPC6<25:24>)。中断向量号 27 也被称为 _ADC_VECTOR。

10.3 示例代码

10.3.1 手动采样与转换

读取模拟输入的方法有很多，但下面的示例代码也许是最简单的。该代码每隔 0.5s 读取一次引脚 AN14 和 AN15 上的模拟输入，并将模拟输入值发送给用户终端。该代码还会记录执行两次采样和转换的时间，一共需要不到 5μs。在这个程序中，我们设置 ADC 的时钟周期 $T_{ad} = 6 \times T_{pb} = 75$ns，而且采集时间至少需要 250ns。在程序中有两处地方只等待而不执行任何操作，它们为采样期间和转换期间。如果关注速度问题，则可以使用更高级的设置让 ADC 在后台工作，并在准备好采样时产生中断。

在练习题中，你要编写自动启动转换的代码，而不是以下示例代码中的手动转换。

代码示例 10.1   ADC_Read2.c。以手动启动采样和转换方式读取两个模拟输入

```
#include "NU32.h"              // constants, functions for startup and UART

#define VOLTS_PER_COUNT (3.3/1024)
#define CORE_TICK_TIME 25      // nanoseconds between core ticks
#define SAMPLE_TIME 10         // 10 core timer ticks = 250 ns
#define DELAY_TICKS 20000000 // delay 1/2 sec, 20 M core ticks, between messages
```

```
unsigned int adc_sample_convert(int pin) { // sample & convert the value on the given
                                           // adc pin the pin should be configured as an
                                           // analog input in AD1PCFG
    unsigned int elapsed = 0, finish_time = 0;
    AD1CHSbits.CHOSA = pin;                    // connect chosen pin to MUXA for sampling
    AD1CON1bits.SAMP = 1;                      // start sampling
    elapsed = _CP0_GET_COUNT();
    finish_time = elapsed + SAMPLE_TIME;
    while (_CP0_GET_COUNT() < finish_time) {
        ;                                      // sample for more than 250 ns
    }
    AD1CON1bits.SAMP = 0;                      // stop sampling and start converting
    while (!AD1CON1bits.DONE) {
        ;                                      // wait for the conversion process to finish
    }
    return ADC1BUF0;                           // read the buffer with the result
}

int main(void) {
    unsigned int sample14 = 0, sample15 = 0, elapsed = 0;
    char msg[100] = {};

    NU32_Startup();                  // cache on, interrupts on, LED/button init, UART init
    AD1PCFGbits.PCFG14 = 0;                   // AN14 is an adc pin
    AD1PCFGbits.PCFG15 = 0;                   // AN15 is an adc pin
    AD1CON3bits.ADCS = 2;                     // ADC clock period is Tad = 2*(ADCS+1)*Tpb =
                                              //                      2*3*12.5ns = 75ns
    AD1CON1bits.ADON = 1;                     // turn on A/D converter
    while (1) {
        _CP0_SET_COUNT(0);                    // set the core timer count to zero
        sample14 = adc_sample_convert(14);    // sample and convert pin 14
        sample15 = adc_sample_convert(15);    // sample and convert pin 15
        elapsed = _CP0_GET_COUNT();           // how long it took to do two samples
                                              // send the results over serial
        sprintf(msg, "Time elapsed: %5u ns  AN14: %4u (%5.3f volts)"
                   " AN15: %4u (%5.3f volts) \r\n",
                 elapsed * CORE_TICK_TIME,
                 sample14, sample14 * VOLTS_PER_COUNT,
                 sample15, sample15 * VOLTS_PER_COUNT);
        NU32_WriteUART3(msg);
        _CP0_SET_COUNT(0);                    // delay to prevent a flood of messages
        while(_CP0_GET_COUNT() < DELAY_TICKS) {
            ;
        }
    }
    return 0;
}
```

如果引脚 AN14 连接到 0V 而引脚 AN15 连接到 3.3V，那么程序的典型输出会像下面两行一样反复出现。

```
    ...
Time elapsed:  4550 ns  AN14:    0 (0.000 volts)  AN15: 1023 (3.297 volts)
Time elapsed:  4675 ns  AN14:    0 (0.000 volts)  AN15: 1023 (3.297 volts)
    ...
```

这意味着两次转换间需要不到 5μs 的时间，并且每次循环结果只会有微小的变化。

10.3.2 最大可能采样速率

程序 ADC_max_rate.c 会以符合 PIC32 电气特性要求和 80MHz 外设总线时钟（T_{pb} = 12.5ns）要求的最快速度，读取引脚 AN2 上的模拟输入。我们选择

$$T_{ad} = 6 \times T_{pb} = 75ns$$

作为最小时间，因为这是 T_{pb} 的偶数倍而且大于数据表中电气特性要求的 65ns。我们选择采样时间为：

$$T_{samp} = 2 \times T_{ad} = 150ns$$

这满足数据表中 132ns 的最小指标同时又是 T_{ad} 的最小整数倍[⊖]。ADC 被配置为自动采样且自动转换 8 个采样数据后就产生一个中断。当 ADC 填写另外一个 8 字长的缓冲器时，中断服务子程序从 ADCBUF0 ～ ADCBUF7 或者从 ADCBUF8 ～ ADCBUFF 中读取 8 个采样数据。在一个 8 字长的缓冲器写满数据之前，中断服务子程序必须读取完成另一个 8 字长缓冲器中的数据。否则，ADC 的转换结果会开始覆盖未读取的数据。

在读取 1000 次采样之后，ADC 中断会被禁止，从而将 CPU 从服务于中断服务子程序中释放出来。程序会将数据和平均采样 / 转换时间写入到用户终端。

高速采样要求 V_{REF-} 引脚（RB1）接地而 V_{REF+} 引脚（RB0）连接 3.3V 电源。这些引脚为模拟输入提供外部低电平和高电平参考电压。从技术上讲，参考手册阐述引脚 V_{REF-} 应该通过一个 10Ω 的电阻接地，而引脚 V_{REF+} 应该连接两个并联电容（0.1μF 和 0.01μF）后接地或者连接一个 10Ω 的电阻后接 3.3V 电源。

为了给 ADC 提供输入，我们配置 OC1 引脚输出 5kHz 的占空比为 25% 的方波。该程序还使用定时器 Timer45 来确定中断服务子程序之间的持续时间。将前 1000 个模拟输入采样值和消耗的时间输出到屏幕上，以确定这些采样数据是以 889kHz 采样频率从 5kHz 占空比为 25% 的方波上得到的。从 ADCBUF 中读取 8 个采样值的中断服务子程序也会以每隔100 万次的调用间隔翻转一次 LED，这样可以允许你使用秒表来测量采集 800 万次数据需要花费的时间（大约 9s）。

代码示例 10.2 ADC_max_rate.c。读取单独的模拟输入，要求给定外设总线时钟为 80MHz，以满足数据表电气特性要求的最大可能采样速率

```
// ADC_max_rate.c
//
// This program reads from a single analog input, AN2, at the maximum speed
// that fits the PIC32 Electrical Characteristics and the 80 MHz PBCLK
// (Tpb = 12.5 ns).  The input to AN2 is a 5 kHz 25% duty cycle PWM from
// OC1.  The results of 1000 analog input reads is sent to the user's
```

⊖ 数据表中的电气特性给出了对于带有输出阻抗为 500Ω 的电源的模拟输入时，最小采样时间为 132ns。如果电源的输出阻抗远低于 500Ω，那么你也许能够将采样时间降低到 132ns 以下。

```
// terminal.  An LED on the NU32 also toggles every 8 million samples.
//
// RB1/VREF- must be connected to ground and RB0/VREF+ connected to 3.3 V.
//

#include "NU32.h"                       // constants, functions for startup and UART

#define NUM_ISRS 125                     // the number of 8-sample ISR results to be printed
#define NUM_SAMPS (NUM_ISRS*8)           // the number of samples stored
#define LED_TOGGLE 1000000               // toggle the LED every 1M ISRs (8M samples)
// these variables are static because they are not needed outside this C file
// volatile because they are written to by ISR, read in main

static volatile int storing = 1;   // if 1, currently storing data to print; if 0, done
static volatile unsigned int trace[NUM_SAMPS];   // array of stored analog inputs
static volatile unsigned int isr_time[NUM_ISRS]; // time of ISRs from Timer45

void __ISR(_ADC_VECTOR, IPL6SRS) ADCHandler(void) { // interrupt every 8 samples
  static unsigned int isr_counter = 0; // the number of times the isr has been called
                                       // "static" means the variable maintains its value
                                       // in between function (ISR) calls
  static unsigned int sample_num = 0;  // current analog input sample number

  if (isr_counter <= NUM_ISRS) {
    isr_time[isr_counter] = TMR4;       // keep track of Timer45 time the ISR is entered
  }

  if (AD1CON2bits.BUFS) {               // 1=ADC filling BUF8-BUFF, 0=filling BUF0-BUF7
    trace[sample_num++] = ADC1BUF0;     // all ADC samples must be read in, even
    trace[sample_num++] = ADC1BUF1;     // if we don't want to store them, so that
    trace[sample_num++] = ADC1BUF2;     // the interrupt can be cleared
    trace[sample_num++] = ADC1BUF3;
    trace[sample_num++] = ADC1BUF4;
    trace[sample_num++] = ADC1BUF5;
    trace[sample_num++] = ADC1BUF6;
    trace[sample_num++] = ADC1BUF7;
  }
  else {
    trace[sample_num++] = ADC1BUF8;
    trace[sample_num++] = ADC1BUF9;
    trace[sample_num++] = ADC1BUFA;
    trace[sample_num++] = ADC1BUFB;
    trace[sample_num++] = ADC1BUFC;
    trace[sample_num++] = ADC1BUFD;
    trace[sample_num++] = ADC1BUFE;
    trace[sample_num++] = ADC1BUFF;
  }
  if (sample_num >= NUM_SAMPS) {
    storing = 0;                        // done storing data
    sample_num = 0;                     // reset sample number
  }
  ++isr_counter;                        // increment ISR count
  if (isr_counter == LED_TOGGLE) {      // toggle LED every 1M ISRs (8M samples)
    LATFINV = 0x02;
    isr_counter = 0;                    // reset ISR counter
  }
```

```
    IFS1bits.AD1IF = 0;                     // clear interrupt flag
}

int main(void) {
    int i = 0, j = 0, ind = 0;      // variables used for indexing
    float tot_time = 0.0;           // time between 8 samples
    char msg[100] ={};              // buffer for writing messages to uart
    unsigned int prev_time = 0;     // used for calculating time differences

    NU32_Startup(); // cache on, min flash wait, interrupts on, LED/button init, UART init

    __builtin_disable_interrupts(); // INT step 2: disable interrupts
                                    // configure OC1 to use T2 to make 5 kHz 25% DC
    PR2 = 15999;                    // (15999+1)*12.5ns = 200us period = 5kHz
    T2CONbits.ON = 1;               // turn on Timer2
    OC1CONbits.OCM = 0b110;         // OC1 is PWM with fault pin disabled
    OC1R = 4000;                    // hi for 4000 counts, lo for rest (25% DC)
    OC1RS = 4000;
    OC1CONbits.ON = 1;              // turn on OC1

                                    // set up Timer45 to count every pbclk cycle
    T4CONbits.T32 = 1;              // configure 32-bit mode
    PR4 = 0xFFFFFFFF;               // rollover at the maximum possible period, the default
    T4CONbits.TON = 1;              // turn on Timer45

                                    // INT step 3: configure ADC generating interrupts
    AD1PCFGbits.PCFG2 = 0;          //      make RB2/AN2 an analog input (the default)
    AD1CHSbits.CHOSA = 2;           //      AN2 is the positive input to the sampler
    AD1CON3bits.SAMC = 2;           //      sample for 2 Tad
    AD1CON3bits.ADCS = 2;           //      Tad = 6*Tpb
    AD1CON2bits.VCFG = 3;           //      external Vref+ and Vref- for VREFH and VREFL
    AD1CON2bits.SMPI = 7;           //      interrupt after every 8th conversion
    AD1CON2bits.BUFM = 1;           //      adc buffer is two 8-word buffers
    AD1CON1bits.FORM = 0b100;       //      unsigned 32 bit integer output
    AD1CON1bits.ASAM = 1;           //      autosampling begins after conversion
    AD1CON1bits.SSRC = 0b111;       //      conversion starts when sampling ends
    AD1CON1bits.ON = 1;             //      turn on the ADC
    IPC6bits.AD1IP = 6;             // INT step 4: IPL6, to use shadow register set
    IFS1bits.AD1IF = 0;             // INT step 5: clear ADC interrupt flag
    IEC1bits.AD1IE = 1;             // INT step 6: enable ADC interrupt
    __builtin_enable_interrupts();  // INT step 7: enable interrupts at CPU

    TMR4 = 0;                       // start timer 4 from zero
    while(storing) {
        ;                           // wait until first NUM_SAMPS samples taken
    }
    IEC1bits.AD1IE = 0;             // disable ADC interrupt

    sprintf(msg,"Values of %d analog reads\r\n",NUM_SAMPS);
    NU32_WriteUART3(msg);
    NU32_WriteUART3("Sample #   Value   Voltage   Time");

    for (i = 0; i < NUM_ISRS; ++i) {// write out NUM_SAMPS analog samples
        for (j = 0; j < 8; ++j) {
            ind = i * 8 + j;            // compute the index of the current sample
            sprintf(msg,"\r\n%5d %10d %9.3f ", ind, trace[ind], trace[ind]*3.3/1024);
            NU32_WriteUART3(msg);
```

```
    }
    tot_time = (isr_time[i] - prev_time) *0.0125; // total time elapsed, in microseconds
    sprintf(msg,"%9.4f us; %d timer counts; %6.4f us/read for last 8 reads",
        tot_time, isr_time[i]-prev_time,tot_time/8.0);
    NU32_WriteUART3(msg);
    prev_time = isr_time[i];
  }

  NU32_WriteUART3("\r\n");
  IEC1bits.AD1IE = 1;                  // enable ADC interrupt. won't print the information again,
                                       // but you can see the light blinking
  while(1) {
    ;
  }
  return 0;
}
```

输出如下：
```
... (earlier output snipped)
928      1019     3.284
929      1015     3.271
930      1015     3.271
931      1015     3.271
932      1015     3.271
933         4     0.013
934         4     0.013
935         4     0.013    9.0000 us; 720 timer counts; 1.1250 us/read for last
8 reads  ... (later output snipped)
```

　　输出给出了采样数量、ADC 计数值以及从 0 ～ 999 次采样对应的实际电压。经测量，OC1 的高电平输出电压大约为 3.27V，低电平输出电压大约为 0.01V。你也可以看到，连续 45 次采样的输出是高电平电压，连续 135 次采样的输出是低电平电压，这对应于 OC1 输出方波的 25% 的占空比。在以上省略部分中，经测量，OC1 输出方波从高电平跳变到低电平发生在第 933 次采样。

　　理论上，一次采样需要的时间为 150ns+（12×75ns）=1050ns，但是我们需要额外的 1 个 T_{ad}（75ns 或者 6 个 T_{pb}）即 1125ns。这是 888.89kHz 的采样频率。那么这额外的 75ns 从哪来？这并不是因为进入中断和读取计数器需要额外的处理时间：这些时间是常量，它们在测量两个中断之间的间隔时相互抵消。相反，这种时间差异来自采样结束后开始转换所需的时间和转换结束后开始采样所需的时间。数据表中的电气特性列出了"从采样触发到转换开始"通常需要 $1.0T_{ad}$，而"从转换完成到启动采样"通常需要 $0.5T_{ad}$。实验表明，测量时间实际上比列出的典型值低一点，这是因为我们只有 $1.0T_{ad}$ 而不是 $1.5T_{ad}$ 的意料之外的采样 / 转换时间。

10.4　小结

● ADC 外设将模拟电压转换为 10 位的数字数值，其中，0x000 对应于引脚 V_{REFL}（通常是接 GND）

的输入电压而 0x3FF 对应于引脚 V_{REFH}（通常是 3.3V）的输入电压。PIC32 微控制器上有一个单独的模 – 数转换器 ADC，不过可以多路复用的方式对端口 B 的部分或者全部的 16 个引脚进行采样。

- 获取模拟输入过程需要两步：采样和转换。采样需要一个最小时间来稳定采样电容器上的电压。一旦采样结束，电容器就会与输入隔开，因此电容器上的电压在转换期间不会变化。转换过程由逐次逼近寄存器（SAR）的 ADC 执行，它在每步都将电容器上的电压与新的参考电压进行比较，实现 10 步的二分查找（二进制搜索）。

- ADC 提供了大量的选项，这些选项只在本章会接触到。本章的示例代码提供了在 2μs 内手动读取一次 ADC 结果（范围为 0 ~ 3.3V）的方法。如果你想深入了解使用其他参考电压范围、在后台进行采样和转换，以及利用中断通知转换结束等方法，可查看参考手册。

10.5 练习题

1. 配置 ADC 为手动采样和自动转换。将 T_{ad} 和采样时间设置得尽可能短，但是仍然要满足最低限制。

2. 假设 ADC 被配置为手动采样和自动转换。编写一个函数，要求它从指定的引脚 ANx 开始采样，等待转换完成后返回转换结果。你何时需要读取一个 ADC 模拟输入，该函数都应该适用。

3. 利用配置代码以及上一题中编写的 ADC 读取函数，编写一个程序，要求提示用户按下 Enter 键，然后通过 UART 报告引脚 AN5 上的电压（ADC 的数值以及电压表示）。用不同的分压器或者电位器测试该程序。

延伸阅读

PIC32 family reference manual. Section 17: 10-Bit analog-to-digital converter (ADC). (2011). Microchip Technology Inc.

UART

通用异步收发器（Universal Asynchronous Receiver/Transmitter）通常称为 UART，允许两个设备之间彼此通信。UART 以前通常作为硬件驱动的串行端口，现在几乎完全被通用串行总线（Universal Serial Bus，USB）所取代。尽管 UART 对于普通的计算机用户已经过时了，但是由于它相对简单，所以仍在嵌入式系统中占据重要地位。UART 可与外部收发器设备实现 RS-232 通信、RS-485 多点通信、IrDA 红外无线通信或者其他类型的无线通信（如 IEEE 802.15.4 标准）。

11.1 概述

PIC32 有 6 个 UART，每个 UART 都允许 PIC32 与其他设备进行通信。每个 UART 使用至少两个引脚，一个引脚（RX）用来接收数据，而另一个引脚（TX）用来发送数据。另外，6 个 UART 共用一个通用的接地线（GND）。UART 可以同时发送和接收数据，即全双工通信。如果是单向通信，则只需要一根线（GND 除外）。为了将 PIC32 与其通信设备（计算机或者另一个 PIC32）区别开来，我们将其他设备称为数据终端设备（Data Terminal Equipment，DTE）。PIC32 的 RX 线对应 DTE 的 TX 线，而 PIC32 的 TX 线对应 DTE 的 RX 线。

假设你正在使用 PIC32 中的 UART 与计算机进行通信，计算机的 FTDI 驱动软件通过 USB 电缆发送数据，在那里，NU32 上的芯片（FTDI FT231X）接收 USB 传来的数据并将其转换为适用于 PIC32 微控制器 UART 的信号。PIC32 的 UART 发送的数据由 FTDI 芯片转换为 USB 信号并发送到计算机。在这里，FTDI 驱动软件负责解析信号，就好像计算机上的 UART 接收数据一样。

UART 通信中的重要参数为波特率、数据长度、奇偶校验位以及停止位数量。两个设备必须使用相同的参数才能成功地建立通信。波特率是指每秒发送多少位数据。PIC32 微控制器的 UART 以 8 或 9 位为一组发送和接收数据。当数据长度为 8 位时，PIC32 可以发送额外的校验位（可选）作为简单的传输错误检测机制。例如，若校验位为"偶数"，则发送数据中 1 的个数必须是偶数值。若接收器接收到的发送数据中 1 的个数为奇数值，则接收器就会知道传输过程中发生了错误。最后，PIC32 微控制器的 UART 可以在发送数据的末尾设置一个或两个停止位。

NU32 库使用的波特率为 230400、8 个数据位、无奇偶校验位和 1 个停止位。可以简写为 230400/8N1。校验位的个数可以是奇数、偶数或者无校验位。

由于历史原因，波特率的选择通常包括 1200、2400、4800、9600、19200、38400、57600、115200 以及 230400，但是只要两个设备都适用，波特率可以是任意值。参阅参考手册，PIC32 微控制器中 UART 的波特率在理论上可以高达 20 000 000，但实际上，可实现的最大波特率远远低于这个值。

UART 通信是异步的，这意味着没有时钟线使两个设备保持同步。由于设备时钟频率的差异，所以两个设备的波特率也许稍有不同，而 UART 可以通过在每次发送数据时重新同步它们的波特率时钟来处理这些细微差异。

图 11-1 给出了典型的 UART 发送过程。UART 在不发送数据时，TX 线保持高电平。而一旦开始发送，它会在一个波特率周期内将 TX 变为低电平。这个起始位告诉接收器数据已经开始发送，可以启动波特率时钟且按位开始接收数据了。接下来，数据位开始发送。在每个波特率周期中，TX 线发送一位数据。数据首先从最低有效位开始发送（例如对于 0b11001000，第一位发送的是 0）。在数据位之后，可以选择发送奇偶校验位。最后，发送器将 TX 线保持为高电平，发送一个或者两个停止位。在发送完停止位之后，就可以开始下一次发送了。使用两个停止位可以在两次发送之间为设备提供额外的处理时间。起始位、校验位和停止位是控制位，它们并不包含数据。因此，波特率并不是直接对应于数据的传输速率。

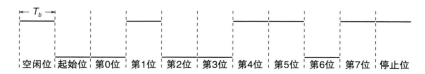

图 11-1   通过 UART 发送数据 0b10110010，包括 8 个数据位、无校验位以及 1 个停止位

当 UART 接收数据时，硬件会将每位都移动到寄存器里。当接收到一个完整的字节时，该字节就会转到 UART 的 RX 的先进先出（FIFO）队列。当 UART 发送数据时，软件将字节数据加载进 TX 的 FIFO。然后，硬件通过 RX 线发送数据，将字节数据从 FIFO 加载到移位寄存器。当任何一个 FIFO 中的数据已满并且有新字节到来时，就会发生溢出并导致数据丢失。为了防止 TX 的 FIFO 溢出，软件不应该向 UART 写入数据，除非 TX 的 FIFO 有空位。为了防止 RX 的 FIFO 溢出，软件必须足够快地读取 RX 的 FIFO，以确保当数据到达时，RX 的 FIFO 一直有空位。硬件可以保持用以指示 FIFO 状态的标志位，并且也可以

基于 FIFO 中的字节数产生中断。

可选功能硬件流控制，可以帮助软件防止溢出。硬件流控制需要两根额外的线：请求发送（$\overline{\text{RTS}}$）和清除发送（$\overline{\text{GTS}}$）[⊖]。当 RX 的 FIFO 数据满时，UART 的硬件禁止（驱动至高电平）$\overline{\text{RTS}}$，通知 $\overline{\text{DTE}}$ 不要继续发送数据。当 RX 的 FIFO 有空位时，硬件允许（驱动至低电平）$\overline{\text{RTS}}$，允许 DTE 继续发送数据。DTE 控制 $\overline{\text{CTS}}$。当 DTE 禁止（驱动至高电平）$\overline{\text{CTS}}$ 时，PIC32 微控制器不会发送数据。为使硬件流控制能够正常工作，DTE 和 PIC32 都必须遵守流控制信号。默认情况下，使用命令 `make screen` 或者 `make putty`，终端仿真程序会配置你的 DTE 使用硬件流控制。

以上是 UART 操作的基本知识。还有许多其他选项，就不在这里赘述了。然而，所有关于 UART 操作的指导原则都是一样的：通信的两个终端的所有选项必须达成一致。与特定设备连接时，请阅读该设备的数据表，并选择合适的选项。

11.2　详述

以下是一些关于 UART 寄存器的描述。特殊功能寄存器（SFR）名字中的"x"代表 $1 \sim 6$。除了 UxSTA 中的两个只读位外，所有位都默认为 0。

UxMODE。使能或禁止 UART。它决定校验位、数据位的个数、停止位的个数以及流控制模式。

- UxMODE<15> 或 UxMODEbits.ON：当该位置 1 时，使能 UART。
- UxMODE<9:8> 或 UxMODEbits.UEN：决定 UART 使用哪些引脚。

  常用配置有：

  0b00　只使用 UxTX 和 UxRX（UART 通信的最低要求）

  0b10　使用 UxTX、UxRX、UxCTS 和 UxRTS。允许硬件流控制

- UxMODE<3> 或 UxMODEbits.BRGH：该位被称为"高波特率发生器位"，用来控制在计算波特率时所用除数 M 的值（参阅特殊功能寄存器 UxBRG）。若该位为 1，则 $M=4$。若该位为 0，则 $M=16$。
- UxMODE<2:1> 或 UxMODEbits.PDSEL：决定校验位以及数据位的个数。

  0b11　9 个数据位，无校验位

  0b10　8 个数据位，奇校验位

  0b01　8 个数据位，偶校验位

  0b00　8 个数据位，无校验位

- UxMODE<0> 或 UxMODEbits.STSEL：停止位的个数。0 表示 1 个停止位，1 表示 2 个停止位。

⊖　PIC32 中的一些 UART 没有硬件流控制线，而且一个 UART 上的硬件流控制引脚也许是另一个 UART 上的 RX 或 TX 引脚。例如，在使用 UART3 上的硬件流控制特性时，就不能使用 UART6。

UxSTA。包含 UART 的状态：错误标志和繁忙状态。用来控制中断发生的条件，同时，允许用户控制发送器或接收器的启动和关闭。

- UxSTA<15:14> 或 UxSTAbits.UTXISEL：决定何时产生 TX 中断。PIC32 微控制器能够在 TX 的 FIFO 中存放 8 字节。在产生中断的条件结束之前，中断将持续发生。

  0b10　当 TX 的 FIFO 为空时产生中断

  0b01　当 TX 的 FIFO 里所有数据都发送完后产生中断

  0b00　当 TX 的 FIFO 没有写满数据时允许产生中断

- UxSTA<12> 或 UxSTAbits.URXEN：该位置 1 时，使能 UART 的引脚 RX

- UxSTA<10> 或 UxSTAbits.UTXEN：该位置 1 时，使能 UART 的引脚 TX

- UxSTA<9> 或 UxSTAbits.UTXBF：该位置 1 时，标志着发送器的缓冲器是满的。如果在缓冲器数据满时你试图向 UART 写入数据，则数据会被忽略。

- UxSTA<8> 或 UxSTAbits.TRMT：该位清 0 时，标志着没有正在发送的数据或 TX 缓冲器中没有数据。

- UxSTA<7:6> 或 UxSTAbits.URXISEL：决定何时产生 UART 接收中断。PIC32 微控制器中 RX 的 FIFO 可以存放 8 字节的数据。在引起中断的条件被清除前，中断将持续发生。

  0b10　当 RX 的 FIFO 包含 6 个或者更多字符时产生中断

  0b01　当 RX 的 FIFO 包含 4 个或者更多字符时产生中断

  0b00　当 RX 的 FIFO 包含至少 1 个字符时产生中断

- UxSTA<3> 或 UxSTAbits.PERR：当接收数据的校验位不正确时置 1。对于奇校验（偶校验），UART 期望接收数据中 1 的个数（包括校验位）是偶数（奇数）。如果不使用校验位，那么就不会有校验位错误，你也失去了利用校验位检查数据完整性的功能。

- UxSTA<2> 或 UxSTAbits.FERR：发生帧错误时置 1。当 UART 检测不到停止位时，会发生帧错误。尤其是在波特率不匹配时经常会发生帧错误。

- UxSTA<1> 或 UxSTAbits.OERR：当接收缓冲器已满但还要向 UART 发送新的字节时，将该位置 1。当该位置 1 时，UART 不能接收数据。因此，如果发生了数据溢出，则必须手动将该位清 0，以继续接收数据。将该位清 0 会冲掉接收缓冲器中的数据，因此需要在清 0 前读取存储在接收缓冲器中的数据。

- UxSTA<0> 或 UxSTAbits.URXDA：该位置 1 时，标志着接收缓冲器中有数据。

UxTXREG。使用这个特殊功能寄存器发送数据。写入 UxTXREG 可以将数据放入长度为 8 字节的硬件 FIFO 中。发送器将数据从 FIFO 中移出，并加载到内部移位寄存器 UxTSR 中，数据会从移位寄存器逐位地移出到 TX 线上。移位完成后，硬件删除下一个字节，并开始发送。

UxRXREG。使用这个特殊功能寄存器接收数据。硬件将接收数据逐位地移进内部的

RX 移位寄存器。接收完一个字节后，硬件将数据从移位寄存器中传送到 RX 的 FIFO。每次读取 UxRXREG 时，硬件都会从 RX 的 FIFO 上删除一个字节数据。如果你未及时地从 UxRXREG 上读取数据，那么 RX 的 FIFO 可能会溢出数据。当 FIFO 数据满时，后面接收到的数据会被丢弃而且溢出错误标志位被置 1。

UxBRG。控制波特率。通过设置这个寄存器的值可实现期望的波特率 B，该值根据下列等式计算得出：

$$UxBRG = \frac{F_{PB}}{M \times B} - 1 \qquad (11\text{-}1)$$

其中，F_{PB} 是外设总线频率。如果 UxMODE.BRGH=1，那么 M=4；如果 UxMODE.BRGH=0，那么 M=16。

UART 的中断向量号为 _UART_x_VECTOR，这里 x 为 1 ~ 6。UART1 的中断标志状态位为 IFS0bits.U1EIF（由检验位错误、帧错误或溢出错误产生的错误中断）、IFS0bits.U1RXIF（RX 中断）和 IFS0bits.U1TXIF（TX 中断）。UART1 的中断使能控制位为 IEC0bits.U1EIE（错误中断使能）、IEC0bits.U1RXIE（RX 中断使能）和 IEC0bits.U1TXIE（TX 中断使能）。优先级位和次优先级为 IPC6bits.U1IP 和 IPC6bits.U1IS。UART2 的中断标志状态位、使能控制位和优先级位的名字与 UART1 的命名类似（用"U2"取代"U1"），且位于 IFS1、IEC1 和 IPC8 上。UART3 的中断标志状态位、使能控制位和优先级位位于 IFS1、IEC1 和 IPC7 上；而 UART4 ~ UART6 的中断标志状态位、使能控制位和优先级位位于 IFS2、IEC2 和 IPC12 上。

11.3 示例代码

11.3.1 回送程序

在第一个例子中，PIC32 使用 UART 与自身通信。将 U1RX（RD2）连接到 U1TX（RD3）。该程序使用了 NU32 库和 UART3，提示用户输入一个字节，并将该字节从 U1TX 发送到 U1RX 两次，然后报告在 U1RX 上读到的字节。我们将波特率设置为极低的速率（100），因此你可以很容易地通过示波器看到发送过程。如果将示波器设置为单捕获模式和下降沿触发，那么当发出第一个起始位后，示波器会从发送刚开始就捕捉到发送信号。发送该字节两次是为了让你验证停止位。

代码示例 11.1 uart_loop.c。与自身进行通信的 UART 代码

```
#include "NU32.h"                    // constants, functions for startup and UART

// We will set up UART1 at a slow baud rate so you can examine the signal on a scope.
// Connect the UART1 RX and TX pins together so the UART can communicate with itself.

int main(void) {
```

```
char msg[100] = {};
NU32_Startup();  // cache on, interrupts on, LED/button init, UART init

// initialize UART1:  100 baud, odd parity, 1 stop bit
U1MODEbits.PDSEL = 0x2; // odd parity (parity bit set to make the number of 1's odd)
U1STAbits.UTXEN = 1;    // enable transmit
U1STAbits.URXEN = 1;    // enable receive

// U1BRG = Fpb/(M * baud) - 1  (note U1MODEbits.BRGH = 0 by default, so M = 16)
// setup for 100 baud.  This means 100 bits /sec or 1 bit/ 1/10ms
U1BRG = 49999;     // 80 M/(16*100) - 1 = 49,999
U1MODEbits.ON = 1; // turn on the uart

// scope instructions: 10 ms/div, trigger on falling edge, single capture
while(1) {
  unsigned char data = 0;
  NU32_WriteUART3("Enter hex byte (lowercase) to send to UART1 (i.e., 0xa1): ");
  NU32_ReadUART3(msg, sizeof(msg));
  sscanf(msg,"%2x",&data);
  sprintf(msg,"0x%02x\r\n",data);
  NU32_WriteUART3(msg); //echo back

  while(U1STAbits.UTXBF) {  // wait for UART to be ready to transmit
    ;
  }
  U1TXREG = data;              // write twice so we can see the stop bit
  U1TXREG = data;
  while(!U1STAbits.URXDA) { // poll to see if there is data to read in RX FIFO
    ;
  }
  data = U1RXREG;              // data has arrived; read the byte
  while(!U1STAbits.URXDA) { // wait until there is more data to read in RX FIFO
    ;
  }
  data = U1RXREG;              // overwriting data from previous read! could check if same
  sprintf(msg,"Read 0x%x from UART1\r\n",data);
  NU32_WriteUART3(msg);
}
return 0;
}
```

11.3.2 使用中断

下一个例子演示了中断的使用。基于 RX 或者 TX 缓冲器中的数据个数，或者当错误发生时，可以产生中断。例如，当 RX 缓冲器为数据半满时或者 TX 缓冲器为空时，可以配置 UART 产生中断。这些中断请求共享同一个中断向量，因此必须检查 ISR，查看是什么事件触发了中断。还必须清除触发中断的条件，否则当退出 ISR 后仍然会触发中断。

以下代码用于从终端模拟器中读取数据并发送回来。代码使用了 UART3 和 NU32 的库，但是没有使用 NU32 UART 中的命令。当 RX 缓冲器里包含至少一个字符时就会触发一个中断，然后 ISR 马上将数据发送回虚拟终端。

　　使用串行 I/O 中断，允许 PIC32 直接从串行端口接收数据，而无须浪费时间进行轮询。

代码示例 11.2　uart_int.c。使用中断接收数据的 UART 代码

```
#include "NU32.h"                   // constants, functions for startup and UART

void __ISR(_UART_3_VECTOR, IPL1SOFT) IntUart1Handler(void) {
  if (IFS1bits.U3RXIF) {      // check if interrupt generated by a RX event
    U3TXREG = U3RXREG;        // send the received data out
    IFS1bits.U3RXIF = 0;      // clear the RX interrupt flag
  } else if(IFS1bits.U3TXIF) { // if it is a TX interrupt
  } else if(IFS1bits.U3EIF) {  // if it is an error interrupt. check U3STA for reason
  }
}

int main(void) {
  NU32_Startup();    // cache on, interrupts on, LED/button init, UART init
  NU32_LED1 = 1;
  NU32_LED2 = 1;
  __builtin_disable_interrupts();

  // set baud to 230400, to match terminal emulator; use default 8N1 of UART
  U3MODEbits.BRGH = 0;
  U3BRG = ((NU32_SYS_FREQ / 230400) / 16) - 1;

  // configure TX & RX pins
  U3STAbits.UTXEN = 1;
  U3STAbits.URXEN = 1;

  // configure using RTS and CTS
  U3MODEbits.UEN = 2;

  // configure the UART interrupts
  U3STAbits.URXISEL = 0x0; // RX interrupt when receive buffer not empty
  IFS1bits.U3RXIF = 0;     // clear the rx interrupt flag.  for
                           // tx or error interrupts you would also need to clear
                           // the respective flags
  IPC7bits.U3IP = 1;       // interrupt priority
  IEC1bits.U3RXIE = 1;     // enable the RX interrupt

  // turn on UART1
  U3MODEbits.ON = 1;
  __builtin_enable_interrupts();
  while(1) {
    ;
  }
  return 0;
}
```

11.3.3　NU32 函数库

　　NU32 库中包含访问 UART 的 3 个函数：NU32_Setup、NU32_ReadUART3 和 NU32_

WriteUART3。启动代码配置 UART3 的波特率为 230400、1 个停止位、8 个数据位、无校验位和硬件流控制，不使用 UART 中断。注意，在接收到特定控制符（"\n" 或 "\r"）之前，函数 NU32_ReadUART3 会持续从 UART 上读取数据。因此在继续之前，NU32_ReadUART3 将一直等待输入。

函数 NU32_WriteUART3 在向 TX 的 FIFO 写入数据之前，会等待 TX 的 FIFO 空间可用。同时，由于 PIC32 微控制器的 UART 允许硬件流控制，所以 PIC32 将不会发送数据，除非 DTE（你的计算机）将 $\overline{GTS}$ 线保持为低电平。虚拟终端必须允许硬件流控制，以确保正确的操作。

代码示例 11.3　NU32.c。NU32 函数库的实现

```c
#include "NU32.h"

// Device Configuration Registers
// These only have an effect for standalone programs but don't harm bootloaded programs.
// the settings here are the same as those used by the bootloader
#pragma config DEBUG = OFF          // Background Debugger disabled
#pragma config FWDTEN = OFF         // WD timer: OFF
#pragma config WDTPS = PS4096       // WD period: 4.096 sec
#pragma config POSCMOD = HS         // Primary Oscillator Mode: High Speed crystal
#pragma config FNOSC = PRIPLL       // Oscillator Selection: Primary oscillator w/ PLL
#pragma config FPLLMUL = MUL_20     // PLL Multiplier: Multiply by 20
#pragma config FPLLIDIV = DIV_2     // PLL Input Divider:  Divide by 2
#pragma config FPLLODIV = DIV_1     // PLL Output Divider: Divide by 1
#pragma config FPBDIV = DIV_1       // Peripheral Bus Clock: Divide by 1
#pragma config UPLLEN = ON          // USB clock uses PLL
#pragma config UPLLIDIV = DIV_2     // Divide 8 MHz input by 2, mult by 12 for 48 MHz
#pragma config FUSBIDIO = ON        // USBID controlled by USB peripheral when it is on
#pragma config FVBUSONIO = ON       // VBUSON controlled by USB peripheral when it is on
#pragma config FSOSCEN = OFF        // Disable second osc to get pins back
#pragma config BWP = ON             // Boot flash write protect: ON
#pragma config ICESEL = ICS_PGx2    // ICE pins configured on PGx2
#pragma config FCANIO = OFF         // Use alternate CAN pins
#pragma config FMIIEN = OFF         // Use RMII (not MII) for ethernet
#pragma config FSRSSEL = PRIORITY_6 // Shadow Register Set for interrupt priority 6

#define NU32_DESIRED_BAUD 230400    // Baudrate for RS232

// Perform startup routines:
//  Make NU32_LED1 and NU32_LED2 pins outputs (NU32_USER is by default an input)
//  Initialize the serial port - UART3 (no interrupt)
//  Enable interrupts
void NU32_Startup() {
  // disable interrupts
  __builtin_disable_interrupts();

  // enable the cache
  // This command sets the CP0 CONFIG register
  // the lower 4 bits can be either 0b0011 (0x3) or 0b0010 (0x2)
  // to indicate that kseg0 is cacheable (0x3) or uncacheable (0x2)
```

```
    // see Chapter 2 "CPU for Devices with M4K Core" of the PIC32 reference manual
    // most of the other bits have prescribed values
    // microchip does not provide a _CP0_SET_CONFIG macro, so we directly use
    // the compiler built-in command _mtc0
    // to disable cache, use 0xa4210582
    __builtin_mtc0(_CP0_CONFIG, _CP0_CONFIG_SELECT, 0xa4210583);

    // set the prefectch cache wait state to 2, as per the
    // electrical characteristics data sheet
    CHECONbits.PFMWS = 0x2;

    //enable prefetch for cacheable and noncacheable memory
    CHECONbits.PREFEN = 0x3;

    // 0 data RAM access wait states
    BMXCONbits.BMXWSDRM = 0x0;

    // enable multi vector interrupts
    INTCONbits.MVEC = 0x1;

    // disable JTAG to get B10, B11, B12 and B13 back
    DDPCONbits.JTAGEN = 0;

    TRISFCLR = 0x0003;   // Make F0 and F1 outputs (LED1 and LED2)
    NU32_LED1 = 1;       // LED1 is off
    NU32_LED2 = 0;       // LED2 is on

    // turn on UART3 without an interrupt
    U3MODEbits.BRGH = 0; // set baud to NU32_DESIRED_BAUD
    U3BRG = ((NU32_SYS_FREQ / NU32_DESIRED_BAUD) / 16) - 1;

    // 8 bit, no parity bit, and 1 stop bit (8N1 setup)
    U3MODEbits.PDSEL = 0;
    U3MODEbits.STSEL = 0;

    // configure TX & RX pins as output & input pins
    U3STAbits.UTXEN = 1;
    U3STAbits.URXEN = 1;
    // configure hardware flow control using RTS and CTS
    U3MODEbits.UEN = 2;

    // enable the uart
    U3MODEbits.ON = 1;

    __builtin_enable_interrupts();
}

// Read from UART3
// block other functions until you get a '\r' or '\n'
// send the pointer to your char array and the number of elements in the array
void NU32_ReadUART3(char * message, int maxLength) {
  char data = 0;
  int complete = 0, num_bytes = 0;
  // loop until you get a '\r' or '\n'
```

```
    while (!complete) {
      if (U3STAbits.URXDA) { // if data is available
        data = U3RXREG;       // read the data
        if ((data == '\n') || (data == '\r')) {
          complete = 1;
        } else {
          message[num_bytes] = data;
          ++num_bytes;
          // roll over if the array is too small
          if (num_bytes >= maxLength) {
            num_bytes = 0;
          }
        }
      }
    }
    // end the string
    message[num_bytes] = '\0';
}

// Write a character array using UART3
void NU32_WriteUART3(const char * string) {
  while (*string != '\0') {
    while (U3STAbits.UTXBF) {
      ; // wait until tx buffer isn't full
    }
    U3TXREG = *string;
    ++string;
  }
}
```

11.3.4 发送 ISR 采集的数据

　　通常，我们希望将 PIC32 采集到的数据流发送到计算机。例如，固定频率的 ISR 可以从传感器上采集数据，然后发送回计算机进行绘图。然而，ISR 的采样速率要比通过 UART 传送数据的速率更高。在这种情况下，必须丢弃一些数据。我们将每采集 N 个数据只保留一个的过程（丢弃 $N-1$ 个）称为抽取⊖。在信号处理中，抽取很常用。

　　除了抽取，允许数据从 ISR 中流出的另一个概念是环形缓冲器。环形（或者圆环）缓冲器是 FIFO 队列的实现，犹如 UART 中 TX 和 RX 的 FIFO。利用一个数组和 write（写）和 read（读）这两个索引变量，可以实现一个环形缓冲器（参阅图 11-2）。在索引变量递增后，数据被添加到数组中的

图 11-2　具有 8 个元素的环形缓冲器（FIFO），其中 write 索引变量正指向元素 5，而 read 索引变量正指向元素 1

　　⊖　这个术语源自罗马军队的训练习惯，每 10 个士兵中表现差的那个会被杀掉。

write 位置，并从 read 位置读取数据。当索引变量到达数组结尾时，它会绕回到数组的起始位置。如果 read 和 write 的索引变量相等，则表明缓冲器是空的。如果 write 索引变量是 read 索引变量的后一位，则表明缓冲器是满的。

环形缓冲器用于中断和主代码之间的数据共享。ISR 可以写数据到缓冲器，而主代码可在缓冲器中读取数据并通过 UART 发送数据。

代码示例 11.4 展示了抽取的概念，代码示例 11.5 展示了一个环形缓冲器的概念。两个程序都给主机发送 5000 个从 PIC32 微控制器上采样得到的数据。代码示例 11.4 命名为 batch.c，因为所有的抽样数据首先存储在 RAM 的一个数组中，然后通过 UART 以批次来发送。代码示例 11.5 命名为 circ_buf.c，因为数据使用一个环形缓冲器进行流转。使用环形缓冲器的理由：（1）使得缓冲器使用的 RAM 较 batch.c 中数组使用的少；（2）可以马上发送数据，不用等 UART 收集完一批数据再发送。

代码示例 11.4 batch.c。在 ISR 中存放数据和通过 UART 进行批量发送

```c
#include "NU32.h"                 // constants, functions for startup and UART

#define DECIMATE 3                // only send every 4th sample (counting starts at zero)
#define NSAMPLES 5000             // store 5000 samples

volatile int data_buf[NSAMPLES];// stores the samples
volatile int curr = 0;            // the current index into buffer

void __ISR(_TIMER_1_VECTOR, IPL5SOFT) Timer1ISR(void) {  // Timer1 ISR operates at 5 kHz
  static int count = 0;           // counter used for decimation
  static int i = 0;               // the data returned from the isr
  ++i;                            // generate the data (we just increment it for now)
  if(count == DECIMATE) {         // skip some data
    count = 0;
    if(curr < NSAMPLES) {
      data_buf[curr] = i;         // queue a number for sending over the UART
      ++curr;
    }
  }
  ++count;
  IFS0bits.T1IF = 0;              // clear interrupt flag
}

int main(void) {
  int i = 0;
  char buffer[100] = {};
  NU32_Startup();                 // cache on, interrupts on, LED/button init, UART init

  __builtin_disable_interrupts();// INT step 2: disable interrupts at CPU
  T1CONbits.TCKPS = 0b01;         // PBCLK prescaler value of 1:8
  PR1 = 1999;                     // The frequency is 80 MHz / (8 * (1999 + 1)) = 5 kHz
  TMR1 = 0;
  IPC1bits.T1IP = 5;              // interrupt priority 5
  IFS0bits.T1IF = 0;              // clear the interrupt flag
```

```
IEC0bits.T1IE = 1;              // enable the interrupt
T1CONbits.ON = 1;              // turn the timer on
__builtin_enable_interrupts(); // INT step 7: enable interrupts at CPU

NU32_ReadUART3(buffer, sizeof(buffer)); // wait for the user to press enter
while(curr !=NSAMPLES) { ; }            // wait for the data to be collected

sprintf(buffer,"%d\r\n",NSAMPLES);      // send the number of samples that will be sent
NU32_WriteUART3(buffer);

for(i = 0; i < NSAMPLES; ++i) {
  sprintf(buffer,"%d\r\n",data_buf[i]);  // send the data to the terminal
  NU32_WriteUART3(buffer);
}
return 0;
}
```

代码示例 11.5   circ_buf.c。使用环形缓冲器通过 UART 发送 ISR 采集的数据流

```
#include "NU32.h" // constants, functions for startup and UART
// uses a circular buffer to stream data from an ISR over the UART
// notice that the buffer can be much smaller than the total number of samples sent and
// that data starts streaming immediately unlike with batch.c

#define BUFLEN   1024                      // length of the buffer
#define NSAMPLES 5000                      // number of samples to collect

static volatile int data_buf[BUFLEN];          // array that stores the data
static volatile unsigned int read = 0, write = 0; // circular buf indexes
static volatile int start = 0;                 // set to start recording

int buffer_empty() {    // return true if the buffer is empty (read = write)
  return read == write;
}

int buffer_full() {     // return true if the buffer is full.
  return (write + 1) % BUFLEN == read;
}
int buffer_read() {     // reads from current buffer location; assumes buffer not empty
  int val = data_buf[read];
  ++read;               // increments read index
  if(read >= BUFLEN) {  // wraps the read index around if necessary
    read = 0;
  }
  return val;
}

void buffer_write(int data) { // add an element to the buffer.
  if(!buffer_full()) {        // if the buffer is full the data is lost
    data_buf[write] = data;
    ++write;                  // increment the write index and wrap around if necessary
    if(write >= BUFLEN) {
      write = 0;
    }
```

```
  }
}

void __ISR(_TIMER_1_VECTOR, IPL5SOFT) Timer1ISR(void) {  // timer 1 isr operates at 5 kHz
  static int i = 0;        // the data returned from the isr
  if(start) {
    buffer_write(i);       // add the data to the buffer
    ++i;                   // modify the data (here we just increment it as an example)
  }
  IFS0bits.T1IF = 0;       // clear interrupt flag
}

int main(void) {
  int sent = 0;
  char msg[100] = {};
  NU32_Startup();                       // cache on, interrupts on, LED/button init, UART init

  __builtin_disable_interrupts();   // INT step 2: disable interrupts at CPU
  T1CONbits.TCKPS = 0b01;           // PBCLK prescaler value of 1:8
  PR1 = 1999;                       // The frequency is 80 MHz / (8 * (1999 + 1)) = 5 kHz
  TMR1 = 0;
  IPC1bits.T1IP = 5;                // interrupt priority 5
  IFS0bits.T1IF = 0;                // clear the interrupt flag
  IEC0bits.T1IE = 1;                // enable the interrupt
  T1CONbits.ON = 1;                 // turn the timer on
  __builtin_enable_interrupts();    // INT step 7: enable interrupts at CPU

  NU32_ReadUART3(msg,sizeof(msg)); // wait for the user to press enter before continuing
  sprintf(msg, "%d\r\n", NSAMPLES); // tell the client how many samples to expect
  NU32_WriteUART3(msg);
  start = 1;
  for(sent = 0; sent < NSAMPLES; ++sent) { // send the samples to the client
   while(buffer_empty()) { ; }          // wait for data to be in the queue
    sprintf(msg,"%d\r\n", buffer_read()); // read from the buffer, send data over uart
    NU32_WriteUART3(msg);
  }

  while(1) {
    ;
  }
  return 0;
}
```

在 circ_buf.c 中，如果环形缓冲器已满，那么数据将会丢失。由于编写 circ_buf.c 是为了发送固定数量的采样数据，所以该程序可容易地修改为一直采样数据流。如果 UART 的波特率比 ISR 生成数据位的速率高很多，那么可以一直发送无损的数据流。环形缓冲器只是简单地提供了一些缓冲，以防止通信暂时出现延迟或中断的情况。

11.3.5　使用 MATLAB 进行通信

目前为止，当使用 UART 与计算机通信时，可以在虚拟终端打开一个串行端口。

MATLAB 也可以打开串行端口，允许串行端口与 PIC32 微控制器通信，并使用数据进行绘图。作为第一个例子，从 MATLAB 中建立与 talkingPIC.c 的通信。

首先，加载 talkingPIC.c 到 PIC32 微控制器（代码见第 1 章）。接下来，打开 MATLAB 并编辑 talkingPIC.m。你需要编辑第一行，将端口设置为 Makefile 中的 PORT 值。

代码示例 11.6　talkingPIC.c。在 PIC32 上实现与 talkingPIC 通信的 MATLAB 简单代码

```
port='COM3'; % Edit this with the correct name of your PORT.

% Makes sure port is closed
if ~isempty(instrfind)
    fclose(instrfind);
    delete(instrfind);
end
fprintf('Opening port %s....\n',port);

% Defining serial variable
mySerial = serial(port, 'BaudRate', 230400, 'FlowControl', 'hardware');

% Opening serial connection
fopen(mySerial);

% Writing some data to the serial port
fprintf(mySerial,'%f %d %d\n',[1.0,1,2])

% Reading the echo from the PIC32 to verify correct communication
data_read = fscanf(mySerial,'%f %d %d')

% Closing serial connection
fclose(mySerial)
```

代码 talkingPIC.m 打开一个串口，发送 3 个数值给 PIC32，接收数值，然后关闭端口。在 PIC32 中运行 talkingPIC.c，然后在 MATLAB 中执行 talkingPIC.m。

我们也可以将 MATLAB 与 batch.c 或 circ_buf.c 相结合，以允许绘制从 ISR 中接收到的数据。下面的示例将读取由 batch.c 或 circ_buf.c 产生的数据，然后在 MATLAB 中绘制出来。再一次强调，要修改变量 port 以匹配 PIC32 微控制器使用的串行端口。

代码示例 11.7　uart_plot.m。使用 MATLAB 代码绘制从 UART 上接收到的数据

```
% plot streaming data in matlab
port ='/dev/ttyUSB0'

if ~isempty(instrfind)  % closes the port if it was open
  fclose(instrfind);
  delete(instrfind);
```

```
end

mySerial = serial(port, 'BaudRate', 230400, 'FlowControl','hardware');
fopen(mySerial);

fprintf(mySerial,'%s','\n'); %send a newline to tell the PIC32 to send data

len = fscanf(mySerial,'%d'); % get the length of the matrix

data = zeros(len,1);

for i = 1:len
  data(i) = fscanf(mySerial,'%d'); % read each item
end

plot(1:len,data);                 % plot the data
```

11.3.6　使用 Python 进行通信

　　你也可以使用 Python 编程语言与 PIC32 微控制器进行通信。Python 是免费使用的脚本语言，有许多可用的库，这使得它可以替代 MATLAB 来使用。为了使用串行端口进行通信，你需要用到库 pyserial。至于绘图，我们可以使用库 matplotlib 和 numpy。下面的代码实现从 PIC32 微控制器读取数据并绘制数据的过程。与使用 MATLAB 代码一样，需要指定自己的端口，即定义变量 port。下面的代码将绘制由程序 batch.c 或 circ_buf.c 产生的数据。

代码示例 11.8　uart_plot.py。使用 Python 代码绘制从 UART 上接收到的数据

```python
#!/usr/bin/python
# Plot data from the PIC32 in python
# requries pyserial, matplotlib, and numpy
import serial
import matplotlib.pyplot as plt
import numpy as np

port = '/dev/ttyUSB0' # the name of the serial port

with serial.Serial(port,230400,rtscts=1) as ser:
  ser.write("\n".encode())  #tell the pic to send data. encode converts to a byte array
  line = ser.readline()
  nsamples = int(line)
  x = np.arange(0,nsamples) # x is [1,2,3,... nsamples]
  y = np.zeros(nsamples)# x is 1 x nsamples an array of zeros and will store the data

  for i in range(nsamples): # read each sample
    line = ser.readline()   # read a line from the serial port
    y[i] = int(line)        # parse the line (in this case it is just one integer)

plt.plot(x,y)
plt.show()
```

11.4　使用 XBee 模块进行无线通信

XBee 无线设备是体积小、低功耗的无线发射器，根据 IEEE 802.15.4 标准（见图 11-3），它的无线通信距离在几十米内。两个通信设备均通过一个 UART 连接到一个 XBee，之后两个设备就可以进行无线通信了，就好像两个设备的 UART 连接在一起一样。例如，两个 PIC32 微控制器使用自身的 UART3 和 NU32 的库可以进行通信。

XBee 无线设备有许多固件设置，在使用之前必须先配置它们。主要的设置是无线信道，只有使用相同的信道，两个 XBee 无线设备之间才能通信。另一个主要设置是波特率，可设置的最大值为 115200。配置 XBee 的最简单方法是购买一个开发板，将其连接到计算机，然后使用厂家提供的 X-CTU 程序。或者，你也可以通过串口使用 API 模式直接对 XBee 编程（用计算机或 PIC32 微控制器都行）。

图 11-3　XBee 802.15.4 无线设备（图片来自 Digi International，网址为 digi.com）

在设置好使用 XBee 所需的波特率和通信信道后，对于通常连接它们的导线，你可以将它们作为插入式替代品，每个 UART 对应于一个 XBee⊖。

11.5　小结

- UART 是串行通信中的低级引擎。它曾经很普遍，现在消费品上的串行端口很大程度上都已经被 USB 取代。

- NU32 开发板采用 UART 与计算机通信。计算机上的软件会模拟串行端口，通过 USB 将数据发送到 NU32 开发板的芯片上。随后，该芯片将 USB 数据转换为适合 UART 的格式。无论是你的终端还是 PIC32 微控制器，都不知道数据实际上是通过 USB 发送的，它们只会看到 UART。

- PIC32 微控制器有两个 8 字节的硬件 FIFO，一个用于接收数据，另一个用于发送数据。这些 FIFO 在硬件中缓冲数据，当缓冲器正在发送数据或者接收数据时，允许软件暂时参与其他任务。

- 硬件流控制提供了一种方法来表示你的设备还没有准备好接收更多的数据。尽管硬件自动地处理流控制，但是软件必须保证 RX 和 TX 缓冲器不会溢出。

⊖　波特率很高时会产生一个警告。XBee 通过对内部时钟信号分频产生自身的波特率，然而，这个时钟实际上并没有达到 115200 这个波特率；当波特率设置为 115200 时，实际上是 111000。在使用 UART 时，波特率不匹配是常见问题。由于 UART 时序的误差，XBee 可能会（正常地）工作一段时间，但偶尔会遇到故障。解决办法是将波特率设置为 111000，以匹配 XBee 实际的波特率。

11.6　练习题

1. 画出 UART 发送字节 0b11011001 的波形图，假设波特率为 9600、无校验位、8 个数据位和 1 个停止位。

2. 编写一个程序，读取从虚拟终端输入的字符（通过 UART3），将其转换为大写形式后将其返回到计算机。你需要在每个字符都输入完成后给出结果，而不是每行处理一个字符。因此，不能用 `NU32_WriteUART3` 或 `NU32_ReadUART3`。例如，如果你在虚拟终端键入了"x"，则应该看到"X"。你可以使用定义在 `ctype.h` 中的 C 标准库函数 `toupper`，它可将字符转换为大写。

延伸阅读

PIC32 family reference manual. Section 21: UART. (2012). Microchip Technology Inc.
XBee/XBee-PRO RF modules (v1.xEx). (2009). Digi International.

第 12 章 Chapter 12

SPI 通信

串行外设接口（SPI）允许 PIC32 高速地与其他设备进行通信。许多设备使用 SPI 作为主要的通信方式，如 RAM、闪存、SD 卡、ADC、DAC 和加速度计。不像 UART，SPI 通信是同步的，SPI 总线上的"主"设备产生单独时钟信号来指示通信的时序。该设备不必预先配置为共享相同的位率，它可以使用任何的时钟频率，只要时钟频率在芯片的工作频率范围内即可。SPI 是可以高速通信的，例如本章中所采用的设备，意法半导体（STMicroelectronics）的 LSM303D 加速度计 / 磁强计的 SPI 接口，可支持高达 10MHz 的时钟信号。

12.1 概述

SPI 是一种主从式架构，一个 SPI 总线有一个主设备和一个或多个从设备。最小的 SPI 总线由三根线（GND 除外）组成：主输出从输入（Master Output Slave Input，MOSI），用于将主设备上的数据传输到从设备；主输入从输出（Master Input Slave Output，MISO），用于将从设备上的数据传输到主设备；主设备的时钟输出，用于同步数据传输，每个时钟脉冲传输一位数据。每个 SPI 设备总线上有 3 个对应的引脚：串行数据输出（Serial Data Out，SDO）、串行数据输入（Serial Data In，SDI）和系统时钟（System Clock，SCK）。MOSI 线连接到主设备的 SDO 引脚和从设备的 SDI 引脚，MISO 线连接到主设备的 SDI 引脚和从设备的 SDO 引脚。所有从设备的 SCK 引脚都是输入引脚，连接到主设备的 SCK 输出引脚（如图 12-1 所示）。

PIC32 微控制器有 3 个 SPI 外设，每个都可以是主设备，也可以是从设备。我们通常认为 PIC32 是主设备。

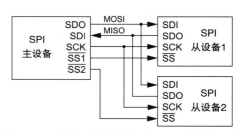

图 12-1　连接两个从设备的 SPI 主设备。箭头指向数据方向，PIC32 的 SPI 外设可以是主设备也可以是从设备。在某个时刻，只有一个从设备的选择线是有效（低电平）的

如果总线上有多个从设备，那么主设备通过从设备选择（$\overline{SS}$）线（Slave Select，低电平有效）来控制哪个从设备处于激活状态，每个从设备都有一个 $\overline{SS}$ 引脚。每次只能有一个从设备的选择线为低电平，低电平表明该从设备处于有效状态。未被选中的从设备必须让其 SDO 输出悬空为高阻抗，使其有效地与 MISO 线路断开，并且应该忽略 MOSI 线上的数据。在图 12-1 中有两个从设备，因此主设备有 $\overline{SS1}$ 和 $\overline{SS2}$ 两条从设备选择线，并且每个从设备只有一条 $\overline{SS}$ 线。因此，向总线中添加更多的从设备意味着添加更多的线路。

对比一下，对于（通常是低速的）I^2C（见第 13 章）和 CAN 总线（见第 19 章），无论有多少个设备位于 I^2C 总线和 CAN 总线上，I^2C 总线和 CAN 总线上的线路数量总是固定的。

主设备通过在时钟线上创建方波来启动所有通信。从设备的读写操作同步进行，每个时钟脉冲操作一位数据。数据以每组 8、16 或 32 位进行传输，这取决于从设备。图 12-2 所示为来自 LSM303D 的数据表，描绘了典型的 SPI 通信时序，与时钟信号相关的数据位的时序是可以设置的，只要使用 SFR 来匹配 SPI 总线上其他设备的行为就可以，更多的信息请参阅 12.2 节。

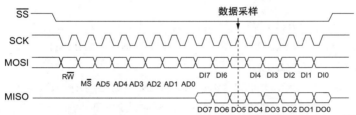

图 12-2　使用 LSM303D 加速度计 / 磁强计作为从设备进行 SPI 通信的时序。当 $\overline{SS}$ 被驱动为低电平时，LSM303D 被选通。在主设备的 SCK 的下降沿，主设备（引脚 SDO 控制 MOSI）和从设备（引脚 SDO 控制 MISO）间的通信切换为下一位信号。在 SCK 的上升沿，设备读取数据，读取模式为 MISO 的主设备使用引脚 SDI 且 MOSI 的从设备使用引脚 SDI。在这个例子中，主设备先发送了 8 位数据，其中第一位（$\overline{RW}$）决定是从 LSM303D 上读数据还是写数据。AD0 ～ AD5 位决定了主设备需要访问的 LSM303D 的地址。最后，如果操作是从 LSM303D 上读数据，则 LSM303D 把 DO0 ～ DO7 的 8 位放在 MISO 线上；否则，主设备在 MOSI 线上发送 8 位（D17 ～ D10）数据并写入到 LSM303D

除了上述基本的 SPI 通信外，PIC32 的 SPI 模块还有其他操作模式，在这里不详细讨论。例如，帧模式允许从支持的设备上读取数据流。默认情况下，SPI 外设只有一个单独的输入和单独的输出缓冲器。PIC32 还具有增强的缓冲器模式，它提供的 FIFO 用于等待传输或处理的数据排队。

12.2　详述

SPI2 ～ SPI4 这 3 个 SPI 外设都有与之相关的 4 个引脚：SCKx、SDIx、SDOX 和 $\overline{SSX}$（x 为 2 ～ 4）。当 SPI 外设是一个从设备时，可以对其进行配置，使其只在输入 $\overline{SSx}$ 为低电平时接收和传输数据（例如，当总线上有不止一个设备时）。当 SPI 外设是一个主设备时，可以对其进行配置，使其在与从设备通信时自动驱动 $\overline{SSx}$。然而，如果总线上有多个从设备，则可以使用其他数字输出以控制多个从设备上的选择引脚。

每个 SPI 外设使用 4 个特殊功能寄存器 SPIxCON、SPIxSTAT、SPIxBUF 和 SPIxBRG（x = 2 ～ 4）。许多设置都涉及可选择的操作模式，在此我们不会讨论。在典型应用中，一些我们忽略的 SFR 和字段使用默认值可能更安全。除了 SPIxSTAT 中的一个只读位，所有位默认值为 0。

SPIxCON。该寄存器包含 SPI 外设的主要控制选项。

- SPIxCON<28> 或 SPIxCONbits.MSSEN：主从选择使能位。如果该位置 1，则在发送 8 位、16 位或 32 位的传输数据前，SPI 主设备将占用（驱动为低电平）从设备选择引脚 $\overline{SSx}$，在发送完数据之后将其释放（驱动为高电平）。有些设备需要完成完整的多字传输后对从设备选择位进行翻转；在这种情况下，你应该将 SPIxCONbits.MSSEN 清 0（默认值），并使用任意的数字输出作为从设备选择位。

- SPIxCON<15> 或 SPIxCONbits.ON：该位置 1 时，启用 SPI 外设。

- SPIxCON<11:10> 或 SPIxCONbits.MODE32 (bit 11) 且 SPIxCONbits.MODE16 (bit 10)：决定通信宽度。

  0b1X （SPIxCONbits.MODE32 = 1）：每次传输时，发送 32 位数据

  0b01 （SPIxCONbits.MODE32 = 0 且 SPIxCONbits.MODE16 = 1）：每次传输时，发送 16 位数据

  0b00 （SPIxCONbits.MODE32 = SPIxCONbits.MODE16 = 0）：每次传输时，发送 8 位数据

- SPIxCON <9> 或 SPIxCONbits.SMP：决定主设备何时对输入数据进行采样，这是相对于时钟脉冲的。采样时间的选择应该与从设备的要求相匹配。

  1　在一个时钟脉冲结束时进行采样

  0　在一个时钟脉冲的中间进行采样

- SPIxCON <8> 或 SPIxCONbits.CKE：通过将 SPIxCONbits.CKP 置 1（见下文），时钟信号可以配置为高电平有效或低电平有效。SPIxCONbits.CKE 决定了当时钟从有效状态切换到空闲状态或从空闲状态切换到有效状态时，主设备是否更改边沿上的当前输出位（参见下面的 SPIxCONbits.CKP）。你应该根据从设备的要求选择该位。

  1　当时钟从有效状态切换到空闲状态时，输出数据发生改变

  0　当时钟从空闲状态切换到有效状态时，输出数据发生改变

- SPIxCON <7> 或 SPIxCONbits.SSEN：从设备选择使能位，决定了在从设备模式下 $\overline{SSx}$ 引脚是否被使用。

  1　对于 SPI 总线上选中的从设备，引脚 $\overline{SSx}$ 必须为低

  0　引脚 $\overline{SSx}$ 不使用，它可用于其他外设

- SPIxCON <6> 或 SPIxCONbits.CKP：时钟信号可以被配置为高电平有效或低电平有效。它与上述的 SPIxCONbits.CKE 一同被选择，其设置应与从设备的要求相匹配。

  1　高电平时，时钟处于空闲状态；低电平时，时钟处于有效状态

  0　低电平时，时钟处于空闲状态；高电平时，时钟处于有效状态

- **SPIxCON <5>** 或 **SPIxCONbits.MSTEN**：主设备使能位。通常 PIC32 作为主设备来工作，这意味着它控制着时钟，因而可以控制数据的传输速度以及数据传输的时间，在这种情况下，此位应置 1。为了将 SPI 外设作为从设备来使用，该位应清 0。

  1　SPI 外设是主设备

  0　SPI 外设是从设备

SPIxSTAT。SPI 外设的状态。

- **SPIxSTAT<11>** 或 **SPIxSTATbits.SPIBUSY**：该位置 1 时，表明 SPI 外设正忙于传输数据。当外设正忙时，你不应该访问 SPI 缓冲器 SPIxBUF。

- **SPIxSTAT<6>** 或 **SPIxSTATbits.SPIROV**：该位置 1 时，表明出现溢出，这发生在接收缓冲器满并且又接收到另一个数据时。该位应该用软件来清 0。此位清 0 后，SPI 外设只能接收数据。

- **SPIxSTAT<1>** 或 **SPIxSTATbits.SPITXBF**：SPI 发送缓冲器满。当向 SPIxBUF 写数据时，该位由硬件置 1。当你写的数据被传输到发送缓冲器 SPIxTXB（非存储器映射的缓冲器）后，该位由硬件清 0。当此位清 0 后，可以向 SPIxBUF 中写数据。

- **SPIxSTAT<0>** 或 **SPIxSTATbits.SPIRXBF**：SPI 接收缓冲器满。当数据被接收到 SPI 接收缓冲器后，表明 SPIxBUF 是可以读取的，该位由硬件置 1；当你通过 SPIxBUF 读数据时，该位应清 0。

SPIxBUF。通过 SPI 读取和写入数据。作为主设备，当向 SPIxBUF 写数据时，数据实际存储在发送缓冲器 SPIxTXB 中，SPI 外设产生时钟信号，通过 SDOx 引脚发送数据。在响应时钟信号时，从设备将数据发送到 SDIx 引脚，随后数据被存储在接收缓冲器 SPIxRXB 中，而你对该缓冲器没有直接访问的权限。要访问 SPIxRXB 里接收到的数据，需要从 SPIxBUF 上读取。因此，也许不太直观，你可以执行以下的 C 代码：

```
SPI1BUF = data1;
data2 = SPI1BUF;
```

执行之后，data1 和 data2 是不同的！ data1 中是发送的数据，data2 是接收到的数据。为了避免缓冲器溢出错误，每次写数据到 SPIxBUF 的时候，也应该读取 SPIxBUF 中的数据，即使你不需要这些数据。由于从设备只能在接收到时钟信号时发送数据，而时钟信号只能在写数据时由主设备产生，因此作为主设备，在从从设备上获取新数据之前，必须写数据到 SPIxBUF。

SPIxBRG。决定 SPI 时钟频率。只有最低的 12 位被使用。为了计算 PIxBRG 的适当值，可以使用参考手册中提供的表格或者如下的公式：

$$\text{SPIxBUF} = \frac{F_{\text{PB}}}{2F_{\text{sck}}} - 1 \qquad (12\text{-}1)$$

其中，F_{PB} 是外设总线时钟频率（对于 NU32 开发板而言是 80MHz）而 F_{sck} 是所需的时钟频率。SPI 可以在相对较高的频率（MHz 范围）下工作。主设备决定了时钟频率，从设备读取时钟，因此不需要配置一个从设备的时钟频率。

SPIx 的中断向量是 _SPI_x_VECTOR，其中 x = 2 ~ 4。中断可通过 SPI 错误、SPI RX 条件和 SPI TX 条件产生。对于 SPI2，中断标志状态位是 IFS1bits.SPI2EIF（错误）、IFS1bits.SPI2RXIF (RX) 和 IFS1bits.SPI2TXIF (TX)；使能控制位是 IEC1bits.SPI2EIE（错误）、IEC1bits.SPI2RXIE (RX) 和 IEC1bits.SPI2TXIE (TX)；优先级和次优先级位是 IPC7bits.SPI2IP 和 IPC7bits.SPI2IS。在 SPI3 和 SPI4 中位的命名是相似的，可以使用 SPIx（x = 3 或 4）代替 SPI2。SPI3 的标志状态位在 IFS0 中，使能控制位在 IEC0 中，优先级在 IPC6 中；SPI4 的标志状态位、使能控制位、优先级分别在 IFS1、IEC1 和 IPC8 中。

本章的示例代码不包括中断，但可以使用 SPIxCONbits.STXISEL 和 SPIxCONbits.SRXISEL 来选择 TX 和 RX 中断产生的条件。详情请查阅参考手册。

12.3　示例代码

12.3.1　回送程序

第一个例子使用了两个 SPI 外设以允许 PIC32 通过 SPI 与自己通信。虽然实际上这是无用的，但该代码可以作为理解 SPI 主设备和 SPI 从设备基本配置的工具。主设备（SPI4）和从设备（SPI3）被配置为每次传输发送 16 位数据。注意，SPI 主设备需要设置时钟频率，而从设备不需要设置时钟频率。程序提示用户输入两个 16 位的十六进制数。第一个数字是由主设备发送的而第二个由从设备发送。然后代码读取 SPI 端口上的数据并打印结果。

记住，在每个时钟周期，数据在每个方向只传输一位。当从设备向它的 SPI 缓冲器写入数据时，在主设备产生时钟信号前，数据是不会发送出去的。主设备和从设备都根据时钟信号来发送和接收数据。当发送和接收同时发生时，主设备应该在向 SPI4BUF 写入数据之后才读取 SPI4BUF 中的内容。

代码示例 12.1　spi_loop.c。SPI 回传程序

```
#include "NU32.h"  // constants, funcs for startup and UART
// Demonstrates spi by using two spi peripherals on the same PIC32,
// one is the master, the other is the slave
// SPI4 will be the master, SPI3 the slave.
// connect
// SDO4 -> SDI3 (pin F5 -> pin D2)
// SDI4 -> SDO3 (pin F4 -> pin D3)
// SCK4 -> SCK3 (pin B14 -> pin D1)

int main(void) {
  char buf[100] = {};
  // setup NU32 LED's and buttons
  NU32_Startup();

  // Master - SPI4, pins are: SDI4(F4), SDO4(F5), SCK4(B14), SS4(B8); not connected)
  // since the pic is just starting, we know that SPI is off. We rely on defaults here
  SPI4BUF;                     // clear the rx buffer by reading from it
  SPI4BRG = 0x4;               // baud rate to 8 MHz [SPI4BRG = (80000000/(2*desired))-1]
```

```
SPI4STATbits.SPIROV = 0;    // clear the overflow bit
SPI4CONbits.MODE32 = 0;     // use 16 bit mode
SPI4CONbits.MODE16 = 1;
SPI4CONbits.MSTEN = 1;      // master operation
SPI4CONbits.ON = 1;         // turn on spi 4

// Slave - SPI3, pins are: SDI3(D2), SDO3(D3), SCK3(D1), SS3(D9; not connected)
SPI3BUF;                    // clear the rx buffer
SPI3STATbits.SPIROV = 0;    // clear the overflow
SPI3CONbits.MODE32 = 0;     // use 16 bit mode
SPI3CONbits.MODE16 = 1;
SPI3CONbits.MSTEN = 0;      // slave mode
SPI3CONbits.ON = 1;         // turn spi on.  Note: in slave mode you do not set baud

while(1) {
  unsigned short master = 0, slave = 0;
  unsigned short rmaster = 0, rslave = 0;
  NU32_WriteUART3("Enter two 16-bit hex words (lowercase) to send from ");
  NU32_WriteUART3("master and slave (i.e., 0xd13f 0xb075): \r\n");
  NU32_ReadUART3(buf, sizeof(buf));
  sscanf(buf,"%04hx %04hx",&master, &slave);
  // have the slave write its data to its SPI buffer
  // (note, the data will not be sent until the master performs a write)
  SPI3BUF = slave;
  // now the master performs a write
  SPI4BUF = master;
  // wait until the master receives the data
  while(!SPI4STATbits.SPIRBF) {
    ; // could check SPI3STAT instead; slave receives data same time as master
  }
  // receive the data
  rmaster = SPI4BUF;
  rslave = SPI3BUF;
  sprintf(buf,"Master sent 0x%04x,  Slave sent 0x%04x\r\n", master, slave);
  NU32_WriteUART3(buf);
  sprintf(buf," Slave read 0x%04x, Master read 0x%04x\r\n",rslave,rmaster);
  NU32_WriteUART3(buf);
}
return 0;
}
```

12.3.2　SRAM

SPI 的一个用途是向 PIC32 添加外部 RAM。例如，Microchip 的 23K256 带有 256kbit（32KB）静态随机存取存储器（SRAM），它也具有一个 SPI 接口，数据表描述了它的通信协议。SRAM 具有 3 种操作模式：字节操作、页操作以及序列操作。字节操作模式允许读取或写入 RAM 一个字节。在页操作模式下，一次可以访问 RAM 的一个 32 字节的页。序列操作模式允许写入或读取字节序列，忽略页面的边界。我们提供的示例代码使用序列操作模式。

SRAM 芯片需要使用从设备选择（在 23K256 称为片选 $\overline{CS}$）。当 $\overline{CS}$ 的输入信号下降

为低电平时，SRAM 知道将要发送数据或命令；当 $\overline{\text{CS}}$ 变高时，SRAM 知道通信结束。我们使用正常的数字输出引脚来控制 $\overline{\text{CS}}$，其状态在发送几个字节后发生改变，而不是在每个字节被发送到设备后就发生改变（这是 SPI 外设具有的自动从设备选择使能特性）。在对图 12-3 所示芯片进行连线后，可以运行下面的示例代码，将数据写入 SRAM 并读回来，并通过 UART 将结果发送到计算机。

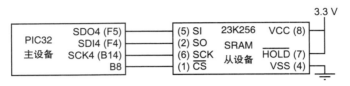

图 12-3　SRAM 电路原理图。括号中给出了 SRAM 的引脚号

示例代码使用的主函数是 spi_io，它向 SPI 端口写入一个字节并读取结果。每个操作都使用此命令与 SRAM 进行通信，因为每个写操作都需要一个读操作，反之亦然。

执行此示例代码后，注释掉对 RAM 的写操作，重新编译并执行代码。请注意，如果你不关闭 SRAM 的电源，SRAM 就会保持以前写入的数据，不管是多久之前写入的。另一方面，对于动态 RAM 或 DRAM，必须定期地重写它的位，否则会丢失数据。

代码示例 12.2　spi_ram.c。通过 SPI 访问 SRAM

```c
#include "NU32.h"         // constants, funcs for startup and UART
// Demonstrates spi by accessing external ram
// PIC is the master, ram is the slave
// Uses microchip 23K256 ram chip (see the data sheet for protocol details)
// SDO4 -> SI (pin F5 -> pin 5)
// SDI4 -> SO (pin F4 -> pin 2)
// SCK4 -> SCK (pin B14 -> pin 6)
// SS4 -> CS (pin B8 -> pin 1)
// Additional SRAM connections
// Vss (Pin 4) -> ground
// Vcc (Pin 8) -> 3.3 V
// Hold (pin 7) -> 3.3 V (we don't use the hold function)
//
// Only uses the SRAM's sequential mode
//
#define CS LATBbits.LATB8        // chip select pin

// send a byte via spi and return the response
unsigned char spi_io(unsigned char o) {
  SPI4BUF = o;
  while(!SPI4STATbits.SPIRBF) { // wait to receive the byte
    ;
  }
  return SPI4BUF;
}

// initialize spi4 and the ram module
void ram_init() {
```

```
    // set up the chip select pin as an output
    // the chip select pin is used by the sram to indicate
    // when a command is beginning (clear CS to low) and when it
    // is ending (set CS high)
    TRISBbits.TRISB8 = 0;
    CS = 1;

    // Master - SPI4, pins are: SDI4(F4), SDO4(F5), SCK4(F13).
    // we manually control SS4 as a digital output (F12)
    // since the pic is just starting, we know that spi is off. We rely on defaults here
    // setup spi4
    SPI4CON = 0;                   // turn off the spi module and reset it
    SPI4BUF;                       // clear the rx buffer by reading from it
    SPI4BRG = 0x3;                 // baud rate to 10 MHz [SPI4BRG = (80000000/(2*desired))-1]
    SPI4STATbits.SPIROV = 0;       // clear the overflow bit
    SPI4CONbits.CKE = 1;           // data changes when clock goes from hi to lo (since CKP is 0)
    SPI4CONbits.MSTEN = 1;         // master operation
    SPI4CONbits.ON = 1;            // turn on spi 4

                                   // send a ram set status command.
    CS = 0;                        // enable the ram
    spi_io(0x01);                  // ram write status
    spi_io(0x41);                  // sequential mode (mode = 0b01), hold disabled (hold = 0)
    CS = 1;                        // finish the command
}
// write len bytes to the ram, starting at the address addr
void ram_write(unsigned short addr, const char data[], int len) {
    int i = 0;
    CS = 0;                            // enable the ram by lowering the chip select line
    spi_io(0x2);                       // sequential write operation
    spi_io((addr & 0xFF00) >> 8 );     // most significant byte of address
    spi_io(addr & 0x00FF);             // the least significant address byte
    for(i = 0; i < len; ++i) {
      spi_io(data[i]);
    }
    CS = 1;                            // raise the chip select line, ending communication
}

// read len bytes from ram, starting at the address addr
void ram_read(unsigned short addr, char data[], int len) {
    int i = 0;
    CS = 0;
    spi_io(0x3);                       // ram read operation
    spi_io((addr & 0xFF00) >> 8);      // most significant address byte
    spi_io(addr & 0x00FF);             // least significant address byte
    for(i = 0; i < len; ++i) {
      data[i] = spi_io(0);             // read in the data
    }
    CS = 1;
}

int main(void) {
    unsigned short addr1 = 0x1234;                    // the address for writing the ram
    char data[] = "Help, I'm stuck in the RAM!";      // the test message
    char read[] = "*************************";         // buffer for reading from ram
    char buf[100];                                     // buffer for comm. with the user
```

```
unsigned char status;                           // used to verify we set the status
NU32_Startup();   // cache on, interrupts on, LED/button init, UART init
ram_init();

// check the ram status
CS = 0;
spi_io(0x5);                                     // ram read status command
status = spi_io(0);                              // the actual status
CS = 1;

sprintf(buf, "Status 0x%x\r\n",status);
NU32_WriteUART3(buf);
sprintf(buf,"Writing \"%s\" to ram at address 0x%x\r\n", data, addr1);
NU32_WriteUART3(buf);
                                                 // write the data to the ram
ram_write(addr1, data, strlen(data) + 1);        // +1, to send the '\0' character
ram_read(addr1, read, strlen(data) + 1);         // read the data back
sprintf(buf,"Read \"%s\" from ram at address 0x%x\r\n", read, addr1);
NU32_WriteUART3(buf);

while(1) {
  ;
}
return 0;
}
```

12.3.3　LSM303D 加速度计 / 磁强计

如图 12-4 所示，意法半导体（STMicroelectronics）的 LSM303D 加速度计 / 磁强计是一个结合了三轴加速度传感器、三轴磁强计和温度传感器的传感器[⊖]。作为表面贴装器件，加速度计是很难使用的，因此使用它时带有一个 Pololu 的转接板。加速度计和磁强计的组合是构造电子指南针的理想选择：加速度计给出相对于地球的倾斜参数，并为磁强计的读数提供参考。PIC32 可以使用 SPI 或 I²C 来控制该设备，I²C 是第 13 章要讨论的另一种通信方法。

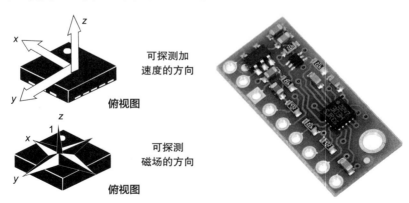

图 12-4　Pololu 转接板上的 LSM303D 加速度计（该转接板图片来自 Pololu Robotics
and Electronics，网址为 pololu.com）

⊖　该芯片使用了微电子机械系统（MEMS），它在如此小的封装内提供了诸多传感器。

　　示例代码包含 3 个文件：accel.h、spi_accel.c 和 accel.c。头文件 accel.h
提供加速度计的基本接口。accel.h 中的函数原型是使用 spi_accel.c 中的 SPI 来实现
的，因此你可以考虑把 accel.h 和 spi_accel.c 一起作为一个 LSM303D 接口库。（在
13 章，我们将使用 I²C 总线创建另一个版本的库来实现函数原型。）

　　与 spi_ram.c 中的频率一样，SPI 外设被设置为在 10MHz 时钟下运行，spi_io 封
装了写入 / 读取操作。使用 LSM303D 库中 main 函数的文件是 accel.c。该代码大约每
秒读取并显示一次传感器值。

　　将电路板向不同方向倾斜来测试加速度计的读数。加速度计将始终读取到向下的大小
为 g 的重力加速度。如果转动电路板，则应该看到磁场读数发生变化。你可以通过吹气来
测试温度传感器，呼出气体时的热量会导致读数暂时升高。将该设备作为一个磁罗盘之前，
你必须进行校准。意法半导体的应用说明 AN3192 提供了使用指南。

　　现在你是 SPI 专家了，可以自主连线电路了。

代码示例 12.3　accel.h。提供与 LSM303D 加速度计 / 磁强计接口的头文件

```
#ifndef ACCEL__H__
#define ACCEL__H__
// Basic interface with an LSM303D accelerometer/compass.
// Used for both i2c and spi examples, but with different implementation (.c) files

                    // register addresses
#define CTRL1 0x20    // control register 1
#define CTRL5 0x24    // control register 5
#define CTRL7 0x26    // control register 7

#define OUT_X_L_A 0x28  // LSB of x-axis acceleration register.
                        // accel. registers are contiguous, this is the lowest address
#define OUT_X_L_M 0x08  // LSB of x-axis of magnetometer register

#define TEMP_OUT_L 0x05 // temperature sensor register

// read len bytes from the specified register into data[]
void acc_read_register(unsigned char reg, unsigned char data[], unsigned int len);

// write to the register
void acc_write_register(unsigned char reg, unsigned char data);

// initialize the accelerometer
void acc_setup();
#endif
```

代码示例 12.4　accel.c。通过 UART 读取 LSM303D 上的数据和打印结果

```
#include "NU32.h" // constants, funcs for startup and UART
#include "accel.h"
// accelerometer/magnetometer example.  Prints the results from the sensor to the UART

int main() {
  char buffer[200];
  NU32_Startup(); // cache on, interrupts on, LED/button init, UART init
```

```
  acc_setup();

  short accels[3];   // accelerations for the 3 axes
  short mags[3];     // magnetometer readings for the 3 axes
  short temp;        // temperature reading
  while(1) {
    // read the accelerometer from all three axes
    // the accelerometer and the pic32 are both little endian by default
    // (the lowest address has the LSB)
    // the accelerations are 16-bit twos complement numbers, the same as a short
    acc_read_register(OUT_X_L_A, (unsigned char *)accels,6);

    // NOTE: the accelerometer is influenced by gravity,
    // meaning that, on earth, when stationary it measures gravity as a 1g acceleration
    // You could use this information to calibrate the readings into actual units
    sprintf(buffer,"x: %d y: %d z: %d\r\n",accels[0], accels[1], accels[2]);
    NU32_WriteUART3(buffer);

    // need to read all 6 bytes in one transaction to get an update.
    acc_read_register(OUT_X_L_M, (unsigned char *)mags, 6);

    sprintf(buffer, "xmag: %d ymag: %d zmag: %d \r\n",mags[0], mags[1], mags[2]);
    NU32_WriteUART3(buffer);

    // read the temperature data.  It's a right-justified 12-bit two's complement number
    acc_read_register(TEMP_OUT_L,(unsigned char *)&temp,2);
    sprintf(buffer,"temp: %d\r\n",temp);
    NU32_WriteUART3(buffer);

    //delay
    _CP0_SET_COUNT(0);
    while(_CP0_GET_COUNT() < 40000000) { ; }
  }
}
```

代码示例 12.5　`spi_accel.c`。使用 SPI 与 LSM303D 加速度计 / 磁强计进行通信

```
#include "accel.h"
#include "NU32.h"
// interface with the LSM303D accelerometer/magnetometer using spi
// Wire GND to GND, VDD to 3.3V, Vin is disconnected (on Pololu breakout board)
// SDO4 (F5) ->  SDI (labeled SDA on Pololu board),
// SDI4 (F4) -> SDO
// SCK4 (B14) -> SCL
// RB8 -> CS
#define CS LATBbits.LATB8         // use RB8 as CS
// send a byte via spi and return the response
unsigned char spi_io(unsigned char o) {
  SPI4BUF = o;
  while(!SPI4STATbits.SPIRBF) { // wait to receive the byte
    ;
  }
  return SPI4BUF;
}

// read data from the accelerometer, given the starting register address.
```

```
// return the data in data
void acc_read_register(unsigned char reg, unsigned char data[], unsigned int len)
{
  unsigned int i;
  reg |= 0x80; // set the read bit (as per the accelerometer's protocol)
  if(len > 1) {
    reg |= 0x40; // set the address auto inc. bit (as per the accelerometer's protocol)
  }
  CS = 0;
  spi_io(reg);
  for(i = 0; i != len; ++i) {
    data[i] = spi_io(0); // read data from spi
  }
  CS = 1;
}

void acc_write_register(unsigned char reg, unsigned char data)
{
  CS = 0;                  // bring CS low to activate SPI
  spi_io(reg);
  spi_io(data);
  CS = 1;                  // complete the command
}

void acc_setup() {         // setup the accelerometer, using SPI 4
  TRISBbits.TRISB8 = 0;
  CS = 1;

  // Master - SPI4, pins are: SDI4(F4), SDO4(F5), SCK4(B14).
  // we manually control SS4 as a digital output (B8)
  // since the PIC is just starting, we know that spi is off. We rely on defaults here

  // setup SPI4
  SPI4CON = 0;             // turn off the SPI module and reset it
  SPI4BUF;                 // clear the rx buffer by reading from it
  SPI4BRG = 0x3;           // baud rate to 10MHz [SPI4BRG = (80000000/(2*desired))-1]
  SPI4STATbits.SPIROV = 0; // clear the overflow bit
  SPI4CONbits.CKE = 1;     // data changes when clock goes from active to inactive
                           //    (high to low since CKP is 0)
  SPI4CONbits.MSTEN = 1;   // master operation
  SPI4CONbits.ON = 1;      // turn on SPI 4

  // set the accelerometer data rate to 1600 Hz. Do not update until we read values
  acc_write_register(CTRL1, 0xAF);

  // 50 Hz magnetometer, high resolution, temperature sensor on
  acc_write_register(CTRL5, 0xF0);

  // enable continuous reading of the magnetometer
  acc_write_register(CTRL7, 0x0);
}
```

12.4　小结

- SPI 设备可以是主设备也可是从设备。通常 PIC32 被配置为主设备。

- 双向通信至少需要 3 根线：由主设备控制的时钟、主输出从输入（MOSI）以及主输入从输出（MISO）。有些从设备即使是总线上唯一的从设备，对它的从设备选择引脚进行有效控制也是很必要的。如果 SPI 总线上有多个从设备，那么每个从设备都必须有一个从设备选择线。从设备选择线为低电平的从设备可以控制 MISO 线。
- 当主设备执行写操作时，它会产生时钟信号。这个时钟信号也会提示从设备发送数据回主设备。因此，主设备在每个写操作之后应该执行一个读操作，即使你不需要读取数据。
- 主设备通过将数据写到 SPIxBUF，来实现向 MOSI 线写数据。通过读取 SPIxBUF 获得接收到的数据，实际上是允许你访问接收缓冲器 SPIxRXB 中的数据。

12.5 练习题

1. 为了从从设备中读取数据，为什么必须向 SPI 总线写数据？
2. 如果只需要读或只需要写操作，是否有可能只使用两根线（加上 GND）？为什么可以或者不可以？
3. 编写一个程序，接收来自虚拟终端的字节数据，通过 SPI 将字节数据发送到外部芯片，接收从外部芯片返回的字节数据，并将接收到的字节数据发送到虚拟终端进行显示。该程序还应允许用户翻转 $\overline{SS}$ 线，程序应该是可移植的。注意：你可以使用格式说明符“%x”以及 sscanf 和 sprintf 来读和写十六进制数字。

延伸阅读

23A256/23K256 256K SPI bus low-power serial SRAM. (2011). Microchip Technology Inc.
AN3192 using LSM303DLH for a tilt compensated electronic compass. (2010). STMicroelectronics.
LSM303D ultra compact high performance e-compass 3D accelerometer and 3D magnetometer module. (2012). STMicroelectronics.

I²C 通信

PIC32 微控制器有 4 个内部集成电路（Inter-Integrated Circuit，I²C，英文发音为 eye-squared-see）外设，每个外设只需要使用两个引脚就能与多个设备进行通信。许多设备都具有 I²C 接口，例如 RAM、加速度计、ADC 和 OLED 显示器。与 SPI 相比，I²C 的一个优点是，无论连接多少个设备，都只需要两根线，并且每个设备都可以作为主设备或从设备。它的缺点是需要更复杂的软件支持，且位率较低，标准模式被定义为 100kbit/s，而快速模式被定义为 400kbit/s，尽管一些 I²C 设备允许更高的速率。

13.1 概述

除公共的接地参考之外，I²C 总线由两根线组成，一根用于数据（SDA），另一根用于时钟（SCL）。多个芯片可以连接相同的两根线，并相互通信。每个芯片可以是主设备也可以是从设备。多个主设备和从设备可以连接到同一总线上，但每次只能有一个主设备进行操作。主设备控制时钟信号，从而控制数据流的速度。虽然 PIC32 可以任意设定频率，但通常 I²C 设备运行在 100kHz 的标准模式或者 400kHz 的快速模式下。

图 13-1 给出了典型的总线连接电路图。I²C 总线上的每个引脚在高阻抗输出（断开、悬空或者高阻）和逻辑低电平之间切换，而不是将线路驱动至高电平或低电平。高阻状态相当于开漏数字输出模式，在这种状态下引脚被有效断开，而不是处于高电平状态。只有当设备输出低电平信号时，每根 I²C 线上的上拉电阻才能确保线路为低电平状态。PIC32 的 4 个 I²C 外设可以处理 3.3 ～ 5V 间的上拉电压。

如果线路上的所有设备都是高阻抗的，那么该线路被拉为高电平（即为逻辑 1）。如果线路上的任何设备被拉为低电平，那么该线路也会被拉为低电平（即为逻辑 0）。当总线空闲（即没有数据传输）时，所有设备的输出都是高阻抗，而且 SDA 和 SCL 均为高电平。

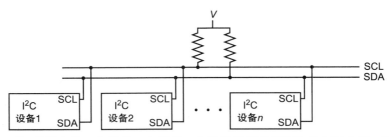

图 13-1 I²C 总线上的 *n* 个设备。在任何一个设备将线路保持为低电平之前，两条线路
均通过上拉电阻上拉为高电平，通常为 3.3V 或 5V。PIC32 可以工作在 3.3V
或 5V。虽然典型的上拉电阻为 2.4kΩ，但阻值在此值附近都是可以的

当一个设备作为主设备开始传输数据时，在保持 SCL 为高电平的同时，它将 SDA 线
拉为低电平。这是开始位，它告诉总线上的其他设备，总线已被一个主设备所占用，在传
输完成前不能使用。当主设备控制时钟 SCL 时，它（或者从设备，见下文）在 SDA 上发送
数据。在 SCL 的下降沿，数据被加载到 SDA；在 SCL 的上升沿，读取 SDA 上的数据。首
先输出的是 8 位数据的最高有效位。主设备发送停止位时停止传输，即在 SCL 为高电平
时，SDA 由低电平变为高电平。参阅图 13-2 所示的时序图。

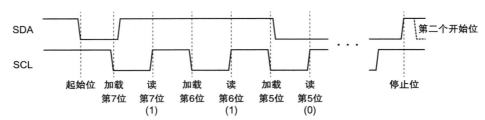

图 13-2 当主设备保持 SCL 为高电平且使 SDA 为低电平时，I²C 传输开始。然后主设备开始
驱动时钟 SCL。数据在每个 SCL 的下降沿被加载到 SDA 上，而且 SDA 上的数据在
每个 SCL 的上升沿被读取。图中，传输从 0b110 开始。（这些是被选中从设备的最高
3 位地址。）主设备或从设备都可以控制 SDA，这取决于主设备是向从设备发送信息
还是从从设备处接收信息。当主设备释放 SDA 时，传输停止，并且当 SCL 为高电平
时，允许它变为高电平。若主设备再次快速地将 SDA 拉为低电平，则将会发生第二
次传输（如图中虚线所示），它重新获得对总线的控制，直到另一个主设备控制总线

与 UART 和 SPI 不同，I²C 在主从设备之间采用握手协议。一个典型的数据传输由以下
基本元素组成。

1. START：主设备发出一个起始位，将 SDA 由高电平变为低电平，同时 SCL 保持高电平。

2. ADDRESS：主设备发送由 7 位地址和 1 个读写位（R$\overline{\text{W}}$）组成的字节数据，R$\overline{\text{W}}$ 位于
最低有效位。7 位地址表示要寻址的从设备所在地址，总线上的每个设备都有唯一的 7 位地
址⊖。如果 R$\overline{\text{W}}$ = 0，则主设备会向从设备写入数据；如果 R$\overline{\text{W}}$ = 1，则主设备将从从设备中读

⊖ 10 位寻址也是支持的，但本章关注的是 7 位地址。

取数据。

3. ACKNOWLEDGMENT（$\overline{\text{ACK}}$/NACK）：如果一个从设备已经识别出自己的地址，那么它将用单独的确认位 0 作为应答，并在下一个时钟周期保持 SDA 为低电平，这被称为 $\overline{\text{ACK}}$ 信号。如果 SDA 为高电平（无 $\overline{\text{ACK}}$，也被称为 NACK），那么主设备会知道发生了错误。

4. WRITE 或 RECEIVE：如果 $R\overline{W}$ = 0（写入），那么主设备在 SDA 上发送一个字节的数据。如果 $R\overline{W}$ = 1（读取），那么从设备控制 SDA 并且发送一个字节的数据。

5. ACKNOWLEDGMENT（$\overline{\text{ACK}}$/NACK）：如果是写操作，那么从设备必须发送 ACK 位以确认已收到数据。否则，主设备会知道发生了一个错误。如果是读操作，若想获得另一个字节的数据，则主设备就会发送 ACK 位，或者若已经请求获取数据，则主设备就会发送 NACK 位。若主设备希望发送其他字节或者已请求另一个字节，则返回步骤 4。

6. STOP 或 RESTART：主设备发出停止位（当 SCL 为高电平时，SDA 被上拉为高电平），结束传输。此时，允许其他设备获得对总线的控制。如果主设备想继续控制总线，可能要改变通信操作，从写操作变为读操作，或者相反，那么主设备可以发送第二个开始位（或者“重复启动”）来代替停止位。在其他主设备获得总线控制之前，这只是在停止位之后紧跟的起始位。在这种情况下，返回步骤 2。

如果两个或者更多个主设备几乎在同一时间试图控制空闲的总线，则仲裁过程可以确保其余主设备都退出，而只保留其中一个。每个设备都监视 SDA 线的状态，如果当该设备传送 1（高电平）时 SDA 线为 0（低电平），则该设备知道有其他主设备正在驱动线路，因此该设备会退出。仲裁失败的设备会报告总线冲突（bus collision）。

尽管主设备名义上驱动时钟线 SCL，但是从设备也可能将其拉低为低电平。例如，如果从设备需要更多的时间来处理发送给它的数据，那么它可以在主设备试图将 SCL 拉回高电平时继续将 SCL 线保持为低电平。这个过程被称为时钟延伸（clock stretching）。

13.2　详述

7 个特殊功能寄存器（SFR）用来控制 I²C 外设的行为。这些 SFR 中的许多字段可以在 I²C 总线上启动一个“事件”。除 I2CxCON.SCLREL 外，所有位默认为 0。在下面的 SFR 中，x 指的是 I²C 外设的编号：1、3、4 或者 5。

I2CxCON。I²C 控制寄存器。当置位该寄存器时，启动 I²C 协议所使用的基本操作。某些位控制 I²C 从设备的行为。

- I2CxCON<15> 或 I2CxCONbits.ON：将此位置 1 时，启用 I²C 模块。
- I2CxCON<12> 或 I2CxCONbitsSCSLREL：只在从设备模式下使用。将 SCL 释放控制位置 1，以释放时钟，并告诉主设备它可以为通信提供时钟；或者通过清 0 来保持时钟为低电平（时钟延伸）。当主设备发现 SCL 为低电平时，它延迟发送时钟信号，在响应主设备之前给从设备更多的时间。

- I2CxCON<6> 或 I2CxCONbits.STREN：SCL 延伸使能位，在从设备模式中使用，用以控制时钟延伸。如果它设置为 1，则在从设备向主设备发送数据之前和从主设备接收数据之后，从设备将保持 SCL 为低电平。当 SCL 为低电平时，时钟会被延迟，主设备暂停时钟。如果该位被清 0，那么时钟延伸只发生在从设备传输的开始时刻。根据 I²C 协议，每当主设备希望得到从设备中的数据时，从设备开始传输。在从设备将 I2CxCONbits.SCLREL 置 1 之前，实际上传输并不会发生。

- I2CxCON<5> 或 I2CxCONbits.ACKDT：应答数据位，仅在主设备模式下使用。如果它设置为 1，则主设备将发送一个 NACK 信号，表明不再请求数据。如果设置为 0，则主设备在应答时发送 ACK，表明它需要更多的数据。

- I2CxCON<4:0>：这些位启动总线上的各种控制信号。当这些位中的任何一位为高电平时，不应该再将其他位置 1。

- I2CxCON<4> 或 I2CxCONbits.ACKEN：将该位置 1，发起确认信息，发送 I2CxCON.ACKDT 位，在 ACK 结束后，通过硬件清除此位。

- I2CxCON<3> 或 I2CxCONbits.RCEN：该位置 1 会启动 RECEIVE。在接收完成后，用硬件清除此位。

- I2CxCON<2> 或 I2CxCONbits.PEN：该位置 1 会启动 STOP。在发送停止位后，用硬件清除该位。

- I2CxCON<1> 或 I2CxCONbits.RSEN：该位置 1 会发起 RESTART。重新启动完成后，用硬件清除此位。

- I2CxCON<0> 或 I2CxCONbits.SEN：将该位置 1 会启动 START。启动完成后，用硬件清除此位。

I2CxSTAT。包含 I²C 外设的状态以及 I²C 总线上信号的结果。

- I2CxSTAT<15> 或 I2CxSTATbits.ACKSTAT：如果该位清 0，那么 $\overline{ACK}$（应答）信号已被收到；否则，ACK 尚未被收到。

- I2CxSTAT<14> 或 I2CxSTATbits.TRSTAT：如果该传输状态位被置 1，那么主设备正在传输；否则，主设备不在传输。它只在主设备模式下使用。

- I2CxSTAT<6> 或 I2CxSTATbits. I2COV：该位对调试非常有用。若该位被置 1，则表示发生了接收溢出，这意味着接收缓冲器内有一个字节，但是又收到了其他字节。使用软件清除此位。

- I2CxSTAT<5> 或 I2CxSTATbits. D_A：从设备模式下，它表明最近接收或发送的信息是地址（0）还是数据（1）。

- I2CxSTAT<2> 或 I2CxSTATbits. R_W：从设备模式下，若主设备正向从设备请求数据，则该位是 1；若主设备正向从设备发送数据，则该位是 0。

- I2CxSTAT<1> 或 I2CxSTATbits. RBF：接收缓冲器满位。该位置 1 时，表示收到了一个字节，并且在 I2CxRCV 中准备就绪。

- I2CxSTAT<0> 或 I2CxSTATbits. TBF：该位置 1 时，表明发送缓冲器已满，并且正在进行传输。

I2CxADD。 该寄存器包含 I²C 外设的地址。地址在其低 10 位（虽然只有 7 个寻址位在 7 位寻址模式中被使用）中。每当 I²C 总线上发送地址时，如果该地址匹配设备自己的地址，那么从设备将做出应答。只有从设备需要设置地址。

I2CxMSK。 允许从设备忽略一些地址位。

I2CxBRG。 该寄存器的低 16 位确定波特率。通常，波特率时钟频率为 100kHz 或 400kHz。为了计算 I2CxBRG 的值，可以使用公式：

$$I2CxBRG = \left(\left(\frac{1}{2 \times F_{sck}} - T_{PGD} \right) F_{pb} \right) - 2 \tag{13-1}$$

其中，F_{sck} 是期望的波特，F_{pb} 是外设总线时钟频率，T_{PGD} 是 104ns，具体请查阅参考手册。对于 80MHz 的外设总线时钟，I2CxBRG=390 对应于 100kHz，I2CxBRG= 90 对应于 400kHz。只有主设备需要设置波特率。

I2CxTRN。 用来发送一个字节的数据。当执行命令 ADDRESS 时，会将一个地址写到该寄存器里，或者当发送一个数据字节时，会将数据写到该寄存器里。

I2CxRCV。 用来从 I²C 总线上接收数据。该寄存器包含接收的所有数据。在主设备上，发出 RECEIVE 请求后，该寄存器只包含数据。在从设备上，只要主设备发送的任何数据中包括地址字节，该寄存器都会被加载。

无论是主设备还是从设备，通过任何数据传输请求或者握手检测到的错误都可以造成中断。中断也可以通过总线冲突来产生。更多详情请查阅参考手册。中断向量是 _I2C_x_ VECTOR，其中 x 是 1、3、4 或者 5。对于 I²C 外设 1，标志状态位为 IFS0bits.I2C1BIF（总线冲突）、IFS0bits.I2C1SIF（从设备事件）和 IFS0bits.I2C1MIF（主设备事件）；使能位为 IEC0bits.I2C1BIE（总线冲突）、IEC0bits.I2C1SIE（从设备事件）和 IEC0bits.I2C1MIE（主设备事件）；而优先级和次优先级位分别为 IPC6bits.I2C1IP 和 IPC6bits.I2C1IS。对于 I²C 外设 3 ～ 5，这些位的命名相似，可以使用 I2Cx 替代 I2C1，其中 x=3 ～ 5。对于 I²C 外设 3，这些位在 IFS0、IEC0 和 IPC6 中；对于 I²C 外设 4，这些位在 IFS1、IEC1 和 IPC7 中，对于 I²C 外设 5，这些位在 IFS1、IEC1 和 IPC8 中。

13.3　示例代码

13.3.1　回送程序

在这个例子中，单个的 PIC32 可以使用 I²C 和本身进行通信。这里，我们使用 I²C 外设 1 作为主设备，I²C 外设 5 作为从设备⊖。

⊖　从技术上讲，一个 I²C 外设可以同时是主设备和从设备。当主设备向其从设备地址发送数据时，从设备将会响应。

我们把代码分为 3 个模块：主设备、从设备和主函数。你可以在单个 PIC32 上测试代码，然后用两个 PIC32 的 I²C 外设来测试 PIC32 之间的通信。

首先是主设备代码。I²C 主设备的实现包含与之前讨论的基本功能相对应的函数。每个函数执行一个基本命令，然后等待它完成。通过连续调用基本命令函数，可以产生一个 I²C 协议。

代码示例 13.1   i2c_master_noint.h。无中断的 I²C 主设备的头文件

```c
#ifndef I2C_MASTER_NOINT_H__
#define I2C_MASTER_NOINT_H__
// Header file for i2c_master_noint.c
// helps implement use I2C1 as a master without using interrupts

void i2c_master_setup(void);              // set up I2C 1 as a master, at 100 kHz

void i2c_master_start(void);              // send a START signal
void i2c_master_restart(void);            // send a RESTART signal
void i2c_master_send(unsigned char byte); // send a byte (either an address or data)
unsigned char i2c_master_recv(void);      // receive a byte of data
void i2c_master_ack(int val);             // send an ACK (0) or NACK (1)
void i2c_master_stop(void);               // send a stop

#endif
```

代码示例 13.2   i2c_master_noint.c。无中断的 I²C 主设备的实现

```c
#include "NU32.h"          // constants, funcs for startup and UART
// I2C Master utilities, 100 kHz, using polling rather than interrupts
// The functions must be callled in the correct order as per the I2C protocol
// Master will use I2C1 SDA1 (D9) and SCL1 (D10)
// Connect these through resistors to Vcc (3.3 V). 2.4k resistors recommended,
// but something close will do.
// Connect SDA1 to the SDA pin on the slave and SCL1 to the SCL pin on a slave

void i2c_master_setup(void) {
    I2C1BRG = 390;                        // I2CBRG = [1/(2*Fsck) - PGD]*Pblck - 2
                                          // Fsck is the freq (100 kHz here), PGD = 104 ns
    I2C1CONbits.ON = 1;                   // turn on the I2C1 module
}

// Start a transmission on the I2C bus
void i2c_master_start(void) {
    I2C1CONbits.SEN = 1;                  // send the start bit
    while(I2C1CONbits.SEN) { ; }          // wait for the start bit to be sent
}

void i2c_master_restart(void) {
    I2C1CONbits.RSEN = 1;                 // send a restart
    while(I2C1CONbits.RSEN) { ; }         // wait for the restart to clear
}

void i2c_master_send(unsigned char byte) { // send a byte to slave
```

```
    I2C1TRN = byte;                     // if an address, bit 0 = 0 for write, 1 for read
    while(I2C1STATbits.TRSTAT) { ; }    // wait for the transmission to finish
    if(I2C1STATbits.ACKSTAT) {          // if this is high, slave has not acknowledged
      NU32_WriteUART3("I2C2 Master: failed to receive ACK\r\n");
    }
}

unsigned char i2c_master_recv(void) { // receive a byte from the slave
    I2C1CONbits.RCEN = 1;               // start receiving data
    while(!I2C1STATbits.RBF) { ; }      // wait to receive the data
    return I2C1RCV;                     // read and return the data
}

void i2c_master_ack(int val) {          // sends ACK = 0 (slave should send another byte)
                                        // or NACK = 1 (no more bytes requested from slave)
    I2C1CONbits.ACKDT = val;            // store ACK/NACK in ACKDT
    I2C1CONbits.ACKEN = 1;              // send ACKDT
    while(I2C1CONbits.ACKEN) { ; }      // wait for ACK/NACK to be sent
}

void i2c_master_stop(void) {            // send a STOP:
    I2C1CONbits.PEN = 1;                // comm is complete and master relinquishes bus
    while(I2C1CONbits.PEN) { ; }        // wait for STOP to complete
}
```

接下来是从设备代码。从设备代码使用 I²C 外设 5。当程序发起读取请求时，返回写入到从设备的最后两个字节。由于从设备是中断驱动的，所以只要调用 i2c_slave_setup，它就会工作，提供所需的 7 位地址（主设备被配置为与地址 0x32 处的从设备进行通信）。因为从设备中断会读取状态标志，所以它可以区分读、写、地址字节和数据字节。注意，当从设备希望将数据发送到主设备时，它必须将 I2C5CONbits.SCLREL 设置为 1 来释放 SCL，以便由主设备进行控制。

代码示例 13.3　i2c_slave.h。I²C 从设备的头文件

```
#ifndef I2C_SLAVE_H__
#define I2C_SLAVE_H__
// implements a basic I2C slave

void i2c_slave_setup(unsigned char addr); // set up the slave at the given address

#endif
```

代码示例 13.4　i2c_slave.c。I²C 从设备的实现

```
#include "NU32.h"   // constants, funcs for startup and UART
// Implements a I2C slave on I2C5 using pins SDA5 (F4) and SCL5 (F5)
// The slave returns the last two bytes the master writes

void __ISR(_I2C_5_VECTOR, IPL1SOFT) I2C5SlaveInterrupt(void) {
    static unsigned char bytes[2];    // store two received bytes
    static int rw = 0;                // index of the bytes read/written
    if(rw == 2) {                     // reset the data index after every two bytes
```

```
      rw = 0;
   }
   // We have to check why the interrupt occurred.  Some possible causes:
   // (1) slave received its address with RW bit = 1:  read address & send data to master
   // (2) slave received its address with RW bit = 0:  read address (data will come next)
   // (3) slave received an ACK in RW = 1 mode:        send data to master
   // (4) slave received a data byte in RW = 0 mode:   store this data sent by master

   if(I2C5STATbits.D_A) {        // received data/ACK, so Case (3) or (4)
     if(I2C5STATbits.R_W) {      // Case (3):  send data to master
       I2C5TRN = bytes[rw];      // load slave's previously received data to send to master
       I2C5CONbits.SCLREL = 1;   // release the clock, allowing master to clock in data
     } else {                    // Case (4):  we have received data from the master
       bytes[rw] = I2C5RCV;      // store the received data byte
     }
     ++rw;
   } else {                      // the byte is an address byte, so Case (1) or (2)
     I2C5RCV;                    // read to clear I2C5RCV (we don't need our own address)
     if(I2C5STATbits.R_W) {      // Case (1):  send data to master
       I2C5TRN = bytes[rw];      // load slave's previously received data to send to master
       ++rw;
       I2C5CONbits.SCLREL = 1;   // release the clock, allowing master to clock in data
     }                           // Case (2):  do nothing more, wait for data to come
   }
   IFS1bits.I2C5SIF = 0;
}

// I2C5 slave setup (disable interrupts before calling)
void i2c_slave_setup(unsigned char addr) {
   I2C5ADD = addr;                  // the address of the slave
   IPC8bits.I2C5IP = 1;             // slave has interrupt priority 1
   IEC1bits.I2C5SIE = 1;            // slave interrupt is enabled
   IFS1bits.I2C5SIF = 0;            // clear the interrupt flag
   I2C5CONbits.ON   = 1;            // turn on i2c2
}
```

接下来是主程序，其中 PIC32 通过 I²C 与自身进行通信。主程序初始化主设备和从设备，并执行一些 I²C 协议，通过 UART 把结果发送到终端。注意如何将基本操作汇编至单独的事务中。你应该连接 I²C 外设 1 和 I²C 外设 5 的时钟（SCL）和数据（SDA）线，以及上拉电阻。若要测试当从设备不返回 ACK 信号时会发生什么，则可以断开 I²C 总线的连线。

代码示例 13.5　i2c_loop.c。I²C 回送程序的主程序

```
#include "NU32.h"              // config bits, constants, funcs for startup and UART
#include "i2c_slave.h"
#include "i2c_master_noint.h"
// Demonstrate I2C by having the I2C1 talk to I2C5 on the same PIC32
// Master will use SDA1 (D9) and SCL1 (D10).  Connect these through resistors to
// Vcc (3.3 V) (2.4k resistors recommended, but around that should be good enough)
// Slave will use SDA5 (F4) and SCL5 (F5)
// SDA5 -> SDA1
// SCL5 -> SCL1
```

```
// Two bytes will be written to the slave and then read back to the slave.
#define SLAVE_ADDR 0x32

int main() {
  char buf[100] = {};                   // buffer for sending messages to the user
  unsigned char master_write0 = 0xCD;   // first byte that master writes
  unsigned char master_write1 = 0x91;   // second byte that master writes
  unsigned char master_read0  = 0x00;   // first received byte
  unsigned char master_read1  = 0x00;   // second received byte

  NU32_Startup();                 // cache on, interrupts on, LED/button init, UART init
  __builtin_disable_interrupts();
  i2c_slave_setup(SLAVE_ADDR);          // init I2C5, which we use as a slave
                                        // (comment out if slave is on another pic)
  i2c_master_setup();                   // init I2C2, which we use as a master
  __builtin_enable_interrupts();

  while(1) {
    NU32_WriteUART3("Master: Press Enter to begin transmission.\r\n");
    NU32_ReadUART3(buf,2);
    i2c_master_start();                        // Begin the start sequence
    i2c_master_send(SLAVE_ADDR << 1);          // send the slave address, left shifted by 1,
                                               // which clears bit 0, indicating a write
    i2c_master_send(master_write0);            // send a byte to the slave
    i2c_master_send(master_write1);            // send another byte to the slave
    i2c_master_restart();                      // send a RESTART so we can begin reading
    i2c_master_send((SLAVE_ADDR << 1) | 1);    // send slave address, left shifted by 1,
                                               // and then a 1 in lsb, indicating read
    master_read0 = i2c_master_recv();          // receive a byte from the bus
    i2c_master_ack(0);                         // send ACK (0): master wants another byte!
    master_read1 = i2c_master_recv();          // receive another byte from the bus
    i2c_master_ack(1);                         // send NACK (1): master needs no more bytes
    i2c_master_stop();                         // send STOP: end transmission, give up bus

    sprintf(buf,"Master Wrote: 0x%x 0x%x\r\n", master_write0, master_write1);
    NU32_WriteUART3(buf);
    sprintf(buf,"Master Read: 0x%x 0x%x\r\n", master_read0, master_read1);
    NU32_WriteUART3(buf);
    ++master_write0;                           // change the data the master sends
    ++master_write1;
  }
  return 0;
}
```

　　利用 I²C 让 PIC32 与自身进行通信似乎并不实用，但它有助于在不涉及其他芯片的情况下演示外围设备的操作。如果你有其他可用的 PIC32，也可以使用程序 i2c_slave_loop.c（见下文）将从设备程序编译为独立的程序。通过将主设备回送程序连接到从设备或者另一个芯片，你可以看到 PIC32 之间的通信。

　　为了使用 i2c_slave_loop.c，请将它与 i2c_slave.c 一起编译和连接，并将该程序运行在另一个 NU32 开发板上。连接两个 NU32 上的 SDA 和 SCL 引脚，以及上拉电阻。通过将两个 NU32 的 GND 引脚连接到一起，并将两个 NU32 的 6V 引脚连接到一起，主设备的 NU32 就能为从设备的 NU32 供电。插上主设备上 NU32 的电源，同时要确保从设备的 NU32 不插电源，但从设备的电源开关是打开的。如此一来，两个 NU32 的开启和关闭将取决于主设备的开关状态。

代码示例 13.6　i2c_slave_loop.c。独立的 I²C 从设备

```
#include "i2c_slave.h"
#include "NU32.h"

int main() {
  NU32_Startup();
  i2c_slave_setup(0x32); // enable the slave w/ address 0x32

  while(1) {             // the slave is handled in an interrupt in i2c_slave.c
    _nop();              // so we do nothing.
  }
  return 0;
}
```

13.3.2　基于中断的主设备

在 13.3.1 节中，我们为每个 I²C 的基本命令创建了函数，这些函数会启动一个命令，并等待它完成。本节提供了基于中断的主设备代码。函数 i2c_write_read 允许主设备启动一个写–读协议，即提供一个从设备地址、一个带有要写入字节的输入数组以及一个读取字节的输出数组。如果写或读的数组的长度是 0，那么将不执行这个操作。

中断移除了等待每个基本命令操作完成的需求。当每个基本命令执行完毕时，都会触发中断。ISR 跟踪当前的通信状态并执行适当的状态转换。正如代码编写的那样，函数 i2c_write_read 在返回之前，会等待整个通信过程完成。然而，在对时间有严格要求的应用中，可以修改这种行为。调用 i2c_write_read 会启动通信，但不会等待它完成。主代码将继续执行，并在后续操作中检查通信结果，或是在 ISR 中处理通信结果。

代码示例 13.7　i2c_master_int.h。基于中断的 I²C 主设备的头文件

```
#ifndef I2C_MASTER_INT__H__
#define I2C_MASTER_INT__H__

// buffer pointer type.  The buffer is shared by an ISR and mainline code.
// the pointer to the buffer is also shared by an ISR and mainline code.
// Hence the double volatile qualification
typedef volatile unsigned char * volatile buffer_t;

void i2c_master_setup(); //sets up I2C1 as a master using an interrupt
```

```
// Initiate an I2C write read operation at the given address.
// You can optionally only read or only write by passing 0 length for reading or writing.
// This will not return until the transaction is complete.  Returns false on error.
int i2c_write_read(unsigned int addr, const buffer_t write, unsigned int wlen,
    const buffer_t read, unsigned int rlen );

// write a single byte to the slave
int i2c_write_byte(unsigned int addr, unsigned char byte);

#endif
```

代码示例 13.8 i2c_master_int.c。基于中断的 I²C 主设备的实现

```
#include "NU32.h"              // constants, funcs for startup and UART
#include "i2c_master_int.h"
// I2C Master utilities, using interrupts
// Master will use I2C1 SDA1 (D9) and SCL1 (D10)
// Connect these through resistors to Vcc (3.3V). 2.4k resistors recommended, but
// something close will do.
// Connect SDA1 to the SDA pin on a slave device and SCL1 to the SCL pin on a slave.

// keeps track of the current I2C state
static volatile enum {IDLE,START,WRITE,READ,RESTART,ACK,NACK,STOP,ERROR} state = IDLE;

static buffer_t to_write = NULL;           // data to write
static buffer_t  to_read = NULL;           // data to read
static volatile unsigned char address = 0; // the 7-bit address to write to / read from
static volatile unsigned int n_write = 0; // number of data bytes to write
static volatile unsigned int n_read = 0; // number of data bytes to read


void __ISR(_I2C_1_VECTOR, IPL1SOFT) I2C1MasterInterrupt(void) {
  static unsigned int write_index = 0, read_index = 0;  //indexes the read/write arrays

  switch(state) {
    case START:                      // start bit has been sent
      write_index = 0;               // reset indices
      read_index = 0;
      if(n_write > 0) {              // there are bytes to write
        state = WRITE;               // transition to write mode
        I2C1TRN = address << 1;      // send the address, with write mode set
      } else {
        state = ACK;                 // skip directly to reading
        I2C1TRN = (address << 1) & 1;
      }

      break;
    case WRITE:                      // a write has finished
      if(I2C1STATbits.ACKSTAT) {     // error: didn't receive an ACK from the slave
        state = ERROR;
      } else {
        if(write_index < n_write) {  // still more data to write
          I2C1TRN = to_write[write_index]; // write the data
          ++write_index;
        } else {                     // done writing data, time to read or stop
          if(n_read > 0) {           // we want to read so issue a restart
```

```
            state = RESTART;
            I2C1CONbits.RSEN = 1;          // send the restart to begin the read
          } else {                         // no data to read, issue a stop
            state = STOP;
            I2C1CONbits.PEN = 1;
          }
        }
      }
      break;
    case RESTART: // the restart has completed
      // now we want to read, send the read address
      state = ACK;         // when interrupted in ACK mode, we will initiate reading a byte
      I2C1TRN = (address << 1) | 1; // the address is sent with the read bit sent
      break;
    case READ:
      to_read[read_index] = I2C1RCV;
      ++read_index;
      if(read_index == n_read) { // we are done reading, so send a nack
        state = NACK;
        I2C1CONbits.ACKDT = 1;
      } else {
        state = ACK;
        I2C1CONbits.ACKDT = 0;
      }
      I2C1CONbits.ACKEN = 1;
      break;
    case ACK:
              // just sent an ack meaning we want to read more bytes
      state = READ;
      I2C1CONbits.RCEN = 1;
      break;
    case NACK:
      //issue a stop
      state = STOP;
      I2C1CONbits.PEN = 1;
      break;
    case STOP:
      state = IDLE; // we have returned to idle mode, indicating that the data is ready
      break;
    default:
      // some error has occurred
      state = ERROR;
  }
  IFS0bits.I2C1MIF = 0;        //clear the interrupt flag
}

void i2c_master_setup() {
  int ie = __builtin_disable_interrupts();
  I2C1BRG = 90;                        // I2CBRG = [1/(2*Fsck) - PGD]*Pblck - 2
                                       // Fsck is the frequency (400 kHz here), PGD = 104ns
                                       // this is 400 khz mode
                                       // enable the i2c interrupts
  IPC6bits.I2C1IP  = 1;                // master has interrupt priority 1
  IEC0bits.I2C1MIE = 1;                // master interrupt is enabled
  IFS0bits.I2C1MIF = 0;                // clear the interrupt flag
  I2C1CONbits.ON = 1;                  // turn on the I2C2 module
```

```
  if(ie & 1) {
    __builtin_enable_interrupts();
  }
}

// communicate with the slave at address addr.  first write wlen bytes to the slave,
// then read rlen bytes from the slave
int i2c_write_read(unsigned int addr, const buffer_t write,
    unsigned int wlen, const buffer_t read, unsigned int rlen ) {
  n_write = wlen;
  n_read = rlen;
  to_write = write;
  to_read = read;
  address = addr;
  state = START;
  I2C1CONbits.SEN = 1;            // initialize the start
  while(state != IDLE && state != ERROR) { ; }  // initialize the sequence
  return state != ERROR;
}

// write a single byte to the slave
int i2c_write_byte(unsigned int addr, unsigned char byte) {
  return i2c_write_read(addr,&byte,1,NULL,0);
}
```

13.3.3　加速度计 / 磁强计

意法半导体（STMicroelectronics）的 LSM303D 是一个三轴加速度计和磁强计，它可以作为数字罗盘使用，并配有温度传感器。关于这个传感器和转接板的更多细节已在第 12 章中讨论过。在这里，我们使用与第 12 章中相同加速度计的库文件和例子，只是现在的实现使用的是 I²C 而不是 SPI。

当与 Pololu 分线板一起使用时，加速度计的 I²C 地址为 0x1D。示例代码连续地显示加速度计、磁强计和温度传感器的原始值。所用代码是第 12 章的代码示例 12.3 和 12.4，以及下面的代码。

代码示例 13.9　i2c_accel.c。基本加速度计函数库的 I²C 实现。需要与 i2c_master_ini.h 配合使用

```
#include "accel.h"
#include "i2c_master_int.h"
#include <stdlib.h>

#define I2C_ADDR 0x1D // the I2C slave address

// Wire GND to GND, VDD to 3.3V, SDA to SDA2 (RA3) and SCL to SCL2 (RA2)

// read data from the accelerometer, given the starting register address.
// return the data in data
void acc_read_register(unsigned char reg, unsigned char data[], unsigned int len)
{
  unsigned char write_cmd[1] = {};
```

```
if(len > 1) { // want to read more than 1 byte and we are reading from the accelerometer
    write_cmd[0] = reg | 0x80; // make the MSB of addr 1 to enable auto increment
}
else {
    write_cmd[0] = reg;
}
i2c_write_read(I2C_ADDR,write_cmd, 1, data,len);
}

void acc_write_register(unsigned char reg, unsigned char data)
{
    unsigned char write_cmd[2];
    write_cmd[0] = reg;   // write the register
    write_cmd[1] = data;  // write the actual data
    i2c_write_read(I2C_ADDR, write_cmd, 2, NULL, 0);
}

void acc_setup() {                        // set up the accelerometer, using I2C 2
    i2c_master_setup();
    acc_write_register(CTRL1, 0xAF); // set accelerometer data rate to 1600 Hz.
                                     // Don't update until we read values
    acc_write_register(CTRL5, 0xF0); // 50 Hz magnetometer, high resolution, temp sensor on
    acc_write_register(CTRL7, 0x0);  // enable continuous reading of the magnetometer
}
```

13.3.4   OLED 显示

有机发光二极管（Organic Light Emitting Diode，OLED）屏幕是一种低功耗、高分辨率的单色显示器。在这个例子中，我们使用廉价的 128×64 像素的 OLED 显示器（128 列，64 行）和板载 SSD1306 控制器芯片。关于该芯片的资料可以在业余爱好者的网站上找到。PIC32 使用 I²C 与 SSD1306 进行通信。我们提供的 OLED 库给出了一个用于 OLED 显示的简单接口，然而它并没有对所有控制器功能提供综合的访问方法。

每个像素由独立的位来表示。PIC32 将像素数据存储在 PIC32 RAM 的帧缓冲器中，该数据是 OLED 控制器 RAM 的一个副本。函数 display_pixel_set 和 display_pixel_get 访问的是这个帧缓冲器，而不是直接访问 OLED 控制器的内存。函数 display_draw 将整个帧缓冲器复制到 OLED 控制器上，以便更新屏幕。

示例代码包含 3 个文件：两个 OLED 的库文件 i2c_display.{c,h} 和一个主程序 i2c_pixels.c。主程序使用 OLED 库来绘制屏幕上的斜线（如图 13-3 所示）。

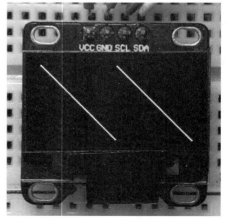

图 13-3   OLED 显示器

代码示例 13.10　i2c_display.h。用于控制 OLED 显示器的头文件

```c
#ifndef I2C_DISPLAY_H__
#define I2C_DISPLAY_H__
// bare-bones driver for interfacing with the SSD1306 OLED display via I2C
// not fully featured, just demonstrates basic operation
// note that resetting the PIC doesn't reset the OLED display, only power cycling does

#define WIDTH 128 //display width in bits
#define HEIGHT 64 //display height, in bits

void display_init(void); // initialize I2C1

void display_command(unsigned char cmd); // issue a command to the display

void display_draw(void);                 // draw the buffer in the display

void display_clear(void);                // clear the display

void display_pixel_set(int row, int col, int val); // set pixel at given row and column

int display_pixel_get(int row, int col);  // get the pixel at the given row and column

#endif
```

代码示例 13.11　i2c_DISPLAY.c。OLED 显示器接口代码

```c
#include "i2c_master_int.h"
#include "i2c_display.h"
#include <stdlib.h>
// control the SSD1306 OLED display

#define DISPLAY_ADDR 0x3C

#define SIZE WIDTH*HEIGHT/8 //display size, in bytes

static unsigned char video_buffer[SIZE+1] = {0};// buffer corresponding to display pixels
                                    // for sending over I2C. The first byte
                                    // lets us to store the control character
static unsigned char * gddram = video_buffer + 1; // the video buffer start, excluding
                                    // address byte we write these pixels
                                    // to GDDRAM over I2C


void display_command(unsigned char cmd) {// write a command to the display
  unsigned char to_write[] = {0x00,cmd}; // 1st byte = 0 (CO = 0, DC = 0), 2nd is command
  i2c_write_read(DISPLAY_ADDR, to_write,2, NULL, 0);
}

void display_init() {
  i2c_master_setup();
                      // goes through the reset procedure
  display_command(0xAE);  // turn off display

  display_command(0xA8);     // set the multiplex ratio (how many rows are updated per
```

```
                              // oled driver clock) to the number of rows in the display
  display_command(HEIGHT-1); // the ratio set is the value sent+1, so subtract 1
                              // we will always write the full display on a single update.
  display_command(0x20); // set address mode
  display_command(0x00); // horizontal address mode
  display_command(0x21); // set column address
  display_command(0x00); // start at 0
  display_command(0xFF); // end at 127
                         // with this address mode, the address will go through all
                         // the pixels and then return to the start,
                         // hence we never need to set the address again

  display_command(0x8d); // charge pump
  display_command(0x14); // turn on charge pump to create ~7 Volts needed to light pixels
  display_command(0xAF); // turn on the display
  video_buffer[0] = 0x40;// co = 0, dc =1, allows us to send data directly from video
                         // buffer, 0x40 is the "next bytes have data" byte
}

void display_draw() {    // copies data to the gddram on the oled chip
  i2c_write_read(DISPLAY_ADDR, video_buffer, SIZE + 1, NULL, 0);
}

void display_clear() {
  memset(gddram,0,SIZE);
}

// get the position in gddram of the pixel position
static inline int pixel_pos(int row, int col) {
  return (row/8)*WIDTH + col;
}

// get a bitmask for the actual pixel position, based on row
static inline unsigned char pixel_mask(int row) {
  return 1 << (row % 8);
}

// invert the pixel at the given row and column
void display_pixel_set(int row, int col,int val) {
  if(val) {
    gddram[pixel_pos(row,col)] |= pixel_mask(row);   // set the pixel
  } else {
    gddram[pixel_pos(row,col)] &= ~pixel_mask(row);  // clear the pixel
  }
}

int display_pixel_get(int row, int col) {
  return (gddram[pixel_pos(row,col)] & pixel_mask(row)) != 0;
}
```

代码示例 13.12　i2c_pixels.c。在 OLED 显示器上画线

```
#include "NU32.h"         // constants, funcs for startup and UART
#include "i2c_display.h"
```

```
// Tests the OLED driver by drawing pixels

int main() {
  NU32_Startup();  // cache on, interrupts on, LED/button init, UART init
  display_init();
  int row, col;
  for(col = 0; col < WIDTH; ++col) { // draw a diagonal line
    row = col % HEIGHT;              // when we hit the last row
    display_pixel_set(row,col,1);    // start from row 0, but keep advancing
                                     // the column
    display_draw();                  // we draw every update, to display progress.
  }
  display_draw();

  return 0;
}
```

13.3.5 多个设备的应用

为了在同一组 I²C 总线上测试 3 个设备——PIC32、加速度计和 OLED 显示器,并且为了有趣一点,我们实现了经典的街机游戏贪吃蛇(如图 13-4 所示)。这个游戏的目标是移动由一串像素表示的蛇去吃食物,前提是要避免蛇头碰到屏幕的边界或者自己的身体。玩家通过倾斜加速度计的方向来控制蛇头向东、南、西或北 4 个方向移动,蛇的身体紧跟着头进行移动。当蛇头穿过一个食物像素点时,一个新的食物像素点就会出现,而蛇的身体也会变长一个像素,这样就增加了游戏的挑战性。

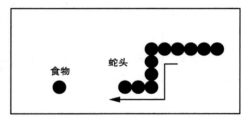

图 13-4 贪食蛇游戏。使劲吃食物,不要撞到墙和自己的身体

OLED 显示器和加速度计作为从设备,它们有不同的从设备地址。代码包含 i2c_snake.c (见下文)、i2c_accel.c、accel.h、i2c_master_int.c 和 i2c_master_int.h。

代码示例 13.13 i2c_snake.c。OLED 显示器上的贪食蛇游戏

```
#include "NU32.h"         // cache on, interrupts on, LED/button init, UART init
#include "i2c_display.h"
#include "accel.h"

// the game of snake, on an oled display. eat those pixels!
#define MAX_LEN WIDTH*HEIGHT

typedef struct {
  int head;
  int tail;
  int rows[MAX_LEN];
  int cols[MAX_LEN];
} snake_t; // hold the snake

// direction of the snake
```

```
typedef enum {NORTH = 0, EAST = 1, SOUTH = 2, WEST= 3} direction_t;

// grow the snake in the appropriate direction, returns false if snake has crashed
int snake_grow(snake_t * snake, direction_t dir) {
  int hrow = snake->rows[snake->head];
  int hcol = snake->cols[snake->head];

  ++snake->head;
  if(snake->head == MAX_LEN) {
    snake->head = 0;
  }
  switch(dir) {                       // move the snake in the appropriate direction
    case NORTH:
      snake->rows[snake->head] = hrow -1;
      snake->cols[snake->head] = hcol;
      break;
    case SOUTH:
      snake->rows[snake->head] = hrow + 1;
      snake->cols[snake->head] = hcol;
      break;
    case EAST:
      snake->rows[snake->head] = hrow;
      snake->cols[snake->head] = hcol + 1;
      break;
    case WEST:
      snake->rows[snake->head] = hrow;
      snake->cols[snake->head] = hcol -1;
      break;
  }
  // check for collisions with the wall or with itself and return 0, otherwise return 1
  if(snake->rows[snake->head] < 0 || snake->rows[snake->head] >= HEIGHT
     || snake->cols[snake->head] < 0 || snake->cols[snake->head] >= WIDTH) {
    return 0;
  } else if(display_pixel_get(snake->rows[snake->head],snake->cols[snake->head]) == 1) {
    return 0;
  } else {
    display_pixel_set(snake->rows[snake->head],snake->cols[snake->head],1);
    return 1;
  }

}

void snake_move(snake_t * snake) { // move the snake by deleting the tail
  display_pixel_set(snake->rows[snake->tail],snake->cols[snake->tail],0);
  ++snake->tail;
  if(snake->tail == MAX_LEN) {
    snake->tail = 0;
  }
}
int main(void) {
  NU32_Startup();
  display_init();
  acc_setup();
```

```
while(1) {
  snake_t snake = {5, 0, {20,20,20,20,20,20},{20,21,22,23,24,25}};
  int dead = 0;
  direction_t dir = EAST;
  char dir_key = 0;
  char buffer[3];
  int i;
  int crow, ccol;
  int eaten = 1;
  int grow = 0;
  short acc[2]; // x and y accleration
  short mag;
  for(i = snake.tail; i <= snake.head; ++i) { // draw the initial snake
    display_pixel_set(snake.rows[i],snake.cols[i],1);
  }
  display_draw();
  acc_read_register(OUT_X_L_M,(unsigned char *)&mag,2);
  srand(mag); // seed the random number generator with the magnetic field
              // (not the most random, but good enough for this game)
  while(!dead) {
    if(eaten) {
      crow = rand() % HEIGHT;
      ccol = rand() % WIDTH;
      display_pixel_set(crow,ccol,1);
      eaten = 0;
    }

    //determine direction based on largest magnitude accel and its direction
    acc_read_register(OUT_X_L_A,(unsigned char *)&acc,4);
    if(abs(acc[0]) > abs(acc[1])) { // move snake in direction of largest acceleration
      if(acc[0] > 0) {              // prevent snake from turning 180 degrees,
        if(dir != EAST) {           // resulting in an automatic self crash
          dir = WEST;
        }
      } else
        if( dir != WEST) {
          dir = EAST;
        }
    } else {
      if(acc[1] > 0) {
        if( dir != SOUTH) {
          dir = NORTH;
        }
      } else {
        if( dir != NORTH) {
          dir = SOUTH;
        }
      }
    }
    if(snake_grow(&snake,dir)) {
      snake_move(&snake);
    } else if(snake.rows[snake.head] == crow && snake.cols[snake.head] == ccol) {
        eaten = 1;
        grow += 15;
    } else {
      dead = 1;
```

```
        display_clear();
    }
    if(grow > 0) {
        snake_grow(&snake,dir);
        --grow;
    }
    display_draw();
    }
  }
  return 0;
}
```

13.4 小结

- I^2C 通信需要两根线，一根用于时钟（SCL），另一根用于数据（SDA）。这两根线都应通过上拉电阻将电压拉高至 3.3V 或 5V。

- I^2C 设备可以是主设备也可以是从设备。主设备控制时钟并启动所有通信。通常，PIC32 作为主设备来运行，但它也可以作为从设备。

- 每个从设备都有唯一的地址，只有当主设备发出地址时它才会响应。使用地址通信的方式多个从设备可以连接到同一个主设备。许多设备可以作为主设备，但一次只有一个主设备可以执行操作。

- I^2C 外设自动处理 I^2C 通信的基本命令，如 ADDRESS、WRITE 和 RECEIVE。然而，一个完整的 I^2C 通信需要一系列的基本命令，这些命令必须在软件上进行处理。主设备可以通过轮询表示基本命令是否完成的状态标志位来对指令进行排序，或者通过在基本命令完成时生成中断来对指令进行排序。

13.5 练习题

1. 为什么 I^2C 总线的线路上需要有上拉电阻？

2. 编写一个程序，从模拟终端读取一系列字节（十六进制数），并通过 I^2C 将字节发送到外部芯片。然后，该外部芯片将通过 I^2C 接收到的数据以十六进制数进行显示。你也可以发送各种 I^2C 基本命令（如 START 或 RESET）来直接控制。注意：可以使用 \%x 格式限定符以及函数 sscanf 和 sprintf 来读写十六进制数。

延伸阅读

LSM303D ultra compact high performance e-compass 3D accelerometer and 3D magnetometer module. (2012). STMicroelectronics.

PIC32 family reference manual. Section 24: Inter-integrated circuit. (2013). Microchip Technology Inc.

SSD1306 OLED/PLED segment/common driver with controller. (2008). Solomon Systech.

UM10204 I^2C-bus specification and user manual (v. 6). (2014). NXP Semiconductors.

并行主端口

并行主端口（PMP）采用多根线来进行多位数据的并行通信。相对而言，串行通信每次只发送一位数据。尽管并行端口曾经广泛应用于计算机和打印机，但是现在已经被较为先进的通信技术所取代，如 USB 和以太网。然而，PMP 为有些设备提供了简单的接口，如 LCD 控制器。

14.1 概述

PIC32 微控制器有一个 PMP 外设。不管 PMP 的名称如何，它都可以用作主端口或者从端口，然而这里我们关注的是把它当作主端口来使用。作为主端口时，PMP 可以用不同的方式与从端口进行通信，这使其适用于各种并行设备的接口。

PIC32 的 PMP 最多可以使用 16 个地址引脚（PMA0 ～ PMA15）、8 个数据引脚（PMD0 ～ PMD7）和各种控制引脚。地址引脚经常用来指示用于读或写的从端口的远程内存地址。每次执行读 / 写操作后，PMP 外设可以选择性地将地址加 1，以允许在目标设备上对多个寄存器执行读 / 写操作。数据引脚用于在 PMP 和设备之间发送数据。控制引脚用于实现硬件握手，这是一个信号机制，以告知 PIC32 微控制器和设备引脚上的数据何时可用，以及数据传输的方向（读或写）。

PMP 支持两种基本的硬件握手方法：主端口模式 1 和主端口模式 2。这两种方法都涉及两个引脚以及被称为选通信号的脉冲信号。选通信号是为从端口提供指令的单独脉冲信号，即发出脉冲信号的引脚。在主端口模式 2 下，这两个引脚被称为并行主端口读引脚（Parallel Master Read，PMRD，与 RD5 复用）和并行主端口写引脚（Parallel Master Write，PMWR，与 RD4 复用）。为了从设备中读取数据，PMP 发出读选通（PMRD）脉冲信号，指示设备向数据引脚输出数据。在执行写操作时，PMP 发出写选通（PMWR）脉冲信号，指示设备可以从数据引脚中读取数据。无论是 PIC32 微控制器还是外围设备，都可以控制数据线；当一个设备在驱动数据线时，另一个设备必须处于高阻抗（输入）状态。

在主端口模式 1 下，引脚 RD5 被称为 PMRD/PMWR，而引脚 RD4 被称为 PMENB，这是并行主端口使能选通引脚。信号 PMRD/PMWR 决定了当 PMENB 选通信号启动读或写操作时，PMP 是执行读操作还是写操作。

数据和选通信号的时序必须满足从端口数据表中的时序要求。选通信号本身必须有足够的持续时间，Microchip 将该持续时间称为 `WaitM`。在选通信号之前，数据建立时间是 `WaitB`；选通信号结束之后，数据线上数据的有效时间应该为 `WaitE`。

14.2　详述

并行主端口使用了几个特殊功能寄存器，然而，有一些特殊功能寄存器在主端口模式下是用不到的。我们省略那些只用于从端口模式的特殊功能寄存器，下列特殊功能寄存器的所有位默认为 0。

PMCON。主要的配置寄存器。

- PMCON<15> 或 PMCONbits.ON：该位置 1 时，允许使用 PMP。
- PMCON<9> 或 PMCONbits.PTWREN：该位置 1 时，允许使用引脚 PMWR/PWENB（与 RD4 复用）。当使用主端口模式 2 时，该引脚被称为 PMWR 引脚；当使用主端口模式 1 时，该引脚称为 PMENB 引脚。大部分设备都要求使用 PMWR/PWENB，因此你会经常将该位置 1。
- PMCON<8> 或 PMCONbits.PTRDEN：该位置 1 时，允许使用引脚 PMRD/PMWR（与 RD5 复用）。当使用主端口模式 2 时，该引脚被称为 PMRD 引脚；当使用主端口模式 1 时，该引脚被称为 PMWR 引脚。
- PMCON<1> 或 PMCONbits.WRSP：决定 PMWR 或 PMENB 的极性，这取决于使用的是主端口模式 2 还是主端口模式 1。当该位置 1 时，选通脉冲信号先从低电平跳变到高电平，再跳变回低电平。当该位清 0 时，选通脉冲信号先从高电平跳变到低电平，再跳变回高电平。
- PMCON<0> 或 PMCONbits.RDSP：决定 PMRD 或 PMRD/PMWR 的极性，这取决于使用的是主端口模式 2 还是主端口模式 1。当该位置 1 时，选通脉冲信号先从低电平跳变到高电平，再跳变回低电平。当该位清 0 时，选通脉冲信号先从高电平跳变到低电平，再跳变回高电平。

PMMODE。控制 PMP 的工作模式，并跟踪 PMP 的状态。

- PMMODE<15> 或 PMMODEbits.BUSY：当外设繁忙时，PMP 将该位置 1。轮询该位可得知读操作或者写操作是否完成。
- PMMODE<9:8> 或 PMMODEbits.MODE：决定 PMP 的工作模式。两个主端口模式如下所示。

　　0b11　　主端口模式 1，使用单独的选通引脚 PMENB 和读 / 写方向信号引脚 PMRD/
　　　　　　PMWR。

0b10　　主端口模式 2，使用读选通引脚 PMRD 和写选通引脚 PMWR。

- PMMODE<7:6> 或 PMMODEbits.WAITB：决定读 / 写操作和触发选通信号之间的时长。插入的间隔时间为（1+PMMODEbits.WAITB）T_{pb}，其中 T_{pb} 是外设总线时钟周期。其最小值可以是 1 个等待状态（T_{pb}），而最大值可以是 4 个等待状态（$4T_{pb}$）。

- PMMODE<5:2> 或 PMMODEbits.WAITM：决定选通信号的持续时间。持续时间由公式（1+PMMODEbits.WAITM）T_{pb} 得到。其最小值可以是 1 个等待状态（T_{pb}），而最大值可以是 16 个等待状态（$16T_{pb}$）。

- PMMODE<1:0> 或 PMMODEbits.WAITE：决定选通信号结束之后数据有效的时间。对于读操作，等待状态的个数为 PMMODEbits.WAITE。对于写操作，等待状态的个数为 PMMODEbits.WAITE+1。每个等待状态的时长为 1 个 T_{pb}。

PMADDR。在执行操作之前，该寄存器设置为期望的读 / 写地址。外设也可能被设置为每次读或写后自动为该寄存器加 1，这允许你访问从设备上的一系列连续地址的寄存器。PMP 使用的这些寄存器的位由 PMAEN（下面会介绍到）决定。

PMDIN。在任何一个主端口模式中，都使用该寄存器对从设备执行读 / 写操作。写入该寄存器的数据，将会被发送给从设备。若想从 PMP 上读取一个值，则需要读取这个特殊功能寄存器两次。第一次读取返回缓冲器 PMDIN 的当前值，这是旧的数据，应该被忽略。第一次读取也启动了 PMP 的读时序，这导致选通信号和新的数据被锁入到寄存器 PMDIN 中。对 PMDIN 的第二次读取返回从设备实际发送的数据。

PMAEN。决定 PMP 使用哪个并行端口地址引脚以及哪些引脚可供其他外设所使用。为了确认 PMP 使用 PMA0 ～ PMA15 中的哪个引脚，需要将相应的位置 1。

PMP 的中断向量是 _PMP_VECTOR，其中断标志状态位是 IFS1bits.PMPIF，中断使能控制位是 IEC1bits.PMPIE，而优先级和次优先级包含在 IPC7bits.PMPIP 和 IPC7bits.PMPIS 中。每个读或写操作完成后，可以产生中断。下面的示例代码不使用中断。

14.3　示例代码

PMP 用于实现 Hitachi（日立）的 HD44780 或者兼容 LCD 控制器的 LCD 库⊖。头文件似乎看起来很熟悉，因为这是在第 4 章中见过的一个头文件。

本例使用主端口模式 1，而 PMRD/PMWR 方向位（RD5）连接到 HD44780 的 R/$\overline{\text{W}}$ 输入端，PMENB 选通引脚（RD4）连接到 HD44780 的 E 输入端。只使用一个地址引脚，即 PMA10（RB13），在本例中这个单独的位还用来选通 HD44780 的 8 位指令寄存器（PMA10 = 0）或者 HD44780 的 8 位数据寄存器（PMA10=1）。HD44780 的数据表介绍了有效的 8 位指令，如"清除显示"和"移动光标"。LCD 写入指令包括赋值 0（指令）或者 1（数据）

⊖　许多控制器都与 HD44780 兼容。在本章示例中，我们使用三星的 KS006U 来测试程序。

给位 PMA10，以及往 PMDIN 中写 8 位的数值，这表示指令（如清除显示）或者数据（如要显示的字符）。

直接与 PMP 交互的函数有 wait_pmp、LCD_Setup、LCD_Read 和 LCD_Write。

代码示例 14.1　LCD.h。使用 PMP 的 LCD 控制库

```
#ifndef LCD_H
#define LCD_H
// LCD control library for Hitachi HD44780-compatible LCDs.

void LCD_Setup(void);                 // Initialize the LCD
void LCD_Clear(void);                 // Clear the screen, return to position (0,0)
void LCD_Move(int line, int col);     // Move position to the given line and column
void LCD_WriteChar(char c);           // Write a character at the current position
void LCD_WriteString(const char * string); // Write string starting at current position
void LCD_Home(void);                  // Move to (0,0) and reset any scrolling
void LCD_Entry(int id, int s);        // Control display motion after sending a char
void LCD_Display(int d, int c, int b); // Turn display on/off and set cursor settings
void LCD_Shift(int sc, int rl);       // Shift the position of the display
void LCD_Function(int n, int f);      // Set number of lines (0,1) and the font size
void LCD_CustomChar(unsigned char val, const char data[7]); // Write custom char to CGRAM
void LCD_Write(int rs, unsigned char db70); // Write a command to the LCD
void LCD_CMove(unsigned char addr);   // Move to the given address in CGRAM
unsigned char LCD_Read(int rs);       // Read a value from the LCD
#endif
```

代码示例 14.2　LCD.c。使用 PMP 的 LCD 控制库的实现

```
#include "LCD.h"
#include<xc.h>      // SFR definitions from the processor header file and some other macros

#define PMABIT 10 // which PMA bit number to use

// wait for the peripheral master port (PMP) to be ready
// should be called before every read and write operation
static void waitPMP(void)
{
  while(PMMODEbits.BUSY) { ; }
}

// wait for the LCD to finish its command.
// We check this by reading from the LCD
static void waitLCD() {
  volatile unsigned char val = 0x80;

  // Read from the LCD until the Busy flag (BF, 7th bit) is 0
  while (val & 0x80) {
    val = LCD_Read(0);
  }
  int i = 0;
  for(i = 0; i < 50; ++i) { // slight delay
    _nop();
  }
}
```

```
// set up the parallel master port (PMP) to control the LCD
// pins RE0 - RE7 (PMD0 - PMD7) connect to LCD pins D0 - D7
// pin RD4 (PMENB) connects to LCD pin E
// pin RD5 (PMRD/PMWR) Connects to LCD pin R/W
// pin RB13 (PMA10) Connects to RS.
// interrupts will be disabled while this function executes
void LCD_Setup() {
  int en = __builtin_disable_interrupts();  // disable interrupts, remember initial state

  IEC1bits.PMPIE = 0;    // disable PMP interrupts
  PMCON = 0;             // clear PMCON, like it is on reset
  PMCONbits.PTWREN = 1;  // PMENB strobe enabled
  PMCONbits.PTRDEN = 1;  // PMRD/PMWR enabled
  PMCONbits.WRSP = 1;    // Read/write strobe is active high
  PMCONbits.RDSP = 1;    // Read/write strobe is active high

  PMMODE = 0;            // clear PMMODE like it is on reset
  PMMODEbits.MODE = 0x3; // set master mode 1, which uses a single strobe

  // Set up wait states.  The LCD requires data to be held on its lines
  // for a minimum amount of time.
  // All wait states are given in peripheral bus clock
  // (PBCLK) cycles.  PBCLK of 80 MHz in our case
  // so one cycle is 1/80 MHz = 12.5 ns.
  // The timing controls asserting/clearing PMENB (RD4) which
  // is connected to the E pin of the LCD (we refer to the signal as E here)
  // The times required to wait can be found in the LCD controller's data sheet.
  // The cycle is started when reading from or writing to the PMDIN SFR.
  // Note that the wait states for writes start with minimum of 1 (except WAITE)
  // We add some extra wait states to make sure we meet the time and
  // account for variations in timing amongst different HD44780 compatible parts.
  // The timing we use here is for the KS066U which is faster than the HD44780.
  PMMODEbits.WAITB = 0x3; // Tas in the LCD datasheet is 60 ns
  PMMODEbits.WAITM = 0xF; // PWeh in the data sheet is 230 ns (we don't quite meet this)
                          // If not working for your LCD you may need to reduce PBCLK
  PMMODEbits.WAITE = 0x1; // after E is low wait Tah (10ns)

  PMAEN |= 1 << PMABIT;  // PMA is an address line

  PMCONbits.ON = 1;       // enable the PMP peripheral
  // perform the initialization sequence
  LCD_Function(1,0);      // 2 line mode, small font
  LCD_Display(1, 0, 0);   // Display control: display on, cursor off, blinking cursor off
  LCD_Clear();            // clear the LCD
  LCD_Entry(1, 0);        // Cursor moves left to right. do not shift the display

  if(en & 0x1)            // if interrupts were enabled before, re-enable them
  {
    __builtin_enable_interrupts();
  }
}


// Clears the display and returns to the home position (0,0)
void LCD_Clear(void) {
  LCD_Write(0,0x01); //clear the whole screen
}
```

```
// Return the cursor and display to the home position (0,0)
void LCD_Home(void) {
  LCD_Write(0,0x02);
}

// Issue the LCD entry mode set command
// This tells the LCD what to do after writing a character
// id : 1 increment cursor, 0 decrement cursor
// s : 1 shift display right, 0 don't shift display
void LCD_Entry(int id, int s) {
  LCD_Write(0, 0x04 | (id << 1) | s);
}

// Issue the LCD Display command
// Changes display settings
// d : 1 display on, 0 display off
// c : 1 cursor on, 0 cursor off
// b : 1 cursor blinks, 0 cursor doesn't blink
void LCD_Display(int d, int c, int b) {
  LCD_Write(0, 0x08 | (d << 2) | (c << 1) | b);
}

// Issue the LCD display shift command
// Move the cursor or the display right or left
// sc : 0 shift cursor, 1 shift display
// rl : 0 to the left, 1 to the right
void LCD_Shift(int sc, int rl) {
  LCD_Write(0,0x1 | (sc << 3) | (rl << 2));
}

// Issue the LCD Functions set command
// This controls some LCD settings
// You may want to clear the screen after calling this
// n : 0 one line, 1 two lines
// f : 0 small font, 1 large font (only if n == 0)
void LCD_Function(int n, int f) {
  LCD_Write(0, 0x30 | (n << 3) | (f << 2));
}

// Move the cursor to the desired line and column
// Does this by issuing a DDRAM Move instruction
// line : line 0 or line 1
// col  : the desired column
void LCD_Move(int line, int col) {
  LCD_Write(0, 0x80 | (line << 6) | col);
}

// Sets the CGRAM address, used for creating custom
// characters
// addr address in the CGRAM to make current
void LCD_CMove(unsigned char addr) {
  LCD_Write(0, 0x40 | addr);
}

// Writes the character to the LCD at the current position
void LCD_WriteChar(char c) {
```

```
    LCD_Write(1, c);
}

// Write a string to the LCD starting at the current cursor
void LCD_WriteString(const char *str) {
  while(*str) {
    LCD_WriteChar(*str); // increment string pointer after char sent
    ++str;
  }
}

// Make val a custom character.  This only implements
// The small font version
// val : between 0 and 7
// data : 7 character array.  The first 5 bits of each character
//          determine whether that pixel is on or off
void LCD_CustomChar(unsigned char val, const char * data) {
  int i = 0;
  for(i = 0; i < 7; ++i) {
    LCD_CMove(((val & 7) << 2) | i);
    LCD_Write(1, data[i]);
  }
}

// Write data to the LCD and wait for it to finish by checking the busy flag.
// rs : the value of the RS signal, 0 for an instruction 1 for data
// data : the byte to send
void LCD_Write(int rs, unsigned char data) {
  waitLCD();              // wait for the LCD to be ready
  if(rs) { // 1 for data
    PMADDRSET = 1 << PMABIT;
  } else { // 0 for command
    PMADDRCLR = 1 << PMABIT;
  }
  waitPMP();              // Wait for the PMP to be ready
  PMDIN = data;           // send the data
}

// read data from the LCD.
// rs : the value of the RS signal 0 for instructions status, 1 for data
unsigned char LCD_Read(int rs) {
  volatile unsigned char val = 0; // volatile so 1st read doesn't get optimized away
  if(rs) { // 1 to read data
    PMADDRSET = 1 << PMABIT;
  } else { // 0 to read command status
    PMADDRCLR = 1 << PMABIT;
  }
  // from the PIC32 reference manual, you must read twice to actually get the data
  waitPMP();                      // wait for the PMP to be ready
  val = PMDIN;
  waitPMP();
  val = PMDIN;
  return val;
}
```

14.4 小结

- PMP 同时发送多位数据，然而这比串行通信协议需要更多的线。
- PMP 可以执行硬件握手。主设备告诉从设备什么时候读取数据，以及什么时候输出数据。
- 并行端口设备使用的通信协议稍有不同，因此 PMP 是高度可配置的。想了解有关配置选项的更多内容，可查询参考手册。

14.5 练习题

1. 比较串行和并行通信协议。
2. 本章中使用的 LCD 显示器有滚动文本的功能，它允许显示比屏幕宽度更长的消息。通过查询数据表和提供的 LCD 库，实现一个显示来自虚拟终端的消息的程序。如果在单行模式下消息太长，那么需要使用 LCD 的滚动功能来显示整条消息。

延伸阅读

HD44780U (LCD-II) dot matrix liquid crystal display controller/driver. HITACHI.
KS0066U 16COM/40SEG driver and controller for dot matrix LCD. Samsung.
PIC32 family reference manual. Section 13: Parallel master port. (2012). Microchip Technology Inc.

输 入 捕 获

输入捕获（Input Capture，IC）外设可以监测外部信号，并且在该信号发生变化时存储定时器的值，这样可以精确定时外部事件。从某种意义上说，输入捕获可以看作输出比较的相反过程。输出比较是基于定时器中的值改变输出引脚值的，而输入捕获是基于输入引脚的值存储定时器的值。

15.1 概述

PIC32 有 5 个输入捕获模块，每个模块都与单独的引脚相关联。输入捕获外设可以监测引脚上的电压，并且可以由上升沿或下降沿等外部事件触发。当指定的事件发生时，该模块在 FIFO 缓冲器存储定时器的值，并且选择是否触发中断。因此，每个事件都从 PIC32 微控制器上获取一个时间戳，让软件知道什么时候发生了某个事件，或者计算高电平脉冲或低电平脉冲的持续时间。图 15-1 描述了 IC 模块的运行过程。

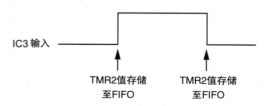

图 15-1　在 IC3 的每次变化时，输入捕获模块 3 被配置存储一次定时器 Timer2 的值

一个微控制器向另一个微控制器传输模拟值的简单方法是让第一个微控制器产生一个占空比对应于某个模拟值（在 0～1 之间）的 PWM 信号。第二个微控制器使用输入捕获来测量占空比。输入捕获还可以与霍尔效应传感器结合在一起控制无刷电机的换向（参阅第 29 章）。

在使用 IC 模块之前，应该配置一个定时器。定时器的频率决定了 IC 外设捕获的时间精度。IC 外设总是将输入事件与系统时钟同步，因此，如果定时器工作在高频下（如使用分频器值为 1 的 80MHz 的外设总线时钟作为输入），那么在事件发生和定时器中的值被记录之间可能会有多达 3 个定时器周期的延迟。但是，较慢的定时器就没有这个问题——数据可以在一个时钟周期内被同步。

15.2 详述

输入捕获外设使用两个特殊功能寄存器 ICxCON 和 ICxBUF，其中 x=1 ～ 15。

ICxCON。主要的 IC 控制寄存器。所有位默认为 0。

- ICxCON<15> 或 ICxCONbits.ON：该位置 1 则使能 IC 模块。该位清 0 则禁止 IC 模块并重置。

- ICxCON<9> 或 ICxCONbits.FEDGE："第一个捕获边沿"（First Capture Edge）位只与下述的中断捕获模式 6（ICxCONbits.ICM = 0b110）有关。如果该位等于 1，那么捕获到的第一个边沿是一个上升沿；如果该位等于 0，那么捕获的就是一个下降沿。

- ICxCON<8> 或 ICxCONbits.C32：若该位置 1，则 IC 外设使用 32 位定时器 Timer23。若该位清 0，则 IC 外设使用一个 16 位定时器。

- ICxCON<7> 或 ICxCONbits.ICTMR：如果 ICxCONbits.C32 = 0，那么该位决定使用哪个定时器。如果 ICxCONbits.C32 = 1，那么该位的值被忽略。

    0 使用定时器 Timer3

    1 使用定时器 Timer2

- ICxCON<6:5> 或 ICxCONbits.ICI：捕获 ICxCONbits.ICI+1 个事件后触发中断，其中 ICxCONbits.ICI 的取值范围为 1 ～ 3。

- ICxCON<4> 或 ICxCONbits.ICOV：输入捕获溢出，只读。IC 外设有一个 FIFO 缓冲器可以存储 4 个定时器值。当这个 FIFO 缓冲器写满数据而又发生另一个捕获事件时，硬件将 ICxCONbits.ICOV 置 1。在某些模式下，即使缓冲器满了也不会将 ICxCONbits.ICOV 置 1。为了将 ICxCONbits.ICOV 清 0，必须从 ICxBUF 中读取数据，再消除溢出状态。

- ICxCON<3> 或 ICxCONbits.ICBNE：只读。每当可以从输入捕获 FIFO 缓冲器获得事件时间时，该位置 1，这可通过 ICxBUF 进行访问。

- ICxCON<2:0> 或 ICxCONbits.ICM：决定了触发 IC 模块的事件。

    0b111   允许 IC 引脚用来唤醒处于休眠模式的 PIC32 微控制器

    0b110   第一次触发由 ICxCONbits.FEDGE 指定的边沿进行触发。之后，在每个边沿触发 IC 模块一次。

    0b101   每 16 个上升沿捕获一次

    0b100   每 4 个上升沿捕获一次

    0b011   每 1 个上升沿捕获一次

    0b010   每 1 个下降沿捕获一次

    0b001   每次电平变化时捕获一次

    0b000   禁止输入捕获

ICxBUF。只读缓冲器返回由 IC 外设捕获的定时器值。该特殊功能寄存器可以从存储 4 个值的 FIFO 中读取下一个值；因此，在 FIFO 的读取间隔，最多可捕获 4 个事件。当 FIFO 包含数据时，ICxCONbits.ICBNE 被置 1，这表示从 ICxBUF 读取的数据中将包含捕获的时间戳。为了对溢出标志位 ICxCONbits.ICOV 清 0，可以从 ICxBUF 读取数据，这将会从 FIFO 中移出一个值。

输入捕获模块 1 的中断向量是 _INPUT_CAPTURE_1_VECTOR，标志状态位、使能控制位以及优先级位和次优先级位分别在 IFS0bits.IC1IF、IEC0bits.IC1IE、IPC1bits.IC1IP 和 IPC1bits.IC1IS 中。对于 x=2 ～ 5 的输入捕获模块 ICx，其中断向量名是相似的，以 _x_ 替代 _1_。标志状态位和使能控制位都在 IFS0 中。对于 IC2、IC3、IC4 以及 IC5，优先级位和次优先级位分别在 IPC2、IPC3、IPC4 以及 IPC5 中。

15.3 示例代码

下面的代码展示了输出比较模块如何发送一个编码值在 0 ～ 1 之间（占空比）的 PWM 信号到输入捕获模块。通常，这些模块分布在不同的微控制器上，在这个例子中，我们使用单独的 PIC32 微控制器。

代码配置 OC1 使用定时器 Timer2 作为基准定时器。定时器 Timer2 使用外设总线时钟作为输入，分频器值为 8，即 TMR2 每 10MHz 加 1。当定时器 Timer2 达到周期匹配值 9999 时发生翻转，因此产生一个 10MHz/（9999 + 1）= 1kHz 的 PWM 信号。

IC1 使用定时器 Timer3 来执行定时操作，定时器 Timer3 也配置为每 10MHz 加 1。IC1 配置为在每个上升沿和下降沿进行捕获，从上升沿开始（IC1CONbits.ICM = 0b110）。电平每变化 4 次（4 个边沿），IC1 产生一个中断，而且 ISR 读取最近 4 次捕获的时间，并计算 PWM 信号的周期和占空比。

对于 OC1 的 PWM 占空比，用户被反复地提醒：输入每个 PWM 周期内时钟信号为高电平的数量。由 IC1 测量的 PWM 周期和占空比随后显示到用户的屏幕上。这里给出示例的输出。

```
PWM period = 10,000 ticks of 10 MHz clock = 1 ms (1 kHz PWM).
Enter the high portion in 10 MHz (100 ns) ticks, in range 5-9995.
You entered 250.
Measured period is 10000 clock cycles, high for 250 cycles,
  for a duty cycle of  2.50 percent.
```

代码示例 15.1 input_capture.c。使用输入捕获来测量 PWM 信号的占空比

```
#include "NU32.h"       // constants, funcs for startup and UART

// Use IC1 (D8) to measure the PWM duty cycle of OC1 (D0).
// Connect D8 to D0 for this to work.

#define TMR3_ROLLOVER 0xFFFF    // defines rollover count for IC1's 16-bit Timer3

static volatile int icperiod = -1;    // measured period, in Timer3 counts
static volatile int ichigh = -1;      // measured high duration, in Timer3 counts
```

```
void __ISR(_INPUT_CAPTURE_1_VECTOR, IPL3SOFT) InputCapture1() {
  int rise1, fall1, rise2, fall2;
  rise1 = IC1BUF;              // time of first rising edge
  fall1 = IC1BUF;              // time of first falling edge
  rise2 = IC1BUF;              // time of second rising edge
  fall2 = IC1BUF;              // time of second falling edge; not used below
  if (fall1 < rise1) {         // handle Timer3 rollover between rise1 and fall1
    fall1 = fall1 + TMR3_ROLLOVER+1;
    rise2 = rise2 + TMR3_ROLLOVER+1;
  }
  else if (rise2 < fall1) {    // handle Timer3 rollover between fall1 and rise2
    rise2 = rise2 + TMR3_ROLLOVER+1;
  }
  icperiod = rise2 - rise1;    // calculate period, time between rising edges
  ichigh = fall1 - rise1;      // calculate high duration, between 1st rise and 1st fall
  IFS0bits.IC1IF = 0;          // clear interrupt flag
}

int main() {
  char buffer[100] = "";
  int val = 0, pd = 0, hi = 0; // desired pwm value, period, and high duration
  int i = 0;                   // loop counter

  NU32_Startup();  // cache on, interrupts on, LED/button init, UART init
  __builtin_disable_interrupts();

  // set up PWM signal using OC1 using Timer2
  T2CONbits.TCKPS = 0x3;    // Timer2 1:8 prescaler; ticks at 10 MHz (each tick is 100ns)
  PR2 = 9999;               // roll over after 10,000 ticks, or 1 ms (1 kHz)
  TMR2 = 0;
  OC1CONbits.OCM = 0b110;   // PWM mode without fault pin; other OC1CON are defaults
                            // (use TMR2)
  T2CONbits.ON = 1;         // turn on Timer2
  OC1CONbits.ON = 1;        // turn on OC1

  // set up IC1 to use Timer3. IC1 could also use Timer2 (sharing with OC1) in this case
  // since we set both timers to the same frequency, but we'd need to incorporate the
  // different rollover period in the ISR
  T3CONbits.TCKPS = 0x3;    // Timer3 1:8 prescaler; ticks at 10 MHz (each tick is 100ns)
  PR3 = TMR3_ROLLOVER;      // rollover value is also used in ISR to handle
                            // timer rollovers.
  TMR3 = 0;
  IC1CONbits.ICTMR = 0;     // IC1 uses Timer3
  IC1CONbits.ICM = 6;       // capture every edge
  IC1CONbits.FEDGE = 1;     // capture rising edge first
  IC1CONbits.ICI = 3;       // interrupt every 4th edge
  IFS0bits.IC1IF = 0;       // clear interrupt flag
  IPC1bits.IC1IP = 3;       // interrupt priority 3
  IEC0bits.IC1IE = 1;       // enable IC1 interrupt
  T3CONbits.ON = 1;         // turn on Timer3
  IC1CONbits.ON = 1;        // turn on IC1

  __builtin_enable_interrupts();

  while(1) {
    NU32_WriteUART3("PWM period = 10,000 ticks of 10 MHz clock = 1 ms (1 kHz PWM).\r\n");
```

```
  NU32_WriteUART3("Enter high portion in 10 MHz (100 ns) ticks, in range 5-9995.\r\n");
  NU32_ReadUART3(buffer,sizeof(buffer));
  sscanf(buffer,"%d",&val);
  if (val < 5) {
    val = 5;                    // try removing these limits and understanding the
  } else if (val > 9995) { // behavior when val is close to 0 or 10,000
    val = 9995;
  }
  sprintf(buffer,"You entered %d.\r\n",val);
  NU32_WriteUART3(buffer);
  OC1RS = val;                  // change the PWM duty cycle
  for (i=0; i<1000000; i++) {   // a short delay as PWM updates and
    _nop();                     // IC1 measures the signal
  }
  __builtin_disable_interrupts(); // disable ints briefly to copy vars shared with ISR
  pd = icperiod;
  hi = ichigh;
  __builtin_enable_interrupts();  // re-enable the interrupts
  sprintf(buffer,"Measured period is %d clock cycles, high for %d cycles, \r\n",pd,hi);
  NU32_WriteUART3(buffer);
  sprintf(buffer,"  for a duty cycle of %5.2f percent.\r\n\n",
          100.0*((double) hi/(double) pd));
  NU32_WriteUART3(buffer);
  }
  return 0;
}
```

15.4　小结

- 输入捕获外设允许你记录数字输入的上升沿或下降沿的时间。
- 记录时间的精度取决于定时器所使用的频率。当定时器在高频运行时（例如，外设总线时钟的80MHz 的频率），事件发生和事件记录之间可能有一个多达 3 个定时器周期的延迟。

15.5　练习题

1. 你可以使用其他什么外设来近似实现输入捕获功能？
2. 与使用其他外设近似实现输入捕获相比，输入捕获有什么优势？

延伸阅读

PIC32 family reference manual. Section 15: Input capture. (2010). Microchip Technology Inc.

第 16 章 | Chapter 16 |

比　较　器

比较器用于比较两个模拟电压，如果输入电压 V_{IN+} 大于输入电压 V_{IN-}，那么比较器会输出数字高电平信号，否则输出数字低电平信号（如图 16-1 所示）。比较器的两个输入中的每一个都可以是外部输入（例如来自传感器的输入）或内部产生的参考电压。其中一个内部参考是低分辨率的数 – 模转换器，它可以产生 16 个不同的参考电压。这个参考电压也可以由一个输出引脚提供，因此，虽然 PIC32 微控制器没有真正的DAC，但它却有一个很简单的 DAC。

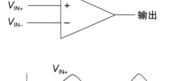

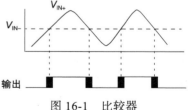

图 16-1　比较器

16.1　概述

PIC32 微控制器有 CM1 和 CM2 两个比较器。CM1 的同相（+）输入可以选择引脚C1IN+ 上的输入电压，也可以选择 4 位的内部比较器参考电压 DAC 的输出 CV_{REF}。反相（–）输入可以选择引脚 C1IN–、C1IN+、C2IN+ 上的输入电压或者 1.2V 的内部电压 IV_{REF}。比较器输出可以通过软件进行查询，也可以由输出引脚 C1OUT 来提供，或者触发一个中断。CM2 的用法和 CM1 一样，只需要用 "2" 替代对应输入和输出引脚名中的 "1" 即可。

此外，电压 CV_{REF} 可以作为外部引脚（CVREFOUT/RB10）的输出，提供简单的 DAC 功能。由于这个输出引脚具有较高的输出阻抗，因此，如果你将 CVREFOUT 连接到另一个电路，那么这是一个实现缓冲器输出的好方法。关于 CV_{REF} 的不同取值，将会在讨论 CVRCON 特殊功能寄存器时进行解释。比较器和参考电压外设将会在参考手册中的不同章节中进行讨论。

16.2　详述

每个比较器都有自己的 SFR、CM1CON 和 CM2CON，但是两个比较器复用一个状态寄存器 CMSTAT。

CMxCON，x=1 或 2。用于比较器中的控制寄存器。

- CMxCON<15> 或 CMxCONbits.ON：该位置 1，使能比较器。
- CMxCON<14> 或 CMxCONbits.COE：将比较器输出使能位置 1 会使比较器的输出驱动 CxOUT 引脚。该位置 1 时，对应的 TRIS 特殊功能寄存器位应该被清 0，并作为输出（0）。C1OUT 对应于引脚 RB8 而 C2OUT 对应于引脚 RB9。
- CMxCON<13> 或 CMxCONbits.CPOL：将比较器极性位置 1，使比较器的输出反相。
- CMxCON<8> 或 CMxCONbits.COUT：比较器的输出。也可以从 CMSTAT 中读取。
- CMxCON<7:6> 或 CMxCONbits.EVPOL：中断事件极性位控制比较器在哪种情况下会产生中断。

  0b11　当比较器的输出从高电平切换到低电平或者从低电平切换到高电平时中断

  0b10　当比较器的输出从高电平切换到低电平时中断

  0b01　当比较器的输出从低电平切换到高电平时中断

  0b00　不中断

- CMxCON<4> 或 CMxCONbits.CREF：决定比较器的同相输入端（+）所连接的设备。

  1　内部的 CV_{REF}，由比较器参考电压 DAC 产生（见下文）。

  0　外部引脚 CxIN+。如果你正在使用 USB，那么 C1IN+ 不能作为输入引脚来使用，此位应该置 1。

- CMxCON<1:0> 或 CMxCONbits.CCH：控制比较器的反向输入端（−）所连接设备。用 y 表示另一个比较器的编号；也就是说，如果使用 CM1CON（x=1），那么 y=2，而如果使用 CM2CON（x=2），那么 y=1。CMxCONbits.CCH 位段的含义取决于如下定义。

  0b11　连接到 1.2V 的内部参考电压 IV_{REF}

  0b10　外部引脚 CyIN+

  0b01　外部引脚 CxIN+

  0b00　外部引脚 CxIN−

CMSTAT。比较器状态寄存器，由两个比较器复用。

- CMSTAT<1> 或 CMSTATbits.C2OUT：比较器 2 的输出。
- CMSTAT<0> 或 CMSTATbits.C1OUT：比较器 1 的输出。

比较器的参考电压外设有一个单独的特殊功能寄存器 CVRCON。它的所有位默认为 0。

CVRCON。比较器参考电压控制寄存器。控制参考电压值以及它是否作为一个引脚的输出。

- CVRCON<15> 或 CVRCONbits.ON：该位置 1，使能比较器参考电压。
- CVRCON<6> 或 CVRCONbits.CVROE：将该输出位置 1，使参考电压 CV_{REF} 通过引脚 CVREFOUT（RB10）输出。如果清 0，则电压只能在内部访问。
- CVRCON<5> 或 CVRCONbits.CVRR：根据图 16-2 可知，该位控制输出电压 CV_{REF}

的范围。假设 CVRCONbits.CVRSS（见下文）是默认设置，可提供的 16 个输出电压如下所示。

1 从 0 ~ 2.06V，步长为 3.3V/24 = 0.1375V

0 从 0.83 ~ 2.37V，步长为 3.3V/32 ≈ 0.103V

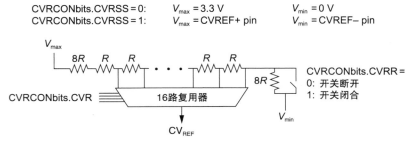

图 16-2 CVREF DAC 电路。CVRCONbits.CVRSS 控制 V_{max} 和 V_{min} 是否分别为 3.3V 和 0V，或者 V_{max} 和 V_{min} 是否由引脚 CVREF + 和 CVREF – 的输入所决定。CVRCONbits.CVRR 决定了电压步长是否为电压范围的 1/32（CVRCONbits·CVRR = 0，开关断开）或电压范围的 1/24（CVRCONbits·CVRR=1，开关闭合），同时决定了最小电压是电压范围的 1/4（CVRCONbits·CVRR=0，开关断开）还是电压范围的下限（CVRCONbits, CVRR=1，开关闭合）。CVRCONbits.CVR 中的 4 位从电阻网络的 16 个可选电压中选择 CVREF

- CVRCON<4> 或 CVRCONbits.CVRSS：选择图 16-2 所示的有 V_{max} 和 V_{min} 的电压源。
  1 使用外部参考电压 CV_{REF+}（RA10）和 CV_{REF-}（RA9）
  0 默认，使用模拟电源电压 AV_{dd}（3.3V）和 AV_{ss}（0V）
- CVRCON<3:0> 或 CVRCONbits.CVR：这 4 位可取值 0 ~ 15，决定了实际的输出电压 CV_{REF}。这取决于 CVRCONbits.CVRSS 和 CVRCONbits.CVRR 的设置。当 CVRCONbits.CVRR=1 时，

$$CV_{REF} = V_{min} + (CVRCONbits. CVR/24) \times (V_{max} - V_{min}) \tag{16-1}$$

而当 CVRCONbits.CVRR=0 时，

$$CV_{REF} = V_{min} + (0.25 + CVRCONbits. CVR/32) \times (V_{max} - V_{min}) \tag{16-2}$$

CM1 的中断向量为 _COMPARATOR_1_VECTOR，而中断标志位、使能控制位、优先级位和次优先级位分别位于 IFS1bits.CMP1IF、IEC1bits.CMP1IE、IPC7bits.CMP1IP 和 IPC7bits.CMP1IS 中。CM2 的中断向量为 _COMPARATOR_2_VECTOR，而中断相关位也位于 IFS1、IEC1 和 IPC7 中，用"CMP2"替代"CMP1"就是 CM2 的中断相关位。

16.3 示例代码

16.3.1 电压比较

下面的代码使用 CM2 比较外部电压和内部产生的参考信号。内部参考电压为 $IV_{REF} =$

1.2V，而外部电压为通过引脚 C2IN +（RB3）的同相（+）输入。每当 C2IN + 上的电压大于 1.2V 时，两个 LED 都会被点亮。你可以在引脚 C2IN + 上用不同的分压器来测试该示例。

代码示例 16.1 `comparator.c`。基本比较器的例子

```
#include "NU32.h"  // constants, funcs for startup and UART

// Uses comparator 2 to interrupt on a low voltage condition.
// The + comparator terminal is connected to C2IN+ (B3).
// The - comparator terminal is connected to the internal voltage IVref (1.2 V).
// Both NU32 LEDs illuminate if the + input is > 1.2 V; otherwise, off.
// The comparator output can be viewed on C2OUT (B9) with a voltmeter or measured by ADC.

int main(void) {
  NU32_Startup();        // cache on, interrupts on, LED/button init, UART init
  CM2CONbits.COE = 1;    // comparator output is on the C2OUT pin, so you can measure it
  CM2CONbits.CCH = 0x3;  // connect - input to IVref; by default + connected to C2IN+
  TRISBbits.TRISB9 = 0;  // configure B9 as an output, which must be set to use C2OUT
  CM2CONbits.ON = 1;

  while(1) {
    // test the comparator output
    if(CMSTATbits.C2OUT) { // if output is high then the input signal > 1.2 V
      NU32_LED1 = 0;
      NU32_LED2 = 0;
      } else {
        NU32_LED1 = 1;
        NU32_LED2 = 1;
      }
    }
    return 0;
  }
```

16.3.2 模拟输出

这个例子展示了如何将比较器的内部参考电压输出到一个引脚。由于该参考电压本来是设计为比较器输入的，所以该参考电压具有相当高的输出阻抗。因此在大多数情况下，这个输出应该是有缓冲的。如果没有缓冲器电路，你仍然可以使用高阻抗输入（比如电压表或者示波器）来查看该输出电压。参考电压取值为在提供的 16 个电压值之间循环，每秒转换一个电压值。

代码示例 16.2 `ref_volt.c`。将比较器的参考电压输出到一个引脚

```
#include "NU32.h"    // constants, funcs for startup and UART

// Use the comparator reference voltage as a cheap DAC.
// Voltage is output on CVREFOUT (RB10). You can measure it.
// You will most likely need to buffer this output to use it to
// drive a low-impedance load.

int main(void) {
```

```
int i;
NU32_Startup();          // cache on, interrupts on, LED/button init, UART init
TRISBbits.TRISB10 = 0;   // make the CVrefout/RB10 pin an output
CVRCONbits.CVROE = 1;    // output the voltage on CVrefout
CVRCONbits.CVRR = 0;     // use the smaller output range, at higher voltages
CVRCONbits.ON = 1;       // turn the module on
while(1) {
  for(i = 0; i < 16; ++i) { // step through the voltages, one per second
    CVRCONbits.CVR = i;
    _CP0_SET_COUNT(0);
    while(_CP0_GET_COUNT() < 40000000) {
      ;
    }
  }
}
return 0;
}
```

16.4 小结

- 比较器可以比较两个模拟电压，并且确定哪个电压值更大。
- 比较器可以比较两个外部信号，或者比较一个外部信号和一个内部参考电压。
- 比较器可以作为简单的 4 位 DAC，将参考电压输出到外部引脚。

16.5 练习题

1. 描述一下使用 PIC32 内部参考电压作为模拟输出，相对于使用低通滤波器来配对 PWM 信号的优缺点。
2. 使用 PIC32 的两个比较器和合适的参考电压来实现一个两位的模 – 数转换器。

延伸阅读

PIC32 family reference manual. Section 19: Comparator. (2010). Microchip Technology Inc.
PIC32 family reference manual. Section 20: Comparator voltage reference. (2012). Microchip Technology Inc.

休眠、空闲和看门狗定时器

在使用电池供电的应用程序中，节能是重要的。PIC32 微控制器提供多种节能模式，旨在帮助降低能量消耗，例如降低系统或外设总线时钟频率。除改变时钟频率外，PIC32 还提供空闲（idle）模式，此时 CPU 暂停工作，但外设继续工作，除非在空闲模式下单独禁止它们。为了节省最多的功耗，PIC32 可以设置为休眠（sleep）模式，此时系统时钟和外设总线时钟关闭。除了不依赖于系统时钟或外设总线时钟的少数外设，大多数外设都停止工作。例如，在电平变化通知上的数字输入变化信号可将 PIC32 从休眠模式唤醒。

可以在休眠模式下工作的另一个外设是看门狗定时器（WDT）。它使用 PIC32 内部的低功耗 RC（LPRC）振荡器来保持时钟信号。WDT 在休眠期间继续工作，并且 WDT 的滚动值可在一段固定时间后唤醒 PIC32。此外，即使不处于休眠模式，WDT 也将 PIC32 从故障代码中恢复。要使用此功能，用户代码应该在 WDT 滚动之前定期复位 WDT。如果 WDT 超时（例如代码被卡在意外的无限循环中），那么 PIC32 将自动复位。因此，如果软件进入非预期状态，则 WDT 会提供一个逃脱机制。

本章介绍空闲和休眠模式以及 WDT 的使用。

17.1 概述

17.1.1 省电模式

PIC32 具有多个振荡器信号源，它们可以驱动系统时钟和外设时钟。虽然较低的频率会导致较少的功率消耗，但也降低了性能。与其关注许多振荡器源和设置，不如假设系统时钟和外设总线时钟都工作在由主振荡器源 Posc 产生的 80MHz 下。因此，我们关注的省电方法涉及禁用 CPU 和外设，即工作在空闲和休眠模式。

在空闲和休眠模式下，CPU 会停止执行指令。然而，在空闲模式下，系统和外设总线时钟继续运行，大多数外设都工作，除非被选择性地禁止。在休眠模式下，系统时钟和外设总线时钟停止运行，依赖这两个时钟的外设将停止工作。因此，休眠模式比空闲模式可以节省更多的能耗。

为了进入休眠或空闲模式，必须发出汇编指令 wait。当外设中断将 PIC32 从休眠状态中唤醒时，代码将从发出指令 wait 的地方继续执行。WDT 可以通过复位将 PIC32 从休眠模式中唤醒。这是简单的软件复位，而不是断电重启 PIC32 时的完全复位。例如，SFR 位不会恢复为默认值，它们保留以前在程序中设置的任何值，而在断电重启后这些 SFR 位会恢复为默认值。

WDT 复位导致程序跳转到存储在复位地址中的 C 运行启动代码。该代码检查复位是否是由休眠或空闲期间的 WDT 超时引起的。如果是，则控制返回到 main 函数的开始处，其中的代码可以检查 WDT 在休眠或空闲模式期间是否复位 PIC32。你可以发出汇编指令 iret 来恢复执行发出 wait 指令的代码。如果 C 运行启动代码确定在休眠或空闲期间未复位 WDT，则执行常规启动代码，就像按下按钮 RESET 一样。

17.1.2　看门狗定时器

与其他外设不同，WDT 的主要设置位于配置位中，当使用外部编程器对设备进行编程时，可对这些配置位进行设置。对于 NU32 开发板，这些配置位会在安装引导加载程序时被设置（参阅 17.2 节）。配置位控制 WDT 是否开启以及超时周期，如果它们在配置位中被使能，则程序不能禁止 WDT；然而，如果在配置位中未被使能，则软件可以使能它。防止软件更改 WDT 设置是一种安全机制：不良软件不能禁用 WDT 提供的错误恢复机制。

17.2　详述

一些 SFR 和配置字控制着 WDT 和省电模式。

（1）DEVCFG1。包含 WDT 配置的配置字。该配置字只能使用编程设备进行更改。当引导加载程序加载到 NU32 上时，该配置字被置 1，以禁用看门狗定时器，并设置 4.096s 的滚动周期。WDT 可以在软件中使能。

- DEVCFG1<23> 或 FWDTEN：看门狗定时器使能位。如果该位为 1，则 WDT 被使能且不能被禁止。引导加载程序使用代码中的 #pragma config FWDTEN = OFF 将该位设置为 0，这可以允许你在程序中启用或禁用 WDT。

- DEVCFG1<20:16> 或 WDTPS：看门狗定时器后分频器值选择位。WDT 的滚动周期为 2^{WDTPS} ms。当安装引导加载程序时，编程器使用 #pragma config WDTPS = PS4096 将这些位设置为 0b01100 = 12。LPRC 定时器工作在 32kHz，并提供 1ms 的标称超时周期。因此，该后分频器可以创建 4.096s 的 WDT 周期。

（2）WDTON。WDT 控制寄存器。

- WDTCON<15> 或 WDTCONbits.ON：该位设置为 1 时使能看门狗定时器。该位仅在

设备配置位 FWDTEN 为 0（默认情况下禁止 WDT）时才是相关的；如果 FWDTEN
为 1，则无论 WDTCONbits.ON 的值如何，都会使能 WDT。

- WDTCON<6:2> 或 WDTCONbits.SWDTPS：包含 WDT 后分频器配置值 DEVCFG1<20：
  16>（WDTPS）的只读位。
- WDTCON<0> 或 WDTCONbits.WDTCLR：向此位写入 1，以清零 WDT。如果使能
  WDT，并且不经常向该位写入 1，那么 PIC32 将复位。

（3）RCON。复位控制寄存器。除了其他功能外，RCON 还提供有关最近复位类型以
及 PIC32 是否刚刚从休眠或空闲模式中唤醒的信息。

- RCON<4> 或 RCONbits.WDTO：如果因 WDT 超时而复位，则硬件将此位设置为 1。
- RCON<3> 或 RCONbits.SLEEP：如果设备已处于休眠模式，则硬件将此位设置为 1。
- RCON<2> 或 RCONbits.IDLE：如果设备已处于空闲模式，则硬件将此位设置为 1。

（4）OSCCON。允许你更改某些振荡器设置。

- OSCCON<4> 或 OSCCONbits.SLPEN：该位设置为 1 时，发出指令 wait 以使 PIC32
  进入休眠模式。该位清 0 时，指令 wait 会使 PIC32 进入空闲模式。

（5）SIDL 位。这不是 SFR，而是许多外设的控制寄存器中的"空闲模式停止"（Stop in
Idle Mode）位。例如，定时器 Timer1 的控制寄存器具有 T1CONbits.SIDL 位。该位控制外
设是否在空闲模式下停止工作。如果该位设置为 1，则当 PIC32 处于空闲模式时，外设将
停止工作（节能）。否则，外设继续工作。

17.3　示例代码

以下代码演示了休眠模式和 WDT 的使用情况。WDT 同时有两个作用：（1）防止代码
故障的保护措施，这时 WDT 不被复位；（2）将 PIC32 从休眠模式中唤醒。

首先，代码检查上一次复位的原因。如果 WDT 在休眠模式下使 PIC32 复位，则会发
出指令 iret，以允许代码在其中断处恢复。

否则，发生 WDT 复位是由于软件意外卡在无限循环中所导致的，这样程序会从头开
始执行。

接下来 WDT 被使能，并且当程序发出 wait 指令时，PIC32 被设置为进入休眠模式。
然后程序进入循环，以大约每秒一个字母的速度将字母打印到串行终端。在输出每个字母
后，程序写入 WDTCONbits.WDTCLR，这会复位看门狗定时器。

在打印字母"j"之前按下 NU32 开发板上的按钮 USER，会使 PIC32 进入休眠模式。
PIC32 休眠的同时，WDT 继续计时，但 WDTCONbits.WDTCLR 不再置 1；因此 WDT 将
超时并会复位 PIC32。该代码检测到 PIC32 已被唤醒，将从中断处恢复而不是重新启动
程序。

在打印字母"j"之后按下按钮 USER，会使 PIC32 进入什么都不做的无限循环状态，

从而模拟故障代码。由于代码不再设置 WDTCONbits.WDTCLR 的值，所以 WDT 最终将超时，复位 PIC32。复位后，程序将从头开始打印字母。当 PIC32 以这种方式复位时，它通常表示代码中存在错误。

代码示例 17.1 wdt.c。休眠模式及 WDT 应用演示

```c
#include "NU32.h"              // constants, funcs for startup and UART

int main(void) {

  if(RCONbits.WDTO && RCONbits.SLEEP) { // reset due to WDT waking PIC32 from sleep?
    __asm__ __volatile__ ("iret");    // if so, resume where we left off.
  }

  NU32_Startup();        // cache on, interrupts on, LED/button init, UART init

  if(RCONbits.WDTO) { // WDT caused the reset, but it was not from sleep mode
    RCONbits.WDTO = 0;// clear WDT reset.  Subsequent resets due to the reset button
                      // won't be interpreted as a WDT reset
    NU32_WriteUART3("\r\nReset after a WDT timeout in infinite loop.\r\n");
  }

  char letters[2] = "a";  // second char is the string terminator
  int pressed = 0;          // true if button pressed during the delay

  OSCCONbits.SLPEN = 1;   // enters sleep (not idle) when 'wait' instruction issued

  // print instructions
  NU32_WriteUART3("Press USER button before 'j' to go to sleep;after to enter a\r\n");
  NU32_WriteUART3("faulty infinite loop. If sleep, the WDT will wake the PIC32.\r\n");
  NU32_WriteUART3("If infinite loop, the WDT will reset the PIC32 and start over.\r\n");

  WDTCONbits.ON = 1;              // turn on the WDT (rollover of 4.096s in DEVCFG1)
  while(1) {
    if(!NU32_USER || pressed){//USER button pushed (NU32_USER is low if USER pressed)
      if(letters[0] < 'j') {    //if button pushed early in program, go to sleep
        NU32_WriteUART3(" Going to sleep ... ");
        __asm__ __volatile__ ("wait"); //until the WDT rolls over and wakes from sleep
        NU32_WriteUART3(" Waking up. ");
      } else {                    // if button pushed late, get stuck in infinite loop
        NU32_WriteUART3(" Getting stuck in infinite loop.\r\n");
        while(1) {
          _nop();                 // fortunately the WDT will reset the PIC32
        }
      }
    }
    NU32_WriteUART3(letters);
    ++letters[0];
    pressed = 0;
    _CP0_SET_COUNT(0);
    while(_CP0_GET_COUNT() < 40000000) {
      pressed |= !NU32_USER;    // delay for ~1 second, still poll the user button
    }
```

```
    WDTCONbits.WDTCLR = 1;        // clear the watchdog timer
  }
  return 0;
}
```

17.4 小结

- 较低的振荡器频率会带来较低的功耗，但也会降低性能。
- 在空闲模式下，CPU 停止执行指令，但大多数外设可以继续工作。外设（包括 WDT）可以将 PIC32 从空闲状态中唤醒。
- 在休眠模式下，CPU 停止执行指令，只有不依赖于系统时钟或外设总线时钟的外设才能工作。某些外设（如电平变化通知或 WDT）可将 PIC32 从休眠模式中唤醒。
- 必须定期写入 WDTCONbits.WDTCLR 以复位已使能的 WDT，否则 PIC32 将复位。
- 重要的 WDT 设置必须在配置位中进行设置。
- 软件可以在复位时检查 RCON，以确定复位的原因。

17.5 练习题

1. 描述一个节能极为重要的情况。在这种情况下，你更喜欢休眠模式还是空闲模式？为什么？
2. 假定为了防止无意义的无限循环，你启用了看门狗定时器。你的代码大部分时间都在工作，然而在某些情况下，它会由于看门狗定时器超时而复位。这个行为是否表示代码中存在错误？
3. 在练习题 2 中，朋友建议你简单地禁用看门狗定时器来解决这个问题。你同意吗？给出同意或不同意的理由。

延伸阅读

PIC32 family reference manual. Section 10: Power-saving modes. (2011). Microchip Technology Inc.
PIC32 family reference manual. Section 07: Resets. (2013). Microchip Technology Inc.
PIC32 family reference manual. Section 09: Watchdog timer and power-up timer. (2013). Microchip Technology Inc.

第 18 章 Chapter 18

闪速存储器

即使关闭电源，闪速存储器（简称闪存）仍能保留其中的内容。到目前为止，我们已经使用过这个非易失性存储器（Nonvolatile Memory，NVM）来存储程序和引导加载程序，然而，我们还没有明确地利用软件来访问 NVM。通过写入相应的 SFR，软件可以将数据写入闪存，这样即使 PIC32 断电，也可以保存数据。在这里，通过软件将数据写入闪存的过程，通常被称为运行时自编程（RTSP）。引导加载程序使用 RTSP 将程序存储在 PIC32 上。

也可以使用诸如 PICkit 3 的外部编程器来写入闪存。本章不讨论外部编程器的工作原理，PIC32 闪存编程规范中已有关于外部编程器操作的相关描述。使用外部编程器，引导加载程序最初是存储在 PIC32 上的。

18.1　概述

PIC32 包含 12KB 的引导闪存和 512KB 的闪存程序存储器。程序存储器有 128 页，每页 4KB（4096 字节）。每一页又进一步分成 8 行，每行包含 128 个 4 字节的字。

根据 PIC32 的存储器模型（参阅第 2 章）可知，闪存中的每个字节都有唯一的物理地址。在程序执行期间，CPU（或预取高速缓存模块）可以直接从闪存上读取指令或数据。如果你曾经声明过任何初始化的全局变量 const，则连接器会将这些变量存储在闪存中。这与存储在 RAM 中的其他数据有所不同，这个特性是 XC32 编译器特有的，通常不是 C 的规则。

与直接读取闪存不同，写入闪存会有点特殊，原因如下。

- 如果不注意写入的物理地址，那么你可能会意外地覆盖程序指令！
- 为防止闪存中的程序指令和数据遭到意外损坏，代码在写入闪存之前必须执行特定的解锁序列指令。
- "擦除"闪存中的某个区域意味着将所有位设置为 1。"写"操作只将某些 1 改为 0，它不能将 0 改为 1。因此，任何写操作必须在擦除操作之后执行。例如，如果我们擦除了某个特定物理地址上的一个 4 字节的字（它现在包含 0xFFFFFFFF），然后将

4 字节的字 0xFFFFFF00 写入该地址，则该地址将保存 0xFFFFFF00。但是，如果我们不首先执行擦除操作，就尝试将 4 字节的字 0xFF00FFFF 写入相同的地址，则该地址保存的值为 0xFF00FF00——因为第二次写入无法将 0 改为 1。

- 可以擦除的最小区域是 4KB 的一页。唯一可用的写操作是写入 4 字节的字或一整行（128 个 4 字节的字）。
- 闪速存储器会因过多的擦写周期而失败，因此只能偶尔地执行闪存写入。根据数据表中的电气特性可知，超过 1000 个擦除/写入周期后，闪存单元的性能可能会下降。

18.2　详述

闪存的写操作是通过闪存 SFR 进行控制的，这在参考手册的闪存编程部分有更详细的描述。所有 SFR 位默认为 0。虽然通过在设备配置寄存器 DEVCFG0 中设置写保护位，程序闪存中的某些页可以设置为禁止 RTSP，但在 NU32 上安装引导加载程序时会配置 DEVCFG0，这时不会对程序闪存页执行写保护。但是，这时的引导闪存是写保护的。

NVMCON。 闪存的主控制寄存器。

- NVMCON<15> 或 NVMCONbits.WR：将写控制位置 1，执行存储在 NVMCONbits.NVMOP（如下所述）中的闪存操作。当操作完成时，PIC32 将该位清 0。只有已执行过闪存解锁序列指令且 NVMCONbits.WREN = 1 时，才能将此位置 1。
- NVMCON<14> 或 NVMCONbits.WREN：写使能位。该位置 1 时，只要执行了解锁序列指令，就可以写入 NVMCONbits.WR。你应该在写入闪存之前将此位置 1，并在完成后将该位清 0。
- NVMOP<3:0> 或 NVMCONbits.NVMOP：决定 NVMCONbits.WR 被置 1 后要执行的操作。

　　0b0101　擦除所有程序存储器中的页（主要用于引导加载程序）。

　　0b0100　擦除单个页，由地址 NVMADDR 来选择。

　　0b0011　将一行数据写入由 NVMADDR 选择的行。要写入的数据地址存储在 NVMSR-CADDR 中。

　　0b0001　将一个字写入存储在 NVMADDR 中的地址里。要写入的字存储在 NVM-DATA 中。

NVMKEY。 解锁 NVMCON 寄存器，以使能擦除和写入。使用禁止中断和已经置 1 的 NVMCONbits.WREN，依次发出以下命令以解锁 NVMCON，并执行存储在 NVMCONbits.NVMOP 中的闪存操作。

```
NVMKEY = 0xAA996655; // unlock step 1
NVMKEY = 0x556699AA; // unlock step 2; the unlock sequence is complete
NVMCONSET = 0x8000;  // while unlocked, set write control bit to start operation
```

这些步骤应该被连续地执行，以防止解锁序列指令超时。

NVMADDR。存储将被擦除的页、将被写入的行或将被写入字的闪存物理地址，具体取决于 NVMCONbits.NVMOP 的设置。

NVMDATA。当单个字被写入时，存储将写入闪存的数据。

NVMSRCADDR。编程整行时，将要写入的数据字对齐物理地址。"字对齐"表示物理存储器地址必须能被 4 整除（因为闪存字中有 4 字节）。

18.3　示例代码

下面的库 flash.{c,h} 会分配一页闪存，并提供擦除页面、写入单个字或读取单个字的函数。

检查 flash.c。注意缓冲器声明。

```
static const unsigned int buffer[PAGE_WORDS] __attribute__ ((__aligned__(PAGE_
SIZE))) = {0};
```

除了几个额外的关键字外，这个声明看起来类似于标准的全局数组。因为数组被声明为 const 并且使用 = {0} 进行初始化，所以 XC32 连接器将 buffer 分配给闪存而不是 RAM[⊖]。（当使用这个闪存库编译程序时，可以检查映射文件，来看一下在闪存中给只读数据分配的地址。）当你将程序加载到 PIC32 上时，数据被加载到闪存。它不会在每次运行程序时重新初始化，而 RAM 中的初始化数组会重新初始化。

代码 __attribute__ ((__aligned__(PAGE_SIZE))) 确保连接器将 buffer 放置在页面边界上；也就是说，buffer 的地址一定是闪存中页面的开始位置。换句话说，buffer（等价于 & buffer [0]）必须能够被页面大小（4096）整除。

虽然声明全局数组 const 是在闪存程序存储器中通过分配空间来保存持久数据的最简单方法，但是也可以直接在连接器脚本中分配闪存。

函数 flash_op 处理解锁闪存并执行相应的操作。我们已经实现的唯一操作是，在缓冲器中写入一个字，并擦除缓冲器。

代码示例 18.1　flash.h。闪速存储器头文件

```
#ifndef FLASH__H__
#define FLASH__H__
// the flash module allocates a page of flash and provides read/write accesss

#define PAGE_SIZE 4096                          // size of a page, in bytes
#define PAGE_WORDS (PAGE_SIZE/4)                // size of a page, in 4-byte words

// erases the flash page by setting all bits to 1's
void flash_erase(void);
```

⊖　没有简要的 C 语句可初始化缓冲器以使所有位等于 1，这等于擦除缓冲器。

```c
// writes the 0's of a 4-byte word
void flash_write_word(unsigned int index, unsigned int data);

// reads a word from flash
unsigned int flash_read_word(unsigned int index);

#endif
```

代码示例 18.2 flash.c。闪速存储器的实现

```c
#include "flash.h"
#include <xc.h>
#include <sys/kmem.h> // macros for converting between physical and virtual addresses

#define OP_ERASE_PAGE 4 // erase page operation, per NVMCONbits.NVMOP specification
#define OP_WRITE_WORD 1 // write word operation, per NVMCONbits.NVMOP specification

// Making the array const and initializing it to 0 ensures that the linker will
// store it in flash memory.
// Since one page is erased at a time, array must be a multiple of PAGE_SIZE bytes long.
// The aligned attribute ensures that the page falls at an address divisible by 4096.

static const unsigned int buf[PAGE_WORDS] __attribute__ ((__aligned__(PAGE_SIZE))) = {0};

static void flash_op(unsigned char op) { // perform a flash operation (op is NVMOP)
  int ie = __builtin_disable_interrupts();

  NVMCONbits.NVMOP = op;  // store the operation
  NVMCONbits.WREN = 1;    // enable writes to the WR bit

  NVMKEY = 0xAA996655;    // unlock step 1
  NVMKEY = 0x556699AA;    // unlock step 2
  NVMCONSET = 0x8000;     // set the WR bit to begin the operation
  while (NVMCONbits.WR) { // wait for the operation to finish
    ;
  }
  NVMCONbits.WREN = 0;    // disables writes to the WR bit

  if (ie & 0x1) {         // re-enable interrupts if they had been disabled
    __builtin_enable_interrupts();
  }
}

void flash_erase() {            // erase the flash buffer. resets the memory to ones
  NVMADDR = KVA_TO_PA(buf);  // use the physical address of the buffer
  flash_op(OP_ERASE_PAGE);
}

void flash_write_word(unsigned int index, unsigned int data) { // writes a word to flash
  NVMADDR = KVA_TO_PA(buf + index);  // physical address of flash to write to
  NVMDATA = data;                    // data to write
  flash_op(OP_WRITE_WORD);
}
```

```
unsigned int flash_read_word(unsigned int index) { // read a word from flash
  return buf[index];
}
```

以下代码 flashbasic.c 使用 flash 库来存储多达 1023 个无符号整型（unsigned int）字。首先检查是否已经创建了一个有效的闪存缓冲器，这也许应在 PIC32 最近上电之前执行。若没有缓冲器，则通过擦除页面并在缓冲器的最后一个单元处写入 4 字节的十六进制"密码"0xDEADBEEF 来创建缓冲器。此密码的存在告诉程序存在一个有效缓冲器，并且不应该擦除页面。

每次执行 main 中的无限循环时，程序会告诉用户已经在闪存中存储了多少个字，并询问用户是否向缓冲器添加一个新的字（通过键入"a"）、是否显示已经存储了的字（"s"）、是否擦除页面并创建新的闪存缓冲器（"m"）或者是否产生错误（"e"）。该错误覆盖了密码 0xDEADBEEF，并且下一次通过循环时，代码会检查到不存在带有有效密码的缓冲器，这时擦除闪存页并重新开始在闪存中存储数据。这与创建新页的效果是相同的。

为了向缓冲器中添加一个字，代码寻找缓冲器中第一个未占用单元并存储它。这是具有"擦除"效果的值为 0xFFFFFFFF 的第一个单元。由于 0xFFFFFFFF 被解释为已擦除单元，因此用户不能存储这个值。因此，用户只能存储 $2^{32} - 1$ 个不同的值，而不是 2^{32} 个不同的值。

当第一个未占用单元是数组的最后一个单元，即保存密码的单元时，缓冲器被认为已满。

将一些数据输入缓冲器后，如果重新上电启动 PIC32，则会发现数据仍然存在。运行示例代码，输出如下所示。

```
No flash memory allocated currently; making a page.
Currently 0 words stored in flash.
(a)dd word, erase & (m)ake new page, (s)how words, (e)rror? // user enters a
Enter an unsigned int to store at location 0.           // enters 11223344
Adding 0x11223344 at location 0.

Currently 1 words stored in flash.
(a)dd word, erase & (m)ake new page, (s)how words, (e)rror? // user enters a
Enter an unsigned int to store at location 1.           // enters abcdef01
Adding 0xabcdef01 at location 1.

Currently 2 words stored in flash.
(a)dd word, erase & (m)ake new page, (s)how words, (e)rror? // user enters s
at index    0: 0x11223344                               // data printed
at index    1: 0xabcdef01

Currently 2 words stored in flash.
(a)dd word, erase & (m)ake new page, (s)how words, (e)rror? // user enters a
Enter an unsigned int to store at location 2.           // enters ffffffff,
Adding 0xffffffff at location 2.                        // unstorable word
```

```
Currently 2 words stored in flash.                      // still 2 words
(a)dd word, erase & (m)ake new page, (s)how words, (e)rror? // user enters s
at index    0: 0x11223344                               // ffffffff is
at index    1: 0xabcdef01                               // an erased element
```

代码示例 18.3　flash_basic。基本的闪速存储器操作演示

```c
#include "NU32.h"            // constants, funcs for startup and UART
#include "flash.h"           // allocates buffer of PAGE_WORDS (1024) unsigned ints

// Uses flash.{c,h} library to allocate a page in flash and then write 32-bit
// words there, consecutively starting from the zeroth index in the array.
// LIMITATION:  Words that are all 1's (0xFFFFFFFF) cannot be saved; array
// elements holding this value are considered to be empty (not written since erase).

#define PAGE_IN_USE_PWD    0xdeadbeef // password meaning a valid flash buffer is present
#define PAGE_IN_USE_INDEX  (PAGE_WORDS-1) // the password is at the last index of buffer

int page_exists() {  // valid flash page is allocated if password is at the right index
  return (flash_read_word(PAGE_IN_USE_INDEX) == PAGE_IN_USE_PWD);
}

// returns the index where the next word should be written
unsigned int next_page_index() {
  unsigned int count = 0;

  while ((flash_read_word(count) != 0xFFFFFFFF)
         && (count < PAGE_IN_USE_INDEX)) {
    count++;
  }
  return count;
}
// page is full if the next word would be written at the password index
int page_full() {
  return (next_page_index() == PAGE_IN_USE_INDEX);
}

// erase page and write the password indicating a flash page is available
void make_page() {
  flash_erase();
  flash_write_word(PAGE_IN_USE_INDEX,PAGE_IN_USE_PWD);
}

void add_new_word() { // add a four-byte word at the next_page_index if page is not full
  char msg[100];
  unsigned int ind = next_page_index();  // where to write the word in the flash page
  unsigned int val;

  if (page_full()) {
    NU32_WriteUART3("Flash page full; no more data will be stored.\r\n");
  }
  else {
    sprintf(msg,"Enter an unsigned int to store at location %d.\r\n",ind);
    NU32_WriteUART3(msg);
    NU32_ReadUART3(msg,sizeof(msg)); // enter word using 8 hex characters, like f01dab1e
    sscanf(msg,"%x",&val);
    flash_write_word(ind,val);
```

```
        sprintf(msg,"Adding 0x%x at location %d.\r\n",val,ind);
        NU32_WriteUART3(msg);
    }
}

void show_words() {  // print out the currently saved four-byte words in hex
    char msg[100];
    unsigned int i;
    for (i = 0; i < next_page_index(); i++) {
        sprintf(msg,"at index %4d: 0x%x \r\n",i,flash_read_word(i));
        NU32_WriteUART3(msg);
    }
}

int main(void) {
    char msg[100]="";

    NU32_Startup(); // cache on, interrupts on, LED/button init, UART init
    while(1) {
        if (!page_exists()) {  // initialize a flash page if the password is not present
            NU32_WriteUART3("\r\nNo flash memory allocated currently; making a page.");
            make_page();
        }
        sprintf(msg,"\r\nCurrently %d words stored in flash.\r\n",next_page_index());
        NU32_WriteUART3(msg);
        NU32_WriteUART3("(a)dd word, erase & (m)ake new page, (s)how words, (e)rror?\r\n");
        NU32_ReadUART3(msg,sizeof(msg));
        switch (msg[0]) {      // check the first character entered by user
            case 'a':
                add_new_word();
                break;
            case 'm':
                make_page();
                break;
            case 's':
                show_words();
                break;
            case 'e':// shows that if we obliterate the password, then no valid flash page exists
                flash_write_word(PAGE_IN_USE_INDEX,0);
                break;
            default:
                break;
        }
    }
    return 0;
}
```

通过在擦除操作之前向页面填充多达 1023 个已保存的数据字，上述代码尝试最小化页面擦除，从而最大化闪存寿命。它的一个限制是不能区分数据 0xFFFFFFFF 和被擦除单元值。另一个限制是找到存储数据的下一个索引地址的方法很慢——我们必须一步一步地通过缓冲器来寻找第一个未被占用（已擦除）单元。

用于管理闪存的更复杂方法，可以使用一些缓冲器单元作为控制（control）位来表示哪些数组单元被数据所占用。当你将数据写入数组单元时，应将 0 写入相应的控制位。这个方案克服了上述的两个限制，其代价是可用于数据存储的数组单元更少了。为了减少任何单个页面上的损耗，可以分配多个页面来保存数据，直至达到 PIC32 的闪存容量。

18.4　小结

- 可以使用闪存来存储在 PIC32 上电周期内想要保留的数据。
- 程序闪存被分为 128 页，每页 4KB。每页被分为 8 行，每行由 128 个 4 字节的字组成。
- 通过将所有位设置为 1，可以执行擦除操作，闪存一次只能擦除一页。写入操作只将 1 翻转为 0，而不能将 0 翻转为 1。一次只能写入一个 4 字节的字或一整行。
- 闪存的使用寿命有限，因此应尽量最小化写入和擦除操作的次数。

18.5　练习题

1. 为了最小化闪存擦除操作，假设页面上的 4096 个字被分成控制字和数据字。控制字的每位对应于一个或多个数据字，这些数据字称为块；1 表示块是空的，0 表示块已满。假设每个块有 4 个数据字，那么一个闪存页面可以存储多少个数据字？
2. 假设你想要一次保存一个单独的 4 字的块，闪存的每页可以擦除 1000 次。
   - （a）假设在每次写之前都需要擦除页面，你可以存储一个数据块多少次？
   - （b）如果使用练习题 1 中描述的控制 / 数据方案，你可以写一个数据块多少次？
3. 实现和测试练习题 1 中描述的控制 / 数据字方案。

延伸阅读

PIC32 family reference manual. Section 05: Flash programming. (2012). Microchip Technology Inc.
PIC32 flash programming specification. (2014). Microchip Technology Inc.

第 19 章 | Chapter 19

控制器局域网络

高速控制器局域网络（Controller Area Network，CAN）是一种异步通信协议，它被广泛应用于工业自动化以及现代汽车的许多微处理器之间的通信上。CAN 允许许多设备在电噪声环境下只通过两根电线进行通信。相距几十米时通信速度可能高达 1Mbit/s，距离越远，位率越低。PIC32 微控制器提供两个 CAN 控制器外设。

19.1 概述

一根 CAN 总线包含 CANH 和 CANL 两根导线，每根导线末端都连接一个 120Ω 的电阻。和许多设备一样，PIC32 微控制器不能直接提供 CAN 总线所需的电压，因此它通过独立的 CAN 收发器（transceiver）（例如 Microchip MCP2562）连接到总线。图 19-1 说明了 CAN 总线连接 n 个设备的情形，其中包括 PIC32 微控制器的模块 CAN1 通过 MCP2562 连接到总线。在下面的讨论中，设备都具有 CAN 控制器外设，并且通过收发器能与总线进行交互。

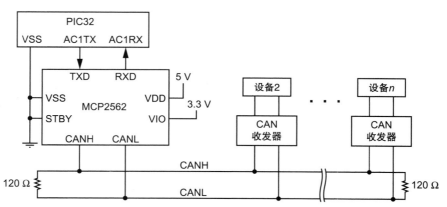

图 19-1　PIC32 和其他设备通过 CAN 收发器连接到 CAN 总线。图中，PIC32 微控制器使用模块 CAN1 连接到 CAN 总线；也可以（或替代）使用模块 CAN2 的引脚 C2TX 和 C2RX 连接到 CAN 总线

当安装引导加载程序时，NU32 上 PIC32 微控制器的寄存器 DEVCFG3 的配置位 FCANIO 被清 0，这意味着模块 CAN1 使用备用引脚 AC1TX（RF4）和 AC1RX（RF5），而不是默认引脚 C1TX（RF0）和 C1RX（RF1）。这是因为 RF0 和 RF1 作为数字输出引脚控制 NU32 上的 LED1 和 LED2。

为了使用 CAN1 通过总线发送消息，PIC32 微控制器将数据从它的引脚 AC1TX 发送到 MCP2562 的引脚 TXD，而 MCP2562 控制输出电压 V_{CANH} 和 V_{CANL} 以通过总线发送信息。MCP2562 也将总线上的每一位数据转换为 PIC32 微控制器所能识别的逻辑电平（0V 和 3.3V），并将数据从自身的引脚 RXD 发送到 PIC32 微控制器的引脚 AC1RX 上。

为了发送逻辑低电平信号（0），MCP2562 驱动 V_{CANH} 至高电压，并驱动 V_{CANL} 至低电压。这种总线状态被称为是显性（dominant）的。$V_{CANH} - V_{CANL}$ 的确切值并不重要，只要它超过某个最低阈值，允许总线上的收发器识别出显性（逻辑 0）状态就行。例如，MCP2562 要求 $V_{CANH} - V_{CANL} > 0.9V$ 来保证总线被判断为显性。

为了发送逻辑高电平信号（1），MCP2562 的 CANH 和 CANL 引脚都悬空（高阻抗）。因为总线是一个闭合环路（末端接电阻），所以这意味着 $V_{CANH} \approx V_{CANL}$。假设总线上没有其他收发器使总线为显性，这种总线状态被称为隐性（recessive）。如果 $V_{CANH} - V_{CANL} < 0.5V$，则 MCP2562 识别为隐性（逻辑 1）状态。

总线的显性（0）和隐性（1）状态之所以被这样称呼，是因为只有所有设备都在传输 1 时总线才是隐性的。如果任意一个设备传输了一个 0，则该设备的收发器会使总线成为显性（0）状态，因为隐性收发器的高阻抗输出不会影响到总线电压。

总线上的每个设备都应配置为具有相同的标称位率（与使用 UART 一样，这里没有时钟信号）。如果没有设备在通信，那么所有收发器都具有高阻抗输出且总线处于隐性（逻辑 1）状态。当一个设备开始发送数据帧时，它首先在 1 个位的持续时间内发送一个逻辑 0（驱动总线为显性），这就是所谓的帧起始位（SOF）。接下来数据帧的 11 位携带消息的标准标识符（SID），以表明消息中的信息类型。接下来的 1 位是远程发送请求（RTR），如果设备正在发送数据那么此位为 0；如果是向另一个设备请求数据则此位为 1。接下来的 1 位是标识符扩展位（IDE），对于标准 CAN 帧，此位为 0⊖。接下来的 1 位是保留位 RB0，按照惯例，此位是 0。接下来的 4 位是数据长度码（DLC），它表明传输数据的字节数，按照 CAN 标准，这个字节数必须是 0 ~ 8。接下来的 0 ~ 64 位是 0 ~ 8 字节的由 DLC 控制的数据（DATA）。接下来的 16 位是循环冗余校验（CRC），它是错误检测代码，接收设备使用它来检查数据是否被正确接收。接下来的 2 位是确认字段（ACK）。发送器发送两个 1（隐性），但是任何一个正确接收到数据的接收器应该在第一位数据到来期间发送一个 0（显性），来表明已接收到消息。如果接收器发出没有确认，那么发送器会意识到有传输错误而且应该重新发送数据帧。最后，数据帧由 7 个连续的隐性（1）位（EOF）来结束。标准的 CAN 帧

⊖ 对于扩展的 CAN 帧，IDE 位是 1。我们不讨论扩展的 CAN 数据帧，其主要区别是允许 29 位的消息标识符，而不是 11 位。

格式如下表所示。

标准 CAN 帧

字段	SOF	SID	RTR	IDE	RBO	DLC	DATA	CRC	ACK	EOF
# 位	1	11	1	1	1	4	0 - 64	16	2	7
标准的 CAN 帧数据										

由于总线转换时序（显性转为隐性和隐性转为显性）是用来帮助总线上的设备实现同步的（参阅 19.2 节关于 CiCFG 特殊功能寄存器的描述），所以 CAN 协议中至少每 6 位需要 1 个数据转换位。如果数据帧有 5 个相同符号的连续位，则由发送器插入一个符号相反的位。这就是所谓的位填充（bit stuffing）。因此，根据 SID 和 DATA 可知，实际 CAN 帧的长度可能被填充位所扩展。由于每个接收设备都遵循位填充的规则，所以设备会丢弃填充位。如果一个接收设备读到 6 个相同符号的连续位，则表示发生了一个错误，这时候设备可以发送 6 个连续的显性位来声明错误。（本章不讨论 CAN 的错误处理。）不会在 ACK 或 EOF 字段期间添加填充位，而且 EOF 字段中的 7 个连续的隐性位不表示一个错误。

一个数据帧后应至少插入 3 个连续的隐性（1）位作为帧间间隔。帧间间隔后的任意一个从隐性到显性的转换，都被认为是 SOF。

如果总线一直保持静默，然后一个设备发送了一个 SOF 位，则其他设备在企图发送信息前会一直等待，直到数据帧传输完成。如果两个或两个以上的设备试图同时发送信息，则信息中 SID 较低的设备将赢得仲裁并且能够发送信息，而其他设备必须等待。之所以能实现仲裁，是因为每个传输设备都测量总线电压，而且当设备 x 正在发送一个隐性状态（逻辑 1）时，如果总线一直是显性状态（逻辑 0），那么设备 x 会知道另一个设备赢得了仲裁，然后设备 x 停止传输。由于 SID 是数据帧中发送的第一个位串，而且 SID 的最高位也是第一个发送的，那么发送最低 SID 的设备在自身数据帧开始部分中具有最多的 0，因此赢得仲裁。

在总线上广播的信息不一定与总线上的所有设备相关，因此总线上的设备只处理那些与自身关注的 SID 有关的信息。PIC32 微控制器使用用户指定的 SID 掩码和过滤器来查找相关信息，而且只在 RAM 中存储相关信息。

19.2 详述

PIC32 微控制器使用先进先出（First-In First-Out，FIFO）队列来处理 CAN 帧。这些 FIFO 队列存储在你分配的 RAM 中。CAN 外设最多可使用 32 个独立的 FIFO，每个都可以配置为接收（RX）或发送（TX）FIFO。每个 FIFO 包括指定数量（最多为 32 个）的消息缓冲器，消息缓冲器用来保持准备发送出去的消息（TX FIFO）或保持已接收的消息（RX FIFO）。

每个消息缓冲器都是 4 个 32 位的字（共 16 字节），包含构建一个完整数据帧需要的所有数据[⊖]。这 4 个 4 字节的字的内容如下所示。

- CMSGSID：包含消息的 SID。如果这是一个已接收的信息，那么也包含时间戳信息和接收信息的过滤器 ID。
- CMSGEID：包含 RTR、IDE、RB0 和 DLC 位。如果使用扩展的 CAN 帧，也会包含其他位。
- CMSGDATA0：包含 DATA 的第 0 ~ 3 字节。
- CMSGDATA1：包含 DATA 的第 4 ~ 7 字节。

例如，你可以拥有一个能容纳 12 条信息的 TX FIFO 队列，那它占用 RAM 的 $1 \times 12 \times 16 = 192$ 字节，而且还有 4 个已收消息的 RX FIFO，每个最多能容纳 32 条信息，因此它占用 RAM 的 $4 \times 32 \times 16 = 2048$ 字节。

接收（RX）掩码和过滤器用于忽略不相关信息，并自动将相关消息分类到相应的 RX FIFO。MASK 是一个 11 位的数，而且如果一个消息的 SID 与掩码的按位"与"运算的结果

MASK & SID

与用户编程的过滤器匹配，则这个消息被接收，已接收的消息存储在与过滤器相关的 FIFO 中。用户最多可以定义 32 个过滤器和 4 个掩码。

CAN 外设需要依赖大量的特殊功能寄存器。一些特殊功能寄存器适用于整个 CAN 外设，而另外一些只适用于个别的过滤器或 FIFO。我们会为你提供建立基本 CAN 通信所需要的信息，参考手册相关部分提供了完整的描述。与其他外设不同，你必须启动 CAN 外设，并将其置于允许配置 CAN 外设的模式下。配置完成后，也可以更改模式，让 CAN 发送和接收消息。

PIC32 微控制器有两个 CAN 模块，在下列特殊功能寄存器中，i 可以是 1 或 2，分别表示 CAN1 或 CAN2。

CiCON。主要的配置寄存器，允许你设置工作模式。

- CiCON<26:24> 或 CiCONbits.REQOP：请求改变工作模式。在请求改变模式之后，你必须等待工作模式真正发生改变，可通过查询 CiCONbits.OPMOD 来看工作模式是否已改变。在不同工作模式之间进行转换也许需要满足总线上的某些条件，因此总线上的接线错误也许会阻止某些工作模式的转换。主要的工作模式有：

  0b100　配置模式，允许修改所有的 CAN 特殊功能寄存器。

  0b010　回送模式。CAN 在内部与自身相连，允许进行消息收发的测试。工作在回送模式时，CAN 实际上并没有连接总线，所以不需要收发器。

  0b000　CAN 外设正常工作。

- CiCON<23:21> 或 CiCONbits.OPMOD：当前工作模式。使用与 CiCONbits.REQOP 相同的数值。在请求转换工作模式后，你应该不断查询此寄存器中的值，直至 CAN

⊖　对于一个 RX FIFO，有可能使用两个只有 32 位字的消息缓冲器，它们只包含 GMSGDATA0 和 GMSGDATA1，忽略 SID、时间戳、DLC 等。在本章中，我们主要关注使用 4 个 4 字节的字的 RX 消息。

总线真正进入期望的模式。在没有满足一定的总线条件前，CAN 外设不能改变工作模式，因此如果你的代码在查询 OPMOD 时停止了，那么也许是接线错误。

- CiCON<15> 或 CiCONbits.ON：该位置 1，启动 CAN 模块。除非此位置 1，否则不能转换工作模式，因此，与其他外设不同，允许使用 CAN 外设并不是配置的最后一步。

CiCFG。配置 CAN 外设的位率以及控制与总线上其他设备同步的参数。根据 CAN 协议，每位的持续时间包含整数个时间量子（time quanta）T_q。根据参考手册，CAN 模块应该将单独位的持续时间配置为 8 ～ 25 个 T_q。例如，位率为 1Mbit/s 时，每位的持续时间是 1μs。如果每位有 10 个 T_q，那么 $T_q = 100$ns。

同时，根据 CAN 协议可知，位的持续时间分为 4 个段：同步段、传播段，相位段 1 和相位段 2（如图 19-2 所示）。同步段持续 1 个 T_q，但是其他段通常持续数个 T_q。总线上的数据实际上是在相位段 1 和相位段 2 之间的过渡处被采样的。

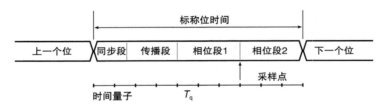

图 19-2　CAN 总线上单独位的时序，展示了 1 位持续期间的 4 个段

这 4 个段主要通过振荡频率、相位差和传播延迟来帮助 CAN 设备之间重新同步。在每个数据帧起始位置处隐性转为显性的过程中，CAN 模块重启自身的位定时器。另外，在一个数据帧中，如果在同步段外检测到一个转换，那么 CAN 模块会根据时序误差，通过延长或者缩短相位段 1 或相位段 2（时间为整数个 T_q）来重新同步。

CiCFG 特殊功能寄存器用于配置时间量子 T_q，实现重新同步时相位段 1 和相位段 2 可以延长或缩短的最大 T_q 数，以及传播段、相位段 1 和相位段 2 的 T_q 个数。总的位持续时间是这 3 个段的持续时间再加上同步段（持续 1 个 T_q）持续时间的总和。例如，如果 $T_q = 100$ns 且传播段、相位段 1 和相位段 2 各持续 3 个 T_q，那么总的位持续时间为 $10T_q = 1$μs 并且位率为 1 Mbit/s。

- CiCFG<13:11> 或 CiCFGbits.SEG1PH：相位段 1 的持续时间为（CiCFGbits.SEG1PH+1）× T_q。在默认配置的情况下，相位段 2 的 CiCFGbits.SEG2PH 会自动设置为与 CiCFGbits.SEG1PH 相等，这使得相位段 1 和相位段 2 的持续时间相等。
- CiCFG<10:8> 或 CiCFGbits.PRSEG：传播段的持续时间为（CiCFGbits.PRSEG+1）× T_q。它至少应该是信号沿总线传播时间的两倍。
- CiCFG<7:6> 或 CiCFGbits.SJW：相位段 1 或相位段 2 可调整的最长时间为（CiCFGbits.SJW+1）× T_q。SJW 必须不大于 SEG2PH。

- CiCFG<5:0> 或 CiCFGbits.BRP：该波特率分频器值决定了 T_q，这里有

$$T_q = 2 \times (\text{CiCFGbits.BRP} + 1)/F_{sys}$$

其中，F_{sys} 是系统时钟频率。例如，对于 80MHz 系统时钟频率，CiCFGbits.BRP = 0b000011 = 3，这意味着 $T_q = 2 \times$（3+1）/80MHz=100ns。

当试图快速通信或长距离通信时，CAN 的位时序设置是很重要的。Microchip AN754 的使用说明提供了有关针对使用目的选择合适设置的详细说明。

CiTREC。跟踪收发错误的数量。当调试或者应用程序对错误约束有严格要求时，该寄存器特别有用。

CiFLTCONr，r=0 ～ 7。CAN 外设有 8 个过滤器控制寄存器。过滤器会基于数据帧的 SID 将数据导向不同的 RX FIFO。每个寄存器包含 4 个过滤器（共有 32 个可用过滤器）的配置位。每个过滤器的字段如下所示。

CiFLTCONrbits.FLTENx，x=0 ～ 31：该位置 1，允许使用过滤器 x。

CiFLTCONrbits.MSELx，x=0 ～ 31：这两位的取值范围为 0b00 ～ 0b11（0 ～ 3），选择过滤器 x 的掩码寄存器。当硬件试图将 SID 与过滤器匹配时，掩码寄存器会决定忽略哪些 SID 位。

CiFLTCONrbits.FSELx，x=0 ～ 31：这 5 位的取值范围为 0b00000 ～ 0b11111（0 ～ 31），使一个 FIFO（0 ～ 31）与过滤器 x 关联。当过滤器匹配时，数据会存放在指定的 FIFO 中。

CiRXFn，n=0 ～ 31。每个过滤器对应一个特殊功能寄存器，指定与过滤器匹配的 SID。该寄存器只有 CiFLTCONr 中合适的位置 1 时才工作。当使用标准的 CAN 数据帧时，只有 11 位是相关的：

- CiRXFn<31:21> 或 CiRXFnbits.SID：与过滤器匹配的 SID。

CiRXMr，r=1 ～ 4。CAN 外设有 4 个掩码寄存器。掩码决定了 SID 中哪些位被忽略。每个过滤器使用一个掩码寄存器。

- CiRXMr<31:21> 或 CiRXMrbits.SID：当与过滤器匹配时，该字段上为 0 的位对应消息的 SID 中被忽略的位。例如，如果设置掩码 C1RXM0bits.SID=0b101，则当执行过滤器匹配时，消息的 SID 中只有第 0 位和第 2 位起作用。

CiFIFOBA。存放 RAM 所在连续区域的基础物理地址，CAN FIFO 位于此 RAM 中。这个区域必须足够大，以存储所有的 FIFO（最多有 32 个 FIFO），每个 FIFO 最多有 32 个消息缓冲器（由用户指定）。每个消息缓冲器有 4 个字，每个字有 4 字节。如果要使用 n 个 FIFO，为了避免浪费 RAM 空间，应该使用从 FIFO0 开始到 FIFO（$n-1$）结束的连续 n 个 FIFO（如图 19-3 所示）。

CiFIFOCONn，n = 0 ～ 31。FIFO 的控制寄存器（n=1 ～ 31）。决定了 FIFO 的大小以及是传送 FIFO 还是接收 FIFO。

- CiFIFOCONn<20:16> 或 CiFIFOCONnbits.FSIZE：FIFO 中的消息数量为 CiFIFOCONnbits.FSIZE+1。

图 19-3 CAN FIFO 的内存布局。此例使用了 4 个 FIFO：2 个 2 条消息长的 TX FIFO（FIFO0 和 FIFO1）和 2 个 3 条消息长的 RX FIFO（FIFO2 和 FIFO3）。每个消息缓冲器包含 4 个 4 字节的字，因此消息缓冲器之间相隔 16 个地址

- CiFIFOCONn<14> 或 FRESET：将该位置 1 会复位 FIFO。复位结束后，硬件会将该位清 0。根据 Microchip 公司的 PIC32MX795 系列勘误表可知，该位只能通过 CiFIFOCONnSET = 0×5000 来置 1。（不能使用 CiFIFOCONnbits.FRESET 将该位置 1。）

- CiFIFOCONn<13> 或 UINC：当一条消息添加到 TX FIFO 以准备发送或者从一个 RX FIFO 读取到一个消息后，该位置 1。这会使 FIFO 指针 CiFIFOUAn（见下文）自动加 1，指向 FIFO 中下一个消息缓冲器。对于 TX FIFO 来说，下一个添加到 FIFO 准备通过总线发送的消息应该放在这个新地址里；而对于 RX FIFO 来说，下一个从总线上读取的消息将会放在这个新地址里。当指针到达 FIFO 的末端时，会返回到 FIFO 的开头。根据 Microchip 公司的 PIC32MX795 系列勘误表，该位只能通过 CiFIFOCONnSET=0×2000 来置 1。（你不能使用 CiFIFOCONnbits.UINC 将该位置 1。）

- CiFIFOCONn<12> 或 CiFIFOCONnbits.DONLY：对于 RX FIFO，如果该位被置 1，则只有接收消息的数据字节会被存放至 FIFO。在默认情况下，该位会被清 0 而接收信息中包括 4 个 32 位的字。本章中使用寄存器的默认状态。

- CiFIFOCONn<7> 或 CiFIFOCONnbits.TXEN：当该位置 1 时，FIFO 是 TX FIFO。当该位清 0 时，FIFO 是 RX FIFO。

- CiFIFOCONn<4> 或 CiFIFOCONnbits.TXERR：当传输过程发生错误时，该位被置 1。当读取数据时该位被清 0。它对于调试非常有用。

- CiFIFOCONn<3> 或 CiFIFOCONnbits.TXREQ：对于 TX FIFO，该位用来请求用 CAN 总线发送 FIFO 里的数据。消息成功发出后，该位清 0。

CiFIFOINTn，n=0 ～ 31。包含中断允许（IE）位和中断标志（IF）位，表明 FIFO 触发了哪些中断条件。中断标志位表明 FIFO 的状态，而且即使某个中断被禁止，也可以查询

FIFO 的状态。一些重要的状态标志如下所述。

- CiFIFOINTn<10> 或 CiFIFOINTnbits.TXNFULLIF：为只读位。当一个 TX FIFO 未满时，该位置 1；否则清 0。
- CiFIFOINTn<0> 或 CiFIFOINTnbits.RXNEMPTYIF：为只读位。当一个 RX FIFO 非空时，即最少有一个信息时，该位置 1；否则清 0。

CiFIFOUAn，n=0 ～ 31。该用户地址存放 FIFO 当前位置的基础物理地址。对于 TX FIFO，该地址存放的是下一个通过总线发送消息的地址。对于 RX FIFO，该地址是接收下一个来自总线的消息存放的地址。一旦用户指定了 FIFO 的物理基地址 CiFIFOBA，那么这些地址就会被自动保持。

CAN 模块 1 和模块 2 的中断向量分别为 _CAN_1_VECTOR (46) 和 _CAN_2_VECTOR(47)。CAN1 的中断状态标志位是 IFS1bits.CAN1IF，中断使能控制位是 IEC1bits.CAN1IE，优先级位是 IPC11bits.CAN1IP 以及次优先级位是 IPC11bits.CAN1IS。同样，CAN2 的相关位是 IFS1bits.CAN2IF、IEC1bits.CAN2IE、IPC11bits.CAN2IP 和 IPC11bits.CAN2IS。许多事件可以产生 CAN 模块中断，包括 FIFO 事件以及 CiINT 寄存器中描述的事件（这里不介绍）。为了确定哪个事件引起的中断，可以检查相关 CAN 特殊功能寄存器的标志位。下面的示例代码不使用中断；如果想了解关于中断的细节，请查看参考手册。

19.2.1 地址

CAN 总线使用物理地址管理 RAM 中所有的 FIFO。你的程序将使用虚拟地址（关于内存映射的更多细节，参阅第 3 章）。头文件 <sys/kmem.h> 提供物理和虚拟地址之间的转换宏。为了把虚拟地址转换为物理地址 [例如当计算分配一个指针（虚拟地址）给 FIFO 的 RAM 的一段区域之间的物理地址 CiFIFOBA 时]，你可以使用 KVA_TO_PA(virtual_address)。为了将物理地址转换为虚拟地址（例如当要向基于 CAN 的物理地址 FIFO 指针 CiFIFOUAn 的 FIFO 虚拟地址中写入数据时），你可以使用 PA_TO_KVA1(physical_address)。

19.2.2 发送信息

为了发送消息，必须将消息加载到 TX FIFO，其当前物理地址由 CiFIFPUAn 保持。一个 TX 消息包括 4 个 4 字节的字：CMSGSID、CMSGEID、CMSGDATA0 和 CMSGDATA1，这 4 个字可以看作由存储在 RAM 中的连续 4 位无符号整数构成的数组。CMSGSID 在最低位地址 addr 中，addr 由 unsigned int * addr = PA_TO_KVA1(CiFIFOUAn) 给出。位字段如图 19-4 所示，其中 SRR、EID 和 RB1 只用于扩展的 CAN 数据帧中，使用标准 CAN 数据帧时这些位全部清 0。

11 位的 SID 可以在 0 ～ $2^{11}-1$ 之间任意取值。例如，为了在 CMSGSID 中设置 SID 为 27，我们可以使用简单的指令 addr[0]=27。下一个字被称为 CMSGEID 并存储在 addr[1] 中，它包含 IDE、RTR、RB0 和 DLC 字段。在标准的 CAN 帧中 IDE 为 0，正常的数据传输中

名字		第31/23/15/7位	第30/22/14/6位	第29/21/13/5位	第28/20/12/4位	第27/19/11/3位	第26/18/10/2位	第25/17/9/1位	第24/16/8/0位
CMSGSID	31:24	—	—	—	—	—	—	—	—
	23:16	—	—	—	—	—	—	—	—
	15:8						SID<10:8>		
	7:0	SID<7:0>							
CMSGEID	31:24	—	—	SRR	IDE	EID<17:14>			
	23:16	EID<13:6>							
	15:8	EID<5:0>						RTR	RB1
	7:0	—	—	—	RB0	DLC<3:0>			
CMSGDATA0	31:24	发送缓冲器数据字节3							
	23:16	发送缓冲器数据字节2							
	15:8	发送缓冲器数据字节1							
	7:0	发送缓冲器数据字节0							
CMSGDATA1	31:24	发送缓冲器数据字节7							
	23:16	发送缓冲器数据字节6							
	15:8	发送缓冲器数据字节5							
	7:0	发送缓冲器数据字节4							

图 19-4　传输过程中使用 4 个 32 位（4 字节）的字产生一个 CAN 消息。CMSGSID 的 0 ~ 7 位在最低地址中，而 CMSGEID、CMSGDATA0 和 CMSGDATA1 的 0 ~ 7 位分别在更高的地址 0 × 10（16）、0 × 20（32）和 0 × 30（48）中。对于标准的 CAN 数据帧，位字段 SRR、EID 和 RB1 均被清 0

RTR 也为 0，而根据 CAN 协议，RB0 也为 0，因此我们只需要选择数据长度码（Data Length Code，DLC）。由于 DLC 占用最低的 4 位，所以可以使用简单的指令 addr[1]=length，其中 length 是数据的字节数，取值范围为 0 ~ 8。addr[2] 中的 CMSGDATA0 和 addr[3] 中的 CMSGDATA1 是数据字节，它们是最后两个字。如果发送的是无符号整数，那么可以将其简单地赋值给 addr[2] 和 addr[3]。

传输 CAN 数据帧的典型过程如下：

1. 不断检查 CiFIFOINTnbits.TXNFULLIF 是否为 1，确保 TX FIFO 是未满的。

2. 读取 CiFIFOUAn 以得到下一个在总线上发送消息的存储地址，并且使用 PA_TO_KVA1 将其转换为虚拟地址。

3. 将期望的信息存储在 FIFO 中，它是通过上一步计算得出的虚拟地址。

4. 使用 CiFIFOCONnSET = 0×2000 来设置 FIFO 的 UINC 位，通知 CAN 外设将 CiFIFOUAn 自动加 1，增加一个消息缓冲器空间（16 字节）。

5. 将 CiFIFOCONnbits.TXREQ 置 1，请求传输。当成功完成传输后，硬件将该位清 0。

19.2.3　接收信息

为了接收消息，必须配置 RX FIFO 以及与所需消息相匹配的过滤器。配置过滤器需要使能过滤器，以及使用 CiFLTCONr（r=0 ～ 7）、CiRXFn（n=0 ～ 31）和 CiRXMr（r=1 ～ 4）为过滤器分配一个 SID 和掩码。当 CAN 外设总线上的 SID 与过滤器的掩码和 SID 相匹配时，CAN 外设会将消息存储在期望的 FIFO 中。例如，如果一个过滤器配置的掩码为 0×7FF（11 位都是 1），那么总线上 SID 的所有位必须匹配过滤器 SID 的所有位。如果每一位都匹配，则消息将被存储在由 CiFLTCONr 指定的 FIFO 中。

与发送消息一样，一条接收消息也是 4 个 4 字节长的字。图 19-5 给出了 RX 消息完整的寄存器布局。如同发送消息，假设当前的 RX FIFO 位置存储在 addr 中，这是一个指向无符号整型数组的指针。而 CMSGSID 在 addr[0] 中，CMSGEID 在 addr[1] 中，CMSGDATA0 在 addr[2] 中以及 CMSGDATA1 在 addr[3] 中。只有数据字中的第一个 DLC 字节数据是有效的。CMSGSID<15:11> 中的 5 位包含了存放消息的过滤器数量。关于如何利用 SYSCLK 和 CiTMR 寄存器产生 CMSGSID<31:16> 中的时间戳数据的更多内容，查阅参考手册。

名字		第31/23/ 15/7位	第30/22/ 14/6位	第29/21/ 13/5位	第28/20/ 12/4位	第27/19/ 11/3位	第26/18/ 10/2位	第25/17/ 9/1位	第24/16/ 8/0位
CMSGSID	31:24	CMSGTS<15:8>							
	23:16	CMSGTS<7:0>							
	15:8	FILHIT<4:0>					SID<10:8>		
	7:0	SID<7:0>							
CMSGEID	31:24	—	—	SRR	IDE	EID<17:14>			
	23:16	EID<13:6>							
	15:8	EID<5:0>					RTR	RB1	
	7:0	—	—	—	RB0	DLC<3:0>			
CMSGDATA0	31:24	发送缓冲器数据字节3							
	23:16	发送缓冲器数据字节2							
	15:8	发送缓冲器数据字节1							
	7:0	发送缓冲器数据字节0							
CMSGDATA1	31:24	发送缓冲器数据字节7							
	23:16	发送缓冲器数据字节6							
	15:8	发送缓冲器数据字节5							
	7:0	发送缓冲器数据字节4							

图 19-5 使用 CAN 外设存储已接收的 CAN 数据帧来进行布局

为了读取一条消息，你应该允许消息接收中断或者查询消息接收中断，以等待 CiFI-FOINTnbits.RXNEMPTYIF 置 1。为了读取消息，要执行以下步骤。

1. 保证 RX 过滤器已经设置好并被使能。

2. RX FIFO 应该非空，因此要确保 CiFIFOINTnbits.RXNEMPTYIF = 1。

3. 通过读取 CiFIFOUAn 并使用 PA_TO_KVA1 将其转换为虚拟地址，得到下一个 RX 消息的地址。

4. 处理消息。

5. 使用 `CiFIFOCONnSET = 0x2000`，对 FIFO 的 UINC 位置 1，以通知 CAN 外设将 CiFIFOUAn 移动到下一个消息缓冲器。

19.3 示例代码

19.3.1 回送程序

第一个例子使用 CAN 的回送模式，允许 CAN 模块向自身发送数据。回送模式允许在测试 CAN 模块时无须担心物理层问题，如收发器、传播延迟或总线阻抗。该代码构建了一个单独的过滤器来响应唯一指定的 SID，而该过滤器使用一个 TX FIFO 和一个 RX FIFO。程序会提示用户输入数据，使用 CAN 外设发送和接收数据并向用户报告结果。

代码示例 19.1　`can_loop.c`。基本的 CAN 回送功能

```c
#include "NU32.h"              // constants, funcs for startup and UART
#include <sys/kmem.h>          // used to convert between physical and virtual addresses
// Basic CAN example using loopback mode, so this functions with no external hardware.
// Prompts user to enter numbers to send via CAN.
// Sends the numbers and receives them via loopback, printing the results.

#define MY_SID 0x146  // the sid that this module responds to

#define FIFO_0_SIZE 4 // size of FIFO 0 (RX), in number of message buffers
#define FIFO_1_SIZE 2 // size of FIFO 1 (TX), in number of message buffers
#define MB_SIZE 4     // number of 4-byte integers in a message buffer

// buffer for CAN FIFOs
static volatile unsigned int fifos[(FIFO_0_SIZE + FIFO_1_SIZE) * MB_SIZE];

int main() {
  char buffer[100];
  int to_send = 0;
  unsigned int * addr;         // used for storing fifo addresses

  NU32_Startup();              // cache on, interrupts on, LED/button init, UART init

  C1CONbits.ON = 1;                    // turn on the CAN module
  C1CONbits.REQOP = 4;                 // request configure mode
  while(C1CONbits.OPMOD != 4) { ; }    // wait to enter config mode

  C1FIFOCON0bits.FSIZE = FIFO_0_SIZE-1;// set fifo 0 size.  Actual size is 1 + FSIZE
  C1FIFOCON0bits.TXEN = 0;             // fifo 0 is an RX fifo

  C1FIFOCON1bits.FSIZE = FIFO_1_SIZE-1;// set fifo 1 size. Actual size is 1 + FSIZE
  C1FIFOCON1bits.TXEN = 1;             // fifo 1 is a TX fifo
  C1FIFOBA = KVA_TO_PA(fifos);         // tell CAN where the fifos are

  C1RXM0bits.SID = 0x7FF;              // mask 0 requires all SID bits to match
  C1FLTCON0bits.FSEL0 = 0;             // filter 0 is for FIFO 0
  C1FLTCON0bits.MSEL0 = 0;             // filter 0 uses mask 0
  C1RXF0bits.SID = MY_SID;             // filter 0 matches against SID
```

```
C1FLTCONObits.FLTEN0 = 1;              // enable filter 0

                                       // skipping baud settings since loopback only
C1CONbits.REQOP = 2;                   // request loopback mode
while(C1CONbits.OPMOD != 2) { ; }      // wait for loopback mode

while(1) {
  NU32_WriteUART3("Enter number to send via CAN:\r\n");
  NU32_ReadUART3(buffer,100);
  sscanf(buffer,"%d", &to_send);
  sprintf(buffer,"Sending: %d\r\n",to_send);
  NU32_WriteUART3(buffer);

  addr = PA_TO_KVA1(C1FIFOUA1);        // get FIFO 1 (the TX fifo) current message address
  addr[0] = MY_SID;                    // only the sid must be set for this example
  addr[1] = sizeof(to_send);           // only DLC field must be set, we indicate 4 bytes
  addr[2] = to_send;                   // 4 bytes of actual data
  C1FIFOCON1SET = 0x2000;              // setting UINC bit tells fifo to increment pointer
  C1FIFOCON1bits.TXREQ = 1;            // request that data from the queue be sent

  while(!C1FIFOINTObits.RXNEMPTYIF) { ; } // wait to receive data
  addr = PA_TO_KVA1(C1FIFOUA0);        // get the VA of current pointer to the RX FIFO
  sprintf(buffer,"Received %d with SID = 0x%x\r\n",addr[2], addr[0] & 0x7FF);
  NU32_WriteUART3(buffer);
  C1FIFOCONOSET = 0x2000;              // setting UINC bit tells fifo to increment pointer
}
return 0;
}
```

19.3.2 交通灯控制

下一个例子需要至少使用两个 PIC32 微控制器，它们通过收发器连接到 CAN 总线上。一个 PIC32（在 NU32 板上）作为虚拟的交通警察，发送消息给另一个 PIC32，将交通灯改变为红色、黄色或绿色。第二个 PIC32（在 NU32 板上）模拟交通灯，如果是绿灯则点亮两个 LED；如果是黄灯则只点亮一个 LED；如果是红灯则不点亮 LED。这个例子很容易扩展到 CAN 总线上有任意数量的交通灯，这只需使用不同的 SID 来访问不同的交通灯。

交警 PIC32 通过 UART 与计算机通信，使你能告知交警要点亮什么颜色的交通灯。交警随后通过 CAN 把消息传给另一个 PIC32。交警 PIC32 运行程序 can_cop.c，而交通灯 PIC32 运行程序 can_light.c。注意 can_cop.c 执行一些基本的错误检查，并显示一些诊断信息。如果你看到这些信息，应该确认是否正确连接了总线。如果运行 can_cop.c 时 CAN 总线上没有任何其他设备，那么最后将会触发错误条件，因为在产生确认信息时 CAN 要求在总线上至少有两个设备。

本例的位时序使用的时间量子为 $T_q = 34/F_{sys} = 34 \times 12.5\text{ns} = 425\text{ns}$，而且传播段、相位段 1 和相位段 2 的持续时间都为 $4T_q$。再为同步段添加 $1T_q$，这样位持续时间 $T_b = 13T_q = 5.525\mu\text{s}$，而且位率为 $1/T_b \approx 180995\text{Hz}$。

代码示例 19.2 can_cop.c。通过 CAN 控制另一个 PIC32 上的交通灯

```c
#include "NU32.h"              // constants, funcs for startup and UART
#include <sys/kmem.h>          // used to convert between physical and virtual addresses
#include <ctype.h>             // function "tolower" makes uppercase chars into lowercase
// The CAN cop is the "police officer" that controls the traffic light
// connect AC1TX to TXD on the transceiver, AC1RX to RXD on the transceiver
// The CANH and CANL transceiver pins should be connected to the same wires as
// the PIC running can_light.c.
//
// if your transceiver chip is the Microchip MCP2562 then connect
// Vss and STBY to GND, VDD to 5V VIO to 3.3V
#define FIFO_0_SIZE 4          // size of FIFO 0, in number of message buffers
#define FIFO_1_SIZE 4
#define MB_SIZE 4              // number of 4-byte integers in a message buffer

#define LIGHT1_SID 1           // SID of the first traffic light

volatile unsigned int fifos[(FIFO_0_SIZE + FIFO_1_SIZE)* MB_SIZE]; // buffer for CAN FIFOs

int main(void) {
  char buffer[100] = "";
  char cmd = '\0';
  unsigned int * addr = NULL;     // used to store fifo address

  NU32_Startup();                 // cache on, interrupts on, LED/button init, UART init

  C1CONbits.ON = 1;               // turn on the CAN module
  C1CONbits.REQOP = 4;            // request configure mode
  while(C1CONbits.OPMOD != 4) { ; }  // wait to enter config mode

  C1FIFOCON0bits.FSIZE = FIFO_0_SIZE-1;// set fifo 0 size in message buffers
  C1FIFOCON0bits.TXEN = 0;        // fifo 0 is an RX fifo

  C1FIFOCON1bits.FSIZE = FIFO_1_SIZE-1;// set fifo 1 size
  C1FIFOCON1bits.TXEN = 1;        // fifo 1 is a TX fifo
  C1FIFOBA = KVA_TO_PA(fifos);    // tell CAN where the fifos are

  C1CFGbits.BRP = 16;   // Tq = (2 x (BRP + 1)) x 12.5 ns = 425 ns
  C1CFGbits.PRSEG =  3; // 4Tq in propagation segment
  C1CFGbits.SEG1PH = 3; // 4Tq in phase 1. Phase 2 is set automatically to be the same.
  // bit duration = 1Tq(sync) + 4Tq(prop) + 4Tq(phase 1) + 4Tq(phase 2) = 13Tq = 5.525 us
  // so baud is 1/5.525 us = 180,995 Hz

  C1CFGbits.SJW = 0;    // up to (SJW+1)*Tq adjustment possible in phase 1 or 2 to resync

  C1CONbits.REQOP = 0;            // request normal mode
  while(C1CONbits.OPMOD != 0) { ; }  // wait for normal mode
  NU32_LED1 = 0;
  while(1) {
    NU32_WriteUART3("(R)ed, (Y)ellow, or (G)reen?\r\n");
    NU32_ReadUART3(buffer,100);
    sscanf(buffer,"%c", &cmd);
    sprintf(buffer,"Setting %c\r\n", cmd);
    NU32_WriteUART3(buffer);

    if(C1TRECbits.TXWARN) {       // many bad transmissions have occurred,
                                  // print info to help debug bus (no ACKs?)
```

```
      sprintf(buffer,"Error: C1TREC 0x%08x\r\n",C1TREC);
      NU32_WriteUART3(buffer);
    }

  addr = PA_TO_KVA1(C1FIFOUA1);      // get VA of FIFO 1 (TX) current message buffer
  addr[0] = LIGHT1_SID;              // specify SID in word 0
  addr[1] = sizeof(cmd);             // specify DLC in word 1 (one byte being sent)
  addr[2] = tolower(cmd);            // the data (make uppercase chars lowercase)
                                     // since only 1 byte, no addr[3] given
  C1FIFOCON1SET = 0x2000;            // setting the UINC bit icrements fifo pointer
  C1FIFOCON1bits.TXREQ = 1;          // request that fifo data be sent on the bus
  }
  return 0;
}
```

代码示例 19.3　can_light.c。通过 CAN 控制 LED 状态的程序 can_cop.c

```
#include "NU32.h"            // config bits, constants, funcs for startup and UART
#include <sys/kmem.h>        // used to convert between physical and virtual addresses
// simulates a traffic light that can be controlled via can_cop
// LED1 on,  LED2 on  = GREEN
// LED1 on,  LED2 off = YELLOW
// LED1 off, LED2 off = RED

// connect AC1TX to TXD on the transceiver, AC1RX to RXD on the transceiver
// The CANH and CANL transceiver pins should be connected to the same wires as
// the PIC running can_cop.c
//
// if your transceiver chip is the Microchip MCP2562 then connect
// Vss and STBY to GND, VDD to 5V VIO to 3.3V
#define FIFO_0_SIZE 4 // size of FIFO 0, in number of message buffers
#define FIFO_1_SIZE 4
#define MB_SIZE 4      // number of 4-byte integers in a message buffer

#define LIGHT1_SID 1  // SID of the first traffic light

volatile unsigned int fifos[(FIFO_0_SIZE + FIFO_1_SIZE)* MB_SIZE]; // buffer for CAN FIFOs

int main(void) {
  unsigned int * addr = NULL;    // used to store fifo address

  NU32_Startup();                // cache on, interrupts on, LED/button init, UART init

  C1CONbits.ON = 1;              // turn on the CAN module
  C1CONbits.REQOP = 4;           // request configure mode
  while(C1CONbits.OPMOD != 4) { ; }   // wait to enter config mode

  C1FIFOCON0bits.FSIZE = FIFO_0_SIZE-1;// set fifo 0 size
  C1FIFOCON0bits.TXEN = 0;       // fifo 0 is an RX fifo

  C1FIFOCON1bits.FSIZE = FIFO_1_SIZE-1;// set fifo 1 size
  C1FIFOCON1bits.TXEN = 1;       // fifo 1 is a TX fifo
  C1FIFOBA = KVA_TO_PA(fifos);   // tell CAN where the fifos are

  C1RXM0bits.SID = 0x7FF;        // mask 0 requires all SID bits to match

  C1FLTCON0bits.FSEL0 = 0;       // filter 0 uses FIFO 0
```

```
C1FLTCON0bits.MSEL0 = 0;              // filter 0 uses mask 0
C1RXF0bits.SID = LIGHT1_SID;          // filter 0 matches against SID
C1FLTCON0bits.FLTEN0 = 1;             // enable filter 0

C1CFGbits.BRP = 16;                   // copy the bit timing info for can_cop.c;
C1CFGbits.PRSEG = 3;                  // see comments in can_cop.c
C1CFGbits.SEG1PH = 3;
C1CFGbits.SJW = 0;

C1CONbits.REQOP = 0;                  // request normal mode
while(C1CONbits.OPMOD != 0) { ; }     // wait for normal mode
NU32_LED1 = 1;                        // turn both LEDs off
NU32_LED2 = 1;
while(1) {
  if(C1FIFOINT0bits.RXNEMPTYIF) {     // we have received data
    addr = PA_TO_KVA1(C1FIFOUA0);     // get VA of the RX fifo 0 current message
    switch(addr[2]) {
      case 'r':                       // switch to red
        NU32_LED1 = 1;
        NU32_LED2 = 1;
        break;
      case 'y':                       // switch to yellow
        NU32_LED1 = 0;
        NU32_LED2 = 1;
        break;
      case 'g':                       // switch to green
        NU32_LED1 = 0;
        NU32_LED2 = 0;
        break;
      default:
        ;                             // error! do something here
    }
    C1FIFOCON0SET = 0x2000;           // setting the UINC bit increments RX FIFO pointer
  }
}
return 0;
}
```

19.4 小结

- CAN 是异步通信协议，广泛应用于汽车工业，同时也应用于工业控制系统。

- 带有 CAN 控制器的设备（如 PIC32 微控制器），一般通过 CAN 收发器连接到 CAN 总线的两根导线上，CAN 收发器用于设备的逻辑电平与 CAN 总线的 V_{CANH} 和 V_{CANL} 之间的转换。

- CAN 外设有多种工作模式。必须请求一种模式，然后等待 CAN 外设进入合适的工作模式再继续运行。

- CAN 外设对存储在 RAM 中的 FIFO 进行操作。FIFO 可以是 TX FIFO，也可以是 RX FIFO。

- 同一总线上的所有 CAN 设备接收并确认所有消息。硬件过滤器根据消息的 SID 决定是否将接收到的消息存储到 RX FIFO，具有不同 SID 的消息会被存放在不同的 FIFO 中。

- 根据 CAN 总线的物理特性，选择位时序。合适的位时序对 CAN 很重要，可以让 CAN 在长距离和高速条件下工作。

19.5　练习题

1. 假设一辆汽车上的油门和制动踏板通过同一个 CAN 网络发送各自的输入值。哪一个消息的 SID 应该更高？制动器还是油门？请解释。

2. 假设你正在为高尔夫球车设计一个巡航控制系统。一个微控制器控制车的 PWM 信号，一个微控制器测量车速，一个微控制器读取用户键入的速度值，还有一个微控制器实现该控制系统。设计这 4 个微控制器之间应该发送的 CAN 消息，以实现巡航控制系统。

延伸阅读

AN754 understanding Microchip's CAN module bit timing. (2001). Microchip Technology Inc.
CAN specification (2.0 ed.). (1991). Robert Bosch GmbH.
Corrigan, S. (2008). *Introduction to the controller area network CAN* (Tech. Rep.).
PIC32 family reference manual. Section 34: Controller area network (CAN). (2012). Microchip Technology Inc.

Harmony 模块及其 USB 接口应用

我们前面所学的内容都是通过直接操作特殊功能寄存器来编程的，而这需要详细的知识。Microchip 公司的 Harmony 框架呈现了一种不同的编程模型，该编程模型隐藏了函数、宏和自动代码生成背后的硬件复杂性，旨在使在不同 PIC32 之间开发可移植代码变得更简单。

本章仅对 Harmony 进行简单的介绍，而不是全面的参考资料。我们使用几个递进的例子来展示 Harmony 的抽象之间如何相互作用以及如何作用于 SFR。本章以 PIC32 微控制器的 USB 外设的使用示例作为结束。

就像本书前面的所有代码一样，本章的代码也假定已经安装了引导加载程序（即配置了某些配置位），使能了预取缓存模块并允许多向量中断（参阅 3.6 节）。就像到目前所编写过的程序一样，使用 Harmony 框架编写的程序包含 p32mx795f512h.h 文件并且与正确的 processor.o 文件连接，如同第 3 章所描述的。这使你能够在 Harmony 应用中使用本书前面给出操作 SFR 的代码。但在本章中我们要避免这种做法，并采用 "Harmony 方法" 与 SFR 和外设进行交互。

相比之前的示例代码，本章中的代码明显要更加复杂。如果你不打算探索 Harmony 的软件配置，则可以跳过这一章。由于 Harmony 是相对较新的知识，所以你应该明白 Harmony 的更新可能会导致特定函数名或函数功能发生变化，而这些改变不会在本章中反映出来。

20.1 概述

Harmony 框架试图实现 3 个目标：抽象化、代码移植和代码生成。

抽象化隐藏了高级应用程序编程接口（API）需要实现的细节，包括函数、数据类型和宏。你已经广泛地使用过抽象化了，例如由 pic32mx795f512h.h（通过 xc.h 嵌入）提供的定义允许我们通过寄存器名字访问 SFR（例如 PORTB），而不需要直接进入虚拟地址（VA）。另一个抽象化的例子就是 NU32_WriteUART3。它允许你通过 UART3 发送文本，而不需要了解 UART 的工作原理。Harmony API 提供的接口不仅可以控制外设，还可以处理许多复杂的任务，比如从一个 USB 闪存驱动器中读取文件。

代码移植就是只要稍微修改就可以用于不同微控制器的代码。抽象化有助于代码移植。例如，**PORTB SFR** 在不同的 PIC32MX 模型上有不同的 VA，只要利用 `PORTB` 结构，而不是直接进入 `PORTB` 的 VA，同样的代码在不同的微控制器中也能运行。基于编译器变量 `-mprocessor = <proc>`，`xc.h` 包括了相应的 PIC32 `<proc>.h` 头文件，并且它连接到相应的 `processor.o` 文件，为 `PORTB` 提供相应的 VA（详见第 3 章）。使用编译器标志 `-mprocessor`、`xc.h` 和 `processor.o` 来实现代码移植是 Harmony 最低层次的运用。

上面提到的移植方法 `-mprocessor` 通常不是很有效，因为不同的微控制器有不同的外设和引脚布局。Harmony 通过在程序上添加一个结构来解决这个问题，这个结构可以把硬件专用代码从更一般的逻辑中分离出来。所有依赖特定硬件的代码都放在自身的配置目录中。在编译时，你可以选择使用一个配置，并且在此配置中只包括对应依赖硬件的代码。虽然这个方法对于代码移植的开发很有用，但在本章的大部分例子中还是忽略了 Harmony 建议的目录结构，因为目录结构的灵活性也增加了程序的复杂性。

集成在 MPLAB X IDE 里的 Harmony 代码生成工具使你能够以图形方式配置外设，这个工具会生成所需的源代码。此外，代码生成工具还会自动将 Harmony 依赖关系添加到项目中（这有很大的好处，你很快就会看到）。虽然我们不讨论 MPLAB X 或这些代码生成工具，但是你可能会自行探索更多相关的知识。本章中提供的基础知识不仅教会你如何使用代码生成工具，而且还有助于你了解代码生成工具的输出。

20.2　框架

如果你还没有安装 Harmony，那么最好现在就安装，安装详情参见第 1 章。在本章我们把 Harmony 的安装目录称为 `<harmonyDir>`，而 Harmony 版本称为 `<harmonyVer>`。因此，如果 Harmony 安装在 `/opt/microchip/harmony/v1_06` 中，那么 `<harmonyDir>` 就是 `/opt/microchip/harmony`，而 `<harmonyVer>` 是 `v1_06`。`<harmonyDir>/<harmonyVer>/framework` 是 Harmony 的一个重要子目录，其中包含了所有的 Harmony 源代码，我们把这个子目录称为 `<framework>`。Harmony 的参考文件安装在 `<harmonyDir>/doc` 中，你可能希望在本章中查阅它们。

从概念上讲，Harmony API 分为不同的层次，组成一个层次结构（参见图 20-1）。更高的层次一般意味着更多的抽象化。SFR 的层次是最低的，这对应于使用 `p32mx795f512h.h` 中的定义直接控制 SFR。

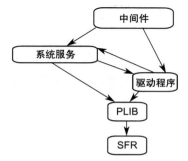

图 20-1　Harmony 模块类型的层次结构图。如果一个模块类型依赖于另一个模块类型，那么箭头就从后者指向前者

　　PLIB（peripheral library 的缩写）比 SFR 高一个层次，它包含了直接控制 SFR 的函数。与直接将 SFR 设置为一个值（例如，LATB=0xFF）不同，可以使用一个函数调用（例如，PLIB_PORTS_Write(PORTS_ID_0,PORTS_CHANNEL_B,0xFF)）。

　　通常在使用 Harmony 时不会直接使用 PLIB 层次。驱动程序层次是根据 PLIB 构建的，并且提供了更简单的访问外设的方法和其他常见函数。驱动程序有一个公用接口，例如所有驱动程序都用函数 DRV_<drivername>_Initialize 来配置驱动程序。

　　系统服务层管理驱动程序和其他系统资源。例如，系统服务可能会对定时器驱动程序的访问进行管理，允许你使用相同的基准定时器来运行多个不同频率的任务。有时候，驱动程序依赖于系统服务；例如 UART 驱动程序需要中断系统服务来帮助其管理 UART 中断。与驱动程序不同，系统服务并不总是需要固定的接口。

　　中间件是最高层次的 API，它提供了更高层次的函数功能，比如实现 USB 协议（参见 20.8 节）。Harmony 还有其他方面的一些功能（例如，支持实时操作系统），在这里我们不再进行讨论。

　　理解 Harmony 编程模型的一个很好的方法是看一些相关例子。我们从 PLIB 层开始并逐渐提高层次，看看多个 API 层次之间的关系。

配置开发环境

　　正如在编程 PIC32 之前需要配置开发环境编程一样，Harmony 也需要配置开发环境。我们为你提供了一个构建 Harmony 应用的文件 Makefile，而不必依赖 MPLAB X IDE。在本书的网站上提供了文件 Makefile。正如编辑初始的 Makefile 文件一样，你也需要编辑 Harmony 的 Makefile 文件，让它知道在哪里可以找到开发工具。Harmony Makefile 文件中使用的变量与初始的 Makefile 文件中使用的变量相同，并且它应该根据第 1 章中的说明执行输入。你可能注意到，在文件的开头配置了额外变量 CONFIG=pic32_NU32，该变量控制目标平台。稍后，你将会学习到这一特性。

　　虽然 Harmony Makefile 与初始的 Makefile 不同，但它们的使用方式是一样的。Harmony Makefile 将当前目录中所有的 .c 文件编译成单独的可执行文件。该文件还具有其他功能，它能够编译符合 Harmony 推荐目录结构的项目。我们建议把 Harmony Makefile 放在框架目录中，该目录可以命名为 harmony_skel。该目录还应包含连接器脚本文件 NU32bootloaded.ld。该目录不需要包含 NU32.h 和 NU32.c，因为 Harmony 项目并不需要这些文件⊖。你要复制这个 Harmony 框架目录来创建新项目，正如在 skeleton 中使用的方法一样。

　　⊖　如果你需要的话，仍然可以在 Harmony 的项目中使用 NU32 库中的函数。只是不要试图在 Harmony 项目中单独配置 UART3，因为 UART3 已经由 NU32 声明了！另外，在使用 NU32 的阻塞函数时必须小心，在 20.4 节中可以看到该函数的使用方法。

20.3　PLIB 函数库

PLIB 层是基于 SFR 编程稍微修改后得到的——一个 PLIB 函数几乎可以实现控制一个 SFR 的每一行代码。代码示例 20.1（demo_plib.c）演示了如何使用 PLIB 以 5Hz 的频率触发 LED，正如第 8 章的 TMR_5Hz.c 的功能一样。每个 PLIB 函数调用都与相应 SFR 的访问相关。例如，使用 PLIB_PORTS_PinSet 将 B5 设置为逻辑高电平，而不是使用 LATBSET = 0x20。关于单个函数的更多详细信息，可以在 Harmony 文档中找到。

注意，PLIB 函数都以 PLIB_ 开头来命名的。名字的后半部分表示控制哪一类 SFR。例如，PLIB_INT 与中断 SFR 有关，而 PLIB_TMR 控制定时器 SFR。每个 PLIB 函数的第一个变量都是 ID。所有端口使用 PORTS_ID_0，而所有的中断使用 INT_ID_0。对于定时器，ID 号对应于定时器编号，TMR_ID_x 表示定时器 Timerx，其中 x 为 1 ～ 5。

demo_plib.c 中不包含 NU32.h，但是它在 XC32 发行版中包含 sys/attribs.h（参见第 3 章），因此我们可以使用宏 __ISR。（NU32.h 已经为我们嵌入了这个文件。）demo_plib.c 还包含 <framework>/peripheral/peripheral.h，它为我们提供了 Harmony PLIB 库中的函数。

代码示例 20.1　demo_plib.c。使用 Harmony PLIB 以 5Hz 的频率触发 LED

```
#include <peripheral/peripheral.h>    // harmony peripheral library
#include <sys/attribs.h>              // defines the __ISR macro
// Almost a direct translation of TMR_5Hz.c to use the harmony peripheral library.
// The main difference is that it flashes two LEDs out of phase,
// instead of just flashing LED2.

void __ISR(_TIMER_1_VECTOR, IPL5SOFT) Timer1ISR(void) {
  // toggle LATF0 (LED1) and LATF1 (LED2)
  PLIB_PORTS_PinToggle(PORTS_ID_0, PORT_CHANNEL_F, PORTS_BIT_POS_0);
  PLIB_PORTS_PinToggle(PORTS_ID_0, PORT_CHANNEL_F, PORTS_BIT_POS_1);
  // clear the interrupt flag
  PLIB_INT_SourceFlagClear(INT_ID_0, INT_SOURCE_TIMER_1);
}

int main(void) {
  // F0 and F1 are  is output (LED1 and LED2)
  PLIB_PORTS_PinDirectionOutputSet(PORTS_ID_0, PORT_CHANNEL_F, PORTS_BIT_POS_0);
  PLIB_PORTS_PinDirectionOutputSet(PORTS_ID_0, PORT_CHANNEL_F, PORTS_BIT_POS_1);

  // turn LED1 on by clearing F0 to zero
  PLIB_PORTS_PinClear(PORTS_ID_0, PORT_CHANNEL_F, PORTS_BIT_POS_0);

  // turn off LED2 by setting F1 to one
  PLIB_PORTS_PinSet(PORTS_ID_0, PORT_CHANNEL_F, PORTS_BIT_POS_1);

  PLIB_TMR_Period16BitSet(TMR_ID_1, 62499);               // set up PR1: PR1 = 62499
  PLIB_TMR_Counter16BitSet(TMR_ID_1,0);                   // set up TMR1: TMR1 = 0
  PLIB_TMR_PrescaleSelect(TMR_ID_1, TMR_PRESCALE_VALUE_256); // 1:256 prescaler
```

```
// set up the timer interrupts
// clear the interrupt flag
PLIB_INT_SourceFlagClear(INT_ID_0, INT_SOURCE_TIMER_1);

// set the interrupt priority
PLIB_INT_VectorPrioritySet(INT_ID_0, INT_VECTOR_T1, INT_PRIORITY_LEVEL5);

// enable the timer interrupt
PLIB_INT_SourceEnable(INT_ID_0, INT_SOURCE_TIMER_1);

// start the timer
PLIB_TMR_Start(TMR_ID_1);
// enable interrupts
PLIB_INT_Enable(INT_ID_0);
while (1) {
    ;        // infinite loop
}
return 0;
}
```

需要复制 harmony_skel 到一个新的目录,并通过添加 demo_plib.c 来建立 demo_plib.c。现在你的目录中有 3 个文件:Harmony Makefile、NU32bootloaded.ld 和 demo_plib.c。输入命令 make 编译程序。注意,其命令为:

```
> xc32-gcc -g -O1 -x c -c -mprocessor=32MX795F512H -I<framework> -I./
  -o demo_plib.o demo_plib.c
> xc32-gcc -mprocessor=32MX795F512H -o out.elf demo_plib.o
   -l:<harmonyDir>/<harmonyVer>/bin/framework/peripheral/PIC32MX795F512H_
   peripherals.a
   -Wl,--script="NU32bootloaded.ld",-Map=out.map
```

这些命令类似于之前编译和连接非 Harmony 程序的命令(参见第 3 章)。这里增加了一些额外选项。调用编译器的选项来设置包含路径,以告知编译器去哪里找到头文件 -I<framework> 和 -I./。第一个路径指定了 Harmony 框架的目录。当在项目中包含文件时,所有 Harmony 头文件的路径指定是相对于此目录的。例如,我们将 peripheral.h 包含在 peripheral/peripheral.h,它位于 <framework>/peripheral/peripheral.h。-I./ 告知编译器将当前目录添加到包含路径,这是必要的,因为在后面的程序中 Harmony 文件包含了编写的文件。

连接步骤也有一个额外的选项。

-l:<harmonyDir>/<harmonyVer>/bin/framework/peripheral/PIC32MX795F512H_peripherals.a。

这会使连接器连接 Harmony 预编译的库 PIC32MX795F512H_peripherals.a。每一个可支持 PIC32 模型都有自身可以实现 PLIB 函数的外设库,而且必须将相应的库连接到微控制器⊖。

⊖　通常,由于编译器的优化,所以 .a 库中的函数不是必需的,因为这些函数在外设头文件中表示内联函数。

20.4　Harmony 概念

为了使用更高层次的 PLIB API 并有效地使用 Harmony，这里需要了解一些至今尚未使用过的编程概念：有限状态机（FSM）、任务、非阻塞函数和回调函数。

有限状态机由状态和转换这两类对象组成。例如，一个简单的饮料自动贩卖机有 4 种状态：等待投币、已投币、退钱和贩卖。当其处于等待投币状态时，用户按下的任何饮料按钮都会被忽略，FSM 会等待用户投入足够的钱。一旦投入足够的钱，FSM 的状态转换为已投币。在这种状态下，FSM 等待用户按下饮料按钮。当一个按钮被按下后，FSM 转换到出售状态，分发饮料并找零。当完成贩卖时，FSM 返回到等待投币状态。如果用户在等待投币或已投币状态下按下"取消"按钮，则 FSM 转换为退钱状态。在投入的钱都返回给用户后，FSM 会重新转换为等待投币状态。

FSM 可以看成用节点表示状态，而节点间的箭头表示状态间转换的一张图。自动贩卖机的 FSM，如图 20-2 所示。

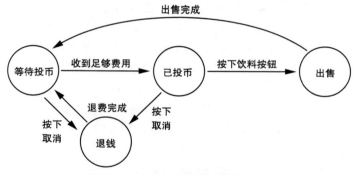

图 20-2　自动贩卖机的有限状态机

当你在 Harmony 中编写代码时，可能会发现它可以有效地实现 FSM。定义一个有限状态集（如同自动贩卖机一样），并为每个状态定义在该状态下执行的操作和导致它转换到其他状态的条件。

更重要的是，Harmony 中许多功能的实现过程就像 FSM 一样。例如，Harmony 的 UART 驱动程序实现了控制发送和接收字节的 FSM。每个 FSM 被称为一个任务。你的代码可能会使用多个 Harmony 的任务，从概念上来讲，这些任务是同时运行的。为了保证这些任务正确运行，应执行以下操作。

1. 代码应该定期调用与每个任务相关的 Harmony 函数。每个函数执行对应当前 FSM 状态的动作并判断是否有满足转换为新状态的条件。通常情况下，代码将进入一个无限循环，并在循环结束时调用 Harmony 任务，更新函数⊖。

⊖　一些 Harmony 任务可以使用中断管理自身的 FSM，在这种情况下可以从相应的 ISR 中调用 Harmony 任务更新函数。

2. 许多与任务相关的 Harmony 函数调用会很快返回。这样的函数被称为非阻塞的，这意味着它不会长时间占用 CPU 而阻止随后的代码执行。非阻塞函数的调用非常严格，否则可能会长时间延迟另一个 FSM 而阻碍 FSM 执行功能或检查状态转换的条件。同样，你编写的函数（也许是实现自己的 FSM）也应该是非阻塞的，以允许 Harmony 任务函数被定期调用。

许多 Harmony 模块允许指定函数，当模块中的 FSM 发生特定的状态转换时可执行该函数，这个函数被称为回调函数。例如，可以配置一个 Harmony 定时器驱动模块，当驱动程序识别到定时器翻转时，定时器驱动模块会调用回调函数。因此回调函数的作用类似于一个没有使用中断的固定频率的 ISR。

我们将在下面的例子中反复使用 FSM、任务、非阻塞函数以及回调函数的相关知识。

20.5 驱动程序

在 Harmony 中，驱动程序用于控制特定的设备或外设。不同于 PLIB 函数，驱动程序会对项目有一些额外的要求。所有的驱动程序都遵循相同的基本使用模式。尽管它们最终为外设提供抽象接口，但驱动程序需要比单独使用 PLIB 函数或 SFR 有更多的设置。你不仅需要包含合适的头文件，而且还必须将特定的 .c 和 .h 文件添加到项目中，定义某些宏，并且以特定方式来执行代码。

驱动程序需要的所有文件都存放于子目录 <framework>/driver/<drvname>。例如，I²C 的驱动程序位于 <framework>/driver/i2c 中。在驱动程序目录里的是头文件 drv_<drvname>.h（例如，drv_i2c.h），而且你需要使用指令 #include 将头文件包含在项目中。还有一个目录 <framework>/driver/<drvname>/src 可能包含 .c 文件、.h 文件和额外源代码的子目录。为使用驱动程序，你需要在项目编译时包含 src 目录或其子目录中的某些文件，具体文件取决于你希望使用的驱动程序特性。例如，一些驱动程序有静态和动态两种模式，其中静态模式通常有几个可以在编译时设置的选项。基于期望的特性，Harmony 文档指定你所需要的文件。在项目中使用驱动程序文件之前，要先将驱动程序文件复制到项目的目录中⊖。

除了复制驱动程序文件之外，你还需要创建两个头文件：system_config.h 和 system_definitions.h，这两个文件几乎在每一个 Harmony 项目中都会出现。system_config.h 定义了 Harmony 代码需要的宏。若没有这些宏，驱动程序可能无法编译。system_definitions.h 应该包括 Harmony 和程序所需的其他头文件。

20.5.1 UART

代码示例 20.2（demo_uart.c）配置并使用了 UART 驱动程序⊜，得到两个复制 NU32_

⊖ MPLAB 中的 Harmony 代码生成工具会自动将 Harmony 依赖关系添加到项目中。

⊜ Harmony 把驱动程序称为 USART，但我们称其为 UART。

ReadUART3 和 NU32_WriteUART3 功能的函数。关于 UART 的详细知识，参阅第 11 章。这个程序的行为类似于代码示例 1.2。

为了建立该项目，项目目录需要包含以下文件。

- demo_uart.c：源代码。
- drv_usart.c：从 <framework>/driver/usart/src/dynamic/ 中复制过来。主要的 Harmony UART 驱动程序文件。
- drv_usart_read_write.c：从 <framework>/driver/usart/src/dynamic/ 中复制过来。驱动程序提供 I/O 模式访问文件。
- system_config.h：定义程序使用 Harmony 代码所需要的宏。
- system_definitions.h：#include 所需要的 Harmony 和其他的标准头文件。

当项目目录中包含以上 5 个文件以及 Harmony Makefile 和 NU32bootloaded.ld 时，你就可以像往常一样使用命令 make 来建立项目了。

demo_uart.c 遵循典型的 Harmony 程序模式。首先包含 system_config.h 和 system_definitions.h。其次为一个决定如何使用 UART 驱动程序的初始化结构提供值。所有的驱动程序都有一个名为 DRV_<drvname>_INIT 的初始化结构 struct，其中 <drvname> 是驱动程序的名字（在本例中是 USART）。

主函数包含两部分：初始化代码和主循环。所有的驱动程序都必须使用一个名为 DRV_<drvname>_Initialize 的初始化函数（在本例中是 DRV_USART_Initialize），该函数使用初始化结构 struct 来配置驱动程序。

接下来，必须使用 DRV_<drvname>_Open（在本例中是 DRV_USART_Open）来打开驱动程序。正如在随后的例子中所看到的那样，一些驱动程序必须从主循环中打开。驱动程序初始化后必须调用 DRV_<drvname>_Open 函数。DRV_<drvname>_Open 提供的 DRV_HANDLE 可以访问驱动程序。每个通过给定 DRV_HANDLE 的访问都可当作客户端。一些驱动程序支持多个客户端向多个任务的驱动程序提供并行存取，而其他驱动程序则不支持。在我们的例子中，每个驱动程序使用一个客户端。

主循环实现了程序逻辑。在 demo_uart.c 中，逻辑是一个三状态的 FSM：APP_STATE_QUERY（要求用户键入文本）、APP_STATE_RECEIVE（等待用户的文本）和 APP_STATE_ECHO（将用户的文本写回到虚拟终端）。状态 APP_STATE_QUERY 和 APP_STATE_ECHO 使用 WriteUart 函数，而状态 APP_STATE_RECEIVE 使用 ReadUart 函数。虽然 ReadUart 和 WriteUart 类似于 NU32 中的 NU32_ReadUART3 和 NU32_WriteUART3，但却有两个主要区别，它们可用于任何 UART（不只是 UART3），并且是非阻塞的（这意味着即使没有完全完成任务也能快速返回）。如果还没有完成任务，这些函数返回 0，并在下一次调用时恢复任务；如果任务已经完成，则这些函数返回 1。检查 ReadUart 和 WriteUart，理解如何编写一个快速返回并且在完成任务前可以多次调用的非阻塞函数，这是很值得的。

ReadUart 和 WriteUart 是非阻塞的, 因为主循环也必须定期更新你所使用的 Harmony 模块的 FSM。它们调用名为 DRV_<drvname>_Tasks<subtask> 的函数, 其中 <subtask> 是函数名的附加部分, 而且有时会被省略, 具体取决于特定的驱动程序。在 demo_uart.c 中, 主循环更新了处理 UART 不同方面的 3 个 FSM: 接收、发送和收/发错误。

代码示例 20.2 demo_uart.c。演示 Harmony UART 的驱动程序。用户在终端键入, PIC32 回应

```
// Demonstrates the harmony UART driver.
// Implements a program similar to talkingPIC.c.

#include "system_config.h"        // macros needed for this program
#include "system_definitions.h"  // includes header files needed by the program

// UART_init, below, is of type DRV_USART_INIT, a struct.  Here we initialize uart_init.
// The fields in DRV_USART_INIT, according to framework/driver/usart/drv_usart.h, are
// .moduleInit, .usartID, .mode, etc.  Syntax below doesn't give the field names, so the
// values are assigned to fields in the order they appear in the definition of the
// DRV_USART_INIT struct.

const static DRV_USART_INIT uart_init = {          // initialize struct with driver options
  .moduleInit = {SYS_MODULE_POWER_RUN_FULL},       // no power saving
  .usartID = USART_ID_3,                           // use UART 3
  .mode = DRV_USART_OPERATION_MODE_NORMAL,         // use normal UART mode
  .modeData = 0,                                   // not used in normal mode
  .flags = 0,                                      // no flags needed
  .brgClock = APP_PBCLK_FREQUENCY,                 // peripheral bus clock frequency
  .lineControl = DRV_USART_LINE_CONTROL_8NONE1,    // 8 data bits, no parity, 1 stop bit
  .baud = 230400,                                  // baud
  .handshake = DRV_USART_HANDSHAKE_FLOWCONTROL,    // use flow control
                                                   // remaining fields are not needed here
};

// Write a string to the UART. Does not block.  Returns true when finished writing.
int WriteUart(DRV_HANDLE handle, const char * msg);

// Read a string from the UART.  The string is ended with a '\r' or '\n'.
// If more than maxlen characters are read, data wraps around to the beginning.
// Does not block, returns true when '\r' or '\n' is encountered.
int ReadUart(DRV_HANDLE handle, char * msg, int maxlen);

#define BUF_SIZE 100

// states for our FSM
typedef enum {APP_STATE_QUERY, APP_STATE_RECEIVE, APP_STATE_ECHO} APP_STATE;

int main(void) {
  char buffer[BUF_SIZE];
  APP_STATE state = APP_STATE_QUERY;  // initial state of our FSM will ask user for text
  SYS_MODULE_OBJ uart_module;
  DRV_HANDLE uart_handle;

  // Initialize the UART.
  uart_module = DRV_USART_Initialize(DRV_USART_INDEX_0,(SYS_MODULE_INIT*)&uart_init);

  // Open the UART for non-blocking read/write operations.
```

```
        uart_handle = DRV_USART_Open(
            uart_module, DRV_IO_INTENT_READWRITE | DRV_IO_INTENT_NONBLOCKING);

        while (1) {
            switch(state) {
                case APP_STATE_QUERY:
                    if(WriteUart(uart_handle,"\r\nWhat do you want? ")) {
                                                // Start/continue writing to UART.
                                                // If we get here, the message has been completed.
                        state = APP_STATE_RECEIVE;    // Switch to receive message state.
                    }
                    break;
                case APP_STATE_RECEIVE:
                    if(ReadUart(uart_handle,buffer,BUF_SIZE)) {
                                                // Start/continue reading msg from user.
                                                // If we get here, the user's message is concluded.
                        state = APP_STATE_ECHO;    // Switch to echo state.
                    }
                    break;
                case APP_STATE_ECHO:
                    if( WriteUart(uart_handle,buffer)) {
                                                // Start/continue echoing message to UART.
                                                // If we get here, we're finished echoing.
                        state = APP_STATE_QUERY;    // Switch to user query state.
                    }
                    break;
                default:
                    ;// logic error, impossible state!
            }

            // Update the UART FSMs.  Since we are not using UART interrupts, the FSM
            // updating must be done in mainline code, and it should be done often.
            // Typically done at the end of the main loop, and there should be no
            // blocking functions in the main loop.
            DRV_USART_TasksReceive(uart_module);
            DRV_USART_TasksTransmit(uart_module);
            DRV_USART_TasksError(uart_module);
        }
        return 0;
    }

// WriteUart keeps track of the number of characters already sent in the most recent
// message send request.  Once it realizes the last character has been sent, it returns
// TRUE (1), indicating it is finished.  Otherwise it tries to send another byte of
// the msg.  In any case, it returns quickly (non-blocking).

int WriteUart(DRV_HANDLE handle, const char * msg) {
    static int sent = 0;    // number of characters sent (static so saved between calls)
    if(msg[sent] == '\0') { // we are at the last string character
        sent = 0;           // reset the "sent" count for the next time
        return 1;           // finished sending message
    } else {
        // DRV_USART_Write(handle,str,numbytes) tries to add numbytes from str to the UART
        // send buffer, returning the number of bytes that were placed in the buffer,
        // so we can keep track. Note that DRV_USART_Write takes a void *, hence the cast
        sent += DRV_USART_Write(handle,(char*)(msg + sent),1);
        return 0;
```

```
    }
  }

// ReadUart reads bytes into msg.  It keeps track of the number of characters received.
// If the number exceeds maxlen, then wraps around and begins to write to msg at
// beginning.  Returns TRUE (1) if the entire user message has been received, or FALSE (0)
// if the end of the message has not been reached.  Regardless, it returns quickly
// (non-blocking).

int ReadUart(DRV_HANDLE handle, char * msg, int maxlen) {
  static int recv = 0;   // number of characters received
  int nread = 0;         // number of bytes read
  // DRV_USART_Readh(handle,str,numbytes) tries to read one byte from uart receive buffer.
  // Returns the number of bytes that were actually placed into str.  If no bytes
  // are available, then recv is unchanged.
  nread = DRV_USART_Read(handle,msg + recv, 1);
  if(nread) {            // if we have read one byte
    if(msg[recv] == '\r' || msg[recv] == '\n') {  // check for newline / carriage return
      msg[recv] = '\0'; // insert the null character
      recv = 0;         // prepare to receive another string
      return 1;         // indicate that the string is ready
    } else {
      recv += nread;
      if(recv >= maxlen) { // wrap around to the beginning
        recv = 0;
      }
      return 0;
    }
  }
  return 0;
}
```

我们现在更深入地讨论 demo_uart.c。变量 uart_init 是驱动程序的初始化结构。在这个 struct 中，第一个元素控制与节能模式相关的驱动程序的行为。我们使用 SYS_MODULE_POWER_RUN_FULL（全速工作模式），详细内容参见 Harmony 文档。初始化 struct 的下一个元素，它决定了使用哪个 UART 外设，在本例中是 UART3。其他字段控制相关的 UART 设置，如波特率等。详细内容，请参考 Harmony 文档和第 11 章。

主函数首先通过调用 DRV_USART_Initialize 来初始化 UART 驱动程序，这需要一个索引来指向驱动程序和特定于驱动器的初始化 struct。驱动程序初始化索引决定了需要初始化的驱动程序实例。可使用多个驱动程序实例来管理同类型的多个外设。例如，如果想使用 UART3 和 UART2，则需要用两个 UART 驱动程序实例。初始化函数创建驱动程序实例并返回允许你随后访问驱动程序的 SYS_MODULE_OBJ。

初始化 UART 驱动程序实例后，我们使用 DRV_USART_Open 打开驱动程序，这需要一个句柄来初始化驱动程序和一个描述将如何使用驱动程序的参数。我们通过读和写进行访问以及非阻塞模式打开驱动程序。非阻塞模式意味着即使硬件没有完成任务，驱动程序调用的函数也将返回。我们需要非阻塞操作，以便在等待输入时可以继续在主循环中更新 Harmony 的驱动程序。非阻塞操作允许我们将 ReadUart 和 WriteUart 编写为非阻塞函数。

　　ReadUart 和 WriteUart 的非阻塞性质使得 FSM 结构成为必需。实际上每次调用这些函数可能无法完成整个字符串的发送或接收。如果在任务完成之前函数返回，则函数返回 0。然后下一次调用尝试完成任务。当任务完成时，函数返回 1。

　　FSM 便于多次调用这些函数，只能在期望的任务完成后才能转换到下一状态。如果想以阻塞方式使用 ReadUart 或 WriteUart，那么你可以循环使用这些函数直到完成任务。例如：

```
while(!ReadUart(uart_handle,buffer, BUF_SIZE)) { ; }
```

它将会一直循环直到整行数据被读取。

　　函数 ReadUart 和 WriteUart 的实现是使用 UART 驱动程序中的函数 DRV_USART_Read 和 DRV_USART_Write UART（参阅 demo_uart.c 列出来的注释）。DRV_USART_Read 和 DRV_USART_Write 是 UART 驱动程序读 / 写模式的一部分。其他模式包括字节模式和缓冲队列模式。通过在 system_config.h（随后讨论）中设置某些宏以及在项目中包含相应的 .c 文件可以使用不同的模式。例如，为使用读 / 写模式，我们在项目中包含了 drv_usart_read_write.c。

　　现在来看看在 demo_uart.c 的开头包含的两个头文件，从 system_definitions.h 开始。

代码示例 20.3　system_definitions.h。UART 示例中的系统定义。该文件应该包括项目需要的所有 Harmony 和其他的标准头文件

```
#ifndef SYSTEM_DEFINITIONS_H
#define SYSTEM_DEFINITIONS_H

#include "driver/usart/drv_usart.h"  // only one header file needed

#endif
```

　　头文件 system_definitions.h 的目的是包括 Harmony 和其他项目所需要的头文件。对于这个项目，它只包含了一个头文件 <framework>/driver/usart/drv_usart.h，它给出宏和与 UART 相关的函数原型的访问。

　　现在来分析一下 system_config.h。每个使用驱动程序的 Harmony 项目必须包含一个名叫 system_config.h 的文件。该文件中包含决定各种 Harmony 组件配置选项的宏。提示：在 system_config.h 中，只能使用 #define 定义宏，不要包含其他文件或声明数据类型。在注释中，已经解释了每个宏的意义。

代码示例 20.4　system_config.h。UART 示例的系统配置

```
#ifndef SYSTEM_CONFIG_H__
#define SYSTEM_CONFIG_H__
```

```
// Suppresses warnings from parts of Harmony that are not yet fully
// implemented by Microchip.
#define _PLIB_UNSUPPORTED

// The number of UART driver instances needed by the program.  If you wanted
// to use UART1, UART2, and UART3, for example, this value should be 3.
#define DRV_USART_INSTANCES_NUMBER 1

// Multiple clients could concurrently use the driver.  The function
// DRV_USART_Open creates a client that code uses to access the driver.
// To allow the driver to manage concurrent perhipheral access from multiple
// tasks (e.g., mainline code and a timer ISR), you should have each task
// create its own client.  Not all drivers support concurrent access;
// consult the Harmony documentation.  Usually sufficient to set this to 1.
#define DRV_USART_CLIENTS_NUMBER 1

// Can be true or false.  If true, the driver FSMs are updated in interrupts,
// meaning that the various DRV_USART_Tasks should be called from ISRs.  Our
// program does not use interrupts.
#define DRV_USART_INTERRUPT_MODE false

// Use the read/write UART model.
#define DRV_USART_READ_WRITE_MODEL_SUPPORT true

// This is not used by Harmony, so we use APP_ as the prefix (our application).
// This is used in the initialization of the UART so the driver can generate
// the proper baud rate.
#define APP_PBCLK_FREQUENCY 80000000L

#endif
```

20.5.2 定时器

在本例中，我们使用 Harmony 定时器（TMR）驱动器程序以 5Hz 速度触发 LED1 和 LED2。定时器驱动程序依赖于其他几个模块，特别是时钟（CLK）系统服务、设备控制（DEVCON）系统服务以及中断（INT）系统服务。稍后介绍系统服务，现在我们把这些系统服务当作驱动程序。除了 Harmony Makefile 和 NU32bootloaded.ld 连接器脚本文件之外，你的项目目录中还需要以下这些文件。

demo_tmr.c：本例主要的源代码。

system_config.h：程序定义 Harmony 代码所需要的各种宏。

system_definitions.h：#includes Harmony 和其他程序需要的标准头文件。

drv_tmr.c：复制自 <framework>/driver/tmr/src/dynamic/。定时器驱动程序实现。

sys_clk.c：复制自 <framework>/system/clk/src/。CLK 系统服务中与处理

器无关部分的实现。

　　sys_clk_pic32mx.c：复制自 <framework>/system/clk/src/。CLK 系统服务中 PIC32MX 指定部分的实现。

　　sys_devcon.c：复制自 <framework>/system/devcon/src/。DEVCON 系统服务中与处理器无关的部分。

　　sys_devcon_pic32mx.c：复制自 <framework>/system/devcon/src/。DEVCON 中特定的 PIC32MX 实现。

　　sys_devcon_local.h：复制自 <framework>/system/devcon/src/。不在包含路径内的必要的 DEVCON 头文件。

　　sys_int_pic32.c：复制自 <framework>/system/int/src/。中断系统服务实现。

　　system_definitions.h 文件如下所示。

代码示例 20.5　system_definitions.h。使用定时器驱动程序所需要的系统定义

```
#ifndef SYSTEM_DEFINITIONS_H
#define SYSTEM_DEFINITIONS_H

#include <stddef.h>          // Standard C header defining NULL and types used by Harmony
#include <stdbool.h>         // Standard C header defining type bool (true/false)
#include "peripheral/peripheral.h"  // The Harmony PLIB library
#include "system/devcon/sys_devcon.h" // DEVCON handles cache, other config tasks.
#include "system/clk/sys_clk.h"// Clock header. Control and query oscillator properties.
#include "system/common/sys_module.h"//Basic system module, used by most Harmony projects
#include "driver/tmr/drv_tmr.h"      // The timer driver
#include <sys/attribs.h>     // defines the __ISR macro, needed when we use interrupts
#endif
```

　　system_config.h 包含驱动程序和系统服务设置的宏。我们还用该文件来定义控制 NU32 开发板上 LED 引脚的宏。这些宏以 NU32_ 开头。

代码示例 20.6　system_config.h。定时器驱动程序的系统配置

```
#ifndef SYSTEM_CONFIG_H__
#define SYSTEM_CONFIG_H__

// Suppresses warnings from parts of Harmony that are not yet fully
// implemented by Microchip.
#define _PLIB_UNSUPPORTED

// system clock settings

// The NU32 system clock oscillator frequency, 8 MHz. (This is the oscillator frequency,
// not the final SYSCLK frequency.)
#define  SYS_CLK_CONFIG_PRIMARY_XTAL 8000000L

// The secondary oscillator frequency.  There is no secondary oscillator on the NU32.
```

```
#define SYS_CLK_CONFIG_SECONDARY_XTAL 0

// If we were asking Harmony to automatically determine clock multipliers and divisors
// to achieve our 80 MHz SYSCLK from the 8 MHz external oscillator, this tolerance
// would be the largest acceptable error.
#define SYS_CLK_CONFIG_FREQ_ERROR_LIMIT 10

// timer driver settings

// The PIC32 has five hardware timers.  This example uses only one, so we could set
// this number to one to save some RAM (driver instances are stored in a statically
// allocated array, so the more instances, the more RAM used).
#define DRV_TMR_INSTANCES_NUMBER 5

// Set this to true to enable interrupts.  We do not use interrupts in this example.
#define DRV_TMR_INTERRUPT_MODE false

// Some definitions for the NU32 board.
#define NU32_LED_CHANNEL PORT_CHANNEL_F  // port channel for the NU32 LEDs
#define NU32_LED1_POS    PORTS_BIT_POS_0
#define NU32_LED2_POS    PORTS_BIT_POS_1

#endif
```

现在我们已经解释了所有的 Harmony 基础结构，因此可以分析实现定时器演示的文件了。为定时器驱动程序定义一个初始化结构，并用该结构来初始化定时器。还使用 PLIB 函数初始化控制 LED 所需的输出引脚。

在初始化和启动定时器后，用定时器驱动程序注册一个报警信号。定时器驱动程序的报警器以固定频率（本例中为 5Hz）调用回调函数。在此例中，回调函数将 LED 翻转。在任意给定时间只能注册一个报警，然后启动定时器并进入主循环。

在此例中，主循环只更新 Harmony 中的 FSM 模块。我们不实现自己的 FSM 逻辑，因为此例只有一个状态（闪烁 LED）。

代码示例 20.7　demo_tmr.c。使用查询演示 Harmony 定时器

```
// demonstrates the timer driver

#include "system_config.h"               .
#include "system_definitions.h"

void invert_leds_callback(uintptr_t context, uint32_t alarmCount) {
  // context is data passed by the user that can then be used in the callback.
  // alarmCount tracks how many times the callback has occurred.
  PLIB_PORTS_PinToggle(PORTS_ID_0, NU32_LED_CHANNEL, NU32_LED1_POS); // toggle led 1
  PLIB_PORTS_PinToggle(PORTS_ID_0, NU32_LED_CHANNEL, NU32_LED2_POS); // toggle led 2
}

const static DRV_TMR_INIT init =   // used to configure timer; const so stored in flash
{
```

```
    .moduleInit = {SYS_MODULE_POWER_RUN_FULL},    // no power saving
    .tmrId = TMR_ID_1,                            // use timer 1
    .clockSource = DRV_TMR_CLKSOURCE_INTERNAL,    // use pbclk
    .prescale = TMR_PRESCALE_VALUE_256,           // use a 1:256 prescaler value
    .interruptSource = INT_SOURCE_TIMER_1,        // ignored since system_config has set
                                                  // interrupt mode to false
    .mode = DRV_TMR_OPERATION_MODE_16_BIT,        // use 16 bit mode
    .asyncWriteEnable = false                     // no asynchronous write
};

int main(void) {
    SYS_MODULE_OBJ timer_handle;      // handle to the timer driver
    SYS_MODULE_OBJ devcon_handle;     // device configuration handle
    DRV_HANDLE timer1;                // handle to the timer

    SYS_CLK_Initialize(NULL);         // initialize the clock, but tell it to use
                                      // configuration bit
                                      // settings that were set with the bootloader

    // initialize the DEVCON system service, default init settings are fine.
    devcon_handle = SYS_DEVCON_Initialize(SYS_DEVCON_INDEX_0, NULL);

    // initialize the LED pins as outputs
    PLIB_PORTS_PinDirectionOutputSet(PORTS_ID_0, NU32_LED_CHANNEL, NU32_LED1_POS);
    PLIB_PORTS_PinDirectionOutputSet(PORTS_ID_0, NU32_LED_CHANNEL, NU32_LED2_POS);
    PLIB_PORTS_PinClear(PORTS_ID_0, NU32_LED_CHANNEL, NU32_LED1_POS); // turn on LED1
    PLIB_PORTS_PinSet(PORTS_ID_0, NU32_LED_CHANNEL, NU32_LED2_POS);   // turn off LED2

    // initialize the timer driver
    timer_handle = DRV_TMR_Initialize(DRV_TMR_INDEX_0, (SYS_MODULE_INIT*)&init);

    // open the timer, this is the only client (only place where DRV_TMR_Open is called)
    timer1 = DRV_TMR_Open(DRV_TMR_INDEX_0, DRV_IO_INTENT_EXCLUSIVE);

    // the timer driver will call invert_leds_callback at 5 Hz. This is a "periodic alarm."
    DRV_TMR_Alarm16BitRegister(timer1, 62499, true, 0, invert_leds_callback);

    // start the timer
    DRV_TMR_Start(timer1);

    while (1) {
        // update device configuration. Does nothing in Harmony v1.06 but may in the future
        SYS_DEVCON_Tasks(devcon_handle);
        // update the timer driver state machine
        DRV_TMR_Tasks(timer_handle);
    }
    return 0;
}
```

与 UART 中的示例一样，我们定义一个初始化 struct（DRV_TMR_INIT init）来设置参数，例如使用哪个定时器外设（定时器 Timer1）、分频器和时钟源。在此例中，定时器配置的分频器为 1 : 256，因此每个节拍以 80 000 000 Hz/256 = 312 500 Hz 的频率发生，并且耗时 3.2μs。周期计数值为 62 499，因此定时器每 3.2 ×（62 499 + 1）μs = 200 ms（5 Hz）翻转一次（详见第 8 章）。

在主函数中，首先初始化时钟和 DEVCON 系统服务，定时器驱动程序依赖于这些服务。我们还将 LED 引脚设置为输出，并设置初始的 LED 状态。与所有驱动程序一样，必须初始化定时器驱动程序并打开一个客户端。此例中使用 DRV_IO_INTENT_EXCLUSIVE 打开客户端，这表明只使用了一个客户端。定时器驱动程序不支持多个客户端。最后，必须注册在定时器翻转时执行的回调函数。我们传给 DRV_TMR_Alarm16BitRegister 一个驱动程序句柄、一个周期计数值、一个指示报警是重复发生还是只发生一次的布尔值、一个传递给回调函数的上下文以及一个指向报警失效时应调用的函数指针[⊖]。

注意，回调函数 invert_leds_callback 只是一个普通函数，而不是一个 ISR。与之前的许多定时器示例不同，此例不使用 ISR，即使函数有定期执行的代码。相反，定时器驱动程序使用轮询来调用回调函数。在轮询模式下，驱动程序不断检查（即轮询）定时器的周期是否已经过期，如果是，则调用回调函数（此例为 invert_leds_callback）。轮询发生在定时器驱动程序的状态机中，该状态机通过调用主循环中的 DRV_TMR_Tasks 来更新。如果你要将代码添加到长时间延迟调用 DRV_TMR_Tasks 的主循环中，那么定时器的回调将被延迟。

注册回调函数后，可通过调用 DRV_TMR_Start 来启动定时器，并进入主循环。主循环更新两个 Harmony 状态机，其中一个属于 DEVCON 系统服务，而另一个属于定时器驱动程序。发生定时器轮询时调用 DRV_TMR_Tasks。如果 DRV_TMR_Tasks 检测到定时器已翻转，则将调用在 DRV_TMR_Alarm16BitRegister 中注册的报警函数。

20.5.3　使用中断的定时器

如果主循环中的计算花费太长时间可能会延迟回调函数的调用，则这个时候可以采用基于中断的方法，而不是轮询，同时仍然使用 Harmony 中的定时器驱动程序。

要想使用带中断的定时器驱动程序，只需要进行几个小的修改。首先，编辑 system_config.h，将 DRV_TMR_INTERRUPT_MODE 的值改为 1。接下来，必须在调用 DRV_TMR_Start 之前的任意位置，设置中断优先级（有必要的话也设置次优先级）。

```
PLIB_INT_VectorPrioritySet(INT_ID_0, INT_VECTOR_T1, INT_PRIORITY_LEVEL5);
```

在 demo_tmr.c 中，在进入主循环之前，启用中断。

```
PLIB_INT_Enable(INT_ID_0); // enable interrupts
```

⊖　在 C 语言中，指针可以指向函数。函数的地址就是没有括号的函数名。

最后，使 timer_handle 成为全局变量，而不是主函数的局部变量，并实现定时器 ISR。

```
void __ISR(_TIMER_1_VECTOR, IPL5SOFT) Timer1ISR(void) {
  DRV_TMR_Tasks_ISR(timer_handle); // update the timer state machine
}
```

请注意，除了调用 DRV_TMR_Tasks_ISR 之外，ISR 不执行任何操作。DRV_TMR_Tasks_ISR 会更新定时器驱动程序的状态，并根据情况调用报警回调函数。你不需要清除任何中断标志位，因为定时器驱动程序会为你处理这些细节。由于现在的定时器驱动程序状态在 ISR 中更新，所以你应该删掉主循环中对 DRV_TMR_Tasks 的调用。

20.6　系统服务程序

在 Harmony 中，系统服务类似于驱动程序。要将 .c 和 .h 文件添加到你的项目中，在 system_definitions.h 中要包含相应的头文件以及在 system_config.h 中定义必要的编译参数。系统服务的相关文件在 <framework>/system 目录下。然而，与驱动程序不同的是，系统服务缺少一致的接口（例如并不是所有系统服务都有初始化和启动函数，即使很多系统服务都有），并且系统服务的目的也不同。一些系统服务依赖于驱动程序，而一些驱动程序又依赖于系统服务。在上一节我们使用了设备配置（DEVCON）、时钟（CLK）和中断（INT）的系统服务。DEVCON 和 CLK 系统服务都提供了低级硬件功能：CLK 处理振荡器，DEVCON 处理缓存等设置。INT 系统服务主要重复中断 PLIB 所提供的功能，我们没有明确地使用 INT 系统服务。当没有 INT 系统服务时，定时器驱动程序将无法编译。另一个主要重复 PLIB 功能的系统服务是 PORT 系统服务；因此，当控制端口时，可直接使用 PLIB 中的函数。

上述的系统服务提供了低级功能，其他的服务在更高级层次上工作。例如，信息（MSG）系统服务提供一个用于复杂任务之间进行通信的接口。这里介绍的定时器（TMR）系统服务抽象化了定时器驱动程序，允许你用毫秒为单位而不是用节拍来指定定时器周期。你可以使用 TMR 服务创建一个或多个逻辑（非硬件）上不同频率的定时器，所有这些定时器都派生自单独的硬件定时器。TMR 系统服务使用定时器驱动程序来管理底层硬件定时器。Harmony 文档指的是从系统服务中派生为客户端的逻辑定时器，因为这些定时器是通过调用 TMR 系统服务模块提供的函数而创建的。

为了理解 TMR 系统服务的工作原理，假设你希望一个任务每 10ms 发生一次而另一个任务每 55ms 发生一次。你可以在相应的频率下配置两个单独的硬件定时器。但是，如果你只想使用一个定时器，则可以将定时器配置为每 5ms 中断一次。定时器 ISR 每两个中断执行一次第一个任务，每 11 个中断执行一次第二个任务。TMR 系统服务会为你处理此逻辑，并允许你在中断或轮询模式下使用定时器。

要想构建这样一个项目，需要使用 20.5.2 节中定时器驱动程序中的所有文件（因为 TMR 系统服务需要 TMR 驱动程序）加上文件 <framework>/system/tmr/src/sys_tmr.c。应该修改代码示例 20.5 中的文件 system_definitions.h，添加一句 #include "system/tmr/sys_tmr.h" 来包含 TMR 系统服务头文件；文件的其余部分保持不变。

头文件 system_config.h 需要 20.5.2 节中定义的同样的宏。对于此例，通过保证 DRV_TMR_INTERRUPT_MODE 设置为 0 来使用轮询模式而不是中断模式。TMR 系统服务还要求你在 system_config.h 中定义一些其他宏（参见下面的注释）。

```
// The maximum number of timers that can be created using the system service.
// We will actually create two timers.
#define SYS_TMR_MAX_CLIENT_OBJECTS 5

// The frequency, in Hz, used for timing calculations.  The higher the value, the
// better the resolution of the timer, but the shorter its longest possible
   duration.
// This is used in determining the integer number of clock ticks for each client
   timer
// rollover.  (No hardware timers actually operate at this speed.)  We choose
   10 kHz.
#define SYS_TMR_UNIT_RESOLUTION 10000

// The hardware timer's base frequency is derived from a clock frequency
   (PBCLK here).
// Due to limited resolution of the timer, not all frequencies are exactly
   available.
// If the closest available frequency differs from the requested frequency by more
// than this amount (in percent), a run-time error occurs.  We choose ten percent.
#define SYS_TMR_FREQUENCY_TOLERANCE 10

// Just as the hardware timer's base frequency is derived from the peripheral bus
// frequency, the client timer frequency is derived from the base TMR
// system service frequency.  The requested client frequency may not be exactly
// available.  If the closest available client frequency differs from the requested
// frequency by more than this amount (in percent), a run-time error occurs.  We
// choose ten percent.
#define SYS_TMR_CLIENT_TOLERANCE 10
```

现在让我们研究使用 TMR 系统服务以 5Hz 的频率触发一个 LED 并以 1Hz 的频率触发另一个 LED 的代码。正如在代码示例 20.7 中所示，我们定义回调函数、初始化结构以及初始化定时器驱动程序。现在也必须初始化系统服务。与定时器驱动程序演示例子不同，我们在此演示、例子中实现一个有限状态机。程序有两种状态：初始化（APP_STATE_INIT）和运行（APP_STATE_RUN）。这些状态是必需的，因为 TMR 系统服务中的 FSM 必须更新几次之后才能启动逻辑定时器。

代码示例 20.8　demo_service.c。TMR 系统服务的演示

```
// Demonstrates the timer service.
// The timer service allows us to use one hardware timer to run tasks
// at different frequencies.
```

```c
#include "system_config.h"
#include "system_definitions.h"

void invert_leds_callback(uintptr_t context, uint32_t alarmCount) {
    // context is data passed by the user that can then be used in the callback.
    // Here the context is NU32_LED1_POS or NU32_LED2_POS to tell us which LED to toggle.
    PLIB_PORTS_PinToggle(PORTS_ID_0, NU32_LED_CHANNEL, context);
}

const static DRV_TMR_INIT init =   // used to configure timer; const so stored in flash
{
    .moduleInit = {SYS_MODULE_POWER_RUN_FULL}, // no power saving
    .tmrId = TMR_ID_1,                         // use Timer1
    .clockSource = DRV_TMR_CLKSOURCE_INTERNAL, // use pbclk
    .prescale = TMR_PRESCALE_VALUE_256,        // use a 1:256 prescaler value
    .interruptSource = INT_SOURCE_TIMER_1,     // ignored because system_config.h
                                               // has set interrupt mode to false
    .mode = DRV_TMR_OPERATION_MODE_16_BIT,     // use 16-bit mode
    .asyncWriteEnable = false                  // no asynchronous write
};

const static SYS_TMR_INIT sys_init =
{
    .moduleInit = {SYS_MODULE_POWER_RUN_FULL}, // no power saving
    .drvIndex = DRV_TMR_INDEX_0,               // use timer driver 0
    .tmrFreq = 1000                  // base frequency of the system service (Hz)
};

// holds the state of the application
typedef enum {APP_STATE_INIT, APP_STATE_RUN} AppState;

int main(void) {
    SYS_MODULE_OBJ timer_handle;    // handle to the timer driver
    SYS_MODULE_OBJ devcon_handle;   // device configuration handle
    SYS_TMR_HANDLE sys_tmr;
    SYS_CLK_Initialize(NULL);       // initialize the clock,
                                    // but tell it to use configuration bit settings
                                    // that were set with the bootloader

    // initialize the device, default init settings are fine
    devcon_handle = SYS_DEVCON_Initialize(SYS_DEVCON_INDEX_0, NULL);

    // initialize the pins for LEDs
    PLIB_PORTS_PinDirectionOutputSet(PORTS_ID_0, NU32_LED_CHANNEL, NU32_LED1_POS);
    PLIB_PORTS_PinDirectionOutputSet(PORTS_ID_0, NU32_LED_CHANNEL, NU32_LED2_POS);
    PLIB_PORTS_PinClear(PORTS_ID_0, NU32_LED_CHANNEL, NU32_LED1_POS);
    PLIB_PORTS_PinSet(PORTS_ID_0, NU32_LED_CHANNEL, NU32_LED2_POS);

    // initialize the timer driver
    timer_handle = DRV_TMR_Initialize(DRV_TMR_INDEX_0, (SYS_MODULE_INIT*)&init);

    // initialize the timer system service
    sys_tmr = SYS_TMR_Initialize(SYS_TMR_INDEX_0,(SYS_MODULE_INIT*)&sys_init);

    AppState state = APP_STATE_INIT; // initialize the application state
```

```
while (1) {
    // based on the application state, we may need to initialize timer callbacks
    switch(state) {
      case APP_STATE_INIT:
        if(SYS_STATUS_READY == SYS_TMR_Status(sys_tmr)) {
          // If the timer is ready:
          // Register the timer callbacks to invert LED1 at 5 Hz (200 ms period)
          // & LED2 at 1 Hz (1000 ms period). Both tasks use the same callback function
          // and use the context to determine which LED to invert; however, we could
          // have registered different callback functions.  Note that the context type
          // could also be a pointer, if you want more information passed to the callback
          SYS_TMR_CallbackPeriodic(200,NU32_LED1_POS,invert_leds_callback);
          SYS_TMR_CallbackPeriodic(1000,NU32_LED2_POS,invert_leds_callback);
          state = APP_STATE_RUN;
        } else {
          // the timer is not ready, so do nothing and let the state machines update
        }
        break;
      case APP_STATE_RUN:
        break; // we are just running
    }

    //update the device configuration
    SYS_DEVCON_Tasks(devcon_handle);
    SYS_TMR_Tasks(sys_tmr);
    // update the timer driver state machine
    DRV_TMR_Tasks(timer_handle);
```

　　首先来分析第一个实现细节：定时器回调 invert_leds_callback。注意，我们使用的第一个参数 context，它用来确定翻转哪个 LED。我们使用系统服务创建两个使用相同回调函数的逻辑定时器，但它们传递不同的值作为 context。

　　还必须初始化 TMR 系统服务及其依赖的定时器驱动程序。sys_init struct 定义了系统服务使用哪个定时器驱动程序，以及底层定时器驱动程序使用的基本频率（以 Hz 为单位）。注意，我们从来没有明确地打开过一个定时器驱动程序，而是系统服务以初始化数据中指定的频率打开定时器驱动程序。但我们还是必须初始化定时器驱动程序并在主循环中更新其状态机。

　　在 TMR 系统服务准备就绪之前，无法创建客户端定时器。因此，我们进入主循环并使用状态机来确定是否必须执行某些初始化或应用程序是否已准备好运行。当它处于初始化状态时，我们使用 SYS_TMR_Status 查询 TMR 系统服务的状态，并检查是否为 SYS_STATUS_READY。一旦 TMR 系统服务准备就绪，就创建两个客户端定时器，一个周期为 200ms（5Hz），另一个周期为 1000ms（1Hz）。每个客户端以各自的频率调用 invert_leds_callback，其中一个定时器传递 NU32_LED1_POS，而另一个传递 NU32_LED2_POS 作为上下文参数到回调函数中。因此，5Hz 定时器使 LED1 翻转，而 1Hz 定时器使 LED2 翻转。当创建客户端定时器之后，我们进入运行状态；否则将在每次循环迭代时创建新的定时器！处理完应用程序后，我们为每个使用的 Harmony 组件调用相应的 Tasks 函数，更新其状态机。

20.7　程序结构

前面提到 Harmony 时，建议你的程序要有一个特定的结构。我们已经通过 system_config.h 和 system_definitions.h 的形式看到了该结构中不可避免的元素，但是我们仍然将所有的代码放在一个单独的目录中。Harmony 旨在允许跨多个硬件配置重用代码。为了实现这一目标，它建议在你的应用程序代码和特定于单个处理器的代码之间创建逻辑分隔。为了实现这个目标，Harmony 推荐以下文件和目录结构。

- app.c：主要的应用程序逻辑。
- app.h：应用程序的头文件。
- main.c：连接所有文件的样板代码。
- system_config：系统配置目录。包含一个适于每个支持平台的子目录，其包含的目录如下所示。
    - pic32_NU32：设计在 NU32 板上运行的配置目录。一般来说，system_config 的子目录应该描述可支持的硬件，但它们可以由你来决定。假设在本例中使用 pic32_NU32，默认情况下，Makefile 会查找这个目录。
    - pic32_Standalone：该假设目录包含不使用引导加载程序的程序配置的信息。
    - pic32_picMZ：该假设目录包含在 PIC32MZ 处理器上运行的程序配置的信息。

在每个 system_config 子目录（例如，system_config/pic32_NU32）中应该包含以下文件。

- system_config.h：系统配置头文件。
- system_definitions.h：定义数据类型以及其他文件需要的 #include 指令。
- system_init.c：执行系统初始化。
- system_tasks.c：更新 Harmony 模块的状态机。
- system_interrupt.c：实现 ISR。
- framework：保存 Harmony 提供的项目所需文件的子目录。它一般反映 <framework> 的结构。
- drivers：Harmony 驱动程序文件，组成每个驱动程序使用的子目录（例如，定时器驱动程序的 tmr）。
- system：Harmony 系统服务文件，组成每个系统服务使用的子目录（例如，TMR 系统服务的 tmr）。

Microchip 提供的并与 MPLAB 一起安装的自动 Harmony 代码配置工具创建了与上述

类似的结构。你可以选择在构建期间指定 IDE 将文件包含在 <framework> 的主位置，而不是将文件复制到项目目录中。

我们提供的 Harmony Makefile 将编译和连接项目目录中的文件与 system_config/pic32_NU32 中的文件以及上述子目录。Makefile 中的变量 CONFIG 决定编译时使用哪个 system_config 子目录。你可以通过编辑 Makefile 或在命令行重载变量（也就是发出 make CONFIG = dir 指令），来使用此变量编译在不同平台中的项目。最后，如果你从基目录中移除连接器脚本文件 NU32bootloaded.ld，则可以在每个 system_config 子目录（例如 system_config/pic32_NU32）中放置不同的连接器脚本文件，这允许你为不同的配置使用不同的连接器脚本文件。

现在，你已经对整个 Harmony 的项目结构有了大致的了解，我们通过重温 20.5.3 节中的示例来演示此结构的使用。通过分析代码，你能够更好地了解这种结构如何允许你将主程序逻辑与特定于硬件的注意事项分离开来，从而使其更具有可移植性。

不管硬件配置如何，我们从相同的文件开始分析。所有遵循推荐结构的 Harmony 应用程序都有一个非常简单的主函数，它定义在 main.c 中。此文件将初始化任务分配给 system_init.c 中的 SYS_Initialize，将状态机逻辑分配给在 system_tasks.c 中实现的 SYS_Tasks。

代码示例 20.9　main.c。所有标准 Harmony 程序的主文件

```
#include <stddef.h>                    // defines NULL
#include "system/common/sys_module.h" // SYS_Initialize and SYS_Tasks prototypes

int main(void) {

  SYS_Initialize(NULL); // initializes the system

  while(1) {
    SYS_Tasks();        // updates the state machines of polled harmony modules
  }

  return 0;
}
```

头文件 app.h 定义应用程序所需的任何数据类型，并且还为两个主要的应用程序函数 APP_Initialize 和 APP_Tasks 提供原型。这些函数分别由 SYS_Initialize 和 SYS_Tasks 调用。

代码示例 20.10　app.h。应用程序的头文件

```
#ifndef APP__H__
#define APP__H__

// The application states.  APP_STATE_INIT is the initial state, used to perform
// application-specific setup.  Then, during program operation, we enter
```

```
// APP_STATE_WAIT as the timer takes over.
typedef enum { APP_STATE_INIT, APP_STATE_WAIT} APP_STATES;

// Harmony structure suggests that you place your application-specific data in a struct.
typedef struct {
  APP_STATES state;
  DRV_HANDLE handleTmr;
} APP_DATA;

void APP_Initialize(void);
void APP_Tasks(void);

#endif
```

实际的应用程序逻辑在 app.c 中实现，并由 FSM 来驱动。

代码示例 20.11　app.c。应用程序实现

```
#include "system_config.h"
#include "system_definitions.h"
#include "app.h"

APP_DATA appdata;

void invert_led_callback(uintptr_t context, uint32_t alarmCount) {
  // context is data passed by the user that can then be used in the callback.
  // alarm count tracks how many times the callback has occured
  PLIB_PORTS_PinToggle(PORTS_ID_0, NU32_LED_CHANNEL, NU32_LED1_POS); // toggle led 1
  PLIB_PORTS_PinToggle(PORTS_ID_0, NU32_LED_CHANNEL, NU32_LED2_POS); // toggle led 2
}

// initialize the application state
void APP_Initialize(void) {
  appdata.state = APP_STATE_INIT;
}

void APP_Tasks(void) {
  switch(appdata.state) {
    case APP_STATE_INIT:
      // turn on LED1 by clearing A5
      PLIB_PORTS_PinClear(PORTS_ID_0, NU32_LED_CHANNEL, NU32_LED1_POS);
      // turn off LED2 by setting A5
      PLIB_PORTS_PinSet(PORTS_ID_0, NU32_LED_CHANNEL, NU32_LED2_POS);

      // only one client at a time, open the timer
      appdata.handleTmr = DRV_TMR_Open(DRV_TMR_INDEX_0, DRV_IO_INTENT_EXCLUSIVE);

      // timer driver calls invert_led_callback at 5 Hz.  Register this "periodic alarm."
      DRV_TMR_Alarm16BitRegister(appdata.handleTmr, 62499, true, 0, invert_led_callback);
      DRV_TMR_Start(appdata.handleTmr);
      appdata.state = APP_STATE_WAIT;
      break;
    case APP_STATE_WAIT:
      break; // we need not do anything here
  }
}
```

接下来，我们访问与硬件依赖实现相关的文件，这些文件位于 system_config/ <hardware> 目录下，其中 <hardware> 是特定平台的名称。使用 <hardware> = pic32_ NU32 来达到我们的目的。

文件 system_config.h 与代码示例 20.6 几乎相同，但由于此示例使用定时器中断，因此 DRV_TMR_INTERRUPT_MODE 被定义为 true。

文件 system_definitions.h 包含一个额外的数据结构，它用于保存程序使用的 Harmony 模块的句柄。根据 Harmony 文档的建议，句柄存储在单独的全局变量中，可通过关键字 extern 访问所有模块。

代码示例 20.12　system_definitions.h。Harmony 应用的系统定义

```
#ifndef SYSTEM_DEFINITIONS_H
#define SYSTEM_DEFINITIONS_H

#include <stddef.h>              // some standard C headers with types needed by harmony
                                 // defines integer types with fixed sizes, for example
                                 // uint32_t is guaranteed to be a 32-bit unsigned integer
                                 // uintptr_t is an integer that can be treated as a pointer
                                 // (i.e., an unsigned int large enough to hold an address)
#include <stdbool.h>
#include "peripheral/peripheral.h"      // all the peripheral (PLIB) libraries
#include "system/devcon/sys_devcon.h"   // device configuration system service
#include "system/clk/sys_clk.h"         // clock system service
#include "system/common/sys_module.h"   // basic system module
#include "driver/tmr/drv_tmr.h"         // the timer driver

// system object handles
typedef struct {
  SYS_MODULE_OBJ sysDevcon;  // device configuration object
  SYS_MODULE_OBJ drvTmr;     // the timer driver object
} SYSTEM_OBJECTS;

// Declares a global variable that holds the system objects so that all files including
// system_definitions.h can access the handles. Is actually defined and initialized in
// system_init.c.
extern SYSTEM_OBJECTS sysObj;

#endif
```

文件 system_init.c 初始化时，还调用应用程序的初始化函数。对于独立的应用程序，你可以在此文件中包含必要的配置位设置（#pragma config）。然而，由于 bootloader 已经为我们设置了，因此不需要设置配置位。

代码示例 20.13　system_init.c。特定平台的硬件初始化

```
#include "system_config.h"
#include "system_definitions.h"
#include "app.h"

// Code to initialize the system.
// For standalone projects (those without a bootloader)
```

```
// you would define the configuration values here, e.g.,
// #pragma config FWDTEN = OFF
// See NU32.h for configuration bits.  These are set by the bootloader in this example.

const static DRV_TMR_INIT init = // used to configure the timer; const so stored in flash
{
  .moduleInit = SYS_MODULE_POWER_RUN_FULL,      // no power saving
  .tmrId = TMR_ID_1,                            // use timer 1
  .clockSource = DRV_TMR_CLKSOURCE_INTERNAL,    // use pbclk
  .prescale = TMR_PRESCALE_VALUE_256,           // use a 1:256 prescaler value
  .interruptSource = INT_SOURCE_TIMER_1,        // use timer one interrupts
  .mode = DRV_TMR_OPERATION_MODE_16_BIT,        // use 16-bit mode
  .asyncWriteEnable = false
};

SYSTEM_OBJECTS sysObj; // handles to harmony modules. Defined in system_definitions.h.

// called from the beginning of main to initialize the harmony components etc.
void SYS_Initialize(void * data) {
  SYS_CLK_Initialize(NULL);  // initialize the clock, but use configuration bit settings
                             // that were set with the bootloader

                    // Initialize the device, default init settings are fine.
                    // As of harmony 1.06 this call is not needed for our purposes,
                    // but this may change in future versions so we include it.
                    // It is necessary if you want to set the prefetch cache
                    // and wait states using SYS_DEVCON_PerformanceConfig.
                    // However, we need not configure the cache and wait states
                    // the bootloader has already done this for us.
  sysObj.sysDevcon = SYS_DEVCON_Initialize(SYS_DEVCON_INDEX_0, NULL);

  // initialize the pins for the LEDs
  PLIB_PORTS_PinDirectionOutputSet(PORTS_ID_0, NU32_LED_CHANNEL, NU32_LED1_POS);
  PLIB_PORTS_PinDirectionOutputSet(PORTS_ID_0, NU32_LED_CHANNEL, NU32_LED2_POS);

  // initialize the timer driver
  sysObj.drvTmr = DRV_TMR_Initialize(DRV_TMR_INDEX_0, (SYS_MODULE_INIT*)&init);

  PLIB_INT_MultiVectorSelect(INT_ID_0); // enable multi-vector interrupt mode

  // set timer int priority
  PLIB_INT_VectorPrioritySet(INT_ID_0, INT_VECTOR_T1, INT_PRIORITY_LEVEL5);
  PLIB_INT_Enable(INT_ID_0);                 // enable interrupts

  // initialize the apps
  APP_Initialize();
}
```

文件 system_interrupt.c 实现定时器 ISR，通常它实现所有的 ISR。

代码示例 20.14　system_interrupt.c。Harmony 应用程序的 ISR 定义

```
#include "system_config.h"
#include "system_definitions.h"
#include <sys/attribs.h>

// the timer interrupt.  note that this just updates the state of the timer
```

```
void __ISR(_TIMER_1_VECTOR, IPL5SOFT) Timer1ISR(void) {
  DRV_TMR_Tasks_ISR(sysObj.drvTmr); // update the timer state machine
}
```

文件 system_tasks.c 更新以轮询模式工作的 Harmony 模块的状态机（在本例中是 DEVCON 系统服务）。文件 system_tasks.c 还调用应用程序代码，允许程序更新应用程序的状态机。

代码示例 20.15 system_tasks.c。更新 Harmony 模块以及应用程序的状态机

```
#include "system_config.h"
#include "system_definitions.h"
#include "app.h"

// update the state machines
void SYS_Tasks(void) {
  SYS_DEVCON_Tasks(sysObj.sysDevcon);
  // timer tasks are interrupt driven, not polled.
  // for a polled application uncomment below
  // DRV_TMR_Tasks(sysObj.drvTmr);
  APP_Tasks(); // application specific tasks
}
```

此示例所需的 Harmony 文件与 20.5.2 节定时器中所需的示例相同。你应该将这些文件复制到 system_config/pic32_NU32/framework 目录及其子目录中。例如，将 <framework>/system/int/src/sys_int_pic32.c 复制到 system_config/pic32_NU32/framework/system/int 中。

使用顶层目录中的 Makefile 和 NU32bootloaded.ld，应该能够构建项目并观察到 LED 被触发。

20.8 USB

20.8.1 USB 基础

如果你在过去的 20 年内使用过计算机，那么你可能使用过通用串行总线（USB）设备。这么多年来创造了难以想象的巨大数量的 USB 设备。为了支持数量如此大的设备，USB 协议也变得相对复杂。因此，我们仅描述使用 Harmony 的 USB 中间件创建简单 USB 设备所需的最低要求。

使用 USB 时，总线由称为 host 的单个主机控制，通常它是你的计算机或智能手机（虽然 PIC32 也可以充当主机）。每个主机可通过集线器控制多达 127 个设备。主机和设备的物理连接器不兼容，这使两个设备或两个主机不能彼此连接。除了用于编程 NU32 的 mini-B USB 连接器以外，开发板上还有一个 micro-B 连接器，在默认情况下它是一个设备。USB

的 On-The-Go 连接线可将 micro-B 连接器转换为 A 连接器，从而允许 NU32 作为主机。智能手机（通常使用 micro-B 端口）使用这种连接线，这使手机可以连接 USB 闪存盘等设备。

USB 使用 4 根线：5V 电源线（V+）（允许主机视需要为设备提供电源）、接地线（V–）以及两根数据线 D+ 和 D–。PIC32MX795F512H 具有单独的 USB 端口，而 micro-B 连接器的 D+ 和 D– 线直接连接到 PIC32 的 D+ 和 D– 引脚上。

USB 使用复杂的协议进行通信。USB 协议存在多种版本，但较新的主机通常向下兼容旧协议。PIC32 微控制器支持低速（1.5Mb/s）和全速（12Mb/s）模式的 USB 2.0。示例中都将使用全速 USB。USB 协议包括对许多类型设备的支持，这些设备称为设备类。设备类包括诸如键盘和鼠标等人机接口设备（HID）、诸如外接硬盘等大容量存储设备（MSD）、诸如虚拟串行端口等通信设备类（CDC）以及用于实现供应商指定协议的通用设备类。Harmony 为所有这些设备类提供支持。但我们主要讲解 HID，因为这是最简单的。尽管 HID 被叫作人机接口设备，但是它提供了一个灵活的接口，以在主机和设备之间双向传输数据。

Harmony 为我们处理 USB 协议的细节。熟悉两个基本的 USB 概念（端点和描述符）对我们会有所帮助。USB 设备通过"端点"在自身和主机之间传输数据。端点具有一个类型，它决定数据传输属性（例如延迟和以主机为中心的传输方向，即输入或输出）。内端点传输数据给主机（设备发送数据），而外端点传输主机的数据给设备（设备接收数据）。描述符向主机提供关于设备功能和端点的相关信息。例如，描述符告诉主机使用什么设备类。有许多类型的设备描述符，我们将在实现一个设备时遇到几个描述符，并会在必要时讨论相关细节。

20.8.2 通过 USB 为 NU32 供电

PIC32 作为一个设备工作时，你可以像往常一样用外部电源为它供电，也可以用主机 USB 端口提供的 5V 为其供电。要利用主机为 PIC32 供电，请确保拔下 NU32 的电源插孔，并将引脚 VBUS 连接到引脚 5V。从计算机的 USB 端口上为 PIC32 供电时要特别小心，错误的电路可能会损坏 PIC32、计算机上的 USB 端口，甚至计算机的主板！请注意，USB 设备必须指定来自主机的电流请求，我们的代码总是请求 100mA 电流。

也可以使用 NU32 作为 USB 的主机。详情请参阅本书的网站。

20.8.3 USB HID 设备

我们的 USB 示例用来创建一个通用的 HID 设备，它可在 PIC32 和主机（你的计算机或智能手机）之间传输数据。

与本书前面使用 USB 方法实现虚拟 UART 不同，我们需要编写一个在主机上运行的 C 程序，以便与新 USB 设备进行交互。此 C 程序使用 HID API 库，这是一个免费提供的跨平台库,用于与 USB HID 设备进行通信。我们将这个库的安装和使用细节放在本书的网站,这里只提供一个概述。细节因操作系统而异,并且可能会更改。总而言之,安装涉及将 HID API 库编译为二进制格式。若要使用此库,必须在编译器命令行中指定一些标志:-I<include path> 告诉编译器在哪里可找到 hidapi.h 头文件,-L<library path> 告诉编译器在哪里找到编译好的 HID 库,而 -l <library name> 指示你的代码应该与 HID API 库相连接(名称因平台和编译库使用的选项而异)。

在讨论 PIC32 的代码之前,我们首先分析客户端代码 client.c,以清楚该示例的目的。代码根据一些硬件标识符启动设备,然后输出一些有关设备的信息。接下来,代码进入无限循环,提示用户输入一个字符串,之后将该字符串发送到 PIC32,然后输出 PIC32 的回复。总体来说,这段代码的功能类似于代码示例 1.2。这里是输出示例:

```
Opened HID device.
Manufacturer String: Microchip Technology Inc.
Product String: Talking HID
Say something to PIC (blank to exit):  I'm talking via usb.
PIC Replies:  I'M TALKING VIA USB.
Say something to PIC (blank to exit):
```

代码示例 20.16 client.c。自定义 HID 设备的 C 客户端

```c
#include <stdio.h>
#include <stddef.h>
#include "hidapi.h"

// Client that talks to the HID device
// using hidapi, from www.signal11.us.
// hidapi allows you to directly communicate with hid devices
// without needing a special driver.
// To use hidapi you first must compile the library.
// You need its header to be on your path and you need to
// link against the library.  The procedure for doing this
// varies by platform.
// Note: error checking code omitted for clarity
#define REPORT_LEN 65 // 64 bytes per report plus report ID
#define MAX_STR 255   // max length for a descriptor string

int main(void) {
  char outbuf[REPORT_LEN] = "";
  char inbuf[REPORT_LEN] = "";
  wchar_t wstr[MAX_STR] = L""; // use 2-character "wide chars" for USB string descriptors
  hid_device *handle = NULL;

  // open the hid device using the VID and PID
  handle = hid_open(0x4d8, 0x1769, NULL);
  printf("Opened HID device.\n");

  // use blocking mode so hid_read will wait for data before returning
  hid_set_nonblocking(handle, 0);

  // get the manufacturer string
  hid_get_manufacturer_string(handle, wstr, MAX_STR);
  printf("Manufacturer String: %ls\n", wstr); // the ls is to print a wide string
```

```
  // get the product string
  hid_get_product_string(handle, wstr, MAX_STR);
  printf("Product String: %ls\n", wstr);

  while(1) {
    printf("Say something to PIC (blank to exit): ");
    // get string of max length REPORT_LEN-1 from user
    // first byte is the report id (always 0)
    fgets(outbuf + 1, REPORT_LEN - 1, stdin);
    if(outbuf[1] == '\n') { // if blank line, exit
      break;
    }
    hid_write(handle, (unsigned char *)outbuf, REPORT_LEN);// send report to the device

    // read the pic's reply, wait for bytes to actually be read
    while(hid_read(handle, (unsigned char *)inbuf, REPORT_LEN) == 0) {
      ; // (on some platforms hid_read returns 0 even in blocking mode, hence the loop)
    }
    printf("\nPIC Replies: %s\n", inbuf);
  }
  return 0;
}
```

注意，该代码中包含 hidapi.h 文件，这使我们能够使用 HID API 库中的函数。第一个引人注意的函数调用是 hid_open，该函数基于供应商标识符（VID）和产品标识符（PID）提供对指定 HID 设备的访问。所有 USB 设备都有唯一标识设备的 VID 和 PID。如果这需要支付很高的费用，你可以从 USB 实施者论坛（USB-IF）获得自己的 VID；如果想大量生产 USB 设备，那么你的公司需要购买一个 VID。这里我们只使用 Microchip 的 VID（0x4d8），选择不与任何 Microchip 产品冲突的 PID（0x1769）。这些值把在设备上实现的描述符提供给主机。

设备启动后，我们可读取到制造商和产品字符串，这些字符串提供了与设备相关的人类可读信息。

在无限循环中，使用两个 HID API 函数 hid_write 和 hid_read 来向设备写入数据和从设备读取数据。数据以所谓的报告结构发送给 HID 设备以及从 HID 设备中接收。报告由 USB HID 标准描述，并提供了一种灵活但复杂的结构化数据方法。这里我们只简单地发送和接收 64 字节长的数据包。注意，我们使用数据包来存储字符串，但在技术上，数据包中可以存储任意类型的数据。

在继续操作之前，你应该编译 client.c。（确保 client.c 不在项目目录中，因为它不适用于 PIC32！）此步骤将确保你已成功安装了 HID API。接下来，我们将分析使设备工作所需的 PIC32 代码。

在这个项目中，我们将不再使用 20.7 节前一个示例中的子目录结构，而是将所有代码放在同一个目录中。除了通用的 Harmony Makefile 和 NU32bootloaded.ld 以外，你还需要以下文件。

　　talkingHID.c：主要的项目代码。

　　hid.c：我们创建的简单的 HID 库。

　　hid.h：HID 库的头文件。

　　system_config.h

　　system_definitions.h

　　sys_int_pic32.c：复制自 <framework>/system/int/src/。系统中断系统服务时，其他 Harmony 模块需要该文件。

　　drv_usbfs.c：复制自 <framework>/driver/usb/usbfs/src/dynamic/。全速模式下，通用的 USB 设备驱动程序。这个 USB 层包含所有 Harmony USB 驱动程序通用的代码（包括主机实现）。

　　drv_usbfs_device.c：复制自 <framework>/driver/usb/usbfs/src/dynamic/。所有全速设备的 USB 驱动程序。

　　usb_device.c：复制自 <framework>/usb/src/dynamic/。包含所有 USB 设备通用代码的 Harmony 中间件。

　　usb_device_hid.c：复制自 <framework>/usb/src/dynamic/。用于实现一个 HID 设备的 USB HID 中间件。

　　将必要的 Harmony 文件复制到项目目录后，查看主文件 talkHID.c，了解整个程序逻辑。此文件实现了主函数以及卸载了我们创建给 HID 库 hid.{c,h} 的大部分 USB 细节。首先定义 HID 报告描述符，描述在设备和主机之间发送和接收数据的格式。在本例中，每个报告包含 64 个数据字节。使用类似于 Harmony 驱动器的模式，HID 库有一个用于初始化的函数（hid_setup）、一个启动设备的函数（hid_open）以及一个更新内部 FSM 的函数（hid_update）。主循环实现 FSM 的功能，可以适当地接收数据并发送响应。我们使用 HID 库函数 hid_send 和 hid_receive 与主机通信。与 UART 示例非常类似，这些函数是非阻塞的。

代码示例 20.17　talkingHID.c。主要的 HID 通信文件

```
#include "hid.h"
#include "system_config.h"
#include "system_definitions.h"
#include <sys/attribs.h>
#include <ctype.h> //for toupper
#define REPORT_LEN 0x40 // reports have 64 bytes in them

// the HID report descriptor (see Universal Serial Bus HID Usage Tables document).
// This example is from the harmony hid_basic example.
// This descriptor contains input and output reports that are 64 bytes long.  The
// data can be anything. Borrowed from the microchip generic hid example
const uint8_t HID_REPORT[NU32_REPORT_SIZE] = {
  0x06, 0x00, 0xFF, // Usage Page = 0xFF00 (Vendor Defined Page 1)
  0x09, 0x01,       // Usage (Vendor Usage 1)
  0xA1, 0x01,       // Collection (Application)
```

```
    0x19, 0x01,          // Usage Minimum
    0x29, REPORT_LEN,    // Usage Maximum  64 input usages total (0x01 to 0x40)
    0x15, 0x01,          // Logical Minimum (data bytes in the report have min value = 0x00)
    0x25, 0x40,          // Logical Maximum (data bytes in the report have max value = 0xFF)
    0x75, 0x08,          // Report Size: 8-bit field size
    0x95, REPORT_LEN,    // Report Count: 64 8-bit fields
                         //    (for next "Input", "Output", or "Feature" item)
    0x81, 0x00,          // Input (Data, Array, Abs): input packet fields
                         // ased on the above report size, count, logical min/max, and usage
    0x19, 0x01,          // Usage Minimum
    0x29, REPORT_LEN,    // Usage Maximum  64 output usages total (0x01 to 0x40)
    0x91, 0x00,          // Output (Data, Array, Abs): Instantiates output packet fields.
                         // Uses same report size and count as "Input" fields, since nothing
                         // new/different was specified to the parser since the "Input" item.
    0xC0                 // End Collection
};

// states for the application
typedef enum {APP_STATE_INIT, APP_STATE_RECEIVE, APP_STATE_SEND} APP_STATE;

int main (void) {
  char report[REPORT_LEN]="";// message report buffer 64 bytes per hid report descriptor
  APP_STATE state = APP_STATE_INIT;
  hid_setup();                  // initialize the hid usb helper module

  // enable interrupts
  PLIB_INT_Enable(INT_ID_0);

  while (1) {
    switch(state) {
      case APP_STATE_INIT:
        if(hid_open()) {            // wait for the hid device to open
          state = APP_STATE_RECEIVE;
        }
        break;
      case APP_STATE_RECEIVE:
        if(hid_receive((unsigned char *)report, REPORT_LEN)) {
          // we are finished receiving the message
          char * curr = report;
          while(*curr) { // convert to upper case
            *curr = toupper(*curr);
            ++curr;
          }
          state = APP_STATE_SEND; // send data to client
        }
        break;
      case APP_STATE_SEND:
        if(hid_send((unsigned char *)report, REPORT_LEN) ) { // finished sending
          state = APP_STATE_RECEIVE;                         // receive data again
        }
        break;
      default:
        ;// logic error, impossible state!
    }

    // update the usb hid state
    hid_update();
```

```
  }
  return 0;
}
```

注意，报告描述符是一个字节的数组，描述 HID 报告的格式。HID 报告描述符的格式和解释是灵活的，但是相当复杂。它在 USB 标准的人机接口设备的设备类中进行定义。

下一个要分析的文件是 hid.h。我们已经创建了 hid.h 来实现一些常见的 HID 功能。这让你在创建不同类型的基本 HID 设备时不需要复制大量的代码。

遵循基本的 Harmony 结构，NU32 HID 库要求你在 system_config.h 中定义几个宏。这些宏控制 HID 设备的多个方面，该设备可能是希望跨项目更改的。

- NU32_PID：设备的产品标识符。注意，我们总是使用 Microchip 的供应商 ID。
- NU32_REPORT_SIZE：HID 报告描述符的大小，以字节为单位。注意，这与发送的字节数不一样，它描述了 PIC32 和主机之间通信协议的数组长度。实际数组 HID_REPORT 的定义在代码示例 20.17 (talkingHID.c) 中。
- NU32_DEVICE_NAME：USB 描述符字符串格式中的设备名字。字符串的第一个字节是字符串描述符的长度，第二个字节是字符串描述符的 ID(3)，随后的每个字符由两个字节表示。
- NU32_HID_SUBCLASS：HID 子类，告知主机期待什么类型的 HID 设备。本例使用通用的子类，但是如键盘和鼠标等设备有自己的子类，由 USB 标准定义。
- NU32_HID_PROTOCOL：这里再次使用通用的协议。某些子类的协议提供了关于 HID 报告的格式信息。

除了预期的宏之外，hid.{c,h} 库假设你已经在代码的某处定义了数组 HID_REPORT（本例定义在代码示例 20.17 中）。此数组包含了 HID 报告描述符。

代码示例 20.18　hid.h。NU32 的 HID 库

```
#ifndef HID__H__
#define HID__H__
// code common to all hid examples

#include <stdbool.h>    // bool type with true, false
#include <stdint.h>     // uint8_t
#include "system_config.h"

// following harmony's lead you must define the following variables and macros
// macros in system_config.h
// #define NU32_PID - the product ID for the device
// #define NU32_REPORT_SIZE  the size of the hid report
// #define NU32_DEVICE_NAME  the name of the device in usb string descriptor format
// #define NU32_HID_SUBCLASS the hid subclass
// #define NU32_HID_PROTOCOL the hid protocol
// in one of your .c files you must also define the HID_REPORT
const extern uint8_t HID_REPORT[NU32_REPORT_SIZE]; // the hid report
```

```
// initialize the hid device
void hid_setup(void);

// attempt to open the hid device, return true when
// the keyboard is successfully opened
bool hid_open(void);

// request a hid report from the host. when the report is available, return true
// returning false indicates that the current request is pending
bool hid_receive(uint8_t report[], int length);
// send a hid report.  return true when finished sending
// returning false indicates that the current request is pending
bool hid_send(uint8_t report[], int length);

// update the necessary harmony state machines, call from the main loop
void hid_update(void);

// return true if the idle time has expired, indicating that the host expects a report
bool hid_idle_expired(void);

// get the time, in ms, based on the usb clock
uint32_t hid_time(void);

#endif
```

我们看到许多在 hid.h 中声明的函数已用于代码示例 20.17（talkingHID.c）中。我们提供了如下完整的描述。

- hid_setup：初始化 Harmony USB 中间件并且准备好 PIC32，以使用 USB 外设。
- hid_open：启动 Harmony HID 中间件。
- hid_receive：主机请求报告。当请求被挂起时，返回 false。请求完成后的第一个调用会返回 true，下一个调用会发出新请求。
- hid_send：发送报告给主机。当请求被挂起时，返回 false。请求完成后的第一个调用会返回 true，下一个调用会发出新的发送请求。
- hid_update：更新 Harmony HID FSM。这应该频繁从主循环中调用。
- hid_idle_expired：主机可能设置一个空闲速率，它是设备必须发送数据的最小速率。如果设备（PIC32）长时间不发送数据，则 hid_idle_expired 会返回 true，这表示 PIC32 应该发送一个报告。
- hid_time：Harmony USB 代码允许我们访问周期为 1ms 的 "定时器"。该函数提供了这样的访问。

在分析 HID 库的实现之前，先看一下 system_config.h 和 system_definitions.h。

我们需要为 Harmony USB 驱动程序和中间件层设置许多宏。尽管 Harmony 文档描述了技术细节，但需要重点理解以下内容。

1. PIC32 被配置为一个设备，而不是主机。

2. PIC32 有两个端点（除了强制的控制端点和端点 0）。一个用于向主机发送数据（内端点），另一个用于接收主机的数据（外端点）。

3. 前缀为 DRV_USB 的宏用在 USB 驱动程序中，而前缀为 USB_DEVICE 的宏用在 Harmony USB 中间件中。

代码示例 20.19   system_config.h。USB HID 项目的系统配置头文件

```
#ifndef SYSTEM_CONFIG_H
#define SYSTEM_CONFIG_H

// avoid superfluous warnings when building harmony
#define _PLIB_UNSUPPORTED

// USB driver configuration

// work as a USB device not as a host
#define DRV_USB_DEVICE_SUPPORT          true
#define DRV_USB_HOST_SUPPORT            false

// use only one instance of the usb driver
#define DRV_USB_INSTANCES_NUMBER        1


// operate using usb interrupts
#define DRV_USB_INTERRUPT_MODE          true

// there are 2 usb endpoints
#define DRV_USB_ENDPOINTS_NUMBER        2

// USB device configuration
// use only one device layer instance
#define USB_DEVICE_INSTANCES_NUMBER        1

// size of the endpoint 0 buffer, in bytes
#define USB_DEVICE_EP0_BUFFER_SIZE         8

// enable the USB start of frame event. it happens at 1 ms intervals
#define USB_DEVICE_SOF_EVENT_ENABLE

// USB HID configuration
// use only one instance of the hid driver
#define USB_DEVICE_HID_INSTANCES_NUMBER        1

// total size of the hid read and write queues
#define USB_DEVICE_HID_QUEUE_DEPTH_COMBINED 2

// ports used by NU32 LEDs and USER button
#define NU32_LED_CHANNEL PORT_CHANNEL_F
#define NU32_USER_CHANNEL PORT_CHANNEL_D

// positions of the LEDs and user buttons
#define NU32_LED1_POS PORTS_BIT_POS_0
#define NU32_LED2_POS PORTS_BIT_POS_1
#define NU32_USER_POS PORTS_BIT_POS_7
```

```
// macros used by hid.c
#define NU32_PID 0x1769        // usb product id

#define NU32_REPORT_SIZE 28 // hid report is 28 bytes long

// name of the device. first byte is the length, next byte is the string descriptor id
// (always 3), then the following characters are two bytes each, spelling "Talking HID"
#define NU32_DEVICE_NAME "\x18\x03T\0a\0l\0k\0i\0n\0g\0 \0H\0I\0D\0"
#define NU32_HID_SUBCLASS USB_HID_SUBCLASS_CODE_NO_SUBCLASS
#define NU32_HID_PROTOCOL USB_HID_PROTOCOL_CODE_NONE

#endif
```

你可能会注意到 NU32_DEVICE_NAME 的奇怪定义。该宏定义了 USB 字符串描述符。
这个字符串描述符以一个字节长度（\x18，这意味着它为 0×18）作为开始，接着是一个
字节的字符串描述符 ID（3），然后每个后续字符是两个字节长。每隔一个字节出现一个
\0，插入 0 是为了符合双字节字符格式的要求。

还使用 NU32_HID_SUBCLASS 和 NU32_HID_PROTOCOL 来说明没有使用特定的 HID
子类或协议，因为我们使用 HID 来传输主机操作系统而不需要解析的原始数据。例如，如
果正在制作一个 USB 键盘，那么我们需要指定键盘的子类。

文件 system_definitions.h 包含必要的 Harmony 头文件。

代码示例 20.20　system_definitions.h。实现一个通用 HID 实现的系统定义

```
#ifndef SYSTEM_DEFINITIONS_H
#define SYSTEM_DEFINITIONS_H

#include <stddef.h>
#include "system/common/sys_common.h"
#include "system/common/sys_module.h"
#include "usb/usb_device.h"
#include "usb/usb_device_hid.h"
#include "peripheral/peripheral.h"

#endif
```

现在分析 HID 库的实现。hid.c 中的大部分内容都是根据 USB 标准来配置各种
USB 描述符的。在定义描述符之后，这些描述符被放入由 Harmony 定义的结构中，以便
Harmony 函数使用。我们还定义了 Harmony USB 中间件的初始化结构。中间件依靠 USB
驱动程序层来检测 USB 事件，并将这些事件分派给两个回调函数。使用这些回调函数来维
持当前 USB 事件的状态，例如跟踪当前是在发送还是在接收数据的状态。

代码示例 20.21　hid.c。NU32 HID 库的实现

```
#include "hid.h"
#include "system_config.h"
#include "system_definitions.h"
#include <sys/attribs.h>
```

```
// the USB device descriptor, part of the usb standard.
const USB_DEVICE_DESCRIPTOR device_descriptor = {
    0x12,                    // the descriptor size, in bytes
    USB_DESCRIPTOR_DEVICE,   // 0x01, indicating that this is a device descriptor
    0x0200,                  // usb version 2.0, BCD format of AABC == version AA.B.C
    0x00,                    // Class code 0, class will be in configuration descriptor
    0x00,                    // subclass 0, subclass will be in configuration descriptor
    0x00,                    // protocol unused, it is in the configuration descriptor
    USB_DEVICE_EP0_BUFFER_SIZE,// max size for packets to control endpoint (endpoint 0)
    0x04d8,                  // Microchip's vendor id, assigned by usb-if
    NU32_PID,                // product id (do not conflict with existing pid's)
    0x0000,                  // device release number
    0x01,                    // string descriptor index; string describes the manufacturer
    0x02,                    // product name string index
    0x00,                    // serial number string index, 0 to indicate not used
    0x01                     // only one possible configuration
};

// Configuration descriptor, from the USB standard.
// All configuration descriptors are stored contiguously in memory in
// this byte array.  Remember, the pic32's CPU is little endian.
const uint8_t configuration_descriptor[] = {
    // configuration descriptor header
    0x09,                    // descriptor is 9 bytes long
    USB_DESCRIPTOR_CONFIGURATION,  // 0x02, this is a configuration descriptor
    41,0, // total length of all descriptors is 41 bytes (remember, little endian)
    1,                       // configuration has only 1 interface
    1,                       // configuration value (host uses this to select config)
    0,                       // configuration string index, 0 indicates not used
    USB_ATTRIBUTE_DEFAULT | USB_ATTRIBUTE_SELF_POWERED,  // device is self-powered
    50,                                       // max power needed 100 mA (2 mA units)

    // interface descriptor
    0x09,                    // descriptor is 9 bytes long
    USB_DESCRIPTOR_INTERFACE, // 0x04, this is an interface descriptor
    0,                       // interface number 0
    0,                       // interface 0 in the alternate configuration
    2,                       // 2 endpoints (not including endpoint 0)
    USB_HID_CLASS_CODE,      // uses the hid class
    NU32_HID_SUBCLASS,       // hid boot interface subclass, in system_config.h
    NU32_HID_PROTOCOL,       // hid protoocol, defined in system_config.h
    0,                       // no string for this interface

    // the hid class descriptor
    0x09,                    // descriptor is 9 bytes long
    USB_HID_DESCRIPTOR_TYPES_HID,  // 0x21 indicating that this is a HID descriptor
    0x11, 0x01,              // use HID version 1.11, (BCD format, little endian)
    0x00,                    // no country code
    0x1,                     // Number of class descriptors, including this one
    // as part of the hid descriptor, class descriptors follow (only one for this example)
    USB_HID_DESCRIPTOR_TYPES_REPORT,// this is a report descriptor
    sizeof(HID_REPORT),0x00, // size of the report descriptor

    // in endpoint descriptors
    0x07,                    // the descriptor is 7 bytes long
    USB_DESCRIPTOR_ENDPOINT, // 0x05, endpoint descriptor type
    0x1 | USB_EP_DIRECTION_IN, // in to host direction, address 1
```

```
        USB_TRANSFER_TYPE_INTERRUPT,    // use interrupt transfers
        0x40, 0x00,                     // maximum packet size, 64 bytes
        0x01,                           // sampling interval 1 frame count

        // out endpoint descriptor
        0x07,                           // the descriptor is 7 bytes long
        USB_DESCRIPTOR_ENDPOINT,        // 0x05, endpoint descriptor type
        0x1 | USB_EP_DIRECTION_OUT,     // in to host direction, address 1
        USB_TRANSFER_TYPE_INTERRUPT,    // use interrupt transfers
        0x40, 0x00,                     // maximum packet size, 64 bytes
        0x01                            // sampling interval 1 frame count
};

// String descriptor table.  String descriptors provide human readable information
// to the hosts.
// The syntax \xRR inserts a byte with value 0xRR into the string.
// As per the USB standard, the first byte is the total length of the descriptor
// the next byte is the descriptor type, (0x03 for string descriptor). The following bytes
// are the string itself.  Since each character is two bytes, we insert a \0 after
// every character.  The descriptors are placed into a table for use with harmony.
const USB_DEVICE_STRING_DESCRIPTORS_TABLE string_descriptors[] = {
    // 1st byte:  length of string (0x04 = 4 bytes)
    // 2nd byte:  string descriptor (3)
    // 3rd and 4th byte:  language code, 0x0409 for English (remember, little endian)
    "\x04\x03\x09\x04",
    // manufacturer string: Microchip Technology Inc.
    "\x34\x03M\0i\0c\0r\0o\0c\0h\0i\0p\0 \0T\0e\0c\0h\0n\0o\0l\0o\0g\0y\0 \0I\0n\0c\0.\0",
    // name of the device, defined in system_config.h
    NU32_DEVICE_NAME
};

//  512-byte-aligned table needed by the harmony device layer
static uint8_t __attribute__((aligned(512)))
    endpoint_table[USB_DEVICE_ENDPOINT_TABLE_SIZE];

// harmony structure for storing the configuration descriptors.
// a device can have multiple configurations but only one can be active at one time
// we have only one configuration
const USB_DEVICE_CONFIGURATION_DESCRIPTORS_TABLE configuration_table[]= {
    configuration_descriptor };

// table of descriptors used by the harmony USB device layer
const USB_DEVICE_MASTER_DESCRIPTOR master_descriptor = {
    &device_descriptor,     // Full speed descriptor
    1,                      // Total number of full speed configurations available
    configuration_table,    // Pointer to array of full speed configurations descriptors
    NULL, 0, NULL,          // usb high speed info, high speed not supported on PIC32MX
    3,                      // Total number of string descriptors available
    string_descriptors,     // Pointer to array of string descriptors
    NULL, NULL, NULL        // unsupported features, should be NULL
};

// harmony HID initialization structure
const USB_DEVICE_HID_INIT hid_init = {
    sizeof(HID_REPORT), // size of the hid report descriptor
    &HID_REPORT,        // the hid report descriptor
    1,1                 // send and receive queues of 1 byte each
};
```

```
// register hid functions with the Harmony device layer
const USB_DEVICE_FUNCTION_REGISTRATION_TABLE function_table[] = {
  {
    USB_SPEED_FULL,                          // full speed mode
    1,                                       // use configuration number 1
    0,                                       // use interface 0 of configuration number 1
    1,                                       // only one interface is used
    0,                                       // use instance 0 of the usb function driver
    (void*)&hid_init,                        // the initialization for the driver
    (void*)USB_DEVICE_HID_FUNCTION_DRIVER,   // use the HID function layer
  }
};

// used to initialize the device layer
const USB_DEVICE_INIT usb_device_init = {
  {SYS_MODULE_POWER_RUN_FULL}, // power state
  USB_ID_1,                    // use usb module 1 (PLIB USB_ID to use)
  false, false,                // don't stop in idle or suspend in sleep modes
  INT_SOURCE_USB_1, 0,         // use usb 1 interrupt, not using dma so set source to 0
  endpoint_table,              // the endpoint table
  1,                           // only one function driver is registered
  (USB_DEVICE_FUNCTION_REGISTRATION_TABLE*)function_table, // function drivers for HID
  (USB_DEVICE_MASTER_DESCRIPTOR*)&master_descriptor,       // all of the descriptors
  USB_SPEED_FULL,              // use usb full speed mode
  //1,1                        // endpoint read/write queues of 1 byte each
};

volatile SYS_MODULE_OBJ usb;  // handle to the usb device middleware

// maintains the status of the usb system, based on the callback events responses
typedef struct {
  bool configured;        // true if the device is configured
  bool sent;              // true if the device report has been sent
  uint16_t idle_rate;     // how often a report should be sent, in 4 ms units
  uint32_t time;          // time in ms, based on usb clock
  unsigned int idle_count; // the idle count, in 1 ms ticks
  bool received;          // true if a report has been received
  USB_DEVICE_HANDLE device; // harmony device handle
} usb_status;

// the initial status of the device
static usb_status status = {false,false,0,0,0,false,USB_DEVICE_HANDLE_INVALID};

// prototypes for usb event handling functions
static void usb_device_handler(
    USB_DEVICE_EVENT event, void * eventData, uintptr_t context);

static void usb_hid_handler(
    USB_DEVICE_HID_INDEX hidInstance, USB_DEVICE_HID_EVENT event,
    void * eventData, uintptr_t userData);

void __ISR(_USB_1_VECTOR, IPL4SOFT) USB1_Interrupt(void)
{
  // update the USB state machine
    USB_DEVICE_Tasks_ISR(usb);
}
void hid_setup(void) {
```

```
        // set the USB ISR priority
        SYS_INT_VectorPrioritySet(INT_VECTOR_USB1, INT_PRIORITY_LEVEL4);

        // initialize the usb device middleware
        usb = USB_DEVICE_Initialize(USB_DEVICE_INDEX_0, (SYS_MODULE_INIT*)&usb_device_init);
}

bool hid_open(void) {
    // attempt to open the usb device
    status.device = USB_DEVICE_Open(USB_DEVICE_INDEX_0, DRV_IO_INTENT_READWRITE);

    // if the device is successfully opened
    if(status.device != USB_DEVICE_HANDLE_INVALID) {
        // register a callback for USB device events
        USB_DEVICE_EventHandlerSet(status.device,  usb_device_handler, 0);
        return true;
    } // otherwise opening failed, but this is not usually an error,
    // we just need to wait more iterations until the USB system is ready
    return false;
}

// update the usb state machine, should be called from the main loop
void hid_update() {
    USB_DEVICE_Tasks(usb);
}

bool hid_receive(uint8_t report[], int length) {
    USB_DEVICE_HID_TRANSFER_HANDLE handle;
    static bool requested = false; // true if we have requested a report
    if(status.configured) {        // the device is configured and plugged in
        if(!requested) {           // have not already requested a report
            requested = true;      // request the report
            status.received = false;  // not received the report yet
                                   // the next line issues the recieve request. When it
                                   // completes,  usb_hid_handler will be called with
                                   // event = USB_DEVICE_HID_EVENT_REPORT_RECEIVED
            USB_DEVICE_HID_ReportReceive(USB_DEVICE_HID_INDEX_0, &handle,report,length);
        }
        if(status.received) {      // requested report has been received
            requested  = false;    // ready for a new receive request
            return true;           // indicate that the report is ready
        }
    }
    return false;                  // requested report is not ready
}

// send a hid report, if we are not busy sending, otherwise return false
bool hid_send(uint8_t report[], int length) {
    USB_DEVICE_HID_TRANSFER_HANDLE handle;
    static bool requested = false;
    if(status.configured) {     // the device is configured and plugged in
        if(!requested) {        // have not requested a hid report to be sent
            requested = true;   // issue the hid report send request
            status.sent = false;  // request has not been sent
            status.idle_count = 0;  // sending a report so reset the idle count
                                // the next line issues the send request. When it
                                // completes, usb_hid_handler will be called with
                                // event = USB_DEVICE_HID_EVENT_REPORT_SENT
```

```
        USB_DEVICE_HID_ReportSend(USB_DEVICE_HID_INDEX_0, &handle, report, length);
    }
    if(status.sent) {          // finished a send request
      requested = false;       // ready for a new send request
      return true;             // indicate that the report has been sent
    }
  }
  return false;                // send request is not finished
}

uint32_t hid_time(void) {
  // get a time count in ms ticks from the usb subsystem
  return status.time;
}

bool hid_idle_expired(void) {
 return (status.idle_rate > 0 && status.idle_count*4 >= status.idle_rate);
}

// handles HID events, reported by the Harmony HID layer
static void usb_hid_handler(
    USB_DEVICE_HID_INDEX hidInstance,
    USB_DEVICE_HID_EVENT event, void * eventData, uintptr_t context)
{
  static uint16_t protocol = 0; // store the protocol
  static uint8_t blank_report[sizeof(HID_REPORT)] = ""; // a blank report to return
                                                        // if requested

  switch(event)
  {
    case USB_DEVICE_HID_EVENT_REPORT_SENT:
      // we have finished sending a report to the host
      status.sent = true;
      break;
    case USB_DEVICE_HID_EVENT_REPORT_RECEIVED:
      // the host has sent a report to us.  Ignore zero length reports
      status.received = true;
      break;
    case USB_DEVICE_HID_EVENT_GET_REPORT:
      // send blank report when requested. Per HID spec, we must send a report when asked
      USB_DEVICE_ControlSend(status.device,blank_report,sizeof(blank_report));
      break;
    case USB_DEVICE_HID_EVENT_SET_IDLE:
      // acknowledge the receipt of the set idle request
      USB_DEVICE_ControlStatus(status.device, USB_DEVICE_CONTROL_STATUS_OK);
      // set new idle rate, in units of 4 ms. report must be sent before period expires
      status.idle_rate = ((USB_DEVICE_HID_EVENT_DATA_SET_IDLE*)eventData)->duration;
      break;
    case USB_DEVICE_HID_EVENT_GET_IDLE:
        // send the idle rate to the host
        USB_DEVICE_ControlSend(status.device, &status.idle_rate,1);
        break;
    case USB_DEVICE_HID_EVENT_SET_PROTOCOL:
      // all usb hid devices that support the boot protocol must implement SET_PROTOCOL &
      // GET_PROTOCOL which allows the host to select between the boot protocol and the
      // report descriptor we made. our operation remains the same regardless so we just
      // store the request and return it when asked
      protocol = ((USB_DEVICE_HID_EVENT_DATA_SET_PROTOCOL*)eventData)->protocolCode;
```

```
        USB_DEVICE_ControlStatus(status.device, USB_DEVICE_CONTROL_STATUS_OK);
        break;
      case  USB_DEVICE_HID_EVENT_GET_PROTOCOL:
        // return the currently selected protocol to the host
        USB_DEVICE_ControlSend(status.device, &protocol,1);
        break;
      default:
        break; // many other events we simply don't handle
    }
  }

// handles USB device events, reported by the Harmony device layer
static void usb_device_handler(
    USB_DEVICE_EVENT event, void * eventData, uintptr_t context) {
  switch(event) {
    case USB_DEVICE_EVENT_SOF:
      // this event occurs at the USB start of frame, every 1 ms per the usb spec
      // the event is enabled by defining USB_DEVICE_EVENT_SOF_ENABLE in system_config.h
      ++status.idle_count; // keep track of how long device has not sent reports
      ++status.time;       // also keep a running time, in ms
      break;
    case USB_DEVICE_EVENT_RESET:
      // usb bus was reset
      status.configured = false;
      break;
    case USB_DEVICE_EVENT_DECONFIGURED:
      // device was deconfigured
      status.configured = false;
      break;
    case USB_DEVICE_EVENT_CONFIGURED:
      // we have been configured.  eventData holds the selected configuration,
      // but this device has only have one configuration.
      // we can now register a hid event handler
      USB_DEVICE_HID_EventHandlerSet(USB_DEVICE_HID_INDEX_0, usb_hid_handler, 0);
      status.configured = true;
      break;
    case USB_DEVICE_EVENT_POWER_DETECTED:
      // Vbus is detected meaning the device is attached to a host
      USB_DEVICE_Attach(status.device);
      break;
    case USB_DEVICE_EVENT_POWER_REMOVED:
      // the device was removed from a host
      USB_DEVICE_Detach(status.device);
      break;
    default:
      break; // there are other events that we do not handle
  }
}

// The USB device layer, when it initializes the driver layer,
// attempts to call this function, but Harmony does not implement it as of
// v1.06.  Therefore we place it here
void DRV_USB_Tasks_ISR_DMA(SYS_MODULE_OBJ o)
{
  DRV_USB_Tasks_ISR(o);
}
```

定义以下描述符。

device_descriptor：定义基本的 USB 信息，比如 VID、PID 以及 USB 版本。

configuration_descriptors：实际上是几个描述符的集合，存储在一个字节数组中。这些描述符描述了设备的配置，例如通知主机该设备是一个具有内端点和外端点的 HID 设备。

string_descriptors：一个包含字符串描述符表的 Harmony 数据类型。此表包含制造商字符串和设备名称字符串等信息（设备名称字符串根据你定义的 NU32_DEVICE_NAME 来确定）。你应该记住，字符串描述符使用与 C 字符串不同的格式：以表示长度的一个字节和一个值为 3 的字节（表示这是一个字符串描述符）作为开始，接下来每个字符为两字节长。

为了与 Harmony 一起使用，USB 描述符必须放在 Harmony 指定的变量中，这些变量是 endpoint_table、configuration_table 和 master_descriptor。我们还必须定义 Harmony HID 层（hid_init）和 USB 设备层（usb_device_init）的初始化结构。function_table 数组用于通知 Harmony 设备层应该使用 Harmony 的 HID 函数。然后定义一个变量来存储 Harmony USB 中间件的句柄。

像前面说的一样，我们必须实现两个回调函数：一个用于设备层（usb_device_handler），另一个用于 HID 层（usb_hid_handler）。随着程序的运行，将发生各种 USB 事件，这些回调函数会被适当地调用。这两个回调函数都会修改系统的状态，我们使用结构 usb_status 来跟踪系统状态。设备启动时，Harmony 注册设备回调函数，而 HID 回调函数在设备回调中进行注册，对主机配置设备时发生的事件给出响应。

为 HID 层和通用 USB 设备层实现的事件处理程序主要由一个确定回调原因的 switch 语句组成。这个回调函数只处理一小部分可能的事件，但这足以满足我们的目的。最重要的 HID 事件（在 usb_hid_handler 中处理）如下所示。

- USB_DEVICE_HID_EVENT_REPORT_SENT：HID 报告已发送给主机。
- USB_DEVICE_HID_EVENT_REPORT_RECEIVED：HID 报告已被主机接收。

通用 USB 设备层处理的重要事件如下所示。

- USB_DEVICE_EVENT_CONFIGURED：当主机已经配置设备时，发生此事件。当进行配置时，我们注册 HID 事件处理程序。
- USB_DEVICE_EVENT_POWER_DETECTED：设备已检测到主机的电源。必须调用 USB_DEVICE_Attach 来告知 Harmony 配置设备并接收后续事件。

为了帮助 USB 设备模块状态的更新，必须频繁地调用 USB_DEVICE_Tasks 并实现 USB 的 ISR，而 USB 的 ISR 会调用 USB_DEVICE_Tasks_ISR。由于需要调用 USB_DEVICE_Tasks，所以会启用 hid_update 函数。

在设备开始接收事件之前，必须调用初始化函数（hid_setup）和启动函数（hid_open）。函数 hid_receive、hid_send、hid_time 和 hid_idle_expired 都依赖

在 Harmony USB 回调中更新的 usb_status。例如，为了收发一个 HID 报告（即数据），必须配置 USB 设备，并且另一个报告不能被挂起。如果这些条件不满足，则函数将返回 false，允许主循环继续运行，以及更新 Harmony USB 状态机的状态。

20.9　小结

- Harmony 是一个面向所有 PIC32 微处理器的综合软件框架，旨在促进模块化和代码移植。其文档超过 4000 页，如果你想打印此文档，则它将超过 8 令（reams）纸！
- Harmony 分为不同的层，以实现不同的功能。本章讨论了各种 PLIB、驱动程序和系统服务模块。还有一些模块提供对实时操作系统的支持。
- Microchip 建议使用 Harmony 的程序时应保持固定的目录结构。对于大项目，这可以帮助你保持文件的有序性，但对于较小的项目，这可能太麻烦。我们提供的 Makefile 命令既可以编译使用 Microchip 建议结构的程序，也可以编译使用扁平目录结构的程序。
- Harmony 可用于实现一个与主机通信的 USB 设备。

20.10　练习题

1. 向系统定时器示例中添加一个附加的逻辑定时器。以 0.25Hz 的频率切换两个 LED，使一个 LED 闪烁得更快，一个闪烁得更慢。
2. 描述一种情形，何时使用 TMR 系统服务会比直接使用定时器驱动程序更有利。
3. 如果 talkingHID.c 想要向 / 从主机传送 / 接收超过 64 字节的字符串，则 USB 示例代码会有什么变化？修改程序 talkingHID.c 和 client.c，以便程序可以处理超过 64 字节的字符串。

延伸阅读

Axelson, J. (2015). *USB complete: The developer's guide* (5th ed.). Madison, WI: Lakeview Research LLC.
Device class definition for human interface devices (HID) (Version 1.11). (2001). USB Implementers' Forum.
HID API for Linux, Mac OS X, and Windows. (2015). http://signal11.org/oss/hidapi. (Accessed: May 20, 2015)
MPLAB Harmony help (v1.06). (2015). Microchip Technology Inc.
Universal serial bus specification (Revision 2.0). (2000). Compaq, Hewlett-Packard, Intel, Lucent, Microsoft, NEC, and Philips.

机电一体化应用

第 21 章 ｜Chapter 21

传 感 器

PIC32 可以通过传感器和执行机构与外部世界交互。"机电一体化"是结合传感器和执行机构的微处理器控制的机电系统设计。机电一体化和机器人技术没有明显的区别，但是我们通常认为机器人是更高级、更复杂和更通用的设备。与机电一体化相比，机器人通常具有更复杂的传感系统和人工智能。机器人通常由多个机电一体化子系统集成。

本章的关注点是传感器。传感器将感测的物理性质转换为微控制器可以理解的信号。一些传感器产生简单的数字或模拟电压信号，这些电压信号可能需要经过信号调节电路才能发送到 PIC32。信号调节的例子包括去抖动开关、电压放大和低通滤波。另一些传感器（如旋转编码器）可以对数字脉冲序列中的信号进行编码，再由 PIC32 本身或外部电路进行解码。还有一些传感器自身集成了微处理器或 ASIC（专用集成电路），并且可以通过前面讨论的外设（例如 UART、CAN、I^2C 或 SPI）与 PIC32 进行通信。

传感器的概念可以通过自身涉及的换能原理来阐述（例如，霍尔效应引起的磁场强度与电压成正比，或者光电效应引起的发光强度与电流成正比）。应用换能原理可以测量许多物理量，例如可以利用霍尔效应或光敏二极管构造的传感器来测量关节的旋转角度。对于机电一体化设计者，所采用的具体换能原理通常为传感器感测能力的次要部分（例如关节角度）。因此，在本章我们会粗略地描述传感器典型的感测表现：角度、角速度、加速度、力等。我们不讨论换能原理的物理细节，而是概述机电一体化中普遍且价格相对便宜的传感器以及这些传感器如何与 PIC32 进行交互。

本章中的许多传感器可以从 Digikey 或 Mouser 等供应商处购买，SparkFun、Pololu 或 Adafruit 等供应商提供的接线板上也有这些传感器。

21.1 接触传感器：按钮和开关

按钮和开关也许是最简单的传感器。按钮和开关可获取用户的信息（例如，键盘或 NU32 上的按钮 USER）或感测机器人的关节在什么时候达到极限行程（限位开关）。

PIC32 的简单按钮接口如图 21-1a 所示。该按钮有两根连接线，一根连接上拉电阻，另一根接地。当未按下按钮时，内部开关为开路，PIC32 的数字输入为高电平（3.3V）。当按下按钮时，开关闭合，将数字输入下拉到低电平（接地）。这种按钮被称为常开按钮（简称为 NO）。当然也有常闭按钮（简称为 NC），这需要按下按钮才能打开内部开关。

限位开关是开关的其常见形式。当机器人的线性或旋转关节达到其极限行程时，限位开关闭合，并向控制器发送信号以停止驱动关节。图 21-1b 中的限位开关具有 NO 和 NC 输出。

图 21-1a 中的开关接口电路中还有一个外部上拉电阻。因为 PIC32 支持电平变化通知，所以 PIC32 上的数字输入端有内部上拉电阻，无须外部电阻（参见第 7 章）。

图 21-1 所示的机械开关的常见问题是抖动——当开关闭合或断开时，其状态在短时间内在开与关之间多次转换。如果在具体应用中抖动是一个问题，那么设计者应该决定"真实"转换（而不是机械抖动）所需的最短时间，然后设计电路或软件程序以使开关去抖动。

开关通常由刀和掷的数量来表征。刀数是内部移动控制杆的数量，而掷数是每个控制杆可以接触的不同连接点的数量。因此，图 21-1a 所示的开关是单刀单掷开关（或简称 SPST），图 21-1b 所示开关是单刀双掷（SPDT）开关。其他常见配置是 DPST（图 21-1a 所示类型的两个内部开关，即 4 个外部连接）和 DPDT（图 21-1b 所示类型的两个内部开关，即 6 个外部连接）。DPST 和 DPDT 开关中的每两个刀由同一个外部按钮或控制杆来控制。

机械开关由它们的额定电流来区分。额定电流值较高的开关在刀和掷之间具有较大的接触面。

开关有多种不同的使用方式。例如，如果将一根硬导线连接到图 21-1b 所示限位开关的末端，就可以将导线变为二元晶须传感器。

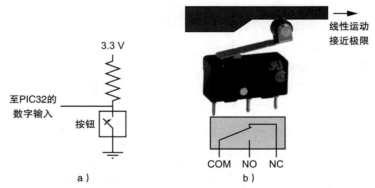

图 21-1　a）与 PIC32 接口的按钮。b）铰链辊杆限位开关，使用在线性关节中以检测
行程的终点（图片由 Digi-Key Electronics 提供，其网址为 digikey.com）

21.2　光敏传感器

21.2.1　光敏传感器的类型

光敏传感器由光电池（也称为光敏电阻）、光敏二极管和光电晶体管组成。光敏二极管

和光电晶体管不仅可直接感测光照度，同时也可用作许多其他类型传感器的构件。

光电池

光电池是根据入射光总量改变电阻的电阻器。光电池的工作原理是半导体的光电导效应，击中半导体的光子能量释放流动电子，从而降低半导体的电阻。

图 21-2 中的 Advanced Photonix PDV-P5002 就是一个光电池示例。在黑暗中，这种电池的电阻值约为 500kΩ，在强光下电阻值会下降到约 10kΩ。PDV-P5002 对波长为 400 ～ 700nm 的光（大致和人眼可见光的波长相同）反应敏感。图 21-2 给出的简单电路演示了如何将 PDV-P5002 用作环境光传感器，将数字或模拟输入发送到 PIC32。

光敏二极管

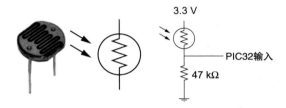

光电池易于使用，但自身的电阻变化相对较慢。例如，PDV-P5002 可能需要几十毫秒的时间来响应环境光变化以完全改变电阻。利用光敏二极管可以获得更快的响应。与光电池一样，光敏二极管的工作原理是通过光子"激发"电子，使电流流动，但是与光电池不同，由于二极管中电场的作用，电流甚至可以在没有外部施加电压的情况下流动。为了响应快速变化的光源，这个光电流可以在几纳秒内开启或关闭，开关时间取决于光敏二极管的电路设计。

图 21-2　（左）PDV-P5002 光电池（图片由 Advanced Photonix 公司提供，其网址为 www.advancedphotonix.com）。（中）光电池的电路符号。（右）简单的光电平检测电路。在强光下，光电池的电阻约为 10kΩ，输出约为 2.7V。在黑暗中，光电池的电阻约为 500kΩ，输出约为 0.3V。传感器输出可以发送到 PIC32 数字或模拟输入

当光照射到光敏二极管上时，反向光电流从阴极流向阳极（见图 21-3）。这个电流相当小，以 OPTEK OP906 为例，最大电流约为几十微安。虽然可以简单地让该电流流过一个大电阻来得到一个可测电压，但是通常使用运算放大器或仪表放大器电路来构建一个传感器，这种传感器具有低输出阻抗，从光照度到电压的增益足够大，以及快速转换时间的传感器。通常也可以在光敏二极管上施加反向偏置电压以减小二极管的电容，

图 21-3　（左）光敏二极管。二极管的阴极是较短的腿，而阳极是较长的腿。（右）光敏二极管的电路符号，以及当光照到光敏二极管上时光电流的流动方向

从而得到更快的电流转换。施加反向偏置电压的缺点是除了光电流之外还会产生反向暗电流。因此，反向偏置电压虽然减少了转换时间，但是降低了电路的灵敏度。

当没有施加反向偏置电压时，为了最大化电路的灵敏度，可将光敏二极管用于光伏模式。当光敏二极管与施加的反向偏置电压一起使用时，为了最大化转换速度，可将光敏二极管用于光电导模式。本章的放大器电路设计不包含这些情况。

　　一些光敏二极管带有滤光器以调节自身对不同波长光的灵敏度。OP906 没有滤光器，并且响应波长约在 500 ～ 1100nm 之间的光，峰值响应在 880nm（红外，不可见）。OP906 可以与 Fairchild QED123 LED 配合使用，QED123 LED 可以发射 880nm 的红外光，应用于光学斩波器和反光物体传感器等场合。

　　光敏二极管还带有透镜以引导入射光，OP906 上的透镜对偏离传感器中轴线超过 20° 的入射光几乎没有响应。其他光敏二极管具有更宽或更窄的视角，可以根据应用场合选择最合适的光敏二极管。

光电晶体管

　　光电晶体管是一种包含光敏二极管结的双极结型晶体管。光敏二极管位于 NPN 型光电晶体管的基极 – 集电极结，并且产生光电流作为基极电流 I_B。设 I_C 是集电极电流，β 是晶体管的增益，I_E 是发射极电流，当晶体管未处于饱和状态时，其满足等式 $I_C = \beta I_B$ 以及 $I_E = I_C + I_B$。。由于 β 通常等于 100，所以光电晶体管将光转换为电流的增益比光敏二极管的高。

　　例如，OSRAM SFH 310 NPN 型光电晶体管可以产生高达几毫安的发射极电流，相比之下，光敏二极管仅能产生几微安的电流。因此光电晶体管比光敏二极管更容易接入到电路中，参考图 21-4 所示的电路。与光敏二极管相比，光电晶体管的缺点是电流的上升和下降时间较长，对于 SFH 310 而言，这个时间大约为 10µs。

图 21-4　（左）SFH 310 NPN 型光电晶体管。较短的腿是集电极，较长的腿是发射极（图片由 Digi-Key Electronics 提供，其网址为 digikey.com）。（中间）NPN 型光电晶体管的电路符号。（右）带有 WP7113SRC/DU 红色 LED 的电路，照亮 SFH 310 光电晶体管。应选择电阻 R 以便在 PIC32 的输入处获得正确的电压范围，该电压范围可以是模拟或数字输入，具体取决于应用。对于足够大的电阻 R，传感器的输出电压范围从接近 0V（光电晶体管上没有光）到接近 3.15V（晶体管饱和，从集电极到发射极有 0.15V 的电压降）

　　类似于光敏二极管，光电晶体管也可以使用滤光器来改变自身的灵敏度以及使用透镜来控制自身接收哪些角度的入射光。SFH 310 最高可接收偏离中轴线约 25° 的入射光，并且对波长为 450 ～ 1100nm 的光（大部分可见光的波长约为 390 ～ 700nm）反应敏感。SFH 310 的峰值灵敏度在 880nm 处。SFH 310 可以与上述的 IR LED QED123（波长为 880nm）配对。如果首选是可见光的 LED，则可以使用波长为 640nm 的 Kingbright WP7113SRC/

DU 红色 LED（见图 21-4）。虽然此波长低于 SFH 310 的 880nm 峰值灵敏度，但仍然有约为 60% 峰值的响应。

21.2.2 基本应用

光敏二极管和光电晶体管通常与 LED 配对以制造各种不同类型的传感器。两个最简单的应用是光学斩波器和反光物体传感器。

光学斩波器

光学斩波器，或者说是开槽光开关，包含一个 LED 和一个封装的光电晶体管或光敏二极管。两者互相对准，中间留有一道小槽。如 OPTEK Technology OPB370T51 由红外 LED 和光电晶体管组成（见图 21-5）。由于 LED 一直供电，因此如果中间的小槽清晰透明，则就会有电流流过光电晶体管。如果小槽中有不透明物体阻挡了 LED 光，则流过光电晶体管的电流就会下降。完整的电路类似于图 21-4（右）所示。光学斩波器可用作限位开关或者作为光学编码器的构件（见 21.3.2 节）。

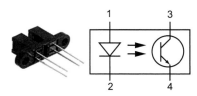

图 21-5 （左）OPB370T51 光学斩波器（图片由 Digi-key Electronics 提供，其网址为 digikey.com）。（右）封装引脚 1 ~ 4 与 LED 和光电晶体管连接

当光学斩波器中间的小槽由透明变为不透明再变为透明时，为了使 PIC32 的输入引脚获得标准的数字脉冲，而不是缓慢变化的模拟电压，可在图 21-4（右）中的光电晶体管输出端添加一个施密特触发器。

反光物体传感器

反光物体传感器类似于光学斩波器，只不过它的 LED 和光电晶体管并不直接彼此相对，而是几乎平行，具有轻微的向内聚焦（请参见图 21-6 所示的 OPTEK Technology OPB742）。OPB742 被用来检测距离 0.2 ~ 0.8cm 之间的反射面。当附近没有反射面时，流过光电晶体管的电流很少；当在一定范围内存在反射面时，会有显著的电流流过光电晶体管。与光学斩波器一样，完整的电路类似于图 21-4（右）所示。

图 21-6 OPB742 反光物体传感器使用 LED 和光电晶体管来检测附近反射面的存在（图片由 Digi-Key Electronics 提供，其网址为 digikey.com）

21.3 转动关节的角度

有许多方法可以测量关节的角度或角速度，下面我们提供几种最常见的方法。

21.3.1 电位器

电位器是一个可变电阻，通常有一个旋钮来确定电阻值（见图 21-7）。电位器有 3 个输出端子：两个分别在内部电阻的两端，两端间的电阻值固定，第三个输出端子在电刷上。当旋钮旋转时，电刷在电阻元件上滑动，同时电阻器一端与电刷之间的电阻从零平滑地增加到电位器的最大电阻值，而电刷与电阻器另一端之间的电阻从最大电阻值平滑地下降到零。因此，通过在内部电阻两端施加电压，电位器的电刷提供了一个与旋钮角度成比例的电压，这个电压可以被 PIC32 的模拟输入端读取（见图 21-7c）。

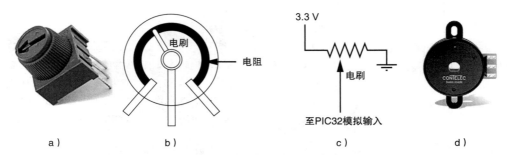

图 21-7　a）面包板型 10kΩ 的电位器。b）当旋钮旋转时电刷在电阻元件上滑动。c）电位器的电路符号及其在简单电路中的使用，该电路测量电位器旋转时 0 ～ 3.3V 之间的模拟值。d）Contelec WAL305 空心轴电位器，该电位器的内部旋转元件可以压合在电机轴上（图片由 Contelec AG 提供，其网址为 www.contelec.ch/en）

　　电位器具有许多不同类型，可通过以下方式来区分：电阻元件上的总电阻；带旋钮或其他附件的电位器（例如图 21-7d 所示的空心轴电位器）；电位器允许的匝数（从小于单匝到多匝）；电阻元件的锥度，它可以指示电阻如何随旋钮的旋转而改变（通常为线性或对数关系，其中后者常用于音频应用中）；电阻元件在不损坏的情况下耗散的功率。由于电位器的电刷和电阻元件之间会有滑动接触，因此电刷在电阻体上连续往复滑动的次数有限。更昂贵的电位器具有更长的使用寿命，并且旋钮的旋转角度与电阻值之间的换算更精确。

　　电位器相对便宜并且易于使用，但电位器是将旋钮的角度读数作为模拟电压进行传送的，因此电位器的读数会受到电噪声的影响。当应用场合不可避免有电噪声问题或者应用场合需要更精确的角度读数时，选用编码器实现数字输出是更普遍的选择。

21.3.2　编码器

　　有两种主要类型的编码器：增量式和绝对式。

增量式编码器

　　增量式编码器在编码器轴旋转一个码盘时产生两个脉冲序列 A 和 B。这些脉冲序列可以由磁场传感器（霍尔效应传感器）或光电传感器（LED 和光电晶体管或光敏二极管）产生。后者用于光学编码器，如图 21-8 所示。码盘可以是带槽的不透明材料或者是带不透明线的透明材料（玻璃或塑料）。

脉冲 A 和 B 之间的相对相位决定了编码器是顺时针还是逆时针旋转。B 的上升沿在 A 的之后意味着编码器正向旋转，而 B 的下降沿在 A 的之后意味着编码器反向旋转。B 的上升沿紧跟着 B 的下降沿（A 中没有变化）意味着编码器没有经历任何运动。异相的 A 和 B 脉冲序列被称为正交信号。

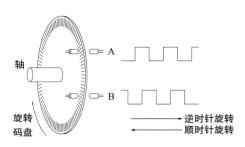

图 21-8 旋转光学编码器使用 LED 和光电晶体管在 A 和 B 上产生 90° 的异相脉冲序列。虽然在图中给出了两个 LED，但是通常使用一个 LED 和掩码来创建两个光流

除了确定旋转方向之外，还可以对脉冲计数以确定编码器旋转了多少圈。编码器信号可以以 1×、2× 或 4× 的分辨率"解码"，其中 1× 分辨率意味着针对 A 和 B 的每个完整周期（例如在 A 的上升沿）生成单个计数，2× 分辨率意味着对于每个完整周期（例如在 A 的上升沿和下降沿）产生两个计数，而 4× 意味着针对 A 和 B 的每个上升沿和下降沿产生计数（每个周期 4 个计数，如图 21-9 所示）。因此，具有"100 线"即"每次旋转产生 100 个脉冲"的编码器每旋转一次产生 400 个计数。如果编码器连接到电机轴上，并且电机轴还连接到一个减速比为 20∶1 的减速器上，则减速器输出轴每旋转一次，编码器会产生 400×20 = 8000 个计数。

一些编码器会提供名为索引通道的第三个输出通道，通常标记为 I 或 Z。关节每旋转一次，索引通道会产生一个脉冲，并且它可用于确定关节何时处于"原始"位置。一些编码器还提供差分输出 $\overline{A}$、$\overline{B}$ 和 $\overline{Z}$，它们总是分别与 A、B 和 Z 反相。这是为了减少电噪声环境中的抗噪声性而设计的。例如，如果瞬态磁场在所有编码器上感应到电压变化，则单端读取（例如仅读取通道 A）可能将电压变化错误地解释为编码器的移动。$A - \overline{A}$ 的差分读数将消除这种噪声，因为这是由 A 和 $\overline{A}$ 共同决定的。

一些微控制器（不包括 PIC32）配置了一个"四通道编码器接口"（QEI）外设，直接接收 A 和 B 的输入，并在内部计数器上保持编码器计数。在 PIC32 上，只要通道 A 和 B 不改变得太快，它们就可以与电平变化通知 ISR 一起使用，实现图 21-9 所示的状态机。更好的解决方案是，使用外部编码器解码器电路来维持计数，然后使用 SPI、I²C 或并行通信查询计数。

绝对式编码器

增量式编码器只能告诉你自编码器开启后关节移动了多远。而绝对式编码器可以告诉你任何时候关节的位置，而不管关节上电时的位置如何。为了提供绝对位置信息，绝对式编码器使用更多的 LED/ 光电

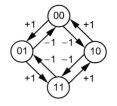

图 21-9 A/B 正交编码器通道的 4× 解码。状态机的每个节点将数字 A/B 信号显示为两位数字 AB。当信号改变时，编码器计数值根据特定转变递增或者递减

晶体管对，并且每一对提供关于关节位置的单个位的信息。例如，具有 17 个通道的绝对式编码器（如 Avago Technologies AEAT-9000-1GSH1）可以以 $360° / (2^{17}) = 0.0027°$（131 072 个唯一位置）的分辨率来区分关节的绝对方位。

当码盘旋转时，由 17 个通道表示的二进制计数值根据格雷码而不是典型的二进制码而增加，使得在每个增量处，17 个通道中仅有一个通道改变信号[−]。这样可以提高测量精度。比较以下两个三位的序列，如图 21-10 所示。

图 21-10 光学绝对式编码器的 3 位格雷码码盘。如果最内环对应于最高有效位，当我们围绕码盘逆时针行进时，则计数是 000、001、011、010、110、111、101 和 100

状态	0	1	2	3	4	5	6	7
二进制码	000	001	010	011	100	101	110	111
格雷码	000	001	011	010	110	111	101	100

绝对式编码器通常采用某种类型的串行通信来发送读数。

21.3.3 磁性编码器

如果旋转关节上附有磁体，那么关节旋转的角度就可以通过磁体产生的磁场方向来测量。图 21-16 所示的 Avago 磁性编码器传感器就是一个例子，这在 21.6 节中有所描述。

21.3.4 旋转变压器

旋转变压器由 3 个线圈组成：转子上的输入励磁线圈和定子上的"正弦"和"余弦"测量线圈。转子线圈由正弦参考激励电压 $V_r(t) = V_{r, max} \sin\omega t$ 驱动，其中精确电压 $V_{r, max}$ 和频率 ω 不是关键的，但是频率 $\omega/2\pi$ 通常为几 kHz。流过励磁线圈的电流产生磁场，该磁场产生感应电流，因此导致定子测量线圈的两端存在电压。由于正弦和余弦线圈彼此相对偏移 90°，因此在测量线圈上感应的电压由下式给出

$$V_{\sin}(t) = V \sin\omega t \sin\theta$$
$$V_{\cos}(t) = V \sin\omega t \cos\theta$$

其中 θ 是转子线圈的角度（参见图 21-11）。

旋转变压器的转子角度由分轴角位置模数转换器（RDC）芯片解码，例如 ADI 公司的 AD2S90。两个拾波线圈电压被发送到 RDC 上，RDC 解码角度并提供 3 种输出：（1）模拟 12 位绝对式编码器的串行输出；（2）模拟 1024 线增量式编码器（每转输出 1024 个 A 和 B 脉冲，对于每转 4096 个计数，允许进行 4× 解码）的 A 和 B 输出；（3）与角速度成正比的模拟电压。

[−] AEAT-9000-1GSH1 实际上使用了一个 12 位的格雷码码盘。其他 5 位是由高级方法获得的，这不会在本章中讨论。

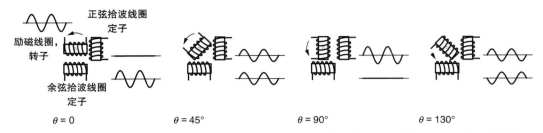

图 21-11　旋转变压器由转子上的励磁线圈和定子上的正弦和余弦拾波线圈组成。励磁线圈由
作为时间函数的正弦电压所驱动。励磁线圈在拾波线圈上感应正弦电压。拾取电压
正弦波的幅值和相位（0 或 180°）是转子角度的函数

21.3.5　转速计

转速计可以产生与关节旋转速度成正比的信号。有许多不同类型的转速计，一些转速计是基于由旋转轴产生的脉冲频率或时间测量的。利用数字差分的方法，任何角度测量装置都可以模拟转速计，在时间 t 和 $t + \delta t$ 分别测量角度，然后计算以下公式。

$$\dot{\theta}(t + \delta t) \approx (\theta(t + \delta t) - \theta(t))/\delta t$$

21.4　移动关节的位置

线性关节或移动关节是第二种常见的关节类型（第一种常见的是旋转关节）。通常，移动关节的驱动电机可以将旋转运动转换成线性运动，例如滚珠螺杠、齿条或小齿轮（见第 26 章）。在这种情况下，线性运动可以通过电机上的旋转传感器（例如，电位器或编码器）间接测量。

在其他情况下，可能需要或希望直接测量线性位移。对于这种情况，电位器和编码器可以直接线性模拟测量。线性电位器有时称为滑动电位器，常见于模拟音频设备中。线性增量式编码器和绝对式编码器简单地将码盘变成一条直线。

正如旋转变压器采用交流励磁信号和电磁感应来确定旋转关节的角度一样，线性可变差动变压器（LVDT）也可以采用电磁感应来确定移动关节的位置（见图 21-12）。LVDT 由一个固定的励磁线圈、两个固定的拾波线圈和一个铁磁心构成。铁磁心是随着线性关节一起移动的，并且将励磁线圈耦合到拾波线圈上。两个拾波线圈两端的电压是差分电压（LVDT 中的"D"表示差分），该差分电压信号可用于确定磁心的位置。当磁心居中时，两个拾波线圈之间的电压差为 0。当磁心向远离中心位置移动时，电压差的幅值增加。同时，当磁心沿着某一方向移动时，差分正弦信号相对于激励正弦信号的相位为 0°，当磁心沿着相反方向移动时，相位为 180°。

图 21-12 为我们展示了 Omega LD320 LVDT。LVDT 一般通过 LVDT 信号调节芯片（例如 ADI 公司的 AD698）连接到微控制器，AD698 产生激励电压并将差分拾波电压转换成模拟电压输出（与 LVDT 铁磁心的位置成正比）。

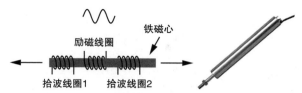

图 21-12 （左）LVDT 由可动铁心、固定励磁线圈和两个固定的拾波线圈组成。（右）Omega LD320 LVDT（图片由 Omega Engineering Inc. 提供，其网址为 www.omega.com）

21.5　加速度和角速度：陀螺仪、加速度计和惯性测量装置

陀螺仪和加速度计通过感测惯性力来测量物体围绕一个、两个或三个轴运动时的角速度（陀螺仪），或物体沿着一个、两个或三个轴运动时的线性加速度（加速度计）。当三轴陀螺仪和三轴加速度计一起使用时，就相当于一个惯性测量装置（IMU），它完全基于惯性力来跟踪刚性物体的运动。以上这些感测能力基本上受到以下的限制：相对于"固定"坐标系的线速度是不能通过感测惯性力来直接测量的——任何以恒定速度平移的参考坐标系都是惯性坐标系，不能和其他惯性坐标系区分开来。

虽然陀螺仪和加速度计已经存在多年，但是这些设备以前的价格比较昂贵，随着微机电系统（MEMS）的出现，如今的低成本消费应用也可以使用这些设备。本节重点介绍 MEMS 陀螺仪和加速度计。

21.5.1　MEMS 加速度计

MEMS 加速度计通过测量悬挂在弹簧上的微小质量块的偏转来测量加速度（包括重力加速度 g）。例如，图 21-13 所示的单轴加速度计可以测量单个方向上的加速度。假设 a 为加速度，k 为弹簧刚度，x 为质量块的位移。当加速度为 0 时，$x = 0$ 表示质量块处于图中的静止位置。通过方程 $kx + ma = 0$，可以计算出加速度计的加速度。一般通过质量块上的固定板和加速度计主体上的固定板之间的电容变化来感测质量块的偏转。

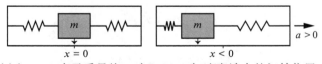

图 21-13　（左）$x = 0$ 表示质量块 m 在 MEMS 加速度计中的初始位置。（右）加速度 $a > 0$ 导致质量块的位移 $x = -ma / k < 0$，k 是弹簧的刚度

加速度计有单轴、双轴和三轴（x，y，z）三种类型；有不同的检测范围和不同的输出类型，其中包括 I²C、SPI 和模拟输出。ADI 公司的 ADXL362 是一款三轴加速度计，能够测量 ±2g，±4g 或 ±8g（用户选择）范围内的 x-y-z 加速度，并提供模拟输出和 12 位分辨率的 SPI 输出。

第 12 章（SPI）和第 13 章（I2C）中讨论的 STMicroelectronics LSM303D 加速度计包含

一个三轴加速度计和一个三轴磁强计。磁强计可以感测地球的磁场，与加速度计一同使用时可以测量重力方向，可作为一个具有倾斜补偿能力的罗盘。

21.5.2　MEMS 陀螺仪

与加速度计类似，MEMS 陀螺仪中的质量块由弹簧和电容性偏转传感器支撑。与加速度计不同的是，陀螺仪中的质量块必须要不断振动。因此，当陀螺仪旋转时，质量块受到"科里奥利力"的作用，它相对于陀螺仪固定坐标系标称振动（关于科里奥利力的解释，参见图 21-14）。这些科里奥利力与旋转速率成比例。对质量块和电容传感器进行物理配置，使得当陀螺仪由线性加速度引起偏转时，差分电容变化为零，这样可以确保陀螺仪仅测量由角速度引起的偏转（见图 21-15）。

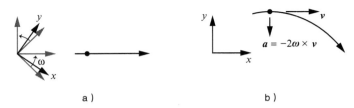

a)　　　　　　　　　　　　b)

图 21-14　科里奥利效应由以 z 轴（z 轴方向指向纸外）为中心的正角速度旋转的 xyz 坐标系进行演示。恒定角速度以矢量形式写为 $\omega = (0, 0, \omega_z)$。a）在固定到页面的固定坐标系中观察时，质量块 m（用黑点表示）以恒定速度向右移动，同时灰色坐标系旋转。坐标系的角度和质量块在特定时刻以黑色来显示。b）由非惯性旋转坐标系中的观察者进行观察，质量块的速度看起来不恒定。相反，质量块遵循螺旋轨迹。在与 a 图中相同的时刻，质量块以黑色显示。在旋转坐标系中，质量块的加速度为 $a = -2\omega \times v$，其中 v 是在旋转坐标系中观察的质量块的速度矢量，并且非惯性坐标系中的 ω 与在惯性坐标系中的相同。"科里奥利力"仅为 $ma = -2m\omega \times v$。这不是一个真正作用于质量块的力；质量块的视在加速度是从旋转坐标系中观察其运动结果的

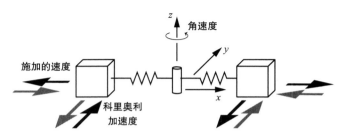

图 21-15　单轴 MEMS 陀螺仪的示意图。两个质量块在 x 方向上以相反的方向振荡。当其中一个向 $\dot{x} > 0$ 方向移动时，另一个向 $\dot{x} < 0$ 方向移动。如果陀螺以围绕 z 轴的正角速度旋转，则物体在 $\pm y$ 中经历大小相等、方向相反的"科里奥利力"。如果两个质量块现在向外移动（黑色箭头），则质量块会有对应黑色加速度箭头所指示的加速度；如果两个质量块现在向内移动（灰色箭头），则质量块在对应的灰色加速度箭头的方向上会有加速度

STMicroelectronics L3GD20H 是一个三轴陀螺仪，每个轴上的量程高达 ±2000°/s（用户可选择量程范围）。数据通过 I²C 或 SPI 传输。

21.5.3 MEMS 惯性测量装置

IMU 由陀螺仪、加速度计、磁强计和气压传感器组合而成。气压计用于获取大致的高度读数，而磁强计用于感测地球磁场的方向。

IMU 的主要目的是在不使用任何外部参考的情况下，实时跟踪刚性物体的 3D 位置和方向。例如，如果刚体处于静止状态，则加速度计可以利用重力场来确定刚体的方向。IMU 是没有任何办法确定刚体的初始 x-y-z 位置的[⊖]，因此只能估计刚体的相对运动。当刚体开始移动时，必须经历线性加速度、角速度或者线性加速度和角速度。微控制器中的软件可以对角速度进行数值积分来估计刚体的方向，对线性加速度进行积分来获得线性速度，并且可获得刚体从初始位置开始的位移。通常使用扩展卡尔曼滤波器来实现复杂的软件积分电路。

由于传感器的误差和数字积分引起的误差，线速度和位置的估计误差会随时间的增长越来越大。可以偶尔引用外部参考（例如 GPS）来减小这种误差。当 GPS 短暂不可用时，IMU 允许依赖 GPS 的系统继续运行。

IMU 可以由具有分离加速度计和陀螺仪集成电路的 PCB 组成，也可以由结合单个加速度计和陀螺仪的集成电路组成，或者由完整的集成解决方案（包括机载估计软件）组成。STMicroelectronics ASM330LXH 是一个 IMU，具有三轴加速度计，用户可选择的量程范围在 ±2g 和 ±16g 之间，还具有三轴陀螺仪，用户可选择的量程范围在 ±125 ～ ±2000°/s 之间。IMU 支持 I²C 或 SPI 通信。

21.6 磁场感应：霍尔效应传感器

霍尔效应是洛伦兹力定律的表现，如果磁通量不与运动方向平行，则磁场中的移动电荷载体就会受到力的作用。（第 25 章更详细地讨论了洛伦兹力定律，这是将电能转换为直流电机中机械能的基础理论。）流过平坦、固定半导体板的电流被该力偏转，直到在板的边缘处存在积聚电荷，它们可以平衡洛伦兹力。积聚电荷可被测量为半导体两端的电压，水平方向垂直于电流流动方向。该霍尔电压的大小是磁场强度及其相对方向上电流的函数。

霍尔效应用于多种传感器，包括 3D 磁场感测磁强计（可以用作数字罗盘或测量已知人造磁场中的方向）、电流传感器、旋转编码器、无刷直流电机的角位置传感器（见第 29 章），以及检测与磁铁或铁磁材料接近度的传感器。例如，为了感测是否有一块金属在附近，可以设计一个由霍尔传感器构成的传感器，该霍尔传感器附近有一块固定的磁体。如果传感器接近金属，则磁体的磁场就会发生变化，从而改变霍尔传感器读取的电压。

Toshiba TCS20DPR 是一种数字霍尔效应开关 IC，具有 3 个引脚：电源（例如 3.3V）、GND

⊖ z 位置可以用气压计近似地获得。

和数字输出引脚。当磁通密度超过极限 B_{on} 时，数字输出引脚的读数为低电平；当磁通密度降至 B_{off} 以下时，数字输出引脚的读数为高电平（$B_{on} > B_{off}$）。如果磁通密度在 B_{off} 和 B_{on} 之间，则传感器读数不会改变，仍为前一次读数。这种滞后可以确保输出仅在磁场发生显著变化时改变。

B_{off} 和 B_{on} 的值为几毫特斯拉（mT）。作为参考，地球表面的磁场强度略小于 0.1mT，而距离为 1cm 的典型小磁体可能具有大约 100mT 的磁场强度。因此，TCS20DPR 可用于测试移动关节上是否存在磁体。

霍尔效应的另一个应用是 Avago 科技的 AEAT-6600 角度磁编码器 IC（见图 21-16）。径向磁化的两极圆盘磁体安装在 IC 正上方的旋转轴上。AEAT-6600 能够以 16 位分辨率或 65 536 个不同的角度感测磁铁的方向。方向可以通过以下几种方式传送：作为增量式编码器 A/B/I 的信号；作为无刷直流电机的 3 个霍尔传感器的信号（见第 29 章）；作为 PWM 信号的占空比中的编码值；使用异步串行通信作为一个 16 位的位置信息。

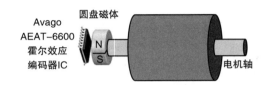

图 21-16　许多电机具有在其两侧延伸的轴：一侧连接传感器，另一侧连接到减速器或负载。这里，安装在轴端的圆盘磁体的方向由 Avago AEAT-6600 磁性编码器 IC 感测（AEAT-6600 的图像由 Avago 科技提供）

21.7　距离

廉价的超声波和红外测距传感器可以感测传感器表面附近从几厘米到几米的距离。HC-SR04 超声波传感器和 Sharp GP2Y0A60SZ 就是这类传感器（见图 21-17）。

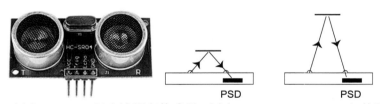

图 21-17　（左）HC-SR04 超声波距离传感器。（右）Sharp GP2Y0A60SZ 红外距离传感器，使用位置敏感检测器检测距离，以便对到反射表面的距离进行三角测量

HC-SR04 有 4 个引脚：Vcc（由 5V 供电）、GND、触发输入端和回波输出端。当 HC-SR04 在触发输入端上接收到 10μs 的高脉冲时，其超声波发射器发出短暂的 40kHz 的超声波脉冲。接收机根据听到回波所需时间再加上声速（室温下，在干燥空气中，海平面处的声速大约为 340m/s），就可以确定传感器与附近表面的距离。在回波输出上产生与该距离成正比的数字高脉冲，其中 1cm 的距离大约等于 1μs 除以 58 个脉冲的持续时间[⊖]。当反射表面与 HC-SR04 的表面大致平行并且直接在其正面时，传感器的性能最好，并且可以产生良好的反射。HC-SR04 也可以检测不平行于 HC-SR04 并且偏离发射器 / 接收器中心轴最多 20° 的

　⊖　若有超过 30ms 的脉冲，则表示没有检测到发射。

表面。在理想条件下，HC-SR04 的距离读数约可精确到 1cm。

Sharp GP2Y0A60SZ 由一个红外光束发射器和一个位置敏感检测器（PSD）组成。发射的红外光束被感测表面反射并由 PSD 检测到。PSD 利用光伏效应来测量反射光点的线性位置（参见图 21-17）。PSD 输出作为模拟电压返回，以 60Hz 的频率更新一次，并通过三角测量法计算距离。GP2Y0A60SZ 的敏感范围为 10 ～ 150cm。

21.8　压力

压力传感器用于感测通过物体传递的力。例如，一个机械臂可以在臂和夹具之间配置一个力 – 转矩传感器来感测所抓握物体的质量。这种传感器实际上感测 3 个轴（x、y 和 z）上的力以及围绕 3 个轴的转矩。数字秤也采用压力传感器。

通常使用应变计测量压力。应变计是一个自身阻值会随着拉伸或压缩而改变的电阻器。例如，将应变计想象成一根有电阻的微柔性杆，电流从杆的一端流到另一端。当杆被压缩时，它会变得更短和更粗，同时阻值降低。当杆被拉伸时，它会变得更长和更薄，同时阻值增加（见图 21-18）。

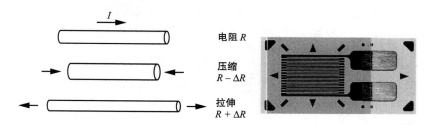

图 21-18 （左）应变计原理，在这里它被建模为可压缩 / 延伸的杆：压缩降低电阻和延伸增加电阻。（右）Vishay 金属箔应变计的特写。长且薄的电阻器被图案化，以突出由小应变引起的电阻变化。右侧的大焊盘是电阻的两端（图片由 Micro-Measurements 所提供，这是 Vishay Precision Group 的品牌）

典型的应变计为图 21-18 所示的 Vishay 应变计，由安装在柔性绝缘背衬上的金属箔电阻组成。当它胶合到基底（通常是金属）时，通过电阻的变化测量下面基底的应变（压缩或拉伸）。然后利用基底的刚度属性来估计基底承受的力。由于柔性通常是压力传感器不期望的性质，所以基底通常相当僵硬，因此应变趋于相当小。为了感测这么小的电阻变化，惠斯登电桥（见图 21-19）通常与仪表放大器结合使用。由于感测电压 V_s 的差分性质，读数相对不受电源电压的变

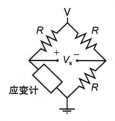

图 21-19　惠斯登电桥用于感测应变计的电阻变化，应变计的标称电阻为 R。小的感测电压 V_s 通常由仪表放大器放大

化和由温度引起的电阻变化的影响。

使用应变计是一种艺术。例如，不同方向的力将影响单个应变计的读数。因此，基底的形状，以及基底不同方向上的刚度是非常重要的。使用多个应变计也很常见，例如彼此成直角的两个应变计可以更好地识别力的方向。最后，一组应变计的输出必须通过对压力传感器施加已知负载并且拟合传感器读数和所施加的力之间的映射来仔细校准。

与其集成自己的应变计，你应该更倾向于购买包含基底、应变计和惠斯登电桥的集成测力传感器。测力传感器有单轴和多轴版本，最多可达六轴（3 个正交轴的力和转矩）。专业的测力传感器可能需要花费数千美元，但可以从消费类数字测力传感器制造商处购买价格低廉的单轴和双轴测力传感器（见图 21-20）。这些测力传感器通常会集成惠斯登电桥，但需要自己提供仪表放大器。供应商网址为 seeedstudio.com 和 elane.net。

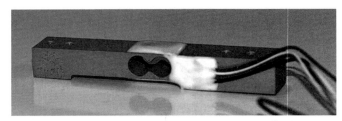

图 21-20　单轴测力传感器。金属基底塑形是为了得到期望的力敏感度

一种更灵敏的力敏电阻是 Spectra symbol 生产的柔性传感器，它用导电墨水印刷电阻的柔性条。当柔性条向另一个方向弯曲 180° 时，阻值增大到原来的两倍。

21.9　温度

热敏电阻的阻值会随温度的变化而发生显著变化，热敏电阻分为两种类型：NTC（负温度系数）和 PTC（正温度系数）。图 21-21 所示 TDK B57164K103J 是一个 NTC 热敏电阻，在 25℃时其标称电阻为 10kΩ，在 0℃时上升到 35.6kΩ，在 100℃时下降到 549Ω。

虽然 B57164K103J 所显示的阻值相对于摄氏温度的变化表现出非线性，但是 Analog Devices TMP37 可产生与摄氏温度成比例的模拟电压。图 21-21 所示的 TMP37 的 3 个引脚分别是电源（例如 3.3V）、GND 和输出电压引脚。TMP37 的量程范围为 5 ～ 100℃，变化率为 20mV/℃，测量精度通常为 ±1℃。

每个 B57164K103J 和 TMP37 的成本大约是 1 美元。要想测量 –200℃ 和 1000℃ 及以上的温度，可以使用更昂贵的热电偶和热电偶放大器。

图 21-21　（左）TDK B57164K103J 热敏电阻。（右）Analog Devices TMP37 温度传感器（图片由 Digi-Key Electronics 提供）

21.10　电流

有两种常用方法可以测量流过导线的电流，它们是：（1）使用霍尔效应传感器；（2）将低电阻的电阻器与导线串联并测量电阻器两端的电压。我们先考虑后一种情况。

21.10.1　电流感测电阻和放大器

为了测量电流，可以将电流感测电阻器与导线串联。流过该电阻的电流在其两端产生电压降，然后测量电压值。为使对电流的影响最小，感测电阻应该足够小。为了获得良好的精度，电阻器的电阻应具有严格的公差，电阻器的额定功率应足够高，以使其能够承受流过的最大电流。例如，一个 15mΩ 的电阻在可承载 5A 的导线上使用的额定功率应至少为 $(5A)^2 \times 0.015\Omega = 0.375W$，以确保电阻不会被烧坏。

电流感测电阻器两端的电压应该比较小，例如，5μA 电流通过 15μΩ 的电阻产生的电压为 $5A \times 0.015\Omega = 0.075V$。专用的电流检测放大器芯片可以将这个小信号转换为可被微控制器使用的信号。Maxim Integrated MAX9918 电流检测放大器（见图 21-22）就是这种芯片。电流感测电阻器两端的电压由引脚 RS + 和 RS− 寄存，模拟输出电压 OUT 由下式给出。

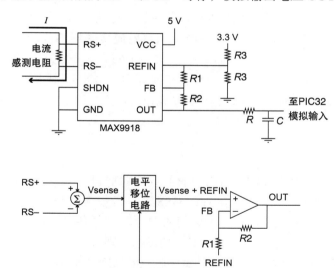

图 21-22　（顶部）连接 MAX9918 电流检测放大器。（底部）有效内部电路，显示电阻 R1 和 R2 如何用于设置非反相放大器的增益

$$OUT = G \times (RS + - RS-) + REFIN$$

其中增益 G 由外部反馈电阻 R1 和 R2 设置为 $G = 1 + (R2/R1)$。为了实现这个等式，芯片使用了一个非反相仪表放大器和一个电平移动电路（见图 21-22）。

电路中显示 REFIN 为 1.65V，这使得在 OUT 处为 1.65V 时，通过电阻的电流为 0。此偏移电压允许小于 1.65V 的 OUT 电压表示负电流。负责输入参考电压 REFIN 的分压器电

阻 $R3$ 应当相对较小，可能只有几百欧姆，以防止反馈电阻器网络中的小电流影响 REFIN[⊖]。$R3$ 过小将造成不必要的功率损耗。

　　应选择适当的增益 G 以使最大预期电流可以在输出端提供最大电压。例如，如果最大预期电流为 2A，则 $15m\Omega$ 电阻两端的电压为 $\pm 0.03V$。要想使用 PIC32 ADC 的全分辨率，则 $\pm 0.03V$ 应该映射到 $\pm 1.65V$，这意味着 $G = 1.65\,V/0.03V = 55$。然后，在 OUT 处的 2A 电流读作 3.3V 以及 –2A 电流读作 0V。反馈电阻 $R1$ 和 $R2$ 应具有相对较高的电阻，这样就不需要加载 REFIN 分压器。参见第 27 章练习 13 的例子。

　　电流传感器的一个常见应用是感测流过电机的电流。由于电机通常由快速开关脉冲宽度调制电压来驱动（见第 27 章），流过电机的电流也可能快速变化。我们不关注 PWM 频率（通常为几十 kHz）的快速变化，更关注 PWM 周期中的时间平均电流。估算时间平均电流的一种方法是对传感器输出进行 RC 低通滤波[⊖]。最好选择一个合适的 RC 时间常数，以使滤波器截止频率 $f_c = 1/（2\pi RC)$。典型的 PWM 频率（大概是几百 Hz）约是其 100 倍。因此，滤波器可以衰减由 PWM 引起的大部分变化，同时不会使电流感测过于缓慢。

21.10.2　霍尔效应电流传感器

　　Allegro ACS711 是基于霍尔效应的电流传感器。电流从 IC 的 IP + 引脚流入，并在 IP- 引脚流出。内部传导路径产生一个可由内部霍尔效应传感器感测的磁场。在 0A 电流下，ACS711 输出为电源电压的一半（例如，3.3V/2 = 1.65V）。根据具体的 ACS711 型号，输出电压与流入 ACS711 的正（负）电流成比例地增加（减小），比例系数为 45、55、90 或 110mV/A。与 MAX9918 的输出一样，该模拟输出可以发送到 PIC32 的模拟输入端。

21.11　GPS

　　你可以使用低于 100 美元的价格购买一个 GPS 接收机，它可以接收地球轨道上的卫星信息，地球轨道距离地面大约 20 200km。GPS 卫星携带与地基时钟定期同步的精确原子钟。GPS 卫星连续地广播它们的时间和它们的 3D 位置，如同与地球站通信所确定的那样。如果 GPS 接收机能够接收来自至少 4 个卫星的传输，则可以使用卫星的传输时间和它们的相对到达时间之间的时间差以及光速来计算接收机的纬度、经度和高度。

　　在市场上有许多 GPS 接收机，它们通常支持 UART 或 USB 通信。

21.12　练习题

　　对于本章中描述的任何传感器或其他传感器，请获取它们的数据表，并了解关键的传感器规格，

　　⊖　理想情况下，REFIN 的参考电压将来自较低阻抗的电源，如缓冲器输出，但在这里我们试图使组件数量减少。

　　⊖　更好的方案是使用运算放大器的高阻抗输入有源滤波器。

设计和构建电路以将其连接到 PIC32。创建一个由头文件和 C 文件组成的库，使用户能够访问主传感器函数，编写使用该库的演示程序，并在不同条件下校准或测试传感器，并报告结果以显示传感器是否按预期工作。

延伸阅读

ACS711 hall effect linear current sensor with overcurrent fault output for <100 V isolation appliations data sheet revision 3. (2015). Allegro Microsystems, LLC.

AD2S90 low cost, complete 12-bit resolver-to-digital converter data sheet revision D. (1999). Analog Devices.

ADXL362 micropower, 3-axis, ±2g/±4g/±8g digital output MEMS accelerometer data sheet. (2012). Analog Devices.

AEAT-6600-T16 10 to 16-bit programmable angular magnetic encoder IC data sheet. (2013). Avago Technologies.

AEAT-9000-1GSH1 ultra-precision 17-bit absolute single turn encoder data sheet. (2014). Avago Technologies.

ASM330LXH automotive inertial module: 3D accelerometer and 3D gyroscope data sheet. (2015). STMicroelectronics.

Flex sensor FS data sheet. (2014). Spectra Symbol.

GP2Y0A60SZ0F/GP2Y0A60SZLF distance measuring sensor unit data sheet. Sharp.

Global positioning system standard positioning service performance standard (4th ed.). (2008). Department of Defense, United States of America.

Hambley, A. R. (2000). *Electronics* (2nd ed.). Upper Saddle River, NJ: Prentice Hall.

Horowitz, P., & Hill, W. (2015). *The art of electronics* (3rd ed.). New York, NY: Cambridge University Press.

Kingbright WP7113SRC/DU data sheet. (2015). Kingbright.

L3GD20H MEMS motion sensor: Three-axis digital output gyroscope data sheet. (2013). STMicroelectronics.

LSM303D ultra compact high performance e-compass 3D accelerometer and 3D magnetometer module. (2012). STMicroelectronics.

MAX9918/MAX9919/MAX9920 −20V to +75v input range, precision uni-/bidirectional, current-sense amplifiers. (2015). Maxim Integrated.

NTC thermistors for temperature measurement series B57164K data sheet. (2013). TDK.

Orozco, L. (2014). *Technical article MS-2624: Optimizing precision photodiode sensor circuit design.* Analog Devices.

PDV-P5002 CdS photoconductive photocells data sheet. (2006). Advanced Photonix, Inc.

PIN silicon photodiode type OP906 product bulletin. (1996). OPTEK Technology, Inc.

QED121, QED122, QED123 plastic infrared light emitting diode data sheet. (2008). Fairchild Semiconductor Corporation.

Reflective object sensor, OPB 740 series data sheet. (2011). OPTEK Technology, Inc.

Silicon NPN phototransistor SFH 310, SFH 310 FA data sheet. (2014). OSRAM Opto Semiconductors.

Slotted optical switch, series OPB370 data sheet. (2012). OPTEK Technology, Inc.

TCS20DPR digital output magnetic sensor data sheet. (2014). Toshiba.

Technical article SBOA061: Designing photodiode amplifier circuits with OPA128. (1994). Texas Instruments.

Technical article TA0343: Everything about STMicroelectronics' 3-axis digital MEMS gyroscopes. (2011). STMicroelectronics.

TMP35/TMP36/TMP37 low voltage temperature sensors data sheet revision F. (2010). Analog Devices.

数字信号处理

我们已使用 RC 滤波器将高频 PWM 信号进行低通滤波，以生成模拟输出信号。滤波器具有许多其他用途，例如抑制高频或 60Hz 的电噪声、从变化敏感的传感器中提取高频分量，以及对信号进行积分或微分。如果信号是模拟电压，那么这些滤波器可以用电阻、电容和运算放大器来实现。

滤波器也可以在软件中实现。在这种情况下，首先要将信号转换为数字形式，其中一种方式是使用模 – 数转换器以固定的时间增量对模拟信号进行采样。一旦使用了这种形式，数字滤波器可以用于信号差分或积分，或者抑制、增强或提取信号中的不同频率分量。与模拟电子产品相比，数字滤波器具有以下优势：

- 无须电阻、电容和运算放大器等额外的外部元器件。
- 滤波器的设计具有极大的灵活性。可以在软件中非常容易实现具有优异性能的滤波器。
- 具有对非模拟电压引起的信号进行操作的能力。

数字滤波是数字信号处理（DSP）的一个示例。我们通过讲解一些采样信号表示的背景知识来开始本章的内容。然后介绍快速傅里叶变换（FFT），它可将数字信号分解为频率分量。FFT 是视频、音频和许多其他信号处理和控制应用中最重要和最常用的算法之一。然后，我们讨论称为有限脉冲响应（FIR）滤波器的数字滤波器，能用它们过去输入采样点的加权和来计算输出值。接下来简要描述无限脉冲响应（IIR）滤波器，能用它们过去输入和输出的加权和来计算输出值。还会讨论基于 FFT 的滤波器。最后，我们总结了 PIC32 上 DSP 的示例代码。

本章简要介绍如何使用 FFT、FIR 滤波器和 IIR 滤波器以及一些相关的实用提示。我们会跳过大部分数学基础知识，因为这些基础知识都在有关信号处理的书籍和课程中讨论过。

22.1 采样信号和混叠

令 $x(t)$ 作为周期为 $T(x(t) = x(t + T))$ 的随时间函数（连续）变化的周期信号，因此其频

率为 $f = 1/T$。周期信号 $x(T)$ 可以写为 DC（直流）分量和频率为 f、$2f$、$3f$ 等正弦曲线的无限序列之和：

$$x(t) = A_0 + \sum_{m=1}^{\infty} A_m \sin(2\pi m f t + \phi_m) \tag{22-1}$$

因此，周期为 T 的信号 $x(t)$ 可以由幅值为 A_0、A_1、$\cdots$，相位为 ϕ_1、ϕ_2、$\cdots$ 的正弦波分量唯一地表示。这些幅值和相位形成了 $x(t)$ 的频域表示。

以频率为 f 以及占空比为 50% 的在 +1 和 −1 之间摆动的方波信号为例。产生该信号的傅里叶级数由 $A_m = 0$（对于偶数 m）和 $A_m = 4/(m\pi)$（对于奇数 m）给出，所有相位 $\phi_m = 0$。图 22-1 展示了方波的前 4 个分量。

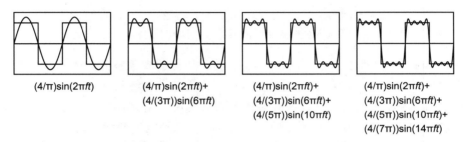

$(4/\pi)\sin(2\pi f t)$　　$(4/\pi)\sin(2\pi f t)+$　　$(4/\pi)\sin(2\pi f t)+$　　$(4/\pi)\sin(2\pi f t)+$
$(4/(3\pi))\sin(6\pi f t)$　　$(4/(3\pi))\sin(6\pi f t)+$　　$(4/(3\pi))\sin(6\pi f t)+$
$(4/(5\pi))\sin(10\pi f t)$　　$(4/(5\pi))\sin(10\pi f t)+$
$(4/(7\pi))\sin(14\pi f t)$

图 22-1　方波的傅里叶级数的前 4 个非零频率分量之和的图示。随着和项中高频分量的
　　　　 增加，该和逐渐收敛为方波

使用 DSP 分析模拟信号的第一步是，以时间间隔 T_s（采样频率 $f_s = 1/T_s$）对连续时间信号 $x(t)$ 进行采样，得到 N 个采样点 $x(n) \equiv x(nT_s) = x(t)$，其中 $n = 0, 1, 2, \cdots, N-1$，如图 22-2 所示。同时采样过程也对信号进行量化，例如 PIC32 的 10 位 ADC 模块将连续电压转换为 1024 个等级中的一个。虽然在 DSP 中量化是一个重要的考虑因素，但在本章中，我们忽略量化效应，并假设 $x(n)$ 可以取任意实值。

图 22-2　采样模块将连续时间信号 $x(t)$ 转换为离散时间信号 $x(n)$

假设原始模拟输入信号是正弦波

$$x(t) = A \sin(2\pi f t + \phi)$$

其中 f 是频率，$T = 1/f$ 是周期，A 是幅值，ϕ 是相位。给定以采样频率 f_s 采样得到的采样点 $x(n)$，并且知道输入是正弦曲线，如果 f 小于 $f_s/2$，则可以使用采样点来唯一地确定基本信号的 A、f 和 ϕ。然而，如图 22-3 所示，随着增加信号频率 f 并使其超过 $f_s/2$ 时，就会发生一些有趣的事情。具有频率 $f_1 = f_s/2 + \Delta$，$\Delta > 0$ 和相位 ϕ_1 的信号采样点，与具有不同相位 ϕ_2 的较低频率 $f_2 = f_s/2 - \Delta$ 的信号采样点难以区分。例如，对于 $\Delta = f_s/2$，频率为 $f_1 = $

$f_{s/2} + \Delta = f_s$ 的输入信号看起来与直流（DC）输入信号（$f_2 = f_{s/2} - \Delta = 0$）是一样的，因为这两个信号循环采样每次返回相同的值。

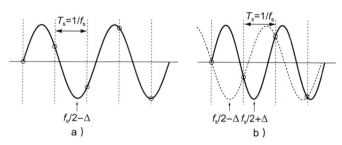

图 22-3　a）可以从显示为圆的采样点 $x(n)$ 中重建频率 $f = f_s/2 - \Delta$，$\Delta > 0$ 的基本正弦曲线 $x(t)$。b）然而，频率为 $f = f_s/2 + \Delta$ 的输入正弦波看起来是具有不同相位且频率为 $f = f_s/2 - \Delta$ 的信号

频率大于 $f_{s/2}$ 的信号"冒充"在 $0 \sim f_{s/2}$ 之间的信号的现象被称为混叠。频率 $f_s/2$ 是可以用离散时间信号唯一表示的最高频率，该频率称为奈奎斯特频率 f_N。由于我们不能从低频信号中区分高频信号，所以假设所有输入频率都在 $[0, f_N]$ 范围内。如果采样信号是从模拟电压中获得的，则通常在采样器之前放置模拟电子低通抗混叠滤波器，以去除大于 f_N 的频率分量。

混叠类似于观看一个低帧率的旋转轮视频。用眼睛跟踪车轮上的一个标记时，当以一个恒定的速率加速运动，最初会看到车轮旋转得越来越快。换句话说，车轮似乎具有越来越高的正旋转频率。当车轮继续加速时，在摄像机每转一次只能捕获两个图像的视点之后，车轮开始看起来以高速向后旋转（以大的负旋转频率旋转）。随着其实际前进速度进一步增加时，表观的负速度开始减慢（负旋转频率向零增长），直至摄像机每转一圈正好捕获一个图像时，最终车轮似乎再次静止（零频率）。

22.2　离散傅里叶变换

为了设计数字滤波器，理解数字信号的频域表示很重要。这种表示让我们看到存在于不同频率中的信号量，并且评估用于抑制不需要的信号频率或噪声频率的滤波器性能。

为了找到 N 个采样信号 $x(n)$（$n = 0, \cdots, N - 1$）的频域表示，我们对 x 执行离散傅里叶变换（DFT）。正如我们将看到的，DFT 能够计算 N 个周期信号的频域表示，它无限重复相同的 N 个采样。假设 N 是偶数，则该表示由 $N/2$ 个正弦相位 ϕ_m 给出，其中 $m = 1 \cdots N/2$ 和 $N/2 + 1$ 个幅值：DC 幅值 A_0 和正弦幅值 A_m。式 22-1 中正弦波的频率为 $mf = mf_s/N$。由 A_m 和 ϕ_m 表示的频率之间的间隔是 $f_s/N = 1/(NT_s)$——采样数量 N 越多，频率分辨率越高。

$x(n)$（$n = 0, \cdots, N - 1$）的傅里叶变换 $X(k)$（$k = 0, \cdots, N - 1$）由下式给出：

$$X(k) = \sum_{n=0}^{N-1} x(n)e^{-j2\pi kn/N}, \ k = 0, \cdots, N - 1$$

（22-2）

考虑到 $e^{-j2\pi kn/N} = \cos\left(\dfrac{2\pi kn}{N}\right) - j\sin(2\pi kn/N)$，通常 $X(k)$ 为复数。另外，式 22-2 的形式表明，$X(N/2 + \Delta)$ 是 $X(N/2 - \Delta)$ 的复共轭，其中 $\Delta \in \{1, 2, \cdots, N/2 - 1\}$。特别地，这意味着它们的幅值相等，即 $|X(N/2 - \Delta)| = |X(N/2 + \Delta)|$。

与 $X(k)$ 中的正弦波相关联的归一化的"频率"k/N 表示实际频率 kf_s/N，这里我们不进行详细说明。因此，$X(N/2)$ 与奈奎斯特频率 $f_N = f_s/2$ 相关联。正如在旋转车轮混叠中所描述的一样，较高的频率（$k > N/2$）等效于负频率 $(k - N)f_s/N$。

$X(k)$ 包含我们需要找到的采样信号 x 的由 A_m 和 ϕ_m 频域表示的所有信息。对于给定的 $X(k) = a + bj$，幅值 $|X(k)| = \sqrt{a^2 + b^2}$ 对应于 $f_s k/N$ 处频率分量的幅值的 N 倍，并且相位由复平面中的 $X(k)$ 角给出，即双参数反正切 arctan2(b,a)。在本章中，我们忽略相位，仅关注频率分量的幅值，因为当幅值 $\sqrt{a^2 + b^2}$ 接近零时，相位基本上是随机的。

因为 $|X(k)|$ 表示在 DC($|X(0)|$) 上一个分量的幅值，在奈奎斯特频率 $f_N(|X(N/2)|)$ 上的分量，以及对于所有其他 k 的等幅复共轭对 $X(k)$，所以 A_m 可以计算公式如下所示。

$$A_0 = |X(0)|/N, \qquad\qquad\qquad\qquad (22\text{-}3)$$
$$A_{N/2} = |X(N/2)|/N, \qquad\qquad\qquad (22\text{-}4)$$
$$A_m = 2|X(m)|/N, \quad 对所有 m = 1, \cdots, N/2 - 1 \qquad (22\text{-}5)$$

其中对应于 A_m 的频率是 mf_s/N。

22.2.1 快速傅里叶变换

快速傅里叶变换（FFT）是有效计算 DFT 的多种方法中的一种。FFT 的许多实现要求 N 是 2 的幂次方。如果有一些样本不是 2 的幂次方，则可以简单地在结尾用值为"零"的"虚拟"样本"填充"信号，这个过程称为"零填充"。例如，如果有 1000 个采样点，则可以用 24 个零填充信号使其达到 $2^{10} = 1024$ 个采样点。

例如，假设一个基础的模拟信号为：

$$x(t) = 0.5 + \sin(2\pi(20Hz)t + \pi/4) + 0.5\sin(2\pi(200Hz)t + \pi/2)$$

它包含直流、20Hz 和 200Hz 上的分量。我们在 $f_s = 1kHz$（0.001s 间隔）处收集 1000 个采样点，并进行零填充以得到 $N = 1024$ 个样本。信号及其 FFT 幅值曲线如图 22-4 所示。幅值分量以 f_s/N 或 0.9766Hz 的频率间隔开。尽管数值过程已经在附近的几个频率上扩展了分量，但是直流、20Hz（$0.04f_N$）和 200Hz（$0.4f_N$）处的分量是清楚可见的，因为对于任何整数 m 而言，实际信号频率不能精确地表示为 mf_s/N。

DFT（和 FFT）的数学表达隐含地假设信号每 N 个采样点重复一次。因此，DFT 可以在最低非零频率 f_s/N 处具有有效分量，即使该频率不存在于原始信号中。该分量表明：

- 如果已知原始信号是频率为 f 的周期信号，则 N 个采样点应该包含信号的几个完整周期（不能仅有一个周期或少于一个周期）。多个周期意味着所表示的最小非零频率 f_s/N 远小于 f，从而将我们所关心的（在 f 和更高频率处的）非直流信号与由有限采样而出现的较低频率信号相隔离。

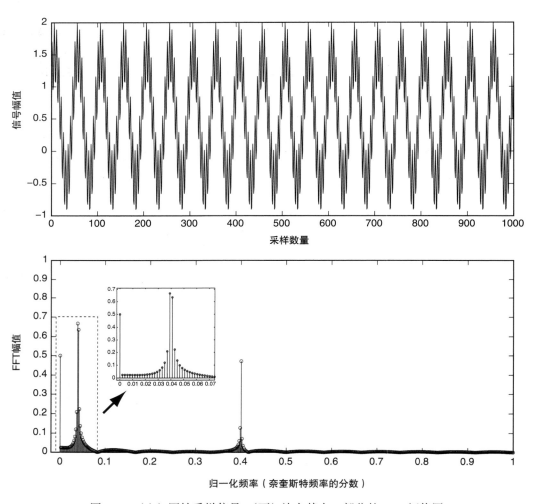

图 22-4 （上）原始采样信号。（下）放大其中一部分的 FFT 幅值图

- 如果已知原始信号是频率为 f 的周期信号，那么可能的话，采样点应包含整数个周期。在这种情况下，在最低非零频率 f_s/N 处应该有非常小的幅值。
- 如果原始信号不是周期信号，则可以使用零填充来从 f_s/N 处隔离重复信号的最低非零频率分量。

22.2.2 FFT 的 MATLAB 实现

在 MATLAB 的行向量中给定偶数个采样点 x=[x(1)...x(N)]（注意在 MATLAB 中索引从 1 开始），该命令如下所示。

```
X = fft(x);
```

　　返回一个 N 维复数向量 X =[X(1)... X(N)]，它们对应不同频率处的幅值和相位。我们尝试对一个占空比为 50% 采样点 N = 200 个的方波进行 FFT，其中每个周期由 10 个等于 2 的采样点和 10 个等于 0 的采样点组成（即图 22-1 所示的方波加上 1 的直流偏移）。方波的频率为 $f_s/20$，整个采样信号由 10 个完整周期组成。根据图 22-1 可知，连续时间方波由 $f_s/20$、$3f_s/20$、$5f_s/20$、$7f_s/20$ 等频率分量组成。因此，我们期望采样方波的频域幅值表示由直流分量以及这些频率处的非零分量组成。

　　我们来建立信号并绘制它（见图 22-5a）。

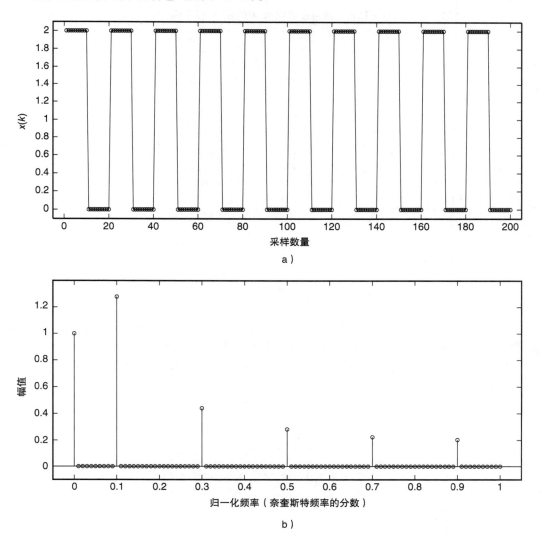

图 22-5　a）原始采样信号。b）单边 FFT 幅值图，其频率表示为奈奎斯特频率的分数

```
x=0;   % clear any array that might already be in x
x(1:10) = 2;
x(11:20)= 0;
x = [x x x x x x x x x x];
N = length(x);
plot(x,'Marker','o');
axis([-5 205 -0.1 2.1]);
```

现在使用 22.2 节中描述的过程来绘制 FFT 幅值图。

```
plotFFT(x);
```

这段代码使用自定义的 MATLAB 函数 plotFFT。

代码示例 22.1   plotFFT.m。绘制采样信号 X 的单边 FFT 幅值图，使用偶数个采样点

```
function plotFFT(x)

if mod(length(x),2) == 1          % x should have an even number of samples
  x = [x 0];                      % if not, pad with a zero
end
N = length(x);
X = fft(x);
mag(1) = abs(X(1))/N;            % DC component
mag(N/2+1) = abs(X(N/2+1))/N;   % Nyquist frequency component
mag(2:N/2) = 2*abs(X(2:N/2))/N; % all other frequency components
freqs = linspace(0, 1, N/2+1);  % make x-axis as fraction of Nyquist freq
stem(freqs, mag);               % plot the FFT magnitude plot
axis([-0.05 1.05 -0.1*max(mag) 1.1*max(mag)]);
xlabel('Frequency (as fraction of Nyquist frequency)');
ylabel('Magnitude');
title('Single-Sided FFT Magnitude');
set(gca,'FontSize',18);
```

图 22-5 展示了原始信号和单边 FFT 幅值图。注意，FFT 非常清楚地选择了直流、$0.1f_N$、$0.3f_N$、$0.5f_N$、$0.7f_N$ 和 $0.9f_N$ 处的频率分量。

使用 $N = 2^n$ 的 FFT。考虑到效率原因，MIPS PIC32 DSP 代码仅对长度为 2 的幂次方的采样信号执行 FFT。我们将 MATLAB 使用的采样点数量从 200 增加到下一个 2 的最低幂次方，即 $2^8 = 256$。可以在最后用 56 个零填充原始 $x(k)$，或者可以获取更多的采样点。

先试一试零填充这个选择：

```
x = 0;
x(1:10) = 2;
x(11:20)= 0;
x = [x x x x x x x x x x];        % get the signal samples
N = 2^nextpow2(length(x));       % compute the number of zeros to pad
xpad = [x zeros(1,N-length(x))]; % add the zero padding
plotFFT(xpad);
```

现在如果信号首先被采样 256 次：

```
x = 0;
x(1:10) = 2;
```

```
x(11:20)= 0;
x = [x x x x x x x x x x x 2*ones(1,10) zeros(1,6)];
plotFFT(x);
```

则结果将绘制在图 22-6 中。频率分量仍然可见，但结果不如图 22-5 中那么清晰。图像质量低的一个主要原因是 $0.1f_N$、$0.3f_N$ 等信号频率没有像之前在 FFT 中一样被精确地表示出来。现在的频率间隔为 $f_s/256$，而不是 $f_s/200$。结果是 FFT 将原始频率分量扩展到邻近频率上，而没有将它们集中在精确频率的尖峰上。这种扩展在大多数应用中是典型的，因为原始信号不太可能具有恰好在 mf_s/N 频率处的频率分量。

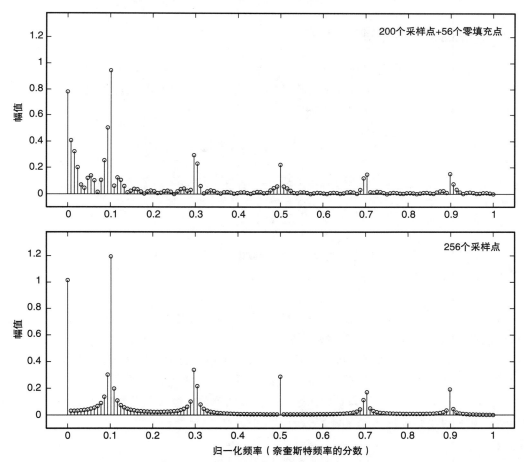

图 22-6　（上）填充了 56 个零的 200 个采样点的方波信号的 FFT。（下）有 256 个采样点的方波信号的 FFT

22.2.3　快速傅里叶逆变换

给定从 X = fft(x) 中获得的频域表示 $X(k)$，逆 FFT 使用 FFT 算法来恢复原始时域信号 $x(n)$。在 MATLAB 中，程序如下：

```
N = length(x);
X = fft(x);
xrecovered = fft(conj(X)/N);
plot(real(xrecovered));
```

逆 FTT 是通过将 FFT 应用于以 1/N 缩放频率表示 X 的复共轭（所有点的虚部乘以 −1）来实现的。

向量 xrecovered 在数值误差范围内等于原始 x，因此其虚部分量基本为零。real 运算仅返回实数分量，从而确保虚部分量正好为零。

22.3 有限脉冲响应数字滤波器

既然已经了解了采样信号的频域表示，我们将注意力转向这些信号的滤波过程（见图 22-7）。有限脉冲响应（FIR）滤波器通过将第 $P + 1$ 个当前以及过去输入 $x(n - j)$（$j = 0，\cdots，P$）与滤波器系数 b_j 相乘并求和来产生滤波信号 $z(n)$。

图 22-7 数字滤波器基于输入 $x(n)$ 产生滤波输出 $z(n)$

$$z(n) = \sum_{j=0}^{p} b_j x(n - j)$$

这样的滤波器可以用于若干种运算中，例如信号差分、抑制低频或高频分量。例如，如果 $P = 1$，我们选择 $b_0 = 1$ 和 $b_1 = -1$，那么

$$z(n) = x(n) - x(n - 1)$$

即在时间为 n 时滤波器的输出是在时间 n 处的输入与时间 $n - 1$ 处的输入之间的差值。离散时间中的差分滤波器类似于连续时间中的微分滤波器。

由于 FIR 滤波是对采样点执行线性运算，因此可以以任何顺序实现串联滤波器。例如，差分滤波器后面跟着低通滤波器等效于低通滤波器后面跟着差分滤波器。

FIR 滤波器具有 $P + 1$ 个系数，P 称为滤波器的阶数。滤波器系数在脉冲响应中是直接明显的，它是对单位脉冲 $\delta(n)$ 的响应 $z(n)$，其中：

$$\delta(n) \begin{cases} 1 & n = 0 \\ 0 & \text{其他} \end{cases}$$

输出简单地表示为 $z(0) = b_0$，$z(1) = b_1$，$z(2) = b_2$ 等。脉冲响应通常写作 $h(k)$。

任何输入信号 x 都可以表示为缩放和时移脉冲的和。例如，

$$x = 3\delta(n) - 2\delta(n - 2)$$

是在时间 $n = 0$ 处具有值为 3 并且在时间 $n = 2$ 处具有值为 −2 的信号（见图 22-8 的左侧）。因为 FIR 滤波器是线性的，所以输出是缩放和时移脉冲响应的简单求和。

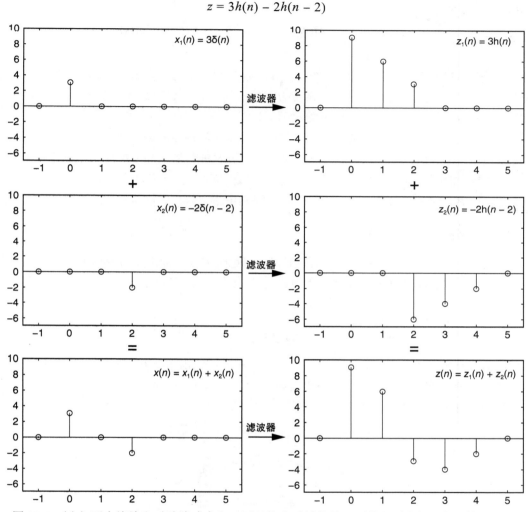

图 22-8 （左）两个缩放和时移脉冲求和，可以给出时域信号 x。（从左到右）具有系数 $b_0 = 3$、$b_1 = 2$、$b_2 = 1$ 的滤波器应用于每个单独和复合信号中。（右）将各个单独分量 x 的响应 z_1 和 z_2 求和以获得信号 x 的响应 z

例如，对于系数为 $b_0 = 3$、$b_1 = 2$、$b_2 = 1$ 的二阶滤波器，输入 x 的响应如图 22-8（右）所示。当读取这些信号时，请注意最左边的采样点是最旧的。例如，输出 $z(0)$ 发生在输出 $z(3)$ 之前的 3 个时间步长。

输出 z 称为输入 x 和滤波器脉冲响应 h 的卷积，通常写为 $z = x*h$。如图 22-8 所示，通过简单地对与每个采样点 $x(n)$ 相对应的缩放和时移脉冲响应进行求和来获得卷积。

可以使用 MATLAB 的 conv 命令来计算 FIR 滤波器响应。我们将滤波器系数收集到脉冲响应矢量 h = b = [b0 b1 b2] = [3 2 1] 中，并将其输入放到矢量 x = [3 0 -2] 中，然

后执行以下公式

```
z = conv(h,x)
```

产生 z = [9 6 -3 -4 -2]。

"有限脉冲响应"滤波器因为脉冲响应在有限时间内变为零的事实（即存在有限数量的滤波器系数）而得名。因此，对于最终变为零的任何输入，响应最终也变为零。"无限脉冲响应"滤波器（见 22.4 节）的输出可能永远不为零。

滤波器的特征可由其脉冲响应表示。然而，通常查看滤波器的频率响应更为方便。由于滤波器是线性的，所以正弦输入将产生正弦输出，并且滤波器的频率响应包括频率相关的增益（滤波器的输出正弦幅值与输入幅值的比值）和相位（输出正弦相对于输入正弦的偏移）。为了理解离散时间频率响应，我们将从最简单的 FIR 滤波器，即移动平均滤波器开始讲解。

22.3.1 移动平均滤波器

假设有一个被高频噪声污染的传感器信号 $x(n)$（见图 22-9）。我们想在噪声下找到低频信号。

要尝试的最简单的滤波器是移动平均滤波器（MAF）。它用输入信号 $x(n)$ 的移动平均值来计算输出 $z(n)$。

$$z(n)=\frac{1}{P+1}\sum_{j=0}^{P}x(n-j) \tag{22-6}$$

即 FIR 滤波器系数为 $b_0=b_1=\cdots=b_p=1/(P+1)$。输出 $z(n)$ 是 $x(n)$ 的平滑和延迟的版本。被平均的采样点 $P+1$ 越多，输出就越平滑且延迟越多。发生延迟是因为输出 $z(n)$ 仅是当前和先前输入 $x(n-j)$（$0 \le j \le P$）的函数（见图 22-9）。

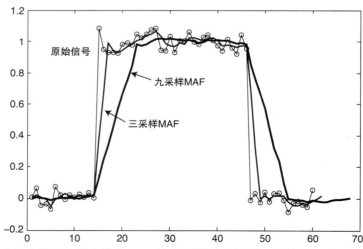

图 22-9 采样点的原始噪声信号 $x(n)$（由圆圈给出）使用三采样 MAF（$P=2$）进行滤波得到的信号 $z(n)$ 以及使用九采样 MAF（$P=8$）进行滤波得到的信号 $z(n)$。随着 MAF 中采样点数量的增加，信号变得更平滑和延迟更大

为了找到三阶四采样 MAF 的频率响应，我们在一些不同频率的正弦输入上进行测试（见图 22-10）。我们发现（重构的）输出正弦的相位 ϕ 与输入正弦曲线相关，且它们的幅值比值 G 取决于频率。对于图 22-10 所示的 4 个测试频率，我们得到下表：

频率	增益	相位
$0.25f_N$	0.65	$-67.5°$
$0.5f_N$	0	NA
$0.67f_N$	0.25	$0°$
f_N	0	NA

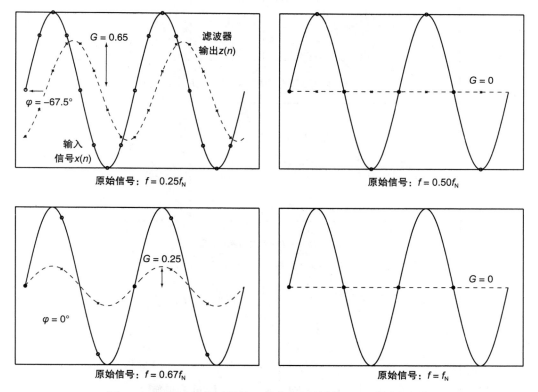

图 22-10 测试具有不同输入频率的四采样 MAF 的频率响应

测试不同频率处的响应后，我们可以绘制图 22-11 所示的频率响应。关于增益曲线，有两点注意事项。

- 增益通常以对数标度进行绘制，这样可以表示更宽的增益范围。
- 增益通常以分贝来表示，分贝与增益的关系如下：

$$M_{db} = 20\log_{10}G$$

因此，$G = 1$ 对应于 0dB，$G = 0.1$ 对应于 -20dB，$G = 0.01$ 对应于 -40dB。

　　图 22-11 表明，低频时以 $G = 1$ 的增益通过且没有相移。增益随着频率的增加而单调下降，直至在输入频率 $f = 0.5f_N$ 处达到 $G = 0$（负无穷）。（该图截短凹陷处到负无穷。）然后，增益又开始上升，在 $f = f_N$ 处再次下降到 $G = 0$。该 MAF 的行为有点像低通滤波器，但又不是一个非常好的滤波器；在增益为 0.25 或更大时，高频信号可以通过。尽管如此，对于输入频率低于 $0.5f_N$ 的信号，MAF 可以作为一个不错的信号平滑器。

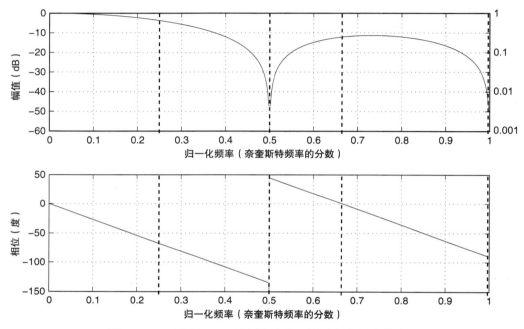

图 22-11　四采样 MAP 的频率响应。测试频率用虚线表示

　　给定一组滤波器系数 b = [b 0 b1 b2...]，我们可以在 MATLAB 中使用以下关系来绘制频率响应。

freqz(b);

因果与因果滤波器

　　如果过滤器的输出仅是当前和过去输入的结果，即过去的输入"导致"电流输出，则该滤波器被称为是因果的。因果滤波器是实时实现的唯一选择。如果我们是后期处理数据，则可以选择非因果滤波器，其中 n 时刻的输出是过去和未来输入的函数。这样的非因果滤波器可以消除仅使用过去的输入来计算当前值产生的相关延迟。例如，计算过去两个输入、当前输入和接下来两个输入的平均值的五采样 MAF 是非因果的。

零填充

　　当首次初始化滤波器时，是不包含过去输入的。在这种情况下，我们可以假设过去的输入都为零。由该假设引起的输出瞬态将在第（$P + 1$）个输入处结束。

22.3.2　FIR 滤波器的广泛应用

FIR 滤波器可以用于低通滤波、高通滤波、带通滤波、带阻（陷波）滤波和其他设计。MATLAB 提供了许多有用的滤波器设计函数，如 `fir1`、`fdatool` 和 `design`。本节使用 `fir1`。更多详细信息，请参阅 MATLAB 文档。

一个"好"的滤波器应具有以下特点：

- 可以通过我们想要的频率将增益保持为接近 1。
- 可以高度地衰减我们不想要的频率。
- 在通过和衰减频率之间具有急剧转变的增益。

滤波器系数的数量随着所需转换的锐度和终止频率所需的衰减程度而变化。这种关系是一般原则，频域中的转变越急剧，脉冲响应越平滑和越长（即在滤波器中需要更多的系数）。反之亦然，脉冲响应中的转变越急剧，频率响应越平滑。在使用移动平均滤波器时看到了这种现象。它在滤波器系数为 0 和 $1/(P+1)$ 之间具有急剧的转变，但所得到的频率响应仅具有缓慢的转变。

高阶滤波器适用于后期处理数据或对时间要求不严格的应用，但由于它有不可接受的延迟，所以可能不适合实时控制。

MATLAB 滤波器设计函数 `fir1` 所采用的参数包括设计滤波器的阶数、希望通过或滤除的频率（表示为奈奎斯特频率的分数）以及其他选项，并返回滤波器系数列表。MATLAB 认为截止频率是在增益为 0.5 (-6 dB) 时的位置。这里有一些使用 `fir1` 的例子。

```
b = fir1(10,0.2);             % 10th-order, 11-sample LPF with cutoff freq
                                of 0.2 fN
b = fir1(10,0.2,'high');      % HPF cutting off frequencies below 0.2 fN
b = fir1(150,[0.1 0.2]);      % 150th-order bandpass filter with passband 0.1
                                to 0.2 fN
b = fir1(50,[0.1 0.2],'stop'); % 50th-order bandstop filter with notch at 0.1 to
                                0.2 fN
```

然后，可以使用函数 `freqz(b)` 绘制你所设计的滤波器的频率响应。如果指定的滤波器阶数不够高，则无法满足设计标准。例如，如果你想要设计一个截止频率为 $0.1f_N$ 的低通滤波器，并且只使用 7 个系数（六阶），即

```
b = fir1(6,0.1);
```

你会发现，MATLAB 返回的滤波器系数不能满足你的要求。

例子

在图 22-12 ～ 图 22-19 所示的示例中，我们使用 1000 个采样点信号，分量频率为直流、$0.004f_N$、$0.04f_N$ 和 $0.8f_N$。原始信号 x 绘制在图 22-12 中。

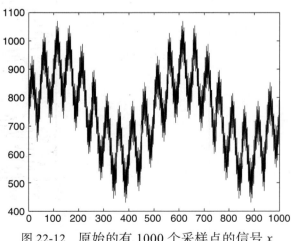

图 22-12　原始的有 1000 个采样点的信号 x

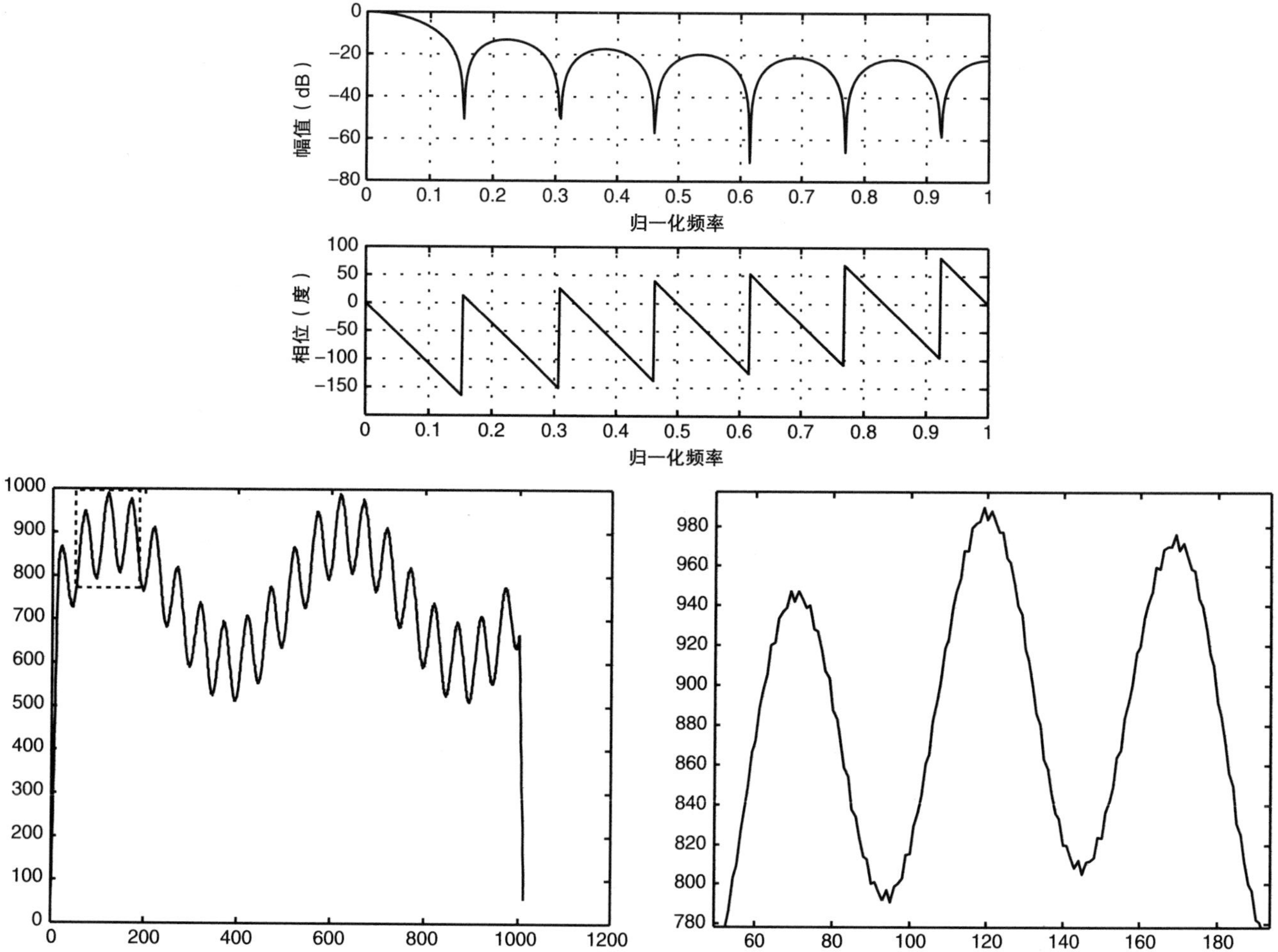

图 22-13 移动平均滤波器：maf = ones(13,1)/ 13; freqz(maf); plot(conv(maf, x))。(上) 12 阶（十三采样）MAF 的频率响应。(左下）MAF 应用于原始信号（执行卷积运算）的结果。由于原始信号具有 1000 个采样点，并且 MAF 具有 13 个采样点，因此滤波信号具有 1012 个采样点。(通常，如果将长度为 j 和 k 的两个信号执行卷积运算，则结果的长度为 $j + k - 1$。）这等价于在 1000 个采样的任意端上首先“填充”12 个零采样值（样本编号为 -11 ～ 0 和 1001 ～ 1012），然后将 13 采样滤波器应用 1012 次，再采样 -11 至 1，然后 -10 至 2 等，直到采样 1000 ～ 1012。这个零填充说明了信号会在任意端降到接近零的原因。(右下）放大的平滑信号

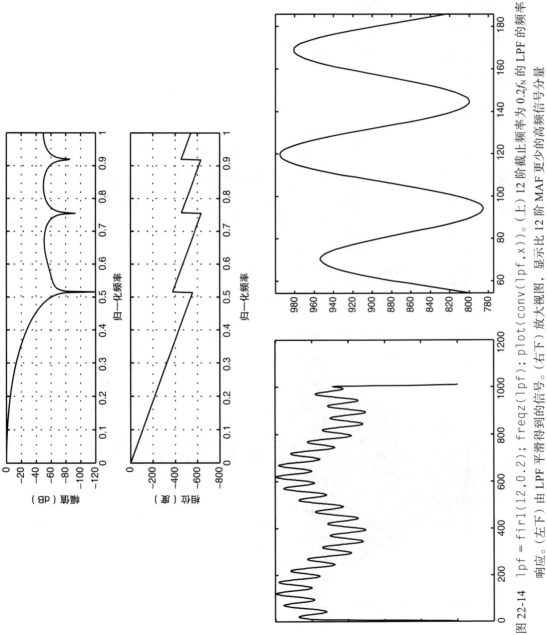

图 22-14　lpf = fir1(12,0.2); freqz(lpf); plot(conv(lpf,x))。(上) 12 阶截止频率为 0.2f_N 的 LPF 的频率响应。(左下) 由 LPF 平滑得到的信号。(右下) 放大视图，显示比 12 阶 MAF 更少的高频信号分量

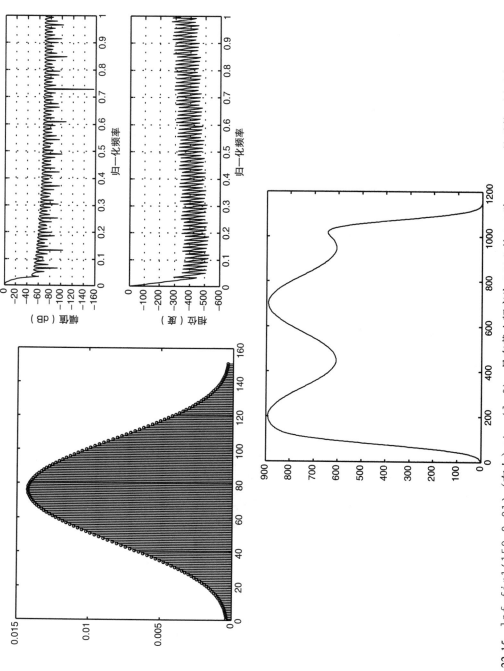

图 22-15 lpf=fir1(150,0.01). (左上) stem(lpf)。具有截止频率为 $0.01f_N$ 的 150 阶 FIR LPF 的系数。(右上) freqz(lpf)，频率响应。(下) plot(conv(lpf,x))。平滑信号，其中只有 $0.004f_N$ 和直流分量可以通过

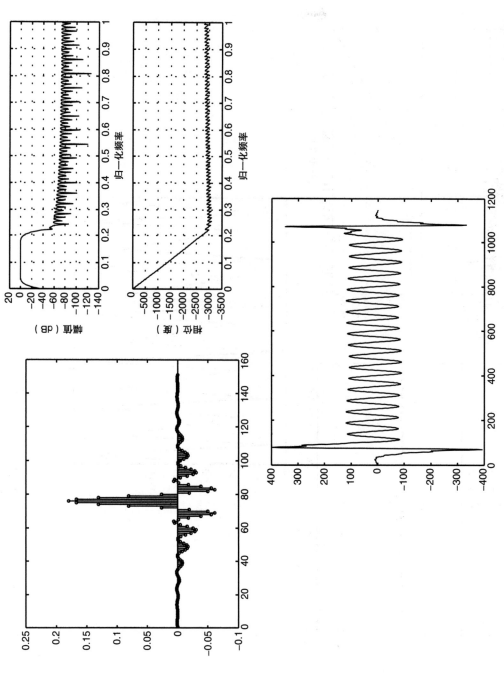

图 22-16　bpf=fir1(150,[0.02,0.2])。(左上) stem(bpf)，通带为 $0.02f_N \sim 0.2f_N$ 的 150 阶带通滤波器的系数。(右上) freqz(bpf)，频率响应。(下) plot(conv(bpf,x))，该信号主要由 $0.04f_N$ 分量，少量的直流和 $0.004f_N$ 分量组成

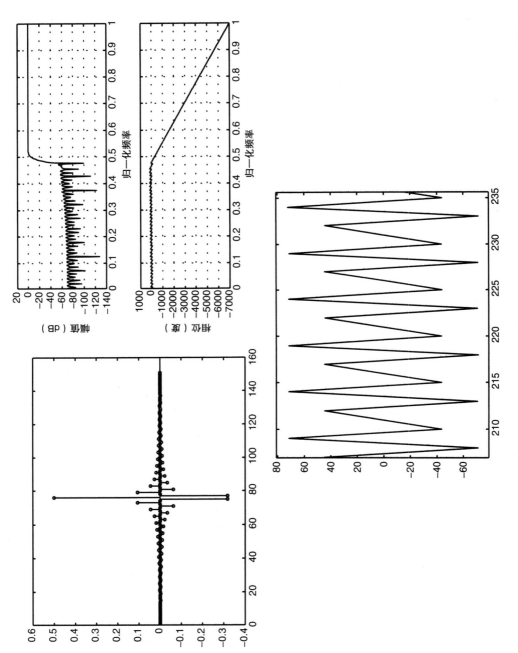

图 22-17 hpf=fir1(150,0.5,'high')。(左上)stem(hpf)，低于 0.5f_N 的频率被截止的 150 阶高通滤波器的系数。(右上)freqz(hpf)，频率响应。(下)plot(conv(hpf,x))，放大高通信号

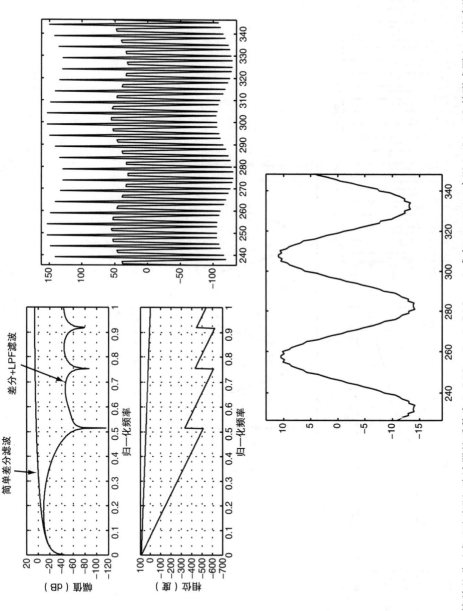

图 22-18 简单差分（或"速度"）滤波器的系数为 b[0]=1，b[1]=-1 或在 MATLAB 中以 b=[1 -1] 的形式写入。（注意顺序：最近输入的系数在左边。）差分滤波器对具有较大斜率的信号（即较高频信号）具有更强烈的响应，并且对恒定信号有零响应。通常我们感兴趣的信号是低频的。较高频信号倾向于低频噪声。因此，更好的滤波器可能是与低通滤波器卷积的差分滤波器。（左上）b1=[1 -1]；b2=conv(b1,fir1(12,0.2))；freqz(b1)；hold on；freqz(b2)。此图显示了差分滤波器的频率响应，以及与截止频率为 0.2f_N 的 12 阶 FIR LPF 进行卷积的差分滤波器的频率响应。简单差分滤波器有大（不需要的）响应，而另一个滤波器的响应在低频。我们感兴趣的差分滤波器有相同的响应。在高频下，简单差分滤波器会衰减这种噪声。（右上）plot(conv(b1,x))。由简单差分滤波器滤波的信号放大图。（下）plot(conv(b2,x))，由差分+LPF 滤波的信号放大图

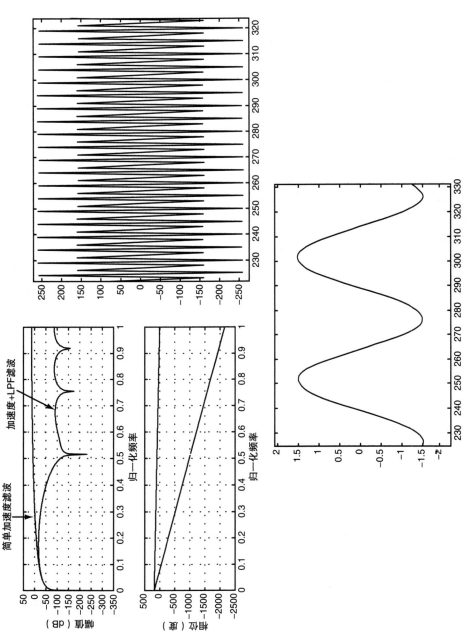

图 22-19　我们还可以通过取两个连续差值样本的差（即卷积两个差分滤波器）来实现双差分（或"加速度"）滤波器。这里给出系数为 [1 − 2 1] 的简单滤波器。该滤波器甚至比差分滤波器更加放大高频噪声。更好的选择是使用前面例子中两个差分滤波器加低通滤波器的卷积滤波器。（左上）bvel=[1 -1]；bacc=conv(bvel,bvel)；bvellpf=conv(bvel,fir1(12,0.2))；bacclpf=conv(bvellpf,bvellpf)；freqz(bacc); hold on; freqz(bacclpf)。两个滤波器的低频响应相同，而低通滤波器衰减高频噪声。（右上）plot(conv(bacc,x))。利用简单的加速度滤波器放大信号的二阶导号数。（下）plot(conv(bacclpf,x))。利用低通版本的加速度滤波器放大信号的二阶导号数。

22.4　无限脉冲响应数字滤波器

无限脉冲响应（IIR）滤波器将 FIR 滤波器概括为以下的形式：

$$\sum_{i=0}^{Q} a_i z(n-i) = \sum_{j=0}^{P} b_j x(n-j)$$

或者，写成对我们更有用的形式：

$$z(n) = \frac{1}{a_0}\left(\sum_{j=0}^{P} b_j x(n-j) - \sum_{i=0}^{Q} a_i z(n-i)\right) \tag{22-7}$$

其中，输出 $z(n)$ 是 Q 个过去输出、P 个过去输入和当前输入的加权和。FIR 和 IIR 滤波器之间的一些显著区别如下所示。

- IIR 滤波器可能是不稳定的，即使输入有界且持续时间有限，IIR 滤波器的输出也可能无限持续并增长。使用 FIR 滤波器不会不稳定。
- IIR 滤波器通常使用较少的系数来实现相同的幅值响应转换锐度。因此，它们有比 FIR 滤波器更高的计算效率。
- IIR 滤波器通常具有非线性相位响应（与大多数 FIR 滤波器不同，其相位不随频率线性变化）。这种非线性可能是可接受的也可能是不可接受的，这取决于具体应用。线性相位响应确保与在所有频率处的信号相关的时间（不是相位）延迟是相同的。另一方面，非线性相位响应可能在不同频率处引起不同的时间延迟，这可能导致不可接受的失真（例如，在音频应用中）。

由于计算中的舍入误差，所以当直接以（22-7）所示的形式来实现时，理论上稳定的 IIR 滤波器可能不稳定。由于它可能不稳定，所以通常以级联 $P=2$ 和 $Q=2$ 的滤波器来实现具有许多系数的 IIR 滤波器。确保这些低阶滤波器稳定是相对容易的，从而可以确保级联滤波器的稳定性。

热门的 IIR 数字滤波器包括切比雪夫滤波器和巴特沃斯滤波器，包括低通、高通、带通和带阻版本。MATLAB 为这些滤波器提供了设计工具，可以参考关于 `cheby1`、`cheby2` 和 `butter` 的文档。给定一组定义 IIR 滤波器的系数 b 和 a，MATLAB 命令 `freqz(b,a)` 绘制频率响应，`filter(b,a,signal)` 返回 `signal` 的滤波版本。

最简单的一种 IIR 滤波器是积分器。

```
z(n) = z(n-1) + x(n)*Ts
```

其中 Ts 是采样时间。系数是 a = [1 -1] 和 b = [Ts]。图 22-12 中的积分器对采样信号的行为如图 22-20 所示。

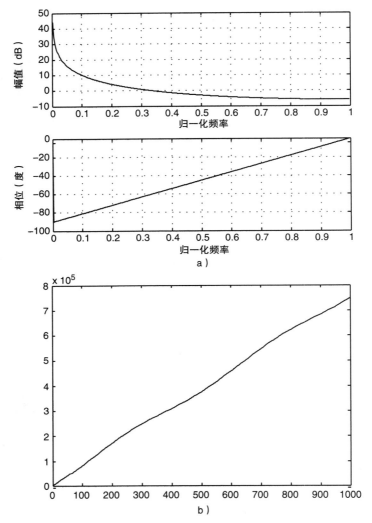

图 22-20　a）a = [1 -1]；b = [1]；freqz(b, a)。注意，积分器的频率响应对于直流信号（非
　　　　　零常数信号的积分为无穷大）是无穷大的，而积分器的频率响应对于高频信号是比较低
　　　　　的。这与差分滤波器相反。b）plot(filter(b,a,x))。命令 filter 将系数为 b 和 a
　　　　　的滤波器作用于 x。这将 conv 作用到 IIR 滤波器。（我们不能简单地将 conv 用于 IIR 滤
　　　　　波器，因为脉冲响应不是有限的。）积分中的向上斜率是由于非零直流项导致的。我们还
　　　　　可以看到由于 2Hz 项导致的摆动。基本上不可能看到信号中的 20Hz 和 400Hz 项

22.5　基于 FFT 的滤波器

　　对信号进行滤波的另一个选择是，首先对信号进行 FFT，然后将信号的某些频率分量
设置为零，之后进行 FFT 逆变换。假设使用在 22.2.2 节中看到的有 256 个样本的方波，并

且只想提取频率为 $0.1f_N$ 的分量。首先建立信号并对其执行 **FFT**。

```
x = 0;
x(1:10) = 2;
x(11:20)= 0;
x = [x x x x x x x x x x 2*ones(1,10) zeros(1,6)];
N = length(x);
X = fft(x);
```

元素 `X(1)` 是直流分量，`X(2)` 和 `X(256)` 对应于频率 f_s/N，`X(3)` 和 `X(255)` 对应于频率 $2f_s/N$，`X(4)` 和 `X(254)` 对应于频率 $3f_s/N$ 等，直到 `X(129)` 对应于频率 $128f_s/N = f_s/2 = f_N$。因此，我们关心的频率接近索引 14，以及其对应的 258 − 14 = 244。要消除其他频率，我们可以执行以下操作。

```
halfwidth = 3;
Xfiltered = zeros(1,256);
Xfiltered(14-halfwidth:14+halfwidth) = X(14-halfwidth:14+halfwidth);
Xfiltered(244-halfwidth:244+halfwidth) = X(244-halfwidth:244+halfwidth);
xrecovered = fft(conj(Xfiltered)/N);
plot(real(xrecovered));
```

结果是产生频率为 $0.1f_N$ 的方波的（近似）正弦分量，如图 22-21 所示。

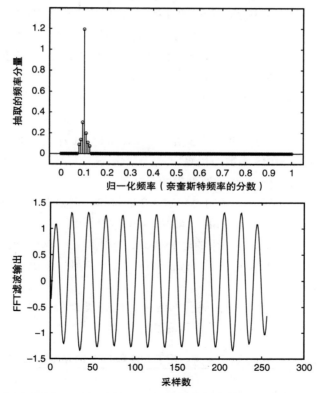

图 22-21　（上）从图 22-6 所示的 **FFT** 幅值曲线图中抽取的频率分量。（下）**FFT** 滤波器输出约为 $0.1f_N$ 的正弦波

这很简单!(当然,代价在于需计算 FFT 和逆 FFT。)基于 FFT 的滤波器设计工具允许你指定任意的频率响应(例如,通过绘制幅值响应)和你愿意接受的滤波器大小,然后使用一个逆 FFT 找到匹配期望响应的最佳滤波器系数。你使用的系数越多,近似值越接近真实值。

22.6 PIC32 的 DSP 函数库

MIPS 为 PIC32 上的 MIPS M4K CPU 提供了一个 DSP 库,包括 FFT、FIR 滤波、IIR 滤波和其他 DSP 功能,具体内容在 Microchip 的《32 位语言工具库》手册中有描述。为了提高效率,其代码用汇编语言编写,以优化指令的数量。与 MATLAB 的双精度浮点数不同,它还使用 16 位和 32 位固定点的数来表示值。固定点运算与整数运算相同,如我们所见,整数运算显著快于浮点数运算。我们很快将再次接触到固定点运算。

本节介绍一个示例来说明 PIC32 上的 FIR 滤波和 FFT,并将结果与在 MATLAB 中获得的结果进行比较。MATLAB 代码生成一个具有 1024 个采样点的方波以及一个截止频率为 $0.02f_{N}$ 的有 48 个系数的低通 FIR 滤波器。它将这些数据发送到 PIC32,PIC32 计算 FIR 滤波信号、原始信号的 FFT 和滤波信号的 FFT,并将结果发送回 MATLAB 以进行绘图。MATLAB 也计算滤波信号以及原始信号的 FFT 和滤波信号的 FFT,并将结果与 PIC32 中的结果进行比较。结果是难以区分的。如图 22-22 所示,MATLAB 同时还打印出在 PIC32 上执行 1024 个采样点的 FFT 所需的时间,约为 13 ms。

此示例的代码由以下文件组成。

PIC32 代码。

- dsp_fft_fir.c:与主机进行通信,并调用 nudsp.c 中的 PIC32 DSP 函数。
- nudsp.c:调用 MIPS 函数的代码。
- nudsp.h:包含 nudsp.c 函数原型中的头文件。

主机计算机代码。虽然我们专注于 MATLAB 的接口,但也提供了 Python 的代码。

- sampleFFT.m 如果你使用的是 MATLAB,则使用它
- sampleFFT.py 如果你使用的是 Python,则使用它。Python 用户需要免费提供的包 pyserial(用于 UART 通信)、matplotlib(用于绘图)、numpy(用于矩阵运算)和 scipy(用于 DSP)。

下面给出了 MATLAB 客户端代码,Python 代码是类似的。加载 PIC32 可执行文件,然后在 MATLAB 中运行 sampleFFT 进行测试。

代码示例 22.2 sampleFFT.m。用于 FIR 和 FFT 的 MATLAB 客户端代码

```
% Compute the FFT of a signal and FIR filter the signal in both MATLAB and on the PIC32
% and compare the results
% open the serial port
port ='/dev/tty.usbserial-00001014A';  % modify for your own port
```

```
if ~isempty(instrfind)   % closes the port if it was open
  fclose(instrfind);
  delete(instrfind);
end
fprintf('Opening serial port %s\n',port);
ser = serial(port, 'BaudRate', 230400, 'FlowControl','hardware');
fopen(ser);

% generate the input signal
xp(1:50) = 200;
xp(51:100)= 0;
x = [xp xp xp xp xp xp xp xp xp xp 200*ones(1,24)];

% now, create the FIR filter
Wn = 0.02; % let's see if we can just get the lowest frequency sinusoid

ord = 47; % ord+1 must be a multiple of 4
fir_coeff = fir1(ord,Wn);

N = length(x);
Y = fft(x);      % computer MATLAB's fft

xfil = filter(fir_coeff,1,x); % filter the signal
Yfil = fft(xfil);             % fft the filtered signal

% generate data for FFT plots for the original signal
mag = 2*abs(Y(1:N/2+1))/N;
mag(1) = mag(1)/2;
mag(N/2+1) = mag(N/2+1)/2;

% generate data for FFT plots for the filtered signal
magfil = 2*abs(Yfil(1:N/2+1))/N;
magfil(1) = magfil(1)/2;
magfil(N/2+1) = magfil(N/2+1)/2;

freqs = linspace(0,1,N/2+1);

% send the original signal to the pic32
fprintf(ser,'%d\n',N); % send the length
for i=1:N
  fprintf(ser,'%f\n',x(i)); % send each sample in the signal
end

% send the fir filter coefficients
fprintf(ser,'%d\n',length(fir_coeff));
for i=1:length(fir_coeff)
  fprintf(ser,'%f\n',fir_coeff(i));
end
% now we can read in the values sent from the PIC.
elapsedns = fscanf(ser,'%d');
disp(['The first 1024-sample FFT took ',num2str(elapsedns/1000.0),' microseconds.']);
Npic = fscanf(ser,'%d');
data = zeros(Npic,4); % the columns in data are
                      % original signal, fir filtered, orig fft, fir fft
```

```
for i=1:Npic
  data(i,:) = fscanf(ser,'%f %f %f %f');
end

xpic = data(:,1);            % original signal from the pic
xfirpic = data(:,2);         % fir filtered signal from pic
Xfftpic = data(1:N/2+1,3);   % fft signal from the pic
Xfftfir = data(1:N/2+1,4);   % fft of filtered signal from the pic

                             % used to plot the fft pic signals
Xfftpic = 2*abs(Xfftpic);
Xfftpic(1) = Xfftpic(1)/2;
Xfftpic(N/2+1) = Xfftpic(N/2+1)/2;

Xfftfir = 2*abs(Xfftfir);
Xfftfir(1) = Xfftfir(1)/2;
Xfftfir(N/2+1) = Xfftfir(N/2+1)/2;

% now we are ready to plot
subplot(3,1,1);
hold on;
title('Plot of the original signal and the FIR filtered signal')
xlabel('Sample number')
ylabel('Amplitude')
plot(x,'Marker','o');
plot(xfil,'Color','red','LineWidth',2);
plot(xfirpic,'o','Color','black');
hold off;
legend('Original Signal','MATLAB FIR', 'PIC FIR')
axis([-10,1050,-10,210])
set(gca,'FontSize',18);

subplot(3,1,2);
hold on;
title('FFTs of the original signal')
ylabel('Magnitude')
xlabel('Normalized frequency (fraction of Nyquist Frequency)')
stem(freqs,mag)
stem(freqs,Xfftpic,'Color','black')
legend('MATLAB FFT', 'PIC FFT')
hold off;
set(gca,'FontSize',18);

subplot(3,1,3);
hold on;
title('FFTs of the filtered signal')
ylabel('Magnitude')
xlabel('Normalized frequency (fraction of Nyquist Frequency)')
stem(freqs,magfil)
stem(freqs,Xfftfir,'Color','black')
legend('MATLAB FFT', 'PIC FFT')
hold off;
set(gca,'FontSize',18);

fclose(ser);
```

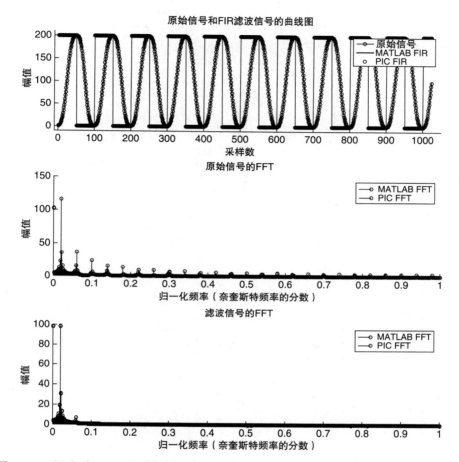

图 22-22　（上）有 1024 个采样后的原始方波信号，MATLAB 低通滤波信号和 PIC32
　　　　　低通滤波信号。它们的结果是不可区分的。（中）原始信号在 MATLAB 和
　　　　　PIC32 中执行 FFT。（下）其低通滤波信号在 MATLAB 和 PIC32 中执行 FFT。
　　　　　虽然很难看出差别，但在两个平台上 FFT 的变换结果是难以区分的

　　PIC32 代码 dsp_fft_fir.c 包含主函数。它从 MATLAB 中读取信号和滤波器信息，
调用库 nudsp.{h,c} 中的函数来计算滤波信号以及原始信号和滤波信号的 FFT，并将数
据发送回主机进行绘图。

代码示例 22.3　dsp_fft_fir.c。与客户端通信并且使用 nudsp 来执行信号处理运算

```
#include "NU32.h"
#include "nudsp.h"
// Receives a signal and FIR filter coefficients from the computer.
// filters the signal and ffts the signal and filtered signal, returning the results
// We omit error checking for clarity, but always include it in your own code.

#define SIGNAL_LENGTH 1024
```

```
#define FFT_SCALE 10.0
#define FIR_COEFF_SCALE 10.0
#define FIR_SIG_SCALE 10.0
#define NS_PER_TICK 25          // nanoseconds per core clock tick

#define MSG_LEN 128

int main(void) {
  char msg[MSG_LEN];                           // communication buffer
  double fft_orig[SIGNAL_LENGTH] = {};         // fft of the original signal
  double fft_fir[SIGNAL_LENGTH] = {};          // fft of the FIR filtered signal
  double xfir[SIGNAL_LENGTH] = {};             // the FIR filtered signal
  double sig[SIGNAL_LENGTH] = {};              // the signal
  double fir[MAX_ORD] = {};                    // the FIR filter coefficients
  int i = 0;
  int slen, clen;                              // signal and coefficient lengths
  int elapsedticks;                            // duration of FFT in core ticks

  NU32_Startup();

  while (1) {
    // read the signal from the UART.
    NU32_ReadUART3(msg, MSG_LEN);
    sscanf(msg,"%d",&slen);
    for(i = 0; i < slen; ++i) {
      NU32_ReadUART3(msg, MSG_LEN);
      sscanf(msg,"%f",&sig[i]);
    }

    // read the filter coefficients from the UART
    NU32_ReadUART3(msg,MSG_LEN);
    sscanf(msg,"%d", &clen);
    for(i = 0; i < clen; ++i) {
      NU32_ReadUART3(msg,MSG_LEN);
      sscanf(msg,"%f",&fir[i]);
    }

    // FIR filter the signal
    nudsp_fir_1024(xfir, sig, fir, clen, FIR_COEFF_SCALE, FIR_SIG_SCALE);

    // FFT the original signal; also time the FFT and send duration in ns
    _CP0_SET_COUNT(0);
    nudsp_fft_1024(fft_orig, sig, FFT_SCALE);
    elapsedticks = _CP0_GET_COUNT();
    sprintf(msg,"%d\r\n",elapsedticks*NS_PER_TICK);  // the time in ns
    NU32_WriteUART3(msg);
    // FFT the FIR signal
    nudsp_fft_1024(fft_fir, xfir, FFT_SCALE);

    // send the results to the computer
    sprintf(msg,"%d\r\n",SIGNAL_LENGTH);  // send the length
    NU32_WriteUART3(msg);
    for (i = 0; i < SIGNAL_LENGTH; ++i) {
      sprintf(msg,"%12.6f %12.6f %12.6f %12.6f\r\n",sig[i],xfir[i],fft_orig[i],fft_fir[i]);
      NU32_WriteUART3(msg);
    }
```

```
    }
    return 0;
}
```

代码示例 22.4　nudsp.h。用于表示为 double 型数组信号的 FIR 和 FFT 的头文件

```
#ifndef NU__DSP__H__
#define NU__DSP__H__
// wraps some dsp library functions making it easier to use them with doubles
// all provided operations assume signal lengths of 1024 elements

#define MAX_ORD 128        // maximum order of the FIR filter

// compute a scaling factor for converting doubles into Q15 numbers
double nudsp_qform_scale(double * din, int len, double div);

// FFT a signal that has 1024 samples
void nudsp_fft_1024(double * dout, double * din, double div);

// FIR filter a signal that has 1024 samples
// arguments are dout (output), din (input), c (FIR coeffs), nc (number of coeffs),
//   div_c (coeffs scale factor for Q15), and div_sig (signal scale factor for Q15)
void
  nudsp_fir_1024(double *dout,double *din,double *c,int nc,double div_c,double div_sig);

#endif
```

下面的代码 nudsp.c 使用库 **MIPS** dsp 来对 double 类型的数组执行信号处理操作。然而，库 dsp 以固定点分数格式 Q15（16 位格式）或 Q31（32 位格式）来表示数字。该表示与二进制补码整数相同，即最高有效位对应于符号位，但是对于位上的值的解释是不同的。例如，对于 Q15，位 14 在 2^{-1} 列，位 13 在 2^{-2} 列等，直到位 0 在 2^{-15} 列（参见表 22-1）。这种解释意味着 Q15 可以表示从 $-1 \sim 1 - 2^{-15}$ 间的部分数值。

相比浮点格式，固定点格式的优点是可使用整数运算的所有规则，允许进行快速整数运算。缺点是它覆盖的取值范围比具有相同位数的浮点数更小（与该浮点数不同，它在该范围上具有均匀的分辨率）。如果信号被表示为双精度型数组，则在将其用于固定点格式进行计算之前，应当对信号进行缩放，使得缩放信号的最大范围远小于定点格式的范围，这样可以在不造成溢出的情况下为加减法留有余地，同时确保在缩放信号的表示中存在足够的分辨率，以避免显著改变信号形状时产生的量化效应。

表 22-1　固定点 Q15 表示等价于 16 位二进制补码整数表示，它使用相同的数学运算

二进制	16 位整数表示	Q15 表示
0000000000000000	0	0
0000000000000001	1	2^{-15}
0000000000000010	2	2^{-14}
0000000000000011	3	$2^{-14} + 2^{-15}$
⋮		

（续）

二进制	16 位整数表示	Q15 表示
0111111111111111	32 767	$1 - 2^{-15}$
1000000000000000	–32 768	–1
1000000000000001	–32 767	$-1 + 2^{-15}$
1000000000000010	–32 766	$-1 + 2^{-14}$
⋮		
1111111111111111	–1	-2^{-15}

注：唯一的区别是 Q15 中的连续数字被 2^{-15} 所分隔，覆盖范围为 $-1 \sim 1 - 2^{-15}$，而 16 位整数表示形式具有间隔为 1 的连续数字，覆盖范围为 –32 768 ～ 32 767。

库 dsp 定义了 4 种数据类型来保存实数和复数固定点 Q15 和 Q31 数字表示：int16、int16c、int32 和 int32c，其中数字表示位数，c 表示该类型是一个具有实部（.re）和虚部（.im）的结构体。我们的代码只使用 Q15 数字表示（int16 和 int16c），因为它们的精度足以满足我们的使用目的，而且一些 dsp 函数只接受 Q15 数字。如上所述和表 22-1 所示，范围为 $-1 \sim 1 - 2^{-15}$ 的 Q15 数字可以解释为 16 位整数，其中 2^{15} 为较大的因子。因此，在本节的其余部分，我们仅提及从 –32 768 ～ 32 767 范围内的 16 位整数。

函数 nudsp_qform_scale 为信号计算适当的缩放因子，以将双精度数组转换为 16 位整数数组。缩放对最大幅值信号进行归一化，将该值映射到 1/div，其中 div 是提供裕量以防止溢出的缩放因子。（示例代码 dsp_fft_fir.c 为在 FFT 和 FIR 滤波器中使用的信号选择为 div = 10.0，将它们缩放到范围 [-0.1,0.1]。）然后将该缩放因子乘以 QFORMAT = 2^{15}，以使用由 16 位整数类型提供的范围。我们可以将双精度乘以计算得到的缩放因子以将其转换为 16 位整数，也可以将结果除以缩放因子转换回双精度。

下一个函数 nudsp_fft_1024 使用库 dsp 中的函数 mips_fft16，对表示为 1024 个双精度数组信号执行 FFT。首先，信号必须转换成一个由复数 int16 构成的数组，我们使用 nudsp_qform_scale 来计算缩放因子。接下来，将旋转因子以及在 FFT 算法中使用的参数复制到 RAM 中。库 dsp（通过 fftc.h）提供预先计算的因子，并将它们存放在闪存中名为 fft16c1024 的数组中，我们将它们加载到 RAM 中以获得更大的访问速度。最后调用 mips_fft16 来缓存计算结果、信号源、旋转因子、临时数组和信号长度的对数值（$\log_2$）（信号长度必须总是 2 的幂，这里假设它是 1024）。临时数组只为函数 mips_fft16 提供额外的内存来执行临时计算。在计算 FFT 之后，使用先前计算的缩放因子将量值转换回双精度型。

最后一个函数 nudsp_fir_1024 将 FIR 滤波器应用于表示为 1024 个双精度数组的信号中。在使用库 dsp 的 FIR 函数之前的第一步是，分别通过 scale_c 和 scale_s 缩放信号和系数，将它们转换为 16 位整数。执行缩放后，必须调用函数 mips_fir16_setup 来初始化系数缓冲器，该系数缓冲器的长度是滤波器系数的实际数量的两倍。最后，调用函数 mips_fir16 来执行滤波操作。除了输入和输出缓冲器以及预先准备的系数之外，滤波器还需要足够大的缓冲器来保存最后的 K 个样本，其中 K 是滤波器系数的数量。滤波器返回的结果为 16 位整数。为了将结果转换回双精度，我们必须除以系数和信号缩放因子的乘积，因为在滤波期间有与这些数字相乘的操作。由于缩放因子 scale_c 和 scale_s 包含要转换为 16 位整数的因子 QFORMAT，因此我们通过乘以 QFORMAT 来消除这些缩放因子中的一个。

代码示例 22.5　nudsp.c。实现 double 型数组的 FIR 和 FFT 运算

```
#include <math.h>        // C standard library math, for sqrt
#include <stdlib.h>      // for max
#include <string.h>      // for memcpy
#include <dsplib_dsp.h>  // for int16, int16c data types and FIR and FFT functions
#include <fftc.h>        // for the FFT twiddle factors, stored in flash
#include "nudsp.h"

#define TWIDDLE fft16c1024 // FFT twiddle factors for int16 (Q15), 1024 signal length
#define LOG2N 10           // log base 2 of the length, assumed to be 1024
#define LEN (1 << LOG2N)   // the length of the buffer
#define QFORMAT (1 << 15)  // multiplication factor to map range (-1,1) to int16 range

// compute the scaling factor to convert an array of doubles to int16 (Q15)
// The scaling is performed so that the largest magnitude number in din
// is mapped to 1/div; thus the divisor gives extra headroom to avoid overflow
double nudsp_qform_scale(double * din, int len, double div) {
  int i;
  double maxm = 0.0;

  for (i = 0; i< len; ++i) {
    maxm = max(maxm, fabs(din[i]));
  }
  return (double)QFORMAT/(maxm * div);
}


// Performs an FFT on din (assuming it is 1024 long), returning its magnitude in dout
// dout - pointer to array where answer will be stored
// din - pointer to double array to be analyzed
// div - input scaling factor.  max magnitude input is mapped to 1/div

void nudsp_fft_1024(double *dout, double *din, double div)
{
  int i = 0;
  int16c twiddle[LEN/2];
  int16c dest[LEN], src[LEN];
  int16c scratch[LEN];
  double scale = nudsp_qform_scale(din,LEN,div);

  for (i=0; i< LEN; i++) {                          // convert to int16 (Q15)
    src[i].re = (int) (din[i] * scale);
    src[i].im = 0;
```

```
    }
    memcpy(twiddle, TWIDDLE, sizeof(twiddle));      // copy the twiddle factors to RAM
    mips_fft16(dest, src, twiddle, scratch, LOG2N); // perform FFT
    for (i = 0; i < LEN; i++) {                      // convert the results back to doubles
      double re = dest[i].re / scale;
      double im = dest[i].im / scale;
      dout[i] = sqrt(re*re + im*im);
    }
}

// Perform a finite impulse response filter of a signal that is 1024 samples long
// dout - pointer to result array
// din - pointer to input array
// c - pointer to coefficient array
// nc - the number of coefficients
// div_c - for scaling the coefficients
// The maximum magnitude coefficient is mapped to 1/div_c in int16 (Q15)
// div_sig - for scaling the input signal
// The maximum magnitude input is mapped to 1/div_sig in int16 (Q15)
void
  nudsp_fir_1024(double *dout,double *din,double *c,int nc,double div_c,double div_sig)
{
    int16 fir_coeffs[MAX_ORD], fir_coeffs2x[2*MAX_ORD];
    int16 delay[MAX_ORD] = {};
    int16 din16[LEN], dout16[LEN];
    int i=0;
    double scale_c = nudsp_qform_scale(c, nc, div_c);        // scale coeffs to Q15
    double scale_s = nudsp_qform_scale(din, LEN, div_sig); // scale signal to Q15
    double scale = 0.0;

    for (i = 0; i< nc; ++i) {                                // convert FIR coeffs to Q15
      fir_coeffs[i] = (int) (c[i]*scale_c);
    }
    for (i = 0; i<LEN; i++) {                                // convert input signal to Q15
      din16[i] = (int) (din[i]*scale_s);
    }
    mips_fir16_setup(fir_coeffs2x, fir_coeffs, nc);          // set up the filter
    mips_fir16(dout16, din16, fir_coeffs2x, delay, LEN, nc, 0);  // run the filter
    scale = (double)QFORMAT/(scale_c*scale_s);               // convert back to doubles
    for (i = 0; i<LEN; i++) {
      dout[i] = dout16[i]*scale;
    }
}
```

22.7　练习题

1. 使用 MATLAB，找到截止频率为 $0.5f_N$ 的 20 阶低通 FIR 滤波器的系数。然后对 100 阶低通 FIR 滤波器执行相同的操作。绘制各自的频率响应，并讨论各自在幅值响应和相位响应上的相对优点。对于实时滤波器（即在数据进入时执行滤波的滤波器）两个滤波器中不同相位响应的含义是什么？

2. 对 MATLAB 中的函数 sound 进行实验，它使你可以通过计算机的扬声器将数字向量播放为声音波形。创建一个采样频率为 8.192kHz 的 1s 信号，它是 500Hz 和 2500Hz 正弦波的总和，每个正弦波的幅值为 0.5，并通过扬声器播放。在 MATLAB 中，设计一个仅提取 500Hz 音调的低通 FIR 滤波器和一个仅提取 2500Hz 音调的高通 FIR 滤波器。绘制每个滤波器的频率响应，并通过音频验证滤波后的声音是否正确。

3. PIC32 dsp 库实现了 FIR 和 IIR 滤波器，但它执行批处理滤波器时必须收集所有数据，然后对其滤波。通常，滤波器必须执行实时计算以用于实时控制。例如，噪声传感器数据可以被低通滤波过滤掉，或者可以通过差分位置的读数来获得速度读数。

实现自己的 PIC32 实时 FIR 滤波器库 FIR.{c,h}。该库提供变量（例如，数组或结构体）来保存滤波器系数和最近的样本，并计算滤波器的输出。该库应该易于使用并且有计算效率高。尽量使用双精度，而不是固定点运算。在"移出"最旧的传感器读数时，你如何让用户"移入"下一个传感器读数？如果没有可用的先前读数，你将如何处理初始条件？

设计一个截止频率为 $0.2f_N$ 的 9 阶低通 FIR 滤波器，绘制由两个等幅正弦波组成的有 1000 个输入信号的输入和滤波输出，其中一个频率为 $0.1f_N$，而另一个频率为 $0.5f_N$。

4. 使用快速傅里叶逆变换扩充 PIC32 的 nudsp.{c,h} 库。在采样信号上进行测试：先进行 FFT，然后再进行逆 FFT，并确认原始信号已恢复。

5. 使用 PIC32 的逆 FFT 功能，在 nudsp.{c,h} 中实现基于 FFT 的滤波器。用户指定通过或停止的频率范围，使基于 FFT 的滤波器可用作低通、高通、带通或带阻滤波器。在进行 FFT 之后，代码应该将适当的分量归零，并执行逆 FFT 以产生新的滤波信号。

延伸阅读

32-Bit language tools libraries. (2012). Microchip Technology Inc.

Oppenheim, A. V., & Schafer, R. W. (2009). *Discrete-time signal processing* (3rd ed.). Upper Saddle River, NJ: Prentice Hall.

Signal processing toolbox help. (2015). The MathWorks Inc.

第 23 章 ｜Chapter 23

PID 反馈控制

　　汽车上的巡航控制系统是反馈控制系统的例子。使用如车速表的传感器测量汽车的实际速度，并产生感测值 s，再将感测值与驾驶员设定的参考速度 r 进行比较，得到误差 $e = r - s$。将误差送到某个控制算法，为驱动节气门角度的电机计算控制量。因此，该控制会改变汽车速度 v 和感测速度 s。控制器尝试将误差 $e = r - s$ 降为零。

　　图 23-1 显示了一个典型反馈控制系统（如巡航控制系统）的框图。通常，计算机（此处为 PIC32）计算参考值和传感器值之间的误差，并实现控制算法。控制器产生一个控制信号，并输入到受控对象（即我们想要控制的物理系统）。通常，使用从牛顿定律中推导出的微分方程来建模控制的动力学系统，该受控对象产生一个传感器要测量的输出。使用传感器测量值来确定控制信号的系统是一个闭环控制系统（传感器反馈使得框图形成一个闭环）。

图 23-1　典型控制系统的框图

　　为了简单起见，本章假设传感器是理想的。因此，感测的输出 s 和受控对象的实际输出是相同的。

　　常见的控制器性能测试方法是从参考值 r 等于零开始，然后突然将 r 切换为 1，并保持恒定。（同样，对于巡航控制系统，r 可以从 50mile/h 开始，然后突然改变为 51mile/h。）这种输入称为阶跃输入，而得到的误差 $e(t)$ 称为阶跃误差响应。图 23-2 给出了一个典型的阶跃误差响应，并说明了测量控制器性能的 3 个关键指标：超调量、调节时间 t_s（误差为 2%）和稳态误差 e_{ss}。调节时间 t_s 是误差稳定在最终值的 2% 以内所花费的时间，而稳态误差 e_{ss} 是最终的误差。一个性能良好的控制器可以使系统具有较短的调节时间和零（或小的）超调量、振荡和稳态误差。

最常见的反馈控制算法是比例 – 积分 – 微分（PID）控制器。本书将致力于 PID 控制器的分析和设计，但是 PID 控制器也可以凭借一些直觉和通过实验有效地使用。本章对直觉方法会进行一些简要的介绍。

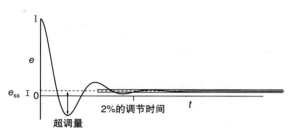

图 23-2　参考输入为阶跃变化的典型误差响应，其显示了超调量、2% 调节时间 t_s 和稳态误差 e_{ss}。该误差在参考输入阶跃变化之后立即等于 1，然后收敛到 e_{ss}

23.1　PID 控制器

假设参考信号为 $r(t)$、传感器输出为 $s(t)$、误差为 $e(t) = r(t) - s(t)$，以及控制信号为 $u(t)$。则 PID 控制器可以表示为：

$$u(t) = K_p e(t) + K_i \int_0^t e(z)\, dz + K_d \dot{e}(t) \qquad (23\text{-}1)$$

其中 K_p、K_i 和 K_d 分别称为比例、积分和微分增益。为了具体讨论控制式（23-1），假设 r 是在直线上移动的质体的期望位置，s 是感测到的质体位置，而 u 是由电机施加到质体上的线性力。让我们分别观察比例、微分和积分项。

比例。比例项 $K_p e(t)$ 产生一个与质体期望位置和测量位置之间的距离成比例的力。该力由机械弹簧产生，它产生与质体位移成比例的拉力或推力。因此，比例项 $K_p e$ 类似于静止长度为零的弹簧，其一端连接到质体上（在 s 处），另一端连接到期望的位置 r。K_p 越大，虚拟弹簧的刚度越强。

因为我们将误差定义为 $e = r - s$，所以 K_p 应为正。如果 K_p 是负的，则在 $s > r$（质体的位置 s 在参考 r 的"前方"）的情况下，力 $K_p(r - s) > 0$ 会尝试将质体推到参考点之前。这样的控制器是不稳定的，因为它的实际误差趋向于无穷大而不是零。

微分。微分项 $K_d \dot{e}(t)$ 产生与误差 $\dot{e}(t) = \dot{r}(t) - \dot{s}(t)$ 成比例的力，其中 $\dot{r}(t)$ 为期望速度，$\dot{s}(t)$ 为测量速度。这个力是由机械阻尼器产生的，这个力旨在将其两端间的相对速度降为零。因此，微分项 $K_d \dot{e}$ 的作用就像是阻尼器。自动门关闭机构就是一个弹簧和阻尼器共同工作的示例：弹簧拉动门关闭，但是阻尼器的作用于大速度，使得门不会猛烈撞击。微分项也同样适用于 PID 控制器，用于抑制典型质量 – 弹簧系统的超调量和振荡。

与 K_p 类似，K_d 也是非负的。

积分。积分项 $K_i \int_0^t e(z) dz$ 产生与误差的时间积分成比例的力。该项不容易用机械模拟来解释清楚，我们可以使用一个机械示例来说明。假设质体在重力（mg）作用下垂直移动。如果目标是将物体保持在恒定高度 r，那么仅使用带有比例和微分项的控制器将使质体静止，并且具有满足 $K_p e = mg$ 的非零误差，即平衡重力所需要的向上的力。（注意，当质体静止时，微分项 $K_d\dot{e}(t)$ 为零）。增加 K_p 的刚度可以使误差 e 减小，但它绝不能减小到零——电机总是需要非零误差来产生非零力。

控制器即使在误差为零时也可以由积分项产生非零力。从静止误差为 $e = mg/K_p$ 开始，误差的时间积分在累积，因此积分项 $K_i \int_0^t e(z)\mathrm{d}z$ 变大，将质体向上推向 r，而由于误差 e 的减小，比例项 $K_p e$ 也在减小。最后，积分项 $K_i \int_0^t e(z)\mathrm{d}z$ 等于 mg，并且质体在 $r (e = 0)$ 处静止。因此，系统中的积分项可以使稳态误差降低为零，而单独使用比例项和微分项的系统是做不到这样的。

与 K_p 和 K_d 类似，K_i 也是非负的。

在电子设备中，仅使用运算放大器即可实现 PID 控制器。现代的 PID 控制器几乎都是由计算机数字实现⊖。在每个 $\mathrm{d}t$ 秒，计算机读取传感器的值并计算出新的控制信号。误差的微分项 $\dot{e}$ 变为一个误差值，而误差积分 $\int_0^t e(z)\mathrm{d}z$ 变为误差的积累。

下面给出 PID 控制的数字实现的伪代码。

```
eprev = 0;              // initial "previous error" is zero
eint = 0;               // initial error integral is zero
now = 0;                // "now" tracks the elapsed time
every dt seconds do {
s = readSensor();                 // read sensor value
r = referenceValue(now);          // get reference signal for time "now"
e = r - s;                        // calculate the error
edot = e - eprev;                 // error difference
eint = eint + e;                  // error sum
u = Kp*e + Ki*eint + Kd*edot;     // calculate the control signal
sendControl(u);                   // send control signal to the plant
eprev = e;                        // current error is now prev error for next iteration
now = now + dt;                   // update the "now" time
}
```

关于该算法的几点说明。

- **时间步长** $\mathrm{d}t$ **和延迟**。一般来说，$\mathrm{d}t$ 越短越好。然而，如果受到计算资源的限制，那么时间步长 $\mathrm{d}t$ 要显著地短于与受控对象动态特性相关的时间常数。因此，如果受控对象是"慢"的，那么你可以使用较长的 $\mathrm{d}t$，但如果系统会因此迅速变得不稳定，则需要短的 $\mathrm{d}t$。主要原因是控制周期在接近结束时，由控制器施加的控制信号仍在响应旧的传感器数据。基于旧测量数据的控制可能导致系统变得不稳定。
- 在许多机器人控制系统中，$\mathrm{d}t$ 设置为 1ms。
- **误差值与总和**。伪代码使用了一个误差值和一个误差和。作为替代，误差微分可以近似为 edot =(e-eprev)/ dt，而误差积分可以近似为 eint = eint + e * dt。这里不需要额外的除法和乘法，只需对结果进行简单的缩放。这种缩放可以集成到增益 K_d 和 K_i 中。

⊖ 数字 PID 控制器是一种数字滤波器，就像在第 22 章中讨论的一样。

- **整数运算与浮点运算**。正如我们之前所看到的，整数的加法、减法、乘法和除法运算要比浮点运算快得多。如果希望控制回路尽可能快地运行，则应该尽可能使用整数。原始的传感器信号（例如，编码器计数或 ADC 计数）和控制信号（例如，输出比较 PWM 信号的周期寄存器）通常是整数。如有必要，控制增益可以按比例放大或缩小，以保持良好的分辨率，同时在计算期间仅使用整数值，并应确保不会发生整数溢出。在计算之后，控制信号可以缩放到一个合适的范围。对数值进行缩放以允许使用整数运算的想法，与 22.6 节在 DSP 中使用的固定点运算完全相同。

  在许多应用中，PID 控制器只涉及加法、减法和乘法，因此不需要整数运算（特别是在具有相对较快的时钟速度的 PIC32 上）。

- **控制饱和**。控制信号 u 是有实际限制的。函数 sendControl(u) 强制执行这些限制。例如，如果控制计算产生 u = 100，但是可用的最大控制作用只有 50，则 sendControl(u) 发送的值为 50。如果使用大的控制器增益 Kp、Ki 和 Kd，则控制信号通常在极限处饱和。

- **积分器抗饱和**。假设使用积分器误差 eint 可以构建成一个较大的值。该饱和产生的大控制信号试图产生反相误差，以消除积分误差。为了限制由该效应引起的振荡，可以限制 eint。可以通过在上面的代码中添加以下几行代码来实现该积分器的抗饱和保护。

```
eint = eint + e;                  // error sum
if (eint > EINTMAX) {             // ADDED: integrator anti-windup
 eint = EINTMAX;
} else if (eint < -EINTMAX) {     // ADDED: integrator anti-windup
 eint = -EINTMAX;
}
```

  选择 EINTMAX 是需要一些技巧的，一个很好的经验法则是，Ki*EINTMAX 不应该超过驱动器可用的最大控制作用。

- **传感器噪声**、**量化和滤波**。传感器数据属于离散或量化的值。如果量化值是粗略的，或者时间间隔 dt 很短，则上一个周期与下一个周期的误差 e 可能变化不大，因此 edot = e-eprev 可能使用少量不同的值。这种效应意味着 edot 可能是一个跳跃的、低分辨率的信号。传感器信号中也可能有噪声，这增加了 edot 信号的跳跃性。数字经过低通滤波或使用几个周期内的平均 edot，可以产生更平滑的信号，但代价是考虑较旧的 edot 值会增加延迟。

虽然 PID 控制算法相当简单，但难点在于找到产生良好性能的控制增益。这些增益的调节是 23.3 节的主题。

23.2　PID 控制器的变体

PID 控制器的常见变体是 P、PI 和 PD 控制器。这些控制器通过将 K_i 或 K_d 设置为零来获得。使用哪个变体取决于性能规格、传感器特性和受控对象的动力学，尤其是阶数。受控对象的阶数是从控制信号到输出的积分数。例如，若控制的是驱动质体的力，则目标是控制质体的位置。力可直接产生加速度，并且对加速度进行两次积分可以获得位置。因此，这是一个二阶系统。对于这种系统，通常都需要进行微分控制。如果系统缺少自然阻尼，则微分控制可以添加阻尼，当输出接近期望值时减慢输出。对于零阶或一阶系统，通常不需要微分控制。如果消除稳态误差非常重要，则应该始终考虑积分控制。

表 23-1 给出了选择 PID 变体的粗略指南。虽然 PID 控制对于高于二阶的受控对象是有效的，但我们不会考虑这种可能具有不直观行为的系统。通过控制关节处的转矩来控制柔性机器人连杆的末端位置就是这样一个示例。链路的弯曲模式会引入更多的状态变量，从而增加系统的阶数。

表 23-1　基于受控对象阶数推荐的 PID 变体

控制	受控对象输出	阶数	推荐的控制系统
力	质体位置	2	PD，PID
力	质体速度	1	P，PI
电流	电容器两端的电压	1	P，PI
电流	LED 亮度	0	P，PI

23.3　增益调节的经验方法

虽然使用良好的系统模型分析设计技术是无可替代的，但是也可以使用经验方法来设计有用的控制器。

增益调节的经验是在实际系统上试验不同的控制增益，并选择能够提供良好阶跃误差响应的增益技术。在 $K_p - K_i - K_d$ 的三维空间中寻找好的增益可能有些困难，因此最好系统地遵守几个经验法则。

- **稳态误差**。如果稳态误差太大，则请考虑增加 K_p。如果此时稳态误差仍然不可接受，则考虑引入非零 K_i。要注意 K_i 的选值，因为过大的 K_i 可能破坏系统的稳定。
- **超调量和振荡**。如果存在太大的超调量和振荡，则可以考虑增加阻尼 K_d 或比值 K_d/K_p。
- **调节时间**。如果调节时间太长，则考虑同时增加 K_p 和 K_d。

首先通过简单的 P 控制（$K_i = K_d = 0$）获得最佳性能。然后，从最好的 K_p 开始，如果你使用 PD 或 PID 控制，则同步测验 K_d 和 K_p。若已得到最好的 P 或 PD 控制器，对于 K_i 的实验应该保留到最后，因为非零 K_i 可能导致不直观的行为和不稳定性。

假设你不会因为不稳定而破坏系统，那么应尝试各种控制增益。图 23-3 显示了搜索受控对象具有未知动态特性的 PD 增益空间的示例。控制增益在几个数量级或者幅值上波动变化。对于较大的控制增益，由虚线表示的驱动器作用 $u(t)$ 通常是饱和的。正如预期的那样，随着 K_p 的增加，振荡和超调量也在增加，而稳态误差在减小。随着 K_d 的增加，振荡和超调量被抑制。

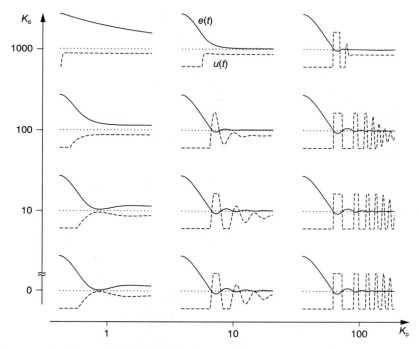

图 23-3　由不同 PD 控制器控制的未知系统的阶跃误差响应。实线表示误差响应
$e(t)$，虚线表示控制作用 $u(t)$。哪个控制器是"最好的"

控制器增益的大小是受到实际限制的。较大的控制器增益，加上传感器测量噪声或长周期的 dt，可能会导致系统不稳定。它们还可能导致控制器在执行机构的限制之间抖动。

23.4　基于模型的控制

使用反馈控制器（如 PID 控制器）时，要有误差才能产生控制信号。如果你有一个合理的系统动力学模型，那么为什么要在产生误差后才使用控制呢？使用一个模型来预测所需的控制作用被称为前馈控制，因为它仅取决于参考轨迹 $r(t)$，而不是传感器反馈。基于模型的前馈控制器可以写为

$$u_{\mathrm{ff}}(t) = f(r(t), \dot{r}(t), \ddot{r}(t), \ldots)$$

其中 $f(\cdot)$ 是一个受控对象的逆向动力学模型，它计算作为 $r(t)$ 及其导数（见图 23-4）的函数所需的控制作用。

由于前馈控制对无法避免的模型误差是鲁棒性不强的，因此它可以与 PID 反馈

图 23-4　理想的前馈控制器。如果受控对象的逆向动力学模型是完美的，则控制的输出可以精确地跟踪参考 $r(t)$

控制组合起来使用，以得到控制律。

$$u(t) = u_{ff}(t) + K_i e(t) + K_t \int_0^t e(t)\,dz + K_d \dot{e}(t) \qquad (23\text{-}2)$$

在机械臂的控制中，该控制律被称为计算转矩控制，其中 u 是关节转矩的集合，而模型 $f(\cdot)$ 计算对于给定期望关节角度、速度和加速度所需的关节转矩。

相关的控制策略是使用参考轨迹 $r(t)$ 和误差 $e(t)$ 来计算期望的状态变化。例如，如果受控对象是二阶系统（控制 u 直接控制 $\ddot{s}$），则受控对象输出的期望加速度 $\ddot{s}_d(t)$ 可以写为规划的加速度 $\ddot{r}(t)$ 和 PID 反馈项之和：

$$\ddot{s}_d(t) = \ddot{r}(t) + K_p e(t) + K_i \int_0^t e(t)\,dz + K_d \dot{e}(t)$$

然后使用逆向模型计算实际控制 $u(t)$：

$$u(t) = f(s(t), \dot{s}(t), \ddot{s}_d(t)) \qquad (23\text{-}3)$$

如果逆向模型是好的，则式（23-3）相对于式（23-2）的一个优点是，恒定 PID 增益的效果在受控对象的不同状态下是相同的。这种特性对于机械臂等系统是很重要的，因为关节的惯性可能会根据外侧关节的角度而变化。例如，当肘部完全伸展时，肩部的惯性较大，而当肘部弯曲时，肩部的惯性较小。如果 PID 控制器的输出是关节转矩，则为弯曲手肘而设计的肩部 PID 控制器在手肘伸展时可能不能很好地工作。如果将 PID 项视为加速度而不是关节转矩，并且通过逆向模型来传递这些加速度，则不管肘部的形状如何，肩部 PID 控制器都应该具有相同的性能[⊖]。

与单独的反馈控制相比，前馈加反馈控制（见式（23-2）和（23-3））有较少的控制作用和较小误差的优点。其成本在于如何开发一个良好的受控对象动力学模型和为控制器增加的计算时间。

23.5　小结

- 一个控制系统的性能通常由阶跃误差响应的超调量、2% 的调节时间和稳态误差来评估。

- PID 控制律是 $u(t) = K_p e(t) + K_t \int_0^t e(z)\,dz + K_d \dot{e}(t)$。

- 比例增益像 K_p 虚拟的弹簧一样工作，而微分增益 K_d 像虚拟的阻尼器一样工作。积分增益 K_i 可用于消除稳态误差，但是大的 K_i 值可能导致系统变得不稳定。

- PID 控制的常见变体是 P、PI 和 PD 控制。

- 要想减少稳态误差，可以增加 K_p 和 K_i。要减小超调量和振荡，可以增加 K_d。要减少调节时间，可以同时增加 K_p 和 K_d。出于稳定性考虑，对控制器增益的设置要有实际限制。

- 反馈控制需要通过误差来产生控制信号。基于模型的前馈控制可以与反馈控制结合使用，以预测所需的控制，从而减少误差。

⊖　假设逆向模型是好的，而且控制作用是不饱和的。

23.6　练习题

本章提供了一个简单的 MATLAB 模型，该模型在重力作用下移动一个单关节旋转机械臂。通过对阶跃输入的误差响应进行测试，来执行对 PID 增益的经验调节，其中阶跃输入要求关节从 $\theta = 0$（在重力下悬挂）移动到 $\theta = 1$ 弧度。测试执行以下代码

```
pidtest(Kp, Ki, Kd)
```

找到好的增益 K_p、K_i 和 K_d，并画出产生的阶跃误差响应曲线。pid test(50, 0, 3000) 的输出示例曲线，如图 23-5 所示。

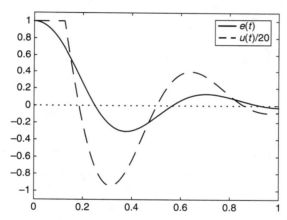

图 23-5　单关节机器人在 $K_p = 50$、$K_i = 0$、$K_d = 3000$ 下的阶跃误差和控制响应

代码示例 23.1　pidtest.m。 增益经验调节 MATLAB 程序，用于在重力下模拟单关节旋转机械臂的运动

```matlab
function pidtest(Kp, Ki, Kd)

INERTIA = 0.5;          % The plant is a link attached to a revolute joint
MASS = 1;               % hanging in GRAVITY, and the output is the angle of the joint.
CMDIST = 0.1;           % The link has INERTIA about the joint, MASS center at CMDIST
DAMPING = 0.1;          % from the joint, and there is frictional DAMPING.
GRAVITY = 9.81;
DT = 0.001;             % timestep of control law
NUMSAMPS = 1001;        % number of control law iterations
UMAX = 20;              % maximum joint torque by the motor

eprev = 0;
eint = 0;
r = 1;                  % reference is constant at one radian
vel = 0;                % velocity of the joint is initially zero
s(1) = 0.0; t(1) = 0;   % initial joint angle and time
for i=1:NUMSAMPS
  e = r - s(i);
  edot = e - eprev;
  eint = eint + e;
```

```
u(i) = Kp*e + Ki*eint + Kd*edot;
if (u(i) > UMAX)
  u(i) = UMAX;
elseif (u(i) < -UMAX)
  u(i) = -UMAX;
end
eprev = e;
t(i+1) = t(i) + DT;

% acceleration due to control torque and dynamics
acc = (u(i) - MASS*GRAVITY*CMDIST*sin(s(i)) - DAMPING*vel)/INERTIA;

% a simple numerical integration scheme
s(i+1) = s(i) + vel*DT + 0.5*acc*DT*DT;
vel = vel + acc*DT;
end

plot(t(1:NUMSAMPS),r-s(1:NUMSAMPS),'Color','black');
hold on;
plot(t(1:NUMSAMPS),u/20,'--','Color','black');
set(gca,'FontSize',18);
legend({'e(t)','u(t)/20'},'FontSize',18);
plot([t(1),t(length(t)-1)],[0,0],':','Color','black');
axis([0 1 -1.1 1.1])
title(['Kp: ',num2str(Kp),'  Ki: ',num2str(Ki),'  Kd: ',num2str(Kd)]);
hold off
```

延伸阅读

Franklin, G. F., Powell, D. J., & Emami-Naeini, A. (2014). *Feedback control of dynamic systems* (7th ed.). Upper Saddle River, NJ: Prentice Hall.

Ogata, K. (2002). *Modern control engineering* (4th ed.). Upper Saddle River, NJ: Prentice Hall.

Phillips, C. L., & Troy Nagle, H. (1994). *Digital control system analysis and design* (3rd ed.). Upper Saddle River, NJ: Prentice Hall.

LED 亮度的反馈控制

本章将使用反馈控制来控制 LED 的亮度。该项目使用了 PIC32 的计数器／定时器、输出比较和模拟输入外设，以及用于驱动 LCD 屏幕的并行主端口。

图 24-1 给出了这个项目的示例结果。LED 的亮度值用亮度传感器的模拟电压来表示，用 ADC 进行计数。图 24-1 所示为参考方波，表示期望的亮度在每 0.5s 有 800 个 ADC 计数（亮）和 200 个 ADC 计数（暗淡）之间交替变化。一个成功的反馈控制器会产生一个紧紧跟随参考亮度值的实际亮度。

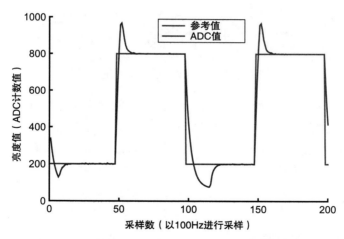

图 24-1   LED 亮度的反馈控制示例。方波是期望的 LED 亮度，以传感器 ADC
          计数值来表示，而另一条曲线则是由传感器测得的实际亮度值。以
          100Hz 的频率进行采样，并且绘图数据的持续时间为 2s

图 24-2 给出了 LED 和传感器电路，以及它们与 OC1 输出和 AN0 模拟输入的连接。来自 OC1 的 PWM 波形以 20kHz 的频率点亮和熄灭 LED。这个速度对于我们的肉眼来说实在是太快了，会产生一个介于 LED 熄灭和完全点亮之间的平均亮度值。LED 发出的光激活光

电晶体管，并在晶体管中产生与入射光成比例的发射极电流。电阻 R 将该电流转化为一个感测电压。1μF 电容与 R 并联形成一个时间常数为 $\tau = RC$ 的低通滤波器，它消除了由于快速切换 PWM 信号而产生的时间平均电压的高频分量。该滤波的作用与视觉感知中的低通滤波相类似，可以防止看到 LED 亮灭的快速切换所造成的亮度差异。

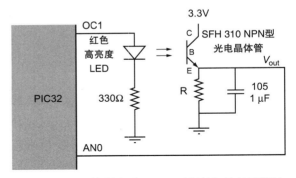

图 24-2 LED 控制电路。LED（阳极）的长引脚连接到 OC1、短引脚（阴极）连接到 330Ω 电阻。光电晶体管（集电极）的短引脚连接到 3.3V 电压、长引脚（发射极）连接到 AN0、电阻 R 和 1μF 电容上

控制系统的框图，如图 24-3 所示。PIC32 从光电晶体管电路中读取模拟电压，计算期望亮度的 ADC 计数值与测量电压的 ADC 计数值之间的差值，并使用比例积分（PI）控制器在 OC1 上产生新的 PWM 占空比。同时，该控制信号会改变由光电晶体管电路感测到的 LED 的平均亮度。

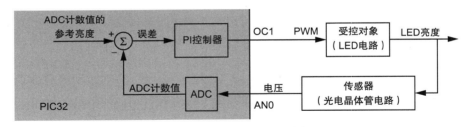

图 24-3 LED 亮度控制系统框图

PIC32 程序将生成一个随时间变化的参考波形（即期望亮度的 ADC 计数值）的函数。然后频率为 1kHz 的控制回路将读取传感器电压（以 ADC 计数值形式），并更新 20kHz 的 OC1 PWM 信号的占空比，以使测量的 ADC 计数值可以跟随参考波形。

这个项目的正常运行需要协调许多外设。因此，可以将它分成多个小模块，并验证每个模块是否正常运行，而不是企图一次性完成整个项目。

24.1 电路的接线和测试

1. **LED 二极管压降**。将 LED 阳极连接到 3.3V，将阴极连接到 330Ω 电阻上，而将该电阻的另一端接地。此时 LED 的亮度值最大。使用万用表记录 LED 上的正向偏置压降，计算或测量通过 LED 的电流。检查为 PIC32 提供这个电流是否安全？

2. **选择 R（电阻）**。除了连接 LED 与 OC1 之外，按照图 24-2 来连接电路。如图 24-4 所示，LED 和光电晶体管应该相对放置，且距离大约为 1 in (1 in = 0.0254 m)。R 的选择应尽可

能小，同时确保当 LED 阳极连接到 3.3V（LED 亮度最大）时，光电晶体管发射极处的电压
V_{out} 接近 3V；而当 LED 阳极断开时，V_{out} 接
近 0V（LED 熄灭）。如果仍然可以获得相同
的电压波动，那么可以使用 10kΩ 范围内尽
量小的电阻。记录下 R 的数值。现在将 LED
的阳极连接到 OC1，以完成项目的其余部分。

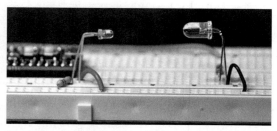

24.2　通过 OC1 为 LED 供电

图 24-4　光电晶体管（左）和 LED（右）相互指
向对方

1. **计算 PWM**。使用 Timer3 作为 OC1
的基准定时器。需要在 OC1 上产生频率为 20kHz 的 PWM 信号。Timer3 将 PBCLK 作为输
入，并使用 1 倍的预分频器。那么 PR3 应该是什么呢？

2. **PWM 程序**。根据前面的结果编写一个程序，使用 Timer3 在 OC1（无故障引脚）上
产生频率为 20kHz 的 PWM 输出，将占空比设置为 75%。从示波器获取以下内容。

a. OC1 波形。确认这个波形是否符合你的期望。

b. 传感器电压 V_{out}。

c. 现在去除 1μF 的电容，并得到 V_{out} 的另一个波形。解释这与前面波形的差异。

将 1μF 电容插回电路，继续剩余的项目。

24.3　生成开环 PWM 波形

现在要修改程序来生成用一个用整型数组存储的波形。这个数组最终将作为反馈控制
器的参考亮度波形（见图 24-1 中的方波），但现在还不是；这个数组将代表一个关于时间的
PWM 占空比函数。修改程序，将下面的代码放在 C 文件的顶部（在 main 的外面），定义
一个常量 NUMSAMPS 和全局的 volatile int 数组 Waveform。

```
#define NUMSAMPS  1000                    // number of points in waveform
static volatile int Waveform[NUMSAMPS]; // waveform
```

然后创建函数 makeWaveform()，将一个方波存储在 Waveform[] 中，并在 main
的开头调用它。方波以 center 为中心，幅值为 A。将 center 初始化为（PR3 + 1）/2，
以及将 A 初始化为前一小节所计算的 PR3 的值。

```
void makeWaveform() {
  int i = 0, center = ???, A = ???; // square wave, fill in center value and amplitude
  for (i = 0; i < NUMSAMPS; ++i) {
    if ( i < NUMSAMPS/2) {
      Waveform[i] = center + A;
    } else {
      Waveform[i] = center - A;
    }
  }
}
```

现在配置 Timer2，以 1kHz 的频率调用 ISR。该 ISR 最终将实现控制器，它读取 ADC 并计算新的 PWM 占空比。现在根据 Waveform[] 中的波形来使用 ISR 修改占空比。调用 ISR 控制器，并使其中断优先级为 5。它将使用一个静态 int 类型的局部变量来记录 ISR 调用的数量，并在达到 1000 次 ISR 调用之后对其进行复位⊖。换句话说，ISR 应该具有如下的形式：

```
void __ISR(_TIMER_2_VECTOR, IPL5SOFT) Controller(void) { // _TIMER_2_VECTOR = 8
  static int counter = 0;         // initialize counter once

  // insert line(s) to set OC1RS

  counter++;                      // add one to counter every time ISR is entered
  if (counter == NUMSAMPS) {
    counter = 0;                  // roll the counter over when needed
  }
  // insert line to clear interrupt flag
}
```

除了清除中断标志（没有在例子中显示），ISR Controller 应该将 OC1RS 设置为等于 Waveform[counter] 的数值。由于 ISR 每 1ms 被调用一次，并且 Waveform[] 中的方波周期为 1000，所以 PWM 占空比会每 1s 经历一个方波周期。你应该看到 LED 每秒变亮和变暗一次。

1. 获取 V_{out} 的一个示波器轨迹截图，显示 2～4 个周期内方波传感器的近似读数。

2. 提交代码。

24.4 与 MATLAB 建立通信

通过建立 PIC32 和 MATLAB 间的通信，PIC32 可以访问 MATLAB 的科学计算和图形扩展功能，并且 MATLAB 可以使用 PIC32 作为一个数据采集和控制设备。关于如何在 MATLAB 中打开串口的详细信息，请参阅 11.3.5 节，并且使用该程序与第 1 章的基本通信程序 talkingPIC.c 进行通信。

确保 PIC32 上的 talkingPIC 可以和 MATLAB 中的程序 talkingPIC.m 进行通信。在验证是否可以正确通信之前，不要继续进行下一步。

24.5 在 MATLAB 中利用数据绘图

现在可以与 MATLAB 通信了，将控制器的参考值和感测的 ADC 值发送到 MATLAB 进行绘图，以建立 24.3 节所示的代码。这些信息将帮助你了解控制器的工作情况，让你根据经验调整 PI 增益。

首先，在程序顶部添加一些常量和全局变量。PIC32 程序将根据 MATLAB 的请求，向 MATLAB 发送数据点 PLOTPTS，其中常量 PLOTPTS 设置为 200。程序将在每隔 DECIMATION

⊖ 记住，静态局部变量仅可初始化一次，不是每个函数都能调用，而且变量在函数调用后将保留数值。对于全局变量，静态限定符意味着变量不能用于其他模块（即其他的 .C 文件）。

（DECIMATION=10）次记录一次数据，而不需要记录每次控制迭代的数据。由于控制回路以 1000Hz 的频率运行，所以在 1000Hz / DECIMATION = 100Hz 的频率下收集数据。

我们还定义了全局整型数组 ADCarray 和 REFarray 保存传感器信号和参考信号。int StoringData 是一个标志，用以指示当前是否正在收集数据。当它从 TRUE（1）转换到 FALSE（0）时，表示数据点 PLOTPTS 已经被采集，此时发送 ADCarray 和 REFarray 到 MATLAB。最后，Kp 和 Ki 是 PI 增益的全局浮点数。所有的变量都具有限定符 volatile，因为它们在 ISR 和 main 之间共享，而在其他 .c 文件中不需要它们（这是良好的做法，尽管这个项目只使用了一个 .c 文件）。

因此，在程序开始应该有下面的常量和变量。

```
#define NUMSAMPS   1000        // number of points in waveform
#define PLOTPTS    200         // number of data points to plot
#define DECIMATION 10          // plot every 10th point

static volatile int Waveform[NUMSAMPS];    // waveform
static volatile int ADCarray[PLOTPTS];     // measured values to plot
static volatile int REFarray[PLOTPTS];     // reference values to plot
static volatile int StoringData = 0;       // if this flag = 1, currently storing
                                           // plot data
static volatile float Kp = 0, Ki = 0;      // control gains
```

也应该修改 main 函数，以便在开头附近定义这些局部变量。

```
char message[100];              // message to and from MATLAB
float kptemp = 0, kitemp = 0;   // temporary local gains
int i = 0;                      // plot data loop counter
```

这些局部变量用于 main 的无限循环中。这个循环被频率为 1kHz 的 ISR 中断。循环等待来自 MATLAB 的消息，其中包含用户请求的新 PI 增益。当收到一个消息时，MATLAB 的增益被存储到局部变量 kptemp 和 kitemp 中，然后禁用中断。这些局部值被复制到全局增益 Kp 和 Ki 中，并且重新启用中断。在赋值 Kp 和 Ki 时禁用中断，以确保 ISR 在赋值过程中不会被中断，从而使它使用新的 Kp 值而不是旧的 Ki 值。另外，由于 sscanf 的执行时间比简单的变量赋值要长，所以要在中断禁止时调用它。我们希望保持中断禁用的时间尽可能短，以避免干扰 1kHz 的控制回路的时序。

接下来，将标志 StoringData 设置为 TRUE（1），以告知 ISR 开始存储数据。当数据点 PLOTPTS 采集完成时，ISR 将 StoringData 设置为 FALSE（0），这表示可以将存储的数据发送到 MATLAB 进行绘图。main 函数中的无限循环应该如下所示。

```
while (1) {
  NU32_ReadUART3(message, sizeof(message));        // wait for a message from MATLAB
  sscanf(message, "%f %f" , &kptemp, &kitemp);
  __builtin_disable_interrupts(); // keep ISR disabled as briefly as possible
  Kp = kptemp;                    // copy local variables to globals used by ISR
  Ki = kitemp;
  __builtin_enable_interrupts();  // only 2 simple C commands while ISRs disabled
  StoringData = 1;                // message to ISR to start storing data
  while (StoringData) {           // wait until ISR says data storing is done
```

```
      ; // do nothing
    }
  for (i=0; i<PLOTPTS; i++) {          // send plot data to MATLAB
                              // when first number sent = 1, MATLAB knows we're done
    sprintf(message, "%d %d %d\r\n", PLOTPTS-i, ADCarray[i], REFarray[i]);
    NU32_WriteUART3(message);
  }
}
```

最后，当 StoringData 为 TRUE 时，需要在 ISR 中编写代码来记录数据。此代码将使用新的局部静态整型变量 plotind、decctr 和 adcval。plotind 是需要采集的下一组数据的索引，它从 0 到 PLOTPTS-1。decctr 从 1 到 DECIMATION 进行计数，以实现每 DECIMATION 次存储一次数据。在开始读取 ADC 之前，将 adcval 设置为 0。

代码应如下所示。你只需要插入几行代码来设置 OC1RS 并清除中断标志。

```
void __ISR(_TIMER_2_VECTOR, IPL5SOFT) Controller(void) {
  static int counter = 0;          // initialize counter once
  static int plotind = 0;          // index for data arrays; counts up to PLOTPTS
  static int decctr = 0;           // counts to store data one every DECIMATION
  static int adcval = 0;           //

 // insert line(s) to set OC1RS

  if (StoringData) {
    decctr++;
    if (decctr == DECIMATION) {    // after DECIMATION control loops,
      decctr = 0;                  // reset decimation counter
      ADCarray[plotind] = adcval;  // store data in global arrays
      REFarray[plotind] = Waveform[counter];
      plotind++;                   // increment plot data index
    }
    if (plotind == PLOTPTS) {      // if max number of plot points plot is reached,
      plotind = 0;                 // reset the plot index
      StoringData = 0;             // tell main data is ready to be sent to MATLAB
    }
  }
  counter++;                       // add one to counter every time ISR is entered
  if (counter == NUMSAMPS) {
    counter = 0;  // rollover counter over when end of waveform reached
  }

 // insert line to clear interrupt flag
}
```

下面一行是与 PIC32 进行通信的 MATLAB 代码。加载新的 PIC32 代码，并在 MATLAB 中使用以下命令：

```
data = pid_plot('COM3', 2.0, 1.0)
```

其中，应该在 Makefile 中使用适当的 COM 端口名替换 "COM3"。Kp 值为 2.0，Ki 值为 1.0。因为程序还不会利用增益值而工作，所以输入的增益值为多少都没关系。如果所有的程序都正常工作，则 MATLAB 应绘制两个周期的方波占空比波形，以及零个周期测量的 ADC 值绘制（这尚未实现）。

代码示例 24.1 pid_plot.m。绘制数据来自 PIC32 LED 控制程序的 MATLAB 代码

```
function data = pid_plot(port,Kp,Ki)
%   pid_plot plot the data from the pwm controller to the current figure
%
%   data = pid_plot(port,Kp,Ki)
%
%   Input Arguments:
%       port - the name of the com port.  This should be the same as what
%               you use in screen or putty in quotes ' '
%       Kp - proportional gain for controller
%       Ki - integral gain for controller
%   Output Arguments:
%       data - The collected data.  Each column is a time slice
%
%   Example:
%       data = pid_plot('/dev/ttyUSB0',1.0,1.0) (Linux)
%       data = pid_plot('/dev/tty.usbserial-00001014A',1.0,1.0) (Mac)
%       data = pid_plot('COM3',1.0,1.0) (PC)
%

%% Opening COM connection
if ~isempty(instrfind)
    fclose(instrfind);
    delete(instrfind);
end
fprintf('Opening port %s....\n',port);
mySerial = serial(port, 'BaudRate', 230400, 'FlowControl', 'hardware');
fopen(mySerial); % opens serial connection
clean = onCleanup(@()fclose(mySerial)); % closes serial port when function exits

%% Sending Data
% Printing to matlab Command window
fprintf('Setting Kp = %f, Ki = %f\n', Kp, Ki);

% Writing to serial port
fprintf(mySerial,'%f %f\n',[Kp,Ki]);

%% Reading data
fprintf('Waiting for samples ...\n');

sampnum = 1; % index for number of samples read
read_samples = 10; % When this value from PIC32 equals 1, it is done sending data
while read_samples > 1
    data_read = fscanf(mySerial,'%d %d %d'); % reading data from serial port

    % Extracting variables from data_read
    read_samples=data_read(1);
    ADCval(sampnum)=data_read(2);
    ref(sampnum)=data_read(3);

    sampnum=sampnum+1; % incrementing loop number
end
data = [ref;ADCval]; % setting data variable

%% Plotting data
clf;
```

```
hold on;
t = 1:sampnum-1;
plot(t,ref);
plot(t,ADCval);
legend('Reference', 'ADC Value')
title(['Kp: ',num2str(Kp),'  Ki: ',num2str(Ki)]);
ylabel('Brightness (ADC counts)');
xlabel('Sample Number (at 100 Hz)');
hold off;
end
```

提交一个 MATLAB 图像，该图像显示 pid_plot.m 正在与 PIC32 代码进行通信。

24.6　写入 LCD 屏幕

1. 编写函数 printGainsToLCD()，其函数原型为 void printGainsToLCD(void);。这个函数将增益 Kp 和 Ki 逐行写入 LCD 屏幕上。

```
Kp: 12.30
Ki:  1.00
```

应该在将 StoringData 设置为 1 之后，在 main 中调用这个函数。你需要在进入下一节之前验证它是否能正常工作。

24.7　读取 ADC

在 if(StoringData) 代码行的前面读取 ISR 中的 ADC 值。该值被称为 adcval，所以它将存储于 ADCarray。提交一个显示测量的 ADCarray 和 REFArray 的 **MATLAB** 图像。你可能希望使用手动采样和自动转换来读取 ADC。

24.8　PI 控制

现在实现 PI 控制器。更改程序 makeWaveform，将 center 设置为 500，幅值 A 设为 300，以使方波在 200 ~ 800 之间摆动。现在，该波形是期望的 LED 亮度，它以 ADC 来计数。使用从 ADC 上读取的 adcval 和参考波形作为 PI 控制器的输入。调用 PI 控制器的输出 u。输出 u 可以为正值或负值，而 PWM 的占空比只能介于 0 ~ PR3 之间。如果我们将值 u 视为百分比，则可以通过向该值加上 50 来使其以 50% 为中心，然后通过以下代码令其在 0% 和 100% 时达到饱和。

```
unew = u + 50.0;
if (unew > 100.0) {
  unew = 100.0;
} else if (unew < 0.0) {
  unew = 0.0;
}
```

最后，必须将控制作用 unew 转换成 0 ～ PR3 范围内的值，以便将其存储在 OC1RS 中。

```
OC1RS = (unsigned int) ((unew/100.0) * PR3);
```

建议你将控制误差 Eint 的积分定义为全局静态 volatile int 类型。然后在每次从 MATLAB 上接收到新的 Kp 和 Ki 时，将 Eint 重置为零。这样确保了这个控制器可以重新启动，而不会出现潜在地累加前一个控制器的误差积分。

使用 MATLAB 界面，调整增益 K_p 和 K_i，直到获得可以良好跟踪参考的方波。这时提交性能曲线图。

24.9　其他特性

还可以添加一些其他功能。

1. 除了绘制参考波形和实际测量信号之外，还可以绘制 OC1RS 值，以便可以看到控制效果。

2. 创建新的参考波形。例如，使 LED 亮度跟随一个正弦波形。可以在 PIC32 上计算该参考波形。你应该能够在 MATLAB 界面中选择一个输入参数来确定使用哪一个波形。甚至允许用户指定波形的参数（如中心和幅值）。

3. 更改 PIC32 和 MATLAB 代码，令 MATLAB 发送有任意参考轨迹的 1000 个样本点。然后使用 MATLAB 代码来灵活地创建各种各样的参考轨迹。

24.10　小结

- 可以使用频率超过人眼可感知的 PWM 信号来实现对 LED 的亮度控制。亮度可以通过光电晶体管和 LED 亮度电阻电路的反馈控制来感测。与电阻并联的电容对传感器信号进行低通滤波，截止频率为 $f_c = 1/(2\pi RC)$，这在保持低频分量（眼睛可以察觉）的同时，抑制由于 PWM 频率及其谐波引起的高频分量。

- 参考亮度是一个关于时间的函数，它可以存储在具有 N 个样本的数组中。可以以固定频率 f_{ISR} 调用 ISR 中的循环来索引该数组，参考亮度是一个频率为 f_{ISR}/N 的周期波形。

- 由于 PWM 信号控制的 LED 亮度是零阶系统（PWM 电压直接改变 LED 电流，因而亮度没有经过任何积分），所以对于反馈控制器来说，PI 控制器是一个很好的选择。

- 当用户接受新的增益 K_p 和 K_i 后，应禁止中断以确保在更新 K_p 和 K_i 的过程中不调用 ISR。但是，禁用中断的时间应尽可能地短，以避免干扰期望的 ISR 时序。这可以通过将相对较慢的 sscanf 保持在禁用中断的时间段之外来实现。只有在 sscanf 读取的值被复制到 K_p 和 K_i 中的短时间内，中断才被禁用。

24.11　练习题

按本章所述完成 LED 亮度控制项目。

第 25 章 | Chapter 25

有刷永磁直流电机

大多数电机的工作原理是电流流过磁场产生力。由于电流和力之间的这种关系，所以电机可以将电功率转换为机械功率。它们也用于将机械功率转换为电功率，例如水电坝中的发电机，或者电动和混合动力汽车中的再生制动。

本章研究也许是最简单、最便宜、最常见，也可以说是最有用的电机：有刷永磁直流（DC）电机。为简单起见，我们将其简称为直流电机。直流电机具有两个输入端子，施加在这两个端子上的电压会使电机轴旋转。对于电机轴上的恒定负载或电阻，电机轴实现与输入电压成比例的速度。正电压使电机轴在一个方向旋转，而负电压使电机轴在另一个方向上旋转。

根据规格的不同，直流电机的价格从几十美分到几千美元不等。对于大多数小规模应用或兴趣爱好者，合适的直流电机通常只需几美元。直流电机通常配备传感器装置（一般是编码器）以跟踪电机的位置、速度以及减速器，它用于减小输出速度和增加输出转矩。

25.1 电机的物理知识

直流电机利用了洛伦兹力定律：

$$F = lI \times B \qquad (25\text{-}1)$$

其中 F、I 和 B 是 3 个矢量，B 是由永磁体产生的磁场，I 是电流矢量（包括流过导体电流的大小和方向）。l 是导体在磁场中的长度，而 F 是导体所受的力。对于电流垂直于磁场的情况，使用交叉乘积的右手法则很容易理解力的方向：伸出右手，食指指向电流流动方向，中指沿着磁通线方向，然后大拇指将指向力的方向（见图 25-1）。

现在让我们用导线环来替换导体，并使该导线环绕其中心旋转。如图 25-2 和图 25-3 所示。在一半的导线环中，电流沿垂直于页面的方向流入页面，而在另一半的导线环中，电流沿垂直于页面的方向流出页面。这在导线环上产生方向相反的力。参考图 25-3，令作用在半个导线环上的力的大小为 f，并且令 d 为半个导线环到导线环中心的距离。那么围绕导

线环中心作用于导线环上的总转矩可以写成

$$\tau = 2df\cos\theta$$

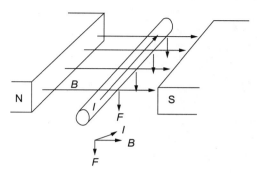
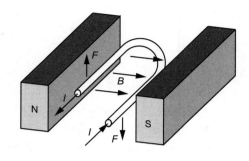

图 25-1　两个磁体产生磁场 **B**，并且流过导体的
电流 **I** 在导体上产生力 **F**

图 25-2　磁场中导线的载流回路

其中 θ 是导线环的角度。作为 θ 的函数，转矩随 θ 而变化。当 $-90° < \theta < 90°$ 时，转矩为正，并且 $\theta = 0$ 时转矩最大。导线环上的转矩曲线图如图 25-4a 所示。当 $\theta = -90°$ 和 $90°$ 时，转矩为零，其中 $\theta = 90°$ 是稳定的平衡状态，$\theta = -90°$ 是不稳定的平衡状态。因此，如果我们向导线环传入恒定的电流，那么导线环可能会停止在 $\theta = 90°$ 处。

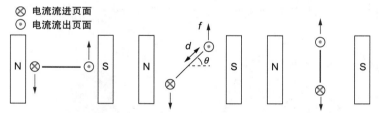

图 25-3　从两端观察磁场中的一个导线环。电流在导线环的一侧流入页面，并在另一侧流
出页面，同时在导线环的两边产生方向相反的力。这些相反的力在导线环上产生
围绕中心、与导线环成 θ 角的转矩

为了改进电机，可以在 $\theta = -90°$ 和 $\theta = 90°$ 处反转电流方向，使得转矩在所有角度都是非负的（见图 25-4b）。然而，在 $\theta = -90°$ 和 $\theta = 90°$ 时，转矩仍然为零，并且转矩作为 θ 的函数会有很大的变化。为了使转矩作为 θ 的函数时更恒定，可以引入更多的导线环，每个环与其他环偏离一定角度，并且每个环都以适当的角度反转它们的电流方向。图 25-4c 给出了一个示例，其中 3 个导线环互差 120°。它们的转矩分量相加得到一个作为角度函数的更加恒定的转矩。其余的转矩变化会引起与角度相关的转矩波动。

最后，为了增加所产生的转矩，每个导线环都用一个线圈（也称为线绕组）来代替，线圈在磁场中多次来回翻转。如果线圈有 100 个环，则对于相同的电流，线圈产生的转矩是单环的 100 倍。电机线圈中使用的线（例如磁线）是非常薄的，因此从线圈的一端到另一端的电阻一般为几分之一欧姆到几百欧姆。

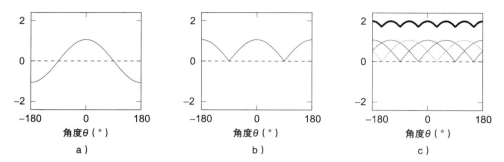

图 25-4　a) 图 25-3 所示导线环上的转矩是导线环角度的函数,电流恒定。b) 如果在 $\theta = -90°$ 和 $\theta = 90°$ 处使电流方向相反,则可以使转矩在所有 θ 处都非负。c) 如果使用彼此相差一定角度的多个导线环,则导线环的转矩之和(粗曲线)作为角度的函数将变得更加恒定。其他变化会导致转矩发生波动

　　如前所述,线圈中的电流必须在适当角度时改变电流方向,以保持转矩的非负性。图 25-5 显示了有刷直流电机如何实现这种电流反转的。两个输入端子与电刷相连,电刷一般由石墨等软导电材料制成,这些材料由弹簧承载抵抗换向,换向器与电机线圈相连。当电机旋转时,电刷在换向器上滑动并在换向片之间切换,每个换向片连接到一个或多个线圈的末端。这种电刷的切换改变了通过线圈电流的方向。作为电机角度的函数,切换流过线圈电流的过程被称为换向(commutation)。图 25-5 展示了使用 3 个换向片和每对换向片之间有一个线圈的最小电机设计原理图。大多数高质量电机具有更多的换向片和线圈。

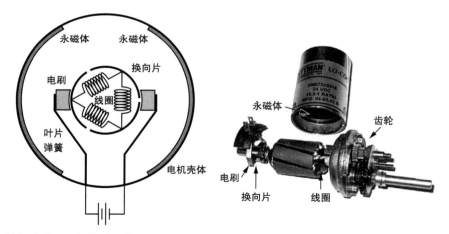

图 25-5　(左)直流电机的简单示意图。两个电刷通过与外部电机端子连接的叶片弹簧紧靠在换向器上。该换向器具有 3 个换向片,并且在每对换向片之间存在线圈。定子磁体环绕起来放置在电机壳体内。(右)拆卸开的 Pittman 电机有 7 个换向片。两个电刷连接到电机壳体,否则将被拆卸。两个永磁体中的一个在壳体内部是可见的。线圈缠绕在铁磁心外围以增加磁导率。该电机在输出端有一个齿轮

　　与图 25-4 中的简化示例不同,电刷 – 换向器的几何形状意味着实际上有刷电机中的每个线圈仅在电机的一部分角度处通电。且不说这是几何形状的结果,它还有另一个好处,就是

当电流流过产生较小转矩的线圈时，避免了能量浪费。相比于图 25-4c，图 25-6 更贴近实际。

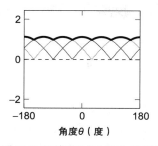

角度θ（度）

图 25-6　图 25-4c 展示了 3 个互差 120° 的线圈同时通电的转矩之和。但电刷和换向器的几何形状限制了所有线圈不能同时通电。该图给出了每次只有一个线圈通电时，三线圈有刷电机关于角度的转矩，这大致相当于图 25-5 中电刷较小时的情况。通电线圈是在最佳角度产生转矩的线圈。得到的电机转矩如图中粗线表示的曲线；较细曲线是其他线圈通电时产生的转矩。将该图与图 25-4c 相比较，可以看出，这种更实际的电机产生的转矩是图 25-4c 的一半，但是使用的电功率仅是图 25-4c 的 1/3，因为 3 个线圈中只有一个线圈通电。让电流流过产生较小转矩的线圈不会浪费能量

　　连接到电机壳体的固定部分称为定子，而电机的旋转部分称为转子。

　　图 25-7 所示为 Maxon 有刷电机的剖视图，可以看到电刷、换向器、磁铁和绕组。该图还给出了典型电机应用的其他元件：连接到电机轴一端以提供角度反馈的编码器以及连接到

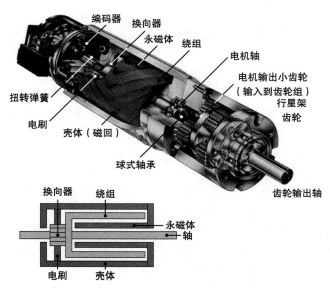

图 25-7　带编码器和减速器的 Maxon 有刷电机剖视图。电刷以弹簧负载的形式连接至换向器。左下方的图是简化的横截面，深灰色部分是电机的静止部分（定子），而浅灰色部分是电机的旋转部分（转子）。在这种"无铁心"电机的几何结构中，绕组在永磁体和壳体之间的间隙中旋转（剖视图由 Maxon Precision Motors 公司提供）

电机轴另一端的齿轮。齿轮输出轴的速度比电机轴输出的慢，但是齿轮的输出轴具有更高的转矩。

与有刷换向不同，无刷电机是一种使用电子换向的变体。有关无刷直流电机的更多信息，请参阅 29.5 节。

25.2　控制方程

为推导出模拟电机行为的方程，我们忽略换向的细节，转而关注电能和机械能。输入电机的电功率为 IV，其中 I 是通过电机的电流，V 是电机两端的电压。我们知道电机将输入功率中的一部分转换成机械功率 $\tau\omega$，其中 τ 和 ω 分别是输出轴的转矩和速度。在电气特性上，电机可以由两端的电阻 R 以及由线圈产生的电感 L 来表示。电机线圈的电阻以热形式消耗功率 I^2R。电机还在电感的磁场中存储 $\frac{1}{2}LI^2$ 的能量，并且随时间的变化率为 $LI\,(\mathrm{d}I/\mathrm{d}t)$，这是流入电感（充电）或流出电感（放电）的能量。最后，功率消耗为声音以及在电刷换向器接口和电机轴与外壳之间的轴承处由摩擦产生的热量。在国际标准（SI）单位中，所有的这些功率分量都以瓦特来表示。综合上述所有因素，可以计算出输入电机的电功率：

$$IV = \tau\omega + I^2R + LI\frac{\mathrm{d}I}{\mathrm{d}t} + 摩擦、声音等引起的能量损耗$$

忽略最后一项，可以得到简化的电机模型，将其写成功率的形式：

$$IV = \tau\omega + I^2R + LI\frac{\mathrm{d}I}{\mathrm{d}t} \tag{25-2}$$

由式（25-2），我们可以推导出其他所有变量之间的关系。例如，在式（25-2）两边同时除以 I，得到

$$V = \frac{\tau}{I}\omega + IR + L\frac{\mathrm{d}I}{\mathrm{d}t} \tag{25-3}$$

比值 τ/I 是常量，表示特定电机设计的洛伦兹力定律。该常量为转矩常数 k_t，它与电流和转矩相关。转矩常数是电机中最重要的特性之一：

$$k_t = \frac{\tau}{I} 或\ \tau = k_tI \tag{25-4}$$

k_t 的 SI 单位为 N·m/A（在本章我们只使用 SI 单位，但你应该知道不同制造商所使用的单位不相同，如练习题中图 25-16 所示的速度 – 转矩曲线图和数据表）。式（25-3）也显示，k_t 的 SI 单位可以等效地写为 V·s/rad。当使用这些单位时，我们偶尔也将电机常数称为电气常数 k_e，而 k_e 的倒数则称为速度常数。你应该清楚这些术语指的都是电机的同一个属性。为了保持统一，我们通常称其为转矩常数 k_t。

现在用电压来表示电机模型：

$$V = k_t\omega + IR + L\frac{\mathrm{d}I}{\mathrm{d}t} \tag{25-5}$$

你要记住或者能够很快推导出式（25-2）、转矩常数（见式（25-4））和电压方程（见式

（25-5 ））。

$k_t\omega$ 项为反电动势（back-emf），其中 emf 是电动势（electromotive force）的缩写。我们也可以称其为 "反电压"。反电动势是在电机旋转过程中所产生的电压，用于 "对抗" 使电机运行的输入电压。如果电机的两端没有连接任何组件（开路），则 $I = 0$ 以及 $\frac{dI}{dt} = 0$，那么式（25-5）减小为：

$$V = k_t\omega$$

该等式表示反向驱动电机（例如，手动旋转它）将在两端产生电压。如果在电机两端间连接一个电容，那么用手旋转电机将会对电容充电，同时将输入的部分机械能转换为电能存储在电容中。在这种情况下，电机作为发电机来使用，将机械能转换为电能。

反电动势的存在也意味着，当在自由旋转的不计摩擦的电机之间施加恒定电压 V 时（电机轴没有连接任何组件），在一段时间之后电机将达到恒定速度 V/k_t。在该速度下，由式（25-5）可知，电流 I 下降为零，这意味着没有更多的转矩 τ 来加速电机。这是因为当电机加速时，反电动势也会增加，从而抵消施加的电压，直到不再有电流流动（因此没有产生转矩或加速度）。

25.3　速度 – 转矩曲线

考虑一个以恒定速度旋转螺旋桨的电机。由电机提供的转矩 τ 可写成

$$\tau = \tau_{\text{fric}} + \tau_{\text{pushing water}}$$

其中，τ_{fric} 是电机为了克服摩擦并开始旋转螺旋桨而产生的转矩，而 $\tau_{\text{pushing water}}$ 是当电机以速度 ω 旋转时螺旋桨排水所需的转矩。本节假设 $\tau_{\text{fric}} = 0$，因此，在这个例子中 $\tau = \tau_{\text{pushing water}}$。在 25.4 节中再考虑非零摩擦的情况。

对于一个以恒定速度 ω 旋转并提供恒定转矩 τ（如上述螺旋桨示例）的电机，电流 I 是恒定的，因此 $dI/dt = 0$。此时，式（25-5）变为

$$V = k_t\omega + IR \tag{25-6}$$

根据转矩常数的定义，我们可得到等效的公式：

$$\omega = \frac{1}{k_t}V - \frac{R}{k_t^2}\tau \tag{25-7}$$

式（25-7）表示，当 V 为常数时，ω 是 τ 的线性函数。这条斜率为 $-R/k_t^2$ 的曲线被称为电压 V 的速度 – 转矩曲线。

速度 – 转矩曲线绘制了当电机两端的电压为 V 时，在不同工作条件下所有恒定电流的情况。假设摩擦转矩为零，那么曲线在 $\tau = 0$ 轴的截距为：

$$\omega_0 = V/k_t = \text{空载速度}$$

曲线在 $\omega = 0$ 时截距为：

$$\tau_{stall} = \frac{k_t V}{R} \text{ 为堵转转矩}$$

在空载条件下，$\tau = I = 0$；电机以最大速度旋转，没有电流或转矩。在堵转条件下，轴被阻止旋转，并且由于缺少反电动势，所以电流（$I_{stall} = \tau_{stall}/k_t = V/R$）和输出转矩被最大化。沿着速度 – 转矩曲线，电机实际的工作点取决于连接到电机轴的负载。

速度 – 转矩曲线示例，如图 25-8 所示。当标称电压 $V_{nom} = 12V$ 时，该电机的 $\omega_0 = 500rad/s$，$\tau_{stall} = 0.1067N \cdot m$。工作区间是速度 – 转矩曲线下的任意一点，这对应于小于或等于 12V 的电压。如果电机工作在不同的电压 cV_{nom} 下，则速度 – 转矩曲线的截距被线性地缩放至 $c\omega_0$ 和 $c\tau_{stall}$。

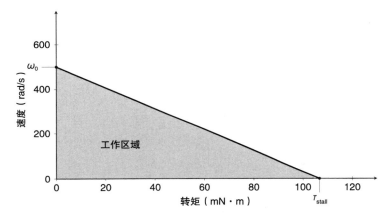

图 25-8　速度 – 转矩曲线。许多速度 – 转矩曲线的速度单位为 r/min，但我们倾向于使用 SI 单位

设供电电压为 V，并且电机轴以恒定速度旋转。你的手正在向电机轴施加一个小的转矩。由于电机没有加速，而且忽略了电机中的摩擦，所以电机线圈产生的转矩必须与手所施加的转矩大小相等、方向相反。因此，电机工作在速度 – 转矩曲线上的某个点。如果你缓慢地挤压轴，使施加到转子上的转矩增大，那么电机将减速并增加其作用的转矩，以平衡你所施加的转矩。假设电机的电流变化缓慢（即 LdI/dt 可忽略不计），则当挤压力增大时，电机的工作点向速度 – 转矩曲线的右下方移动。当握力足够大以致电机不再旋转时，电机处于堵转状态，即工作于速度 – 转矩曲线的右下方。

速度 – 转矩曲线对应常数 V，而不是恒定输入功率 $P_{in} = IV$。由于电流 I 与 τ 是线性关系，因此输入电功率随 τ 线性增加。输出机械功率为 $P_{out} = \tau\omega$，将电功率转换为机械功率的效率为 $\eta = P_{out}/P_{in} = \tau\omega/IV$。25.4 节还会讨论转换效率的问题。

为了在速度 – 转矩曲线上找到使输出机械功率最大的点，我们可以将曲线上的点写为 $(\tau, \omega) = c\tau_{stall}, (1 - c)\omega_0$，其中 $0 \leq c \leq 1$，所以输出功率表示为：

$$P_{out} = \tau\omega = (c - c^2)\tau_{stall}\omega_0$$

使输出功率最大的 c 值可由下列等式解得。

$$\frac{\mathrm{d}}{\mathrm{d}c}\left[\,(c-c^2)\,\tau_{\mathrm{stall}}\omega_0\,\right] = (1-2c)\,\tau_{\mathrm{stall}}\omega_0 = 0 \longrightarrow c = \frac{1}{2}$$

因此，输出机械功率在 $\tau = \tau_{\mathrm{stall}}/2$ 和 $\omega = \omega_0/2$ 时达到最大。该最大输出功率为：

$$P_{\max} = \left(\frac{1}{2}\,\tau_{\mathrm{stall}}\right)\left(\frac{1}{2}\,\omega_0\right) = \frac{1}{4}\,\tau_{\mathrm{stall}}\omega_0$$

参阅图 25-9。

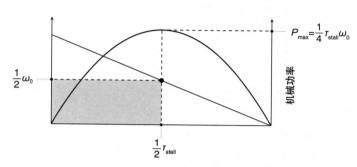

图 25-9　二次型机械功率曲线 $P = \tau\omega$，与速度 – 转矩曲线一起绘制。速度 –
转矩曲线工作点左下方的矩形区域是机械功率

　　电机的电流与转矩成正比，因此在高转矩下工作意味着线圈会产生大量的热损耗 I^2R，有时称为欧姆加热。基于这个原因，电机制造商规定了最大连续电流 I_{cont}，最大连续电流使线圈的稳态温度保持在临界点以下$^{\ominus}$。最大连续电流具有相应的最大连续转矩 τ_{cont}。该转矩左侧和速度 – 转矩曲线下的点称为连续工作区域。如果电机已得到充分冷却，则电机可以在连续工作区域之外间歇地工作，即在间歇工作区域中工作。电机通常在额定电压下运行，该额定电压将最大机械功率工作点（在 $\tau_{\mathrm{stall}}/2$ 处）设置于连续工作区域之外。

　　图 25-8 给出了电机的热特性，速度 – 转矩曲线可以细化到图 25-10 所示的曲线，其中给出了电机的连续工作区域和间歇工作区域。速度 – 转矩曲线上的点 τ_{cont} 是额定或标称的工作点，此时的机械输出功率称为电机的额定功率。在图 25-10 所示的电机中，当 $\omega = 375\mathrm{rad/s}$ 时，$\tau_{\mathrm{cont}} = 26.67\mathrm{mN\cdot m}$，此时对应的额定功率为：

$$0.02667\mathrm{N\cdot m} \times 375\mathrm{rad/s} = 10.0\mathrm{W}$$

图 25-10 还显示了通过额定工作点的恒定输出功率的双曲线 $\tau\omega = 10\mathrm{W}$。

　　电机的速度 – 转矩曲线是基于标称电压绘制的，这是制造商建议的"安全"电压。但是，如果电机不能在超过最大连续电流时持续运行，则这可能会使电机过电压。电机也可能有一个特定的最大允许速度 $\omega_{\max}$，它在允许的工作范围内产生水平线约束。该速度由可允许的电刷磨损或者电机轴承的特性来确定，并且通常大于空载速度 ω_0。电机轴和轴承也可以具有最大的额定转矩 $\tau_{\max} > \tau_{\mathrm{stall}}$。这些限制允许定义过电压连续工作区域和间歇工作区

$\ominus$　最大连续电流取决于控制线圈如何快速地将自身热量传递到环境中的热特性。这取决于环境温度，通常可以认为是室温。通过冷却电机，可以增加最大连续电流。

域，如图 25-11 所示。

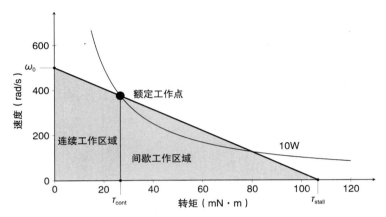

图 25-10　连续工作区域（在速度 – 转矩曲线下方和 τ_{cont} 的左侧）和间歇工作区域（速度 – 转矩曲线下方的其余区域）。10W 的机械功率双曲线如图所示，包含 τ_{cont} 处的额定工作点

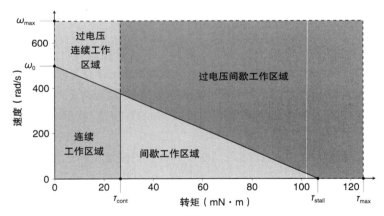

图 25-11　如果电机满足约束 $\omega < \omega_{max}$ 和 $\tau < \tau_{max}$ 并且仅间歇地超过 τ_{cont}，则电机的电压可能会大于额定工作电压

25.4　摩擦力和电机效率

到目前为止，我们假设在输出轴上可以得到绕组产生的全部转矩 $\tau = k_t I$。然而，实际上由于电刷和轴承上的摩擦会损失一些转矩。我们可以使用一个简单的摩擦模型：假定必须产生一个克服摩擦并起动电机的转矩 $\tau \geqslant \tau_{fric} > 0$，并且不管电机速度是多少，在输出轴上都可以获得大于 τ_{fric} 的转矩（例如，速度大小与摩擦无关）。当电机旋转时，输出轴可用转矩为：

$$\tau_{out} = \tau - \tau_{fric}$$

非零摩擦产生非零的空载电流 $I_0 = \tau_{\text{fric}}/k_i$ 和小于 V/k_t 的空载速度 ω_0。对图 25-11 所示的速度 – 转矩曲线进行修改，以显示一个小的摩擦转矩，如图 25-12 所示。实际传递到负载的转矩减小了 τ_{fric}。

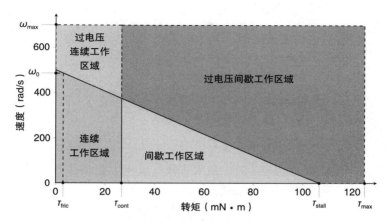

图 25-12 对图 25-11 中的曲线修改后的速度 – 转矩曲线，用于显示非零摩擦转矩 τ_{fric} 和减小的空载转速 ω_0

考虑到摩擦，电机将电功率转换为机械功率的效率为：

$$\eta = \frac{\tau_{\text{out}}\omega}{IV} \tag{25-8}$$

效率取决于速度 – 转矩曲线上的工作点，而且由于没有输出机械功率，所以当 τ_{out} 或 ω 为零时，效率为零。最大效率通常发生在高速低转矩时，在 $\tau = \tau_{\text{out}} = 0$ 和 $\omega = \omega_0$ 时有接近 100% 的极限效率，此时 τ_{fric} 接近于零。例如，图 25-13 绘制了具有两个不同 τ_{fric} 值的相同电机的效率以及转矩。较小的摩擦会导致较高的最大效率 η_{max}，该效率发生在较高的速度和较低的转矩时。

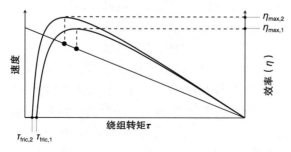

图 25-13 电机的速度 – 转矩曲线和两条效率曲线，其中一条效率曲线用于大摩擦转矩（情况 1），另一条用于小摩擦转矩（情况 2）。对于每种情况，当所有 τ 小于克服摩擦所需的转矩时，效率为零。与大摩擦效率曲线（情况 1）相比，有小摩擦效率曲线（情况 2）的电机速度更快、转矩更低，从而可实现更高的最大效率

对于给定电机，为了得到最大效率的工作点及最大效率 η_{max}，我们可以将电机电流表示为

$$I = I_0 + I_a$$

其中，I_0 是克服摩擦所需的空载电流，I_a 是产生转矩以驱动负载的附加电流。通过速度 – 转矩曲线的线性关系可知，$\tau_{\text{out}} = k_t I_a$、$V = I_{\text{stall}} R$ 以及 $\omega = R\,(I_{\text{stall}} - I_a - I_0)/k_t$。我们可以将效率公式（25-8）重写为：

$$\eta = \frac{I_a\,(I_{\text{stall}} - I_0 - I_a)}{(I_0 + I_a)\,I_{\text{stall}}} \qquad (25\text{-}9)$$

为了找到使 η 最大的工作点 I_a^*，求解 $\mathrm{d}\eta/\mathrm{d}I_a = 0$ 得到 I_a^*，并且知道 I_0 和 I_{stall} 都是非负的，所得结果为：

$$I_a^* = \sqrt{I_{\text{stall}} I_0} - I_0$$

换而言之，当空载电流 I_0 变为零时，最大有效电流（以及 τ）也变为零。

把 I_a^* 代入到式（25-9）中，我们发现：

$$\eta_{\text{max}} = \left(1 - \sqrt{\frac{I_0}{I_{\text{stall}}}}\right)^2$$

这个答案的形式符合我们的期望：随着摩擦转矩接近于零，最大效率接近于 100%，并且当摩擦转矩接近堵转转矩时，最大效率接近于 0%。

要想最大化移动应用中的电池寿命，选择电机效率的最大工作点就变得非常重要。然而，对于大多数分析和电机选择问题，忽略摩擦是较好的初步近似。

25.5　电机绕组和电机常数

可以通过简单地改变绕组，同时保持其他结构不变来构建两个不同的电机。设想电阻为 R 且横截面积为 A 的 N 匝线圈。线圈载有电流 I，因此具有电压降 IR。现在，用一个横截面积为 cA、匝数为 N/c 的线圈来替换该线圈。这保留了原线圈的体积，与具有相似热特性的相同齿形系数相适应。在不失一般性的情况下，假设新线圈具有更少的匝数并使用更粗的导线（$c > 1$）。

新线圈的电阻减小到 R/c^2（因子 c 取决于更短的线圈、更粗的导线，而另一个因子 c 是由于较粗导线而导致的）。为了保持电机的转矩不变，新线圈必须承载更大的电流 cI 以弥补变少的匝数，以保持电流乘以通过磁场的路径长度不变。新线圈两端的电压降为 $(cI)(R/c^2) = IR/c$。

通过更换线圈，可以构建两个版本的电机：一个是工作在低电流和高电压下的多匝数细导线电机，而另一个是工作在高电流和低电压下的少匝数粗导线电机。由于两个电机以不同的电流产生相同的转矩，因此它们具有不同的转矩常数。然而每个电机都具有相同的电机常数 k_m，

$$k_m = \frac{\tau}{\sqrt{I^2 R}} = \frac{k_t}{\sqrt{R}}$$

其单位为 $N \cdot m/\sqrt{W}$。电机常数定义了被线圈电阻所消耗的每平方根功率上产生的转矩。在上面的例子中，就像原来的线圈一样，新线圈消耗 $(cI)^2(R/c^2) = I^2R$ 的功率作为热量，同时产生相同的转矩。

图 25-16 给出了一个电机的多种不同版本的数据表，除了绕组之外，每种电机的其他方面都一样。每个版本的电机具有类似的堵转转矩和电机常数，但具有不同的标称电压、电阻和转矩常数。

25.6　其他电机特性

电气时间常数

当电机两端的电压出现阶跃变化时，电气时间常数 T_e 用来测量空载电流达到其终值 63% 时所需的时间。电机的电压方程为：

$$V = k_i\omega + IR + L\frac{\mathrm{d}I}{\mathrm{d}t}$$

忽略反电动势（因为电机速度在经过一个电气时间常数后不会显著变化），假设通过电机的初始电流为 I_0 以及电机的电压瞬间下降到 0，我们可得到微分方程：

$$0 = I_0R + L\frac{\mathrm{d}I}{\mathrm{d}t}$$

或者

$$\frac{\mathrm{d}I}{\mathrm{d}t} = -\frac{R}{L}I_0$$

微分方程的解为：

$$I(t) = I_0\mathrm{e}^{-tR/L} = I_0\mathrm{e}^{-t/T_e}$$

该电流的一阶衰减时间常数就是电机的电气时间常数 $T_e = L/R$。

机械时间常数

当电机两端的电压出现阶跃时，机械时间常数 T_m 用来测量电机空载速度达到终值 63% 时所需的时间。电压方程为：

$$V = k_t\omega + IR + L\frac{\mathrm{d}I}{\mathrm{d}t}$$

忽略电感项，并假设在电压下降到零时电机初始速度为 ω_0，我们得到的微分方程为：

$$0 = IR + k_t\omega_0 = \frac{R}{k_t}\tau + k_t\omega_0 = \frac{JR}{k_t}\frac{\mathrm{d}\omega}{\mathrm{d}t} + k_t\omega_0$$

其中使用了 $\tau = J\mathrm{d}\omega/\mathrm{d}t$，$J$ 是电机的惯量。我们可以将这个公式重写为：

$$\frac{\mathrm{d}\omega}{\mathrm{d}t} = \frac{k_t^2}{JR}\omega_0$$

求解得：

$$\omega(t) = \omega_0 e^{-t/T_m}$$

时间常数为 $T_m = JR/k_t^2$。如果电机连接到使惯量 J 增大的负载，则机械时间常数也增大。

短路阻尼

当电机的端子同时短路时，电压方程（忽略电感）变为：

$$0 = k_t\omega + IR = k_t\omega + \frac{\tau}{k_t}R$$

或者

$$\tau = -B\omega = -\frac{k_t^2}{R}\omega$$

其中 $B = k_t^2/R$ 是短路阻尼。由于这种阻尼的作用，所以与端子开路电路相比，端子短路电路可以使旋转中的电机更快地减速下来。

25.7　电机数据表

电机制造商会使用速度 – 转矩曲线和与类似图 25-14 所示的数据表总结上述的电机性能。当你买一个二手电机时，可能需要自己测量这些性能。本书中我们将一直使用 SI 单位，而大多数电机数据表并不使用 SI 单位。

电机的许多性能已经介绍过了，下面介绍一些估计电机性能的方法。

有刷直流电机的实验表征

给定一个带有编码器的未知电机，你可以使用函数发生器、示波器、万用表或者一些电阻和电容来估计电机的大多数重要性能。下列是一些建议方法，你也可以设计其他的方法。

终端电阻 R

可以使用万用表测量 R。当用手旋转电机轴时，电阻可能会发生改变，因为电刷会移动到换向器的新位置上。应该记录你能找到的最小电阻。然而，更好的选择是当电机堵转时测量电流。

转矩常数 k_t

可以通过旋转电机轴，测量电机端子的反电动势，并使用编码器测量旋转速率 ω。如果摩擦损失可忽略，那么好的近似为 V_{max}/ω_0。这就不需要在外部旋转电机了。

电气常数 k_e

与用 SI 单位表示的转矩常数相同。转矩常数 k_t 通常以 $N \cdot m/A$ 或 $mN \cdot m/A$ 为单位或英制单位（如 $oz \cdot in/A$）来表示，并且 k_e 通常以 $V/(r/min)$ 来表示，但是 k_t 和 k_e 分别用 $N \cdot m/A$ 和 $V \cdot s/rad$ 表示时，两者的数值相同。

电机特性	符号	数值	单位	描述
终端电阻	R		Ω	电机绕组的电阻。可能会随着电刷滑过换向器而改变。电阻随着热量增加
转矩常数	k_t		$N \cdot m/A$	产生的转矩与通过电机的电流有恒定比值
电气常数	k_e		$V \cdot s/rad$	与转矩常数（SI 单位）相同的数值。也称为电压或反电动势常数
速度常数	k_s		$rad/(V \cdot s)$	电气常数的倒数
电机常数	k_m		$N \cdot m/\sqrt{W}$	由线圈耗散的每个平方根功率上所产生的转矩
最大连续电流	I_{cont}		A	没有过热时的最大连续电流
最大连续转矩	τ_{cont}		$N \cdot m$	没有过热时的最大连续转矩
短路阻尼	B		$N \cdot m \cdot s/rad$	不包括在大多数数据表中，但对电机制动（和力反馈）有用
终端电感	L		H	线圈的电感
电气时间常数	T_e		s	电机电流达到终值 63% 时所用的时间。等于 L/R
转子惯量	J		$kg \cdot m^2$	通常以单位 $g \cdot cm^2$ 给出
机械时间常数	T_m		s	在恒定电压和空载情况下，电机从静止到最终速度的 63% 所用的时间。等于 JR/K_t^2
摩擦				不包括在大多数数据表中。请看解释
标称电压中的一些数值				
标称电压	V_{nom}		V	应选择使空载速度对电刷、换向器和轴承安全的电压
额定功率	P		W	在标称工作点（最大连续转矩）处的输出功率
空载速度	ω_0		rad/s	当空载时由 V_{nom} 提供能量的速度。通常以 r/min（转/分钟，有时为 m^{-1}）形式给出
空载电流	I_0		A	在空载条件下旋转电机所需的电流。由于摩擦转矩，所以它不为零
堵转电流	I		A	与起动电流相同，V_{nom}/R
堵转转矩	τ_{stall}		$N \cdot m$	当电机堵转时，达到标称电压的转矩
最大机械功率	P_{max}		W	在标称电压下的最大机械功率输出（包括短期工作）
最大效率	η		$\%$	在转换电能到机械能时可达到的最大效率

图 25-14 电机数据表示例（尚未填写性能值）

速度常数 k_s

是电气常数的倒数。

电机常数 k_m

电机常数由 $k_m = k_t/\sqrt{R}$ 计算得出。

最大连续电流 I_{cont}

这取决于热学的考虑因素，不容易测量。通常小于堵转电流的一半。

最大连续转矩 τ_{cont}

这取决于热学的考虑因素，不容易测量。通常小于堵转转矩的一半。

短路阻尼 B

利用 R 和 k_t 很容易计算出：$B = k_t^2/R$。

终端电感 L

有几种方法可以测量电感。一种方法是添加一个并联电容并测量所得 RLC 电路的振荡频率。例如，可以构建图 25-15 所示的电路，其中 C 最好选择为 0.01 或 0.1μF。电机可以表示为电阻和电感的串联，反电动势并不是问题，因为电机将由高频的微弱电流供电，所以电机将不会转动。

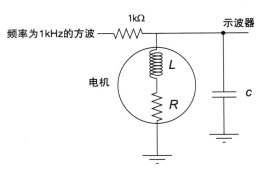

使用函数发生器可在指定点处产生 0 ~ 5V 的 1kHz 方波，1kΩ 的电阻会限制来自函数发生器的电流，使用示波器在指示位置测量电压。当在示波器上选择正确的显示比例时，应该能够看到对输入方波的衰减振荡响应。可以测量振荡响应的频率。若知道了 C 以及 RLC 电路的固有频率为 $\omega_n = 1/\sqrt{LC}$（单位为 rad/s），则可以估计 L。

图 25-15　使用电容构造 RLC 电路以测量电机的电感

思考一下为什么我们能看到这种响应。假设电路的输入在长时间内为 0V，那么示波器也将读取到 0V。现在输入阶跃到 5V，经过一段时间后，在稳定状态下，电容将是开路，电感将会变成短路（导线），所以示波器上的电压将稳定在 5V × (R/(100 + R))——电路中的两个电阻用于设定最终电压。然而，在电压发生阶跃之后，所有电流都会立即对电容充电（因为通过电感的零电流不能发生突变）。如果电感继续施加电流，则电容将充电到 5V。然而，随着电容两端的电压增加，电感两端的电压也增加，因此流过电感的电流变化率也会增加（由关系式 $V_L + V_R = V_C$ 和本征定律 $V_L = L\,\mathrm{d}I/\mathrm{d}t$ 得出）。最终，该变化率的积分表明，所有电流会重新流向电感，而事实上电容将通过自身放电向电感提供电流。然而，随着电容两端的电压下降，电感两端的电压最终也将为负数，因此通过电感的电流变化率也将为负数。这样，就产生了振荡。如果 R 很大，即使电路衰减很大，那么振荡也会很快消失，但是你应该能够看到振荡。

注意，由于看到的是阻尼振荡，所以实际测量的是阻尼固有频率。如果你能看到至少有几个周期的振荡，那么说明这是低阻尼，所以阻尼固有频率与无阻尼固有频率几乎没有区别。

电气时间常数 T_e

电气时间常数可以由 L 和 R 计算得出，公式为 $T_e = L/R$。

转子惯量 J

可以通过测量机械时间常数 T_m、转矩常数 k_t 和电阻 R 来估计转子惯量。或者可以基于电机的质量进行粗略预测，猜测转子部分的质量和半径，并且使用密度均匀的圆柱体的惯性公式。或者更简单地参考具有相似尺寸和质量的电机数据表。

机械时间常数 T_m

可以通过向电机施加恒定电压，测量速度，并确定达到最终速度 63% 时所需的时间来测量机械时间常数。你也可以对转子惯量 J 进行合理估计，并计算 $T_m = JR/k_t^2$。

摩擦

摩擦转矩产生于在换向器上滑动的电刷和轴承中旋转的电机轴，并且它取决于外部负载。典型的摩擦模型包括库仑摩擦和黏性摩擦，记为：

$$\tau_{\text{fric}} = b_0 \, \text{sgn}\,(\omega) + b_1\omega$$

其中 b_0 是库仑摩擦转矩（$\text{sgn}\,(\omega)$ 表示 ω 的符号），b_1 是黏性摩擦系数。在无负载时，$\tau_{\text{fric}} = k_t I_0$，此时通过施加两个不同的电压来运行电机，可以估计 b_0 和 b_1。

标称电压 V_{nom}

在其他规格未知时，这是你最有可能知道的电机规格参数。标称电压有时印在电机外壳上面。这个电压只是建议电压；是要避免电机过热或以超过电刷或轴承建议的速度旋转电机。标称电压是无法测量的，但有刷直流电机的典型空载速度在 3000 ～ 10 000r/min 之间，因此标称电压通常会在该范围内给出空载速度。

额定功率 P

额定功率是在最大连续转矩下的机械输出功率。

空载转速 ω_0

可以通过测量在使用额定电压供电时无负载电机的速度来确定 ω_0。该值小于 V_{nom}/k_t，它可以归因于摩擦转矩。

空载电流 I_0

可以在电流测量模式下使用万用表来确定 I_0。

堵转电流 I_{stall}

堵转电流有时称为起动电流。你可以使用对 R 的估计值来估计堵转电流的值。由于 R 可能难以用万用表进行测量，因此，如果万用表能够测量电流，则可以使电机轴堵转，然后在电流检测模式下使用万用表来测量电流。

堵转转矩 τ_{stall}

可以由 k_t 和 I_{stall} 获得。

最大机械功率 P_{max}

最大机械功率发生在 $\frac{1}{2}\tau_{\text{stall}}$ 和 $\frac{1}{2}\omega_0$ 处。对于大多数的电机数据表，最大机械功率发生在连续工作区域之外。

最大效率 η_{max}

效率定义为输出功率除以输入功率，即 $\tau_{\text{out}}\omega/(IV)$。浪费的功率是由线圈发热和摩擦损失引起的。如 25.4 节所述，最大效率可以使用空载电流 I_0 和堵转电流 I_{stall} 来估计。

25.8　小结

洛伦兹力定律指出，在恒定磁场中的载流导体根据 $\boldsymbol{F} = l\boldsymbol{I} \times \boldsymbol{B}$ 受到一个净作用力，其中 l 是磁场中导体的长度，I 是电流矢量，B 是（恒定）磁场矢量。

有刷直流电机由附接到转子的多个载流线圈和在定子上产生磁场的磁铁组成。电流通过连接到定子上的两个电刷在连接到转子的换向环上滑动而传递到线圈。每个线圈连接到换向器中两个不同的换向片上。

电机两端的电压可以表示为：

$$V = k_t \omega + IR + L\frac{dI}{dt}$$

其中 k_t 是转矩常数，$k_t \omega$ 是反电动势。

速度 – 转矩曲线是在给定电机电压 V 时，通过绘制稳态速度关于转矩的函数曲线来获得。

$$\omega = \frac{1}{k_t} V - \frac{R}{k_t^2} \tau$$

最大速度（在 $\tau = 0$ 处）称为空载速度 ω_0，最大转矩（在 $\omega = 0$ 处）称为堵转转矩 τ_{stall}。

- 电机的连续工作区域由最大电流 I 决定。电机线圈可以连续地导通而不会由于为功率耗散 $I^2 R$ 而过热。
- 由电机提供的机械功率 $\tau \omega$ 在堵转转矩的一半和空载转速的一半时达到最大，$P_{max} = \frac{1}{4} \tau_{stall} \omega_0$。
- 电机的电气时间常数 $T_e = L/R$ 是电机在响应电压为阶跃输入时，电流达到最终值的 63% 所需的时间。
- 电机的机械时间常数 $T_m = JR/k_t^2$ 是电机在响应电压为阶跃变化时，转速达到最终值的 63% 所需的时间。

25.9 练习题

1. 假设直流电机的换向器带有 5 个换向片。每个换向片覆盖换向器圆周 70°。两个电刷位于换向器的相对端，并且每个电刷与换向器圆周的接触角度为 10°。

   a. 这个电机可能有多少个独立线圈？请解释说明。

   b. 选择一个电机线圈。当转子旋转 360° 时，线圈通电的总角度是多少？（例如，360° 这个答案意味着线圈在所有角度都通电；180° 这个答案意味着线圈只在电机位置的一半处通电。）

2. 图 25-16 给出了 10 W Maxon RE 25 电机的数据表。每列对应于不同的绕组。

   a. 绘制 12V 电机的速度 – 转矩曲线，标出空载速度（rad/s）、堵转转矩、标称工作点和电机的额定功率。

   b. 解释为什么不同类型电机的转矩常数不同。

   c. 使用表中的其他数据，计算 12V 电机的最大效率 η_{max}，并与列出的值进行比较。

   d. 计算 12V 电机的电气时间常数 T_e，它与机械时间常数 T_m 的比值是多少？

   e. 计算 12V 电机的短路阻尼 B。

   f. 计算 12V 电机的电机常数 k_m。

   g. 这些电机有多少个换向片？

h. 哪些类型的电机可能有库存?

i. (可选) 电机制造商规定的连续和间歇工作区域可能与本章所述的略微不同。例如，在图 25-16 所示的速度 – 转矩曲线图中，连续工作区域的界线不是非常垂直的。想出一个可能的解释，你可以查找网上资源。

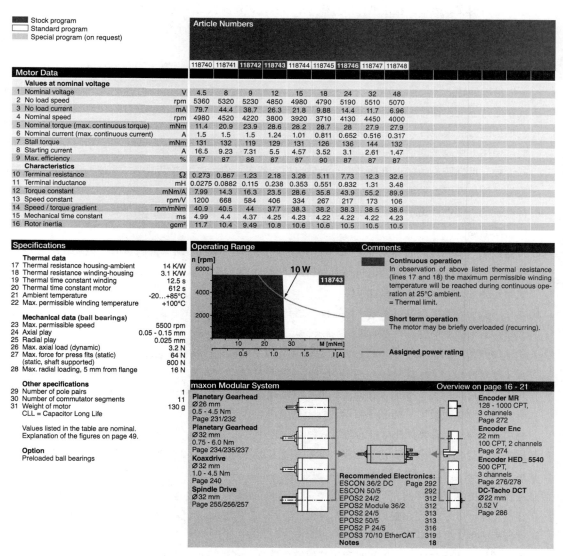

Motor Data										
		118740	118741	118742	118743	118744	118745	118746	118747	118748
Values at nominal voltage										
1 Nominal voltage	V	4.5	8	9	12	15	18	24	32	48
2 No load speed	rpm	5360	5320	5230	4850	4980	4790	5190	5510	5070
3 No load current	mA	79.7	44.4	38.7	26.3	21.8	9.88	14.4	11.7	6.96
4 Nominal speed	rpm	4980	4520	4220	3800	3920	3710	4130	4450	4000
5 Nominal torque (max. continuous torque)	mNm	11.4	20.9	23.9	28.6	28.2	28.7	28	27.9	27.9
6 Nominal current (max. continuous current)	A	1.5	1.5	1.5	1.24	1.01	0.811	0.652	0.516	0.317
7 Stall torque	mNm	131	132	119	129	131	126	136	144	132
8 Starting current	A	16.5	9.23	7.31	5.6	4.57	3.52	3.1	2.61	1.47
9 Max. efficiency	%	87	87	86	87	87	90	87	87	87
Characteristics										
10 Terminal resistance	Ω	0.273	0.867	1.23	2.18	3.28	5.11	7.73	12.3	32.6
11 Terminal inductance	mH	0.0275	0.0882	0.115	0.238	0.353	0.551	0.832	1.31	3.48
12 Torque constant	mNm/A	7.99	14.3	16.3	23.5	28.6	35.8	43.9	55.2	89.9
13 Speed constant	rpm/V	1200	668	584	406	334	267	217	173	106
14 Speed / torque gradient	rpm/mNm	40.9	40.5	37.7	38.3	38.2	38.3	38.5	38.5	38.6
15 Mechanical time constant	ms	4.99	4.4	4.37	4.25	4.23	4.22	4.22	4.22	4.23
16 Rotor inertia	gcm²	11.7	10.4	9.49	10.8	10.6	10.6	10.5	10.5	10.5

Stock program
Standard program
Special program (on request)

Article Numbers

Specifications

Thermal data
17 Thermal resistance housing-ambient　14 K/W
18 Thermal resistance winding-housing　3.1 K/W
19 Thermal time constant winding　12.5 s
20 Thermal time constant motor　612 s
21 Ambient temperature　-20...+85°C
22 Max. permissible winding temperature　+100°C

Mechanical data (ball bearings)
23 Max. permissible speed　5500 rpm
24 Axial play　0.05 - 0.15 mm
25 Radial play　0.025 mm
26 Max. axial load (dynamic)　3.2 N
27 Max. force for press fits (static)　64 N
　　(static, shaft supported)　800 N
28 Max. radial loading, 5 mm from flange　16 N

Other specifications
29 Number of pole pairs　1
30 Number of commutator segments　11
31 Weight of motor　130 g
　　CLL = Capacitor Long Life

Values listed in the table are nominal.
Explanation of the figures on page 49.

Option
Preloaded ball bearings

Operating Range

n [rpm]

10 W

118743

Comments

Continuous operation
In observation of above listed thermal resistance (lines 17 and 18) the maximum permissible winding temperature will be reached during continuous operation at 25°C ambient.
= Thermal limit.

Short term operation
The motor may be briefly overloaded (recurring).

Assigned power rating

maxon Modular System　Overview on page 16 - 21

Planetary Gearhead
Ø 26 mm
0.5 - 4.5 Nm
Page 231/232

Planetary Gearhead
Ø 32 mm
0.75 - 6.0 Nm
Page 234/235/237

Koaxdrive
Ø 32 mm
1.0 - 4.5 Nm
Page 240

Spindle Drive
Ø 32 mm
Page 255/256/257

Recommended Electronics:
ESCON 36/2 DC　Page 292
ESCON 50/5　292
EPOS2 24/2　312
EPOS2 Module 36/2　312
EPOS2 24/5　313
EPOS 50/5　313
EPOS2 P 24/5　316
EPOS3 70/10 EtherCAT　319
Notes　18

Encoder MR
128 - 1000 CPT,
3 channels
Page 272

Encoder Enc
22 mm
100 CPT, 2 channels
Page 274

Encoder HED_ 5540
500 CPT,
3 channels
Page 276/278

DC-Tacho DCT
Ø 22 mm
0.52 V
Page 286

图 25-16　Maxon RE 25 电机数据表。每列对应于不同标称电压下的不同绕组。(图片由 Maxon Precision Motors 提供。电机数据可能随时更改；有关最新的数据资料请查询 maxonmotorusa.com)

3. 25.7 节的电机数据表中共有 21 项数据。假设为零摩擦，所以可以忽略最后一项。为了避免热测试，还可以假定电机线圈在过热之前作为热量消散的最大连续功率。剩余的 20 项在假设零摩擦时，有多少项是独立的？也就是说，在剩余 20 项中，需要填写的最小项数 N 是多少？给出一组有 N 项独立的数据，从中可以推导出剩下的 $20 - N$ 项相关的数据。对于 $20 - N$ 项相关数据中的每一项，给出关于 N 项独立数据的方程。例如，V_{nom} 和 R 是 N 项独立数据中的两个，从中我们可以计算相关项 $I_{stall} = V_{nom}/R$。

4. 本题是电机的实验表征。在这里，你需要一个带有编码器的低功率电机（最好没有减速器，以避免大摩擦）。还需要一个万用表、一个示波器以及一个编码器和电机电源。确保电机电源可以在电机堵转时提供足够的电流。低压电池组是一个不错的选择。

    a. 手动旋转电机轴，感受一下转子惯性和摩擦。尝试快速地旋转电机轴，快到你放手后电机轴仍然可以继续旋转。

    b. 现在通过电气连接将电机两端短路。再次手动旋转电机轴，并尝试快速地旋转，快到你放手后电机轴仍然会继续旋转。你注意到了短路阻尼吗？

    c. 尝试使用万用表来测量电机的电阻。电阻值可能随着轴的角度而变化，并且可能不容易获得稳定的读数。可靠获得的最小值是多少？要仔细检查答案。你可以为电机供电，并在手动停止电机轴旋转时使用万用表来测量电流。

    d. 将电机的一端连接到示波器的接地线，另一端连接到示波器的输入端。用手旋转电机轴，观察电机的反电动势。

    e. 为电机编码器供电，将编码器的 A 和 B 通道连接到示波器，并确保编码器的接地线和示波器的接地线连接在一起。不要给电机通电。（电机的输入不与任何组件相连。）用手旋转电机轴，观察编码器脉冲，包括脉冲的相对相位。

    f. 现在用低压电池组为电机供电。给定编码器每转的线数，以及在示波器上观察到的编码器脉冲的速率，请根据所用电压计算电机的空载转速。

    g. 和你的伙伴一起完成该步。通过胶带或软管将两个电机轴连接在一起。（只有当电机没有减速器时才能这样做。）现在将其中一个电机（我们将称其为无源电机）的一端插入示波器的一个通道，并将无源电机的另一端插入到同一示波器的接地线。现在用电池组为另一个电机（驱动电机）供电，使两个电机旋转。通过观察示波器上的编码器计数值来测量无源电机的速度以及反电动势。利用这些信息，计算无源电机的转矩常数 k_t。

5. 使用本章讨论的技术或你自己想出的技术，根据标称电压创建一个数据表，其中包含所有的 21 项数据。写出你是如何计算每一项数据的。（你有为此做一个实验吗？你是利用其他项计算到的，还是通过多种方法来估计的？）关于摩擦这一项，可以假设只有库仑摩擦——摩擦转矩方向与旋转方向相反（$b_0 \neq 0$），但是与旋转速度（$b_1 = 0$）无关。对于电感的测量，可以提交用于估计 ω_n 和 L 的示波器轨迹图，并指明你所使用的 C 值。

    如果有数据无法通过实验、近似或利用其他值来计算，请说明并将该项留空。

6. 根据上一题中的数据表，绘制下面描述的速度 – 转矩曲线，并回答相关问题。不需要对此题做任何实验，只是推断之前的结果。

    a. 绘制电机的速度 – 转矩曲线。标出堵转转矩和空载速度。假设给定了电机线圈在过热之前可以连续耗散的最大功率，并指明连续工作状态，那么该电机的额定功率 P 是多少？最大机械功率 P_{max}

是多少?

b. 假设标称电压是 (a) 中标称电压的 4 倍, 绘制电机的速度 – 转矩曲线。标出堵转转矩和空载速度。最大机械功率 P_{max} 是多少?

7. 假设你正在为一个新的直接驱动的机器人手臂设计最后一个关节, 并要选择一个电机 (直接驱动机器人时不使用带减速器的电机, 因为摩擦越低产生的速度越高)。由于这是机器人的最后一个关节, 它必须与其他关节一起承载, 所以你希望电机尽可能轻。考虑你最喜欢的电机制造商的电机, 你知道电机质量随着额定功率增加而增加。因此, 寻找适合设计规格的最低功率的电机。你的设计规格是, 电机应具有至少 0.1N・m 的堵转转矩, 在提供 0.01N・m 的转矩时应至少能够有 5r/s 的速度, 并且电机在提供 0.02N・m 的转矩时应能够连续运行。从表 25-1 中选择哪一个电机? 选择这个电机的理由是什么。

表 25-1　可选的电机

分配的额定功率	W	3	10	20	90
标称电压	V	15	15	15	15
空载速度	r/min	13 400	4980	9660	7180
空载电流	mA	36.8	21.8	60.8	247
标称速度	r/min	10 400	3920	8430	6500
最大连续转矩	mN・m	2.31	28.2	20.5	73.1
最大连续电流	mA	259	1010	1500	4000
堵转转矩	mN・m	10.5	131	225	929
堵转电流	mA	1030	4570	15 800	47 800
最大效率	%	65	87	82	83
端电阻	Ω	14.6	3.28	0.952	0.314
端电感	mH	0.486	0.353	0.088	0.085
转矩常数	mN・m/A	10.2	28.6	14.3	19.4
速度常数	(r/min)/V	932	334	670	491
机械时间常数	ms	7.51	4.23	4.87	5.65
转子惯量	g・cm²	0.541	10.6	10.4	68.1
最大允许速度	r/min	16 000	5500	14 000	12 000
成本	美元	88	228	236	239

　　请注意, 由于制造商的原因, 有时 "分配的额定功率" 与额定工作点的机械输出功率不同。表中其他术语的含义是明确的。

8. 图 25-8 所示的速度 – 转矩曲线, 是针对速度 – 转矩平面的正速度和正转矩象限绘制的。而本题要求绘制电机在 4 个象限中的所有工作区域。驱动电机的电源为 24V, 并且假设 H 桥电机控制器 (将在第 27 章中讨论) 可以使用该电源在电机两端产生范围为 –24 ~ 24V 的任意平均电压。电机的电阻为 1Ω, 转矩常数为 0.1N・m/A。假设电机的摩擦为 0。

a. 假设 24V 供电电源 (和 H 桥驱动器) 对电流没有限制, 绘制电机的四象限速度 – 转矩以及工作区域。标出工作区域的边界与 $\omega = 0$ 和 $\tau = 0$ 轴相交的转矩和速度值。假设除了由电源限制在 24V

引起的速度或转矩约束之外，电机没有其他的速度或转矩约束。（提示：工作区域在速度和转矩两个平面上都无界限！）

b. 假设约束条件是电源可提供的最大电流为 30A，更新工作区域。使用此电源可以产生的最大转矩是多少？在此最大转矩下，电机的最大和最小速度是多少？可实现的最大反电动势电压是多少？

c. 假设约束条件是电机电刷和电机轴承的最大建议速度为 250rad/s，更新工作区域。

d. 假设约束条件是电机轴的最大建议转矩为 5N·m，更新工作区域。

e. 假设最大连续电流为 10A，更新工作区域以及指出连续工作区域。

f. 我们通常认为电机消耗电功率（$IV > 0$ 或称为 "电机驱动"）并将其转换为机械功率，但电机也可以将机械功率转换为电功率（$IV < 0$ 或称为 "再生"）。例如电动汽车制动系统。更新工作区域，并指出电机消耗电能的部分和电机正在产生电能的部分。

延伸阅读

Hughes, A., & Drury, B. (2013). *Electric motors and drives: Fundamentals, types and applications* (4th ed.). Amsterdam: Elsevier.

Maxon DC motor RE 25, ø 25 mm, graphite brushes, 20 Watt. (2015). Maxon.

传动装置和电机选择

直流电机产生的机械功率等于其输出轴处的转矩和角速度的乘积。即使直流电机为某个应用提供了足够的功率,那么也可能是以很高的角速度(高达数千转/分钟)和很低的转矩这种状态而达到有效工作的。在这种情况下,可以向输出轴添加一个减速器,使速度以系数 G ($G > 1$) 来变化,并用类似的系数使转矩增加。在极少数情况下,我们可以选择 $G < 1$ 来提高实际输出速度。

本章将讨论驱动电机输出的选项,以及如何选择适合应用需求的直流电机和齿轮传动装置组合。

26.1 传动装置

传动装置有许多种形式,包括不同类型的旋转啮合齿轮、皮带和滑轮、链条驱动器、线缆驱动器,甚至还有将旋转运动转换为线性运动的方法,例如齿条和小齿轮、导螺杆和滚珠丝杠。在保持理想机械功率的同时,它们都可以变换转矩/力和角/线速度。具体指的是具有输入轴(连接到电机轴)和输出轴的减速器。

减速器的基本概念如图 26-1 所示。输入轴连接到具有 N 个齿的输入齿轮 A,并且输出轴连接到具有 $G \times N$ 个齿的输出齿轮 B,通常 $G > 1$。这些齿的啮合符合以下关系:

$$\omega_{out} = \frac{1}{G}\,\omega_{in}$$

在理想情况下,啮合齿轮保持机械功率,所以 $P_{in} = P_{out}$,这意味着:

$$\tau_{in}\omega_{in} = P_{in} = P_{out} = \frac{1}{G}\,\omega_{in}\tau_{out} \rightarrow \tau_{out} = G\tau_{in}$$

在通常情况下,存在多级传动装置(见图 26-2a),所以上述输出轴可以连接较小的齿轮(比输入齿轮 A 大)上作为下一级的输入。如果两级传动比为 G_1 和 G_2,则总传动比为 $G = G_1 \times G_2$。

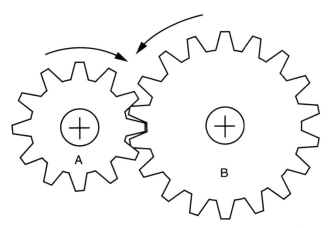

图 26-1 输入齿轮 A 具有 12 个齿，输出齿轮 B 具有 18 个齿，传动比为 $G = 1.5$

多级减速器可以大大降低转速和增加转矩，传动比最高可达数百甚至更高。

26.1.1 实践问题

效率

在实践中，由于齿轮之间的摩擦和冲击，会损失一些功率。该功率损耗通常可由效率系数 $\eta < 1$ 来表示，即 $P_{\text{out}} = \eta P_{\text{in}}$。由于齿轮的齿强制输入和输出速度之间的比值为 G，所以功率损耗可用输出转矩减小的形式来表现，即：

$$\omega_{\text{out}} = \frac{1}{G}\omega_{\text{in}} \quad \tau_{\text{out}} = \eta G \tau_{\text{in}}$$

多级减速器的总效率是各级效率的乘积，即二级减速器的效率 $\eta = \eta_1 \eta_2$。因此，这就使得高传动比的减速器可能具有相对低的效率。

齿隙

齿隙指的是在输入轴没有运动的情况下，减速器的输出轴可以转动的角度。齿隙会因制造公差而变大；齿轮的齿需要一些间隙以避免啮合时被卡住。廉价的减速器可能具有一定程度或更大的齿隙，而较昂贵的精密减速器几乎没有齿隙。齿隙通常随着齿轮级数的增加而增加。一些齿轮类型，特别是谐波传动齿轮（参见 26.1.2 节），是专门设计（通常使用柔性元件来设计）使得齿隙接近零的。

由于连接到电机轴（减速器的输入）上的编码器只能有限地检测减速器输出轴上的角度的分辨率，所以在控制端点运动中，齿隙可能成为严重的问题。

可反向驱动性

可反向驱动性是指用外部装置（或手动）驱动减速器的输出轴的能力，即反向驱动齿轮。通常，由于减速器中的较大摩擦和电机明显较大的惯性（参见 26.2.2 节），所以当电机和减速器组合有较高传动比时，其可反向驱动性较弱。反向可驱动性还取决于传动装置的类型。在一些应用中，我们不希望电机和减速器能够反向驱动（例如，当电机停止时，我们希望减速器作为可以阻止电机动作的制动器）；而在其他应用中，又可能非常需要反向驱动性（例如，在虚拟环境触觉应用中，用户通过电机产生力）。

输入和输出限制

输入、输出轴和输入、输出齿轮，以及支撑它们的轴承，在旋转速度和旋转转矩方面都受到了实际的限制。减速器一般都有反映这些限制的最大输入速度和最大输出转矩。例如，不能假设可以将 $G = 10$ 的减速器添加到 $1N \cdot m$ 的电机而获得 $10N \cdot m$ 的驱动器，你必须确保减速器的额定输出转矩为 $10N \cdot m$。

26.1.2　示例

图 26-2 给出了几种不同类型的齿轮。未展示出的是电缆、皮带和链条驱动器，它们也可用于在传递转矩的同时实现传动比。

直齿圆柱减速器

多级直齿圆柱减速器如图 26-2a 所示。为了保持减速器的封装紧凑，通常每级仅具有 2 或 3 的传动比，较大的传动比需要较大的齿轮。

行星减速器

行星减速器以旋转的太阳齿轮作为输入，输出则连接到行星架上（如图 26-2b 所示）。太阳齿轮与行星齿轮相啮合，而行星齿轮也与内齿轮相啮合。行星减速器的一个优点是啮合的齿更多，允许更高的转矩。

锥齿轮

锥齿轮（见图 26-2c）可以实现传动比以及改变旋转轴线。

蜗杆

图 26-2d 中的螺旋状输入蜗杆与输出蜗杆接口，在紧凑的封装中这实现了较大的传动比。

谐波传动

谐波传动减速器（见图 26-2e）具有连接到输入轴上的椭圆形波形信号发生器和连接到输出轴上的柔性齿轮。波形信号发生器和柔性齿轮之间的滚珠轴承允许它们相对于彼此平滑地移动。柔性齿轮与刚性的外部齿轮啮合。当波形信号发生器旋转一整圈时，柔性齿轮相对于刚性齿轮可能只移动了一个齿。因此，谐波传动可以在具有零齿隙的单级减速器中实现高传动比（例如，$G = 50$ 或 100）。谐波传动装置可能相当昂贵。

滚珠丝杠和导螺杆

滚珠丝杠或导螺杆（见图 26-2f）与电机轴的轴线对齐，并与其相连。当螺杆旋转时，螺杆上的螺母沿着螺杆平移。穿过螺母的线性导杆能防止螺母旋转（因此必须平移）。图 26-2f 所示螺母中的孔清晰可见。导螺杆和滚珠丝杠基本相同，但是滚珠丝杠在螺母中具有滚珠轴承，以减少与螺钉的摩擦。

　　滚珠丝杠和导螺杆将旋转运动转换为直线运动。直线运动与旋转运动的比值由螺杆的导程决定。

齿条和小齿轮

　　齿条和小齿轮（见图 26-2g）是将角运动转换为线性运动的另一种方法。齿条通常安装到一部分线性滑块上。

a）直齿圆柱减速器

b）行星减速器

c）锥齿轮

d）蜗杆

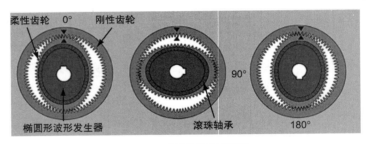

e）谐波传动减速器

f）滚珠丝杠

g）齿条和齿轮

图 26-2

26.2　电机和减速器的选择

26.2.1　速度 – 转矩曲线

图 26-3 说明了 $G = 2$ 和效率 $\eta = 0.75$ 时减速器
对速度 – 转矩曲线的影响。连续动作的转矩也以因子
ηG 的比值增加，在该示例中 ηG 为 1.5。当选择电机
和齿轮进行组合时，预期的工作点应位于齿轮转速 –
转矩曲线之下，并且连续工作点应具有小于 $\eta G \tau_c$ 的
转矩，其中 τ_c 是电机的连续转矩。

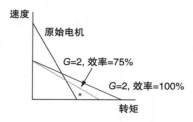

图 26-3　齿轮装置对速度 – 转矩曲线的
影响。操作点 * 可以使用减速
器，但本例中没有用减速器

26.2.2　惯性和反射惯性

如果用手旋转电机轴，则可以直观感受到电机转子的惯性。但是，如果旋转连接到
电机减速器上的输出轴，则会通过减速器感觉到电机转子的反射惯性。假设 J_m 是电机
的惯性，ω_m 是电机的角速度，$\omega_{out} = \omega_m / G$ 是减速器的输出速度。可以写出电机的动能
方程：

$$KE = \frac{1}{2} J_m \omega_m^2 = \frac{1}{2} J_m G^2 \omega_{out}^2 = \frac{1}{2} J_{ref} \omega_{out}^2$$

其中 $J_{ref} = G^2 J_m$ 称为电机的反射（或表征）惯性。（我们忽略齿轮的惯性。）

通常，减速器输出轴连接到刚体负载上。对于由点质量组成的刚体，旋转轴的惯性 J_{load}
可由下式计算：

$$J_{load} = \sum_{i=1}^{N} m_i r_i^2$$

其中 m_i 是点 i 的质量，r_i 是其与旋转轴的距离。在连续的刚体上，离散和就变为积分

$$J_{load} = \int_V \rho\,(r) r^2 \mathrm{d}V\,(r)$$

其中 r 是刚体上点的位置，r 是该点到旋转轴的距离，$\rho\,(r)$ 是该点处的质量密度，V
是刚体的体积，$\mathrm{d}V$ 是体积微分项。对于质量为 m 且密度均匀的简单刚体，该方程的解如
图 26-4 所示。

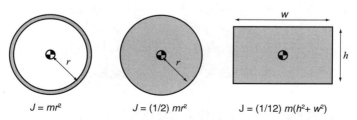

$$J = mr^2 \qquad J = (1/2)\,mr^2 \qquad J = (1/12)\,m(h^2 + w^2)$$

图 26-4　环形、实心圆盘和矩形的惯性，每个的质量都为 m，围绕穿过页面的轴线并通过质心

如果物体绕其质心的惯性是 J_{cm}，那么与质心距离为 r 的平行轴的惯性为：

$$J' = J_{cm} + mr^2 \tag{26-1}$$

式（26-1）被称为平行轴定理。使用平行轴定理和图 26-4 中的公式，我们可以近似地计算出由多个物体组成的负载的惯性（见图 26-5）。通常，J_{load} 显著大于 J_m，但是对于传动装置，电机的反射惯性 $G^2 J_m$ 可能大于或等于 J_{load}。

图 26-5   左边的物体可以用右边的矩形和圆盘的组合来近似。如果两个物体（围绕质心）的惯性是 J_1 和 J_2，则通过平行轴定理，围绕旋转轴的复合物体的近似惯性是 $J = J_1 + m_1 r_1^2 + J_2 + m_2 r_2^2$

如图 26-6 所示，给定重力负载的质量为 m，惯性为 J_{load}（围绕减速器轴线），期望加速度 $\alpha > 0$（逆时针），我们可以计算出达到期望加速度所需的转矩（使用牛顿第二定律）：

$$\tau = (G^2 J_m + J_{load})\alpha + mgr \sin\theta$$

在希望加速度情况下给定角速度，我们可得到一组必须位于速度 – 转矩曲线（由减速器转换）之下的速度 – 转矩点。

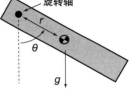

图 26-6   重力载荷

26.2.3   电机和减速器的选择

要选择电机和齿轮的组合，需要考虑以下因素。

- 电机可以根据所需的峰值机械功率来选择。如果电机的额定功率足够大，那么理论上可以通过选择减速器来提供必要的转速和转矩。我们选择的电机也可能受到应用场合电压的限制。
- 所需的最大速度应小于 ω_0/G，其中 ω_0 是电机的空载速度。
- 所需的最大转矩应小于 $G\tau_{stall}$，其中 τ_{stall} 是电机的堵转转矩。
- 所需的工作点 (τ, ω) 必须低于通过减速器转换的速度 – 转矩曲线。
- 如果电机连续工作，则在此期间电机的连续运行转矩应小于 $G\tau_c$，其中 τ_c 是电机最大连续转矩。

考虑到减速器的效率 η 和其他不确定因素，使电机有 1.5 或 2 的安全系数是一个好主意。

根据上述的严格规定，我们可能希望找到一个"最佳"的设计，例如，最小化电机和传动装置的成本、质量或电机所消耗的功率。有一种优化称为惯性匹配。

惯性匹配

给定电机惯量 J_m 和负载惯量 J_{load}，如果选择齿轮传动比为 G，若对于任何给定的电机转矩 τ_m，负载加速度 α 最大，则系统是惯性匹配的。我们可以用下式表示负载加速度：

$$\alpha = \frac{G\tau_{\mathrm{m}}}{J_{\mathrm{load}} + G^2 J_{\mathrm{m}}}$$

关于 G 的导数是：

$$\frac{\mathrm{d}\alpha}{\mathrm{d}G} = \frac{(J_{\mathrm{load}} - G^2 J_{\mathrm{m}})\tau_{\mathrm{m}}}{(J_{\mathrm{load}} + G^2 J_{\mathrm{m}})^2}$$

求解 $\mathrm{d}\alpha/\mathrm{d}G = 0$，得到：

$$G = \sqrt{\frac{J_{\mathrm{load}}}{J_{\mathrm{m}}}}$$

或者 $G^2 J_{\mathrm{m}} = J_{\mathrm{load}}$，因此术语为"惯性匹配"。通过这种齿轮传动的选择，一半转矩用于加速电机的惯量，而另一半则用于加速负载惯量。

26.3 小结

- 对于传动比为 G 的齿轮传动，输出角速度为 $\omega_{\mathrm{out}} = \omega_{\mathrm{in}}/G$，并且理想输出转矩是 $\tau_{\mathrm{out}} = G\tau_{\mathrm{in}}$，其中 ω_{in} 和 τ_{in} 分别是输入角速度和转矩。如果考虑齿轮效率 $\eta < 1$，则输出转矩为 $\tau_{\mathrm{out}} = \eta G\tau_{\mathrm{in}}$。
- 对于传动比为 G_1 和 G_2 且各级的效率分别为 η_1 和 η_2 的二级减速器，它的总传动比为 $G_1 G_2$，总效率为 $\eta_1\eta_2$。
- 齿隙指的是齿轮传动装置的输出在没有输入的情况下可以转动的角度。
- 电机的反射惯性（从减速器输出的电机表征惯性）为 $G^2 J_{\mathrm{m}}$。
- 如果 $G = \sqrt{\dfrac{J_{\mathrm{load}}}{J_{\mathrm{m}}}}$，那么电机和齿轮与其负载惯性匹配。

26.4 练习题

1. 你正在使用齿数为 10、15 和 20 的齿轮来设计减速器。当 10 齿和 15 齿的齿轮啮合时，$\eta = 85\%$。当 15 齿和 20 齿的齿轮啮合时，$\eta = 90\%$。当 10 齿和 20 齿的齿轮啮合时，$\eta = 80\%$。

   a. 对于一级减速器，可实现多大的传动比 G（要求 $G > 1$），它们的效率是多少？

   b. 对于二级减速器，可实现多大的传动比 G（要求 $G > 1$），它们的效率是多少？考虑所有可能的一级减速器的组合。

2. 电机转子的惯性为 J_{m}，它的负载为均匀的实心圆盘，且负载以减速器输出轴为中心。该圆盘质量为 m、半径为 R。传动比 G 为多少时，系统为惯性匹配？

3. 电机转子的惯性为 J_{m}，它的负载为具有 3 个叶片的螺旋桨。将螺旋桨建模为简单的平面体，它由半径为 R、质量为 M 的密度均匀的实心圆盘组成，螺旋桨的每个叶片为圆盘延伸出来的密度均匀的实心矩形。每个叶片的质量为 m、长度为 l、宽度为 w。

   a. 螺旋桨的惯性是多少？（由于螺旋桨必须推动空气才能有效，所以在理想情况下，螺旋桨惯性模型将包括被推动的空气的附加质量，在这里不考虑它）。

b. 多大的传动比 G 才能确保其惯性匹配？

4. 你正在为一家初创机器人公司设计一款小型差分驱动的移动机器人，你的工作就是选择电机和齿轮。差分驱动的机器人具有两个轮子，每个轮子都由各自的电机直接驱动，同时还有一个或两个用于平衡的脚轮。你的设计规格为：机器人应能够以 20cm/s 的速度连续攀爬 20° 的斜坡。为了简化问题，假设整个机器人的质量是 2kg（包括电机放大器、电机和齿轮，且不考虑所选电机和齿轮的质量）。进一步假设，当机器人以恒定的速度 v 向前移动时，机器人必须克服（10N·s/m）$\times v$ 的黏滞阻尼力，在这里不考虑斜率。车轮的半径已经选择为 4cm，可以假设车轮不会滑脱。如果需要其他假设来完成这个问题，请清楚地说明。

应在表 25-1 中的 15V 电机里进行选择，同时所选减速器的传动比 G 可以是 1、10、20、50 或 100。假设 $G = 1$ 的齿轮效率 η 为 100%，其余传动比的齿轮效率为 75%。（不能使用组合减速器！你只能使用一个。）

a. 提供满足规格的电机和减速器的所有组合列表，并解释你的理由。（有 20 种可能的组合：4 个电机和 5 个减速器。）"满足规格"是指电机和减速器至少可以提供满足规格要求的内容。记住，每个电机只要提供所需力的一半，因为有 2 个轮子。

b. 为了优化设计，你决定使用额定功率最小的电机，因为这是最便宜的。你还决定使用配合该电机工作的最低传动比。[尽管没有对其建模，但是较低的传动比可能意味着较高的效率、较小的齿隙、较小的组件，较小的质量、较高的顶端速度（尽管顶端转矩较低）和较低的成本。] 你选择哪个电机和减速器？

c. 不同于优化成本，你决定优化功率效率——当电机以 20cm/s 的恒定速度爬升 20° 斜坡时，电机和减速器组合需要使用最少的电能。这里考虑到电池寿命对客户非常重要。你选择哪个电机和减速器？

d. 忘记之前的满足规格或有限传动比时的答案。如果你选择电机转动惯性为 J_m，则机器人（包括电机和减速器）的一半质量为 M，车轮的质量可忽略不计，你会选择怎样的传动比来实现惯性匹配？如果需要进行其他假设来完成这个问题，则请清楚地说明。

延伸阅读

Budynas, R., & Nisbett, K. (2014). *Shigley's mechanical engineering design.* New York: McGraw-Hill.

直流电机控制

驱动具有可变速度和转矩的有刷直流电机需要可变的高电流。微控制器既不能输出可变的模拟输出，也不能输出高电流。对于这两个问题，可以使用数字 PWM 和 H 桥来解决。H 桥包括一组开关，它们能通过微控制器的 PWM 信号快速地断开和闭合，并交替地为电机接通和断开高电压。这个效果类似于在一段时间内对电压取平均值。使用电机位置反馈（通常来自编码器）可以实现对电机的运动控制。

27.1 H 桥和脉宽调制

我们来考虑一些电机驱动的改进方法。为了解决问题，使用了 H 桥。

从微控制器引脚直接驱动（见图 27-1a）

第一个想法是，简单地将微控制器的数字输出引脚连接到电机一端的引线上，并将电机的另一端引线连接到正电压。该引脚可以在低阻抗（接地）和高阻抗（断开或"三态"）之间交替工作。然而，这是一种坏的连接方法，因为典型的数字输出只能灌入几毫安电流，而大多数电机必须流过更大的电流才能工作。

使用带开关的电流放大器（见图 27-1b）

为了增加电流，可以使用数字引脚来导通和关闭一个开关。这种开关可以是一个机电继电器或者晶体管，它可允许更大的电流流过电机。

然而，将开关闭合一会后会发生什么呢？将会有大电流流过电机，其电气行为类似于电阻和电感的串联。当开关断开时，电流必须立即下降为零。电感两端的电压服从公式：

$$V_L = L\frac{dI}{dt}$$

因此电流的瞬时下降意味着电机引线两端会产生很大的电压（理论上为无限大）。这个大电压意味着在开关和所连接的电机引线之间将产生火花，产生火花对微控制器肯定是不利的。

添加续流二极管（见图 27-1c）

为了防止电流的瞬时变化和出现火花，可以在电路中增加一个续流二极管。那么当闭合的开关断开时，流过电机的电流也流过与电机并联的二极管。电机两端的电压瞬间从 +V 变为二极管的正向偏置电压的负值，但是这种情况是允许的，在尝试阻止这种情况发生的电阻 – 电感 – 二极管电路中，这不算什么。当开关断开时，存储在电机电感中的能量由流过电机电阻的电流消耗掉，并且初始电流 I_0 将平滑地下降。假设二极管的正向偏置电压为零，并将电机看作电阻和电感的串联电路，那么由基尔霍夫的电压定律可知，闭环电路的电压满足：

$$L\frac{\mathrm{d}I}{\mathrm{d}t}(t) + RI(t) = 0$$

并且在断开开关后，流过电机的电流可以求得：

$$I(t) = I_0 e^{-\frac{R}{L}t}$$

一阶指数从初始电流 I_0 下降到 0，其中时间常数等于电机的电气时间常数 $T_e = L/R$。

当开关闭合时，续流二极管对电路没有影响。续流二极管可以承载大量的电流，也可以快速切换，并且具有低的正向偏置电压。

该电路代表了一种控制电机变速的可行方法：通过快速断开和闭合开关，可以根据开关的占空比在电机两端产生可变的平均电压以及流过电机的电流。但是，电流始终为同一符号（正或负），因此电机只能在一个方向进行驱动。

带两个开关和一个双极电源的双向驱动（见图 27-1d）

使用一个双极电源（+V、–V 和 GND）和两个由独立的数字输入控制的开关，可以实现电机的双向运动。当开关 S1 闭合且 S2 断开时，电流由电源 +V 端流过电机，再流入到 GND 端。当 S2 闭合且 S1 断开时，电流以相反的方向流过电机，从 GND 端流过电机，再从电源 –V 端流出。当开关从闭合切换到断开状态时，使用两个续流二极管来保证电流通路。例如，如果 S2 断开，S1 从闭合切换到断开状态，那么先前由 S1 提供的电机电流现在变为由电源 –V 经过二极管 D2 来提供。

为了避免短路，S1 和 S2 绝对不能同时闭合。

电源 +V 和电源 –V 之间的双向平均电压，取决于快速断开和闭合开关的占空比。

这种方法的一个缺点是需要一个双极电源。这个问题可由 H 桥来解决。但是在讨论 H 桥之前，我们先来观察图 27-1d 所示的一个常见电路。

线性推拉放大器（见图 27-1e）

线性推拉放大器如图 27-1e 所示。控制信号是一个低电流的模拟电压，它被连接到配置为负反馈的运算放大器。鉴于运算放大器的负反馈和有效的无限增益，运算放大器的输出可尽可能确保反相端和同相端的输入信号是相等的。由于反相输入端连接到电机的引线上，所以电机两端的电压等于非反相输入端的控制电压，除非由输出晶体管引起更高的可用电流。在同一时刻，两个晶体管中只有一个是激活的：要么是 NPN 双极型晶体管 Q1 将电流从电源 +V 经过电机"推"到 GND，要么是 PNP 双极型晶体管 Q2 将电流从 GND 经过电机"拉"到电源 –V。因此，运算放大器提供了一个具有高输入阻抗和低电流控制电压的电压跟随器，而晶体管提供电流放大功能。

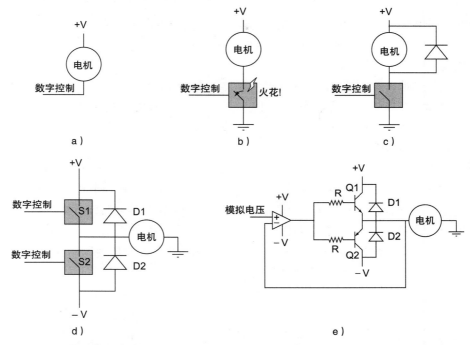

图 27-1　电机驱动的改进方法，从差到好进行排序。a）尝试直接从数字输出引脚进行驱动。b）使用数字输出控制开关，允许更多电流流过电机。c）添加续流二极管以防止产生火花。d）使用两个开关和一个双极电源来控制电机的双向运行。e）使用一个模拟控制信号、一个运算放大器和两个晶体管来构成一个线性推拉放大器

如果 +V = 10V 且控制信号为 6V，那么运算放大器可以确保电机两端的电压为 6V。为了再次确认电路是否可按照预期正常工作，我们要计算当电机停止时流过电机的电流。如果电机的电阻为 6Ω，那么电流 I_e = 6V/6Ω = 1A，这必须由 Q1 的发射极提供。如果晶体管能够提供这么大的电流，那么我们就检查运算放大器是否能提供激活晶体管所需的基极电流 I_b = $I_e/(\beta + 1)$，其中 β 是晶体管增益。如果上述要求都满足，则表明电路能正常工作。Q1 的基极电压是一个高于电机两端电压的二极管压降，运算放大器输出端的电压等于基极电压加上 I_bR。注意，Q1 的耗散功率大约等于集电极和发射极之间的电压（4V）乘以 1A 的发射极电流，约为 4W。该功率会使晶体管发热，因此必须对晶体管散热，以防止它因过热而烧毁。

线性推拉放大器的一个应用是使用一个旋钮来控制电机的双向转速。旋钮中电位器的两端分别连接到 + V 和 –V，以抽头电压作为控制信号。

如果运算放大器本身可以提供足够大的电流，那么运算放大器的输出可以直接连接到电机和续流二极管上，而不需要电阻和晶体管。也可以使用功率运算放大器，但是相对于

使用输出晶体管来提高电流，功率运算放大器往往比较昂贵。

我们还可以将控制信号直接连接到晶体管的基极电阻上，这样就不需要使用运算放大器了。缺点是当控制信号介于 –0.7 ~ 0.7V 之间或者晶体管被激活时基极 – 发射极电压无论是多少，晶体管都不会被激活。从控制信号到电机电压，存在一个"死区"。

采用 H 桥实现线性推拉放大器存在一些问题。

- 需要一个双极电源。
- 控制信号是模拟电压，而一般的微控制器不能提供这个电压。
- 输出晶体管以线性方式工作，并且在集电极和发射极之间具有显著的电压差。线性模式下晶体管的耗散功率约等于流过晶体管的电流乘以其两端的电压。这会使晶体管发热且浪费功率。

若不关心功耗和散热，则可以使用线性推拉放大器。线性推拉放大器在扬声器的放大器中也很常见。（扬声器是在磁场中移动的载流线圈，本质上它是一个线性电机。）图 27-1e 中的基本电路有许多改进和变体，并且音频应用已经将放大器电路设计提升到艺术形式。可以使用商用音频放大器来驱动直流电机，但是必须先去除放大器输入端的高通滤波器。之所以要在音频放大器中使用高通滤波器，是因为我们听不到 20Hz 以下的声音，而低频电流仅使扬声器线圈发热而不能产生听得见的声音。

27.1.1　H 桥

对于大多数电机应用，H 桥（如图 27-2 所示）是比较好的放大器。H 桥使用一个单极电源（Vm 和 GND），由微控制器产生的数字脉宽调制脉冲序列来控制，并且有在饱和模式下工作的输出晶体管（开关），因此电压降很小，并且热功耗也相对较少。

H 桥由 4 个开关 S1 ~ S4（典型地由 MOSFET 实现）和 4 个续流二极管 D1 ~ D4 组成[⊖]。H 桥可控制直流电机的双向运动，这取决于开关的闭合情况。

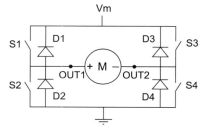

图 27-2　由 4 个开关和 4 个续流二极管构成的 H 桥。OUT1 和 OUT2 是 H 桥输出，分别连接到直流电机的两端

闭合开关	电机两端之间的电压
S1，S4	正（正转）
S2，S3	负（反转）
S1，S3	零（短路制动）
S2，S4	零（短路制动）
没有或只有一个开关闭合	开路（惯性运动）

⊖ MOSFET 本身允许流过反向电流，这可以起到续流二极管的效果，但是它通常结合专用的续流二极管来获得更好的性能。

应避免使用上表中未涵盖的开关设置（S1 和 S2 闭合、S3 和 S4 闭合、任何一组 3 个或 4 个开关闭合），否则会导致电路短路。

虽然可以使用自己的分立元件来构建 H 桥，但通常购买一个封装在集成电路中的 H 桥会更加方便，特别是低功率应用中。除了能减少组件数量，这些集成电路也能确保不会造成电路短路。使用 H 桥集成电路的一个例子是 Texas Instruments DRV8835。

DRV8835 有两个全 H 桥，分别标记为 A 和 B，每个桥能够连续提供高达 1.5A 的电流为两个单独的电机供电。两个 H 桥可以并联使用，从而提供高达 3A 的电流来驱动单个电机。DRV8835 能提供高达 11V 的电机电源电压（为电机供电）和 2 ～ 7V 的逻辑电源电压（与微控制器连接）。DRV8835 提供两种工作模式：（1）IN/IN 模式，每个 H 桥的两个输入用来控制 H 桥处于正转、反转、制动或惯性模式；（2）PHASE/ENABLE 模式，一个输入控制 H 桥的启用或禁止，而另一个输入在 H 桥被启用时控制 H 桥的正向或反向旋转。我们将重点介绍 PHASE/ENABLE 模式。

通过将引脚 MODE 设置为逻辑高电平来选择 PHASE/ENABLE 模式。根据以下真值表，可以确定 H 桥的逻辑输入（0 和 1）是如何控制 H 桥的两个输出的。

MODE	PHASE	ENABLE	OUT1	OUT2	功能
1	x	0	L	L	短路制动（S2，S4 闭合）
1	0	1	H	L	正转（S1，S4 闭合）
1	1	1	L	H	反转（S2，S3 闭合）

当引脚 ENABLE 为低电平时，OUT1 和 OUT2 保持为相同的（低）电压，使电机通过自身的短路阻尼进行制动。当 ENABLE 为高电平、PHASE 为低电平时，开关 S1 和 S4 闭合，在电机两端施加正电压，驱动电机正向运转。当 ENABLE 为高电平且 PHASE 为高电平时，开关 S2 和 S3 闭合，在电机两端施加负电压，驱动电机反向运转。PHASE 设置电机两端的电压符号，并且 ENABLE 上的 PWM 信号的占空比通过在 +Vm（或 –Vm）和零之间快速切换来确定电机两端电压的平均幅值。

使用 H 桥 A 时的 DRV8835 接线如图 27-3 所示，其中 Vm 是为电机供电的电压。逻辑高电平 VCC 为 3.3V。如果 DRV8835 的两个 H 桥并联用于提供更大的电流，则以下引脚应该是彼此连接的：APHASE 和 BPHASE、AENABLE 和 BENABLE、AOUT1 和 BOUT1 以及 AOUT2 和 BOUT2。

27.1.2　使用 PWM 进行控制

将 ENABLE 从高电平快速地切换到低电平，可以有效地在电机的两端得到平均电压 V_{ave}。假设 PHASE = 0（正向），那么如果 DC 为 ENABLE 的占空比（$0 \leq DC \leq 1$），并且忽略由续流二极管和 MOSFET 的电阻所引起的电压降，则电机两端的平均电压为：

$$V_{ave} \approx DC \times Vm$$

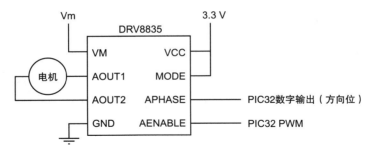

图 27-3 在 DRV8835 中使用 H 桥 A 的接线方式。图中未显示 Vm 到 GND 之间的 10μF 电容和 VCC 到 GND 之间的 0.1μF 电容，这些电容可能已包括在 DRV8835 分线板上

若忽略电机电感的充放电细节，则可以得到流过电机的近似平均电流：

$$I_{\text{ave}} \approx (V_{\text{ave}} - V_{\text{emf}})/R$$

其中，$V_{\text{emf}} = k_t\omega$ 是反电动势。由于 PWM 的周期通常比电机的机械时间常数 T_m 短得多，因此电机的角速度 ω（以及 V_{emf}）在 PWM 周期内是近似恒定的。

图 27-4 给出了具有正平均电流（方向为从左到右）的电机。当开关 S1 和 S4 闭合，S2 和 S3 断开（ENABLE 为 1，OUT1 为高电平，OUT2 为低电平）时，S1 和 S4 中的电流从 Vm 经过电机流到地。当 ENABLE 上的 PWM 变为 0 时，S2 和 S4 闭合，S1 和 S3 断开（OUT1 和 OUT2 都为低电平）。由于电机中的电感要求电流不能瞬时变化，所以电流必须从地流过续流二极管 D2，经过电机后再经过开关 S4 流回到地。（"闭合开关"S2 MOSFET 表示为二极管，因为当电流试图反向流动时，MOSFET 的行为类似于二极管。但由于续流二极管的设计用于承载该电流，因此大多数电流都流过 D2。）

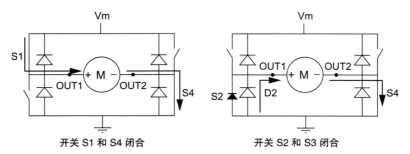

图 27-4 （左）闭合的开关 S1 和 S4 向电机提供电流，电流方向为从 Vm 到 GND。（右）当 S1 断开且 S2 闭合时，续流二极管 D2 和开关 S4 向电机提供所需的连续电流。电流也可以流过 MOSFET S2，其作用类似于使用二极管使电流反向，但是这里的续流二极管用于承载电流

在 OUT1 和 OUT2 同时为低电平期间，电机两端的电压大致为零，电机电流 $I(t)$ 满足：

$$0 = L \frac{dI}{dt}(t) + RI(t) + V_{\text{emf}}$$

这导致 $I(t)$ 随着 $T_e = L/R$ 呈指数衰减，T_e 为电机的电气时间常数。图 27-5 给出在两个

PWM 周期内电机两端的电压以及两个不同电机中的电流，其中一个有着较大的 T_e，而另一个的 T_e 较小。较大的 T_e 导致在 PWM 周期内电流近似恒定，而较小的 T_e 导致电流快速变化。在 PWM 周期内近似恒定的电机速度产生近似恒定的 V_{emf}。

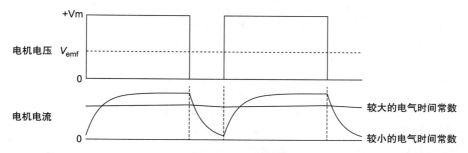

图 27-5　PWM 信号的一个周期，其 75% 的时间在电机两端施加电压 V_m，25% 的时间在电机两端施加 0V 的电压。当电机的 L/R 较大时，会产生近似恒定的正电流，而 L/R 较小时电流会显著变化

　　为了理解 PWM 控制下电机系统的性能，我们需要考虑 3 个时间尺度：PWM 周期 T、电气时间常数 T_e 和机械时间常数 T_m。所选的 PWM 频率 $1/T$ 应远高于 $1/T_m$，以避免在 PWM 周期内电机速度发生显著变化。理想情况下，PWM 频率也将远高于 $1/T_e$，以最小化电流在一个周期内的变化。希望电流变化小的一个原因是，更恒定的电流可以使电机线圈的热消耗更少。为什么呢？试想有一个电阻 $R = 1\Omega$ 的电机，该电机由 2A 的恒定电流驱动，或者由占空比为 50%、在 4A 和 0A 之间交替的电流来产生 2A 的时间平均电流进行驱动。两者都提供了相同的平均转矩，但是在第一种情况下线圈发热的平均功率是 $I^2R = 4W$，而在第二种情况下线圈发热的平均功率是 $0.5 \times (4A)^2 \times (1\Omega) = 8W$。

　　另一个需要考虑的因素是可听见的噪声，为了确保开关是无声的，PWM 频率 $1/T$ 应选择为 20kHz 或者更大。

　　另一方面，所选的 PWM 频率不应太高，因为 H 桥中 MOSFET 的开关切换操作需要时间开销。在开关切换操作期间，当更大的电压施加在有源 MOSFET 时，将会有更多的功率消耗在发热上。如果开关切换太频繁，则 H 桥可能过热。DRV8835 的开关时间约为 200ns，推荐的最大 PWM 频率为 250kHz。

　　综上所述，常用的 PWM 频率的一般范围为 20 ～ 40kHz。

27.1.3　再生发电

　　当电机两端的电压和流过电机的电流符号相同时，电机消耗电能（$IV > 0$）。当电机两端的电压和流过电机的电流符号相反（$IV < 0$）时，电机实际上充当发电机产生电能。这种现象称为再生发电。例如，制动电机时可能会产生再生发电的现象。再生制动用于混合动力和电动汽车，以将汽车的部分动能转换成电能，而不是仅浪费动能使制动片发热。

　　以图 27-2 为例进行具体说明。H 桥由 10V 电压供电，续流二极管的正向偏置电压为

0.7V，电机的电阻为 1Ω，转矩常数为 0.01N·m/A（0.01 V·s/rad）。考虑以下两个再生发电的例子。

1. **电机输出的强制运动**。假设所有 H 桥的开关都断开，并且使用外部能源使电机轴旋转，外部能源可以是水落在水力发电机中的涡轮机叶片上。如果电机轴以恒定的角速度 ω = 2000rad/s 旋转，则反电动势是 $k_t\omega$ =（0.01s/rad）× (2000rad/s) = 20V。然而，续流二极管将电机两端的电压限制在 [−11.4V，11.4V]，因此电流必须流过电机。假设续流二极管 D1 和 D4 导通，我们有：

$$11.4V = k_t\omega + IR = 20V + I\,(1\Omega)$$

求解 I，得到电流 I = −8.6A。它从接地端流出，依次流过 D4、电机、D1，最后流进 10V 电源（见图 27-6）。电机消耗的功率为（−8.6A）× (11.4V) = −98.04W，即电机产生了 98.04W 的能量。（假设续流二极管 D2 和 D3 正在导通，将 −11.4V 施加在电机两端，求解 I。可以看到，电流是负值，方向为从右到左。由于这不能由 D2 和 D3 提供，因此 D2 和 D3 是不导通的。）

2. **电机制动**。假设流经电机的正电流为 2A（方向为从左到右，由开关 S1 和 S4 承载），然后断开所有开关。当断开开关后，继续向电机提供 2A 电流的唯一路径是电流从接地端流出，经过 D2、电机、D3，最后流进 10V 电源。因此，电机两端的电压

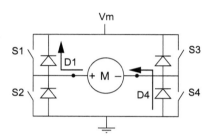

图 27-6　再生发电的例子，其中流过电机的电流和电机两端的电压符号相反。电机被外部能源以角速度 ω 强制旋转，使得反电动势 $k_t\omega$ 大于 V_m。这迫使负电流流过电机，这由续流二极管 D1 和 D4 承载。产生的电能转储到电源中

必须为 −11.4V，即两个二极管压降和 10V 电源电压。电机消耗的功率（2A）×（−11.4V）= −22.8W，即电机作为发电机来使用，在开关断开之后提供 22.8W 的功率。

正如上述例子所示，再生发电将电流反馈回电源，对其进行充电，而不管电源是否需要充电。一些电池可以直接接受再生电流。墙式电源、电源输出端的大电容、高电压（典型是极化的电解电容器），可以充当能量存储器，将能量转储回电源。虽然这样的电容器可能存在于线性电源中，但是开关模式电源中不可能有这样的电容器，因此必须添加外部电容器。如果电源电容器的电压变得过高，那么电压激活开关允许电流反向流向"再生"功率电阻器，该电阻器的作用是将电能作为热量进行耗散。

27.1.4　其他实际考虑因素

电机是电气化噪声装置，不仅会产生电磁干扰（EMI）(例如，敏感电子元器件上的感应电流，是由电机电流变化引起的磁场变化而产生的），还会产生电压尖峰（这是由于电刷切换以及 PWM 电流和电压的变化引起的）。这些效应可能会损坏某些微控制器的功能，从而

导致传感器输入的读数错误。处理 EMI 的方法已经超出了本书的知识范围，但是可以通过使电机引线尽量短和远离敏感电路，甚至使用屏蔽电缆或电机和传感器使用双绞线，来使 EMI 最小化。

光隔离器可以将带噪声的电机电源与无噪声的逻辑电压电源分离。光隔离器由 LED 和光电晶体管组成。当 LED 点亮时，光电晶体管被激活，允许电流从集电极流向发射极。因此，可以在逻辑电路和电源电路之间仅使用光学连接传递数字开 / 关信号，而不需要电气连接。在我们的例子中，PIC32 的 H 桥控制信号将施加到 LED 上，并由光电晶体管将其转换为高电平和低电平信号，再传递到 H 桥的输入端。

可以购买带有多个光隔离器的封装器件。每对 LED 光电晶体管使用 4 个引脚：2 个引脚用于内部 LED，另 2 个引脚用于光电晶体管的集电极和发射极。因此，你可以获得一个带有 4 个光隔离器的 16 引脚的 DIP 芯片。

通常，直接在电机端子引线处焊接非极化的电容，这可有效地将电机变成一个电容，并与电阻和电机上的电感并联。该电容有助于平滑由有刷换向器导致的峰值电压。

最后，为了防止过热，H 桥芯片应该要注意散热。由于 MOSFET 开关和 MOSFET 输出电阻（DRV8835 上为几百 mΩ 的量级）的作用，散热片会散热。

27.2 直流电机的运动控制

控制直流电机的示例框图，如图 27-7 所示[注]。轨迹生成器生成一个作为时间函数的参考位置。为了驱动电机跟随这个参考轨迹，我们使用两个嵌套的控制回路：外部运动控制回路和内部电流控制回路。这两个回路大致由系统的两个时间尺度驱动：电机和负载的机械时间常数以及电机的电气时间常数。

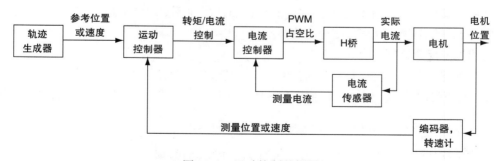

图 27-7 运动控制的框图

- **外部运动控制回路。**该回路以较低的频率运行，通常为几百 Hz 至几 kHz。运动控制器将所需位置和速度，由编码器或电位器测量的电机当前位置，以及可能由转速计

⊖ 简化的框图会有运动控制器模块，它直接向 H 桥输出 PWM 占空比，而不使用对实际电机电流进行的内环控制。对于许多应用来说，简化框图已经足够。图 27-7 中的框图是更为典型的工业实现。

测量的电机当前速度作为输入。控制器的输出是控制电流 I_c。这个电流直接与转矩成正比，因此，运动控制回路将机械系统视为电机转矩的直接控制。

- **内部电流控制回路**。该回路通常以较高频率运行，从几 kHz 到几十 kHz，但不高于 PWM 频率。电流控制器的目的是传送运动控制器所需的电流。因此，电流控制器监测流过电机的实际电流，并输出平均控制电压 V_c（这表示为 PWM 占空比）。

传统上，机械工程师设计运动控制回路，而电气工程师设计电流控制回路。但是，作为机电工程师，你既要会设计运动控制回路，也要会设计电流控制回路。

27.2.1 运动控制

反馈控制

令 θ 和 $\dot{\theta}$ 分别表示电机的实际位置和速度，而 r 和 $\dot{r}$ 分别为期望的位置和速度。定义误差 $e = r - \theta$，误差变化率 $\dot{e} = \dot{r} - \dot{\theta}$ 以及误差和（近似于积分）$e_{int} \sum_k e(k)$。然后选择一个 PID 控制器（参阅第 23 章），

$$I_{c,\,fb} = k_p e + k_i e_{int} + k_d \dot{e} \qquad (27\text{-}1)$$

其中 $I_{c,\,fb}$ 是反馈控制器的控制电流；$k_p e$ 项充当虚拟弹簧，产生与误差成比例的力，将电机驱动到期望的角度；$k_d \dot{e}$ 项充当虚拟阻尼器，产生与误差的"速度"成比例的力，从而驱使误差率向零变化；$k_i e_{int}$ 项产生与误差的时间积分成比例的力。有关 PID 控制的更多信息，请参阅第 23 章。

在没有电机动力学模型的情况下，控制电流 I_c 可以合理地简写为 $I_c = I_{c,\,fb}$。

反馈控制器（见式（27-1））的一种替代形式是

$$\ddot{\theta}_d = k_p e + k_i e_{int} + k_d \dot{e} \qquad (27\text{-}2)$$

其中，反馈增益设置的是电机期望的校正加速度而不是电流。PID 控制器的这种替代形式应与下一节中的系统模型结合使用。

前馈加上反馈控制

如果你有一个关于电机及负载的模型，那么基于模型的控制器可以与反馈控制器结合使用，以获得更好的性能。例如，对于图 27-8 所示的不平衡负载，可以选择一个前馈控制电流：

$$I_{c,\,ff} = \frac{1}{k_t}\left(J\ddot{r} + mgd\sin\theta + b_0\,\text{sgn}(\dot{\theta}) + b_1\dot{\theta}\right)$$

其中，k_t 是转矩常数；J 是电机和负载关于电机轴的惯量；预计的电机加速度 $\ddot{r}$ 可以通过对期望轨迹进行有限差分来获得；mg 是负载的重量；d 是负载质心与电机轴之间的距离；θ 是负载偏离垂直方向的角度；b_0 是库仑摩擦转矩；b_1 是黏性摩擦系数。为了补偿误差，反馈控制电流 $I_{c,\,fb}$ 可以与前馈控制电流相加，得到

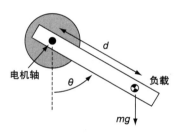

图 27-8 不平衡的重力载荷

$$I_c = I_{c,\,ff} + I_{c,\,fb} \qquad\qquad (27\text{-}3)$$

或者，电机加速度反馈定律（见式（27-2））可以与系统模型结合来产生控制器。

$$I_c = \frac{1}{k_t}\left(J(\ddot{r} + \ddot{\theta}) + mgd\sin\theta + b_0\,\mathrm{sgn}\,(\dot{\theta}) + b_1\dot{\theta}\right) \qquad\qquad (27\text{-}4)$$

这是 23.4 节中基于模型的控制器的一个实现。

27.2.2　电流控制

为实现电流控制器，需要电流传感器。本章假设一个带电流检测放大器的电流感测电阻，如 21.10.1 节和图 21-22 所示。

电流控制器的输出为平均控制电压 V_c（需要将其转换为 PWM 占空比）。对于一些增益 k_V，最简单的电流控制器是：

$$V_c = k_V I_c$$

如果负载只有电阻 R，那么这个控制器将是一个不错的选择。在这种情况下，你可以选择 $k_V = R$。否则即使系统没有良好的机械模型，那么实现指定的电流/转矩也没什么用。可以调节运动控制 PID 的增益，令 $k_V = 1$，而不必关心实际电流是多少，这样就不需要内部的控制环路了。

另一方面，如果电池组电压发生了变化（由于放电或更换电池或由 6V 电池组变为 12V 电池组），并且你未测量电流控制器中的实际电流，则整个控制器的性能会受到显著影响。更复杂的电流控制器选择是基于模型和积分反馈的混合控制器。

$$V_c = I_c R + k_t\dot{\theta} + k_{I,\,i}\,e_{I,\,int}$$

若电气系统是一阶系统（使用电压来控制流过电阻和电感的电流），则可用 PI 反馈控制器：

$$V_c = k_{I,\,p}\,e_I + k_{I,\,i}\,e_{I,\,int}$$

其中，e_I 是控制电流 I_c 与测量电流之间的误差；$e_{I,\,int}$ 是电流误差的积分；R 是电机的电阻；k_t 是转矩常数、$k_{I,\,p}$ 是比例电流控制增益；$k_{I,\,i}$ 是积分电流控制增益。一个良好的电流控制器能够紧紧地跟随控制电流。

27.2.3　工业实例：Copley 控制公司的 Accelus 放大器

Copley 控制公司是一家为工业应用和机器人提供有刷、无刷电机放大器的著名制造商。其产品模型之一是 Accelus，如图 27-9 所示。Accelus 支持许多不同的操作模式，包括控制电机的电流或速度，使其与模拟输入电压或 PWM 输入的占空比成比例。Accelus 上的微控制器负责解释模拟输入或 PWM 占空比，并实现类似于图 27-7 所

图 27-9　Copley 控制公司的 Accelus 放大器（图片来源：Copley Controls）

示的控制器。

与我们最相关的模式是编程位置模式。在该模式下，用户指定参数以描述电机期望的静止 – 静止运动。控制器的工作是驱动电机来跟踪这个轨迹。

当放大器首次与电机配对时，必须执行一些初始化操作。将 Copley 提供的主机 GUI 界面，通过 RS-232 与 Accelus 上的微控制器进行通信。

1. 输入电机参数。根据电机数据表，输入惯量、峰值转矩、连续转矩、最大速度、转矩常数、电阻和电感。这些值用于运动和电流控制中控制增益的初值。同时，还要输入编码器每转的行数。

2. 调节内部电流控制回路。为最近的电流设定限制，以避免电机过热。该限制是基于积分 $\int_{T_1}^{T_2} I^2(t)\mathrm{d}t$ 的，是电机线圈一段时间内功耗的度量。（超过该限制时，电机电流被限制为连续工作电流，直到电流的历史记录表明电机已冷却。）此外，调节 PI 电流控制器中的 P 和 I 控制增益值。可通过绘制参考电流和实际电流关于时间的函数曲线图来辅助调节。图 27-10 给出了幅值为 1A 和频率为 100Hz 的方波参考电流。参考波形的零平均电流和高频率确保电机在电流调节期间不转动，这会聚焦于电机的电气特性。

电流控制回路以 20kHz 的频率工作，这也是 PWM 的频率（即在每个周期更新 PWM 占空比）。

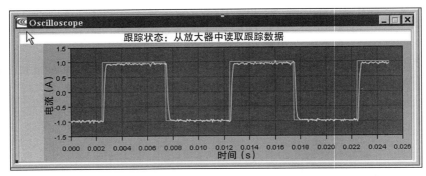

图 27-10 在 PI 电流控制器调节期间的参考方波电流和实际测量电流的曲线

3. 调节带有负载的外部运动控制回路。将负载连接到电机，并调节 PID 反馈控制增益、前馈加速度项和前馈速度项，以实现对示例中参考轨迹的良好跟踪。该过程可通过绘制参考位置和实际位置以及速度关于时间的函数曲线图来辅助进行。运动控制回路的工作频率为 4kHz。

一旦完成初始设置程序，Accelus 微控制器就将所有电机参数和控制增益保存到非易失性闪存中。这些经过调节的参数可以在供电期间保持不变，并且在下次启动放大器时它是可用的。

现在，放大器已准备就绪。用户可以使用多种接口（RS-232、CAN 等）中的任意一种来指定期望的轨迹，放大器使用所保存的参数来驱动电机以跟踪轨迹。

27.3　小结

- H 桥放大器允许基于 PWM 控制信号对直流电机进行双向控制。
- 续流二极管与 H 桥一起使用，可以在 H 桥晶体管导通和截止时始终为感应负载（电机）提供电流通路。
- 当电机两端的电压和流经电机的电流符号相反时，电机作为发电机来产生电能，而不是消耗电能。一个例子就是混合动力和电力汽车中的再生制动。
- 典型的电机控制系统具有嵌套结构，外部运动控制回路用来控制来自内部电流控制回路的转矩（或电流）。该转矩（或电流）试图输送由外部回路控制器请求的电流。通常，内环控制器比外环控制器的工作频率要高一些。

27.4　练习题

1. 图 27-1b 所示的开关不使用续流二极管。该开关已经闭合很长一段时间，然后将其断开。电源电压为 10V，电机电阻为 $R = 2\Omega$，电机电感为 $L = 1mH$，电机转矩常数为 $k_t = 0.01N \cdot m/A$。假设电机停转。

   a. 在开关断开之前，流过电机的电流是多少？

   b. 在开关断开之后，流过电机的电流是多少？

   c. 在开关断开之前，电机产生的转矩是多少？

   d. 在开关断开之后，电机产生的转矩是多少？

   e. 在开关断开之前，电机的电压是多少？

   f. 在开关断开之后，电机的电压是多少？

2. 图 27-1c 所示的带有续流二极管的开关已经闭合很长一段时间，然后将其断开。电源电压为 10V，电机电阻为 $R = 2\Omega$，电机电感为 $L = 1mH$，电机转矩常数为 $k_t = 0.01N \cdot m/A$。续流二极管的正向偏置电压降为 0.7V。假设电机停转。

   a. 在开关断开之前，流过电机的电流是多少？

   b. 在开关断开之后，流过电机的电流是多少？

   c. 在开关断开之前，电机产生的转矩是多少？

   d. 在开关断开之后，电机产生的转矩是多少？

   e. 在开关断开之前，电机的电压是多少？

   f. 在开关断开之后，电机的电压是多少？

   g. 在开关断开之后，流过电机的电流变化率 dI/dt 是多少？（相对于前面的答案，确保使用正确的符号。）

3. 在图 27-1d 中，电压电源为 ±10V，电机电阻为 $R = 5\Omega$，电机电感为 $L = 1mH$，电机转矩常数为 $k_t = 0.01N \cdot m/A$。续流二极管的正向偏置电压降为 0.7V。开关 S1 已经闭合很长一段时间，两端没有电压降，电机停转。开关 S2 断开，然后开关 S1 断开，开关 S2 保持断开。在 S1 断开后，哪个续流二极管导通？电机的电压是多少？流过电机的电流是多少？流过电机的电流变化率是多少？

4. 对于具有模拟控制输入的线性推拉放大器，使用具有 PWM 的 H 桥驱动直流电机，说出这种方法有哪些优点。给出在 H 桥上使用线性推拉放大器的至少一个优点。（提示：考虑低 PWM 频率或低电机电感的情况。）

5. 如果两个电机的引线彼此短路，而不是断开连接，解释为什么先开始旋转的电机停得更快。从电机电压方程式中推导结果。

6. 设计一个电路图，表示 DRV8835 配置为驱动连续电流超过 2A 的单个电机。

7. 考虑一个连接到 H 桥的电机，所有开关断开（电机未通电）。电机转子由外力（例如，在水力发电中涡轮机的叶片受水的冲击旋转）驱动旋转。如果 H 桥连接到电压为 V_m 的电池电源，并且续流二极管的正向偏置电压为 V_d，那么给出电池开始充电时转子速度的数学表达式。当超过该速度，并假设电池电压 V_m 是恒定的（例如，它的作用有点像大容量的电容器，在不改变电压的情况下以吸收电流）时，给出流过电机的电流的表达式（作为转子速度的函数）。还要写出绕组热损耗的表达式。相比水流入水坝底部之前的总能量，水力发电机的存在如何影响水坝顶部的一桶水的总能量？（总能量是势能加上动能。）

8. 要想产生流过电机的平均电流 I，你可以不断地发送 I，或者可以在一个周期的 $100\%/k$ 的时间内切换到 kI，而其余时间快速切换回零电流。写出在这些情况下每个电机线圈消耗的平均功率的表达式。

9. 想象电机在电机轴的一端有一个 500 线的增量式编码器，另一端有一个 $G = 50$ 的减速器。如果编码器在 $4\times$ 模式下解码，则减速器输出轴每转一圈有多少个编码器计数？

10. 简单的外环运动控制器用于控制由 PID 控制器计算的转矩（电流）。更复杂的控制器将尝试使用电机 – 负载动力学的模型来获得更好的轨迹。一种可能性是控制律（见式（27-3））。另一种可能性是控制律（见式（27-4））。描述式（27-4）相比于式（27-3）的优点。

11. 在图 21-22 中，为电流检测放大器选择 $R2/R1$，对于 $\pm 1A$ 的电流范围，使输出电压 OUT 在全范围（$0 \sim 3.3V$）内摆动。

12. 在图 21-22 中为电流检测放大器选择一组 R 和 C，以创建 200Hz 的截止频率。

13. 对于图 21-22 所示的电流检测放大器，REFIN 的参考电压应该是恒定的。我们知道，流入和流出高阻抗运算放大器的输入 REFIN 和 FB 的电流以及流入 PIC32 的模拟输入电流可忽略不计。但是通过外部电阻器 $R1$ 和 $R2$ 的电流不会很小。这样，REFIN 实际上作为感测输入电压和输出电压 OUT 的函数而变化。我们应该选择电阻 $R1$、$R2$ 和 $R3$，使 REFIN 处的电压变化很小。

仅关注图 21-22 底部的运算放大器电路。现在假设 OUT 为 3.3V。则 REFIN 上的电压是多少？（关于 $R1$、$R2$ 和 $R3$ 的函数）（注意，答案约等于 1.65V。）使用方程来说明如何选择 $R1$、$R2$ 和 $R3$ 的相对值，以确保 REFIN 接近 1.65V。解释 $R1$、$R2$ 和 $R3$ 的绝对值（最小值和最大值）的其他实际限制因素。（你可以将注意力放在运算放大器同相输入的缓慢变化的信号上。对于高频输入，较大的电阻 $R1$ 和 $R2$ 可能会与电路中的小寄生电容结合，从而产生 RC 时间延迟，该延迟会对响应产生不利影响。）

14. 确定一个电流放大器的增益为 $G = 101$。使用上题中所得的结果，选择 $R1$、$R2$ 和 $R3$ 以实现增益

G，同时确保 REFIN 对于 OUT 处的任何电压在 [0，3.3V] 范围内变化不超过 1mV。对于选择的 $R3$，表示在 $R3$-$R3$ 分压器中使用了多少功率。

15. 电阻值在其公差范围内的自然变化会导致不能完全实现图 21-22 中为电流检测电路设计的增益 G 和 REFIN 上的电压。由于这种变化和其他原因，你需要通过一些实验来校准电流传感器。清楚地解释应做什么实验，以及如何使用结果将 PIC32 中读取的模拟电压解释为电机电流。具体地说，该解释应易于在软件中实现。

16. 清楚地概述如何在 PIC32 的软件中实现图 27-7 所示的电机控制器。说明能用到的外设、ISR、NU32 函数和全局变量。如果有帮助的话，可以使用 LED 亮度控制项目中的概念。特别地要说明你将如何实施以下功能。

- **轨迹生成器**。假设期望轨迹从主机计算机上的 MATLAB 中发送，轨迹跟踪结果绘制在 MATLAB 中。
- **外环运动控制器**。假设外部解码器 / 计数器芯片保持编码器计数，并且使用 SPI 与芯片进行通信。你如何收集在 MATLAB 中绘制的轨迹跟踪数据？
- **内环电流控制器**，使用本章描述的电流传感器。你将如何收集跟踪的期望电流的数据？使用该数据在 MATLAB 中绘图。

延伸阅读

Accelus panel: Digital servoamplifier for brushless/brush motors. (2011). Copley Controls.

DRV8835: Dual low voltage H-bridge IC. (2014). Texas Instruments.

DRV8835 dual motor driver carrier. (2015). https://www.pololu.com/product/2135 (Accessed: May 6, 2015).

MAX9918/MAX9919/MAX9920 −20V to +75V input range, precision uni-/bidirectional, current-sense amplifiers. (2015). Maxim Integrated.

第 28 章 | Chapter 28

电机控制项目

想象一下，将一台个人计算机的功能和便利性与微控制器的外设相结合。电机会响应键盘键入的命令并运行，图形可以显示电机的历史位置，交互式的控制器调优。可以结合对微控制器、电机和控制的了解来实现这些目标。

电机控制项目从菜单开始。此菜单会提供一个简单的用户界面，它是通过按键选择的命令列表。我们将从一个空菜单开始做起。到本项目结束时，菜单上会有近 20 个功能选项：从读取编码器到设置控制增益，再到绘制电机轨迹的一切命令。许多相关工作在前面的章节已经介绍过了，但是只有将项目分成若干个子模块，然后在编码时遵守规范准则，才算成功完成电机控制项目。

28.1 硬件

项目的主要硬件组件如下。芯片的数据表可在本书给出的网站上查找。

- 带编码器的有刷直流电机，包含安装支架和作为电机负载的扁平棒（见图 28-1）。
- NU32 微控制器开发板。
- 带有编码器计数芯片的印制电路板，该计数芯片以 4× 模式计数（编码器的正交输入端连接到 NU32 的一个 SPI 接口）。
- 带 MAX9918 电流检测放大器的印制电路板，以及内置的 15mΩ 电流检测电阻，以提供与电机电流成比例的电压（该电压输出连接到 NU32 上的

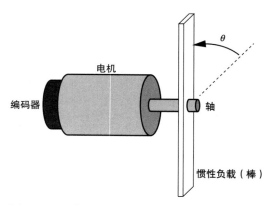

图 28-1　用作电机负载的扁平棒。当沿着电机轴的轴线观察电机时，正向旋转角 θ 是逆时针方向的

ADC 输入端）。

- 分离 DRV8835 H 桥的印制电路板（连接到 NU32 上的数字输出端和 PWM/ 输出比较
  通道）。
- 为 H 桥提供电源的电池组。
- 若干个电阻和电容。

在给出开发软件的概述之后，我们会进一步详细讨论所需硬件。

28.2　软件概述

这个项目的目的是建立一个智能电机驱动器，它具有工业产品的一些子功能，如第 27
章中描述的 Copley Accelus 驱动器。该驱动器集成的放大器会驱动电机以及利用反馈控制
跟踪电机的参考位置、速度或转矩。许多机器人和计算机控制机床都有类似的驱动器，每
个关节处就有一个驱动器。

你的电机驱动系统应该能够接收期望的电机轨迹，驱动电机按轨迹运行，并将运行结
果发送回计算机进行轨迹绘图（见图 28-2）。我们将此项目分为几个子模块，每个子模块可
通过计算机上的菜单来访问。这种方法使你能逐步地构建和测试电机控制项目。

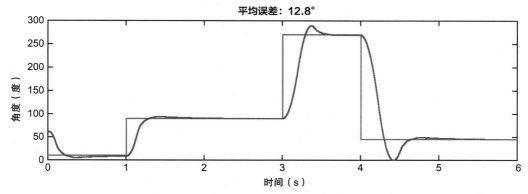

图 28-2　该项目的一个示例结果。用户指定电机的位置参考轨迹，并且系统尝试驱动电机跟随
　　　　　参考轨迹。计算的平均误差作为电机控制器的性能指标

该项目要求开发两个不同的可彼此通信的软件：用于电机驱动的 PIC32 代码和在主机
上运行的客户端用户界面。本章假设客户端是为 MATLAB 开发的，以便利用其绘图功能。
只要可以通过 UART（见第 11 章）与 NU32 建立通信，就可以使用另一种编程语言（例如，
带有绘图功能的 Python）。

为了方便起见，我们将主机上的代码称为"客户端"，将 PIC32 上的代码称为"PIC32"。
PIC32 将实现第 27 章的控制策略，包括低频位置控制回路和嵌套的高频电流控制回
路，如图 27-7 所示。这是一种常见的工业控制方案。在该项目中，外部位置控制回路以

200Hz 的频率运行，内部电流控制回路以 5kHz 的频率运行。PWM 的频率为 20kHz。

在实现这些控制回路之前，先实现一些更基本的功能。电流控制回路必须向电机输出 PWM 信号，并从电流传感器上读取测量值，位置控制回路则需要编码器的反馈。因此，菜单设计中的第一个选项是允许用户直接查看传感器读数并指定 PWM 的占空比，另一个选项则是允许用户不依赖位置控制器去调整电流控制反馈回路。交互式指定控制增益以及查看最终控制性能的功能，简化了调整电流控制反馈回路的过程。所有功能都可以从创建的客户端菜单进行访问，如图 28-3 所示。

```
PIC32 电机驱动接口
a：读取电流传感器（ADC计数）      b：读取电流传感器（mA）
c：读取编码器（计数）             d：读取编码器（角度）
e：复位编码器                    f：置位PWM（-100～100）
g：设置电流增益                  h：获取电流增益
i：设置位置增益                  j：获取位置增益
k：测试电流控制                  l：转到角度（度）
m：加载步进轨迹                  n：加载三次多项式轨迹
o：执行轨迹跟踪                  p：关闭电机电源
q：退出客户端                   r：获取模式
```

图 28-3　最终菜单。用户输入单个字符，它可能会提示用户输入更多的信息。
也可以有额外的选项，但这些是最低要求

下面将描述各个命令的目的，先从最后一个命令开始，r：Get mode。PIC32 有 5 种工作模式：IDLE、PWM、ITEST、HOLD 和 TRACK。PIC32 首次上电时，应处于 IDLE 模式。在 IDLE 模式下，PIC32 使 H 桥处于制动模式，电机两端的电压为零。在 PWM 模式下，PIC32 根据用户要求实现固定的 PWM 占空比。在 ITEST 模式下，PIC32 在忽略电机运行的情况下，测试电流控制回路。在 HOLD 模式下，PIC32 尝试将电机保持在用户命令指定的最终位置。在 TRACK 模式下，PIC32 尝试驱动电机跟踪用户指定的参考轨迹（见图 28-2）。一些菜单命令可以更改 PIC32 的工作模式，接下来会介绍这些菜单命令。

a：读取电流传感器（ADC 计数）。显示由电流传感器测量的电机电流，以 ADC 计数（0 ～ 1023）来表示。例如，可能的屏幕显示如下：

```
ENTER COMMAND: a
The motor current is 903 ADC counts.
```

显示当前传感器读数后，客户端应再次显现完整的菜单，以帮助用户输入下一个命令。或者，为了节省屏幕空间，可以选择将菜单打印出来放在手边，这样就无须每次都将菜单显示到屏幕上。虽然命令 "a" 与下一条命令（返回以 mA 为单位的电流）相比，显得是多余的，但是有时查看初始的 ADC 数据（而不是用更熟悉的单位表示）对调试工作是很有帮助的。

b：读取电流传感器（mA）。显示使用电流传感器测量的电机电流（以 mA 为单位）。屏幕显示可能为：

`The motor current is 763 mA.`

　　根据我们采用的惯例，当试图逆时针驱动电机（即电机沿旋转方向角度增加）时，电机电流是正的（见图 28-1）。如果得到的电流是负的，则可以交换电流传感器两端的导线或者用软件程序来处理。

　　c：读取编码器（计数）。以编码器计数表示编码器角度。按照惯例，当电机逆时针旋转时，编码器计数增加。屏幕显示：

`The motor angle is 314 counts.`

　　d：读取编码器（角度）。以度为单位显示编码器角度。按照惯例，当电机逆时针旋转时，编码器角度增加。如果编码器在 4× 解码模式下每转产生 1000 个计数，则 314 个计数值对应的屏幕显示如下所示。

`The motor angle is 113.0 degrees.`

　　因为 $360° \times (314/1000) \approx 113°$。在这个项目中，0°、360°、720° 等所对应的调整策略都不同，因此我们能够控制多匝电机。

　　e：复位编码器。电机的当前角度定义为零点。这不需要屏幕显示，也可以选择在对编码器归零之后自动调用命令 d，以向用户确认结果。

　　f：置位 PWM（-100 ～ 100）。提示用户键入期望的 PWM 占空比，它是在 [-100%，100%] 范围内指定的。PIC32 切换到 PWM 模式，并实现恒定的 PWM 占空比直到其被新的期望值覆盖。输入 -100 表示电机全力往顺时针方向运行，100 表示电机全力往逆时针方向运行，0 表示电机未通电。菜单提示、用户回复以及屏幕显示的示例如下：

`What PWM value would you like [-100 to 100]?  73`
`PWM has been set to 73% in the counterclockwise direction.`

　　电机会加速到 73% 的稳态速度。PIC32 应使在范围 [-100%，100%] 之外的值饱和，并将范围 [-100%，100%] 内的值转换为适当的 PWM 占空比和方向位发送给 DRV8835。

　　g：设置电流增益。提示用户键入电流回路的控制增益并将其发送到 PIC32，以便立即执行。（但此命令不会更改 PIC32 的工作模式，只有当 PIC32 处于 ITEST、HOLD 或 TRACK 模式时，增益才会影响电机的行为。）对于 PI 控制器，我们建议设置两个增益。显示的界面示例如下：

`Enter your desired Kp current gain [recommended: 4.76]:  3.02`
`Enter your desired Ki current gain [recommended: 0.32]:  0`
`Sending Kp = 3.02 and Ki = 0 to the current controller.`

　　没有必要在提示文本中带上建议值，但如果你发现好的增益值，则可以将其存放在客户端，以便将来使用。（这里给出的建议值只是用于演示，而不是实际的建议！）你可能希望增益值仅为整数，以便在数学计算时更有时间效率，这取决于隐式单位。

　　h：获取电流增益。显示当前电流控制器的增益。屏幕显示示例如下：

```
The current controller is using Kp = 3.02 and Ki = 0.
```

　　i：设置位置增益。提示用户键入位置回路的控制增益并将其发送到 PIC32，以便立即执行。（但此命令不会更改 PIC32 的工作模式；只有当 PIC32 处于 HOLD 或 TRACK 模式时，增益才会影响电机的行为。）如果使用 PID 控制，则显示界面可能为：

```
Enter your desired Kp position gain [recommended: 4.76] :  7.34
Enter your desired Ki position gain [recommended: 0.32] :  0
Enter your desired Kd position gain [recommended: 10.63]:  5.5
Sending Kp = 3.02, Ki = 0, and Kd = 5.5 to the position controller.
```

　　其他运动控制器（见第 27 章）还要求规定其他增益和参数。

　　j：获取位置增益。显示当前位置控制器的增益。屏幕显示可能为：

```
The position controller is using Kp = 7.34, Ki = 0, and Kd = 5.5.
```

　　k：测试电流控制。使用命令"g"设置的增益，测试电流控制器。此命令将 PIC32 置于 ITEST 模式。在这种模式下，5kHz 的电流控制回路使用 100Hz、50% 占空比、±200mA 的方波参考电流。参考电流和实际电流每次经过回路时，电流值都被存储在数据数组中，以供将来绘图所用。在参考电流（频率为 100Hz）的 2 ～ 4 个周期后，PIC32 将切换到 IDLE 模式，同时将在 ITEST 模式期间收集的数据发送回客户端，并在客户端绘图。合理良好的跟踪示例如图 28-4 所示。该曲线图可以帮助用户选择良好的电流回路增益。

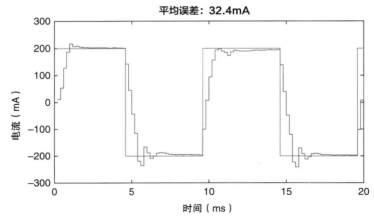

图 28-4　电流控制器的测试结果。方波是参考电流，图中不规则的波形是测量电流

　　在电流控制测试期间，电机可能会稍稍转动，但是要记住，我们要忽略电机的运动，只关注电流控制器的性能。电机仅会稍微转动，因为实际平均电流应该很快会变为零。

　　客户端应根据采样值来计算电流绝对误差的平均值。除了基于绘图的眼球测试方法外，该平均值也可以帮助你比较不同电流控制器的性能。

1：转到角度（度）。提示用户键入电机应转动的期望角度（以度为单位）。PIC32 切换到 HOLD 模式，电机应立即转动到指定位置并保持不动。显示界面示例如下：

```
Enter the desired motor angle in degrees:  90
Motor moving to 90 degrees.
```

m：加载步进轨迹。提示用户键入时间和角度参数，以描述电机单步或者多步运行时的位置。在客户端上绘制参考轨迹，以便用户可以看到输入的轨迹是否正确。以 200Hz 的频率将参考轨迹转换为一系列设定点（点之间相隔 5ms），将设定点存储在数组中，并发送到 PIC32 以供将来执行轨迹跟踪。此外，根据轨迹的持续时间，应设置 PIC32 在位置控制回路中需要记录的采样数。

PIC32 应丢弃任何超过最大轨迹长度的轨迹数据。此命令不会更改 PIC32 的工作模式。

示例界面如下所示。首先，用户请求在时间 0s 时从 0° 开始的轨迹；然后在 1s 时步进至 90°，并保持 90° 持续 500s。该持续时间过长：PIC32 的 RAM 不能存储 $500 \times 200 = 100\,000$ 个参考轨迹样本。在第二次尝试中，用户请求图 28-5 所示的步进轨迹。注意，客户端只绘制发送到 PIC32 的参考轨迹，并没有从 PIC32 上接收到任何数据，因为尚未执行轨迹跟踪。

```
Enter step trajectory, in sec and degrees [time1, ang1; time2, ang2; ...]:
  [0, 0; 1, 90; 500, 90]
Error:  Maximum trajectory time is 10 seconds.

Enter step trajectory, in sec and degrees [time1, ang1; time2, ang2; ...]:
  [0, 0; 1, 180; 3, -90; 4, 0; 5, 0]
Plotting the desired trajectory and sending to the PIC32 ... completed.
```

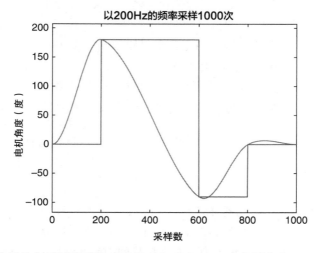

图 28-5　位置控制器的参考轨迹示例。在 MATLAB 中使用命令 ref = genRef
　　　　　（[0,0; 1,180; 3,-90; 4,0; 5,0], 'step'）生成步进轨迹，
　　　　　将 'step' 换成 'cubic' 可得到光滑的三次曲线

现在，PIC32 已接收到参考轨迹。本章提供了 MATLAB 函数 genRef.m 来生成步进轨迹的采样点，并使用下面的指令调用 genRef.m。

```
ref = genRef([0,0; 1,180; 3,-90; 4,0; 5,0], 'step');
```

得到的轨迹如图 28-5 所示，这是电机角度（单位为度）与采样数的对比图。

n：加载三次多项式轨迹。请求用户键入时间和角度参数，以描述电机的三次多项式插补轨迹的一组经过点。该命令类似于步进轨迹命令，不同之处在于，该命令指定了一组可以生成平滑轨迹的经过点，并且轨迹在起点和终点处的速度为零。可使用相同的 MATLAB 函数 genRef 计算三次多项式轨迹，只需要将 'step' 换成 'cubic'（见图 28-5）。

```
Enter cubic trajectory, in sec and degrees [time1, ang1; time2, ang2; ...]:
  [0, 0; 1, 180; 3, -90; 4, 0; 5, 0]
Plotting the desired trajectory and sending to the PIC32 ... completed.
```

o：执行轨迹跟踪。驱动电机跟踪存储在 PIC32 上的轨迹。此命令将 PIC32 更改为 TRACK 模式，PIC32 尝试驱动电机跟踪之前存储在 PIC32 上的参考轨迹。跟踪完成后，PIC32 切换到 HOLD 模式，电机保持在轨迹跟踪的最后位置，然后将参考和实际位置数据发送回客户端进行绘图，步进轨迹如图 28-2 所示。类似于电流控制测试，客户端应计算平均位置误差。因为步进轨迹要求电机角度有不现实的步进变化，所以跟踪步进轨迹时的平均误差可能较大，而跟踪平滑的三次多项式轨迹时平均误差可能很小。

p：关闭电机电源。PIC32 切换为 TRACK 模式。

q：退出客户端。客户端应释放通信端口，以便其他应用程序可以与 NU32 通信。PIC32 应设置为 IDLE 模式。

r：获取模式。前面已经介绍过。屏幕显示：

```
The PIC32 controller mode is currently HOLD.
```

一旦完成电路构建，上述功能就能完全实现和测试（客户端和 PIC32），并且可以找到使电机性能最优的控制增益，直至此项目完成。

为了帮助完成此项目，28.3 节提供了一些建议，它们是关于如何开发可维护和模块化PIC32 代码的。28.4 节将项目分为一系列应按顺序完成的子项目。最后，28.5 节描述了项目的一些扩展。

28.3 软件开发技巧

由于这是一个大项目，因此最好在开发 PIC32 代码的过程中遵守一些规范。这些规范会让代码的维护和构建变得更容易。以下提供了一些建议，在阅读之后可以帮助你更好地了解项目，但如果你对自己的编程能力以及对项目的理解充满信心，则可以不看这些建议。

调试

运行 PIC32 代码时出现错误是不可避免的。快速定位 BUG 的能力，对于节省开发时间至关重要。通常，调试包括断点调试，以确定错误代码的位置[⊖]。对嵌入式代码来说，断点调试可能具有一定的挑战性，因为代码中没有 printf 函数可以将调试结果显示到显示屏幕上。你可以使用以下工具：

- **虚拟终端**。使用虚拟终端代替客户端与 PIC32 连接，这样可以发送一些简单的命令给 PIC32，并查看 PIC32 会返回什么信息，同时不会将客户端代码中的潜在错误当作 PIC32 代码的错误。请注意，NU32 只有一个通信端口，因此只能连接客户端或者虚拟终端中的一个，不能同时连接两者。

- **LCD 屏幕**。可以使用 LCD 屏幕显示有关 PIC32 状态的信息，而无须使用 UART 与主机通信。

- **LED 和数字输出**。还可以使用连接到示波器上的 LED 或数字输出从 PIC32 中获取反馈。例如，为了验证电流控制和位置控制 ISR 是否工作在正确的频率，你可以在每个 ISR 中触发一个数字输出，并用示波器查看产生方波的"心跳数"。

模块化

与其编写一个大的 .c 文件来完成这个项目，不如考虑将整个项目分成多个模块。每个模块由一个 .c 文件和一个 .h 文件组成。.h 文件包含模块的接口，而 .c 文件包含模块的实现。.c 文件应该始终包括 #include 相应的 .h 文件。

模块的接口（.h 文件）由其他模块可以使用的函数原型和数据类型组成。只要 B.c 中包含了 A.h，你就可以在模块 B 中使用模块 A 的功能。

模块的实现（.c 文件）不仅包含可以运行接口函数的代码，还包含该模块可以使用而对其他模块隐藏的任何函数和变量。应该声明这些隐藏函数和变量是 static，将其使用范围限制在模块的 .c 文件中。将模块的实现隐藏在 .c 文件中，并且仅在 .h 文件中公开某些函数，可以减少模块之间的依赖关系，使维护变得容易，同时有助于避免 BUG。对于熟悉面向对象编程语言（如 C ++ 或 Java）的读者来说，这些概念大致相当于公有和私有类成员的概念。

在嵌入式系统中，可以通过任何模块中的代码访问外设，因此，将代码分成多个模块只是良好设计的第一步。为了确保模块分离恰当，应该记录哪些模块具有哪些外设。如果某个模块具有某一外设，则只能由该模块直接访问该外设。如果模块需要访问自身没有的外设，则必须调用自身所属模块的函数。这些规则并非由编译器实施，而是取决于你的谨慎性。在发生运行错误时，这些规则能帮助你更容易地隔离并修复 BUG。

所有 .c 和 .h 文件应在同一目录中，并且允许编译和链接目录中的所有 .c 文件来构建项目。

你的项目肯定要有一个 NU32 模块，用于与客户端通信。此外，建议你将整个项目分成以下这些模块。每个模块也提供了一些接口函数示例，你也可以随意使用自己的函数。

⊖ PICkit 3 和其他 Microchip 编程工具可在执行时设置断点和逐步执行代码。这些功能可通过 MPLAB X 来访问，但不能与 NU32 的引导加载程序配合使用。

- main。此模块是唯一没有 .h 文件的模块，因为没有其他模块需要调用主函数模块中的函数。文件 main.c 是唯一一个具有 main 函数的文件。main.c 为其他模块调用适当的初始化函数，然后进入无限循环。等待来自客户端的命令，然后分析用户的输入并做出适当的响应。

- encoder。该模块拥有一个 SPI 外设，可与编码器计数芯片通信。接口文件 encoder.h 应该提供以下函数：（1）对编码器模块进行一次性设置或初始化；（2）读取以编码器计数表示的编码器数据；（3）读取编码器（单位为度）；（4）复位编码器位置，使编码器的当前角度为 0°。

- isense。该模块具有 ADC 外设，用于检测电机电流。接口文件 isense.h 中的函数应该能够实现 ADC 的一次性设置，用 ADC 计数值（0 ~ 1023）表示 ADC 的测量值以及用毫安表示流过电机的电流测量值。

- currentcontrol。该模块实现 5kHz 的电流控制回路。该模块有一个用来实现控制回路的有固定频率的定时器和实现 H 桥的有 PWM 信号的输出比较和另一个定时器，以及控制电机方向的数字输出（参见第 27 章中的 DRV8835 说明）。根据 PIC32 的工作模式，电流控制器制动电机（IDLE 模式），实现恒定的 PWM（PWM 模式），使用电流控制增益尝试提供由位置控制器指定的电流（HOLD 或 TRACK 模式），或者使用电流控制增益尝试跟踪 100Hz ± 200mA 的方波参考电流（ITEST 模式）。接口文件 currentcontrol.h 应提供初始化模块的函数，用于接收范围在 [-100, 100] 内的固定 PWM 命令、期望电流（来自位置控制模块）、电流控制增益以及提供电流控制增益。

- positioncontrol。该模块用一个定时器实现 200Hz 的位置控制回路。接口文件 positioncontrol.h 应提供的一些函数用于初始化模块、从客户端加载轨迹、从客户端加载位置控制增益以及将位置控制增益发送回客户端。

- utilities。此模块用于记录各种任务，用一个变量存储操作模式（IDLE、PWM、ITEST、HOLD 或 TRACK 模式）以及使用若干数组（缓冲器）存储轨迹跟踪（TRACK 模式）或电流跟踪（ITEST）期间收集的数据。接口文件 utilities.h 提供的函数可以设置操作模式，返回当前操作模式，在下一个 TRACK 或 ITEST 期间接收要保存到数据缓冲器中的采样数 N。如果保存的样本数据还没有达到 N 个，则向缓冲器中写数据，当已经收集到 N 个样本（TRACK 或 ITEST 已经完成）时将缓冲器中的数据发送到客户端。

变量

由 ISR 和主代码共享的变量应该声明为 volatile。可以考虑在使用主代码中的共享变量之前先禁用中断，使用完之后再启用中断，以确保主代码中变量的读取或写入不会被中断。如果禁用中断，请确保中断禁用的时间不要超过几行代码的运行时间；否则中断就没有意义了。

调用函数时，其中需要保持值不变的局部变量应该声明为 static。变量 foo 意味着该变量只能用于一个 .c 文件，但该文件中的函数都能使用该变量（即该变量在该文件中为"全局的"），它可以在文件的开头定义，但是要在任何函数之前定义。为了防止 foo 这个变量与在另一个 .c 文件中定义的同名变量冲突，变量 foo 应该声明为 static，将其作用域限制在定义该变量的文件中。

认真考虑你编写的代码，以确保在 .c 文件中定义的变量不用于其他的 .c 文件。当需要与其他模块共享模块 A 中的变量值时，请在 A.h 中提供一个公有访问函数的原型，如 int get_value_from_A()。不要在头文件中定义变量。

新的数据类型

5 种操作模式（IDLE 等）可以由 int（或 short）类型的变量来表示，取值为 0 ～ 4。或者可以考虑使用 enum，它可以创建一个只有 5 个可能数值的数据类型 mode_t，分别命名为 IDLE、PWM、ITEST、HOLD 和 TRACK。

至于数据缓冲器，可以考虑使用 struct 创建一个新的数据类型 control_data_t，其中 struct 有几个成员（例如，参考电流、实际电流、参考位置和实际位置）。采用这个方法，你可以创建一个类型为 control_data_t 的单数据数组，而不需要创建多个数组。

整数运算

PIC32 控制法则首先检测编码器计数和 ADC 计数的整数值，最后将整数值存储到输出比较模块（PWM）的周期寄存器中。因此，尽管不是必要的，但仍可以使用具有整数值增益的整数运算来计算所有控制法则。使用整数运算可确保控制器尽可能快速地运行。然而，如果只使用整数，那么要确保不存在严重的舍入或溢出错误。

在客户端界面上显示，对于用户来说最自然的单位是度和毫安。

28.4　基本步骤

本节提供了分步的设计指南，用于指导项目构建、测试以及调试。在继续下一步操作之前，请确保每个步骤都是正确无误的，并确保执行与每个子部分相关的所有编号的操作项。提交你对本节问题的答案，字体用**粗体**表示。

28.4.1　选定设计方案

在编写任何代码之前，必须确定在图 27-7 所示的控制器框图中使用哪些外设。PIC32 将连接到 3 个外部的电路板：H 桥、电机编码器计数器和电机电流传感器。写下你对以下问题的答案：

1. NU32 通过 SPI 通道与编码器计数器进行通信。你将使用哪个 SPI 通道？使用 NU32 的哪个引脚？

2. NU32 要使用 ADC 的一个输入来读取 MAX9918 电流传感器的测量值。你将使用

ADC 的哪个输入？NU32 的哪个引脚？

3. NU32 要使用方向位（数字输出）和 PWM（输出比较和定时器）控制 DRV8835 的 H 桥。你将使用哪些外设以及 NU32 的哪些引脚？

4. 你将使用哪些定时器来实现频率为 200Hz 的位置控制 ISR 和频率为 5kHz 的电流控制 ISR？如何设置优先级？

5. 根据你对这些问题的回答以及对项目的理解，请注释图 27-7 所示的框图。对于每个模块，都应该清楚地指示哪些设备或外设在这个模块中工作，并且对于每个信号线，应清楚地指示信号如何从一个模块传送到另一个模块。（在完成这个步骤之后，该项目中涉及的相关硬件就没有问题了。H 桥、电流传感器和编码器的布线细节将在后面讨论）。

6. 根据需要确定 NU32 的引脚连接到哪些电路板，以及电路板与电机和编码器的连接。草拟一个关于 NU32 的电路板布线图，应使交叉导线的数量尽可能最小。（此时不要制作完整的电路图。）

7. 提交 1～6 项的答案。

28.4.2 与终端仿真器建立通信

主函数的作用是调用一些函数以初始化外设或模块，并进入无限循环，PIC32 从客户端接收调度命令。

代码示例 28.1 main.c。用于设置和通信的基本代码

```
#include "NU32.h"          // config bits, constants, funcs for startup and UART
// include other header files here

#define BUF_SIZE 200

int main()
{
  char buffer[BUF_SIZE];
  NU32_Startup(); // cache on, min flash wait, interrupts on, LED/button init, UART init
  NU32_LED1 = 1;  // turn off the LEDs
  NU32_LED2 = 1;
  __builtin_disable_interrupts();
  // in future, initialize modules or peripherals here
  __builtin_enable_interrupts();

  while(1)
  {
    NU32_ReadUART3(buffer,BUF_SIZE); // we expect the next character to be a menu command
    NU32_LED2 = 1;                   // clear the error LED
    switch (buffer[0]) {
      case 'd':                      // dummy command for demonstration purposes
      {
        int n = 0;
        NU32_ReadUART3(buffer,BUF_SIZE);
        sscanf(buffer, "%d", &n);
```

```
      sprintf(buffer,"%d\r\n", n + 1); // return the number + 1
      NU32_WriteUART3(buffer);
      break;
    }
    case 'q':
    {
      // handle q for quit. Later you may want to return to IDLE mode here.
      break;
    }
    default:
    {
      NU32_LED2 = 0;  // turn on LED2 to indicate an error
      break;
    }
    }
  }
  return 0;
}
```

无限的 `while` 循环从 UART 上读取数据，期望读取到一个单字符。该字符由 `switch` 语句处理，以确定要执行的操作。如果字符匹配已知的菜单项，则可能必须从客户端检索其他参数。这些参数的具体格式取决于特定的命令，在这个示例代码中，在接收到命令"d"之后，我们指定一个整数并将其存储在 n 中。然后该命令会将这个整数加 1，并将结果发送到客户端。

注意，每个 `case` 语句都以 `break` 结束。指令 `break` 可以防止代码跳转到下一个 `case`。确保每个 `case` 都有相应的 `break`。

若无法识别命令，则触发默认情况。默认情况下，点亮 LED2 表示命令错误。我们可以设计通信协议，以允许 PIC32 向客户端返回错误条件。虽然实际上这是很重要的，但合理的错误处理使通信协议变得很复杂，并掩盖了本项目的目的。因此，我们忽略这点。

在继续操作之前，请测试 PIC32 菜单代码。

1. 编译并加载 `main.c`，然后将虚拟终端连接到 PIC32。

2. 输入"d"命令后输入一个数字。确保命令按预期工作。

3. 发出一个未知命令，验证 LED2 是否被点亮。

28.4.3　与客户端建立通信

我们还提供了一些基本的 MATLAB 客户端代码。此代码需要从键盘输入一个字符，并将其发送到 PIC32。然后，客户端会根据发送的命令，提示用户输入更多的信息，并且该信息可以被发送到 PIC32。

代码示例 28.2　`client.m`。MATLAB 客户端代码

```
function client(port)
%   provides a menu for accessing PIC32 motor control functions
%
%   client(port)
```

```
%
%     Input Arguments:
%         port - the name of the com port.  This should be the same as what
%                   you use in screen or putty in quotes ' '
%
%     Example:
%         client('/dev/ttyUSB0') (Linux/Mac)
%         client('COM3') (PC)
%
%     For convenience, you may want to change this so that the port is hardcoded.

% Opening COM connection
if ~isempty(instrfind)
    fclose(instrfind);
    delete(instrfind);
end

fprintf('Opening port %s....\n',port);

% settings for opening the serial port. baud rate 230400, hardware flow control
% wait up to 120 seconds for data before timing out
mySerial = serial(port, 'BaudRate', 230400, 'FlowControl', 'hardware','Timeout',120);
% opens serial connection
fopen(mySerial);
% closes serial port when function exits
clean = onCleanup(@()fclose(mySerial));

has_quit = false;
% menu loop
while ~has_quit
    fprintf('PIC32 MOTOR DRIVER INTERFACE\n\n');
    % display the menu options; this list will grow
    fprintf('     d: Dummy Command     q: Quit\n');
    % read the user's choice
    selection = input('\nENTER COMMAND: ', 's');

    % send the command to the PIC32
    fprintf(mySerial,'%c\n',selection);

    % take the appropriate action
    switch selection
        case 'd'                           % example operation
            n = input('Enter number: '); % get the number to send
            fprintf(mySerial, '%d\n',n); % send the number
            n = fscanf(mySerial,'%d');   % get the incremented number back
            fprintf('Read: %d\n',n);     % print it to the screen
        case 'q'
            has_quit = true;               % exit client
        otherwise
            fprintf('Invalid Selection %c\n', selection);
    end
end

end
```

按照如下步骤测试客户端。在完成每个步骤之前，不要继续下一步。

1. 退出虚拟终端（如果仍然未关闭）。

2. 在 MATLAB 中运行 client.m，并确认已连接到 PIC32。发出命令"d"，并验证客户端是否如你所期望那样工作。（客户端提示你输入一个数字并将其发送到 PIC32，PIC32 将数值加 1 后返回，客户端显示输出返回值。）

3. 使用命令"q"退出客户端。

4. 在 PIC32 上执行命令"x"，PIC32 会接收到两个整数，将它们相加，并将结果返回给客户端。

5. 使用虚拟终端测试新的命令。一旦已经验证完了 PIC32 代码的工作原理，退出终端。

6. 向客户端菜单中添加命令"x"，并验证客户端的新菜单命令是否如预期一样工作。

完成上面的操作后，你应该熟悉了菜单系统。当继续此项目时，添加菜单命令项并确定这些命令的通信协议将变得很平常。如果遇到问题，则可以打开虚拟终端并手动输入命令，以弄清楚问题发生在客户端上还是在 PIC32 上。记住，不要尝试同时打开虚拟终端和客户端中的串行端口。此外，若 PIC32 的期望数据与客户端发送的数据不匹配（反之亦然），则可能会导致某个数据在等待期间被冻结。你可以在 MATLAB 中通过键入 CTRL-C，强制退出客户端。

当熟悉菜单系统的工作原理后，可以删除命令"d"和"x"，因为已经不再需要用到它们了。

28.4.4　编码器测试

1. 通过电源和接地连接给编码器供电。在接通电源之前，请要确认接线正确无误！某些编码器很容易因错误的连接而损坏。

2. 将两个示波器探头连接到 A 和 B 编码器的输出端。

3. 分别在两个方向上旋转电机，确保能看到来自两个编码器通道上的反相方波。

28.4.5　添加编码器菜单选项

本节将实现菜单选项"c"（Read encoder（counts））、"d"（Read encoder（deg））和"e"（Reset encoder）。

假设 PIC32 使用 SPI 通道 4 与解码器进行通信，解码器 PCB 与电机编码器和 NU32 的接线如图 28-6 所示。解码器对正交编码器的输入进行 4× 解码，并保持 16 位计数，（范围为 0 ~ 65 535）。解码器实际上是一个专用的 PIC 微控制器，只能通过编程来计数编码器脉冲，并在接收到请求时将计数发送到 PIC32。为了验证解码器芯片是否已被编程，你可以在引脚 B3 上寻找 1kHz 的"心跳"方波。

一旦连接了所有组件，就可以向 PIC32 菜单代码中添加编码器读取选项。

```
case 'c':
{
  sprintf(buffer,"%d", encoder_counts());
```

```
NU32_WriteUART3(buffer);  // send encoder count to client
break;
}
```

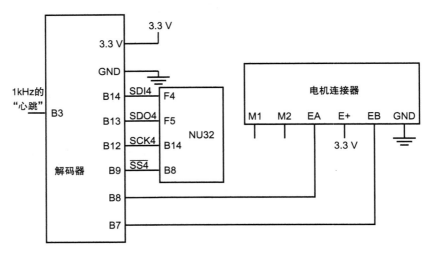

图 28-6　编码器计数器电路

　　这个代码段调用了一个名为 encoder_counts() 的函数，该函数会返回一个整数。下面教你如何实现 encode_counts() 函数。假设这个函数存在于由 encoder.c 和 encoder.h（参见第 28.3 节）组成的模块中，这个函数可以直接包含在 main.c 文件中，而不需要头文件 encoder.h。函数 encoder_counts() 依赖于辅助函数 encoder_command()。

代码示例 28.3　encoder.c。一些编码器函数的实现

```
#include "encoder.h"
#include <xc.h>

static int encoder_command(int read) { // send a command to the encoder chip
                                       // 0 = reset count to 32,768, 1 = return the count
  SPI4BUF = read;                      // send the command
  while (!SPI4STATbits.SPIRBF) { ; }   // wait for the response
  SPI4BUF;                             // garbage was transferred, ignore it
  SPI4BUF = 5;                         // write garbage, but the read will have the data
  while (!SPI4STATbits.SPIRBF) { ; }
  return SPI4BUF;
}

int encoder_counts(void) {
  return encoder_command(1);
}

void encoder_init(void) {
  // SPI initialization for reading from the decoder chip
  SPI4CON = 0;                  // stop and reset SPI4
  SPI4BUF;                      // read to clear the rx receive buffer
```

```
SPI4BRG = 0x4;              // bit rate to 8 MHz, SPI4BRG = 80000000/(2*desired)-1
SPI4STATbits.SPIROV = 0;    // clear the overflow
SPI4CONbits.MSTEN = 1;      // master mode
SPI4CONbits.MSSEN = 1;      // slave select enable
SPI4CONbits.MODE16 = 1;     // 16 bit mode
SPI4CONbits.MODE32 = 0;
SPI4CONbits.SMP = 1;        // sample at the end of the clock
SPI4CONbits.ON = 1;         // turn SPI on
}
```

函数 encoder_init() 初始化 SPI4。这个函数应该在 main 函数开始时被调用，并且要禁止中断。设置 SPI 外设的波特率为 8MHz、16 位数据操作、在信号下降沿采样以及自动检测从设备。

函数 encoder_counts() 使用 encoder_command() 向解码器芯片发送命令并返回响应。encoder_command() 接收的有效命令是 0x01（读取解码器的计数）以及 0x00（将计数值重置为 32 768，即 0 ～ 65 535 的一半）。注意，每次向 SPI 写入数据时，也必须读取 SPI 的数据，即使并不需要这些数据。

如果使用单独的编码器模块（见 28.3 节），则在 encoder.h 中应该有 encoder_init() 和 encoder_counts() 的原型，以便在包含"encoder.h"的其他模块中可以使用这些函数。函数 encoder_command() 是 encoder.c 独有的，因此它应该声明为 static，并且在 encoder.h 中不应有原型。

除了 encoder_counts() 之外，还需要实现一个可以使用 encoder_command() 复位编码器计数的函数（例如，encoder_reset()）。

1. 实现 PIC32 读取编码器计数的代码（"c"命令）。

2. 使用虚拟终端发出命令，并显示 PIC32 的结果。旋转电机轴，发出"c"命令，并确保计数值随着轴的逆时针旋转而增加，随着顺时针旋转而减小。如果得到相反的结果，交换一下编码器到解码器 PCB 的输入连线。

3. 实现 PIC32 代码，可使用命令"e"将编码器计数值复位为 32 768。使用虚拟终端和命令"c"，确认复位的编码器是否按预期工作。

4. 已知编码器的分辨率为 4×，实现 PIC32 代码，可使用命令"d"读取编码器的值（单位为度）。使用虚拟终端，在复位命令"e"之后，验证角度读数是否为零。还要使用命令"d"，验证将电机轴旋转 180° 或 –180° 时是否可获得适当的读数。

5. 关闭虚拟终端并更新客户端以处理"c"（Read encoder(counts)），"d"（Read encoder(deg)）和"e"（Reset encoder）命令。例如，

```
case 'c'
  counts = fscanf(mySerial,'%d');
  fprintf('The motor angle is %d counts.', counts)
```

验证 3 个命令在客户端是否按预期工作。

从现在开始，当要你实现菜单选项时，表示应该在 PIC32 和客户端上都实现菜单选项。不会要求你先使用虚拟终端进行测试，但是你可以随时使用虚拟终端进行调试。

28.4.6　PIC32 工作模式

本节要实现菜单选项"r"[Get mode（获取模式）]。

PIC32 有 5 种工作模式：IDLE、PWM、ITEST、HOLD 和 TRACK。将编写用于设置和查询 PIC32 工作模式的函数。如果遵循 28.3 节中建议的模块设计，则这些函数和存储工作模式的变量将可能在 utilities 模块中。

1. 实现用于设置和查询模式的 PIC32 函数。

2. 运行在 main 函数开始处的模式设置函数将 PIC32 设置为 IDLE 模式。

3. 在 PIC32 和客户端上实现命令"r"[Get mode（获取模式）]。验证命令"r"是否有效。

4. 在退出菜单之前，更新菜单选项"q"[quit（退出）]，将 PIC32 设置为 IDLE 模式。注意，没有仅用来设置模式的客户端菜单选项。

28.4.7　电流传感器的接线和校准

电流传感器检测流过电机的电流。如 21.10.1 节所述，我们使用 PCB 将 MAX9918 电流检测放大器和一个板载的 15mΩ 电流检测电阻分开。

本节首先使用 21.10.1 节中的信息来设置和校准电流传感器，而这与 NU32 和电机无关。如有疑问，可以参考图 21-22 所示电路。

1. 选择阻值为几百欧姆的分压电阻器 $R3$（例如，330Ω）。

2. 计算期望检测的最大电流。如果 H 桥的电池电压为 V、电机电阻为 R_{motor}，则预计可看到的最大电流大约为 $I_{max} = 2V/R_{motor}$。这时电机以空载速度反向旋转，电机两端的电压为 $-V$，经过的电流为 0。

$$-V = k_t\omega_{rev} \rightarrow \omega_{rev} = -V/k_t$$

然后控制电压突然切换到 V，得到（忽略电感）

$$V = k_t\omega_{rev} + I_{max}R_{motor} \rightarrow I_{max} = 2V/R_{motor}$$

记下你计算的 I_{max}。

3. 如果 I_{max} 流过 15mΩ 的检测电阻，那么计算电阻两端的电压。该电压被称为 V_{max}。

4. 选择电阻 $R1$ 和 $R2$，使电流检测放大器增益 $G = 1 + (R2/R1)$ 大致满足

$$1.65V = G \times V_{max}$$

这可以确保电机的最大正向电流在电流传感器的输出端产生 3.3V 的电压，最大负向电流在电流传感器的输出端产生 0V 的电压，充分利用了 ADC 的输入范围（0 ~ 3.3）。选择的 $R1$ 和 $R2$ 要在 10^4 ~ 10^6Ω 范围内。

5. 选择电阻 R 和电容 C，在 MAX9918 输出端构建一个 RC 滤波器，截止频率 $f_c = 1/$

（$2\pi RC$）在 200Hz 附近，以抑制由 20kHz PWM 信号引起的高频分量。

6. 构建图 21-22 所示的电路，但不要连接电机或 PIC32。使用若干个电阻、一个电流表和一个示波器或一个电压表来校准电路。图 28-7 演示了如何使用电阻 R0 向电流传感器提供受控的正向和负向测试电流。选择不同的 R0 值，以便在可能的电流范围内产生测试电流。例如，如果有两个 20Ω 的电阻，则可以使用它们来创建 20Ω、40Ω（两个电阻串联）或 10Ω（两个电阻并联）的 R0。如果电池电压 V 为 6V，则可以分别产生 ±300mA、±150mA 和 ±600mA 的期望电流。

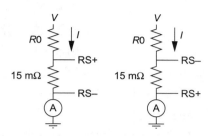

图 28-7　校准电流传感器的测试电路。左边的电路提供流过电流检测电阻的正电流；交换 RS+ 和 RS- 的接线，右侧电路会产生负电流

> 注意：校准电阻的额定阻值必须能承受大电流而不会烧毁。例如，一个 20Ω 的电阻通过 300mA 的电流，电阻的功率损耗为 $(300\text{mA})^2 \times (20\Omega) = 1.8\text{W}$，这远远超过 1/4W。一般电阻的功率损耗为 1/4W。

使用电流表来测量 R0 为不同阻值时的实际电流，使用电压表或示波器来测量电流传感器的输出。针对所使用的特定电阻和电池，填写类似于下方的表格。如果正确地构建了电流传感器电路，则当电流为零时，传感器输出端电压大约为 1.65V，并且数据点（传感器电压作为测量电流的函数）应该与所设计的放大器增益 G 一致。如果不是，就应该纠正你的电路。

R0（Ω）	期望值 /（mA）	测量值 /（mA）	传感器数值（V）	ADC（计数值）
10（至 RS+）	600	587	2.82	
20（至 RS+）	300	295	2.24	
40（至 RS+）	150	140	1.93	
开路	0	0	1.63	
40（至 RS-）	−150	−147	1.34	
20（至 RS-）	−300	−322	1.01	
10（至 RS-）	−600	−605	0.45	

将"ADC（计数值）"列留空，在下一节填写该列。检查电路时，你可以用停转的电机替换 R0，并要确保传感器两端的电压合理。

7. 提交对 2～6 项的答案。

28.4.8　电流传感器的 ADC

本节将实现菜单选项"a"（Read current sensor（ADC counts））和"b"（Read

current sensor (mA))。

ADC 读取电机电流传感器的电压。有关设置和使用 ADC 的内容，请参见第 10 章。

1. 创建一个 PIC32 函数来初始化 ADC，并在 main 函数的开始处调用该函数。

2. 创建一个 PIC32 函数来读取 ADC 的值并返回读取的数据（范围为 0 ~ 1023）。考虑多次读取 ADC 并取平均值，以获得更稳定的读数。

3. 将菜单选项"a"（Read current sensor (ADC counts)）添加到 PIC32 和客户端，并验证其是否工作。在模拟输入端使用简单的分压器，以确保读数合理。

4. 将上一节的电流传感器的输出连接到模拟输入。提供电路原理图，并给出与电流传感器 PCB 的所有接线。

5. 使用上一节中的功率电阻分压器和"a"命令，填写电流传感器校准表的最后一列。（更新电流表所测得的电流也是一个好主意，以避免电池电量耗尽而改变电流方向）。

6. 绘制数据点，测量电流（单位为 mA）为 ADC 计数值的函数。找到最适合这些数据的一条曲线方程（例如，使用 MATLAB 中的最小二乘拟合法）。

7. 使用 PIC32 函数中的线性方程读取 ADC 计数，并返回校准后的测量电流（单位为 mA）。添加菜单选项"b"（Read current sensor (mA)），并验证其是否按预期工作。

28.4.9　PWM 和 H 桥

本节将实现菜单选项"f"[Set PWM (-100 to 100)（设置 PWM）] 和"p"[Unpower the motor（断开电机电源）]。

现在你应该能够控制电流传感器和编码器。下一步是提供低级的电机控制。首先将实现与电流控制回路相关的软件部分。接下来，要连接 H 桥和电机。当学习完这节内容后，你就能够控制来自客户端的电机 PWM 信号了。

1. 对于频率为 5kHz 的 ISR，使用一个定时器来产生电流控制器，使用另一个定时器和输出比较产生 20kHz 的 PWM 信号，其中数字输出控制电机方向。编写一个 PIC32 函数来初始化这些外设，并从 main 函数中调用该函数。

2. 编写 5kHz 的 ISR。ISR 应将 PWM 的占空比设置为 25%，并将控制电机方向的数字输出反相。查看示波器上的数字输出和 PWM 输出，确认能看到 ISR 的 25kHz 的"心跳"方波和 25% 占空比的 20kHz PWM 信号。切记清除中断标志。

3. 修改 ISR，根据工作模式选择 PWM 的占空比和方向位。应该使用 switch-case 结构，它类似于 main 函数中的 switch-case，它们的不同之处就是：这里查询的值是工作模式，而 28.4.6 节中开发的是模式查询函数的返回值。最终将有 5 种模式要处理——IDLE、PWM、ITEST、HOLD 和 TRACK——但在本节，我们将重点讨论 IDLE 和 PWM。如果工作模式为 IDLE，则 PWM 的占空比和方向位应使 H 桥处于制动模式。如果工作模式为 PWM，则占空比和方向位根据用户通过客户端指定的值来设置。这将导致下一个操作项……

4. 实现菜单选项 "f"（Set PWM（-100 to 100））。PIC32 切换到 PWM 模式，在此模式下，5kHz 的 ISR 创建一个指定占空比的 20kHz 的 PWM 脉冲序列和一个表示正确方向位的数字输出。

5. 实现菜单选项 "p"（Unpower the motor）。PIC32 切换到 IDLE 模式。

6. 使用菜单选项 "r"（Get mode），测试工作模式是否正确地被更改以响应新的 "f" 和 "p" 命令。

7. 将 PWM 的占空比设置为 80%。使用示波器验证占空比，并记录方向引脚的值。然后将 PWM 的占空比设置为 -40%。验证新的占空比，以及方向引脚是否发生改变。

8. 现在 PWM 输出似乎是有效的，那么如 27.1.1 节所述，将 DRV8835 H 桥电路连接到电机和 PIC32 的输出端（见图 28-8）。注意，电流检测 PCB 上的 15mΩ 电阻与电机串联。**提交电路原理图，其中给出 H 桥与 NU32、电机和电流传感器 PCB 的所有接线。**

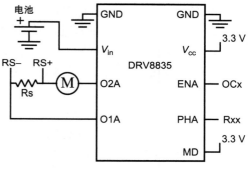

图 28-8　H 桥电路

9. 验证以下内容：

- 将 PWM 的占空比设置为 100%。确保电机在逆时针旋转时，编码器返回的角度增大，测量电流为正。如果不是，则可能需要交换电机两端接线或编码器通道。

- 当 PWM 的占空比为 100% 时，电机暂停工作。可以看到此时的电流大于自由运转期间的电流，并检查测量的电流是否与估计的电机电阻中的电流一致。（注意，由于输出 MOSFET 处存在电压降，所以 H 桥输出端的电压将略低于电池的电压。）

- 将 PWM 的占空比设置为 50%，并确保电机转速低于 PWM 的占空比为 100% 时的速度。

- 将 PWM 的占空比设置为 -50%，重复上述步骤。

- 当发出 "p"［Unpower the motor（关闭电机电源）］命令时，请确保电机停转。

- 如果电机的一端没有扁平棒，则将扁平棒连接到电机的一端以增加惯量。当 PWM 的占空比为 -100% 时，使电机以最大负速度旋转。然后将 PWM 的占空比设为 100%，并在电机减速时快速查询电机电流（"a"）几次，然后在电机达到最大正速度时使电机反向运行。应该能看到电机的初始电流非常大（因为反电动势），然后随着反电动势朝最大正值增加（当电机在正向全速运行时），电机的电流持续下降。

现在你已经可以完全控制硬件的底层功能了！

28.4.10　PI 电流控制和 ITEST 模式

本节将实现菜单项选 "g"［Set current gains（设置电流增益）］，"h"［Get current

gains（获取电流增益）]和"k"[Test current control（测试电流控制）]。

PI 电流控制器尝试通过调节 PWM 信号使电流传感器的读数与参考电流匹配。有关 PI 控制器的详细信息，请参见第 23 章和 27.2.2 节。

在本节中，特别关注 5kHz 的电流控制 ISR 中的 ITEST 模式。

1. 实现菜单选项"g"[Set current gains（设置电流增益）]和"h"[Get current gains（获取电流增益）]，"g"和"h"可以设置和读取电流回路的比例积分增益，可以使用浮点数或整数增益。通过设置和读取增益来验证菜单项是否有效。

2. 在 5kHz 的电流控制 ISR 中，在 switch-case 中添加实例来处理 ITEST 模式。在 ITEST 模式下，ISR 中应发生以下情况：

- 在 ITEST 模式下，电流控制器尝试跟踪有 ±200mA、100Hz 的方波参考电流（见图 28-4）。由于 100Hz 信号的半周期是 5ms，所以如果每秒采集 5000 个样本，那么 5ms 就有 25 个采样值，这意味着在 ISR 中，−200 ～ +200mA 之间的参考电流每 25 个采样触发一次。要实现参考电流的两个完整周期，可以在 ISR 中使用一个从 0 计数到 99 的 static int 变量。当计数达到 25、50 和 75 时，参考电流改变符号。当计数达到 99 时，PIC32 的工作模式应改变为 IDLE——电流回路测试结束。
- PI 控制器读取电流传感器的测量值，将其与方波参考值进行比较，并计算新的 PWM 占空比和电机的方向位。
- 参考电流和实际电流保存在数组中以供将来绘图（如图 28-4 所示）。

3. 添加菜单选项"k"[Test current control（测试电流控制）]。这个选项会使 PIC32 处于 ITEST 模式，触发电流控制 ISR 中的 switch-case 的 ITEST 实例。当 PIC32 返回到 IDLE 模式时，表明电流回路测试已完成，在 ITEST 期间保存的数据应发送回客户端进行绘图（如图 28-4 所示）。不应在 ISR 中传输数据，因为传输速度很慢。请参考下面用于绘制 ITEST 数据的 MATLAB 示例代码。

4. 通过"g"设置不同的电流增益，并用方波参考电流测试增益（使用"k"）。如果两个 PI 增益都为零，则测量电流应该近似为零。看看只有比例增益时可以获得多好的响应。最后，同时使用 P 和 I 增益获得最佳响应。

5. **提交最好的 ITEST 绘图，并指出使用的控制增益及其单位。**

我们为你提供了一个 MATLAB 函数示例，可读取和绘制 ITEST 数据（见图 28-4）。该代码假定 PIC32 首先发送采样数 N，然后发送 N 对整数，它们为参考电流和实际电流（单位为 mA）。

代码示例 28.4 read_plot_matrix.m。从 PIC32 上读取电流数据矩阵并绘制结果。还可以计算平均跟踪误差，以帮助你评估电流控制器

```
function data = read_plot_matrix(mySerial)
  nsamples = fscanf(mySerial,'%d');        % first get the number of samples being sent
  data = zeros(nsamples,2);                 % two values per sample:  ref and actual
  for i=1:nsamples
```

```
        data(i,:) = fscanf(mySerial,'%d %d'); % read in data from PIC32; assume ints, in mA
        times(i) = (i-1)*0.2;                 % 0.2 ms between samples
    end
    if nsamples > 1
        stairs(times,data(:,1:2));            % plot the reference and actual
    else
        fprintf('Only 1 sample received\n')
        disp(data);
    end
    % compute the average error
    score = mean(abs(data(:,1)-data(:,2)));
    fprintf('\nAverage error: %5.1f mA\n',score);
    title(sprintf('Average error: %5.1f mA',score));
    ylabel('Current (mA)');
    xlabel('Time (ms)');
end
```

28.4.11　位置控制

本节将实现菜单项选"i"［Set position gains（设置位置增益）］，"j"［Get position gains（获取位置增益）］和"l"［Go to angle（deg）（转到角度）］。

在 PIC32 的 5 种工作模式中，只有 HOLD 和 TRACK 与位置控制器相关。在这两种模式下，200Hz 的位置控制 ISR 指定电流控制器需要跟踪的参考电流。

按顺序完成以下操作。

1. 实现菜单选项"i"（Set position gains）和"j"（Get position gains）。选择什么类型的控制器取决于你，但合理的选择应该是 PID 控制器，这需要用户提供 3 个数值。通过设置和读取客户端的增益，验证菜单选项"i"和"j"是否有效。

2. 位置控制器使用定时器来实现 200Hz 的 ISR。编写一个初始化位置控制器的函数，以设置定时器和 ISR，并在 main 函数的开始处调用该函数。

3. 编写 200Hz 的位置控制 ISR。它除了清除中断标志外，还可以切换数字输出，并用示波器验证 ISR 的频率是否为 200Hz。

4. 实现菜单选项"l"（Go to angle（deg））。用户输入电机的期望角度（以度为单位），并且 PIC32 切换到 HOLD 模式。在 200Hz 的位置控制 ISR 中，检查 PIC32 是否处于 HOLD 模式。在 HOLD 模式下，ISR 应读取编码器的数据，将实际角度与用户设置的期望角度进行比较，并使用 PID 控制增益计算参考电流。由你决定是否以编码器计数值、角度或一些其他单位（例如，十分之几度或百分之几度）来比较角度。

你还需要将 HOLD 实例添加到 5kHz 的电流控制 ISR 中。当处于 HOLD 模式时，电流控制器使用位置控制器指定的电流作为 PI 电流控制器的参考电流。

5. 当电机上有扁平棒时，验证命令"l"（Go to angle（deg））是否有效。找到合适的控制增益，这要求将扁平棒稳定地保持在期望角度，以及将扁平棒在下一个命令"l"中转动到的新期望角度。尝试选择一个调节时间快并且没有超调的增益。使用零积分增益可能是最容易的。

28.4.12 轨迹跟踪

接下来要实现的是菜单选项"m"[Load step trajectory（加载步进轨迹）]，"n"[Load cubic trajectory（加载三次多项式）]和"o"（Execute trajectory）。（执行轨迹跟踪）这些命令允许我们为电机设计参考轨迹，执行轨迹跟踪，并查看位置控制器的跟踪结果。

下面提供了MATLAB函数genRef.m，它生成和可视化类似于图28-5所示的步进轨迹和三次多项式轨迹。对于 T 秒长的轨迹，genRef.m生成一组有 $200T$ 参考角度的数组，每200Hz控制回路迭代一次，并在MATLAB中绘图。在继续下一步之前，请尝试使用genRef.m生成一些轨迹样本。有关genRef.m的更多信息，请参见28.2节中有关菜单选项"m"和"n"的说明。

代码示例28.5 genRef.m。生成步进或三次参考轨迹的MATLAB代码

```
function ref = genRef(reflist, method)

% This function takes a list of "via point" times and positions and generates a
% trajectory (positions as a function of time, in sample periods) using either
% a step trajectory or cubic interpolation.
%
%   ref = genRef(reflist, method)
%
%   Input Arguments:
%       reflist: points on the trajectory
%       method: either 'step' or 'cubic'
%
%   Output:
%       An array ref, each element representing the reference position, in degrees,
%       spaced at time 1/f, where f is the frequency of the trajectory controller.
%       Also plots ref.
%
%   Example usage:  ref = genRef([0, 0; 1.0, 90; 1.5, -45; 2.5, 0], 'cubic');
%   Example usage:  ref = genRef([0, 0; 1.0, 90; 1.5, -45; 2.5, 0], 'step');
%
%   The via points are 0 degrees at time 0 s; 90 degrees at time 1 s;
%   -45 degrees at 1.5 s; and 0 degrees at 2.5 s.
%
%   Note:  the first time must be 0, and the first and last velocities should be 0.

MOTOR_SERVO_RATE = 200;      % 200 Hz motion control loop
dt = 1/MOTOR_SERVO_RATE;     % time per control cycle

[numpos,numvars] = size(reflist);

if (numpos < 2) || (numvars ~= 2)
  error('Input must be of form [t1,p1; ... tn,pn] for n >= 2.');
end
reflist(1,1) = 0;            % first time must be zero
for i=1:numpos
```

```
    if (i>2)
      if (reflist(i,1) <= reflist(i-1,1))
        error('Times must be increasing in subsequent samples.');
      end
    end
  end

if strcmp(method,'cubic')  % calculate a cubic interpolation trajectory

  timelist = reflist(:,1);
  poslist = reflist(:,2);
  vellist(1) = 0; vellist(numpos) = 0;
  if numpos >= 3
    for i=2:numpos-1
      vellist(i) = (poslist(i+1)-poslist(i-1))/(timelist(i+1)-timelist(i-1));
    end
  end

  refCtr = 1;
  for i=1:numpos-1              % go through each segment of trajectory
    timestart = timelist(i); timeend = timelist(i+1);
    deltaT = timeend - timestart;
    posstart = poslist(i); posend = poslist(i+1);
    velstart = vellist(i); velend = vellist(i+1);
    a0 = posstart;               % calculate coeffs of traj pos = a0+a1*t+a2*t^2+a3*t^3
    a1 = velstart;
    a2 = (3*posend - 3*posstart - 2*velstart*deltaT - velend*deltaT)/(deltaT^2);
    a3 = (2*posstart + (velstart+velend)*deltaT - 2*posend)/(deltaT^3);
    while (refCtr-1)*dt < timelist(i+1)
      tseg = (refCtr-1)*dt - timelist(i);
      ref(refCtr) = a0 + a1*tseg + a2*tseg^2 + a3*tseg^3;  % add an element to ref array
      refCtr = refCtr + 1;
    end
  end

else  % default is step trajectory

% convert the list of times to a list of sample numbers
  sample_list = reflist(:,1) * MOTOR_SERVO_RATE;
  angle_list = reflist(:,2);
  ref = zeros(1,max(sample_list));
  last_sample = 0;
  samp = 0;
  for i=2:numpos
    if (sample_list(i,1)  <= sample_list(i-1,1))
      error('Times must be in ascending order.');
    end
    for samp = last_sample:(sample_list(i)-1)
      ref(samp+1) = angle_list(i-1);
    end
    last_sample = sample_list(i)-1;
  end
  ref(samp+1) = angle_list(end);
```

```
end

str = sprintf('%d samples at %7.2f Hz taking %5.3f sec', ...
      length(ref),MOTOR_SERVO_RATE,reflist(end,1));
plot(ref);
title(str);
border = 0.1*(max(ref)-min(ref));
axis([0, length(ref), min(ref)-border, max(ref)+border]);
ylabel('Motor angle (degrees)');
xlabel('Sample number');
set(gca,'FontSize',18);
```

在 MATLAB 客户端中，可以使用如下形式的代码：

```
A = input('Enter step trajectory: ');
```

来读取变量 A 中用户指定的时间和位置矩阵，并且发送到 genRef.m 中。用户只需键入类似于 [0,0; 1,180; 3, -90; 4,0; 5,0] 的字符作为响应。

1. 实现菜单选项 "m" [Load step trajectory（加载步进轨迹）]。客户端应向用户请求 genRef.m 需要的轨迹参数。如果轨迹的持续时间较短，且不能存储在 PIC32 的数据数组中，则客户端首先将采样数 N 发送到 PIC32，然后发送 N 个参考位置。由你决定参考位置是使用浮点数（例如度）还是整数（如几十度、几百度或编码器计数）来发送。但在指定角度和查看绘图时，用户应该要用度数作为单位。

2. 实现菜单项选 "n" [Load cubic trajectory（加载三次多项式轨迹）]。此项命令与上一项命令非常相似，区别在于此项命令调用 genRef.m 时使用 'cubic'。

3. 实现菜单选项 "o" [Execute trajectory（执行轨迹跟踪）]。PIC32 此时处于 TRACK 模式。在 200Hz 的位置控制 ISR 中，检查 PIC32 的工作模式是否为 TRACK。如果是，则 ISR 将参考轨迹数组中的指针加 1，指针指向的轨迹位置用作 PID 控制器的参考位置，PID 控制器计算电流控制 ISR 中的控制电流。

位置控制 ISR 还应收集电机的角度数据，以供将来绘图。

当数组索引达到 N 时，工作模式切换到 HOLD，并且参考轨迹数组中的最后角度作为保持角度。收集的数据被发送回客户端进行绘图，它类似于 ITEST 实例。MATLAB 客户端绘图代码应该类似于代码示例 28.4，但要使用合适的数据类型和采样时间因子，因此用户看到的绘图结果是时间的函数而不是采样点的函数。还需要将 TRACK 实例添加到 5kHz 的电流控制 ISR 中。对于电流控制器，TRACK 实例与 HOLD 实例相同：电流控制器都试图匹配位置控制器指定的电流。

4. 试着用不同的位置控制增益跟踪不同的轨迹（如图 28-5 所示的轨迹），直到电机轨迹跟踪的性能良好。例如，图 28-2 中的电机轨迹跟踪是合理的，尽管还可以用较大的微分增益来消除超调。在实验中调整增益时，最简单的是从单独的比例（P）控制增益开始，然后加上微分（D）控制增益。最后，同时调整 PD 增益。如果电机轨迹跟踪性能良好，可能就不需要积分（I）项。

　5. 电机加上负载后跟随图 28-5 所示的步进和三次多项式轨迹，提交最佳曲线图。还要说明所使用的控制增益以及增益的单位。

　恭喜！你现在已经有一个完整的电机控制系统了。

28.5　扩展设计

将增益存储在闪存中

　目前，必须在每次复位 PIC32 时重新输入增益，这很不方便。可以将增益存储在闪存中，那么即使关闭 PIC32 的电源，也可以保留增益。要想了解如何访问闪存，请参见第 18 章。添加一个菜单选项，并将增益保存到闪存中。修改 main 函数中的启动代码，以首先读取存储的增益。

LCD 显示器

　将 LCD 显示器连接到 PIC32。用它来显示当前系统状态的信息：增益或其他你想要的信息。

基于模型的控制

　在第 25 章，我们学习了如何描述电机。注意，在实现控制规则时大都忽略了电机参数。之所以能这样做，是因为可以用反馈特性来补偿系统模型的不足。但将电机和负载的模型结合到控制回路中可以提高电机的性能，可参见 27.2.1 节的示例。

　要想测试基于模型的控制，请尝试增加扁平棒一端的质量，并跟踪图 28-5 所示的轨迹。可以对 PIC32 代码中的总负载质量、质量中心和惯性进行硬编码，或允许用户输入有关负载的信息。然后查看基于模型的控制是否可以提供比原始控制更好的跟踪效果。

　作为更高级的项目，你可以通过旋转电机来确定电机和负载的特性，同时测量作为电机位置、速度和加速度函数的电流（转矩），并使用数据拟合模型的参数。

随时收集数据

　不是仅在 ITEST 或 TRACK 模式期间收集数据，而是用户可以在任何时间选择收集和绘制指定时间段的数据。例如，在 HOLD 期间也能收集数据，同时用户也能干预电机的运行。

实时数据

　目前，我们采用批处理形式来检索电机数据。这严重限制了在内存耗尽之前可以收集数据的时间。如果你想实时地看到电机数据，该怎么办？一种称为循环（也叫作环形）缓冲器的数据结构可以帮助你。循环缓冲器具有两个位置指针：一个用于读取数据，一个用于写入数据。数据存放在数组中指针指向的位置，然后指针递增。如果指针指向数组的末尾，则指针会绕回到数组的开头。读取数据时，指针的变化也一样。在循环缓冲器中，如果读取指针和写入指针相同，则缓冲器为空。如果写入指针在读取指针的后一个位置，则表示缓冲器已满。在此项目中，电流控制回路或位置控制回路都会向缓冲器写入数据。当缓冲器不为空时，数据可以在任何时候返回，而不用等待缓冲器已满时再返回。如何处理这种连续的数据流取决于客户端，也许可以使用示波器来显示。更多关于循环缓冲区的细节，请参见第 11 章。

如果通信速度跟不上数据传输速度，则存储的数据都可以被抽取，且只发送回第 n 个数据样本，即 $n > 1$。

梯形移动

本章中的参考轨迹在位置上是静态 – 静态的步进或三次多项式运动。在机床中常见的一种静态 – 静态轨迹就是梯形移动。之所以称为梯形移动，是因为在速度空间中表示的轨迹是梯形（见图 28-9）：电机以恒定加速度 a 加速运行一段时间 T_{acc}，直到达到最大速度 v；然后以恒定速度 v 在时间 T_{coast} 内惯性滑行；然后在 $-a$ 处开始减速一段时间 $T_{dec} = T_{acc}$，直到电机静止不动。用户应该指定总的移动距离 d 和以下参数：（1）总的时间 $T = T_{acc} + T_{coast} + T_{dec}$ 和最大速度 v；（2）加速度 a 和最大速度 v；（3）T 和 a。计算其他参数，使得速度梯形的积分等于 d。

图 28-9　长度为 d 的梯形移动

添加一个菜单选项，允许用户基于（1）、（2）或者（3）生成梯形参考轨迹。

28.6　小结

典型的商用电机放大器至少由一个微控制器、一个高电流 H 桥输出、一个电流传感器和某种运动反馈（例如，来自编码器或转速计的反馈）输入组成。放大器连接到高功率电源为 H 桥供电。放大器接收来自外部控制器（例如，PC）的速度或电流 / 转矩输入作为模拟信号或者 PWM 信号的占空比。当放大器处于电流模式时，可用电流传感器的反馈改变 H 桥的 PWM 输入，以实现对控制电流的紧密跟踪。在速度模式下，放大器可用运动反馈来改变 PWM 的输入，以实现对期望速度的近距离跟踪。

更先进的电机放大器（如 Copley Accelus）会提供其他功能，如客户端图形用户界面和轨迹跟踪。本章中的项目模拟了先进电机放大器的一些功能。该项目汇集了 PIC32 微控制器、C 编程、有刷直流电机、反馈控制以及传感器和执行机构与微控制器的接口等知识，以实现机器人和计算机控制机床的功能。

28.7　练习题

完成电机控制项目。在每个子模块中完成所有操作项。提交你对本章中每个程序实施项目（**粗体部分**）的答案以及注释清晰的代码。

其他执行机构

除了有刷永磁直流电机之外，还存在许多其他类型的电动执行机构。本章将讨论机电一体化中最常用的一些电动执行机构。

29.1 螺线管

螺线管是开关型的线性执行机构，由缠绕管子的固定线圈和可以在管子中移动的柱塞组成。通常柱塞可以移动到靠在管子一端的挡块上，也可以在另一端完全移出管子。当电流流过线圈时，线圈变成电磁体，并将柱塞拉入管中，直到遇到挡块。当电流断开时，柱塞恢复自由移动。

如图 29-1 所示，Pontiac Coil F0411A 是一个螺线管示例。注意，柱塞与线圈壳体没有物理连接。当电流断开时，柱塞会因为复位弹簧或一些其他外因（例如，重力的影响）返回到初始位置。

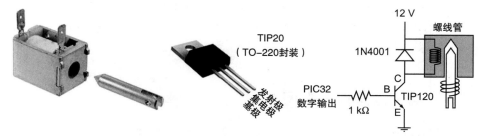

图 29-1 （左）Pontiac Coil F0411A 12V 螺线管，柱塞与线圈分离（图片由 Digi-Key Electronics 提供）。（中）TIP120 达林顿 NPN 双极型晶体管，采用 TO-220 封装。（右）允许 PIC32 数字输出激活螺线管的电路（柱塞配有复位弹簧）

螺线管在更高的电压时会吸收更大的电流，而这超过了 PIC32 可以提供的输出电流。例如，F0411A 的额定电压为 12V，线圈的电阻为 36Ω；因此，通电时需要吸收 1/3A 的电流，消耗 4W 能量。为了提供这样的电流和电压，可以使用 H 桥进行驱动（见 27.1.1 节）。图 29-1 给出了一个替代电路，使用晶体管与带有螺线管的 PIC32 进行通信。当 PIC32 的数字输出为高电平时，TIP120 晶体管导通，并通过螺线管从 12V 电源处拉出所需的电流。当 PIC32 数字输出下降到低电平时，TIP120 截止，流经螺线管的电流流向 1N4001 续流二极管，直到螺线管中的初始能量 $LI^2/2$ 被耗尽。

要想了解图 29-1 所示电路是否合适，可以参考 TIP120 达林顿 NPN 双极型晶体管的数据表。TIP120 可提供高达 5A 的电流，超过螺线管所需的 1/3A。TIP120 的直流电流增益 β 至少为 1000。当晶体管工作在线性模式时，强制令 $I_C = \beta I_B$，其中 I_C 是集电极电流（流过螺线管），I_B 是基极电流。因为我们希望 $I_C = 1/3A$，为了安全起见取整，即 $I_C = 0.5A$，则基极电流应该至少为 $0.5A/\beta = 0.5mA$。由于 PIC32 的数字输出可以为几毫安，因此该电流可以由数字输出安全地提供。再次参考 TIP120 数据表，我们看到晶体管导通时的最大基极 – 发射极电压 $V_{BE, on}$ 为 2.5V。数字输出高电压为 3.3V，因此为了获得 0.5mA 的基极电流，我们可以得到

$$I_B = (3.3V - 2.5V)/R = 0.5mA$$

对上式进行求解，得到基极电阻 $R = 1600\Omega$。为了安全起见，取基极电阻为 $1k\Omega$，以确保有足够的基极电流。最后，需要确保二极管 1N4001 能够处理来自螺线管的电流。查询 1N4001 的数据表，我们看到 1N4001 可以连续地处理 1A 的电流。

螺线管的电气特性是它的额定电压和线圈电阻，以及持续工作时线圈是否会过热。例如，F0411A 可以持续工作，而对于同系列的 12V 螺线管 F0412A 来说，其电阻只有 16.9Ω，所以热功耗更大。F0412A 只能间歇地工作，例如，工作 1min 后要停止 3min。

螺线管的机械特性包括线圈通电时的最大电磁力和冲程。当柱塞完全插入线圈中时，螺线管的电磁力最大。当柱塞从其内缩位置移回时，电磁力下降。螺线管的冲程是从柱塞的完全缩回位置到电磁力已经下降到低于最小阈值时柱塞位置的距离。

虽然所有螺线管在工作时都将柱塞拉入线圈，但是也有一些螺线管被称为推式螺线管，这些螺线管具有连接到柱塞的杆，该杆从螺线管的后部突出。当柱塞被拉入管中时，杆的末端被推出管外。

29.2 扬声器和音圈执行机构

扬声器是可以产生声音的电磁执行机构。扬声器由产生磁场的磁体和连接到扬声器锥体的线圈（通常称为音圈）组成。由洛伦兹力定律可知，通过线圈的电流在线圈/锥体组件上产生力，并且交流电流会使线圈/锥体的运动方向发生改变（上/下）。这样导致的锥体振动就会产生承载声音的压力波。由于人的听觉仅能感知到 20Hz ~ 20kHz 内的声音，所以通过扬声器线圈的交流电流的频率通常限于该范围内。特别地，由于直流电流仅使线圈发热而不产生任何振动，因此也不会产生声音。扬声器尺寸和形状的设计用于产生特定频

率范围内的可听声音，从超低音扬声器的最低频到低音扬声器的低频，再到高音扬声器的中频和高频。

扬声器是廉价的线性执行机构，可由交流电流或直流电流驱动。在给定电流的情况下，当线圈在磁体的磁场正中间时，扬声器所产生的线性电磁力最大，并且会随着线圈远离磁场中心而迅速下降。大的超低音扬声器会有相应的大磁体，因此在1cm或更大的位移时可以产生明显的电磁力，而小的高音扬声器的工作范围就小得多了。

音圈执行机构的工作原理与扬声器相同，不同之处在于音圈执行机构被设计成在线圈的较大位移（冲程）处提供几乎恒定的磁场。如同旋转的有刷永磁直流电机具有电机常数（单位为 $N \cdot m/\sqrt{W}$）和转矩常数（单位为 $N \cdot m/A$）一样，音圈执行机构也有电机常数（单位为 $N/\sqrt{W}$）和力常数（单位为 N/A）。例如，H2W Technologies NCC05-11-011-1PBS（见图29-2）的冲程为1.27cm，电机常数为 $2.98N/\sqrt{W}$，力常数为5.2N/A（因此，电气常数或反电动势常数为 $5.2V \cdot s/m$）。NCC05-11-011-1PBS 的其他相关特性为：峰值力是14.7N，过热前最大连续力是4.9N，电阻是 3Ω，电感是1mH。对于给定的电压，可以绘制速度 – 力曲线，这类似于有刷直流电机的速度 – 转矩曲线，但是由于其有限的冲程，线性音圈执行机构很少可以在恒定速度下运行太长时间。

图 29-2　H2W Technologies 公司的 NCC05-11-011-1PBS 动圈式音圈执行机构。左边是磁定子，右边是动圈（图片来源：H2W Technologies，网址为 h2wtech.com）

NCC05-11-011-1PBS 是动圈式执行机构。还有动磁式音圈执行机构，其线圈与定子相连。音圈执行机构要么需要安装线性轴承，要么需要用户提供轴承。

与有刷直流电机一样，若使用 PIC32 驱动音圈执行机构，则需要使用 H 桥。如第 21 章所述，可以通过线性电位器、线性编码器或其他位置传感器获得位置反馈。

驱动音圈执行机构的另一种方法是使用模拟扬声器放大器，因为音圈执行机构本质上就是扬声器[○]。然而，这种方法需要控制器提供模拟电压，而且还要移除阻止直流电流的放大器的高通滤波器。

29.3　RC 伺服电机

RC 伺服电机包括直流电机、减速器、角度传感器（如电位器）和反馈控制电路（通常由微控制器实现），所有这些组件都集成在单个封装中（见图29-3）。这些集成组件使 RC 伺服电机成为实现高转矩近似定位的理想选择，且无须反馈控制器。伺服电机输出轴的总旋

○　扬声器放大器也可用于驱动直流电机。

转角度通常小于 360°，常见的是 180°。

RC 伺服电机有 3 个输入连接：电源（通常为 5V 或 6V）、GND 和一个数字控制信号。电源线必须提供足够的电流来驱动电机。按照惯例，控制信号由每隔 20ms 产生的高脉冲信号组成，该脉冲信号的持续时间表示期望的输出轴角。典型的设计是：一个 0.5ms 的脉冲映射到旋转范围的一端，而一个 2.5ms 或 3ms 的脉冲映射到旋转范围的另一端，其中脉冲长度和旋转角度之间具有线性关系（见图 29-4）。

图 29-3　Hitec RC 伺服电机的内部视图展示了齿轮和微控制器。微控制器负责接收控制信号、读取电位器并实现反馈控制器（图片来源：Hitec RCD USA，Inc.，其网址为 hitecrcd.com）

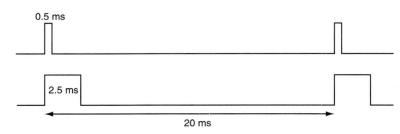

图 29-4　典型的 RC 伺服控制波形。这些脉冲宽度能够驱动伺服输出轴靠近其旋转范围的两端

29.4　步进电机

步进电机被设计成以一系列小增量或步进实现前进的电机。不同类型的步进电机，定子和转子的配置也不同。最容易理解的是图 29-5 所示的永磁步进电机。永磁步进电机的转子上有永磁体，电流流过定子的线圈 1 和线圈 2。当电流流过线圈 1 时，线圈 1 可视为电磁体的 N 极，而线圈 1 相对应的线圈 $\bar{1}$ 为电磁体的 S 极；电流流过线圈 2 时的情况类似。这些磁场吸引转子上的永磁体，使转子旋转（步进）到新的平衡位置。通过切换电流流过线圈的方向，可改变电磁体的极性。

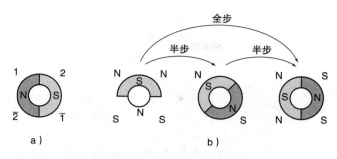

图 29-5 a）具有两个转子极和四个定子极的步进电机。四个定子极对应于两个独立的线圈 1
和 2。b）步进顺序。当线圈上单向流动的电流断开或者流向其他方向时，转子旋转
到新的平衡位置。注意，中间半步位置的保持转矩也许小于全步位置的保持转矩

当通过电磁体的电流以固定顺序流过时，电机旋转，每次一步。线圈完整的全步顺序
如下：

线圈 1	+	−	−	+	+（返回到开始位置）
线圈 2	+	+	−	−	+（返回到开始位置）

另一种步进电机是可变磁阻步进电机。这种电机没有永磁体，转子由含铁材料制成。
定子极和转子都有齿，当定子线圈通电时，转子旋转，使转子齿位于磁阻最小处⊖。混合步
进电机结合了永磁电机和可变磁阻电机的原理。无论如何，所有电机都是按照正确的顺序
给线圈通电，然后步进旋转的。

步进电机也可以使用半步进控制，以提高位置分辨率。采用半步进方式时，在转换到
下一个全步状态之前，会断开其中一个线圈上的电流。半步进方式会使步数增加一倍，但
会导致保持转矩变小。完整的半步顺序如下：

线圈 1	+	0	−	−	−	0	+	+	+（返回到开始位置）
线圈 2	+	+	+	0	−	−	−	0	+（返回到开始位置）

图 29-5b 显示了两个半步控制如何组合成一个全步控制。

微步进是指部分地激励线圈，而不是在线圈的一个方向上施加全电流、在另一方向上
施加全电流或断开电流。在控制电机角度时，微步进可以增加分辨率，但是每个微步进的
保持转矩会比半步的小得多。

图 29-5b 所示的简单步进电机只有两个转子极，并且电机旋转一整圈只包括 4 个全步
（或 8 个半步）。真正的步进电机有更多的转子磁极和定子磁极，但通常只有两个独立的控

⊖ 磁阻与磁通的关系类似于电阻与电流的关系。

制线圈组来激励这些电磁定子磁极。转子磁极通常是带齿的,并被定子极齿所吸引。相比于旋转 90° 的简单步进电机,步进电机的转子齿数越大,产生的步长越精细。图 29-6 所示为拆开的混合步进电机,左边是定子磁极,右边是转子磁极。

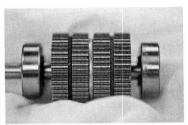

图 29-6　(左)步进电机定子,给出了 8 个定子线圈和定子齿。(右)从电机上拆下的步
　　　　进电机转子,可看到有许多磁化的转子极齿

步进电机的特性包括每转步数(例如 100 步,或 3.6°/ 步)、线圈电阻、每个线圈可以持续承载而不会过热的电流(通常隐含在电机的额定电压和线圈电阻中,因为步进电机总是被持续驱动)、保持转矩(即当线圈被激励时转子受力离开平衡位置的最大恢复力)、制动转矩(即当线圈关闭时将转子移出平衡位置所需的转矩)。制动转矩来自转子中永磁体对定子齿的吸引力。

当步进电机缓慢地步进时,在两次步进之间都会稳定到平衡位置。然而,快速步进时,步进器可能在线圈改变之前都不会稳定,导致电机持续转动。如果步进电机步进得太快,或者电机的负载太大,又或者步进顺序的加速度太快,则步进电机将无法跟上节奏并且只会振动。类似地,如果步进电机以高速转动然后突然停止步进,则惯性可以使步进电机继续旋转。一旦发生以上任何一种情况,就不可能在没有外部传感装置(例如编码器)的情况下知道转子的角度。随着电机必须提供的转矩的增加,电机可以有效步进的速度会减小。为了确保遵循步进顺序,特别是在有显著负载的情况下,最好在电机开始运行时提高步进频率,并在结束时降低频率,这可以限制电机运行所需的转矩。

为了在不需要运行时节省功率,可以关闭线圈,只要制动转矩能够防止任何不期望的运行即可。

步进电机通常用于对已知负载(例如打印机针头)的精确位置控制,而且不需要反馈控制。如果负载是已知的,并且没有超过速度和加速度限制范围,则完全可以确定步进电机的位置,并遵从步进顺序和满足严格的误差范围。

步进电机线圈的配置

步进电机有两种类型的线圈配置:双极和单极(见图 29-7)。使用双极步进电机时,电流可以在任意方向上流过每个线圈(因此称为双极)。对于单极步进电机,每个线圈被分成两个子线圈,电流通常仅沿一个方向流过子线圈(因此是单极的)。

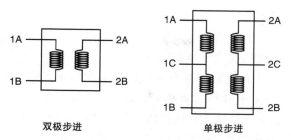

图 29-7　（左）双极步进电机有 4 根引线连接到接 2 个线圈。（右）单极步进电机有 6 根
引线连接到 2 个线圈，如果 1C 和 2C 连接起来，则有 5 根引线

双极步进电机

双极步进电机具有 4 根外部引线：线圈 1 的每端有 1 根连线，线圈 2 的每端有 1 根连线。我们称线圈 1 两端的连线为 1A 和 1B。为了切换线圈 1 中的电流方向，分别将电压 V 和 GND 施加给 1A 和 1B，然后分别将 GND 和电压 V 施加给 1A 和 1B。双极步进电机可以使用两个 H 桥进行驱动，将每个线圈当成直流电机单独处理，以实现全步进正向或反向驱动。许多 H 桥芯片（如 DRV8835（见 27.1.1 节））都有两个 H 桥。

还有微步进电机驱动器，例如 Texas Instruments DRV8825。DRV8825 有两个 H 桥，每个 H 桥有连接到步进器线圈两端的两根引线（AOUT 和 BOUT）。DRV8825 有 DIR 数字输入（指示电机是顺时针还是逆时针旋转），以及 STEP 数字输入。在 STEP 的上升沿，电机移动到由 DIR 指示的下一个位置。还有 3 个数字输入 MODE0 ～ MODE2，用来确定下一个位置是处于全步、1/2 步、1/4 步、1/8 步、1/16 步或 1/32 步。为了实现微步进，使用 PWM 来部分激励线圈，以使线圈电流达到全电流的固定百分比。为了确保在电机的每个位置处保持转矩大致相同，当两个线圈的激励相等时，每个线圈仅被通电至全电流的 71%；当一个线圈的电流为全电流的 0% 时，另一个线圈被通电至全电流的 100%。

如果你正在使用一个未知的双极步进电机，那么可以在电阻测试模式下使用万用表确定哪根线连接到了哪个线圈。

单极步进电机

单极步进电机通常有 6 根外部引线以供连接，每个线圈 3 根。如前所述，对于线圈 1，连线 1A 和 1B 位于线圈 1 的两端，而连线 1C 是"中心抽头"。中心抽头通常连接到电压 V，并且在 1A 接地而 1B 悬空和 1B 接地而 1A 悬空之间交替，这样可以切换经过线圈的电流。

五线单极步进电机中的两个线圈共用一个中心抽头。

驱动单极步进电机的一种方法是忽略中心抽头，将其视为双极步进电机，并对每个线圈使用一个 H 桥。

如果你正在使用未知的单极步进电机，则可以将万用表设置为电阻测试模式，确定哪些线连接到哪个线圈。中心抽头处于全线圈电阻的一半处。

29.5 无刷直流电机

无刷直流（BLDC）电机类似于永磁步进电机，但也具有有刷直流电机的一些特性。BLDC 电机的定子上有线圈而且转子上有永磁体，就像永磁步进电机一样。同时，它又类似于有刷直流电机，线圈使用 H 桥的 PWM 驱动，并且线圈在转子旋转时换向。然而，与有刷直流电机不同的是，定子线圈的换向是以电气方式进行的，而不使用电刷。

BLDC 电机通常作为有刷直流电机的替代品，并且适用于计算机风扇和四脚架等应用场景。与有刷电机相比，BLDC 电机的优点包括：

- 更长的使用寿命和更高的速度，因为没有电刷摩擦和磨损；
- 由于没有电刷磨损，所以没有颗粒；
- 有更小的电气噪声，因为不会突然地使电刷换向；
- 有更大的连续电流，所以有更大的连续转矩，因为与定子连接的线圈作为散热器冷却线圈。

BLDC 电机的一个缺点是需要更复杂的驱动电路。

图 29-8a 说明了三相 BLDC 电机的基本操作，其中，相是指 3 个输入 A、B 或 C 中的一个。永磁转子有两个极。定子有 6 个极，电气连接如图 29-8b 所示。电流从 B 流向 A，如图 29-8b 所示的电流路径 1。从永磁体来看，从 B 到 b 的电流在线圈 β 处产生 S 极，而从 b 到 com 的电流在定子的反向侧 $\bar{\beta}$ 处产生 N 极。电流从 com 继续流到 a，在 $\bar{\alpha}$ 处产生另一个 S 极，然后电流从 a 流到 A，在定子的反向侧 α 处产生 N 极。最终结果是，永磁体受转矩作用逆时针旋转。实际上，只要永磁体的 N 极处于灰色区域，电流就应当从 B 流到 A（电流路径 1），以使转子逆时针旋转，或者从 A 到 B（电流路径 4）使转子顺时针旋转。没有电流流过线圈 C，因为通过这些线圈的电流只会浪费功率，并且在转子上产生的转矩很小或者为零。

如果转子沿顺时针方向退出灰色阴影区域，则 A 应该悬空，这样线圈 α 和 $\bar{\alpha}$ 不能在转子上产生大的转矩，并且电流应当在 B 和 C（电流路径 3 或 6）之间流动以产生转矩。如果转子沿逆时针方向退出灰色阴影区域，则 B 应悬空，而电流应在 A 和 C（电流路径 2 或 5）之间流动。

因此，线圈的换向类似于有刷直流电机的线圈换向。转子每转过 60°，通电的线圈发生变化。从图 29-8a 所示的配置开始，在电机逆时针旋转一圈期间，电流从 B 流到 A（电流路径 1）、从 C 流到 A（路径 2），从 C 流到 B（路径 3）、从 A 流到 B（路径 4）、从 A 流到 C（路径 5）以及从 B 流到 C（路径 6）。换句话说，顺序是 1-2-3-4-5-6。在顺时针旋转一圈期间，顺序变为 4-3-2-1-6-5。从电流路径 1 到电流路径 6 的完全换向循环被称为电气循环或电气旋转。对于两极转子 BLDC 电机，机械旋转一圈对应的电气转数。

BLDC 电机的转子可以具有两个以上磁极，例如常见的是四极和八极的 BLDC 电机。对于每对转子磁极，每次机械旋转都有一个电气旋转。因此，对于两极（一对）转子，每个机械旋转有一个电气旋转；对于四极（两对）转子，每个机械旋转有两个电气旋转（12 个不同的换向周期，或者线圈 30° 变化一次）；对于八极（四对）转子，每个机械旋转有 4 个电气旋转（线圈 15° 变化一次）。

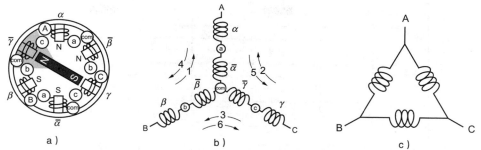

图 29-8　a）简单的三相 BLDC 电机，有 2 个转子极和 6 个定子极。从 B 流向 A（电流路径 1）的电流在线圈 α 和 β 处产生 N 极，在线圈 $\overline{\alpha}$ 和 $\overline{\beta}$ 处产生 S 极，从而逆时针地驱动转子。b）a 中 BLDC 的电气连线以及 6 个可能的电流路径。这种接线被称为 "星形" 配置，因为它看起来像一个 Y。c）一些 BLDC 电机还有三角形接线配置，我们在本章中不作进一步考虑

　　为了知道何时切换哪些线圈中的电流，需要位置反馈。BLDC 电机通常配备 3 个数字霍尔效应传感器，用来感测电气旋转中 A、B、C 的位置。因此，当 A、B 和 C 中的两个通电时，第三个应当悬空。

　　我们可以说，霍尔效应传感器表明 C 相应该悬空。驱动 A 和 B 与驱动有刷直流电机两端是完全一样的。H 桥和 PWM 用于在两端创建可变的双向电压。当霍尔传感器发生状态切换时，应将端子悬空，并以相同方式驱动其他两个端子。续流二极管为经过新激活线圈并开始耗散的电流提供了路径。我们将很快地回到 BLDC 电机与 PIC32 接口的细节。

　　Pittman 24V ELCOM SL 4443S013 是 BLDC 电机的示例。该电机是一个三相四转子极的 Y 型 BLDC 电机，具有 6 个定子极（见图 29-9）。因为有 4 个转子磁极，所以每次机械旋转有两个电气旋转，即每 30° 换向一次。这在电机数据表中有说明，图 29-10 是从数据表的相关内容复制而来的。连接 3 个霍尔传感器输出，形成三位数 $S_1 S_2 S_3$，并且 6 个电气步进由霍尔传感器读数 100、110、010、011、001 和 101 来表示。当电机逆时针旋转时，这 6 个读数分别对应于图 29-8b 所示的电流路径 1 ～ 6。若要反转，只需在每个传感器状态下交换高电平相与接地相即可。

图 29-9　从左到右：Pittman ELCOM SL 4443S013，有 3 个电机连线 A、B 和 C 以及 5 个霍尔传感器导线（3 个霍尔传感器输出、电源（5V）线和接地线）；三相六极定子；转子具有 4 个磁极，磁极由沿轴线的磁体杆产生

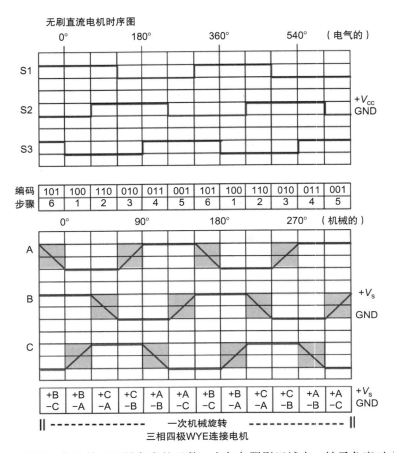

图 29-10 （下）电机输入作为转子机械角度的函数。在灰色阴影区域中，转子角度对应的输入悬空，而其他两个输入被供电。例如，在 0° ~ 30° 之间，输入 B 由 +V_s 供电、A 接地、C 悬空。这里显示的电压是为了以最大速度逆时针驱动电机；为了顺时针驱动电机，应该反转电压（例如，在 0° ~ 30° 之间，A 应当由 +V_s 供电，B 接地）。如果不想始终使用最大电压 V_s，可以使用 PWM 来实现变速。（上）数字霍尔传感器的读数作为电气角度的函数。注意每次机械旋转有两个电气旋转。步骤 1 ~ 6 对应于图 29-8 中逆时针驱动的电流路径

　　24V ELCOM SL 4443S013 的线圈电阻为 0.89Ω，这意味着堵转电流等于 24V/0.89Ω = 27A。转矩常数为 0.039N · m/A，这意味着堵转转矩为 0.039N · m/A × 27A = 1.05N · m。最大连续转矩为 0.135N · m/A，端子电感为 0.19mH。

29.5.1　PIC32 与 BLDC 电机之间的接口

　　尽管可以使用标准的 H 桥芯片来驱动 BLDC 电机，但是使用专门设计用于驱动 BLDC 电机的集成电路会更容易，例如 STMicroelectronics L6234 三相电机驱动器。如图 29-11 所示，L6234 有 3 个 H 半桥连接到三相电机。在 3 个 H 半桥中，有一个 H 半桥的两个开关总

是断开的，这使电机端子悬空。通常，另外两个 H 半桥中的一个保持其输出为低电平，而最后一个 H 半桥由 PWM 驱动，PWM 在 V_s 和 GND 之间交替地输出。每个 H 半桥有两个续流二极管，用来为突然悬空的通电线圈提供电流路径。

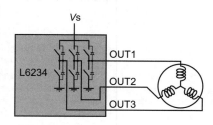

图 29-11 将 L6234 三相电机驱动器连接到 BLDC 电机

L6234 允许的电源电压 V_s 在 7 ～ 52V 之间，可以处理高达 5A 的峰值电流，并允许高达 150kHz 的 PWM。每个 H 半桥的输出 OUTx 都有两个相关的数字输入：ENx 和 INx。如果 ENx 为低电平，则 OUTx 悬空（H 半桥的两个开关都断开）。如果 ENx 为高电平，且 INx 为低电平，则下面的开关闭合，下拉 OUTx 接近 GND。如果 ENx 为高电平且 INx 为高电平，则上面的开关闭合，上拉 OUTx 接近 V_s。有关 L6234 操作的其他详细信息，请参见数据表和相关应用文档。

图 29-12 给出了使用 L6234 连接 PIC32 与 Pittman ELCOM SL 4443S013 的电路。我们选择 $V_s = 9V$。虽然堵转电流 9V/0.89A = 10A，超过了 L6234 的额定峰值电流 5A，但这 5A 的额定值适用于高达 52V 的电源电压。实际上，虽然不建议长时间停止电机，但是没有遇到在 9V 时有堵转电流的问题。

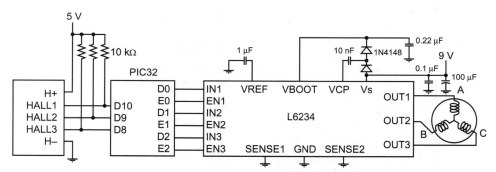

图 29-12 使用 L6234 将 BLDC 电机与霍尔传感器连接到 PIC32

29.5.2 BLDC 函数库

函数库 bldc.{c,h} 实现了基于传感器状态来处理换向的函数。bldc.{c,h} 库是为图 29-12 中的 L6234 电路而编写的。bldc 库使用 3 个输出比较（PWM）模块（即 OC1（D0）、OC2（D1）和 OC3（D2）），以及 3 个数字输出（即 E0、E1 和 E2）。PWM 连接到三相的 INx 输入，并且数字输出连接到三相的 ENx 输入。

函数 bldc_get_pwm 提示用户输入带符号的 PWM 占空百分比。函数 bldc_commutate 接收图 29-10 所示的三位霍尔传感器读数以及带符号的 PWM 占空百分比，并确定电机的 3 个相位中哪个应该悬空，哪个应该接地，哪个应该接在 V_s 和 GND 之间切换 PWM 信号。此函数从使用 bldc 库的用户程序那里卸载换向细节。

代码示例 29.1 bldc.h。BLDC 函数库头文件

```
#ifndef COMMUTATION_H__
#define COMMUTATION_H__

// Set up three PWMs and three digital outputs to control a BLDC via
// the STM L6234.  The three PWM channels (OC1 = D0, OC2 = D1, OC3 = D2) control the
// INx pins for phases A, B, and C, respectively.  The digital outputs
// E0, E1, and E2 control the ENx pins for phases A, B, and C, respectively.
// The PWM uses timer 2.
void bldc_setup(void);

// Perform commutation, given the PWM percentage and the current sensor state.
void bldc_commutate(int pwm, unsigned int state);

// Prompt the user for a signed PWM percentage.
int bldc_get_pwm(void);

#endif
```

代码示例 29.2 bldc.c。BLDC 函数库 C 实现

```
#include "NU32.h"

void bldc_setup() {
  TRISECLR = 0x7;            // E0, E1, and E2 are outputs

  // Set up timer 2 to use as the PWM clock source.
  T2CONbits.TCKPS = 1;       // Timer2 prescaler N=2 (1:2)
  PR2 = 1999;                // period = (PR2+1) * N * 12.5 ns = 50 us, 20 kHz

  // Set up OC1, OC2, and OC3 for PWM mode; use defaults otherwise.
  OC1CONbits.OCM = 0b110;    // PWM mode without fault pin; other OC1CON bits are defaults
  OC2CONbits.OCM = 0b110;
  OC3CONbits.OCM = 0b110;

  T2CONbits.ON = 1;          // turn on Timer2
  OC1CONbits.ON = 1;         // turn on OC1
  OC2CONbits.ON = 1;         // turn on OC2
  OC3CONbits.ON = 1;         // turn on OC3
}

// A convenient new type to use the mnemonic names PHASE_A, etc.
// PHASE_NONE is not needed, but there for potential error handling.

typedef enum {PHASE_A = 0, PHASE_B = 1, PHASE_C = 2, PHASE_NONE = 3} phase;

// Performs the actual commutation: one phase is PWMed, one is grounded, the third floats.
// The sign of the PWM determines which phase is PWMed and which is low, so the motor can
// spin in either direction.
static void phases_set(int pwm, phase p1, phase p2) {

  // an array of the addresses of the PWM duty cycle-controlling SFRs
  static volatile unsigned int * ocr[] = {&OC1RS, &OC2RS, &OC3RS};

  // If p1 and p2 are the energized phases, then floating[p1][p2] gives
  // the floating phase.  Note p1 should not equal p2 (that would be an error), so
  // the diagonal entries in the 2d matrix are the bogus PHASE_NONE.
```

```
      static phase floating[3][3] = {{PHASE_NONE, PHASE_C,    PHASE_B},
                                     {PHASE_C,    PHASE_NONE, PHASE_A},
                                     {PHASE_B,    PHASE_A,    PHASE_NONE}};

    // elow_bits[pfloat] takes the floating phase pfloat (e.g., pfloat could be PHASE_A)
    // and returns a 3-bit value with a zero in the column corresponding to the
    // floating phase (0th column = A, 1st column = B, 2nd column = C).
    static int elow_bits[3] = {0b110, 0b101, 0b011};

    phase pfloat = floating[p1][p2]; // the floating phase
    phase phigh, plow;               // phigh is the PWMed phase, plow is the grounded phase
    int apwm;                        // magnitude of the pwm count

    // choose the appropriate direction
    if(pwm > 0) {
      phigh = p1;
      plow =  p2;
      apwm = pwm;
    } else {
      phigh = p2;
      plow = p1;
      apwm = -pwm;
    }
    // Pin E0 controls enable for phase A; E1 for B; E2 for C.
    // The pfloat phase should have its pin be 0; other pins should be 1.
    LATE = (LATE & ~0x7) | elow_bits[pfloat];

    // set the PWM's appropriately by setting the OCxRS SFRs
    *ocr[pfloat] = 0;   // floating pin has 0 duty cycle
    *ocr[plow] = 0;     // low will always be low, 0 duty cycle
    *ocr[phigh] = apwm; // the high phase gets the actual duty cycle
}

// Given the Hall sensor state, use the mapping between sensor readings and
// energized phases given in the Pittman ELCOM motor data sheet to determine the
// correct phases to PWM and GND and the phase to leave floating.

void bldc_commutate(int pwm, unsigned int state) {
  pwm = ((int)PR2 * pwm)/100; // convert pwm to ticks
  switch(state) {
    case 0b100:
      phases_set(pwm,PHASE_B, PHASE_A); // if pwm > 0, phase A = GND and B is PWMed
      break;                            // if pwm < 0, phase B = GND and A is PWMed
    case 0b110:
      phases_set(pwm,PHASE_C, PHASE_A);
      break;
    case 0b010:
      phases_set(pwm, PHASE_C, PHASE_B);
      break;
    case 0b011:
      phases_set(pwm, PHASE_A, PHASE_B);
      break;
    case 0b001:
      phases_set(pwm,PHASE_A,PHASE_C);
      break;
    case 0b101:
      phases_set(pwm,PHASE_B, PHASE_C);
      break;
```

```
  default:
    NU32_WriteUART3("ERROR: Read the state incorrectly!\r\n"); // ERROR!
  }
}

// Get the signed PWM duty cycle from the user.

int bldc_get_pwm() {
  char msg[100];
  int newpwm;
  NU32_WriteUART3("Enter signed PWM duty cycle (-100 to 100): ");
  NU32_ReadUART3(msg, sizeof(msg));
  NU32_WriteUART3(msg);
  NU32_WriteUART3("\r\n");
  sscanf(msg,"%d", &newpwm);
  return newpwm;
}
```

29.5.3　使用霍尔传感器的反馈进行换向

在代码示例 29.3 中，closed_loop.c 使用了 bldc 库，系统将提示用户输入带符号的 PWM 占空比（从 –100 ～ 100 间的整数）。3 个输入捕获模块（IC1 ～ IC3，对应于数字输入引脚 D8 ～ D10），用于检测图 29-12 中霍尔传感器状态的变化。在接收到 PWM 值后，主函数启动换向，根据霍尔效应传感器的输入，使合适的线圈通电，并使合适的线圈悬空。当其中一个霍尔传感器的值发生改变时，调用相关联的输入捕获 ISR。ISR 读取三位霍尔传感器状态，并从 bldc 库中调用 bldc_commutate 来选择电机的哪相获得 PWM 输入、电机的哪相接地、电机的哪相悬空。注意，PORTD（输入捕获）的第 10、9、8 位写为 $D_{10}D_9D_8$，直接对应于电机数据表的霍尔传感器代码 $S_1S_2S_3$，如图 29-10 所示。

代码示例 29.3　closed_loop.c。使用霍尔效应传感器实现无刷换向。用户指定 PWM 电平

```
#include "NU32.h"  // constants, funcs for startup and UART
#include "bldc.h"
// Using Hall sensor feedback to commutate a BLDC.
// Pins E0, E1, E2 correspond to the connected state of
// phase A, B, C.  When low, the respective phase is floating
// and when high, the voltage on the phase is determined by
// the value of pins D0 (OC1), D1 (OC2), and D2 (OC3), respectively.
//
// Pins IC1 (RD8), IC2 (RD9), and IC3 (RD10) read the Hall effect sensor output
// and provide velocity feedback using the input capture peripheral.
// When one of the Hall sensor values changes, an interrupt is generated
// by the input capture, and a call to the bldc library updates the
// commutation.

// read the hall effect sensor state

inline unsigned int state() {
  return (PORTD & 0x700) >> 8;
}
```

```
static volatile int pwm = 0;     // current PWM percentage

void __ISR(_INPUT_CAPTURE_1_VECTOR,IPL6SRS) commutation_interrupt1(void) {
  IC1BUF;                        // clear the input capture buffer
  bldc_commutate(pwm,state());   // update the commutation
  IFSObits.IC1IF = 0;            // clear the interrupt flag
}

void __ISR(_INPUT_CAPTURE_2_VECTOR,IPL6SRS) commutation_interrupt2(void) {
  IC2BUF;                        // clear the input capture buffer
  bldc_commutate(pwm,state());   // update the commutation
  IFSObits.IC2IF = 0;            // clear the interrupt flag
}

void __ISR(_INPUT_CAPTURE_3_VECTOR,IPL6SRS) commutation_interrupt3(void) {
  IC3BUF;                        // clear the input capture buffer
  bldc_commutate(pwm,state());   // update the commutation
  IFSObits.IC3IF = 0;            // clear the interrupt flag
}

int main(void) {
  NU32_Startup(); // cache on, interrupts on, LED/button init, UART init
  TRISECLR = 0x7; // E0, E1, and E2 are outputs

  bldc_setup();    // initialize the bldc

  // set up input capture to generate interrupts on Hall sensor changes
  IC1CONbits.ICTMR = 1; // use timer 2
  IC1CONbits.ICM = 1;   // interrupt on every rising or falling edge
  IFSObits.IC1IF = 0;   // enable interrupt for IC1
  IPC1bits.IC1IP = 6;
  IECObits.IC1IE = 1;

  IC2CONbits.ICTMR = 1; // use timer 2
  IC2CONbits.ICM = 1;   // interrupt on every rising or falling edge
  IC2CONbits.ON = 1;    // enable interrupt for IC2
  IFSObits.IC2IF = 0;
  IPC2bits.IC2IP = 6;
  IECObits.IC2IE = 1;

  IC3CONbits.ICTMR = 1; // use timer 2
  IC3CONbits.ICM = 1;   // interrupt on every rising or falling edge
  IFSObits.IC3IF = 0;   // enable interrupt for IC3
  IPC3bits.IC3IP = 6;
  IECObits.IC3IE = 1;
  IC1CONbits.ON = 1;    // start the input capture modules
  IC2CONbits.ON = 1;
  IC3CONbits.ON = 1;

  while(1) {
    int newpwm = bldc_get_pwm();   // prompt user for PWM duty cycle
    __builtin_disable_interrupts();
    pwm = newpwm;
    __builtin_enable_interrupts();
```

```
    bldc_commutate(pwm, state());  // ground, PWM, and float the right phases
  }
}
```

使用输入捕获模块可以进行速度估计（参阅练习题 5）。由于下面的 closed_loop.c 没有实现速度估计，所以可能使用了电平变化通知中断而不是输入捕获。

若要正确换向，重要的是及时处理霍尔传感器的变化。如果你想避免使用计算机进行基于霍尔传感器的换向，那么可以购买外部芯片（如 Texas Instruments UC3625N），使用来自 PIC32 的 PWM 和方向输入，以及 3 个霍尔传感器读数来驱动连接到电机三相的外部 H 半桥。

29.5.4　使用开环控制进行同步驱动

许多廉价的无刷电机不提供霍尔传感器反馈[⊖]。这些电机只有三根线，用于连接 A、B 和 C 相。例如，这种电机通常用于四脚架。可以通过开环换向（无霍尔传感器反馈）来驱动这些电机，实现期望的角速度。

为了理解 BLDC 电机如何在没有霍尔传感器的情况下运行，设想一下，如果在 A 相施加恒定电压，将 B 相保持接地，并且使 C 相悬空，则转子转矩可能先为正，在正向上加速，直到转子到达转矩为零的磁极处，即 α、$\bar{\alpha}$、β 和 $\bar{\beta}$ 处。在经过零转矩点之后，转矩为负，转子减速。由于受到阻尼作用，转子最终停留至零转矩处，这类似于步进电机的运行。

不换向的最终负转矩可以被视为内置的镇定转矩。在上述极端的步进式情况中，反馈会使转子停止。相反，试想一下当以固定的频率循环通过步骤 1 ～ 6 进行换向时将发生什么。如果频率对于所使用的电压（或 PWM 电平）而言太低，则转子可能在下一个换向发生之前减速，并且在换向后再次开始加速。尽管效率稍低一些，但是这种减速可以作为负反馈，使转子缓慢机械旋转，以更好地匹配由换向施加的电气转速。

总之，如果换向频率对于给定的 PWM 电平而言既不太快也不太慢，则由于内置负反馈，转子将与换向同步。如果换向频率太快，那么就好像步进器一样，转子会落后，变得不同步，并且可能最终引起振动。类似地，如果换向的加速度太大，则 BLDC 电机的惯性及其负载将阻止转子跟随换向。为了实现 BLDC 电机从静止到高速以及回到静止的开环控制，必须限制加速度、减速度和最大速度。

只有对 BLDC 电机上的负载相当了解时，开环驱动才有效。如果突然施加大的转矩到 BLDC 电机转子上，则转子可能与换向不同步。

代码示例 29.4（open_loop.c）演示了使用图 29-12 中的 9V 电机电源对卸载了霍尔

⊖ Hobby BLDC 电机通常被分类为 inrunners 或 outrunners。本章目前为止所讨论的都是 inrunners，转子在定子线圈内。而 outrunners 是指圆柱体定子的外圆周上有定子线圈，并且永磁体转子的磁极围绕定子外部的圆周，甚至更大的圆周。

传感器的 Pittman ELCOM SL 4443S013 进行开环控制的代码。用户将所需的 PWM 占空比指定为有符号百分比（-100 ～ 100）。使用电机数据手册中的信息，得出平均电压（以及 PWM 占空比）与电机空载速度之间的关系。知道对应于用户所要求的 PWM 的电机速度，计算每次换向的持续时间。例如，转速为 500r/min 时，由于每次机械旋转有 12 个换向相，那么 1min 就有 $500 \times 12 = 6000$ 个换向相，或每秒有 100 个换向相，因此每个换向相持续时间为 1s/100 = 10ms。

代码示例 29.4　`open_loop.c`。不使用霍尔效应传感器驱动 BLDC 电机

```c
#include "NU32.h" // constants, funcs for startup and UART
#include "bldc.h"

// Open-loop control of the Pittman ELCOM SL 4443S013 BLDC operating at no load and 9 V.
// Pins E0, E1, E2 correspond to the connected state of
// phase A, B, C.  When low, the respective phase is floating,
// and when high, the voltage on the phase is determined by
// the value of pins D0 (OC1), D1 (OC2), and D2 (OC3), respectively.

// Some values below have been tuned experimentally for the Pittman motor.

#define MAX_RPM 1800 // the max speed of the motor (no load speed), in RPM, for 9 V
#define MIN_PWM 3    // the min PWM required to overcome friction, as a percentage
#define SLOPE (MAX_RPM/(100 - MIN_PWM)) // slope of the RPM vs PWM curve
#define OFFSET (-SLOPE*MIN_PWM) // RPM where the RPM vs PWM curve intersects the RPM axis
                    // NOTE: RPM = SLOPE * PWM + OFFSET
#define TICKS_MIN 1200000  // number of 20 kHz (50 us) timer ticks in a minute
#define EMREV 2      // number of electrical revs per mechanical revs (erev/mrev)
#define PHASE_REV 6 // the number of phases per electrical revolution (phase/erev)

// convert minutes/mechanical revolution into ticks/phase (divide TP_PER_MPR by the rpm)
#define TP_PER_MPR (TICKS_MIN/(PHASE_REV *EMREV))

#define ACCEL_PERIOD 200000 // Time in 40 MHz ticks to wait before accelerating to next
                    // PWM level (i.e., the higher this value, the slower
                    // the acceleration).  When doing open-loop control, you
                    // must accel/decel slowly enough, otherwise you lose sync.
                    // The PWM is adjusted by 1 percent in each accel period,
                    // but the deadband where the motor does not move is skipped.

static volatile int pwm = 0;    // current PWM as a percentage
static volatile int period = 0; // commutation period, in 50 us (1/20 kHz) ticks

void __ISR(_TIMER_2_VECTOR, IPL6SRS) timer2_ISR(void) { // entered every 50 us (1/20 kHz)
  // the states, in the order of rotation through the phases (what we'd expect to read)
  static unsigned int state_table[] = {0b101,0b001,0b011,0b010,0b110,0b100};

  static int phase = 0;
  static int count = 0; // used to commutate when necessary
  if(count >= period) {
    count = 0;
    if(pwm > MIN_PWM) {
      ++phase;
    } else if (pwm < -MIN_PWM){
      --phase;
```

```
      }
    if(phase == 6) {
      phase = 0;
    } else if (phase == -1) {
      phase = 5;
    }
    bldc_commutate(pwm, state_table[phase]);
  } else {
    ++count;
  }
  IFS0bits.T2IF = 0;
}

// return true if the PWM percentage is in the deadband region
int in_deadband(int pwm) {
  return -MIN_PWM <= pwm && pwm <= MIN_PWM;
}

int main(void) {
  char msg[100];

  NU32_Startup(); // cache on, interrupts on, LED/button init, UART init
  bldc_setup();

  // Set up Timer2 interrupts (the bldc already uses Timer2 for the PWM).
  // We just reuse it for our timer here.
  IPC2bits.T2IP = 6;
  IFS0bits.T2IF = 0;
  IEC0bits.T2IE = 1;
  while(1) {
    int newpwm = bldc_get_pwm();  // get new PWM from user
    if(in_deadband(newpwm)) {     // if PWM is in deadband where motor doesn't move, pwm=0
      __builtin_disable_interrupts();
      period = 0;
      pwm = 0;
      __builtin_enable_interrupts();
    } else {
      // newpwm is not in the deadband
      int curr_pwm = pwm;
      _CP0_SET_COUNT(0);

      while(curr_pwm != newpwm) {  // ramp the PWM up or down, respecting accel limits
        int comm_period;

        if(curr_pwm > newpwm) {
          --curr_pwm;
          // skip the deadband
          if(in_deadband(curr_pwm)) {
            curr_pwm = - MIN_PWM - 1;
          }
        } else if(curr_pwm < newpwm) {
          ++curr_pwm;
          if(in_deadband(curr_pwm)) {
            curr_pwm = MIN_PWM + 1;
          }
        }
        // divide T_PER_MPR by the RPM to get the commutation period
```

```
    // We compute the RPM based on the RPM vs pwm curve RPM = SLOPE pwm + OFFSET
    comm_period =  (TP_PER_MPR/(SLOPE*abs(curr_pwm)+ OFFSET));
    while(_CP0_GET_COUNT() < ACCEL_PERIOD) { ; } // delay until accel period over
    __builtin_disable_interrupts();
    period = comm_period;
    pwm = curr_pwm;
    __builtin_enable_interrupts();
    _CP0_SET_COUNT(0); // we just moved to a new pwm, reset the acceleration period
  }
  sprintf(msg,"PWM Percent: %d, PERIOD: %d\r\n",pwm,period);
  NU32_WriteUART3(msg);
    }
  }
}
```

通过使用 Timer2 的 ISR（产生 20kHz（= 1/50μs）的 PWM），以 50μs 的增量对每个换向相的持续时间进行计数。当超过换向相的持续时间时，使用下一个换向段的虚拟霍尔传感器状态调用 bldc_commutate（在上面的 bldc 库中）。

最后，当用户要求改变 PWM 占空比时，以 1% 的比值对 PWM 进行递增或递减，这可以得到防止失步的加速度变化率（经验得出）。

另一种用于估计没有霍尔传感器的 BLDC 电机角度的方法是监测绕组的反电动势，但是在本章不讨论这种方法。

29.6 线性无刷电机

线性无刷电机是"展开的"BLDC 电机。一般来说，线性无刷电机的轨道由多个永磁极组成，而移动体由通电线圈组成。霍尔效应传感器通常用于确定当前的电气步长。

29.7 小结

- 除了有刷直流电机之外，其他电动执行机构还包括螺线管、扬声器和音圈执行机构、RC 伺服电机、步进电机和无刷直流电机。
- RC 伺服电机将直流电机、减速器、角度传感器和反馈控制器集成在一个封装中。PWM 控制信号用于指定 RC 伺服电机输出的期望角度。
- 步进电机响应数字脉冲，以固定增量进行旋转。步进电机通常用于开环应用。
- 对于无刷直流电机，电气换向是根据由 3 个数字霍尔传感器指示的电机角度进行的。

29.8 练习题

1. 准备一个螺线管及其数据表。使用万用表确认线圈的电阻。然后设计一个电路为螺线管供电，并编写简单的 PIC32 程序，周期性地激活螺线管。

2. 准备一个扬声器，最好是小的低音扬声器，并测量线圈电阻。连接一个 H 桥电路以驱动扬声器，确保通过扬声器的最大电流不超过 H 桥的驱动能力。编写 PIC32 程序，通过产生一个 100Hz 的正弦 H 桥平均输出电压（以 0V 为中心），创建音调为 100Hz 的扬声器。为此，你可以使用 40kHz 或更高的 PWM，高于可听频率的范围，以驱动扬声器。程序应使用 20 ~ 40kHz 的 ISR 来改变 PWM 的占空比。如果使用了一个 20kHz 的 ISR，则意味着在调用 20kHz/100Hz = 200 次 ISR 后，占空比经历一个完整的正弦波形。

3. 编写一个使用 NU32 库的 PIC32 程序，以允许用户利用计算机接口控制 RC 伺服电机。用户输入 RC 伺服电机输出轴的一个角度，并且 RC 伺服电机按期望运行。

4. 使用双 H 桥芯片将步进电机连接到 PIC32。（a）使用 NU32 库，编写程序以允许计算机指定电机的期望运行（单位为度），然后执行程序。（b）让用户也可以指定电机运行的时间。（c）根据实验，电机可以遵循的最大速度（以每秒为单位）是多少？你如何改变程序以支持加速和减速，从而允许加速到比你可以立即获得的速度更快的速度？如果程序不使用中断，你怎么修改程序以使用中断来驱动电机？这样 CPU 在两次 ISR 之间可执行其他任务吗？

5. 修改代码示例 29.3（closed_loop.c）以计算 ISR 中电机的速度。这是可以做到的，因为代码使用输入捕获模块来检测霍尔传感器状态的变化，并且输入捕获可以用于测量霍尔状态变化之间的时间。将速度周期性地显示在用户屏幕上。

6. 修改不带霍尔传感器反馈的廉价三相 BLDC 电机，以使用外部编码器来提供闭环换向所需的反馈。演示闭环换向，例如使用本章的 closed_loop.c。

7. 在闭环换向的顶部，为 BLDC 电机实现运动反馈控制器。

8. 修改代码示例 29.4（open_loop.c）以提示用户输入期望的速度，而不是输入期望的 PWM。

延伸阅读

Arrigo, D. (2001). *AN1088: L6234 three phase motor driver*. STMicroelectronics.

AVR446: Linear speed control of stepper motor. ATMEL.

Brown, W. (2011). *AN857 brushless DC motor control made easy*. Microchip Technology Inc.

Hughes, A., & Drury, B. (2013). *Electric motors and drives: Fundamentals, types and applications* (4th ed.). Amsterdam: Elsevier.

L6234 three phase motor driver. (2011). STMicroelectronics.

Pittman Express LO-COG brushed and ELCOM brushless motor data sheet. (2007). Ametek Precision Motion Control.

推荐阅读

FreeRTOS内核实现与应用开发实战指南：基于STM32

作者：刘火良 杨森 ISBN：978-7-111-61825 定价：99.00元

RT-Thread内核实现与应用开发实战指南：基于STM32

作者：刘火良 杨森 ISBN：978-7-111-61366 定价：99.00元

实时嵌入式系统软件设计

作者：[美]哈桑·戈玛 译者：郭文海 林金龙

ISBN：978-7-111-61530 定价：129.00元

密码技术与物联网安全：mbedtls开发实战

作者：徐凯 崔红鹏 ISBN：978-7-111-62001 定价：79.00元

推 荐 阅 读

FPGA应用开发和仿真

CMOS及其他先导技术

FFmpeg 从入门到精通

基于ARM Cortex-M4F内核的 MSP432 MCU开发实践

DSP嵌入式实时系统 权威指南

PIC微控制器项目设计